Kurzschlussströme in Dr

Gerd Balzer

Kurzschlussströme in Drehstromnetzen

Gerd Balzer
FG Elektrische Energieversorgung
TU Darmstadt
Darmstadt, Deutschland

ISBN 978-3-658-28330-8 ISBN 978-3-658-28331-5 (eBook)
https://doi.org/10.1007/978-3-658-28331-5

Die Deutsche Nationalbibliothek verzeichnet diese Publikation in der Deutschen Nationalbibliografie; detaillierte bibliografische Daten sind im Internet über http://dnb.d-nb.de abrufbar.

Springer Vieweg

Springer Vieweg ist ein Imprint der eingetragenen Gesellschaft Springer Fachmedien Wiesbaden GmbH und ist ein Teil von Springer Nature.
Die Anschrift der Gesellschaft ist: Abraham-Lincoln-Str. 46, 65189 Wiesbaden, Germany

Vorwort

Die erste selbständige VDE-Bestimmung über das Thema Kurzschlussstromberechnung wurde in den Jahren 1962 bzw. 1964 veröffentlicht und sie hat sich in den folgenden Jahren erheblich weiterentwickelt, wobei neue Überlegungen ergänzt werden mussten. Das vorliegende Buch beschreibt einige Vorgänge, an denen der Verfasser als Mitarbeiter der Kommission VDE-0102 (später UK 121.1) seit 1972 bis zum heutigen Zeitpunkt, auch als Convenor des IEC 73.1 „Short Circuit Current Calculation“, mitgearbeitet hat. Der Inhalt stellt somit nicht vollständig die Vorgehensweise bei der Kurzschlussstromberechnung in elektrischen Netzen dar, hierfür ist selbstverständlich die jeweils gültige VDE-bestimmung maßgebend, sondern soll Erläuterungen zu einzelnen Angaben geben, z. B. Stoßkurzschlussstrom, Ausschaltwechselstrom. Darüber hinaus werden viele Beispiel zum Verständnis der Kurzschlussstromberechnung aufgeführt. Eine IEC- bzw. VDE-Bestimmung sollte in erster Linie jeweils das Ergebnis beschreiben, wie eine Größe zu ermitteln oder ein Vorgang darzustellen ist, auf den physikalischen Hintergrund kann in vielen Fällen nicht näher eingegangen werden. Aus diesem Grunde versucht das Buch diese Lücke zu schließen, indem einige Zusammenhänge dargestellt werden. Einige Inhalte des vorliegenden Buches sind vom Verfasser bereits in den vergangenen Jahrzehnten in Büchern, Zeitschriften und Konferenzbeiträgen veröffentlicht worden, so dass hiermit eine zusammenfassende Darstellung zum Thema Kurzschlussstromberechnung erfolgt.

Der Verfasser dankt nachträglich seinem Doktorvater, Prof. Dr.-Ing. Gerhard Hosemann, dass er ihn 1972 mit dem Thema „Kurzschlussstromberechnung“ als Mitarbeiter am Institut für Elektrische Energieversorgung der damaligen TH Darmstadt betraut hat. Darüber hinaus möchte ich mich für die fachlichen Diskussionen während der letzten Jahre bei meinem Kollegen, Prof. Dr.-Ing. habil. B. R. Oswald recht herzlich bedanken.

Juli 2020
Darmstadt

Gerd Balzer

Formelzeichen

Symbols

α	Dämpfungskonstante
α	Temperaturkoeffizient
A	Leiterquerschnitt
a	Entfernung
a	Drehoperator
α	Potentialkoeffizient
β	Phasenkonstante
B	magnetische Flussdichte (Induktion)
b	innere Induktivität Hohlleiter
c	Spannungsfaktor
$\mathbf{C}$	Transformationsmatrix
C, C'	Kapazität, -belag
$\cos\varphi$	Leistungsfaktor
d	Abstand, Durchmesser
$\mathbf{D}$	Determinante
D	elektrische Verschiebung
d_E	Erdstromtiefe des Rückstroms
ΔU	Spannungsfall
E	elektrisches Feld
E	treibende Spannung
ε_0	Dielektrizitätskonstante
ε_r	Dielektrizitätszahl
F	Fehler
Φ	magnetischer Fluss
F	Kabelquerschnitt
f	Frequenz
f_0	Eigenfrequenz
f_c	Ersatzfrequenz

Φ_{H}	Hauptfluss
f_{n}	Netzfrequenz
Φ_{σ}	Streufluss
γ	Ausbreitungskonstante
$\mathbf{G}$	Größe (Matrix)
G, G'	Leitwert, -belag
h	Höhe
H	magnetische Feldstärke
η	Wirkungsgrad
I	Strom
I_1	Statorstrom
I_2	Rotorstrom
I_{b}	Ausschaltwechselstrom
I_{k}	Dauerkurzschlussstrom
$I_k^{"}$	Anfangs-Kurzschlusswechselstrom
I_{LR}	Anlaufstrom
i_{p}	Stoßkurzschlussstrom
I_{th}	thermisch gleichwertiger Kurzschlussstrom
φ	elektrisches Potential
j	imaginäre Größe
φ	Phasenwinkel
ϑ_{E}	Kabelendtemperatur
$\mathbf{K}$	Kettenmatrix
K	Impedanzkorrekturfaktor
κ	Faktor zur Berechnung des Stoßkurzschlussstroms
k	Verstärkungsfaktor
l	Länge
Λ	magnetischer Leitwert
λ	Faktor zur Berechnung des Dauerkurzschlussstroms
λ	Eigenwerte
L, L'	Induktivität, - belag
L_{b}	Betriebsinduktivität
L_{H}	Hauptinduktivität
μ	Permeabilität
M	Gegeninduktivität
μ	Faktor zur Berechnung des Ausschaltwechselstroms
m	Faktor für den Wärmeeffekt des Gleichstromanteils
μ_0	Permeabilitätskonstante
n	Anzahl
n	Faktor für den Wärmeeffekt des Wechselstromanteils
n_1	synchrone Drehzahl
p	Lapace-Operator

P	Wirkleistung
p	Spannungsbereich (Transformator, Generator)
P_{krT}	Kurzschlussverluste (Bemessungswert)
P_{nat}	natürliche Leistung
Q	Ladung
q	Faktor zur Berechnung des Ausschaltwechselstroms
r	Radius
r	spezifischer elektrischer Widerstand
R, R'	Resistanz, -belag
R_G	Resistanz Statorwicklung
r_B	Ersatzradius Bündelleiter
ρ_E	spez. Erdwiderstand
R_f	Resistanz Erregerwicklung
R_{FE}	Verlustwiderstand (Eisenverluste)
S	Scheinleistung
s	Schlupf
s	Abstand
t	Übersetzungsverhältnis
T	Zeitkonstante
t	Zeit
$\mathbf{T}$	Transformationsmatrix
T_a	Gleichstromzeitkonstante
T_d	Zeitkonstante (*d*-Achse)
T_d''	subtransiente Zeitkonstante, d-Achse
T_{d0}'	transiente Leerlaufzeitkonstante
T_k	Kurzschlussdauer
t_{min}	Mindestschaltverzug
U	Spannung
U_1	Statorspannung
U_2	Rotorspannung
u_k	rel. Kurzschlussspannung
U_m	höchste Spannung für Betriebsmittel
U_n	Netznennspannung
U_{ref}	Referenzspannung
u_{Rr}	ohmscher Spannungsfall (Bemessung)
ω	Kreisfrequenz
w	Windung
ω_0	Eigenfrequenz
X	Reaktanz
x	bezogene Reaktanz
X_2	Streureaktanz (Motor)
X_d, x_d	synchrone Reaktanz (*d*-Achse), bezogen

X_d''	subtransiente Längsreaktanz
x_d''	bezogene subtransiente Längsreaktanz
X_H	Hauptreaktanz (Transformator, Motor)
X_{hd}	Hauptreaktanz (Synchronmaschine, d-Achse)
X_{hq}	Hauptreaktanz (Synchronmaschine, q-Achse)
X_σ	Streureaktanz
$X_{\sigma a}$	Ständerstreureaktanz (Synchronmaschine)
$X_{\sigma Dd}$	Streureaktanz der Dämpferwicklung (Längsrichtung)
$X_{\sigma Dq}$	Streureaktanz der Dämpferwicklung (Querrichtung)
$X_{\sigma f}$	Streureaktanz (Feldwicklung)
$\underline{Y}$, $\underline{\mathbf{Y}}$	Admittanz, -matrix
Y_q	Queradmittanz
Z	Impedanz
$\underline{Z}$, $\underline{\mathbf{Z}}$	Impedanz-, matrix
Z_l	Längsimpedanz
Z_W	Wellenwiderstand

Indizes (rechts unten)

0	Leerlauf
(0)	Nullsystem
(1)	Mitsystem
(2)	Gegensystem
0, α, β	Komponenten
A	Anfang
α	Laufindex
A	Außenleiter
AC	Wechselstrom
asym	asymmetrisch
B	Bündelleiter
B	Stahlband
b	Betrieb
B	Belastung
C	Kapazität
D	Erdseil
D	Drosselspule
D	Dämpferwicklung
d	d-Achse
DC	Gleichstrom
E	Ende

E	Erde
EE	Doppelerdkurzschluss
ers	Ersatz
F	Fehlerort
f	Fehler
f	fiktiv
F	Freileitung
G	Generator
i	laufender Index
i	innen
K	Kabel
k	Kurzschluss
K	Kompensation
K	Korrektur
k1	einpolig
k2	zweipolig
k3	dreipolig
kE2E	zweipolig mit Erdberührung
KW	Kraftwerk
L	Leiter, Leitung
M	Mantel
M	Motor
m	mit
max	maximal
min	minimal
n	Ordnungszahl
n	Nennwert
N	Netz
o	ohne
OPF	ohne Vollumrichter
OS	Oberspannungsseite
PF	mit Vollumrichter
Q	Quelle, Netz
q	q-Achse
q	Quer
r	Bemessungs-
R, S, T	Leiterbezeichnung
res	resultierend
S	Stufenschalter
SO	ohne Stufenschalter
T	Transformator
T	Teilleiter

th	thermisch
U	Umrichter
US	Unterspannungseite
V	Verbraucher
WA	Windkraft mit Asynchrongenerator
WD	Windkraft mit doppelt gespeistem Asynchrongenerator

Indizes (rechts oben)

'	transient
"	subtransient

Inhaltsverzeichnis

Einleitung

1

Die Kurzschlussstromberechnung ist eine „Sicherheitsberechnung", die der Auslegung der Anlagen, Geräte und des Netzschutzes gilt. Aus diesem Grunde ist es sinnvoll, dass zur Berechnung der Ströme in der Vergangenheit geeignete Verfahren abgeleitet wurden, die in den folgenden Kapiteln näher beschrieben werden.

1.1 Grundlagen, Stromdefinitionen

Die Kurzschlussstromberechnung ist ein Rechenverfahren, um die Sicherheit von elektrischen Netzen und damit auch von Personen zu gewährleisten. Hierbei werden zwei unterschiedliche Fragestellungen abgedeckt, nämlich:

- Auslegung der Anlagen und Geräte, damit ein ordnungsgemäßer Betrieb eines Netzes möglich ist. In diesem Zusammenhang muss stets sichergestellt sein, dass in einem Fehlerfall die auftretenden mechanischen Kräfte beherrscht werden und die Betriebsmittel ihre Funktion erfüllen können, z. B. die Unterbrechung des Kurzschlussstroms durch Schaltgeräte. Zur Lösung dieser Fragestellung ist es notwendig, den maximalen Kurzschlussstrom an den relevanten Netzknoten zu bestimmen.
- Auslegung des Netzschutzes, um im Fehlerfall selektiv ein Netzteil oder ein fehlerhaftes Betriebsmittel vom Netz zu trennen. Zur Lösung dieser Fragestellung wird der minimale Kurzschlussstrom benötigt, damit der Schutz entsprechend eingestellt werden kann. Dieses bedeutet, dass der eingestellte Anregestrom kleiner als der tatsächlich auftretende sein sollte, damit eine sichere Auslösung des Schutzes gewährleistet ist.

Aus diesem Grunde werden für die oben dargestellten technischen Probleme unterschiedliche Ströme im Kurzschlussfall ermittelt, die nachfolgend aufgeführt sind. Die zur

G. Balzer, *Kurzschlussströme in Drehstromnetzen*,
https://doi.org/10.1007/978-3-658-28331-5_1

Berechnung der Kurzschlussströme notwendigen Begriffe werden zusätzlich im Abschn. 5.1 komplett zusammengestellt.

- Anfangs-Kurzschlusswechselstrom I_k'' (Effektivwert): Wechselstromkomponente des Kurzschlussstroms zu Beginn des Kurzschlusseintritts, bestehend aus einem Wechsel- und Gleichstromglied.
- Stoßkurzschlussstrom i_p (Scheitelwert): Maximaler Wert eines Kurzschlussstroms, der in Abhängigkeit des R/X-Verhältnisses der Kurzschlussbahn maximal nach t =10 ms auftritt, bei einer Betriebsfrequenz von f = 50 Hz.
- Ausschaltwechselstrom I_b (Effektivwert): Wechselstromkomponente eines Kurzschlussstroms während der mechanischen Kontakttrennung eines Schaltgerätes. In der VDE-Bestimmung werden Werte für folgende Mindestschaltverzüge angegeben: t_{min} = 0,02; 0,05, 0,10; 0,25 s.
- Dauerkurzschlussstrom I_k (Effektivwert): Kurzschlussstrom, nachdem alle Ausgleichsvorgänge, z. B. von Generatoren, abgeklungen sind.
- Thermisch gleichwertiger Kurzschlussstrom I_{th} (Effektivwert): Kurzschlussstrom über einen bestimmten Zeitbereich, z. B. t = 1 s, dessen thermische Wirkung die gleiche ist, wie der tatsächliche Kurzschlussstrom, inkl. des vorhandenen Gleichstromglieds und eines abklingenden Wechselstromglieds.

In der Vergangenheit ist vielfach als Eingangswert mit der Kurzschlussleistung gerechnet worden, statt des Anfangs-Kurzschlusswechselstroms. Der Nachteil ist jedoch, dass bei der Angabe der Kurzschlussleistung jeweils die Spannung bekannt sein muss, mit der dieser Wert ermittelt wurde. Dieses ist auch der Grund, dass in den Berechnungsgleichungen der VDE-Bestimmung [1] die Leistung nicht mehr verwendet wird, damit die Umwandlung in einen Kurzschlussstrom entfällt. Darüber hinaus ist die Auslegungsgröße der Betriebsmittel und der Einstellwert des Netzschutzes stets der berechnete Kurzschlussstrom.

In der zur Zeit gültigen VDE-Bestimmung wird das Verfahren der Ersatzspannungsstelle an der Fehlerstelle angewendet. Hierbei wird vorausgesetzt, dass zwischen dem Berechnungsergebnis und dem Strom nach genaueren Verfahren (z. B. dem Überlagerungsverfahren unter Berücksichtigung des Lastflusses, der zum größten Kurzschlussstrom führt) maximal nur eine Abweichung von 5 % besteht. Bei dem Verfahren der Ersatzspannungsquelle an der Fehlerstelle wird ein Lastfluss nicht berücksichtigt, der jedoch durch einen Spannungsfaktor c und gegebenenfalls durch eine Impedanzkorrektur K berücksichtigt wird.

Grundsätzlich werden bei der Kurzschlussstromberechnung keine Lichtbögen bzw. Lichtbogenwiderstände an der Fehlerstelle berücksichtigt, so dass stets der metallische Kurzschluss angenommen wird. In der Praxis führt der Lichtbogen im Allgemeinen zu einem kleineren Strom als der berechnete, welches sich jedoch nur in Niederspannungsnetzen besonders auswirken sollte.

In den bestehenden Normen zur Berechnung der Kurzschlussströme werden ausschließlich Kurzschlüsse behandelt, wie sie in den Abb. 3.4 und 3.5 dargestellt sind, dieses bedeutet, dass Erdschlüsse in isolierten oder kompensierten Netzen nicht abgedeckt sind.

1.2 Fehlerstatistik

Für das Auftreten von Kurzschlüssen und deren Art (ein-, bzw. mehrpolig mit und ohne Erdberührung) sind verschiedene Randbedingungen verantwortlich, z. B.:

- Betriebsspannung,
- Betriebsmittel (Freileitung, Kabel, Transformator usw.),
- Sternpunktbehandlung,
- Umgebungsbedingungen.

In Deutschland werden die unterschiedlichen Fehlerarten jährlich in der Störungs- und Verfügbarkeitsstatistik des FNN (VDE) [2] veröffentlicht. Tab. 1.1 zeigt für den Zeitraum 2013–2015 die prozentuale Aufteilung der Fehlerarten in Abhängigkeit der Spannungsbereiche. Bei den einpoligen Fehlern sind sowohl Erdschlüsse als auch Erdkurzschlüsse enthalten.

Während in den Hoch- und Höchstspannungsnetzen (HöS, HS) eindeutig der einpolige Kurzschluss bzw. Erdschluss vorherrschend ist, treten in Mittelspannungsnetzen (MS) auch vermehrt mehrpolige Fehler auf, welches z. B. eine Folge der geringen Abstände zwischen den Leitern ist, im Vergleich zu den Hochspannungsnetzen, was sich beispielhaft bei einem Blitzschlag in eine Freileitung auswirkt. Bei den Mittel- und Hochspannungsnetzen überwiegt die kompensierte Sternpunktbehandlung (MS ca. 72 %; HS ca. 81 %), welches auch eine Folge des Freileitungsanteils in den Netzen ist. Wohingegen in den Höchstspannungsnetzen ausschließlich die niederohmige Sternpunktbehandlung üblich ist und dieses somit in erster Linie zu stromstarken, einpoligen Kurzschlüssen führt.

Tab. 1.1 Prozentuale Aufteilung der Kurzschlussfehler für die Jahre 2013 bis 2016

Fehlerart	MS	HS	HöS
einpolig	35,4	91,3	89,7
zweipolig	16,5	1,8	8.4
dreipolig	9,6	0,7	1,3
unbekannt	38,5	6,2	0,6

MS: Mittelspannung (> 1 kV – 72,5 kV)
HS: Hochspannung (> 72,5 kV – 125 kV)
HöS: Höchstspannung (> 125 kV)

1.3 Kurzschlusszeiten

Im Rahmen eines Kurzschlussvorgangs bis zum Abschalten des Kurzschlussstroms durch den Selektivschutz werden verschiedene Zeitschritte durchlaufen, die in Abb. 1.1 dargestellt sind.

Im Einzelnen werden die folgenden Schritte definiert:

Fehlerbeginn:	Eintritt des Kurzschlusses
Anregung:	Der eingestellte Ansprechwert des Netzschutzes wird überschritten
Auslösung:	Auslösebefehl an den Leistungsschalter
Kontaktöffnung:(mechanisch)	Öffnen der Schalterpole eines Leistungsschalters
Kontaktöffnung:(elektrisch)	Unterbrechen des Kurzschlussstroms, aufgrund der unterschiedlichen Stromnulldurchgänge der einzelnen Phasen, kann die elektrische Unterbrechung durch die Schalterpole nicht gleichzeitig erfolgen, was von der Fehlerart abhängig ist
Unterschreitung des Ansprechwerts:	Der eingestellte Ansprechwert des Netzschutzes wird unterschritten
Rückfallen:	Der Netzschutz fällt in seinen Ausgangsmodus zurück

In der Kurzschlussstromberechnung wird bei der Ermittlung des Ausschaltwechselstroms der Mindestschaltverzug $t_{\min}$ verwendet, der nach Abb. 1.1 sich aus der Zeit zwischen dem Fehlerbeginn und der mechanischen Kontaktöffnung des Leistungsschalters bestimmt.

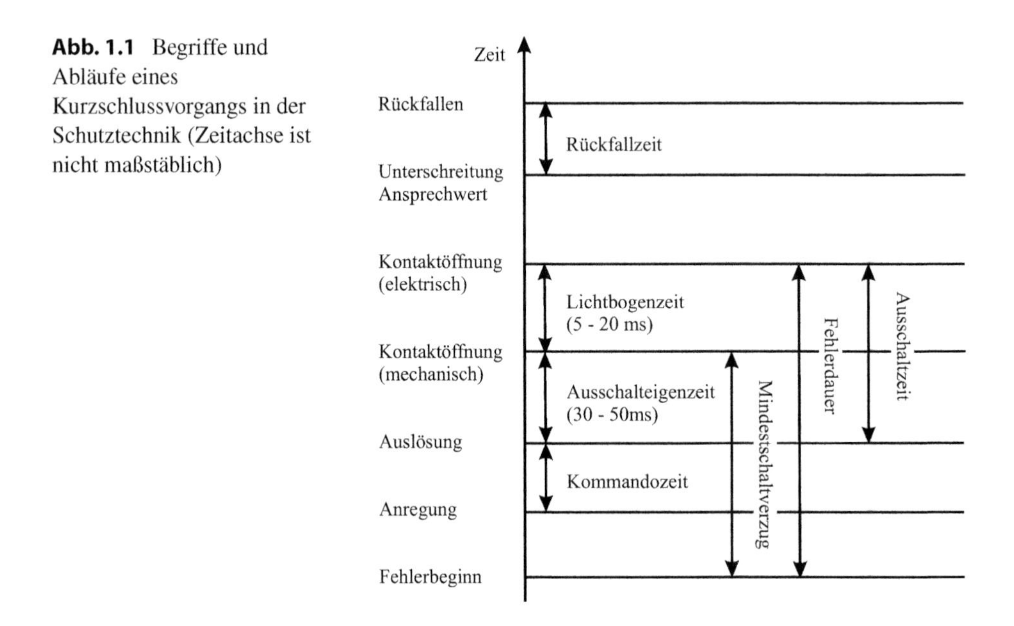

Abb. 1.1 Begriffe und Abläufe eines Kurzschlussvorgangs in der Schutztechnik (Zeitachse ist nicht maßstäblich)

Literatur

1. DIN EN 60909-0 (VDE 0102):12-2016 (2016) Kurzschlussströme in Drehstromnetzen Teil 0: Berechnung der Ströme. VDE, Berlin
2. FNN Forum Netztechnik/Netzbetrieb im VDE (2014/2015/2016/2017) Störungs-und Verfügbarkeitsstatistik, Berichtsjahre 2013/2014/2015/2016. Berlin

2 Vorschriften zur Kurzschlussstromberechnung

In diesem Abschnitt werden die Vorschriften auf dem Gebiet der Kurzschlussstromberechnung national (DKE) und international (IEC) vorgestellt. Gleichzeitig wird die Entwicklung der Norm innerhalb des VDE seit der Gründung des Komitees UK 121.1 bzw. der VDE 0102 Kommissionen dargestellt.

2.1 Entwicklung der Normung

Nach Überlegungen innerhalb der „International Electrotechnical Commission" (IEC) fand die erste Sitzung des Komitees 73 „Short-circuit currents" 1972 in Stockholm statt. Hierbei wurde beschlossen, insgesamt zwei Arbeitsgruppen (WG) bzw. heute Maintenance Teams (MT) einzusetzen, denen folgende Tätigkeiten zugewiesen wurden:

- MT 1: Calculation of short-circuit currents
- MT 2: Heating and mechanical effects

Die Inhalte dieser Arbeitsgruppen decken sich mit den VDE-Kommissionen zur Erarbeitung der Bestimmung von VDE 0102 und VDE 0103 bzw. den DKE-Kommissionen UK 121.1 und UK 121.2. Die von der Arbeitsgruppe MT 1 der IEC erarbeiteten, gültigen Vorschriften sind im Abschn. 2.2 aufgeführt.

Die ersten VDE-Bestimmungen über Kurzschlussstromberechnung sind im Zeitraum 1962 bis 1964 veröffentlicht worden. Aufgrund des unterschiedlichen Anwendungsbereiches und der Personengruppen wurden damals zwei getrennte Normen erarbeitet:

- Leitsätze für die Berechnung der Kurzschlussströme, VDE 0102 Teil 1/9.62 Drehstromanlagen mit Nennspannungen über 1 kV (bestehend aus insgesamt 29 Seiten)

G. Balzer, *Kurzschlussströme in Drehstromnetzen*,
https://doi.org/10.1007/978-3-658-28331-5_2

- Leitsätze für die Berechnung der Kurzschlussströme, VDE 0102 Teil 2/4.64 Drehstromanlagen mit Nennspannungen bis 1000 V (bestehend aus insgesamt 11 Seiten)

Der wesentliche Unterschied der beiden Normen lag neben den auf die unterschiedlichen Belange zugeschnittenen Randbedingungen auch darin, dass im Teil 1 (Hochspannung) die Berechnung des Kurzschlussstroms mit Hilfe der komplexen Rechnung erfolgte, während dieses im Teil 2 (Niederspannung) nicht der Fall war.

Da sich die Kurzschlussstromberechnung in Hoch- und Niederspannungsnetzen aus physikalischen Gründen nicht unterscheiden kann, lag es nahe, von dieser Unterteilung, auch unter dem Gesichtspunkt der Verlagerung von der Hand- zur Computerrechnung, später wieder abzugehen. Dieses auch unter dem Gesichtspunkt, dass die Kurzschlussstromberechnung über mehrere Spannungsgrenzen hinweg in einem Rechengang durchgeführt wird.

Bis zur ersten VDE-Vorschrift war die Kurzschlussstromberechnung ein Bestandteil der VDE-Bestimmung 0670/1.54 (Wechselstromschaltgeräte). In der ersten Norm (1962) wurden die folgenden Fehlerarten im Teil 1 behandelt:

- Dreipoliger (symmetrischer) Kurzschluss, § 5,
- unsymmetrische Fehler, § 6:
  - Zweipolig ohne und mit Erdberührung,
  - Doppelerdschlussstrom,
  - einpoliger Erdkurzschluss,
- über Erde fließende Teilkurzschlussströme, § 7:
  - Teilkurzschlussströme in Anlagen,
  - Teilkurzschlussströme an Freileitungsmasten,
- Einfluss von Verbrauchern, § 8.

Im Fall von mehrfach gespeisten Kurzschlüssen wurde das Verfahren der Ersatzspannungsquelle an der Fehlerstelle mit $1{,}1 \cdot U_n$ eingeführt.

Teil 2 der VDE-Vorschrift bezog sich ausschließlich auf den drei- und einpoligen Kurzschlussstrom bei generatorfernen Fehlern. Bei generatornahen Fehlern wurde auf Teil 1 verwiesen.

Eine Veröffentlichung der Überarbeitung der bestehenden Leitsätze erfolgte ab 1971, mit den folgenden Teilen:

- Leitsätze für die Berechnung der Kurzschlussströme, VDE 0102 Teil 1/11.71 Drehstromanlagen mit Nennspannungen über 1 kV (bestehend aus insgesamt 32 Seiten)
- Leitsätze für die Berechnung der Kurzschlussströme, VDE 0102 Teil 2/11.75 Drehstromanlagen mit Nennspannungen bis 1000 V (bestehend aus insgesamt 36 Seiten)

Die wesentlichen Änderungen im ersten Teil bestanden darin, dass das Verfahren der Ersatzspannungsquelle an der Fehlerstelle bis zu einer Nennspannung von $U_n = 380$ kV eingesetzt werden kann. Da hierbei Lastströme nicht berücksichtigt werden, ist auch die Verwendung des Überlagerungsverfahren möglich [1]. Es wird darauf hingewiesen, dass es „dem Anwender übernommen bleibt, Rechenverfahren anzuwenden, die genauer oder den vorliegenden Betriebsbedingungen besser angepasst sind". Zusätzlich wurde das Verfahren mit der Ersatzfrequenz für vermaschte Netze bei der Berechnung des Stoßkurzschlussstroms eingeführt [2]. Darüber hinaus wurde das Kapitel über den Beitrag von Motoren wesentlich erweitert.

Die Veränderungen im zweiten Teil beziehen sich z. B. darauf, dass jetzt auch im Bereich der Niederspannung mit dem Verfahren der Ersatzspannungsquelle gearbeitet wird, mit $1{,}0 \cdot U_{nT}$ (Unterspannungsseite des Niederspannungstransformators). Da besonders in industriellen Niederspannungsnetzen sehr viele Asynchronmotoren eingesetzt werden, wird dieses Thema ausführlich dargestellt, unter welchen Bedingungen Motoren zu berücksichtigen sind. Grundlage hierzu sind umfangreiche Messungen, die in [3] beschrieben sind. Für die Berechnung besonders der einpoligen Kurzschlussströme sind umfangreiche Tabellen für die Verwendung der R_0/R_1 bzw. X_0/X_1-Verhältnisse für unterschiedliche Niederspannungskabeltypen aufgeführt, die nach [4] ermittelt wurden. Zusätzlich werden die in der Norm verwendeten Kurvenverläufe durch Gleichungen angenähert, um eine Verwendung in Rechenprogrammen zu erlauben [5].

Auf der Basis der ersten internationalen Norm IEC 909:1988 wurde 1990 die DIN VDE 0102:1990-01 mit einigen Ergänzungen zur IEC-Norm veröffentlicht. Diese neue VDE-Bestimmung weist sich durch folgende wesentlichen Veränderungen gegenüber der früheren Fassung aus:

- Zusammenfassung der Teile 1 (Hochspannung) und 2 (Niederspannung) und Anwendung des Verfahrens der Ersatzspannungsquelle an der Fehlerstelle für alle Spannungsebenen.
- Einführung von Impedanzkorrekturfaktoren für Transformatoren.
- Für die Berücksichtigung von Kraftwerken stehen zwei Verfahren zu Verfügung:
  - Einzelkorrekturverfahren: Hierbei werden die Impedanzen der Betriebsmittel (Generator und Transformator) unterschiedlich korrigiert.
  - Gesamtkorrekturverfahren: In diesem Fall wird die Impedanz des Kraftwerks mit einem Faktor versehen.
- Der Ausschaltstrom in vermaschten Netzen ist neu zu berechnen [6].
- Die Anwendung des λ-Faktors bei der Ermittlung des Dauerkurzschlussstroms bezieht sich ausschließlich auf den einseitig einfachen und den mehrseitig einfachen Kurzschluss.

Im Jahr 2002 wurde eine Überarbeitung der Hauptnorm veröffentlicht [DIN EN 60909-0 (VDE 0102): 2002-07], die neben einer neuen Gliederung folgende wesentlichen Veränderungen zur Folge hatte:

- Der Abschnitt „Doppelerdkurzschluss und Teilkurzschluss über Erde“ wurde abgetrennt und in einer neuen Norm veröffentlicht (VDE 0102, Teil 3).
- Überarbeitung der Korrekturfaktoren für Kraftwerke.
- Einführung der Korrekturfaktoren für Netztransformatoren.
- Neue Festlegung der Spannungsfaktoren für den Niederspannungsbereich aufgrund der neuen Spannungswerte von Niederspannungstransformatoren.
- Die Kurzschlussleistung wird nicht mehr als Berechnungsgröße verwendet.

Die Hauptnorm, die im Jahr 2016 veröffentlicht wurde [DIN EN 60909-0 (VDE 0102): 2016-012], behandelt zusätzlich den Kurzschlussbeitrag

- von Windkraftwerken und den
- Beitrag von Vollumrichtern

als Folge der technischen Entwicklung und des vermehrten Einsatzes dieser Betriebsmittel bei der Erzeugung elektrischer Energie aus regenerativen Energiequellen.

Zukünftige Überarbeitungen werden sich mit der verbesserten Berücksichtigung von Wind- und PV-Anlagen beschäftigen und mit der Anwendung von HGÜ-Anlagen (Hochspannungs-Gleichstrom-Übertragung).

2.2 Bestehende Vorschriften

Die Berechnung der Kurzschlussströme wird international durch die Arbeitsgruppe des IEC TC 73 [Short-circuit current-calculation in three-phase a.c. systems] festgelegt. Diese internationalen Normen werden hierbei unverändert als deutsche Normen DIN VDE übernommen. Neben den Berechnungsvorschriften [7, 8] gibt es auch ergänzende Berichte, die den Berechnungsvorgang, Beispiele und auch Daten von Betriebsmitteln [9–11] widergeben und somit als Anwendungsrichtlinie gelten.

Zur Zeit gibt es folgende Vorschriften bzw. Beiblätter:

- IEC 60909-0:2016: Short-circuit current calculations in three-phase a.c. systems – Part 0: Calculation of currents; DIN EN 60909-0 VDE 0102:2016-12: Kurzschlussströme in Drehstromnetzen – Teil 0: Berechnung der Ströme [7];
- IEC TR 60909-1:2002: Short-circuit currents in three-phase a.c. systems – Part 1: Factors for the calculation of short-circuit currents according to IEC 60909-0; DIN EN 60909-0 VDE 0102 Beiblatt 3:2003-07: Kurzschlussströme in Drehstromnetzen – Faktoren für die Berechnung von Kurzschlussströmen nach IEC 60909-0 [9]
- IEC TR 60909-2:2008: Short-circuit current calculations in three-phase a.c. systems – Part 2: Data of electrical equipment for short-circuit current calculations; DIN EN 60909-0 VDE 0102 Beiblatt 4:2009-08: Kurzschlussströme in Drehstromnetzen – Daten elektrischer Betriebsmittel für die Berechnungen von Kurzschlussströmen [10]

- IEC 60909-3:2009: Short-circuit currents in three-phase a.c. systems – Part 3: Currents during two separate simultaneous line-to-earth short circuits and partial short-circuit currents flowing through earth; DIN EN 60909-3 VDE 0102-3:2010-08: Kurzschlussströme in Drehstromnetzen – Teil 3: Ströme bei Doppelerdkurzschluss und Teilkurzschlussströme über Erde [8]
- IEC TR 60909-4:2000: Short-circuit currents in three-phase a.c. systems – Part 4: Examples for the calculation of short-circuit currents; DIN EN 60909-0 VDE 0102 Beiblatt 1:2002-11; DIN EN 60909-3 VDE 0102-3 Berichtigung 1:2014-02: Kurzschlussströme in Drehstromnetzen – Beispiele für die Berechnung von Kurzschlussströmen [11].

In den folgenden Abschnitten werden einige Hinweise über die Anwendung der VDE-Vorschrift „Kurzschlussstromberechnung" gegeben, hierbei wird die zur Zeit gültige IEC-Vorschrift bzw. der VDE-Bestimmung [7] als Grundlage genommen, jedoch wird der dortige Inhalt nicht komplett widergegeben. In jedem Fall ist bei der Kurzschlussstromberechnung stets der Wortlaut der gültigen IEC/VDE-Vorschrift maßgebend und nicht die hier aufgeführten Gleichungen.

Die oben beschriebenen Vorschriften behandeln die Berechnung von Kurzschlussströmen in Drehstromnetzen, darüber hinaus wird auch grundsätzlich durch die VDE 0102-Kommission die Berechnung in Gleichstrom-Eigenbedarfsanlagen abgedeckt, wozu die nachfolgenden Veröffentlichungen gehören:

- IEC 61660-1:1997: Short-circuit currents – Short-circuit currents in d.c. auxiliary installations in power plants and substations – Part 1: Calculation of short-circuit currents; DIN EN 61660-1 VDE 0102-10:1998-06; DIN EN 61660-1 VDE 0102-10 Berichtigung 1:2010-04: Kurzschlussströme – Kurzschlussströme in Gleichstrom-Eigenbedarfsanlagen in Kraftwerken und Schaltanlagen – Teil 1: Berechnung der Kurzschlussströme [12]
- IEC TR 61660-3:2000: Short-circuit currents in d.c. auxiliary installations in power plants and substations – Examples of calculations; DIN EN 61660-1 VDE 0102-10 Beiblatt 1:2002-11: Kurzschlussströme – Kurzschlussströme in Gleichstrom-Eigenbedarfsanlagen von Kraftwerken und Schaltanlagen – Berechnungsbeispiele (für Kurzschlussströme und Kräfte) [13]

Im weiteren Verlauf wird jedoch ausschließlich auf die Berechnung der Kurzschlussströme in Drehstromnetzen Bezug genommen.

2.3 Zurückgezogene VDE-Bestimmung

Da im Jahr 1990 die bis dahin bestehenden zwei Teile der VDE-Bestimmung zusammengefasst wurden, kam es im Jahr 1992 zu einer gesonderten Veröffentlichung der Kurzschlussstromberechnung in Niederspannungsstrahlennetzen. Hierbei handelte es sich um ein Anwendungsleitfaden ohne neue Festlegungen. Dieser Leitfaden wurde veröffentlicht als DIN VDE 0102, Beiblatt 2/09.92: Berechnung von Kurzschlussströmen in Drehstromnetzen – Anwendungsleitfaden für die Berechnung von Kurzschlussströmen in Niederspannungsstrahlennetzen.

Da sich dieses Beiblatt ausschließlich auf Beispiele in unvermaschten Netze bezog, ohne einen Beitrag von Asynchronmotoren, ist dieses Beiblatt im späteren Verlauf wieder zurückgezogen worden, da alle Berechnungsfälle durch die übergeordnete Hauptnorm abgedeckt werden.

2.4 Fazit

Seit 1962 gibt es VDE-Normen für die Berechnung der Kurzschlussströme, aus denen in späteren Jahren die IEC-Vorschriften hervorgegangen sind. In der Zwischenzeit haben sich unterschiedlichen Ausgaben entwickelt, in denen auch die Berechnungsgrundlagen und allgemeine Betriebsmitteldaten näher dargestellt werden.

Literatur

1. Funk G (1962) Der Kurzschluß im Drehstromnetz. Oldenbourg, München
2. Koglin H-J (1971) Der abklingende Gleichstrom beim Kurzschluß in Energieversorgungsnetzen. Diss. TH Darmstadt D17
3. Webs A (1972) Einfluß von Asynchronmotoren auf die Kurzschlußstromstärken in Drehstromanlagen. VDE-Fachberichte 27:86–92
4. Balzer G (1977) Impedanzmessung in Niederspannungsnetzen zur Bestimmung der Kurzschlussströme. Dissertation TH Darmstadt, D17
5. Hosemann G, Balzer G (1975) Impedanzwerte zur Berechnung des Kurzschlußstroms nach DIN 57 102 Teil 2/VDE 0102 Teil 2. Ein Beispiel für die Anpassung einer Norm an die Rechenmaschinentechnik. Elektronorm 29(3):118–121
6. Hosemann G, Balzer G (1984) Der Ausschaltwechselstrom beim dreipoligen Kurzschluss im vermaschten Netz. etzArchiv 6(2):51–56
7. IEC 60909-0:2016 Edition 2.0 (2016) Short-circuit current calculations in three-phase a.c. systems – part 0: Calculation of currents; DIN EN 60909-0 (VDE 0102):12-2016 (2016) Kurzschlussströme in Drehstromnetzen Teil 0: Berechnung der Ströme. VDE, Berlin
8. IEC 60909-3:2009 Edition 3.0 (2009) Short-circuit currents in three-phase a.c. systems – part 3: Currents during two separate simultaneous line-to-earth short circuits and partial short-circuit currents flowing through earth; DIN EN 60909-3:2010-08; VDE 0102-3:2010-08: Kurzschlussströme in Drehstromnetzen – Teil 3: Ströme bei Doppelerdkurzschluss und Teilkurzschlussströme über Erde. VDE, Berlin

9. IEC/TR 60909-1:2002 Edition 2.0 (2002) Short-circuit currents in three-phase a.c. systems – part 1: Factors for the calculation of short-circuit currents according to IEC 60909-0; DIN EN 60909-0 Beiblatt 3:2003-07; VDE 0102 Beiblatt 3:2003-07: Kurzschlussströme in Drehstromnetzen – Faktoren für die Berechnung von Kurzschlussströmen nach IEC 60909-0. VDE, Berlin
10. IEC/TR 60909-2:2008 Edition 3.0 (2008) Short-circuit current calculations in three-phase a.c. systems – part 2: Data of electrical equipment for short-circuit current calculations; DIN EN 60909-0 Beiblatt 4:2009-08; VDE 0102 Beiblatt 4:2009-08: Kurzschlussströme in Drehstromnetzen – Daten elektrischer Betriebsmittel für die Berechnungen von Kurzschlussströmen. VDE, Berlin
11. IEC/TR 60909-4:2000 Edition 1.0 (2000) Short-circuit currents in three-phase a.c. systems – part 4: Examples for the calculation of short-circuit currents; DIN EN 60909-0 Beiblatt 1:2002-11; VDE 0102 Beiblatt 1:2002-11: Kurzschlussströme in Drehstromnetzen – Beispiele für die Berechnung von Kurzschlussströmen. VDE, Berlin
12. IEC 60660-1:1997 Edition 1.0 (1997) Short-circuit currents – Short-circuit currents in d.c. auxiliary installations in power plants and substations – Part 1: Calculation of short-circuit currents; DIN EN 61660-1:1998-06; VDE 0102-10: 1998-06: Kurzschlussströme – Kurzschlussströme in Gleichstrom-Eigenbedarfsanlagen in Kraftwerken und Schaltanlagen – Teil 1: Berechnung der Kurzschlussströme. VDE, Berlin
13. IEC/TR 60660-3: 2000 Edition 1.0 (2000) Short-circuit currents in d.c. auxiliary installations in power plants and substations – examples of calculations; DIN EN 61660-1 Beiblatt:2002-11; VDE 0102-10 Beiblatt 1:2002-11: Kurzschlussströme – Kurzschlussströme in Gleichstrom-Eigenbedarfsanlagen von Kraftwerken und Schaltanlagen – Berechnungsbeispiele (für Kurzschlussströme und Kräfte). VDE, Berlin

3 Voraussetzungen und Berechnungsverfahren

Die angegebenen Normen zur Kurzschlussstromberechnung nach Kap. 2 setzen verschiedene Randbedingungen voraus, die in diesem Kapitel näher erläutert werden. Diese Voraussetzungen sind zum Teil notwendig, um das Verfahren der Ersatzspannungsquelle an der Fehlerstelle, welches die Berechnung wesentlich vereinfacht, einzusetzen [1].

Aufgrund des Einsatzes von Umrichtern mit VSC-Technologie, die einen definierten induktiven Strom während der Kurzschlussdauer einspeisen sollen, ist es zusätzlich notwendig, getrennt den Einfluss dieser Stromquellen zu berücksichtigen, wie dieses in Kap. 13 gezeigt wird.

3.1 Allgemeines zur Kurzschlussstromberechnung

Der Anwendungsbereich der vorliegenden Norm DIN VDE 0102 [2] bezieht sich auf Drehstromnetze mit Betriebsfrequenzen von 50 Hz und 60 Hz. Netze mit Spannungen $U_{\mathrm{m}} \geq 550$ kV werden durch das beschriebene Verfahren der Ersatzspannungsquelle an der Fehlerstelle nicht abgedeckt, sondern sind in jedem Fall mit Hilfe des Überlagerungsverfahrens zu berechnen. Der Grund hierfür liegt darin, dass die Berechnung mit Hilfe der Ersatzspannungsquelle an der Fehlerstelle ein Spannungsfaktor c benötigt wird, der von der üblichen Topologie, der Betriebsweise und den Betriebsmitteln in dieser Spannungsebene abhängig ist. Da für Netze mit Spannungen $U_{\mathrm{m}} \geq 550$ kV Berechnungen über die Größe des Spannungsfaktors nicht umfassend durchgeführt wurden, ist somit eine Aussage hierüber auch nicht möglich. Das grundsätzliche Problem des Überlagerungsverfahrens ist jedoch, wie später gezeigt, dass der Lastfluss, der zum größten Kurzschlussstrom führt, nicht einfach zu ermitteln ist.

G. Balzer, *Kurzschlussströme in Drehstromnetzen*,
https://doi.org/10.1007/978-3-658-28331-5_3

Im Allgemeinen ist es möglich, die Berechnung der Kurzschlussströme in Drehstromnetzen nach zwei unterschiedlichen Verfahren zu ermitteln, z. B.:

- Überlagerungsverfahren,
- Ersatzspannungsquelle an der Fehlerstelle.

Beide Möglichkeiten, die auch im Abschn. 3.6 vorgestellt werden, sind für eine Berechnung der Kurzschlussströme zulässig. Darüber hinaus ist es gestattet, andere Verfahren bzw. Vereinfachungen zu verwenden, wenn sie Ergebnisse liefern, die nachweislich auf der sicheren Seite liegen. Dieses bedeutet, dass sich bei der Berechnung des größten Kurzschlussstroms zu hohe und bei der Berechnung des kleinsten Kurzschlussstroms zu niedrige Werte ergeben sollten.

Während mit den beiden oben aufgeführten Berechnungsverfahren stationäre Werte bestimmt werden, z. B. der Anfangs-Kurzschlusswechselstrom, ist es natürlich auch möglich, den Kurzschlussstromverlauf mit Hilfe von Programmen zu bestimmen, die als Ergebnis den gesamten transienten Stromverlauf zeigen. Hierzu zählt z. B. das Rechenprogramm EMTP/ATP. In diesen Fällen ist es aber notwendig, im Falle von Generatoren und Motoren, die komplette Nachbildung, incl. aller Widerstände und Zeitkonstanten, zu berücksichtigen. Zusätzlich ist es natürlich auch möglich, den Kurzschlussstrom aus Netzversuchen oder mit Hilfe von Netzmodellen zu bestimmen.

Mit Hilfe des Überlagerungsverfahrens kann stets der exakte Kurzschlussstrom für einen Betriebsfall ermittelt werden. Voraussetzung ist jedoch, dass für diese Berechnung ein Lastfluss bekannt ist, der sämtliche Spannungen an den Einspeisungen, die Transformatorstufenstellungen, die Verbraucherlasten usw. berücksichtigt.

Im Gegensatz hierzu liefert die Berechnung mit Hilfe der Ersatzspannungsquelle an der Fehlerstelle ein Ergebnis, welches im Einzelfall unabhängig von dem bestehenden Lastfluss im Netz ist, da diese Parameter durch den Spannungsfaktor c bzw. durch Impedanzkorrekturfaktoren allgemein berücksichtigt werden. Der Sinn dieses Verfahrens liegt darin, für die Planungsrechnung eines Netzes die Auslegungsgrößen der Betriebsmittel zu bestimmen, die in den nächsten Jahrzehnten installiert und betrieben werden sollen. Es bleibt aber dem Planungsingenieur unbenommen, auch für Netzausbauplanungen das Überlagerungsverfahren anzuwenden. Es muss jedoch sichergestellt sein, dass ein Lastfluss für das Ende der Ausbauplanung verwendet wird, der zu den größten bzw. kleinsten Kurzschlussströmen führt. Dieses dürfte jedoch in den meisten Fällen recht schwierig sein, zumal der Planungsingenieur die Verantwortung für eine nicht sachgerechte Auslegung der Betriebsmittel übernehmen müsste, wenn ein „ungeeigneter" Lastfluss als Voraussetzung angenommen wird. Die wesentlichen Vorteile des vereinfachten Verfahrens können folgendermaßen zusammengefasst werden:

- Die Eingangsgrößen sollten sich aus den Standardwerten der Betriebsmittel ergeben (Bemessungswerte, Länge usw.).
- Einfache Nachbildung der Betriebsmittel, z. B. Transformatoren in Mittelstellung.

- Leichte Anwendbarkeit auf vermaschte Netze.
- Unsymmetrische Fehler sollten nachbildbar sein.
- Die Berechnungen sollten im Mittel Ergebnisse liefern, die auf der sicheren Seite liegen.

Bei der Anwendung des Verfahrens der Ersatzspannungsquelle an der Fehlerstelle handelt es sich um ein Verfahren, welches den technisch üblichen Betriebsweisen der Netze angepasst und somit für Planungsrechnungen besonders geeignet ist. Darüber hinaus liegen bei vielen Netzausbauplanungen die genauen Daten der Komponenten (z. B. die subtransiente Reaktanz eines Generators) noch nicht genau fest. Aus diesem Grunde ist es selbstverständlich, dass eine auf exakten Daten basierende genaue Berechnung mit Hilfe des Überlagerungsverfahrens andere Ergebnissen liefert als die vereinfachte Berechnung mit dem Verfahren der Ersatzspannungsquelle an der Fehlerstelle.

Die unterschiedlichen Ergebnisse zeigen sich besonders, wenn die Beiträge von Motoren bzw. Generatoren zum Kurzschlussstrom ermittelt werden sollen. Während bei der Berechnung des Ausschaltstroms nach der VDE-Norm Abklingfaktoren μ und q (Abschn. 5.6) verwendet werden, die aus einer Hüllkurve von unterschiedlichen Messungen abgeleitet wurden, wäre es ein Zufall, wenn bei der exakten Nachbildung eines Generators (mit Zeitkonstanten und Reaktanzen) der gleiche Ausschaltwechselstrom berechnet wird.

Bei der Anwendung des Verfahrens der Ersatzspannungsquelle an der Fehlerstelle sollte der tatsächliche Kurzschlussstrom mit einer Abweichung von ±5 % ermittelt werden. Da diese Toleranzgrenze schon in der Anwendung des Verfahrens liegt, ist es somit nicht zulässig, einen Kurzschlussstrom zu ermitteln und anschließend, z. B. bei der Ermittlung des größten Kurzschlussstroms, eine Sicherheitsmarge von 5 % abzuziehen.

Zu Beginn der Erstellung der ersten VDE-Norm für die Kurzschlussstromberechnung (1962) wurde das Verfahren der Ersatzspannungsquelle an der Fehlerstelle entwickelt unter Berücksichtigung der damaligen Netze und deren Betriebsweisen. Zwischenzeitlich zeigte es sich jedoch, dass dieses heute in vielen Fällen nicht mehr gegeben ist, so dass eine Veränderung der Berechnung unumgänglich war. Dieses führte zur Einführung von Impedanzkorrekturfaktoren, auf die in Kap. 8 näher eingegangen wird.

3.2 Netztopologien

Bei der Berechnung des Kurzschlussstroms werden grundsätzlich unterschiedliche Netztopologien berücksichtigt, die auch einen Einfluss auf das Berechnungsverfahren und damit auf das Ergebnis haben. Hierzu gehören der Anfangs-Kurzschlusswechselstrom I_k'', der Stoßkurzschlussstrom i_p, der Ausschaltwechselstrom I_b und der Dauerkurzschlussstrom I_k. Die für die Kurzschlussstromberechnung maßgeblichen Netzstrukturen sind:

- Einfache Einspeisung (radiales Netz), ein Zweig, Abb. 3.1a,
- Einfache Einspeisung (radiales Netz), parallele Zweige, Abb. 3.1b,

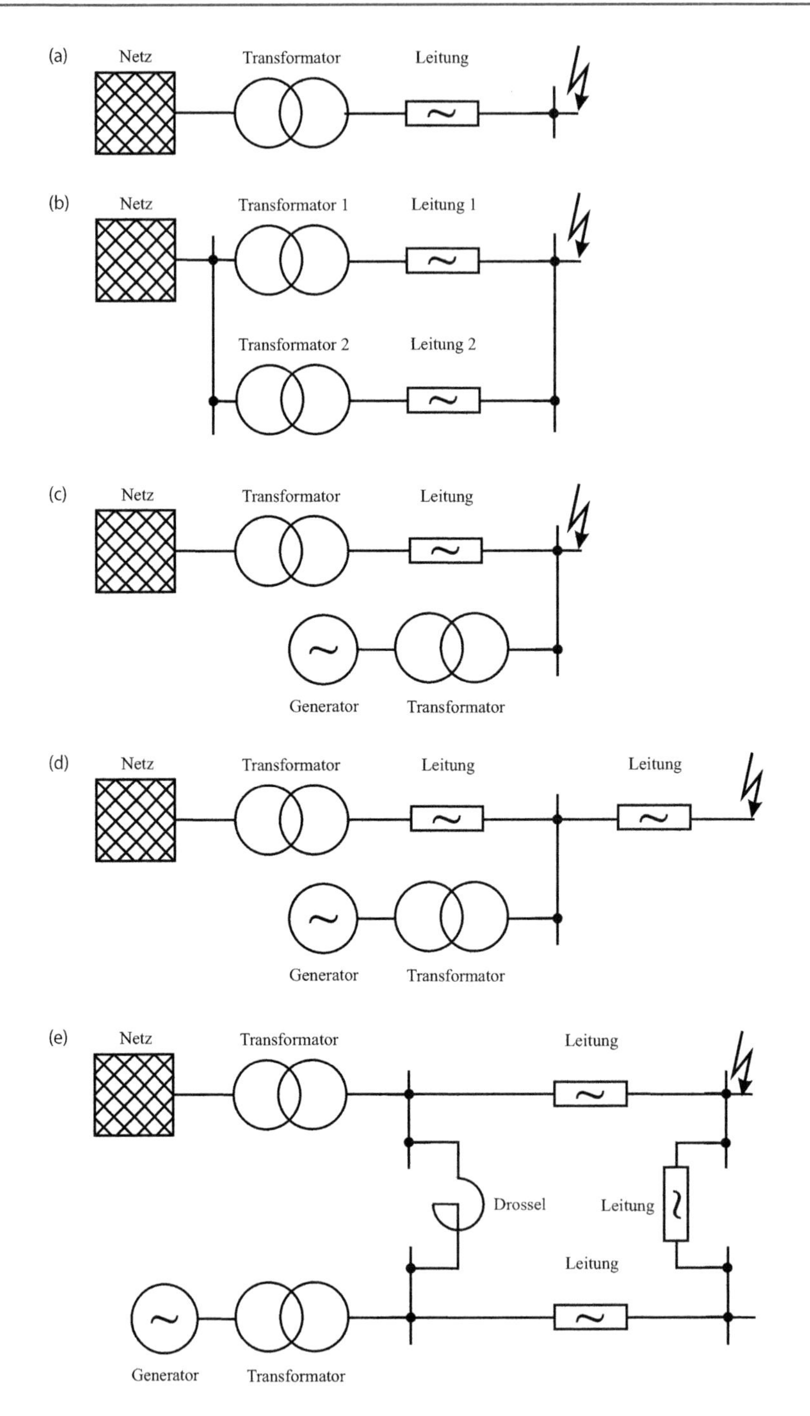

Abb. 3.1 Unterschiedliche Netztopologien und Kurzschlussorte. **a** einfache Einspeisung (radiales Netz), ein Zweig, **b** einfache Einspeisung (radiales Netz), parallele Zweige, **c** mehrseitig einfache Einspeisung, **d** mehrfache Einspeisung über eine gemeinsame Impedanz, **e** mehrfache/einfache Einspeisung (vermaschtes Netz)

- mehrseitig einfache Einspeisung, Abb. 3.1c,
- mehrfache Einspeisung über eine gemeinsame Impedanz, Abb. 3.1d,
- mehrfache/einfache Einspeisung (vermaschtes Netz), Abb. 3.1e.

Die verschiedenen Netztopologien bzw. die Kurzschlussorte zeigt Abb. 3.1.

Bei Netzen nach Abb. 3.1a liefert die Berechnung in jedem Fall ein eindeutiges Ergebnis für alle verschiedenen Kurzschlussstromarten, wohingegen bei Abb. 3.1b bei der Berechnung des Stoßkurzschlussstroms z. B. die 20-Hz-Methode anzuwenden ist, wenn unterschiedliche R/X-Verhältnisse der Netzzweige vorliegen. Bei einer mehrseitig einfachen Einspeisung erlaubt die Berechnung nach [2] eine Addition der einzelnen Beträge, so dass dieses Ergebnis auf der sicheren Seite liegen sollte, gegenüber der komplexen Berechnung, Abb. 3.1c. Bei Netzen nach den Abb. 3.1d,e sind jeweils bei der Berechnung des Stoßkurzschlussstroms und des Ausschaltwechselstroms die entsprechenden Verfahren [20-Hz-Methode bzw. Gl. (5.59)] zu beachten, um keine Ströme zu erhalten, die auf der unsicheren Seite liegen.

3.3 Auswahl der Kurzschlussströme und Kurzschlussfälle

Zur Dimensionierung der Betriebsmittel sind die maximalen und minimalen Kurzschlussströme zu bestimmen, so dass hierfür konkrete Randbedingungen maßgebend und die für die Ermittlung der maximalen und minimalen Kurzschlussströme zu beachten sind:

- Maximaler Kurzschlussstrom:
  - Spannungsfaktor $c_{\max}$,
  - Netzeinspeisung und Erzeugungseinheiten, die den maximalen Kurzschlussstrom liefern,
  - Netzschaltung, die den größten Kurzschlussstrom liefert,
  - die Impedanzkorrekturfaktoren sind zu berücksichtigen,
  - maximaler Motoreinsatz,
  - Leitertemperatur von Kabel und Leitungen beträgt 20 °C.
- Minimaler Kurzschlussstrom
  - Spannungsfaktor $c_{\min}$,
  - Netzeinspeisung und Erzeugungseinheiten, die den minimalen Kurzschlussstrom liefern,
  - Netzschaltung, die zum kleinsten Kurzschlussstrom führt,
  - die Impedanzkorrekturfaktoren sind mit dem Wert $K = 1$ zu berücksichtigen,
  - Motoren sind zu vernachlässigen,
  - die Wirkwiderstände von Leitungen sind entsprechend der Leitertemperatur am Ende des Kurzschlusses einzusetzen, Gl. (3.1).

Für die Berechnung des Wirkwiderstandes bei der Kabelendtemperatur ϑ_E gilt:

$$R_{L\Theta} = \left[1 + \alpha \cdot \left(\vartheta_{\mathrm{E}} - 20\,^{\circ}\mathrm{C}\right)\right] \tag{3.1}$$

Durch Gl. (3.1) kann ausgehend vom Wirkwiderstand bei einer Temperatur von 20 °C der entsprechende Wirkwiderstand bei verschiedenen Temperaturen ermittelt werden. Für den Temperaturkoeffizient α lässt sich mit genügender Genauigkeit der Wert $\alpha = 0{,}004/\mathrm{K}$ für Kupfer und Aluminium setzen. Für eine Kabelendtemperatur von z. B. $\vartheta_{\mathrm{E}} = 80$ °C folgt daraus:

$$R_{\mathrm{L80}} = \left[1 + 0{,}004 \cdot \left(80\,^{\circ}\mathrm{C} - 20\,^{\circ}\mathrm{C}\right)\right] \cdot R_{\mathrm{L20}} = 1{,}24 \cdot R_{\mathrm{L20}} \tag{3.2}$$

Dieses bedeutet, dass bei der Endtemperatur nach einem Kurzschluss der Wirkwiderstand um 24 % größer als bei 20 °C ist. Die Anhebung des Wirkwiderstandes wird sich aufgrund des R/X-Verhältnisses besonders in Niederspannungsnetzen auswirken. In diesem Zusammenhang muss darauf hingewiesen werden, dass eine maximale Begrenzung der Kabelendtemperatur auf z. B. $\vartheta_{\mathrm{E}} = 80$ °C in Niederspannungsnetzen nicht mehr in den Vorschriften enthalten ist, wie es früher der Fall war, was sich besonders bei der Verwendung von Kunststoffkabeln auswirken wird, da bei diesen Kabeltypen mit einer zulässigen Endtemperatur bei einem Kurzschluss von z. B. $\vartheta_{\mathrm{E}} = 250$ °C zu rechnen ist.

Die oben aufgeführten Bedingungen bedeuten auch, dass bei einer Netzeinspeisung, bestehend aus zwei parallelen Transformatoren, nur ein Transformator bei der Berechnung des kleinsten Kurzschlussstroms zu berücksichtigen ist, wenn der Betrieb mit einem Transformator möglich ist [$(n-1)$-Sicherheit]. Bei der Ermittlung des maximalen Kurzschlussstroms ist im Gegensatz hierzu mit dem Netzzustand zu rechnen, der technisch möglich ist und zu den maximalen Stromwerten führt. Abb. 3.2 verdeutlicht die Verwendung der Netztopologie zur Ermittlung des kleinsten und des größten Kurzschlussstroms.

- *Maximaler Kurzschlussstrom:* Wenn es betrieblich möglich ist, dass sowohl beide Transformatoren T1 und T2 als auch der Generator G auf die 10-kV-Schiene zur Versorgung der Motorengruppe einspeisen (Auslegung der 10-kV-Anlage entspricht dem maximalen Kurzschlussstrom), sind alle Betriebsmittel (T1, T2, M und G) bei der Kurzschlussstromberechnung zu berücksichtigen.

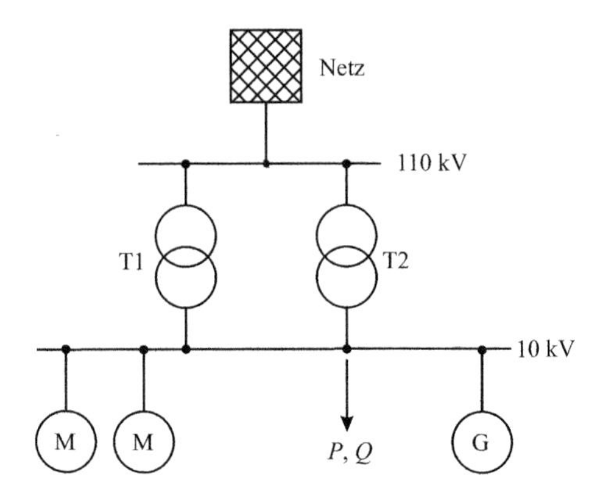

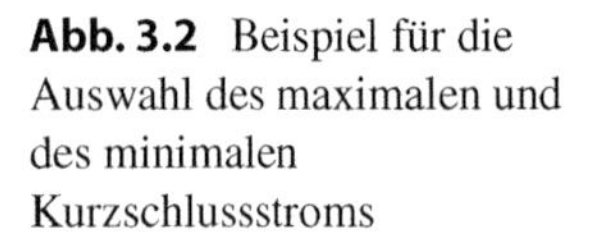

Abb. 3.2 Beispiel für die Auswahl des maximalen und des minimalen Kurzschlussstroms

- *Minimaler Kurzschlussstrom:* Da die Motorengruppe außer Betrieb sein kann, liefert sie keinen Beitrag zum Kurzschlussstrom und muss deshalb nicht berücksichtigt werden, da der Netzschutz auch für diesen Betriebszustand funktionsfähig sein muss. Darüber hinaus muss überlegt werden, ob die Netzeinspeisung (bestehend nur aus einem Transformator für den Schwachlastbetrieb) oder die Generatoreinspeisung (wenn ein Inselbetrieb möglich ist) den minimalen Kurzschlussstrom liefert. Dieser Beitrag ist dann für die Dimensionierung des Netzschutzes zu berücksichtigen.

Die Kurzschlussstromberechnung setzt jeweils den metallischen Kurzschluss voraus; das bedeutet, dass ein Lichtbogen an der Fehlerstelle unberücksichtigt bleibt. Diese Fehlerart wird jedoch in der Praxis recht selten auftreten, wenn die Einschaltung eines Leistungsschalters auf einen eingelegten Erdungsschalter außer Betracht gezogen wird. Die Lichtbogenspannung, die am Fehlerort entsteht, vermindert den Fehlerstrom, da die Lichtbogenspannung der treibenden Spannung des Netzes entgegenwirkt. Im Extremfall wird dieser Strom zu null gehen, wenn diese Lichtbogenspannung der treibenden Netzspannung entspricht. Aufgrund der Größe dieser Lichtbogenspannung (hängt in erster Näherung von der Länge des Lichtbogens ab), wirkt sich deshalb dieser Vorgang bei Lichtbogenfehlern in Hoch- und Höchstspannungsnetzen weniger aus als in Niederspannungsnetzen, da sie weniger anwächst als die treibende Spannung, wie dieses z. B. unmittelbar nach der Einspeisung aus dem überlagerten Netz in das Niederspannungsnetz möglich ist. Nach [3] ist die auf die Länge bezogene Lichtbogenspannung unabhängig vom Strom und somit nahezu konstant. Sie beträgt ca. 1000 bis 1600 V/m bei einem frei in Luft brennenden Lichtbogen.

Bei der Ermittlung des maximalen Kurzschlussstroms führt somit ein Lichtbogenfehler zu einer Verringerung des tatsächlichen Kurzschlussstroms, so dass das Ergebnis der Berechnung auf der sicheren Seite liegt. Dieses ist jedoch bei der Bestimmung des kleinsten Kurzschlussstroms nicht mehr der Fall. Die Reduktion des minimalen Kurzschlussstroms wird besonders bei Fehlern in Niederspannungsnetzen durch den verminderten Spannungsfaktor $c_{\min}$ nicht berücksichtigt, da der verminderte Spannungsfaktor $c_{\min}$ z. B. einem geänderten Lastfluss inkl. einer geringeren Spannungshaltung im Netz entspricht. Die Berechnung des kleinsten Kurzschlussstroms mit Hilfe der oben angegebenen Randbedingungen führt somit stets zu den oberen Grenzwerten für den „minimalen Kurzschlussstrom" in Netzen. Vor allem bei Fehlern in Niederspannungsnetzen an den Klemmen des Einspeisetransformators wird eine erhebliche Reduktion des berechneten Wertes des minimalen Kurzschlussstroms auftreten.

Bei der Berechnung wird grundsätzlich angenommen, dass der Kurzschluss dann eintritt, wenn ein Spannungsnulldurchgang zwischen den beiden Fußpunkten besteht, welches sich besonders auf den Stoßkurzschlussstrom und die Gleichstromkomponente auswirkt, Abschn. 5.4 und 5.5. Im Allgemeinen sollte jedoch ein Isolationsüberschlag nicht zu diesem Zeitpunkt erfolgen, sondern bei einem Spannungswert von null verschieden, so dass diese Annahme zu einem Ergebnis führt, was auf der sicheren Seite liegt.

Grundsätzlich werden für die Dimensionierung von Geräten und Anlagen verschiedene Ströme verwendet, die natürlich auch durch eine Norm zur Verfügung gestellt werden müssen, dieses sind im Einzelnen die folgenden Ströme:

- Anfangs-Kurzschlusswechselstrom I_k'',
- Stoßkurzschlussstrom i_p,
- Ausschaltwechselstrom I_b,
- Dauerkurzschlussstrom I_k,
- thermisch gleichwertiger Kurzschlussstrom I_{th}

Das wesentliche Prinzip der Norm zur Berechnung der Kurzschlussströme besteht darin, dass der Anfangs-Kurzschlusswechselstrom I_k'' als Berechnungsgröße (Eingangsgröße) für die Ermittlung der übrigen Ströme verwendet wird, hierbei werden die unterschiedlichen Faktoren nach Abb. 3.3 verwendet. Die Berechnungsschritte zur Ableitung der unterschiedlichen Kurzschlussströme sind in Kap. 5 zusammengefasst.

In einem Drehstromnetz können verschiedene Fehler auftreten, die in Abhängigkeit der beim Kurzschluss betroffenen Leiter klassifiziert werden. Abb. 3.4 zeigt die verschiedenen Fehlermöglichkeiten. Hierbei werden die Ströme, die durch einen geschlossenen Pfeil gekennzeichnet sind, in der Bestimmung VDE 0102 [2] zur Kurzschlussstromberechnung ermittelt. Bei der Darstellung des dreipoligen Kurzschlusses wird auf den Index 3 verzichtet, wenn keine Verwechselungen möglich sind.

Nicht im heutigen Hauptdokument von VDE 0102 [2] enthalten ist die Berechnung des Doppelerdkurzschlussstroms nach Abb. 3.5, dem eine separate Vorschrift [4] gewidmet ist. Die Berechnung des Doppelerdkurzschlussstroms wird in Kap. 6 ausführlich dargestellt.

Bei der Dimensionierung und Auslegung von elektrischen Anlagen sind sowohl maximale als auch minimale Kurzschlussströme zu berechnen. Der größtmögliche Kurzschlussstrom ist für die Bemessung der Betriebsmittel hinsichtlich der mechanischen und thermischen Festigkeit von Bedeutung, der kleinste Kurzschlussstrom für die Einstellung des Netzschutzes. Der Planer von elektrischen Anlagen und Netzen muss somit über geeignete Rechenverfahren verfügen, welche die Kurzschlussströme mit einer ausreichenden Sicherheit berechnen.

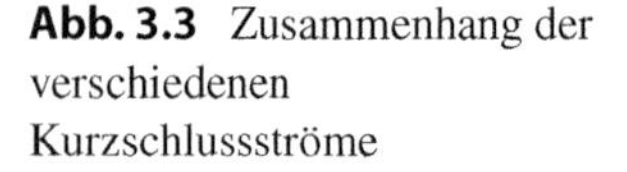

Abb. 3.3 Zusammenhang der verschiedenen Kurzschlussströme

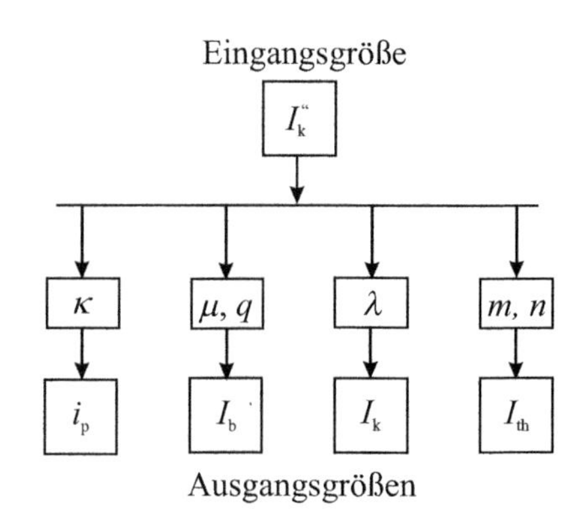

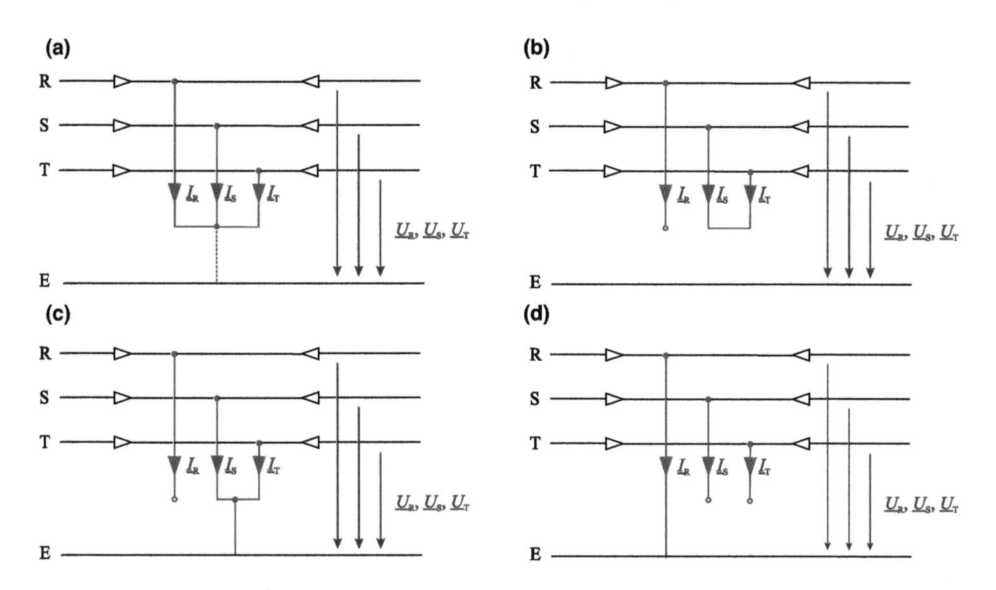

Abb. 3.4 Kurzschlussarten im Drehstromsystem. **a** Dreipoliger Kurzschluss (mit und ohne Erdberührung), **b** zweipoliger Kurzschluss, **c** zweipoliger Kurzschluss mit Erdberührung, **d** einpoliger Kurzschluss, ➡ Gesamtstrom, ▷ Teilstrom

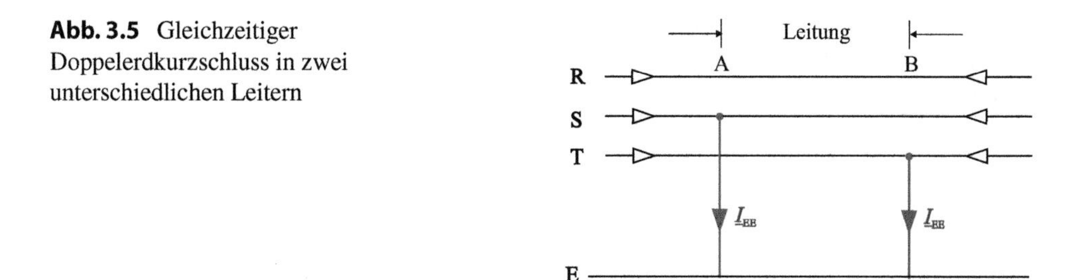

Abb. 3.5 Gleichzeitiger Doppelerdkurzschluss in zwei unterschiedlichen Leitern

Tab. 3.1 gibt einen Überblick über die Ströme und Kurzschlussarten, die im Einzelnen zu betrachten sind. Bei der Ermittlung des größten Kurzschlussstroms sind der Stoßkurzschlussstrom i_p (Abschn. 5.4), der Ausschaltwechselstrom I_b (Abschn. 5.6 und Kap. 10) und der thermisch gleichwertiger Kurzschlussstrom I_{th} (Abschn. 5.8 und Kap. 11) von Bedeutung. Der Strom I_{th} wird hierbei aus dem Anfangs-Kurzschlusswechselstrom I_k'' dem Dauerkurzschlussstrom I_k und dem Stoßfaktor κ mit Hilfe der Faktoren m (Wärmeeffekt des Gleichstromanteils) und n (Wärmeeffekt des Wechselstromanteils) berechnet. Zusätzlich sind bei unsymmetrischen Fehlern mit Erdberührung (1polig, Doppelerdkurzschluss) die Erder- und Berührungsspannungen und darüber hinaus die induktive Beeinflussung von parallelen Leitungen zu berücksichtigen.

Im Gegensatz hierzu ist bei der Einstellung der Schutzeinrichtungen der minimale Anfangs-Kurzschlusswechselstrom I_k'' für die Anregung und der Dauerkurzschlussstrom I_k für die Auslösung von Bedeutung.

Tab. 3.1 Auswahl der Kurzschlussströme

Bedeutung der Kurzschlussströme	Betriebsmittel	Maßgebende Ströme		
		k3	k2	k1
Maximale Ströme Beanspruchung/Einfluss:				
– dynamisch	Anlagenkomponenten	i_p	i_p	-
– beim Einschalten	Schaltgeräte	i_p	-	i_p
– beim Ausschalten	Schaltgeräte	I_b	-	I_b
– thermisch	Anlagenkomponenten, Leitungen	I_{th}	-	I_{th}
– induktive Beeinflussung	Leitung			I_k''
– Erder-, Berührungsspannung	Anlagen			I_k''
Minimale Ströme Ansprechsicherheit	Schutz	-	I_k'', I_k	I_k'', I_k

i_p Stoßkurzschlussstrom
I_b Ausschaltwechselstrom
I_{th} thermisch gleichwertiger Kurzschlussstrom
I_k'' Anfangs-Kurzschlusswechselstrom
I_k Dauerkurzschlussstrom
k3, k2, k1 Kurzschluss (drei-, zwei-, einpolig)

Die nach Abb. 3.4 angegebenen Kurzschlüsse lassen sich mit Hilfe der symmetrischen Komponenten berechnen, Kap. 9. Im Folgenden wird ein Überblick über die Berechnung des Kurzschlussstroms unter Berücksichtigung des Mit- und des Nullsystems gegeben. Hierbei wird angenommen, dass das Gegensystem $\underline{Z}_{(2)}$ gleich dem Mitsystem $\underline{Z}_{(1)}$ ist, welches für die Berechnung des Anfangs-Kurzschlusswechselstrom I_k'' zutrifft. Der Einfluss von Vollumrichtern ist hierbei nicht berücksichtigt.

- Einpoliger Kurzschluss, Abb. 3.4d:

$$\underline{I}_{k1}'' = \frac{\sqrt{3} \cdot cU_n}{2 \cdot \underline{Z}_{(1)} + \underline{Z}_{(0)}} \tag{3.3}$$

- Zweipoliger Kurzschluss, ohne Erdberührung, Abb. 3.4b:

$$\underline{I}_{k2}'' = \frac{cU_n}{2 \cdot \underline{Z}_{(1)}} \tag{3.4}$$

- Zweipoliger Kurzschluss, mit Erdberührung, Anteil über Erde, Abb. 3.4c:

$$\underline{I}_{kE2E}'' = \frac{\sqrt{3} \cdot c \cdot U_n}{\underline{Z}_{(1)} + 2 \cdot \underline{Z}_{(0)}} \tag{3.5}$$

- Dreipolige Kurzschluss, Abb. 3.4a:

$$\underline{I}''_{k3} = \frac{cU_n}{\sqrt{3} \cdot \underline{Z}_{(1)}} \tag{3.6}$$

Bei der Ermittlung des maximalen bzw. des minimalen Kurzschlussstroms müssen nicht sämtliche Ströme zuerst ermittelt werden, sondern es lassen sich folgende Vereinfachungen anhand der Gl. (3.3)–(3.6) angeben, wenn unterschiedliche Impedanzen $\underline{Z}_{(1)}$ und $\underline{Z}_{(2)}$ aufgrund der Regelstrategien von Voll-Umrichter unberücksichtigt sind.

- Maximaler Kurzschlussstrom

– $\underline{I}''_{k3} > \underline{I}''_{k2}$	wegen	$\underline{I}''_{k2} = \frac{\sqrt{3}}{2} \cdot \underline{I}''_{k3}$		1)
– $\underline{I}''_{k3} > \underline{I}''_{k1}$	wenn	$\underline{Z}_{(0)} > \underline{Z}_{(1)}$	bzw.	2)
– $\underline{I}''_{k1} > \underline{I}''_{k3}$	wenn	$\underline{Z}_{(0)} < \underline{Z}_{(1)}$		3)

- Minimaler Kurzschlussstrom

– $\underline{I}''_{k2} < \underline{I}''_{k3}$	wegen	$\underline{I}''_{k2} = \frac{\sqrt{3}}{2} \cdot \underline{I}''_{k3}$		1)
– $\underline{I}''_{k3} < \underline{I}''_{k1}$	wenn	$\underline{Z}_{(0)} < \underline{Z}_{(1)}$	bzw.	3)
– $\underline{I}''_{k1} < \underline{I}''_{k3}$	wenn	$\underline{Z}_{(0)} > \underline{Z}_{(1)}$		2)

1) Die Beziehung ergibt sich aus den Gl. (3.4) und (3.6)
2) Gilt für Verhältnisse $\underline{Z}_{(0)}/\underline{Z}_{(1)}$ von Kabeln und Freileitungen
3) In der Nähe von Transformatoren Yd, Dy durch Entkopplung der Nullsysteme

Die Beziehungen verdeutlichen, dass der zweipolige Anfangs-Kurzschlusswechselstrom stets kleiner als der dreipolige ist. Die Unterscheidung zwischen drei- und einpoligem Kurzschlussstrom hängt von dem Verhältnis $\underline{Z}_{(0)}/\underline{Z}_{(1)}$ ab. Im Allgemeinen ist die Nullimpedanz von Freileitungen und Kabeln größer als die Mitimpedanz, so dass für ausgedehnte Netze gilt

$$\underline{I}''_{k3} > \underline{I}''_{k1} \tag{3.7}$$

Im Gegensatz hierzu ist jedoch der einpolige Kurzschlussstrom an den Klemmen eines einspeisenden Transformators mit der Schaltgruppe Dy im Allgemeinen größer, da in diesem Fall bei der Sternpunkterdung des Transformators der durch die Nullströme verursachte Fluss durch die Gegenamperewindungen in der Dreieckswicklung, die auf die volle Durchgangsleistung ausgelegt ist, und dem Jochstreufluss kompensiert wird. Die Folge kann sein, dass wegen der Beziehung $X_{(0)T} \leq X_{(1)T}$ des Transformators die resultierende

Nullimpedanz kleiner ist als die Mitimpedanz. Hinzu kommt, dass das Nullsystem des überlagerten Netzes nicht übertragen wird.

3.4 Transienter Kurzschlussstromverlauf

Ein symmetrischer oder asymmetrischer Kurzschlussstromverlauf, z. B. bei einem dreipoligen Kurzschluss, hängt vom Zeitpunkt ab, zu dem der Kurzschluss eingeleitet wird. In einem ausschließlich induktiven Stromkreis entsteht das größte Gleichstromglied und damit die größte Verlagerung des Kurzschlussstroms dann, wenn der Kurzschluss im Spannungsnulldurchgang eingeleitet wird, welches nachfolgend gezeigt wird.

Wenn ausgehend von Abb. 3.6 ein Kurzschluss berechnet wird, so bestimmt sich der Kurzschlussstromverlauf allgemein nach Gl. (3.8). Hierbei wird die Kurzschlussimpedanz induktiv sein, da sowohl Transformatoren und Leitungen usw. im Kurzschlussfall ein induktives Verhalten haben.

Im Laplace-Bereich ergibt sich:

$$I(p) = \frac{U(p)}{Z(p)} \tag{3.8}$$

$$Z(p) = pL \qquad \text{Kurzschlussreaktanz}$$

$$U(p) = \hat{U} \cdot \frac{\omega}{p^2 + \omega^2} \qquad \text{bei } u(t) = \hat{U} \cdot \sin(\omega \cdot t) \tag{3.9}$$

$$U(p) = \hat{U} \cdot \frac{p}{p^2 + \omega^2} \qquad \text{bei } u(t) = \hat{U} \cdot \cos(\omega \cdot t) \tag{3.10}$$

Wenn in einem ersten Schritt angenommen wird, dass der Kurzschlusseintritt im Spannungsnulldurchgang erfolgt [$t = 0 \rightarrow \sin(\omega \cdot t) = 0$], dann gilt:

$$I(p) = \frac{U(p)}{Z(p)} = \frac{\omega \cdot \hat{U}}{p^2 + \omega^2} \cdot \frac{1}{p \cdot L} \tag{3.11}$$

Nach Transformation folgt daraus für den Kurzschlussstromverlauf:

$$i_\text{k}(t) = \frac{\hat{U}}{\omega L} \cdot \left[1 - \cos(\omega t)\right] \tag{3.12}$$

Erfolgt im Gegensatz hierzu der Kurzschlusseintritt im Spannungsmaximum [$t = 0 \rightarrow \cos(\omega \cdot t) = 1$], dann folgt:

$$I(p) = \frac{U(p)}{Z(p)} = \frac{\hat{U}}{L} \cdot \frac{p}{p^2 + \omega^2} \tag{3.13}$$

Nach Transformation folgt daraus:

$$i_{\mathrm{k}}(t) = \frac{\hat{U}}{\omega L} \cdot \sin(\omega t) \tag{3.14}$$

Wie Gl. (3.12) zeigt, tritt bei einem Kurzschluss im Spannungsnulldurchgang eine Verlagerung des betriebsfrequenten Kurzschlussstroms auf, da zum Zeitpunkt $t = 0$ sowohl Spannung als auch Strom in Phase sind, obwohl eine Phasenverschiebung von 90° als Folge des induktiven Stromkreises auftreten sollte. Dieses wird ausgeglichen durch das auftretende Gleichstromglied. Im Gegensatz hierzu ist bei einem Kurzschlusseintritt im Spannungsmaximum stets die Phasenverschiebung vorhanden.

3.5 Generatornahe und generatorferne Kurzschlüsse

Neben der Fehlerart wird im Allgemeinen zwischen den Kurzschlussorten unterschieden, so dass generatornahe und generatorferner Kurzschlüsse definiert werden. Hierbei gilt die folgende Unterscheidung:

- Generatorferner Kurzschluss: In diesem Fall bleibt die Wechselstromkomponente während der Kurzschlusszeit konstant, dieses bedeutet, dass die verschiedenen, zeitabhängigen Kurzschlussströme identisch sind, Gl. (3.15).

$$\underline{I}_{\mathrm{k}}^{"} = \underline{I}_{\mathrm{b}} = \underline{I}_{\mathrm{k}} \tag{3.15}$$

Abb. 3.7 zeigt den typischen Stromverlauf $i_{\mathrm{k}}(t)$ eines generatorfernen Kurzschlusses mit einer konstanten Wechselstromkomponente über den gesamten Zeitverlauf.

- Generatornaher Kurzschluss: In diesem Fall klingt die Wechselstromkomponente während der Kurzschlussdauer ab. Dieses bedeutet, dass die Effektivwerte des Kurzschlussstroms kleiner werden, Gl. (3.16).

$$\underline{I}_{\mathrm{k}}^{"} > \underline{I}_{\mathrm{b}} > \underline{I}_{\mathrm{k}} \tag{3.16}$$

Abb. 3.8 zeigt den typischen Stromverlauf $i_{\mathrm{k}}(t)$ eines generatornahen Kurzschlusses mit einer abnehmenden Wechselstromkomponente.

Nach der Norm VDE 0102 [2] wird ein Kurzschluss dann als generatornah bezeichnet, wenn der Kurzschlussstrombeitrag eines Generators den zweifachen Wert des seines Bemessungsstroms überschreitet. Dieses kann den μ-Kurven bei der Berechnung des Ausschaltwechselstroms entnommen werden, Abschn. 5.6.1.

Bei generatornahen Kurzschlüssen ist es möglich, dass die Wechselstromkomponente schneller abklingt als die dazugehörige Gleichstromkomponente, welches besonders bei großen Generatoren auftreten kann. In diesen Fällen ist es möglich, dass der Kurzschlussstrom fehlende Nulldurchgänge für einige Perioden aufweist. Die folgenden Randbedingungen beeinflussen das Auftreten von fehlenden Stromnulldurchgängen (Abb. 3.8):

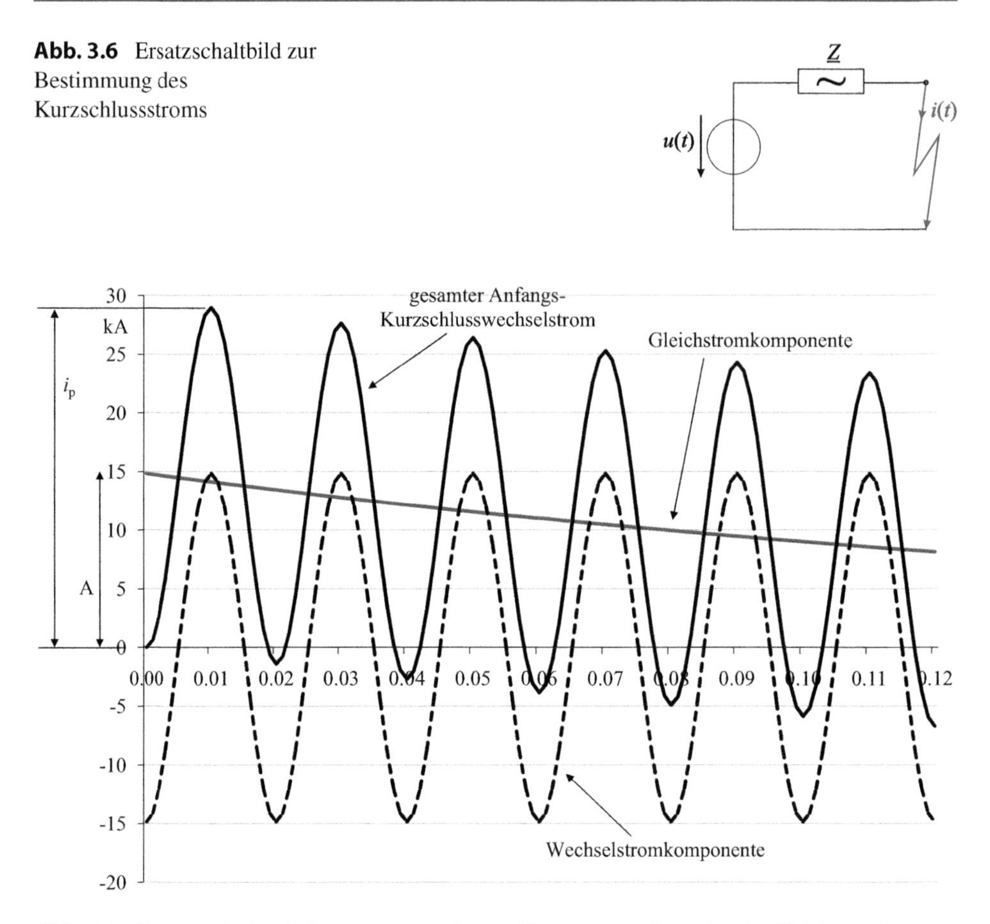

Abb. 3.6 Ersatzschaltbild zur Bestimmung des Kurzschlussstroms

Abb. 3.7 Stromverlauf bei einem generatorfernen Kurzschluss. *A* maximale Gleichstromkomponente, i_p Stoßkurzschlussstrom

- Lastbedingungen vor Fehlereintritt (induktiv, kapazitiv, unbelastet),
- Kurzschlusseintritt: Fehlersequenz,
- Fehlerart: dreipolig,
- Ausschaltfolge der Schalterpole,
- Unterbrechungszeit des Leistungsschalters,
- Sternpunkterdung des Netzes,
- Lichtbogenwiderstand (Fehlerstelle, Schaltklammer).

Die Berechnung, ob fehlende Stromnulldurchgänge auftreten, ist in jedem Fall mit einem entsprechenden Rechenprogramm dreiphasig durchzuführen, da fehlende Stromnulldurchgänge in den meisten Fällen nur in einem Leiter auftreten. Weitere Erläuterungen hierzu in [5, Abschn. 5.3].

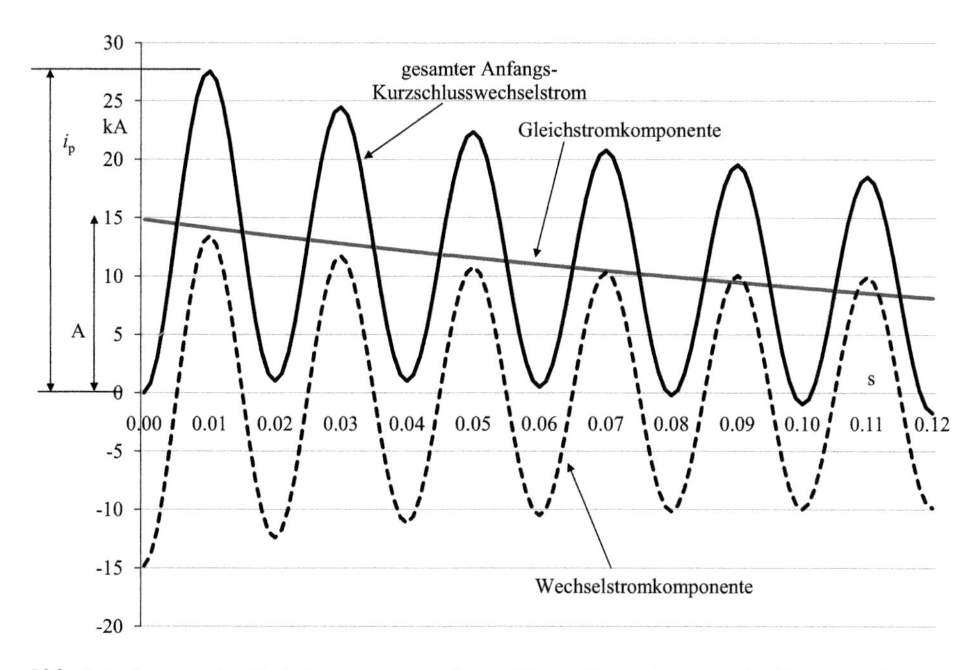

Abb. 3.8 Stromverlauf bei einem generatorfernen Kurzschluss. *A* maximale Gleichstromkomponente, i_p Stoßkurzschlussstrom

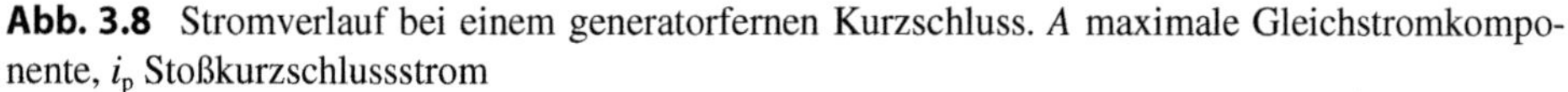

3.6 Grundsätzliche Verfahren zur Ermittlung von stationären Kurzschlussströmen

Für die Ermittlung der Kurzschlussströme sind Verfahren und Randbedingungen erforderlich, die im folgenden Abschnitt näher erläutert werden, wobei ausschließlich die Möglichkeiten der stationären Kurzschlussstromberechnung betrachtet werden, im Gegensatz zu Verfahren, die den zeitlichen Stromverlauf ermitteln.

In diesem Abschnitt wird auch der Einfluss der Belastung auf das Ergebnis gezeigt, in Abhängigkeit der unterschiedlichen Berechnungsverfahren. Im Gegensatz hierzu wird in Abschn. 3.7 dieser Einfluss auf die Berechnung des drei- und einpoligen Kurzschlussstroms gezeigt.

3.6.1 Berechnung mit tatsächlichen Spannungen

In elektrischen Netzen lassen sich Ströme und Spannungen stets mit den Kirchhoffschen Regeln bestimmen, die durch folgende Beziehungen gekennzeichnet sind:

- In jedem Knotenpunkt ist die Summe aller Ströme null,
- bei jeder Netzmasche ist bei einem geschlossenen Umlauf die Summe aller Spannungen null.

Die Berechnung mit tatsächlichen Spannungen kann sowohl mit als auch ohne eine Belastungsimpedanz durchgeführt werden, welches einen unterschiedlichen Einfluss auf den Kurzschlussstrom hat. Unter dieser Möglichkeit wird ein Verfahren verstanden, dass die tatsächlich vorhandenen Spannungen im Netz bei der Berechnung des Kurzschlussstroms verwendet werden.

3.6.1.1 Mit Belastung

Nach Abb. 3.9 wird hierbei ein Kurzschlussstrom $\underline{I}_k$ durch zwei Spannungen $\underline{U}_1$ und $\underline{U}_2$ eingespeist. Zusätzlich wird eine Belastung $\underline{Z}_B$ im Netz berücksichtigt.

Unter Berücksichtigung der bekannten Spannungen $\underline{U}_1$ und $\underline{U}_2$, können die Ströme mit Hilfe der Maschen- und Knotengleichungen bestimmt werden, so dass das Gleichungssystem (3.17) aufgestellt werden kann. Da das Beispiel nach Abb. 3.9 überschaubar ist und eine mehrfach, einfache Kurzschlussstelle zeigt, kann natürlich der Kurzschlussstrom auch direkt aus der Darstellung abgeleitet werden.

$$\begin{pmatrix} \underline{U}_1 \\ \underline{U}_2 \\ 0 \\ 0 \\ 0 \end{pmatrix} = \begin{pmatrix} \underline{Z}_1 & 0 & 0 & \underline{Z}_B & 0 \\ 0 & \underline{Z}_2 & 0 & 0 & 0 \\ 0 & 0 & \underline{Z}_3 & -\underline{Z}_B & 0 \\ -1 & 0 & 1 & 1 & 0 \\ 0 & 1 & 1 & 0 & -1 \end{pmatrix} \cdot \begin{pmatrix} \underline{I}_1 \\ \underline{I}_2 \\ \underline{I}_3 \\ \underline{I}_B \\ \underline{I}_k \end{pmatrix} \tag{3.17}$$

Die verschiedenen Ströme können mit Hilfe der Cramerschen Regel nach Gl. (3.18) bestimmt werden, so dass gilt:

$$\underline{I}_i = \frac{\mathbf{D}_i}{\mathbf{D}} \tag{3.18}$$

Mit

$\mathbf{D}$ Ergebnis der Determinante nach Gl. (3.17)
$\mathbf{D}_i$ Ergebnis der Teildeterminante

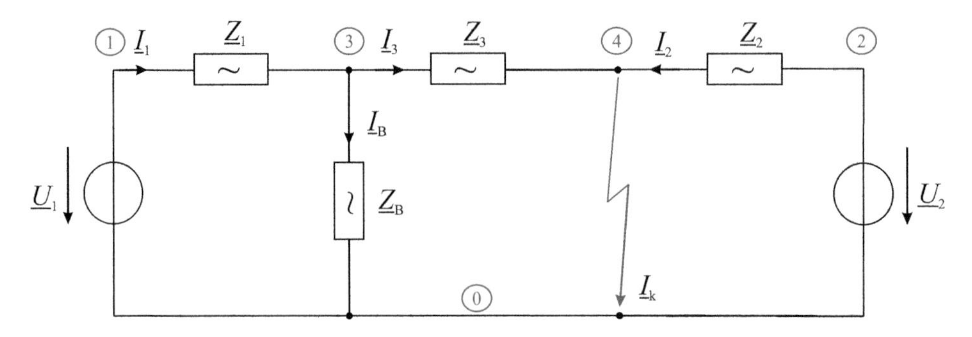

Abb. 3.9 Berechnung des Kurzschlussstroms $\underline{I}_k$ mit tatsächlichen Spannungen, unter Berücksichtigung einer Belastung $\underline{Z}_B$

Für die Determinante **D** nach Gl. (3.17) gilt, indem die Determinante nach beliebigen Zeilen oder Spalten aufgelöst wird.

$$\mathbf{D} = \begin{vmatrix} \underline{Z}_1 & 0 & 0 & \underline{Z}_B & 0 \\ 0 & \underline{Z}_2 & 0 & 0 & 0 \\ 0 & 0 & \underline{Z}_3 & -\underline{Z}_B & 0 \\ -1 & 0 & 1 & 1 & 0 \\ 0 & 1 & 1 & 0 & -1 \end{vmatrix} = (-1)\cdot \begin{vmatrix} \underline{Z}_1 & 0 & 0 & \underline{Z}_B \\ 0 & \underline{Z}_2 & 0 & 0 \\ 0 & 0 & \underline{Z}_3 & -\underline{Z}_B \\ -1 & 0 & 1 & 1 \end{vmatrix} =$$

$$(-\underline{Z}_2)\cdot \begin{vmatrix} \underline{Z}_1 & 0 & \underline{Z}_B \\ 0 & \underline{Z}_3 & -\underline{Z}_B \\ -1 & 1 & 1 \end{vmatrix} = (-\underline{Z}_2\cdot\underline{Z}_1)\cdot \begin{vmatrix} \underline{Z}_3 & -\underline{Z}_B \\ 1 & 1 \end{vmatrix} + \underline{Z}_2\cdot \begin{vmatrix} 0 & \underline{Z}_B \\ \underline{Z}_3 & -\underline{Z}_B \end{vmatrix} = \tag{3.19}$$

$$-\underline{Z}_2\cdot\left[\underline{Z}_1\cdot(\underline{Z}_3+\underline{Z}_B)+\underline{Z}_3\cdot\underline{Z}_B\right]$$

Zur Berechnung des Stroms $\underline{I}_1$ gilt für die Teildeterminante $\mathbf{D}_1$, indem die entsprechende Spalte (1) durch den linken Vektor (Gl. 3.17) ersetzt wird:

$$\mathbf{D}_1 = \begin{vmatrix} \underline{U}_1 & 0 & 0 & \underline{Z}_B & 0 \\ \underline{U}_2 & \underline{Z}_2 & 0 & 0 & 0 \\ 0 & 0 & \underline{Z}_3 & -\underline{Z}_B & 0 \\ 0 & 0 & 1 & 1 & 0 \\ 0 & 1 & 1 & 0 & -1 \end{vmatrix} = (-1)\cdot \begin{vmatrix} \underline{U}_1 & 0 & 0 & \underline{Z}_B \\ \underline{U}_2 & \underline{Z}_2 & 0 & 0 \\ 0 & 0 & \underline{Z}_3 & -\underline{Z}_B \\ 0 & 0 & 1 & 1 \end{vmatrix} = \tag{3.20}$$

$$(-\underline{Z}_2)\cdot \begin{vmatrix} \underline{U}_1 & 0 & \underline{Z}_B \\ 0 & \underline{Z}_3 & -\underline{Z}_B \\ 0 & 1 & 1 \end{vmatrix} = (-\underline{Z}_2\cdot\underline{U}_1)\cdot \begin{vmatrix} \underline{Z}_3 & -\underline{Z}_B \\ 1 & 1 \end{vmatrix} = -\underline{Z}_2\cdot\underline{U}_1\cdot(\underline{Z}_3+\underline{Z}_B)$$

Unter Berücksichtigung der Ergebnisse aus den Gl. (3.19) und (3.20) ergibt sich für den Strom $\underline{I}_1$ nach Gl. (3.18):

$$\underline{I}_1 = \frac{-\underline{Z}_2\cdot\underline{U}_1\cdot(\underline{Z}_3+\underline{Z}_B)}{-\underline{Z}_2\cdot\left[\underline{Z}_1\cdot(\underline{Z}_3+\underline{Z}_B)+\underline{Z}_3\cdot\underline{Z}_B\right]} = \frac{1}{\underline{Z}_1+\dfrac{\underline{Z}_3\cdot\underline{Z}_B}{\underline{Z}_3+\underline{Z}_B}}\cdot\underline{U}_1 \tag{3.21}$$

Der Strom $\underline{I}_2$ bestimmt sich direkt aus der 2. Zeile des Gleichungssystems (3.17) und ist unabhängig von der Belastungsimpedanz $\underline{Z}_B$.

$$\underline{I}_2 = \frac{1}{\underline{Z}_2}\cdot\underline{U}_2 \tag{3.22}$$

Der Strom $\underline{I}_3$ wird in gleicher Weise nach Gl. (3.18) bestimmt, so dass sich ergibt:

$$\underline{I}_3 = \frac{-\underline{Z}_2\cdot\underline{Z}_B\cdot\underline{U}_1}{-\underline{Z}_2\cdot\left[\underline{Z}_1\cdot(\underline{Z}_3+\underline{Z}_B)+\underline{Z}_3\cdot\underline{Z}_B\right]} = \frac{1}{\underline{Z}_1+\underline{Z}_3+\dfrac{\underline{Z}_1\cdot\underline{Z}_3}{\underline{Z}_B}}\cdot\underline{U}_1 \tag{3.23}$$

Nach Gl. (3.23) ist auch der Kurzschlussstrombeitrag $\underline{I}_3$, der unmittelbar in die Fehlerstelle einspeist, von der Belastungsimpedanz $\underline{Z}_b$ abhängig, so dass gilt:

$$\underline{Z}_B \Rightarrow \infty \qquad \underline{I}_{3(\infty)} = \frac{1}{\underline{Z}_1 + \underline{Z}_3} \cdot \underline{U}_1 \tag{3.24}$$

$$\underline{Z}_B = 0 \qquad \underline{I}_{3(0)} = 0 \tag{3.25}$$

Dieses bedeutet, dass unter Berücksichtigung einer Belastung die Kurzschluss impedanz sich verändert und somit einen Einfluss auf den Kurzschlussstrombeitrag hat. Der Kurzschlussstrom $\underline{I}_k$ ermittelt sich aus der Summe der beiden Ströme $\underline{I}_2$ und $\underline{I}_3$, Gl. (3.17).

$$\underline{I}_k = \frac{1}{\underline{Z}_2} \cdot \underline{U}_2 + \frac{1}{\underline{Z}_1 + \underline{Z}_3 + \dfrac{\underline{Z}_1 \cdot \underline{Z}_3}{\underline{Z}_B}} \cdot \underline{U}_1 \tag{3.26}$$

Bei gleichen Spannungen $\underline{U}_1 = \underline{U}_2 = \underline{U}_0$ ergibt sich daraus:

$$\underline{I}_k = \left[\frac{1}{\underline{Z}_2} + \frac{1}{\underline{Z}_1 + \underline{Z}_3 + \dfrac{\underline{Z}_1 \cdot \underline{Z}_3}{\underline{Z}_B}} \right] \cdot \underline{U}_0 \tag{3.27}$$

In diesem Fall wird der Kurzschlussstrom I_k durch die Belastungsimpedanz Z_B verringert. Dieses gilt unter der Voraussetzung, dass die Spannung am Anschlusspunkt der Belastung nicht konstant gehalten wird, sondern sich mit der Belastung vermindert.

3.6.1.2 Ohne Belastung

Wird im Gegensatz zum Abschn. 3.6.1.1 die Belastung bei der Kurzschlussstromberechnung nicht berücksichtigt, so ergibt sich der Kurzschlussstrom zu:

$$\underline{I}_k = \frac{1}{\underline{Z}_2} \cdot \underline{U}_2 + \frac{1}{\underline{Z}_1 + \underline{Z}_3} \cdot \underline{U}_1 \tag{3.28}$$

Der resultierende Kurzschlussstrom setzt sich aus den beiden Stromanteilen zusammen und hängt wesentlich von den beiden Spannungen $\underline{U}_1$ und $\underline{U}_2$ ab. Sind diese Spannungen identisch, so können sie nach Abb. 3.10 zusammengefasst werden, da die beiden Netzpunkte potenzialgleich sind.

Der Vorteil für die Kurzschlussstromberechnung mit gleichen Spannungsquellen besteht in diesem Fall darin, dass nur mit einer Netzspannungsquelle gerechnet wird, die anschließend an der Kurzschlussstelle nach Abb. 3.11 mit entgegengesetzter Spannungsrichtung eingesetzt werden kann, um den gleichen Stromfluss zu erhalten.

Die Spannung $\underline{U}_0$ hängt hierbei von der Spannung an der Fehlerstelle ab, vor Eintritt des Kurzschlusses. Sie ist somit von den Spannungen der Einspeisungen, der Netztopologie, den Betriebsmitteln und dem Lastfluss abhängig. Diese Spannung wird durch die Einführung des Spannungsfaktors c nach Kap. 7 festgelegt. Das Verfahren der Ersatzspan-

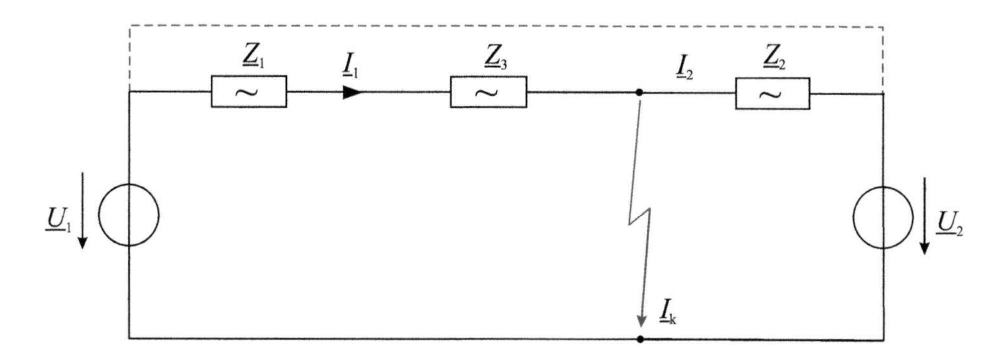

Abb. 3.10 Ersatzschaltbild ohne Belastung

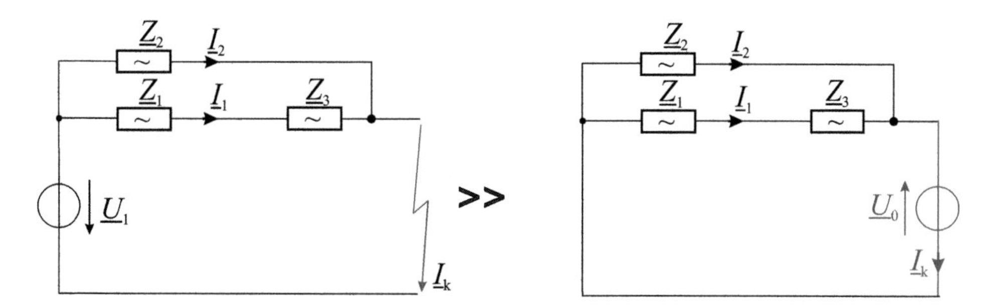

Abb. 3.11 Ersatzschaltbild für die Kurzschlussstromberechnung mit einer treibenden Spannung

nungsquelle an der Fehlerstelle lässt sich somit aus den dargestellten Vereinfachungen ableiten, Abschn. 3.6.6.

3.6.2 Knotenadmittanzverfahren

Grundsätzlich kann zur Berechnung der Kurzschlussströme die Admittanzmatrix $\underline{\mathbf{Y}}_\mathrm{N}$ des Netzes aufgestellt werden, um anschließend mit Hilfe der Impedanzmatrix $\underline{\mathbf{Z}}_\mathrm{N}$ und Spannungsverteilung $\underline{U}_i$, die Ströme $\underline{I}_i$ zu bestimmen. Hierbei wird ein Knoten als Bezugspunkt mit Nullpotenzial (Erde) festgelegt. Allgemein gilt somit:

$$\underline{\mathbf{I}}_i = \underline{\mathbf{Y}}_\mathrm{N} \cdot \underline{\mathbf{U}}_i \qquad \underline{\mathbf{U}}_i = \underline{\mathbf{Z}}_\mathrm{N} \cdot \underline{\mathbf{I}}_i \tag{3.29}$$

Für die Admittanzmatrix eines Netzes gilt allgemein:

$$\underline{\mathbf{Y}}_\mathrm{N} = \begin{pmatrix} \underline{Y}_{11} & \cdots & \underline{Y}_{1i} & \cdots & \underline{Y}_{1\mathrm{m}} \\ \vdots & \ddots & \vdots & \ddots & \vdots \\ \underline{Y}_{i1} & \cdots & \underline{Y}_{ii} & \cdots & \underline{Y}_{i\mathrm{m}} \\ \vdots & \ddots & \vdots & \ddots & \vdots \\ \underline{Y}_{\mathrm{m}1} & \cdots & \underline{Y}_{\mathrm{m}i} & \ddots & \underline{Y}_{\mathrm{mm}} \end{pmatrix} \tag{3.30}$$

Das Aufstellen der symmetrischen Admittanzmatrix nach Gl. (3.30) erfolgt nach den folgenden Regeln:

- Die Elemente der Hauptdiagonalen *ii* bestehen aus der Summe der Leitwerte $\underline{Y}_{ij}$ aller Knoten *j*, die mit dem Knoten *i* verbunden sind.
- Die Elemente der Nebendiagonalen *ij* bestehen aus der negativen Summe der Leitwerte zwischen den beiden Knoten *i* und *j*.

Für das Beispiel nach Abb. 3.9 kann die folgende vollständige Admittanzmatrix abgeleitet werden, Gl. (3.31), entsprechend der Knotennumerierung von 0 bis 4:

$$\mathbf{Y}_{\mathrm{N}} = \begin{pmatrix} \underline{Y}_1 & 0 & -\underline{Y}_1 & 0 \\ 0 & \underline{Y}_2 & 0 & -\underline{Y}_2 \\ -\underline{Y}_1 & 0 & \underline{Y}_1 + \underline{Y}_{\mathrm{B}} + \underline{Y}_3 & -\underline{Y}_3 \\ 0 & -\underline{Y}_2 & -\underline{Y}_3 & \underline{Y}_2 + \underline{Y}_3 \end{pmatrix} \tag{3.31}$$

Hieraus lassen sich sämtliche Spannungen bzw. Ströme, inkl. des Kurzschlussstroms I_{k} bestimmen, da nach Gl. (3.32) die Spannungen $\underline{U}_1$ und $\underline{U}_2$ bekannt sind und die übrigen Größen ($\underline{U}_3$, $\underline{I}_1$, $\underline{I}_2$ und $\underline{I}_{\mathrm{k}}$) aus den vier Gleichungen ermittelt werden können. Das Ergebnis für den Kurzschlussstrom entspricht dem Resultat von Gl. (3.26). Sämtliche Zweigströme zwischen benachbarten Knoten können aus den Knotenspannungen gegen Erde bestimmt werden.

$$\begin{pmatrix} \underline{I}_1 \\ \underline{I}_2 \\ 0 \\ -\underline{I}_{\mathrm{k}} \end{pmatrix} = \begin{pmatrix} \underline{Y}_1 & 0 & -\underline{Y}_1 & 0 \\ 0 & \underline{Y}_2 & 0 & -\underline{Y}_2 \\ -\underline{Y}_1 & 0 & \underline{Y}_1 + \underline{Y}_{\mathrm{B}} + \underline{Y}_3 & -\underline{Y}_3 \\ 0 & -\underline{Y}_2 & -\underline{Y}_3 & \underline{Y}_2 + \underline{Y}_3 \end{pmatrix} \cdot \begin{pmatrix} \underline{U}_1 \\ \underline{U}_2 \\ \underline{U}_3 \\ 0 \end{pmatrix} \tag{3.32}$$

Nach Abb. 3.9 sind Spannungsquellen als Einspeisungen vorgesehen, so dass sich eine Knotenzahl von vier (ohne Referenzknoten) ergibt. Werden diese Spannungsquellen in gleichwertige Stromquellen umgewandelt, reduziert sich die Knotenzahl auf zwei.

3.6.3 Maschenimpedanzverfahren

In Ergänzung zum Knotenadmittanzverfahren kann auch das Maschenimpedanzverfahren angewendet werden, so dass entsprechend gilt:

$$\underline{\mathbf{U}}_i = \underline{\mathbf{Z}}_{\mathrm{N}} \cdot \underline{\mathbf{I}}_i \tag{3.33}$$

Für die Impedanzmatrix eines Netzes gilt allgemein Gl. (3.34).

$$\underline{\mathbf{Z}}_{\mathrm{N}} = \begin{pmatrix} \underline{Z}_{11} & \cdots & \underline{Z}_{1i} & \cdots & \underline{Z}_{1\mathrm{m}} \\ \vdots & \ddots & \vdots & \ddots & \vdots \\ \underline{Z}_{i1} & \cdots & \underline{Z}_{ii} & \cdots & \underline{Z}_{i\mathrm{m}} \\ \vdots & \ddots & \vdots & \ddots & \vdots \\ \underline{Z}_{\mathrm{m}1} & \cdots & \underline{Z}_{\mathrm{m}i} & \ddots & \underline{Z}_{\mathrm{mm}} \end{pmatrix} \tag{3.34}$$

Die Impedanzmatrix nach Gl. (3.34) kann z. B. durch Inversion der Admittanzmatrix, mit Hilfe des Maschenverfahrens, der Graphentheorie oder durch Leerlaufmessungen abgeleitet werden [6].

Im Folgenden wird das Aufstellen der $\underline{\mathbf{Z}}$-Matrix mit Hilfe der Maschenanalyse gezeigt. Nach Abb. 3.12 wird das Beispiel entsprechend Abb. 3.9 untersucht. Insgesamt können drei Maschen I, II und III mit unabhängigen Maschenströmen $\underline{I}_1$, $\underline{I}_2$ und $\underline{I}_3$ definiert werden.

Für die drei Maschenumläufe mit den Strömen $\underline{I}_1$, $\underline{I}_2$ und $\underline{I}_3$ ergeben sich die nachfolgenden Gleichungen.

$$\begin{aligned} \underline{U}_1 &= \underline{Z}_1 \cdot \underline{I}_1 + \underline{Z}_{\mathrm{B}} \cdot (\underline{I}_1 - \underline{I}_3) \\ 0 &= \underline{Z}_3 \cdot \underline{I}_3 - \underline{Z}_{\mathrm{B}} \cdot (\underline{I}_1 - \underline{I}_3) \\ \underline{U}_2 &= \underline{Z}_2 \cdot \underline{I}_2 \end{aligned} \tag{3.35}$$

Das Gleichungssystem nach Gl. (3.36) kann auch direkt aufgestellt werden, wenn es anhand der nachfolgenden Regeln aufgebaut wird:

- Definition der Maschen und Festlegung der unabhängigen Ströme.
- Die Elemente der Hauptdiagonalen *ii* bestehen aus der Summe der Impedanzen einer Masche.
- Die Elemente der Nebendiagonalen *ij* bilden die Kopplungsimpedanzen zwischen zwei Maschen. Das Vorzeichen ist positiv, wenn die beiden Maschenströme in der Kopplungsimpedanz das gleiche Vorzeichen haben.

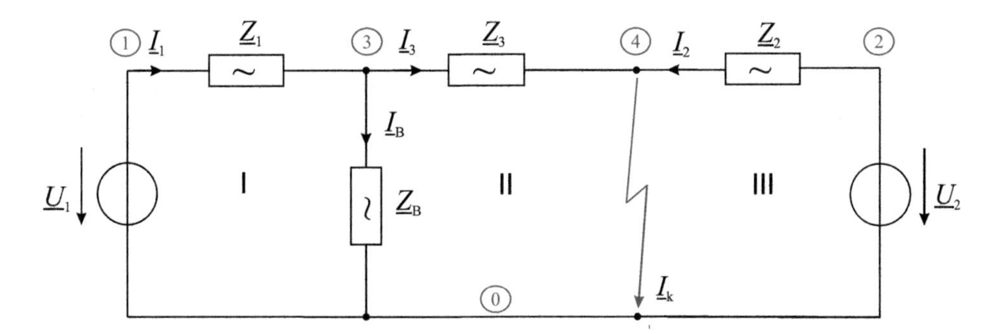

Abb. 3.12 Ersatzschaltung zur Bestimmung der Impedanzmatrix mit Hilfe der Maschenanalyse

- Als Spannungsvektor erscheinen die Spannungsquellen der Maschen, wobei das Vorzeichen negativ ist, wenn es mit dem Vorzeichen des Maschenstroms gleichgerichtet ist.

$$\begin{pmatrix} \underline{U}_1 \\ \underline{U}_2 \\ 0 \end{pmatrix} = \begin{pmatrix} \underline{Z}_1 + \underline{Z}_B & 0 & -\underline{Z}_B \\ 0 & \underline{Z}_2 & 0 \\ -\underline{Z}_B & 0 & \underline{Z}_3 + \underline{Z}_B \end{pmatrix} \cdot \begin{pmatrix} \underline{I}_1 \\ \underline{I}_2 \\ \underline{I}_3 \end{pmatrix} \tag{3.36}$$

Mit der Strombedingung $\underline{I}_k = \underline{I}_3 + \underline{I}_2$ am Knoten 4 ergibt sich ausgehend von den Gl. (3.35):

$$\begin{pmatrix} \underline{U}_1 \\ 0 \\ \underline{U}_2 \end{pmatrix} = \begin{pmatrix} \underline{Z}_1 + \underline{Z}_B & \underline{Z}_B & -\underline{Z}_B \\ -\underline{Z}_B & -(\underline{Z}_3 + \underline{Z}_B) & \underline{Z}_3 + \underline{Z}_B \\ 0 & \underline{Z}_2 & 0 \end{pmatrix} \cdot \begin{pmatrix} \underline{I}_1 \\ \underline{I}_2 \\ \underline{I}_k \end{pmatrix} \tag{3.37}$$

Aus diesem Gleichungssystem kann der Kurzschlussstrom $\underline{I}_k$, z. B. nach der Cramerschen Regel (Abschn. 3.6.1.1), entsprechend Abb. 3.12 bestimmt werden, so dass sich ergibt:

$$\underline{I}_k = \frac{\underline{U}_2}{\underline{Z}_2} + \frac{\underline{Z}_B}{\underline{Z}_1 \cdot (\underline{Z}_3 + \underline{Z}_B) + \underline{Z}_B \cdot \underline{Z}_3} \cdot \underline{U}_1 \tag{3.38}$$

Das Ergebnis der Gl. (3.38) entspricht der Ableitung nach Gl. (3.26).

3.6.4 Überlagerungsverfahren

Wenn die Betriebsmittel im Netz ein lineares Verhalten im Kurzschlussfall aufweisen, dann kann grundsätzlich der Strom in einem beliebigen Zweig in der Art bestimmt werden, dass n-Teilströme ermittelt werden, die durch n-Einspeisungen hervorgerufen werden, wobei jeweils $(n - 1)$-Spannungsquellen kurzgeschlossen werden. Der Gesamtstrom ergibt sich dann aus der Überlagerung der einzelnen Teilströme.

Wird vorausgesetzt, dass die Last- und Spannungsverhältnisse vor Eintritt des Kurzschlusses bekannt sind, dann lassen sich nach dem Überlagerungsverfahren die exakten Werte des Kurzschlussstroms an der Kurzschlussstelle und in den Zweigen bestimmen. Hierbei geht man nach Abb. 3.13 in drei Schritten, wie bereits schon oben dargestellt, vor, was an der Netzschaltung nach Abb. 3.13a beispielhaft gezeigt wird.

- 1. Schritt
  Im ersten Schritt werden die Spannung $\underline{U}_{bk}$ an der Kurzschlussstelle, die Stromverteilung $\underline{I}_b$ und die inneren Spannungen der aktiven Elemente im Netz vor Eintritt des Kurzschlusses ermittelt (Lastflussberechnung, Abb. 3.13b). Für die Berechnung werden der Lastzustand vor Kurzschlusseintritt, d. h., die Knotenlasten und Einspeisungen,

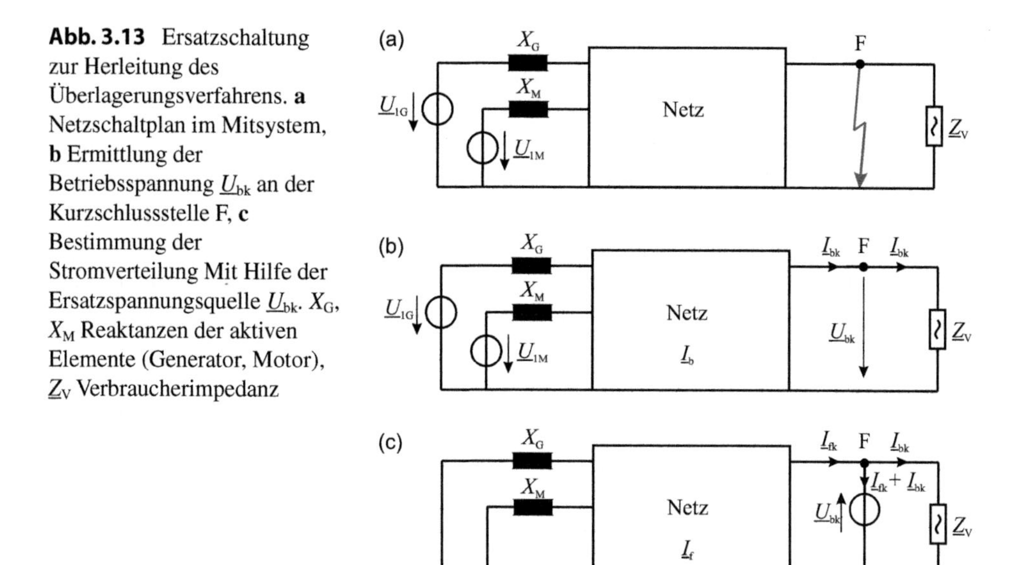

Abb. 3.13 Ersatzschaltung zur Herleitung des Überlagerungsverfahrens. **a** Netzschaltplan im Mitsystem, **b** Ermittlung der Betriebsspannung $\underline{U}_{bk}$ an der Kurzschlussstelle F, **c** Bestimmung der Stromverteilung Mit Hilfe der Ersatzspannungsquelle $\underline{U}_{bk}$. X_G, X_M Reaktanzen der aktiven Elemente (Generator, Motor), $\underline{Z}_V$ Verbraucherimpedanz

die Impedanzen im Netz und die subtransienten Reaktanzen der aktiven Elemente berücksichtigt, ebenso die tatsächliche Stufenstellung der Transformatoren.

- 2. Schritt
  Nach Abb. 3.13c werden die Ströme $\underline{I}_f$ und Spannungen $\underline{U}_f$ im Netz mit Hilfe einer Ersatzspannungsquelle $\underline{U}_{fk} = -\underline{U}_{bk}$ an der Kurzschlussstelle berechnet, wobei diese Spannungsquelle die einzige Spannungsquelle im Netz ist. Die Ersatzspannung $\underline{U}_{fk}$ hat die entgegengesetzte Polarität, damit nach der Überlagerung die Spannung an der Fehlerstelle sich zu null ergibt. Die inneren Spannungen der aktiven Elemente werden kurzgeschlossen.
- 3. Schritt
  Eine Überlagerung der Zustände Abb. 3.13b, c entspricht der Stromverteilung im Netz nach Eintritt des Kurzschlusses. An der Kurzschlussstelle ergibt sich die Spannung nach Gl. (3.39) zu null.

$$\underline{U}_{fk} = \underline{U}_{bk} + \left(-\underline{U}_{bk}\right) = 0 \tag{3.39}$$

Für den Verbraucherzweig an der Fehlerstelle ergibt die Überlagerung der Ströme ebenfalls den Wert null (die Verbraucherimpedanz ist kurzgeschlossen). Der resultierende Strom an der Kurzschlussstelle berechnet sich zu:

$$\underline{I}_k'' = 0 + \left(\underline{I}_{fk} + \underline{I}_{bk}\right) \tag{3.40}$$

Der Nachteil dieses Verfahrens besteht darin, dass die Spannung $\underline{U}_{bk}$ an der Kurzschlussstelle, vor Eintritt des Kurzschlusses, und damit auch der berechnete Kurzschlussstrom, stark vom jeweiligen Lastzustand abhängig ist und der „pessimale" Lastfluss erst gesucht werden muss, der z. B. bei der Berechnung zum größten Kurzschlussstrom führt. In Abschn. 3.6.6 wird daher ein Verfahren erläutert, mit dem unabhängig vom jeweiligen Lastzustand der maximale und minimale Kurzschlussstrom berechnet werden kann, wenn bestimmte Randbedingungen eingehalten werden. Die Ergebnisse sollten bei diesem Verfahren, der Ersatzspannungsquelle an der Fehlerstelle, auf der sicheren Seite liegt.

Während in diesem Abschnitt die Überlagerung mit Hilfe von Spannungsquellen durchgeführt wird, ist dieses Verfahren natürlich auch bei Stromquellen anwendbar, wie dieses z. B. bei der Anwendung von Umrichtern gezeigt wird, die einen konstanten Strom während der Kurzschlussphase einspeisen, Kap. 13.

Die oben beschriebene Vorgehensweise wird anhand des Beispiels nach Abb. 3.9 dargestellt.

- 1. Schritt: Einspeisung von $\underline{U}_2$ und Kurzschluss der Spannung $\underline{U}_1$.
  Der Strom $\underline{I}_{k(I)}$ ermittelt sich zu:

$$\underline{I}_{k(I)} = \frac{\underline{U}_2}{\underline{Z}_2} \tag{3.41}$$

- 2. Schritt: Einspeisung von $\underline{U}_1$ und Kurzschluss der Spannung $\underline{U}_2$.
  Der Strom $\underline{I}_{k(II)}$ ermittelt sich zu:

$$\underline{I}_{k(II)} = \frac{1}{\underline{Z}_1 + \underline{Z}_3 + \frac{\underline{Z}_1 \cdot \underline{Z}_3}{\underline{Z}_B}} \cdot \underline{U}_1 \tag{3.42}$$

- 3. Schritt: Überlagerung der beiden Teilströme $\underline{I}_{k(I)}$ und $\underline{I}_{k(II)}$ zum resultierenden Kurzschlussstrom.

$$\underline{I}_k = \underline{I}_{k(I)} + \underline{I}_{k(II)} = \frac{\underline{U}_2}{\underline{Z}_2} + \frac{\underline{U}_1}{\underline{Z}_1 + \underline{Z}_3 + \frac{\underline{Z}_1 \cdot \underline{Z}_3}{\underline{Z}_B}} \tag{3.43}$$

Das Ergebnis nach Gl. (3.43) entspricht dem „ausführlichem" Ergebnis nach Gl. (3.26), so dass diese Verfahren gleichwertig sind.

Das Überlagerungsverfahren ist somit ein exaktes Verfahren zur Ermittlung der Kurzschlussströme. Grundsätzlich wird die Berechnung nach dem Überlagerungsverfahren zu Ergebnissen führen, die den tatsächlichen Verhältnissen besser angepasst sind, so dass die Anwendung dieses Verfahrens durch die VDE-Bestimmung [2] abgedeckt ist. Es hat jedoch den Nachteil, dass der Schaltzustand und die Spannungsverhältnisse vor Eintritt des Kurzschlusses bekannt sein müssen. Dieses trifft auch besonders für die Stufenstellung der Transformatoren zu, die bei der Berechnung nach VDE in Mittelstellung berücksichtigt werden. Häufig sind aber – vor allem für die Anlagenbemessung in der Planungsphase – der dafür ungünstigste Lastzustand des Netzes und somit auch die Spannungsverhältnisse vor Kurzschlusseintritt nicht bekannt.

3.6.5 Ersatzspannungsquelle, Ersatzstromquelle

Grundsätzlich ist es möglich, ein beliebiges Netz aufzutrennen und eine Netzreduktion durchzuführen. In diesem Fall muss der Zusammenhang $\underline{U}(\underline{I})$ an den Klemmen linear sein, wenn ein Netz aus linearen Elementen besteht. Dieser lineare Zusammenhang kann durch zwei Versuche an den Klemmen bestimmt werden:

- Leerlaufversuch und
- Kurzschlussversuch.

Aus diesen Versuchen lassen sich die notwendigen Größen einer Ersatzschaltung bestimmen, nämlich:

- Ersatzspannungsquelle: Leerlaufspannung $\underline{U}_0$ und Innenimpedanz $\underline{Z}_i$
- Ersatzstromquelle: Quellenstrom $\underline{I}_0$ und Innenimpedanz $\underline{Z}_i$

Abb. 3.14 zeigt als Beispiel die Umwandlung einer einfachen Netzschaltung bestehend aus einer Spannungsquelle $\underline{U}_1$ und zwei Impedanzen $\underline{Z}_1$ und $\underline{Z}_2$ in eine äquivalente Spannungs- bzw. Stromquelle. Bei der Darstellung nach Abb. 3.14 (links) wird zur Vereinfachung von einer einzelnen Spannung $\underline{U}_1$ ausgegangen. Bei ausgedehnten Netzen mit unterschiedlichen Einspeisungen und somit Spannungen ergibt sich eine resultierende Leerlaufspannung an den Ausgangsklemmen, die sich aus den unterschiedlichen Spannungen der Einspeisungen und den Impedanzen des Netzes ergibt.

Die beiden oben beschriebenen Versuche liefern für die Netzschaltung nach Abb. 3.14 (links) die folgenden Ergebnisse:

$$\text{Leerlauf}\left(I_2 = 0\right), \text{Index}\left(0\right): \quad \underline{U}_{2(0)} = \frac{\underline{Z}_2}{\underline{Z}_1 + \underline{Z}_2} \cdot \underline{U}_1 \tag{3.44}$$

$$\text{Kurzschluss}\left(U_2 = 0\right), \text{Index}\left(\text{k}\right): \quad \underline{I}_{2(\text{k})} = \frac{\underline{U}_1}{\underline{Z}_1} \tag{3.45}$$

Hieraus lassen sich die folgenden charakteristischen Größen der Ersatzschaltungen nach Abb. 3.14 (rechts) ableiten, damit das Verhalten an den Klemmen identisch ist:

- Ersatzspannungsquelle:

$$\text{Leerlaufspannung}: \quad \underline{U}_0 = \underline{U}_{2(0)} = \frac{\underline{Z}_2}{\underline{Z}_1 + \underline{Z}_2} \cdot \underline{U}_1 \tag{3.46}$$

$$\text{Innenimpedanz}: \quad \underline{Z}_\text{i} = \frac{\underline{U}_0}{\underline{I}_{2(\text{k})}} = \frac{\underline{Z}_1 \cdot \underline{Z}_2}{\underline{Z}_1 + \underline{Z}_2} \tag{3.47}$$

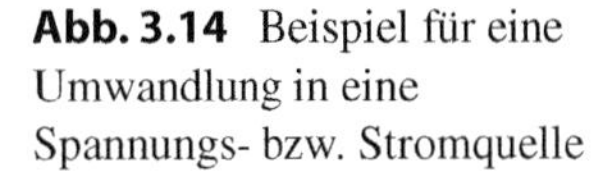

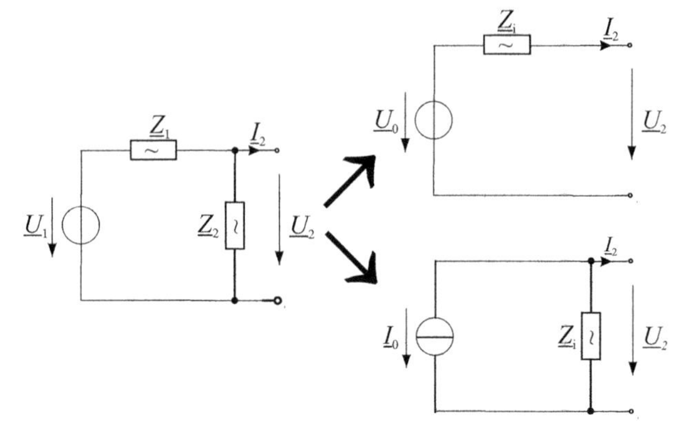

Abb. 3.14 Beispiel für eine Umwandlung in eine Spannungs- bzw. Stromquelle

- Ersatzstromquelle:

$$\text{Quellenstrom:} \quad \underline{I}_0 = \underline{I}_{2(\mathrm{k})} = \frac{\underline{U}_1}{\underline{Z}_1} \tag{3.48}$$

$$\text{Innenimpedanz:} \quad \underline{Z}_\mathrm{i} = \frac{\underline{U}_{2(0)}}{\underline{I}_0} = \frac{\underline{Z}_1 \cdot \underline{Z}_2}{\underline{Z}_1 + \underline{Z}_2} \tag{3.49}$$

Die Innenimpedanz $\underline{Z}_\mathrm{i}$ kann auch direkt durch den Wert der Impedanz bestimmt werden, der sich an den Klemmen des Ausgangsnetzes bei kurzgeschlossener Spannung $\underline{U}_1$ ergibt. Diese Impedanz ist bei beiden Ersatzschaltungen identisch.

Das Prinzip der Ersatzspannungsquelle wird bei der Berechnung der Kurzschlussströme nach VDE [2] angewendet.

3.6.6 Verfahren mit Hilfe der Ersatzspannungsquelle an der Kurzschlussstelle

Die Berechnung der Kurzschlussströme nach VDE [2] wird nach dem Verfahren mit der „Ersatzspannungsquelle an der Kurzschlussstelle“ durchgeführt. Dieses Verfahren wird aus dem Überlagerungsverfahren (Abschn. 3.6.4) abgeleitet, wobei der Lastzustand des Netzes näherungsweise über den Spannungsfaktor c berücksichtigt wird (Verfahren der Ersatz-EMK, [3]).

Nach Abb. 3.15 werden die inneren Spannungen im Netz kurzgeschlossen (von Generatoren und Motoren) und alle Queradmittanzen bleiben unberücksichtigt. Als einzige Spannungsquelle wird $c \cdot U_\mathrm{n} / \sqrt{3}$ an der Kurzschlussstelle eingesetzt, dieses entspricht Schritt 3 nach Abschn. 3.6.4 bzw. Abb. 3.13c).

Aus dem linearen Gleichungssystem (Admittanzmatrix), Gl. (3.30), kann die dazugehörige Impedanzmatrix durch Inversion ermittelt werden (3.50).

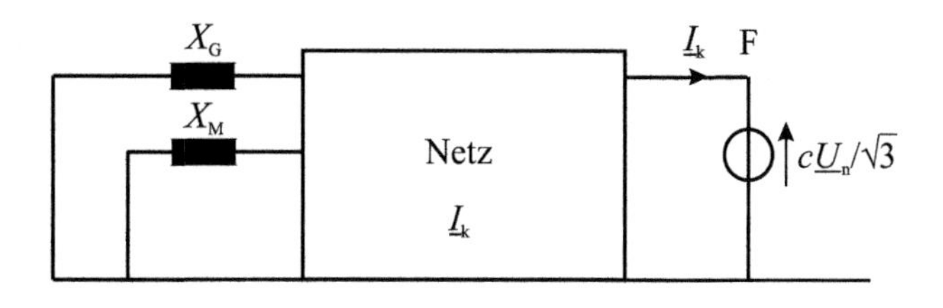

Abb. 3.15 Ersatzschaltplan im Mitsystem zur Berechnung des Kurzschlussstroms $\underline{I}_k$ mit Hilfe des Verfahrens der Ersatzspannungsquelle an der Fehlerstelle F

$$\underline{\mathbf{Z}}_N = \begin{pmatrix} \underline{Z}_{11} & \cdots & \underline{Z}_{1i} & \cdots & \underline{Z}_{1m} \\ \vdots & \ddots & \vdots & \ddots & \vdots \\ \underline{Z}_{i1} & \cdots & \underline{Z}_{ii} & \cdots & \underline{Z}_{im} \\ \vdots & \ddots & \vdots & \ddots & \vdots \\ \underline{Z}_{m1} & \cdots & \underline{Z}_{mi} & \ddots & \underline{Z}_{mm} \end{pmatrix} \tag{3.50}$$

Wenn das Verfahren der Ersatzspannungsquelle an der Fehlerstelle F verwendet wird, gilt für die Spannung am Knoten i (an der Kurzschlussstelle):

$$\underline{U}_i = c \cdot U_n / \sqrt{3} \tag{3.51}$$

Mit Hilfe der Impedanzmatrix ist es möglich, den Kurzschlussstrom an der Kurzschlussstelle direkt zu berechnen. Hierbei wird die Ersatzspannung am Knoten i nach Gl. (3.52) eingesetzt, während alle Knotenströme den Wert $\underline{I}_i = 0$ haben, bis auf den Fehlerstrom $\underline{I}_{ki}''$. Es gilt dann allgemein:

$$\begin{pmatrix} \underline{U}_1 \\ \vdots \\ c \cdot U_n / \sqrt{3} \\ \vdots \\ \underline{U}_m \end{pmatrix} = \begin{pmatrix} \underline{Z}_{11} & \cdots & \underline{Z}_{1i} & \cdots & \underline{Z}_{1m} \\ \vdots & \ddots & \vdots & \ddots & \vdots \\ \underline{Z}_{i1} & \cdots & \underline{Z}_{ii} & \cdots & \underline{Z}_{im} \\ \vdots & \ddots & \vdots & \ddots & \vdots \\ \underline{Z}_{m1} & \cdots & \underline{Z}_{mi} & \ddots & \underline{Z}_{mm} \end{pmatrix} \cdot \begin{pmatrix} 0 \\ \vdots \\ \underline{I}_{ki}'' \\ \vdots \\ 0 \end{pmatrix} \tag{3.52}$$

Aus Gl. (3.52) ergibt sich der Kurzschlussstrom $\underline{I}_{ki}''$ zu:

$$c \cdot U_n / \sqrt{3} = \underline{Z}_{ii} \cdot \underline{I}_{ki}'' \qquad \underline{I}_{ki}'' = \frac{c \cdot U_n / \sqrt{3}}{\underline{Z}_{ii}} \tag{3.53}$$

Anschließend können sämtliche Knotenspannungen gegen Bezugserde aus dem Gleichungssystem (3.52) abgeleitet werden. Hierbei wird bei der Ermittlung der Knotenspannungen angenommen, dass vor Kurzschlusseintritt kein Lastfluss vorhannden ist und die Spannungen sämtlicher Einspeisungen gleich dem Spannungswert der Ersatzspannungsquelle an der Kurzschlussstelle entsprechen. Für die Spannung $\underline{U}_1$ am Netzknoten 1 bei einem Kurzschluss am Knoten i gilt:

$$\underline{U}_1 = \underline{Z}_{1i} \cdot \underline{I}_{ki}'' = \frac{\underline{Z}_{1i}}{\underline{Z}_{ii}} \cdot c \cdot U_n / \sqrt{3} \tag{3.54}$$

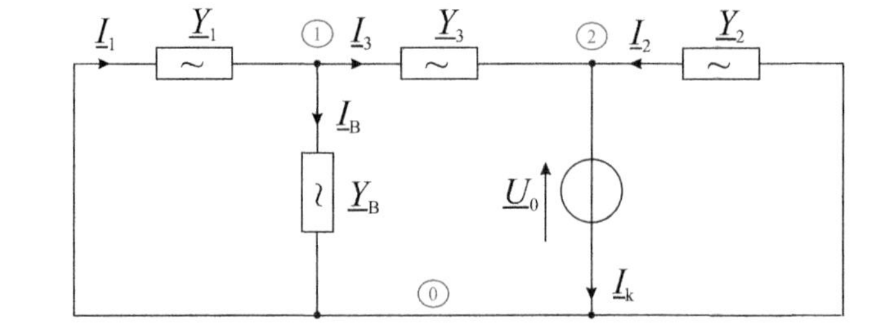

Abb. 3.16 Ersatzschaltbild zur Anwendung der Admittanzmatrix

Es ist zu beachten, dass die Spannung nach Gl. (3.54) sich als Folge des geänderten Spannungsprofils ergibt, bedingt durch die Ersatzspannungsquelle an der Fehlerstelle. Die tatsächlichen Spannungen $\underline{U}_{1a}$ ergeben sich zu:

$$\underline{U}_{1a} = c \cdot U_n / \sqrt{3} - \frac{\underline{Z}_{1i}}{\underline{Z}_{ii}} \cdot c \cdot U_n / \sqrt{3} = \left(1 - \frac{\underline{Z}_{1i}}{\underline{Z}_{ii}}\right) \cdot c \cdot U_n / \sqrt{3} \tag{3.55}$$

Wird das Verfahren der Ersatzspannungsquelle an der Fehlerstelle für das Beispiel nach Abb. 3.16 verwendet, so wird in einem ersten Schritt die Admittanz $\underline{Y}_B$ der Belastung aufgrund der Vergleichbarkeit berücksichtigt, obwohl dieses bei dem Verfahren nicht zulässig ist. Es ergeben sich zwei Knoten 1, 2 und der Referenzknoten 0, auf den die Knotenspannungen bezogen sind.

Für die Abb. 3.16 ergibt sich die folgende Admittanzmatrix nach Gl. (3.56).

$$\begin{pmatrix} 0 \\ -\underline{I}_k \end{pmatrix} = \begin{pmatrix} \underline{Y}_1 + \underline{Y}_B + \underline{Y}_3 & -\underline{Y}_3 \\ -\underline{Y}_3 & \underline{Y}_2 + \underline{Y}_3 \end{pmatrix} \cdot \begin{pmatrix} \underline{U}_1 \\ -\underline{U}_0 \end{pmatrix} \tag{3.56}$$

Hieraus ergibt sich für den Kurzschlussstrom:

$$\underline{I}_k = \underline{Y}_3 \cdot \underline{U}_1 + \left(\underline{Y}_2 + \underline{Y}_3\right) \cdot \underline{U}_0 \tag{3.57}$$

Mit:

$$\underline{U}_1 = -\frac{\underline{Y}_3}{\underline{Y}_1 + \underline{Y}_B + \underline{Y}_3} \cdot \underline{U}_0 \tag{3.58}$$

$$\underline{I}_k = \left\{\left(\underline{Y}_2 + \underline{Y}_3\right) - \frac{\underline{Y}_3^2}{\underline{Y}_1 + \underline{Y}_B + \underline{Y}_3}\right\} \cdot \underline{U}_0 = \left\{\underline{Y}_2 + \frac{\left(\underline{Y}_1 + \underline{Y}_B\right) \cdot \underline{Y}_3}{\underline{Y}_1 + \underline{Y}_B + \underline{Y}_3}\right\} \cdot \underline{U}_0 \tag{3.59}$$

$$\underline{I}_k = \left\{\frac{1}{\underline{Z}_2} + \frac{1 + \frac{\underline{Z}_1}{\underline{Z}_B}}{\underline{Z}_1 + \underline{Z}_3 + \frac{\underline{Z}_1 \cdot \underline{Z}_3}{\underline{Z}_B}}\right\} \cdot \underline{U}_0 \tag{3.60}$$

Ein Vergleich dieses Ergebnisses mit Gl. (3.27) zeigt, dass die Ergebnisse nicht identisch sind, welches eine Folge der Queradmittanz $\underline{Y}_B$ ist. Dieses bedeutet, dass bei der Anwendung des Verfahrens der Ersatzspannungsquelle an der Fehlerstelle Queradmittanzen das Ergebnis verfälschen und somit nicht zu berücksichtigen sind. Während bei $\underline{Y}_B = 0$ sich die gleichen Werte ergeben.

Die Ursache für die fehlerhafte Berechnung liegt darin, dass durch die Anwendung der Ersatzspannungsquelle an der Fehlerstelle das Spannungsprofil entgegengesetzt ist. Dieses bedeutet, es handelt sich bei $\underline{U}_1$ um die Spannungsdifferenz zur treibenden Spannung und es ergibt sich eine Spannung, die umgekehrt zur tatsächlichen Verteilung bei einem Netzfehler liegt. Dieses bedeutet, dass an der Kurzschlussstelle die Spannung maximal ist, während sie in der Realität den Wert null hat.

Dieses lässt sich einfach durch Abb. 3.16 deuten. Würde z. B. parallel zur Fehlerstelle F eine Verbraucherimpedanz berücksichtigt, so ergibt die Berechnung aufgrund der Ersatzspannungsquelle einen Laststrom, der jedoch in Wirklichkeit nicht vorhanden ist, da der Verbraucher aufgrund seines Anschlusspunktes kurzgeschlossen und somit stromlos ist. In diesem Fall wirkt sich das Fehlen der Überlagerung aus, wie dieses nach dem exakten Verfahren nach Abb. 3.13c durchgeführt wird.

Durch die Anwendung der Methode der Ersatzspannungsquelle an der Fehlerstelle können die Kurzschlussströme in einfacher Weise mit Hilfe der Inverse der Knotenadmittanzmatrix berechnet werden. Die Hauptdiagonalelemente entsprechen dann den Kurzschlussimpedanzen der einzelnen Knoten.

3.7 Berücksichtigung von Verbrauchern bzw. Querimpedanzen bei ein- und dreipoligen Kurzschlussströmen

Bei der Anwendung des Verfahrens der Ersatzspannungsquelle an der Fehlerstelle müssen Querimpedanz im Allgemeinen vernachlässigt werden, um keine fehlerhaften Ergebnisse zu erhalten. In diesem Abschnitt wird abgeleitet, welchen Einfluss die Vernachlässigung dieses auf das Ergebnis der Berechnung hat, in Abhängigkeit der Kurzschlussart.

3.7.1 Dreipoliger Kurzschlussstrom

Nach der VDE-Bestimmung [2] müssen Querimpedanzen im Mitsystem nicht berücksichtigt werden. Im Folgenden wird der Einfluss von Kapazitäten X_C und Induktivitäten X_D (jeweils Leiter gegen Erde) auf die Größe des dreipoligen Kurschlussstroms ermittelt. Hierbei wird das Verfahren der Ersatzspannungsquelle mit der Berechnung mit tatsächlichen Spannungen verglichen, da letzteres das exakte Verfahren darstellt.

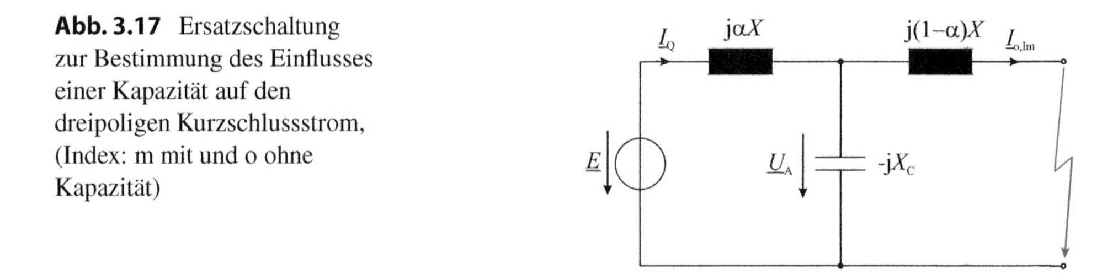

Abb. 3.17 Ersatzschaltung zur Bestimmung des Einflusses einer Kapazität auf den dreipoligen Kurzschlussstrom, (Index: m mit und o ohne Kapazität)

3.7.1.1 Berechnung mit tatsächlichen Spannungen

Bei der Berechnung mit tatsächlichen Spannungen (Abschn. 3.6.1) wird die Ersatzschaltung nach Abb. 3.17 zugrunde gelegt.

Die Kapazität C in Abb. 3.17 wird für die weitere Berechnung an unterschiedlichen Punkten angenommen, mit den Grenzwerten:

- $\alpha = 0$: Kapazität an der Spannungsquelle;
- $\alpha = 1$: Kapazität an der Fehlerstelle.

Für den dreipoligen Kurzschlussstrom $\underline{I}_{ko}$ an der Fehlerstelle ohne Berücksichtigung der Kapazität C bzw. der Reaktanz X_C ergibt sich:

$$\underline{I}_o = \frac{\underline{E}}{jX} \tag{3.61}$$

Mit der Kapazität C und dem Faktor α für den Ort der Kapazität ermittelt sich die Kurzschlussreaktanz X_{Im} zu:

$$X_{Im} = jX \cdot \left[\alpha + \frac{(1-\alpha) \cdot X_C}{X_C - (1-\alpha) \cdot X} \right] \tag{3.62}$$

Hieraus lässt sich der Gesamtstrom $\underline{I}_Q$ nach Abb. 3.17 ableiten. Für den dreipoligen Kurzschlussstrom $\underline{I}_{Im}$ an der Fehlerstelle ergibt sich dann unter Berücksichtigung der Kapazität:

$$\underline{I}_{Im} = \frac{X_C}{X_C - (1-\alpha) \cdot X} \cdot \underline{I}_Q = \frac{X_C}{jX} \cdot \frac{\underline{E}}{X_C - \alpha \cdot (1-\alpha) \cdot X} \tag{3.63}$$

Werden die beiden Ströme mit und ohne Kapazität ins Verhältnis gesetzt, so folgt:

$$\frac{\underline{I}_o - \underline{I}_{Im}}{\underline{I}_{Im}} = -\alpha \cdot (1-\alpha) \cdot \frac{X}{X_C} \tag{3.64}$$

Wird eine maximale Größe der Reaktanz $|X| = 0{,}1\ |X_C|$ angenommen – dieses entspricht einer maximalen Spannungsanhebung von ca. 10 % über der Reaktanz X im unbelasteten Fall – so ergibt sich die Vereinfachung

$$F1 = \frac{\underline{I}_{o} - \underline{I}_{Im}}{\underline{I}_{Im}} = -0{,}1 \cdot \alpha \cdot (1 - \alpha) \tag{3.65}$$

Abb. 3.18 zeigt die Abweichung der Kurzschlussstromberechnung in Abhängigkeit des Anschlusspunktes der Kapazität *C*.

Es zeigt sich, dass unter Berücksichtigung einer konstanten Spannung $\underline{E}$ (Faktor *F*1) der tatsächliche Kurzschlussstrom $\underline{I}_{m}$ an der Fehlerstelle stets größer ist als der Kurzschlussstrom $\underline{I}_{o}$ ohne Kapazität. Die Abweichung beträgt in diesem Fall maximal 2,5 %.

Wird im Gegensatz hierzu die Spannung vor Kurzschlusseintritt am Anschlusspunkt der Kapazität *C* konstant gehalten, so ergeben sich die Spannungen $\underline{U}_{A}$ bzw. $\underline{E}_{Q}$ (geänderte Quellenspannung als Funktion der Kapazität) in Abhängigkeit der Quellenspannung $\underline{E}$ zu

$$\underline{U}_{A} = \frac{X_{C}}{X_{C} - \alpha \cdot X} \cdot \underline{E} \qquad \text{bzw.} \tag{3.66}$$

$$\underline{E}_{Q} = \left(1 - \alpha \cdot \frac{X}{X_{C}}\right) \cdot \underline{U}_{A} = \left(1 - \alpha \cdot \frac{X}{X_{C}}\right) \cdot \underline{E} \tag{3.67}$$

Zur Ableitung der Gl. (3.66) wird vorausgesetzt, dass die Spannung $\underline{U}_{A}$ (mit Kondensator) gleich der Spannung $\underline{E}$ ist. Hieraus kann anschließend die neue Quellenspannung $\underline{E}_{Q}$ bestimmt werden. Diese Spannung ist nach Gl. (3.67) stets kleiner als $\underline{E}$ wenn keine kapazitive Impedanz gegen Erde angenommen wird. Dieses bedeutet, dass die ursprüngliche Quellenspannung $\underline{E}$ als Folge der Spannungserhöhung am Anschlusspunkt der Kapazität

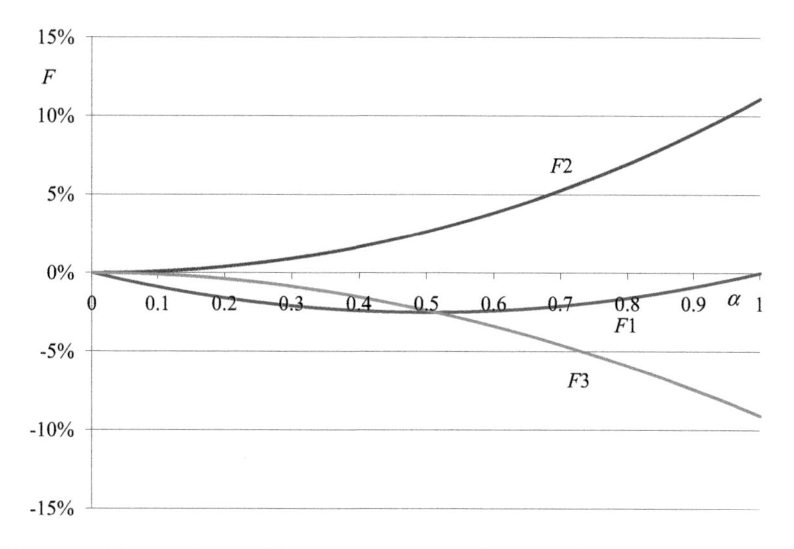

Abb. 3.18 Abweichungen bei der Vernachlässigung von Querimpedanzen in %. *F*1 Schaltung mit Kapazität *C* und konstanter Quellenspannung $\underline{E}$ (Gl. 3.65), *F*2 Schaltung mit Kapazität *C* und konstanter Spannung $\underline{U}_{A}$ am Anschlusspunkt der Kapazität (Gl. 3.68), *F*3 Schaltung mit Induktivität *L* und konstanter Spannung $\underline{U}_{A}$ am Anschlusspunkt der Kapazität (Gl. 3.70)

reduziert werden muss, um eine konstante Netzspannung $\underline{U}_A$ an der Kapazität zu erreichen. Unter Berücksichtigung dieser Spannungsveränderung (Gl. 3.67) bestimmt sich das Stromverhältnis zu

$$F2 = \frac{\underline{I}_o - \underline{I}_{Im}}{\underline{I}_{Im}} = \frac{\frac{\underline{E}}{jX} - \frac{X_C}{jX} \cdot \frac{\underline{E}_1}{X_C - \alpha \cdot (1-\alpha) \cdot X}}{\frac{X_C}{jX} \cdot \frac{\underline{E}_1}{X_C - \alpha \cdot (1-\alpha) \cdot X}} = \frac{\alpha^2 \cdot X}{X_C - \alpha \cdot X} \tag{3.68}$$

Mit $|X| = 0{,}1\ |X_C|$ ergibt sich der Kurvenverlauf $F2$ nach Abb. 3.18. Die Berechnungen ergeben, dass bei der Berücksichtigung von Kapazitäten und konstanter Spannung $\underline{U}_A$ die Berechnung der Kurzschlussströme $\underline{I}_o$ ohne Berücksichtigung der Kapazität stets zu größeren Werten führt, im Vergleich zur Ermittlung von I_{Im}. Die Ursache liegt darin begründet, dass aufgrund der kapazitiven Wirkung eine Spannungserhöhung am Anschlusspunkt A stattfindet, die zu einer Reduzierung der inneren Spannung $\underline{E}_1$ gegenüber der Spannung $\underline{E}$ führt.

Wird im Gegensatz zu der Darstellung nach Abb. 3.17 die Kapazität durch eine Induktivität ersetzt ($|X|_C = |X|_D$), so bestimmt sich das Stromverhältnis zu

- konstante Netzspannung E

$$\frac{\underline{I}_o - \underline{I}_{Im}}{\underline{I}_{Im}} = \alpha \cdot (1-\alpha) \cdot \frac{X}{X_D} \tag{3.69}$$

- konstante Spulenspannung $U_A = E$

$$F3 = \frac{\underline{I}_o - \underline{I}_{Im}}{\underline{I}_{Im}} = \frac{-\alpha^2 \cdot X}{X_D + \alpha \cdot X} \tag{3.70}$$

Der Verlauf der Abweichung für den Fall einer konstanten Spannung $\underline{U}_A$ ist unter der Bedingung $X_D = 10\ X$ ebenfalls in Abb. 3.18 aufgetragen (Faktor $F3$). Es zeigt sich, dass bei Vernachlässigung der Induktivität Ströme berechnet werden, die kleiner sind als die tatsächlich vorhandenen. Hierbei hängt die maximale Abweichung von der Größe der Querimpedanz ab. In diesem Beispiel ergibt sich eine maximale Abweichung von 9,09 % zur unsicheren Seite, wenn induktive Querimpedanzen (Lasten) nicht berücksichtigt werden. Dieses ist der Grund, dass eine Kurzschlussstromberechnung ohne Lasten nur dann möglich ist, wenn zusätzlich ein Spannungsfaktor c nach Tab. 7.1, Abschn. 7.1, berücksichtigt wird, da im Allgemeinen ein induktiver Lastfluss angenommen wird.

3.7.1.2 Berechnung mit der Ersatzspannungsquelle an der Fehlerstelle

Die in Abschn. 3.6.1.1 angegebenen Berechnungen berücksichtigen die tatsächliche Spannungsverteilung im Netz, so dass die Stromverteilung (Kurzschlussstrom an der Fehlerstelle und Verbraucherstrom) richtig berechnet wird. Bei dem Verfahren der Ersatzspan-

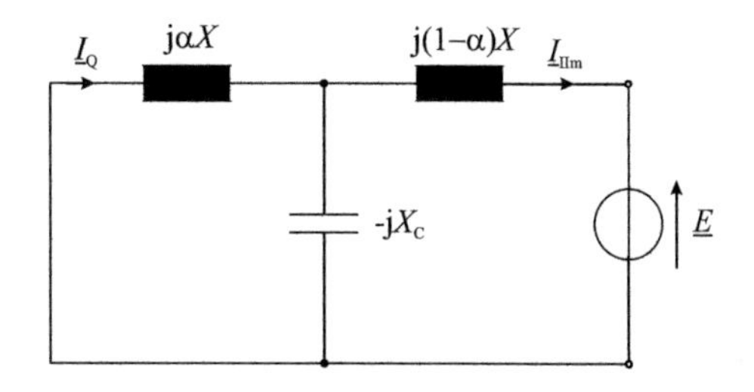

Abb. 3.19 Ersatzspannungsquelle an der Fehlerstelle für das Beispiel nach Abb. 3.17

nungsquelle an der Fehlerstelle weicht die Spannungsverteilung im Netz davon ab, weil an der Fehlerstelle die maximale Spannung anliegt. Wird die Ersatzspannungsquelle an der Fehlerstelle verwendet, so ergibt sich die Ersatzschaltung nach Abb. 3.19. Für die Kurzschlussreaktanz X_{IIm} gilt:

$$X_{\mathrm{IIm}} = \mathrm{j}(1-\alpha)\cdot X - \frac{\mathrm{j}\alpha\cdot X\cdot X_{\mathrm{C}}}{\alpha\cdot X - X_{\mathrm{C}}} = \mathrm{j}X\cdot\left(1-\frac{\alpha^2\cdot X}{\alpha\cdot X - X_{\mathrm{C}}}\right) \tag{3.71}$$

Hieraus kann der Kurzschlussstrom an der Fehlerstelle bestimmt werden.

$$\underline{I}_{\mathrm{IIm}} = \frac{\underline{E}}{\mathrm{j}X\cdot\left(1-\frac{\alpha^2\cdot X}{\alpha\cdot X - X_{\mathrm{C}}}\right)} \tag{3.72}$$

Um die Abweichung zwischen den beiden Verfahren bei der Berechnung der Kurzschlussströme an der Fehlerstelle anzugeben, wird der Strom nach Gl. (3.63) herangezogen, der mit $\underline{I}_{\mathrm{Im}}$ bezeichnet wird, da dieser Strom mit Hilfe eines exakten Berechnungsverfahrens ermittelt wird. Für die Abweichung gilt:

$$\frac{\underline{I}_{\mathrm{IIm}} - \underline{I}_{\mathrm{Im}}}{\underline{I}_{\mathrm{Im}}} = \frac{X_{\mathrm{C}} - \alpha\cdot(1-\alpha)\cdot X}{\left(1-\frac{\alpha^2\cdot X}{\alpha\cdot X - X_{\mathrm{C}}}\right)\cdot X_{\mathrm{C}}} - 1 \tag{3.73}$$

Wird wiederum $|X| = 0{,}1\ |X_{\mathrm{C}}|$ gesetzt, so gilt:

$$F4 = \frac{\underline{I}_{\mathrm{IIm}} - \underline{I}_{\mathrm{Im}}}{\underline{I}_{\mathrm{Im}}} = \frac{1-\alpha\cdot(1-\alpha)\cdot 0{,}1}{\left(1-\frac{\alpha^2\cdot 0{,}1}{\alpha\cdot 0{,}1 - 1}\right)} - 1 \tag{3.74}$$

Abb. 3.20 zeigt die Abweichung $F4$ in Abhängigkeit des Wertes α. Eine induktive Querimpedanz für die Ersatzschaltung nach Abb. 3.19 kann durch Einsetzen von $X_{\mathrm{D}} = -X_{\mathrm{C}}$ in die Gl. (3.71)–(3.74) berücksichtigt werden. Der so bestimmte Faktor $F5$ ist ebenfalls in Abb. 3.20 eingetragen.

Nach Abb. 3.20 zeigt sich, dass der Fehler in der Kurzschlussstromberechnung mit steigendem Wert α zunimmt, wobei der absolute Wert abhängig vom Leistungsfaktor der

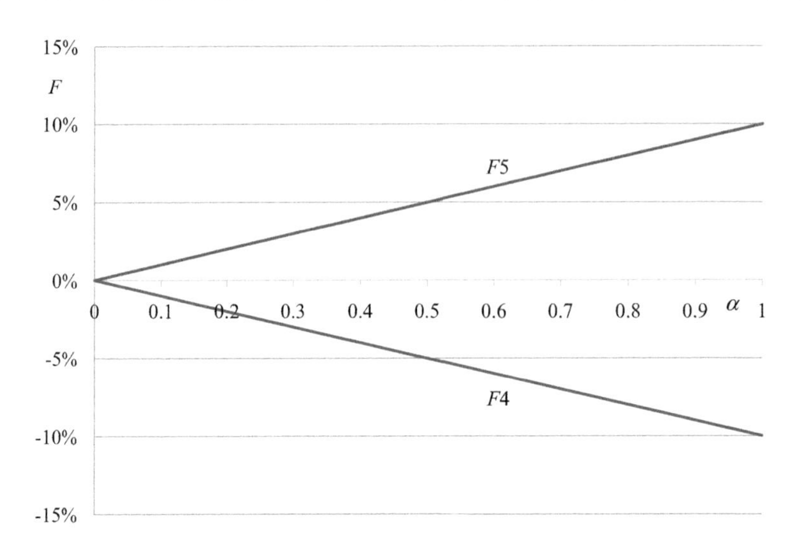

Abb. 3.20 Abweichungen zwischen den Berechnungsverfahren

Impedanz ist. Werden die Kapazität oder andere Querimpedanzen berücksichtigt, hat dieses zur Folge, dass bei einem Verbraucher direkt an der Fehlerstelle (Abb. 3.19, $\alpha = 1$) die Berechnung einen kapazitiven Strom ergibt, obwohl die Kapazität kurzgeschlossen ist. Der Fehler ergibt sich dadurch, dass bei dem Verfahren mit der Ersatzspannungsquelle an der Fehlerstelle die Überlagerung der Ströme vor dem Kurzschluss fehlt, welches sich besonders bei dieser Anordnung des Verbrauchers bzw. der Querimpedanz bemerkbar macht.

3.7.2 Einpoliger Kurzschlussstrom

Im Gegensatz zu Berechnung nach Abschn. 3.7.1 werden bei der Ermittlung des einpoligen Kurzschlussstroms die Querimpedanz nur im Nullsystem nach VDE 0102 [2] berücksichtigt. Im Folgenden wird der Einfluss einer Querimpedanz auf die Berechnung des einpoligen Kurzschlussstroms ermittelt.

3.7.2.1 Berechnung mit tatsächlichen Spannungen

Für die Berechnung gilt die Komponentenersatzschaltung nach Abb. 3.21, mit einer Kapazität C bzw. einer Reaktanz X_C als Querimpedanz. Hierbei wird angenommen, dass die Kapazität in allen Komponentensystemen gleich ist ($X_C = X_{(1)C} = X_{(2)C} = X_{(0)C}$), wie dieses z. B. bei einem Einleiterkabel der Fall ist. Für die Impedanzen des Gegen- und Nullsystems gelten die folgenden Beziehungen (Index m: mit Kapazität; Index o: ohne Kapazität):

$$\underline{Z}_{(0)\text{m}} = \text{j}(1-\alpha)\cdot X_{(0)} + \text{j}\frac{\alpha\cdot X_{(0)}\cdot X_\text{C}}{X_\text{C}-\alpha\cdot X_{(0)}} = \text{j}X_{(0)}\cdot\left(1+\frac{\alpha^2\cdot X_{(0)}}{X_\text{C}-\alpha\cdot X_{(0)}}\right) \quad (3.75)$$

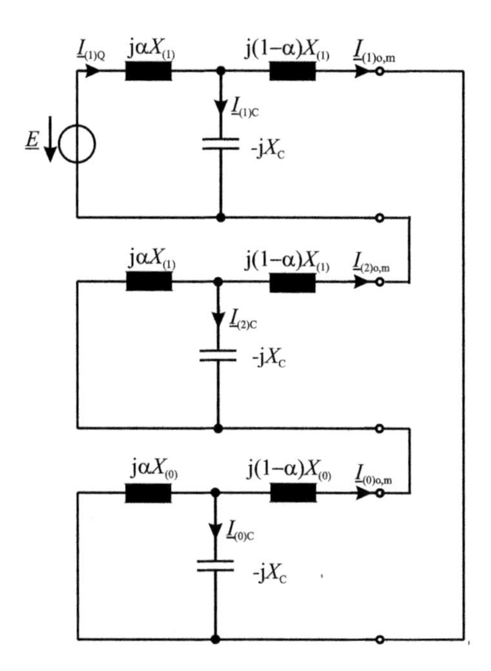

Abb. 3.21 Komponentenersatzschaltung zur Ermittlung des einpoligen Kurzschlussstroms (der Klammerindex stellt das jeweilige Komponentensystem dar). $\underline{I}_{(1,2)o}$ Strom im Mit-, Gegensystem, ohne Querkapazität, $\underline{I}_{(1,2)m}$ Strom im Mit-, Gegensystem, mit Querkapazität, $\underline{I}_{(0)o,m}$ Strom im Nullsystem, mit und ohne Querkapazität

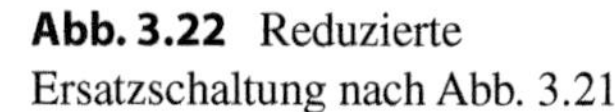
Abb. 3.22 Reduzierte Ersatzschaltung nach Abb. 3.21

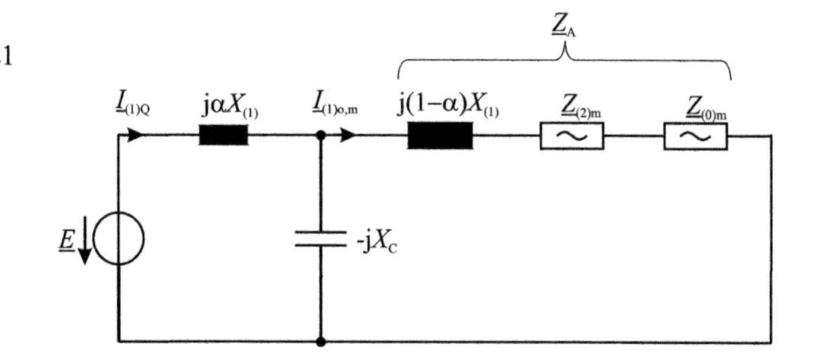

$$\underline{Z}_{(2)m} = \mathrm{j}(1-\alpha)\cdot X_{(1)} + \mathrm{j}\frac{\alpha \cdot X_{(1)} \cdot X_C}{X_C - \alpha \cdot X_{(1)}} = \mathrm{j}X_{(1)} \cdot \left(1 + \frac{\alpha^2 \cdot X_{(1)}}{X_C - \alpha \cdot X_{(1)}}\right) \tag{3.76}$$

Durch Einsetzen der Impedanzen $\underline{Z}_{(2)m}$ und $\underline{Z}_{(0)m}$ vereinfacht sich die Ersatzschaltung zu Abb. 3.22. Wird zur Vereinfachung die Impedanz $\underline{Z}_A$ eingeführt, so folgt für die resultierende Kurzschlussimpedanz $\underline{Z}_m$:

$$\underline{Z}_m = \mathrm{j}\alpha \cdot X_{(1)} + \mathrm{j}\frac{X_C \cdot \underline{Z}_A}{\mathrm{j}X_C - \underline{Z}_A} \qquad \text{mit} \tag{3.77}$$

$$\underline{Z}_{\mathrm{A}} = \mathrm{j}(1-\alpha)\cdot X_{(1)} + \underline{Z}_{(2)\mathrm{m}} + \underline{Z}_{(0)\mathrm{m}} \tag{3.78}$$

Für den Gesamtstrom $\underline{I}_{(1)\mathrm{Q}}$ nach Abb. 3.22 gilt unter Berücksichtigung der Impedanzen:

$$\underline{I}_{(1)\mathrm{Q}} = \frac{\underline{E}}{\underline{Z}_{\mathrm{m}}} = \frac{-\mathrm{j}\underline{E}}{\alpha \cdot X_{(1)} + \left(\dfrac{X_{\mathrm{C}} \cdot \underline{Z}_{\mathrm{A}}}{\mathrm{j}X_{\mathrm{C}} - \underline{Z}_{\mathrm{A}}}\right)} \tag{3.79}$$

bzw. für den Komponentenstrom $\underline{I}_{(1)\mathrm{m}}$ an der Fehlerstelle

$$\begin{aligned} \underline{I}_{(1)\mathrm{m}} &= \frac{-\mathrm{j}X_{\mathrm{C}}}{\underline{Z}_{\mathrm{A}} - \mathrm{j}X_{\mathrm{C}}} \cdot \underline{I}_{(1)\mathrm{Q}} = \frac{\mathrm{j}X_{\mathrm{C}}}{\mathrm{j}X_{\mathrm{C}} - \underline{Z}_{\mathrm{A}}} \cdot \frac{-\mathrm{j}\underline{E}}{\alpha \cdot X_{(1)} + \left(\dfrac{X_{\mathrm{C}} \cdot \underline{Z}_{\mathrm{A}}}{\mathrm{j}X_{\mathrm{C}} - \underline{Z}_{\mathrm{A}}}\right)} \\ &= \frac{X_{\mathrm{C}}}{X_{\mathrm{C}} \cdot \underline{Z}_{\mathrm{A}} + \alpha \cdot X_{(1)} \cdot (\mathrm{j}X_{\mathrm{C}} - \underline{Z}_{\mathrm{A}})} \cdot \underline{E} = \frac{X_{\mathrm{C}}}{\underline{Z}_{\mathrm{A}} \cdot \left(X_{\mathrm{C}} - \alpha \cdot X_{(1)}\right) + \mathrm{j}\alpha \cdot X_{(1)} \cdot X_{\mathrm{C}}} \cdot \underline{E} \end{aligned} \tag{3.80}$$

Zur Vereinfachung wird für die maximale Größe von X_{C} die gleiche Annahme entsprechend Abschn. 3.7.1.1, Gl. (3.65), getroffen.

$$|X_{\mathrm{C}}| = 10 \cdot |X_{(1)}| \tag{3.81}$$

Darüber hinaus soll für die Nullreaktanz in diesem Beispiel gelten, welches etwa dem Nullreaktanzverhältnis einer Freileitung mit Erdseil entspricht (Abschn. 4.7.2.4):

$$X_{(0)} = 3 \cdot X_{(1)} \tag{3.82}$$

Nach Einsetzen dieser Beziehungen folgt für die einzelnen Impedanzen der Komponentensysteme:

$$\underline{Z}_{(0)\mathrm{m}} = \mathrm{j}3 \cdot X_{(1)} \cdot \left[1 + \frac{3\cdot\alpha^2}{10 - 3\cdot\alpha}\right] \tag{3.83}$$

$$\underline{Z}_{(2)\mathrm{m}} = \mathrm{j}X_{(1)} \cdot \left[1 + \frac{\alpha^2}{10 - \alpha}\right] \tag{3.84}$$

$$\begin{aligned} \underline{Z}_{\mathrm{A}} &= \mathrm{j}X_{(1)} \cdot \left[(1-\alpha) + 1 + \frac{\alpha^2}{10-\alpha} + 3 + \frac{9\cdot\alpha^2}{10 - 3\cdot\alpha}\right] \\ &= \mathrm{j}X_{(1)} \cdot \left[5 - \alpha + \alpha^2 \cdot \left(\frac{1}{10-\alpha} + \frac{9}{10 - 3\cdot\alpha}\right)\right] \end{aligned} \tag{3.85}$$

Für den Komponentenstrom $\underline{I}_{(1)\mathrm{m}}$, Gl. (3.80), ergibt sich unter diesen Voraussetzungen

$$\underline{I}_{(1)\mathrm{m}} = \frac{\underline{E}}{\mathrm{j}X_{(1)}} \cdot \frac{10}{\left[5-\alpha+\alpha^2\cdot\left(\frac{1}{10-\alpha}+\frac{9}{10-3\cdot\alpha}\right)\right]\cdot(10-\alpha)+10\cdot\alpha} \tag{3.86}$$

Wird im Gegensatz hierzu der Komponentenstrom $\underline{I}_{(1)\mathrm{o}}$ ohne Berücksichtigung der Kapazitäten im Mit-, Gegen- und Nullsystem berechnet, so folgt daraus:

$$\underline{I}_{(1)\mathrm{o}} = \frac{\underline{E}}{\underline{Z}_{(1)\mathrm{o}}+\underline{Z}_{(2)\mathrm{o}}+\underline{Z}_{(0)\mathrm{o}}} = \frac{\underline{E}}{\mathrm{j}5\cdot X_{(1)}} \tag{3.87}$$

Da der einpolige Kurzschlussstrom an der Fehlerstelle allgemein aus der Summe der Komponentenströme $\underline{I}_{(1)}$, $\underline{I}_{(2)}$ und $\underline{I}_{(0)}$ ermittelt wird, die untereinander gleich sind, können direkt die Ströme $\underline{I}_{(1)\mathrm{m}}$ und $\underline{I}_{(1)\mathrm{o}}$ verglichen werden, um die Abweichungen bzw. den Einfluss der Verbraucher auf den einpoligen Kurzschlussstrom an der Fehlerstelle im Originalnetz zu ermitteln. Für das Verhältnis $F1$ gilt somit:

$$F1 = \frac{\underline{I}_{(1)\mathrm{o}}-\underline{I}_{(1)\mathrm{m}}}{\underline{I}_{(1)\mathrm{m}}} = \frac{1}{50}\cdot\left[10\cdot\alpha+(10-\alpha)\cdot\left\{5-\alpha+\alpha^2\left(\frac{1}{10-\alpha}+\frac{9}{10-3\cdot\alpha}\right)\right\}\right]-1 \tag{3.88}$$

In Abhängigkeit der Größe α (Anschlusspunkt der Kapazität) ergibt sich der Kurvenverlauf $F1$ nach Abb. 3.23.

Bei konstanter Quellenspannung $\underline{E}$ (Kurvenverlauf $F1$) ergeben sich maximale Abweichungen von 17,14 % (die Berechnung ohne Kapazität liefert einen zu großen Strom im

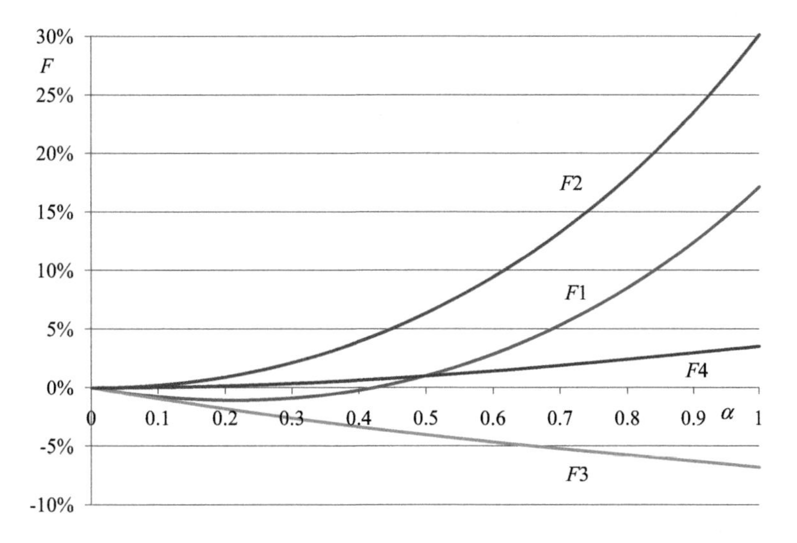

Abb. 3.23 Abweichungen bei der Vernachlässigung von kapazitiven Querimpedanzen in %. $F1$ Schaltung mit Kapazitäten im Mit- und Nullsystem und konstanter Quellenspannung $\underline{E}$, $F2$ Schaltung mit Kapazitäten im Mit- und Nullsystem und konstanter Spannung am Anschlusspunkt der Kapazität $\underline{U}_{\mathrm{A}}$, $F3$ Schaltung mit Nullkapazität und konstanter Quellenspannung $\underline{E}$, $F4$ Schaltung mit Nullkapazität und konstanter Spannung am Anschlusspunkt der Kapazität $\underline{U}_{\mathrm{A}}$

Mitsystem), für den Fall, dass die Kapazität direkt an der Fehlerstelle ist ($\alpha = 1$). Dieses liegt darin begründet, dass die Abweichung bei der Berechnung der Nullimpedanz aufgrund der Parallelschaltung am größten ist. Bei einem größeren Verhältnis der Nullreaktanz/Mitreaktanz $X_{(0)}/X_{(1)}$ wird dieser Fehler noch größer werden.

Wird im Gegensatz zu der Berechnung für die Abweichung $F1$ die Spannung $\underline{U}_A$ vor Fehlereintritt konstant gehalten, in Abhängigkeit des Anschlusspunktes A, so ist die treibende Spannung $\underline{E}$, für den Fall, dass die Kapazität berücksichtigt wird, mit dem Faktor $(1 - \alpha \cdot X/X_C)$, nach Gl. 3.67, zu multiplizieren. Dieses bedeutet, dass mit zunehmendem Abstand α eine Reduktion der Spannung aufgrund der kapazitiven Wirkung eintritt. Dieses wirkt sich natürlich nur bei der Kurzschlussstromberechnung unter Berücksichtigung der Verbraucher aus. Nach Einsetzen ergibt sich dann für die Abweichung $F2$.

$$F2 = \frac{\underline{I}_{(1)\text{o}} - \underline{I}_{(1)\text{m}}}{\underline{I}_{(1)\text{m}}} = \frac{1}{50 \cdot (1 - 0{,}1 \cdot \alpha)} \left[10 \cdot \alpha + (10 - \alpha) \cdot \left\{ 5 - \alpha + \alpha^2 \cdot \left(\frac{1}{10 - \alpha} + \frac{9}{10 - 3 \cdot \alpha} \right) \right\} \right] - 1 \tag{3.89}$$

Die Auswertung ergibt, dass bei konstanter Spannung $\underline{U}_A$ die Abweichungen nach Abb. 3.23 mit maximal 30,16 % noch größer werden können.

Nach der VDE-Bestimmung 0102 sind Querimpedanzen nur im Nullsystem zu berücksichtigen, so dass im Folgenden diese Berechnung mit der Ermittlung des Stroms nach Gl. (3.86) verglichen wird. Für diesen Fall, dass die Impedanz nur im Nullsystem eingesetzt wird ergibt sich der Komponentenstrom $\underline{I}_{(1)\text{om}}$ zu:

$$\underline{I}_{(1)\text{om}} = \frac{\underline{E}}{\underline{Z}_{(1)\text{o}} + \underline{Z}_{(2)\text{o}} + \underline{Z}_{(0)\text{m}}} \quad \text{mit} \tag{3.90}$$

$$\underline{Z}_{(1)\text{o}} = \underline{Z}_{(2)\text{o}} = \text{j}X_{(1)} \quad \text{und} \tag{3.91}$$

$$\underline{Z}_{(0)\text{m}} = \text{j}3 \cdot X_{(1)} \cdot \left(1 + \frac{3 \cdot \alpha^2}{10 - 3 \cdot \alpha} \right) \quad \text{nach Gl.}(3.83) \tag{3.92}$$

Hieraus folgt für $\underline{I}_{(1)\text{om}}$

$$\underline{I}_{(1)\text{om}} = \frac{\underline{E}}{\text{j}X_{(1)} \cdot \left(5 + \frac{9 \cdot \alpha^2}{10 - 3 \cdot \alpha} \right)} \tag{3.93}$$

Für den Faktor $F3$ ergibt sich demnach, unter der Voraussetzung einer konstanten Spannung $\underline{E}$:

$$F3 = \frac{\underline{I}_{(1)\text{om}} - \underline{I}_{(1)\text{m}}}{\underline{I}_{(1)\text{m}}} = \frac{10 \cdot \alpha + (10-\alpha) \cdot \left\{5 - \alpha + \alpha^2 \cdot \left(\frac{1}{10-\alpha} + \frac{9}{10-3\cdot\alpha}\right)\right\}}{5 + \frac{9\cdot\alpha^2}{10-3\cdot\alpha}} - 1 \tag{3.94}$$

Die Abweichung $F3$ bezogen auf den tatsächlichen Strom kann dann bei konstanter Spannung $\underline{E}$ ermittelt werden. Die Abweichungen sind ebenfalls in Abb. 3.23 dargestellt. Wird auch in diesem Fall die Spannung an dem Anschlusspunkt A der Kapazität konstant gehalten, so ergibt sich die Abweichung $F4$ (Abb. 3.23). Die Berechnung erfolgt ähnlich der Ermittlung von $F2$, Gl. (3.95).

$$F4 = \frac{10 \cdot \alpha + (10-\alpha) \cdot \left\{5 - \alpha + \alpha^2 \cdot \left(\frac{1}{10-\alpha} + \frac{9}{10-3\cdot\alpha}\right)\right\}}{\left(5 + \frac{9\cdot\alpha^2}{10-3\cdot\alpha}\right) \cdot (1 - 0{,}1 \cdot \alpha)} - 1 \tag{3.95}$$

Es zeigt sich, dass unter diesen Bedingungen der einpolige Kurzschlussstrom maximal um 3,5 % zu groß ermittelt wird, wenn die Kapazität im Mit- und Gegensystem unberücksichtigt, im Nullsystem berücksichtigt wird und die Spannung am Anschlusspunkt der Kapazität konstant gehalten wird, Faktor $F4$.

Wird nach der gleichen Vorgehensweise der Komponentenstrom $\underline{I}_{(1)}$ unter der Annahme ermittelt, dass die Kapazität durch eine Induktivität ersetzt wird, so ergeben sich die Abweichungen nach Abb. 3.24. Auch in diesen Fällen zeigt sich, dass die Berechnung des einpoligen Kurzschlussstroms zu Fehlern führt, die wesentlich geringer sind, wenn im Nullsystem die Querimpedanzen berücksichtigt werden.

3.7.2.2 Berechnung mit der Ersatzspannungsquelle an der Fehlerstelle

Wird im Gegensatz zur Darstellung nach Abschn. 3.7.2.1 die Berechnung mit der Ersatzspannungsquelle an der Fehlerstelle durchgeführt, so ist von Abb. 3.25 auszugehen, unter der Bedingung, dass die Querimpedanzen im Mit- und Gegensystem nicht berücksichtigt werden.

Da entsprechend Abb. 3.25 das Mit- und das Gegensystem keine Querimpedanzen haben, entsprechen in diesem Fall die Ströme $\underline{I}_{(1)\text{o}}$, $\underline{I}_{(2)\text{o}}$ und $\underline{I}_{(0)\text{m}}$, der Stromverteilung nach den Gl. (3.90)–(3.93). Dieses bedeutet, dass die Abweichungen in der Berechnung der Ströme der Darstellung der Fehler $F3$ und $F4$ entsprechen, nach den Abb. 3.23 bzw. 3.24.

Die Abweichungen zur Berechnung des einpoligen Kurzschlussstroms mit der Vorgabe, in den Mit-und Gegensystem die Querimpedanz nicht und im Nullsystem zu berücksichtigen, können somit toleriert werden.

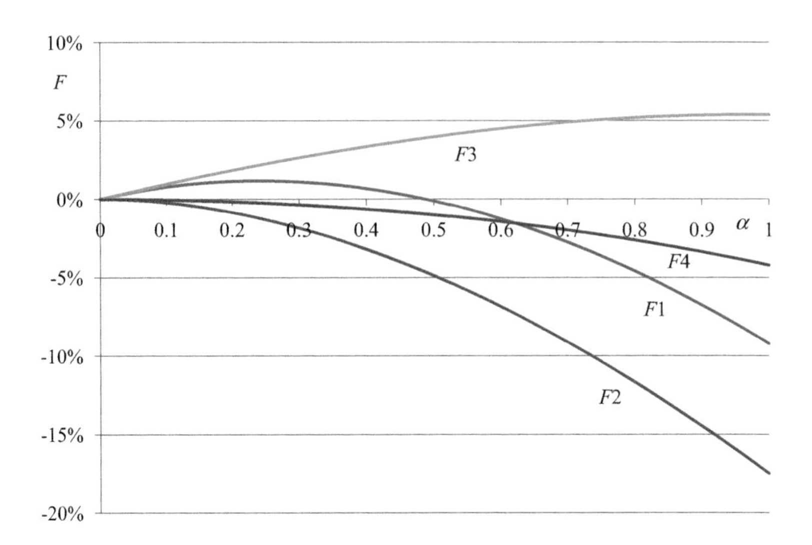

Abb. 3.24 Abweichungen bei der Vernachlässigung von induktiven Querimpedanzen in %. $F1$ Schaltung ohne Induktivitäten und konstanter Quellenspannung $\underline{E}$. $F2$ Schaltung ohne Induktivitäten und konstanter Spannung am Anschlusspunkt der Kapazität $\underline{U}_A$. $F3$ Schaltung mit Nullinduktivität und konstanter Quellenspannung $\underline{E}$. $F4$ Schaltung mit Nullinduktivität und konstanter Spannung am Anschlusspunkt der Kapazität $\underline{U}_A$

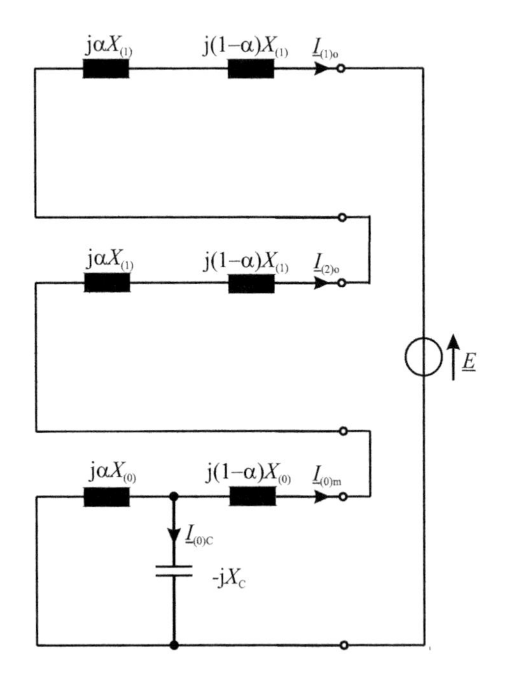

Abb. 3.25 Komponentenersatzschaltung zur Berechnung des einpoligen Kurzschlussstroms mit Hilfe der Ersatzspannungsquelle an der Fehlerstelle

3.7.2.3 Ermittlung des Kondensatorstroms

Auf Grund der Berücksichtigung der Nullkapazität wird als Konsequenz des geänderten Spannungsprofils bei der Anwendung des Verfahrens der Ersatzspannungsquelle an der Fehlerstelle auch in diesem Fall ein Strom durch die Kapazität bestimmt, der physikalisch nicht vorhanden ist. Im Folgenden wird die Größe dieses Stroms ermittelt und mit dem exakten Strom verglichen.

Für die Berechnung des exakten Stroms der Querkapazität nach Abschn. 3.7.2.1 gelten die Gl. (3.79) und (3.80) mit den Strömen $\underline{I}_{(1)\mathrm{Q}}$ und $\underline{I}_{(1)\mathrm{m}}$ nach Abb. 3.21, Index „I". Hieraus lassen sich die Kapazitätsströme für die Komponentensysteme bestimmen, mit der Impedanz $\underline{Z}_\mathrm{A}$ nach Gl. (3.78).

$$\underline{I}_{(1)\mathrm{CI}} = \frac{\underline{Z}_\mathrm{A}}{\underline{Z}_\mathrm{A} - \mathrm{j}X_\mathrm{C}} \cdot \underline{I}_{(1)\mathrm{QI}} \tag{3.96}$$

$$\underline{I}_{(2)\mathrm{CI}} = -\frac{\alpha \cdot X_{(1)}}{\alpha \cdot X_{(1)} - X_\mathrm{C}} \cdot \underline{I}_{(1)\mathrm{mI}} = \frac{\alpha \cdot X_{(1)}}{\alpha \cdot X_{(1)} - X_\mathrm{C}} \cdot \frac{\mathrm{j}X_\mathrm{C}}{\underline{Z}_\mathrm{A} - \mathrm{j}X_\mathrm{C}} \cdot \underline{I}_{(1)\mathrm{QI}} \tag{3.97}$$

$$\underline{I}_{(0)\mathrm{CI}} = -\frac{\alpha \cdot X_{(0)}}{\alpha \cdot X_{(0)} - X_\mathrm{C}} \cdot \underline{I}_{(1)\mathrm{mI}} = \frac{\alpha \cdot X_{(0)}}{\alpha \cdot X_{(0)} - X_\mathrm{C}} \cdot \frac{\mathrm{j}X_\mathrm{C}}{\underline{Z}_\mathrm{A} - \mathrm{j}X_\mathrm{C}} \cdot \underline{I}_{(1)\mathrm{QI}} \tag{3.98}$$

Aus den Komponentenströmen können nach Abschn. 9.2.2.3 die Ströme im Originalsystem mit Hilfe der Gl. (3.99) bestimmt werden.

$$\begin{pmatrix} \underline{I}_\mathrm{R} \\ \underline{I}_\mathrm{S} \\ \underline{I}_\mathrm{T} \end{pmatrix} = \begin{pmatrix} 1 & 1 & 1 \\ 1 & \underline{\mathrm{a}}^2 & \underline{\mathrm{a}} \\ 1 & \underline{\mathrm{a}} & \underline{\mathrm{a}}^2 \end{pmatrix} \cdot \begin{pmatrix} \underline{I}_{(0)} \\ \underline{I}_{(1)} \\ \underline{I}_{(2)} \end{pmatrix} \tag{3.99}$$

Für den Kondensatorstrom des fehlerbehafteten Leiters R ergibt sich unter Berücksichtigung der oben angegebenen Gleichungen:

$$\underline{I}_\mathrm{RI} = \frac{\underline{I}_{(1)\mathrm{QI}}}{\underline{Z}_\mathrm{A} - \mathrm{j}X_\mathrm{C}} \cdot \left[\underline{Z}_\mathrm{A} + \frac{\mathrm{j}\alpha \cdot X_\mathrm{C} \cdot X_{(1)}}{\alpha \cdot X_{(1)} - X_\mathrm{C}} + \frac{\mathrm{j}\alpha \cdot X_\mathrm{C} \cdot X_{(0)}}{\alpha \cdot X_{(0)} - X_\mathrm{C}} \right] \tag{3.100}$$

$$\text{Mit} \quad \underline{I}_{(1)\mathrm{QI}} = \frac{-\mathrm{j}\underline{E}}{\alpha \cdot X_{(1)} + \left(\dfrac{X_\mathrm{C} \cdot \underline{Z}_\mathrm{A}}{\mathrm{j}X_\mathrm{C} - \underline{Z}_\mathrm{A}} \right)} \tag{3.101}$$

Unter Berücksichtigung der Angaben $|X_\mathrm{C}| = 10 \cdot |X_{(1)}|$ und $X_{(0)} = 3 \cdot X_{(1)}$ ergeben sich die folgenden Werte.

$$\underline{I}_{\mathrm{RI}} = \frac{\underline{I}_{(1)\mathrm{QI}}}{\dfrac{\underline{Z}_{\mathrm{A}}}{\mathrm{j}X_{(1)}} - 10} \cdot \left[\frac{\underline{Z}_{\mathrm{A}}}{\mathrm{j}X_{(1)}} + \frac{10 \cdot \alpha}{\alpha - 10} + \frac{30 \cdot \alpha}{3 \cdot \alpha - 10} \right] \quad (3.102)$$

Mit

$$\frac{\underline{Z}_{\mathrm{A}}}{\mathrm{j}X_{(1)}} = 5 - \alpha + \alpha^2 \cdot \left(\frac{1}{10 - \alpha} + \frac{9}{10 - 3 \cdot \alpha} \right) \quad (3.103)$$

$$\underline{I}_{(1)\mathrm{QI}} = \frac{-\mathrm{j}\underline{E}}{X_{(1)}} \cdot \frac{1}{\alpha + \left(\dfrac{10 \cdot \underline{Z}_{\mathrm{A}} / \mathrm{j}X_{(1)}}{10 - \underline{Z}_{\mathrm{A}} / \mathrm{j}X_{(1)}} \right)} \quad (3.104)$$

Für den Kondensatorstrom (Index „II") gilt nach Abb. 3.25, wenn das Verfahren der Ersatzspannungsquelle an der Fehlerstelle angewendet wird:

$$\underline{I}_{(1)\mathrm{CII}} = \underline{I}_{(2)\mathrm{CII}} = 0 \quad (3.105)$$

$$\underline{I}_{(0)\mathrm{CII}} = -\frac{\alpha \cdot X_{(0)}}{\alpha \cdot X_{(0)} - X_{\mathrm{C}}} \cdot \underline{I}_{(1)\mathrm{oII}} \quad (3.106)$$

Mit $$\underline{I}_{(1)\mathrm{oII}} = \frac{-\mathrm{j}\underline{E}}{2 \cdot X_{(1)} + \dfrac{\alpha \cdot X_{\mathrm{C}} \cdot X_{(0)}}{X_{\mathrm{C}} - \alpha \cdot X_{(0)}} + (1 - \alpha) \cdot X_{(0)}} \quad (3.107)$$

Unter den gleichen Randbedingungen, ergibt sich der Kondensatorstrom nach Gl. (3.108) zu:

$$\underline{I}_{(0)\mathrm{CII}} = \frac{-\mathrm{j}\alpha \cdot X_{(0)} \cdot \underline{E}}{\left[2 \cdot X_{(1)} + (1 - \alpha) \cdot X_{(0)} \right] \cdot \left(X_{\mathrm{C}} - \alpha \cdot X_{(0)} \right) + \alpha \cdot X_{\mathrm{C}} \cdot X_{(0)}} \quad (3.108)$$

bzw. $$\underline{I}_{\mathrm{RII}} = \underline{I}_{(0)\mathrm{CII}} = \frac{-\mathrm{j}3 \cdot \alpha \cdot \underline{E}}{X_{(1)}} \cdot \frac{1}{9 \cdot \alpha^2 - 15 \cdot \alpha + 50} \quad (3.109)$$

In der Tab. 3.2 sind die Kondensatorströme in Abhängigkeit der beiden Berechnungsverfahren und des Einbauorts der Kapazität (α) dargestellt. Hierbei ist jeweils der Strom des fehlerbehafteten Leiters aufgeführt, und der Kurzschluss ist jeweils am Ende der Leitung.

Die Ergebnisse der Tab. 3.2 zeigen, dass bei den beiden Fehlerfällen (ein-, dreipolig) jeweils Ströme ermittelt werden, wenn die Ersatzspannungsquelle an der Fehlerstelle verwendet wird, die physikalisch nicht vorhanden sind (α = 1,0). Aus diesem Grunde ist es sinnvoll, bei der Berechnung des dreipoligen Kurzschlussstroms die Querimpedanzen nicht zu berücksichtigen. Im Gegensatz hierzu wird die Abweichung bei der Bestimmung

Tab. 3.2 Kondensatorstrom des fehlerbehafteten Leiters R in Abhängigkeit des Einbauorts der Kapazität α, bezogen auf 1 p.u. = $E/X_{(1)}$

Verfahren/Fehler	Amplitude/p.u.		
	$\alpha = 0$	$\alpha = 0{,}5$	$\alpha = 1$
einpolig:			
– tatsächliche Spannung	0,1000	0,0495	0,0000
– Ersatzspannungsquelle	0,0000	0,0335	0,0682
dreipolig:			
– tatsächliche Spannung	0,1000	0,0513	0,0000
– Ersatzspannungsquelle	0,0000	0,0513	0,1000

des einpoligen Kurzschlussstroms zu groß, wenn Querimpedanzen im Nullsystem nicht berücksichtigt werden, zumal die Abweichung bzw. der Fehler geringer ist, im Vergleich zur Anwendung der Berechnung mit der tatsächlichen Spannungsverteilung.

3.8 Fazit

Grundsätzlich gibt es mehrere Verfahren, um einen Netzkurzschluss zu berechnen, Zur Vereinfachung wird in der Norm [2] das Verfahren der Ersatzspannungsquelle an der Fehlerstelle verwendet, welches den großen Vorteil hat, dass der Lastfluss vor Kurzschlusseintritt, und damit auch die Stufenstellung der Transformatoren, nicht berücksichtigt werden muss. Die Konsequenz ist, dass die Spannung an der Fehlerstelle allgemein mit einem einheitlichen Spannungsfaktor nachgebildet wird. Darüber hinaus sind bei diesem Verfahren die Querimpedanzen vor allem bei der Berechnung des dreipoligen Kurzschlussstroms nicht zu berücksichtigen, da sonst Ströme ermittelt werden, die in der Realität nicht vorhanden sind.

Literatur

1. Balzer G, Nelles D, Tuttas C (2009) Kurzschlussstromberechnung nach IEC und DIN EN 60909-0 (VDE 0102):2002-07. VDE-Schriftreihe 77, 2. Akt. Aufl., VDE, Berlin
2. IEC 60909-0:2016 Edition 2.0 (2016-01-28): Short-circuit current calculations in three-phase a.c. systems – Part 0: Calculation of currents; DIN EN 60909-0:2016-12; VDE 0102:2016-12: Kurzschlussströme in Drehstromnetzen – Teil 0: Berechnung der Ströme. VDE, Berlin
3. Funk G (1962) Der Kurzschluß im Drehstromnetz. Oldenbourg, München
4. DIN EN 60909-3:2010-08; VDE 0102-3:2010-08: Kurzschlussströme in Drehstromnetzen – Teil 3: Ströme bei Doppelerdkurzschluss und Teilkurzschlussströme über Erde. VDE Verlag GmbH, Berlin
5. Balzer G, Neumann C (2016) Schalt- und Ausgleichsvorgänge in elektrischen Netzen. Springer, Heidelberg
6. Das JC (2018) Power systems handbook – volume 1: short-circuits an AC and DC systems. CRC Press/Taylor & Francis Group, New York

Berechnungsgrößen von Betriebsmitteln

4

In den folgenden Abschnitten werden die Impedanzen und sonstigen Größen der unterschiedlichen Betriebsmittel bestimmt, die für eine Kurzschlussstromberechnung maßgebend sind. In diesem Zusammenhang werden die Mit- und Nullimpedanzen von Freileitungen und Kabeln ausführlich abgeleitet. Darüber hinaus werden auch aktive Elemente (Spannungsquellen, Stromquellen) betrachtet. Im Allgemeinen werden mit der Indizierung (1), (2) und (0) die Größen im Mit-, Gegen- und Nullsystem bezeichnet. Wenn keine Verwechslung möglich ist, wird bei der Darstellung im Mitsystem auf den Index verzichtet.

4.1 Netzeinspeisungen

Eine Netzeinspeisung ist der Zusammenschluss von verschiedenen aktiven Elementen, die zum Kurzschlussstrom beitragen (z. B. Generatoren, Motoren) und passiven Elementen (z. B. Transformatoren, Leitungen). Um eine detaillierte Nachbildung der verschiedenen Betriebsmittel nicht bei jeder Berechnung durchzuführen, kann eine Ersatzdarstellung gewählt werden, die aus einer Spannungsquelle und einer Innenimpedanz besteht.

Für die Berechnung des Kurzschlussstroms in dem Netz nach Abb. 4.1 muss die Impedanz der Netzeinspeisung mit Hilfe der folgenden Gl. (4.1) ermittelt werden, bezogen auf die Sammelschiene Q.

$$Z_{\mathrm{Q}} = \frac{c \cdot U_{\mathrm{nQ}}}{\sqrt{3} \cdot I''_{\mathrm{kQ}}} \qquad X_{\mathrm{Q}} = \frac{Z_{\mathrm{Q}}}{\sqrt{1-\left(R_{\mathrm{Q}}/X_{\mathrm{Q}}\right)^2}} \tag{4.1}$$

Mit

I''_{kQ} Anfangs-Kurzschlusswechselstrom an der Sammelschiene Q
U_{nQ} Netznennspannung
c Spannungsfaktor, Tab. 7.1

G. Balzer, *Kurzschlussströme in Drehstromnetzen*,
https://doi.org/10.1007/978-3-658-28331-5_4

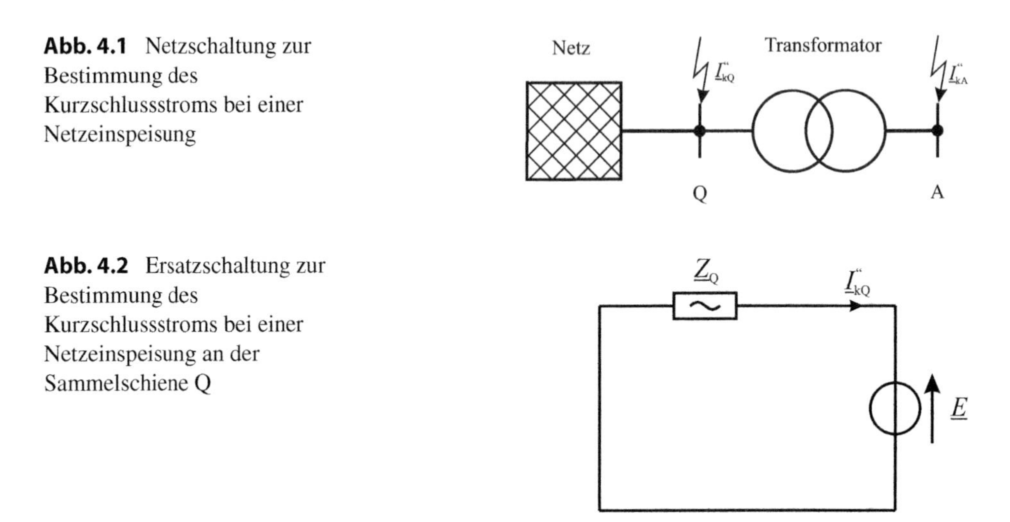

Abb. 4.1 Netzschaltung zur Bestimmung des Kurzschlussstroms bei einer Netzeinspeisung

Abb. 4.2 Ersatzschaltung zur Bestimmung des Kurzschlussstroms bei einer Netzeinspeisung an der Sammelschiene Q

In vielen Fällen ist das Verhältnis R/X nicht bekannt, so dass vereinfachend, z. B. für Hochspannungsnetze, gesetzt werden kann:

$$R/X = 0{,}1 \Rightarrow X_Q = 0{,}995\, Z_Q$$

In Niederspannungsnetzen werden im Gegensatz hierzu geringere Leitungsquerschnitte verwendet, so dass die Resistanz einen größeren Einfluss auf das Ergebnis haben wird. In [1] werden Angaben über die Impedanzverhältnisse von Niederspannungsleitungen angegeben, so dass aus diesen Werten ein allgemeines Impedanzverhältnis für Niederspannungsnetze abgeleitet werden kann.

Aus diesen Angaben nach Gl. (4.1) lässt sich die Ersatzschaltung für die Berechnung des Kurzschlussstroms mit Hilfe der Ersatzspannungsquelle an der Fehlerstelle nach Abb. 4.2 angeben $\left(\underline{E} = c \cdot U_{nQ} / \sqrt{3}\right)$.

Wird ein Kurzschluss an der Sammelschiene A, Abb. 4.1, angenommen, so ist die Impedanz des Netzes $\underline{Z}_Q$ mit dem Quadrat des Transformatorübersetzungsverhältnisses auf die neue Spannungsebene umzurechnen:

$$\underline{Z}_A = \underline{Z}_{Qt} = \frac{\underline{Z}_Q}{t_r^2} \tag{4.2}$$

Mit

t_r Bemessungsübersetzungsverhältnis des Transformators (Mittelstellung $t_r = U_{rTOS}/U_{rTUS}$)

In Abhängigkeit der Kraftwerkseinspeisung und der Netztopologie ist zwischen dem minimalen und maximalen Kurzschluss eines Netzes zu unterscheiden, Abschn. 3.3. Häufig wird noch für den Anfangs-Kurzschlusswechselstrom I''_k die Kurzschlussleistung angegeben. Es hat sich jedoch in der Praxis als nützlich erwiesen, auf diese Bezeichnung zu verzichten, da für eine Auswahl der Betriebsmittel (z. B. Leistungsschalter) ausschließlich die Kurzschlussströme maßgebend sind. Zusätzlich ist nicht immer bekannt, mit welcher Spannung die Kurzschlussleistung ermittelt wird, da z. B. für höchste Spannungen für Betriebsmittel $U_m > 300$ kV eine Netzspannung nicht mehr genormt ist und z. B. die Spannungsbezeichnungen $U_n = 380$ kV und $U_n = 400$ kV in Europa gebräuchlich sind. Aus diesem Grunde sollte die Bezeichnung Kurzschlussleistung nicht verwendet werden.

Der Kurzschlussstrombeitrag einer Netzeinspeisung ist über den gesamten Zeitbereich konstant, so dass kein Abklingen der Wechselstromkomponente stattfindet. Dieses bedeutet, dass der Anfangs-Kurzschlusswechselstrom $\underline{I}''_{kQ}$ gleich dem Ausschaltstrom $\underline{I}_b$ und dem Dauerkurzschlussstrom $\underline{I}_k$ ist, Gl. (4.3). Es handelt sich somit bei einer Netzeinspeisung um einen generatorfernen Kurzschluss, Abschn. 3.5.

$$\underline{I}''_{kQ} = \underline{I}_{bQ} = \underline{I}_{kQ} \tag{4.3}$$

Die Nullreaktanz des Netzes kann z. B. aus dem einpoligen Kurzschlussstrom und dem R_0/X_0-Verhältnis bestimmt werden, hierbei ist der dreipolige Kurzschlussstrom anzugeben. Nach den Gl. (4.4) und (4.5) gilt jeweils für die Beträge:

$$\sqrt{\left(2\cdot R_{(1)} + R_{(0)}\right)^2 + \left(2\cdot X_{(1)} + X_{(0)}\right)^2} = \frac{\sqrt{3}\cdot c\cdot U_n}{I''_{k1}} \tag{4.4}$$

$$\sqrt{R_{(1)}^{\ 2} + X_{(1)}^{\ 2}} = \frac{\sqrt{3}\cdot c\cdot U_n}{I''_{k3}} \tag{4.5}$$

Durch Zusammenfassen der Gleichungen folgt daraus:

$$\frac{\left(2\cdot\frac{R_{(1)}}{X_{(1)}} + \frac{R_{(0)}}{X_{(1)}}\right)^2 + \left(2 + \frac{X_{(0)}}{X_{(1)}}\right)^2}{\left(\frac{R_{(1)}}{X_{(1)}}\right)^2 + 1} = 9\cdot\left(\frac{I''_{k3}}{I''_{k1}}\right)^2 \tag{4.6}$$

Für das Verhältnis X_0/X_1 ergibt sich nach Umformungen:

$$\frac{X_0}{X_1} = -A + \sqrt{A^2 - B} \tag{4.7}$$

Mit

$$A = 2\cdot\frac{\frac{R_0}{X_0}\cdot\frac{R_1}{X_1} + 1}{\left(\frac{R_0}{X_0}\right)^2 + 1} \tag{4.8}$$

$$B = \frac{4 \cdot \left(\frac{R_1}{X_1}\right)^2 + 4 - 9 \cdot \left(\frac{I_{k3}}{I_{k1}}\right)^2 \cdot \left(\frac{R_1}{X_1} + 1\right)}{\left(\frac{R_0}{X_0}\right)^2 + 1} \tag{4.9}$$

Das Verhältnis R_0/X_0 hängt von der Struktur eines Netzes und kann z. B. bei einem Wert von $R_0/X_0 = 0{,}2$ bei einem Freileitungsnetz sein.

4.2 Generatoren

Grundsätzlich können für die Erzeugung elektrischer Energie Synchron- und Asynchrongeneratoren eingesetzt werden. Während Synchrongeneratoren in thermischen und hydraulischen Kraftwerken Verwendung finden, sind Asynchrongeneratoren z. B. bei der Umwandlung von Wind in elektrischer Energie im Einsatz. Im Gegensatz hierzu werden bei der Umwandlung von Sonnenenergie in elektrische Energie (Photovoltaikanlagen) statische Umrichter eingesetzt.

4.2.1 Synchrongeneratoren

Die Darstellung der Synchrongeneratoren erfolgt nach der VDE-Bestimmung [2] bei der Kurzschlussstromberechnung ausschließlich mit Hilfe der subtransienten Längsreaktanz und dem Wirkwiderstand des Generators, so dass hieraus der Anfangs-Kurzschlusswechselstrom bestimmt werden kann. Das Abklingverhalten während des Kurzschlussvorgangs wird unter Berücksichtigung von Faktoren μ, λ nachgebildet. Wenn im Gegensatz hierzu das zeitliche Verhalten während eines Kurzschusses mit Hilfe von entsprechenden Rechenprogrammen nachgebildet werden soll (transiente Verläufe), sind die dazugehörigen Reaktanzen und Zeitkonstanten zu verwenden (Abschn. 4.2.1.2).

4.2.1.1 Darstellung nach der VDE

Für einen Generator, der unmittelbar auf einen Kurzschluss speist, ergeben sich die elektrischen Verhältnisse, die in [3, 4] beschrieben sind, so dass sich zur Berechnung des Anfangs-Kurzschlusswechselstroms die subtransiente Generatorimpedanz verwendet wird, Gl. (4.10). Die nachfolgenden Gleichungen sind nur dann zu verwenden, wenn ein Generator unmittelbar in eine Spannungsebene, z. B. Industrienetz, einspeist. Wird im Gegensatz hierzu ein Generator mit einem Bocktransformator betrachtet, so ist in diesem Fall das Betriebsmittel „Kraftwerksblock“ zu verwenden (Abschn. 4.3).

$$\underline{Z}_G = R_G + jX''_d \tag{4.10}$$

Um der erhöhten inneren Spannung aufgrund einer Vorbelastung vor Kurzschlusseintritt Rechnung zu tragen, wird die Impedanz $\underline{Z}_G$ mit einem Faktor K_G korrigiert, Abschn. 8.2. Es ergibt sich somit die Impedanz $\underline{Z}_{GK}$, die in die Kurzschlussstromberechnung eingesetzt wird.

$$\underline{Z}_{GK} = K_G \cdot \underline{Z}_G = K_G \cdot \left(R_G + jX_d''\right) \tag{4.11}$$

$$X_d'' = \frac{x_d''}{100\,\%} \cdot \frac{U_{rG}^2}{S_{rG}} \tag{4.12}$$

Mit

R_G Widerstand der Ankerwicklung,
X_d'' subtransiente Längsreaktanz,
x_d'' subtransiente Längsreaktanz, bezogener Wert in %,
S_{rG} Bemessungsleistung des Generators,
U_{rG} Bemessungsspannung des Generators,
K_{GK} Korrekturfaktor der Generatorimpedanz, Kap. 8.

Da der Kurzschluss in der Regel bei Bemessungsspannung des Generators stattfindet, sind als Reaktanzen jeweils die gesättigten Werte (X_d'') einzusetzen, die zu höheren Kurzschlussströmen führen. Im Gegensatz dazu wird u. U. bei Stoßkurzschlussversuchen die unbelastete Synchronmaschine auf eine verminderte Spannung erregt, um die mechanische Beanspruchung gering zu halten, so dass in diesen Fällen die ungesättigten Reaktanzen wirken.

Der Korrekturfaktor K_{GK}, dessen Ableitung in Abschn. 8.2 dargestellt ist, ergibt sich zu:

$$K_{GK} = \frac{U_n}{U_{rG}} \cdot \frac{c_{max}}{1 + x_d'' \cdot \sqrt{1 - \cos^2 \varphi_{rG}}} \tag{4.13}$$

Mit

U_n Netznennspannung
φ_{rG} Phasenwinkel im Bemessungsbetrieb (I_{rG}/U_{rG})
c_{max} Spannungsfaktor nach Tab. 7.1

Für den maximalen, dreipoligen Kurzschlussstrom folgt daraus:

$$\underline{I}_k'' = \frac{cU_n / \sqrt{3}}{\underline{Z}_G \cdot K_{GK}} = \frac{U_{rG} / \sqrt{3}}{R_G + jX_d''} \left(1 + x_d'' \cdot \sqrt{1 - \cos^2 \varphi_{rG}}\right) \tag{4.14}$$

Bei der Berechnung des minimalen Kurzschlussstroms wird in Gl. (4.14) der Wert von c_{min} verwendet, während der Korrekturfaktor stets mit c_{max} gebildet wird.

Der in der Gl. (4.11) eingesetzte Wirkwiderstand R_G ist der ohmsche Widerstand der Ankerwicklung, so dass bei der Berechnung des Anfangs-Kurzschlusswechselstroms stets der Ankerwiderstand R_G einzusetzen ist.

Im Gegensatz hierzu wird bei der Berechnung des κ-Faktors zur Bestimmung des Stoßkurzschlussstroms ein fiktiver Wirkwiderstad R_{Gf} eingesetzt, der zusätzlich den Abklingvorgang des subtransienten Anteils des Kurzschlussstroms innerhalb der ersten halben Periode berücksichtigt. Die Werte für R_{Gf} liegen aus diesem Grunde höher als die entsprechenden Ankerwiderstände R_G und sind nach der Erfahrung wie folgt einzusetzen:

$$R_{Gf} = 0{,}05 \cdot X''_d \quad \text{bei} \quad U_{rG} > 1\,\text{kV}, \quad S_{rG} \geq 100\,\text{MVA}$$
$$R_{Gf} = 0{,}07 \cdot X''_d \quad \text{bei} \quad U_{rG} > 1\,\text{kV}, \quad S_{rG} < 100\,\text{MVA}$$
$$R_{Gf} = 0{,}15 \cdot X''_d \quad \text{bei} \quad U_{rG} < 1\,\text{kV}$$

Aus dem oben angegebenen Grund wird der Wert R_{Gf} für die Berechnung des Stoßkurzschlussstroms i_p verwendet. Im Gegensatz hierzu ist bei der Ermittlung der Gleichstromzeitkonstante T_a bzw. des Gleichstromglieds I_{DC} für die Auslegung der Stromwandler der tatsächliche Ankerwiderstand R_G zu verwenden.

Bei der in Gl. (4.13) verwendeten Generatorspannung U_{rG} wird vorausgesetzt, dass die tatsächliche Klemmenspannung nicht von der Bemessungsspannung U_{rG} abweicht. Wird im Gegensatz hierzu die Klemmenspannung so verändert, dass U_{rG} überschritten wird, so ist in Gl. (4.13) $U_{Gmax} = U_{rG}\,(1 + p_G)$ für U_{rG} einzusetzen. Der Faktor p_G stellt hierbei den Regelbereich des Spannungsreglers dar.

Der in der Gl. (4.13) angegebene Korrekturfaktor gilt auch bei der Berechnung von unsymmetrischen Kurzschlussströmen, d. h., die Generatorimpedanzen im Mit-, Gegen- und Nullsystem sind mit demselben Faktor K_G zu multiplizieren. Bei einer Impedanz zwischen dem Generatorsternpunkt und Erde, wie es beispielhaft bei den Generatoren in Niederspannungsnetzen möglich ist, wird die Sternpunktimpedanz nicht mit dem Korrekturfaktor multipliziert.

Tab. 4.1 gibt einen Überblick über typische Werte von Generatoren unterschiedlicher Bemessungsleistung.

4.2.1.2 Darstellung der Reaktanzen und Zeitkonstanten (betriebsfrequent)

Im Allgemeinen erfolgt die Modellierung einer Synchronmaschine auf der Basis der Zweiachsentheorie von Park. Hierbei wird ein Drehstromsystem in die Diagonalkomponenten des Rotors zerlegt. Auf Grund des Aufbaus besitzt der Stator eine dreiphasige Drehstromwicklung, wohingegen die Erregerwicklung und gegebenenfalls die Dämpferwicklung sich auf dem Rotor befinden. Grundsätzlich sind die Reaktanzen in Längs- und Querrichtung unterschiedlich, welches besonders bei einem Schenkelpolläufer ausgeprägt ist, zusätzlich befindet sich die Erregerwicklung ausschließlich in der Längsrichtung. Abb. 4.3 zeigt die schematische Anordnung der Wicklungen in Längs- (d) und Querachse (q) der Synchronmaschine. Während die Dämpferwicklungen in beiden Achsen kurzgeschlossen sind, um Ausgleichsvorgänge kurzzuschließen, erfolgt die Erregung ausschließlich in der d-Achse.

Tab. 4.1 Werte von Synchrongeneratoren, beispielhaft

Größen	Turbogenerator	Schenkelpolgenerator
$x''_d/\%$	10–30	12–30
$x'_d/\%$	14–40	20–45
$x_d/\%$	140–300	80–140
$x_2/\%$	10–30	12–30
$x_0/\%$	3–10	5–20
T''_d/s	0,02–0,04	0,02–0,1
T'_{d0}/s	5–15	4–10
T_a/s	0,05–0,4	0,1–0,4

x''_d subtransiente Reaktanz (gesättigt, *d*-Achse)
x'_d transiente Reaktanz (gesättigt, *d*-Achse)
x_d synchrone Reaktanz (ungesättigt, *d*-Achse)
x_2 Gegenreaktanz
x_0 Nullreaktanz
T''_d subtransiente Zeitkonstante
T'_{d0} transiente Leerlaufzeitkonstante
T_a Gleichstromzeitkonstante

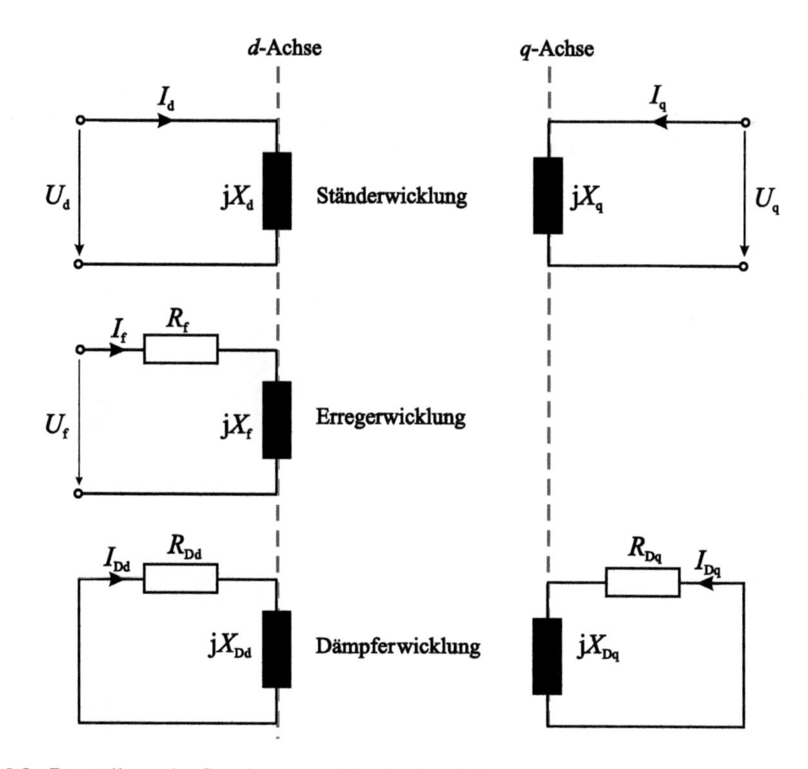

Abb. 4.3 Darstellung der Synchronmaschine in *d*, *q*-Achsen

Grundsätzlich können nach einem Kurzschlusseintritt unterschiedliche Zustandsbereiche dargestellt werden, die sich durch die Verkettung der verschiedenen Wicklungen ergeben, dieses sind:

- Subtransienter Bereich,
- transienter Bereich,
- stationärer Bereich.

Die Ursachen für diese Bereiche liegen in den magnetischen Wechselwirkungen der unterschiedlichen Wicklungen (Ständer, Erreger und Dämpfer). Die Ausgleichsströme in der Dämpferwicklung klingen schnell ab (subtransienter Bereich), während das Abklingverhalten in der Erregerwicklung langsamer stattfindet (transienter Bereich). Hieraus ergeben sich die folgenden Definitionen:

- Subtransiente Reaktanz X_d'': Diese Reaktanz besteht aus den Streureaktanzen der Ständer-, Läufer- und Dämpferwicklung und der Hauptreaktanz der Längsachse, Abb. 4.4 und 4.5.
- Transiente Reaktanz X_d': Entspricht der subtransienten Reaktanz nach dem Abklingvorgang in der Dämpferwicklung.
- Synchrone Reaktanz X_d: Stationäre Reaktanz, nachdem sämtliche Schwingungen abgeklungen sind.

Bei Maschinen werden anstelle der 0, 1, 2-Komponenten häufig die 0, *d*, *q*-Komponenten verwendet, die sich mit dem Rotor drehen. Hierbei stellt die Längsachse (*d*-Ache) die

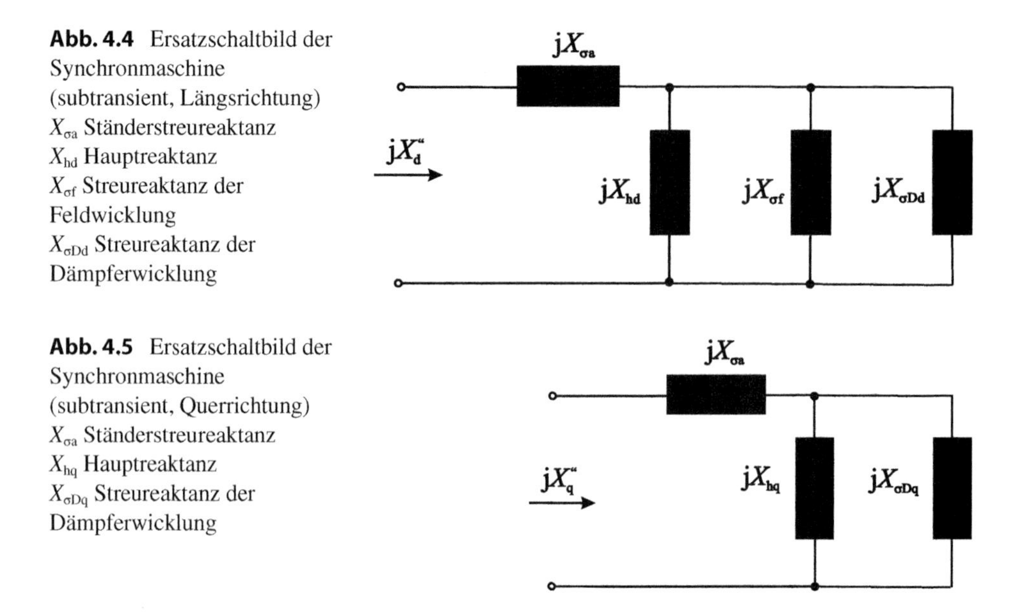

Abb. 4.4 Ersatzschaltbild der Synchronmaschine (subtransient, Längsrichtung) $X_{\sigma a}$ Ständerstreureaktanz X_{hd} Hauptreaktanz $X_{\sigma f}$ Streureaktanz der Feldwicklung $X_{\sigma Dd}$ Streureaktanz der Dämpferwicklung

Abb. 4.5 Ersatzschaltbild der Synchronmaschine (subtransient, Querrichtung) $X_{\sigma a}$ Ständerstreureaktanz X_{hq} Hauptreaktanz $X_{\sigma Dq}$ Streureaktanz der Dämpferwicklung

magnetische Achse des Polrades dar, während die Querachse (q-Achse) um 90° versetzt ist. Bei Turbogeneratoren sind die Unterschiede in den Reaktanzen aufgrund des symmetrischen Aufbaus des Rotors gering, während diese bei Schenkelpolgeneratoren ausgeprägt sind.

Im subtransienten Fall besteht die Eingangsreaktanz in der Längsrichtung aus der Streureaktanz des Ankers $X_{\sigma a}$, der Hauptreaktanz X_{hd} und den Streureaktanzen der Erreger- ($X_{\sigma f}$) und Dämpferwicklung ($X_{\sigma Dd}$), so dass sich nach Gl. (4.15) ergibt bzw. Abb. 4.4:

$$X_d'' = X_{\sigma a} + \frac{1}{\frac{1}{X_{hd}} + \frac{1}{X_{\sigma f}} + \frac{1}{X_{\sigma Dd}}} \tag{4.15}$$

Zur Vereinfachung sind in Abb. 4.4 die Resistanzen der verschiedenen Wicklungen vernachlässigt.

Das äquivalente Ersatzschaltbild in Querrichtung zeigt Abb. 4.5 ohne eine Erregerwicklung, die subtransiente Querimpedanz ergibt sich nach Gl. (4.16).

$$X_q'' = X_{\sigma a} + \frac{1}{\frac{1}{X_{hq}} + \frac{1}{X_{\sigma Dq}}} \tag{4.16}$$

Bei einem Ausgleichsvorgang, z. B. Kurzschluss an den Generatorklemmen, wirken die Resistanzen der Erreger- und Dämpferwicklung, die in Reihe zu den entsprechenden Streureaktanzen sind. Da die Resistanz R_f der Erregerwicklung kleiner als die der Dämpferwicklung R_D ist, kann sie vernachlässigt werden, und es kommt zu einem schnellen Abklingen des Stroms in der Dämpferwicklung, so dass vereinfachend Abb. 4.6 gilt, indem die Eingangsklemmen nach Abb. 4.4 kurzgeschlossen sind.

Unter Berücksichtigung von Abb. 4.6 ergeben sich die folgenden Größen, wenn ein Klemmenkurzschluss angenommen wird und sämtliche Reaktanzen, von der Dämpferwicklung ausgesehen, kurzgeschlossen werden:

$$X_D = X_{\sigma Dd} + \frac{1}{\frac{1}{X_{\sigma a}} + \frac{1}{X_{hd}} + \frac{1}{X_{\sigma f}}} \tag{4.17}$$

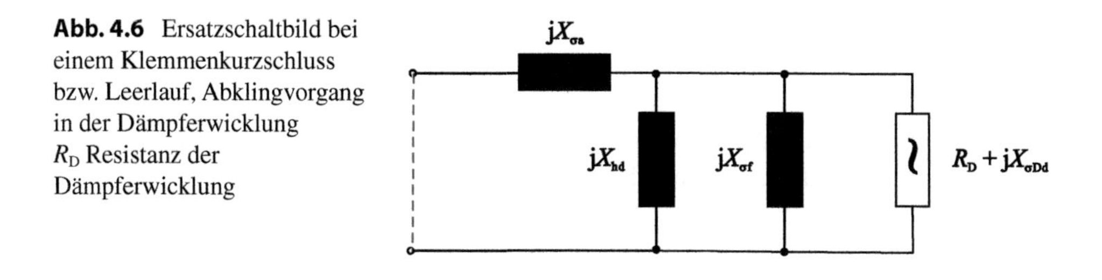

Abb. 4.6 Ersatzschaltbild bei einem Klemmenkurzschluss bzw. Leerlauf, Abklingvorgang in der Dämpferwicklung R_D Resistanz der Dämpferwicklung

Mit der subtransienten Zeitkonstanten T_d'' wird der Abklingvorgang in der Dämpferwicklung umschrieben, unter Berücksichtigung der Resistanz R_D der Dämpferwicklung.

$$T_d'' = \frac{X_D}{\omega \cdot R_D} \tag{4.18}$$

Bei Leerlauf kann ebenso eine Zeitkonstante T_{d0}'' bestimmt werden, indem nach Abb. 4.6 der Anschluss offen ist, so dass gilt:

$$T_{d0}'' = \frac{X_{D0}}{\omega \cdot R_D} \qquad X_{D0} = X_{\sigma Dd} + \frac{1}{\frac{1}{X_{hd}} + \frac{1}{X_{\sigma f}}} \tag{4.19}$$

Entsprechend bestimmen sich die Zeitkonstanten für die q-Achse unter der Voraussetzung, dass die q-Achse nicht über eine Erregerwicklung verfügt.

$$T_q'' = \frac{X_Q}{\omega \cdot R_Q} \qquad X_Q = X_{\sigma Dq} + \frac{1}{\frac{1}{X_{\sigma a}} + \frac{1}{X_{hq}}} \tag{4.20}$$

und

$$T_{q0}'' = \frac{X_{Q0}}{\omega \cdot R_Q} \qquad X_{Q0} = X_{\sigma Dq} + X_{hq} \tag{4.21}$$

Die transiente Eingangsimpedanzen X_d' und X_q' bestimmen sich ausgehend von den Abb. 4.4 und 4.5 und den Gl. (4.15) und (4.16) unter der Bedingung, dass die Dämpferwicklung als unterbrochen angenommen wird, zu:

$$X_d' = X_{\sigma a} + \frac{1}{\frac{1}{X_{hd}} + \frac{1}{X_{\sigma f}}} \tag{4.22}$$

$$X_q' = X_{\sigma a} + X_{hq} \tag{4.23}$$

Nach dem Abklingvorgang kann die Dämpferwicklung als unterbrochen angesehen werden, so dass die transiente Zeitkonstante T_d' nach Abb. 4.7 bestimmt werden kann.

$$T_d' = \frac{X_F}{\omega \cdot R_f} \quad X_F = X_{\sigma f} + \frac{1}{\frac{1}{X_{\sigma a}} + \frac{1}{X_{hd}}} \tag{4.24}$$

Ähnlich wie im Falle der subtransienten Zeitkonstante kann auch die Leerlaufzeitkonstante im transienten Bereich ermittelt werden.

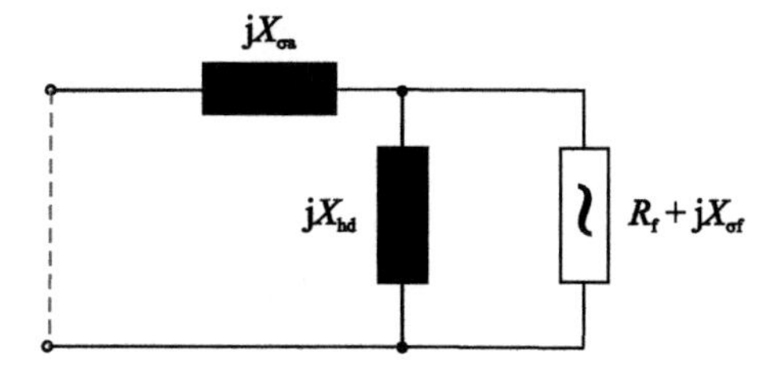

Abb. 4.7 Ersatzschaltbild bei einem Klemmenkurzschluss bzw. Leerlauf, Abklingvorgang in der Erregerwicklung R_f Resistanz der Erregerwicklung

$$T'_{d0} = \frac{X_{F0}}{\omega \cdot R_f} \qquad X_{F0} = X_{hd} + X_{\sigma f} \tag{4.25}$$

Die oben beschriebenen transienten Vorgänge gehen in Abhängigkeit der Zeitkonstanten in den stationären Betrieb über, der dem Normalbetrieb entspricht, so dass die Eingangsimpedanz gleich der Synchronreaktanz ist (Abb. 4.4 und 4.5).

$$X_d = X_{\sigma a} + X_{hd} \qquad X_q = X_{\sigma a} + X_{hq} \tag{4.26}$$

Unter Berücksichtigung der Gl. (4.22) und (4.23) kann das Verhältnis der transienten Zeitkonstanten zusammengefasst werden, so dass sich ergibt:

$$T'_d = T'_{d0} \cdot \frac{X'_d}{X_d} \tag{4.27}$$

Bei einem Kurzschluss an den Klemmen der Synchronmaschine im Spannungsnulldurchgang tritt als Folge des induktiven Kurzschlussstroms ein Gleichglied auf, dessen Zeitkonstante T_a sich nach Gl. (4.28) aus den subtransienten Reaktanzen und dem Ankerwiderstand R_G bestimmt.

$$T_a = \frac{X''_d + X''_q}{2 \cdot \omega \cdot R_G} \approx \frac{X''_d}{\omega \cdot R_G} \tag{4.28}$$

Netzfehler

Wird im Gegensatz zur obigen Darstellung der Beitrag eines Generators zu einem Netzkurzschluss betrachtet, so vergrößert sich die wirksame Kurzschlussimpedanz um die Impedanz $\underline{Z}_F$ zwischen Generatorklemme und Fehlerstelle, so dass sich die folgenden Werte ergeben:

$$\text{subtransient:} \quad \underline{Z}''_k = R_G + R_F + j\left(X''_d + X_F\right) \tag{4.29}$$

$$\text{transient:} \quad \underline{Z}'_k = R_G + R_F + j\left(X'_d + X_F\right) \tag{4.30}$$

$$\text{synchron:} \quad \underline{Z}_k = R_G + R_F + j\left(X_d + X_F\right) \tag{4.31}$$

Die Zeitkonstanten lassen sich näherungsweise dadurch bestimmen, dass der Ankerstreureaktanz $X_{\sigma a}$ die Netzreaktanz X_F hinzugefügt wird, unter Vernachlässigung der Resistanz R_F [5].

$$T''_{dF} \approx T''_{d} \cdot \frac{1+\dfrac{X_F}{X''_d}}{1+\dfrac{X_F}{X'_d}} \qquad T'_{dF} = T'_{d} \cdot \frac{1+\dfrac{X_F}{X'_d}}{1+\dfrac{X_F}{X_d}} \tag{4.32}$$

$$T_{aF} = \frac{X''_d + X_F}{\omega \cdot (R_G + R_F)} \qquad \text{bei } X''_d = X''_q \tag{4.33}$$

Gegenreaktanz

Aufgrund des Drehfelds, welches mit doppelter Synchrondrehzahl entgegengesetzt zum Läufer rotiert, ist die Gegenreaktanz X_2 gleich dem Mittelwert der subtransienten Längs- und Querreaktanz [5].

$$X_{(2)G} = \frac{X''_d + X''_q}{2} \tag{4.34}$$

Nullreaktanz

Im Prinzip sollten sich die magnetischen Felder aufgrund der räumlichen Anordnung der Wicklung aufheben, so dass die Nullreaktanz im Allgemeinen gering ist. Nach [5] ergeben sich folgende Richtwerte:

$$X_{(0)G} = \left(\frac{1}{3} \dots \frac{1}{6}\right) \cdot X'_d \tag{4.35}$$

In der Regel sind die Sternpunkte von Hochspannungsgeneratoren gegen Erde isoliert, so dass bei der Kurzschlussstromberechnung die Nullreaktanz nicht benötigt wird. Im Gegensatz zu Niederspannungsgeneratoren, die als Folge des eingesetzten Netzschutzes (TN-Netz) direkt oder über eine Reaktanz geerdet sind. Vielfach erfolgt die Erdung in solchen Fällen durch eine Reaktanz, um die auftretenden Oberschwingungen zu unterdrücken.

Kurzschlussstromverlauf

Bei einem Klemmen- oder Netzkurzschluss sowie bei einem Lastabwurf tritt das subtransiente und transiente Verhalten von Synchronmaschinen deutlich in Erscheinung. Bei einem Klemmenkurzschluss wirken im ersten Augenblick die subtransienten Reaktanzen, die dann von den transienten abgelöst werden. Nach dem Abklingen aller Ausgleichsvorgänge folgt der Dauerkurzschlussstrom. Der Ausgleichsvorgang kann bei einem dreipoligen Klemmenkurzschluss $i_k(t)$ nach Gl. (4.36) beschrieben werden, mit der Klemmenspannung des Generators U_{rG}:

$$
\begin{aligned}
i_k(t) \approx \sqrt{\frac{2}{3}} \cdot U_{rG} \cdot \left\{ \left[\frac{1}{X_d''} - \frac{1}{X_d'} \right] \cdot e^{-t/T_d''} + \left[\frac{1}{X_d'} - \frac{1}{X_d} \right] \cdot e^{-t/T_d'} + \frac{1}{X_d} \right\} \cdot \cos(\omega \cdot t) + \\
\sqrt{\frac{2}{3}} \cdot U_{rG} \cdot \left\{ -\frac{1}{2} \cdot \left[\frac{1}{X_d''} + \frac{1}{X_q''} \right] \cdot e^{-t/T_a} - \frac{1}{2} \cdot \left[\frac{1}{X_d''} - \frac{1}{X_q''} \right] \cdot e^{-t/T_a} \cdot \cos(2 \cdot \omega \cdot t) \right\}
\end{aligned}
\quad (4.36)
$$

Da für Turboläufer näherungsweise gilt:

$$X_d'' \approx X_q'' \quad (4.37)$$

Ergibt sich vereinfachend für den Kurzschlussstrom:

$$
i_k(t) \approx \sqrt{\frac{2}{3}} \cdot U_{rG} \cdot \left(\begin{array}{l} \left\{ \left[\frac{1}{X_d''} - \frac{1}{X_d'} \right] \cdot e^{-t/T_d''} + \left[\frac{1}{X_d'} - \frac{1}{X_d} \right] \cdot e^{-t/T_d'} + \frac{1}{X_d} \right\} \cdot \cos(\omega \cdot t) \\ -\frac{1}{X_d''} \cdot e^{-t/T_a} \end{array} \right) \quad (4.38)
$$

Die Gl. (4.36) und (4.38) gelten für den Fall, dass sich die Synchronmaschine vor Kurzschlusseintritt im Leerlauf befindet. Der Klammerausdruck, der mit dem Cosinus-Term verbunden ist, stellt das Abklingen der Wechselstromkomponente dar, während der übrige Teil die Gleichstromkomponente repräsentiert, Gl. (4.39) und (4.40).

- Wechselstromkomponente:

$$
i_{kAC}(t) \approx \sqrt{\frac{2}{3}} \cdot U_{rG} \cdot \left\{ \left[\frac{1}{X_d''} - \frac{1}{X_d'} \right] \cdot e^{-t/T_d''} + \left[\frac{1}{X_d'} - \frac{1}{X_d} \right] \cdot e^{-t/T_d'} + \frac{1}{X_d} \right\} \cdot \cos(\omega \cdot t) \quad (4.39)
$$

- Gleichstromkomponente:

$$
i_{kDC}(t) \approx \sqrt{\frac{2}{3}} \cdot U_{rG} \cdot \left(-\frac{1}{X_d''} \cdot e^{-t/T_a} \right) \quad (4.40)
$$

In Abhängigkeit der Zeitkonstanten ist es möglich, dass die Wechselstromkomponente schneller abklingt als die Gleichstromkomponente. Dieses trifft besonders bei großen Generatoren mit großen Zeitkonstanten T_a nach Gl. (4.28) auf. Die Konsequenz ist, dass in einem Zeitbereich, z. B. $t \sim 100$ ms, der zeitliche Stromverlauf keine Nulldurchgänge aufweist. Da Drehstrom-Leistungsschalter bei der Unterbrechung auf Stromnulldurchgänge angewiesen sind, sollten fehlende Nulldurchgänge bei Kurzschlüssen vermieden werden, Abschn. 3.5).

Für den Fall, dass die Synchronmaschine unter Lastbedingungen auf einen Kurzschluss einspeist, gilt allgemein für die Wechselstromkomponente des Kurzschlussstroms:

$$I_{\mathrm{kAC}}(t) = \left(I_{\mathrm{k}}'' - I_{\mathrm{k}}'\right) \cdot \mathrm{e}^{-t/T_{\mathrm{d}}''} + \left(I_{\mathrm{k}}' - I_{\mathrm{k}}\right) \cdot \mathrm{e}^{-t/T_{\mathrm{d}}'} + I_{\mathrm{k}} \tag{4.41}$$

Mit den Strömen und Spannungen (Resistanzen sind vernachlässigt):

$$I_{\mathrm{k}}'' = \frac{E''}{X_{\mathrm{d}}''} \qquad E'' \approx U_{\mathrm{rG}}/\sqrt{3} + I_{\mathrm{G}} \cdot X_{\mathrm{d}}'' \cdot \sin\varphi \tag{4.42}$$

$$I_{\mathrm{k}}' = \frac{E'}{X_{\mathrm{d}}'} \qquad E' \approx U_{\mathrm{rG}}/\sqrt{3} + I_{\mathrm{G}} \cdot X_{\mathrm{d}}' \cdot \sin\varphi \tag{4.43}$$

$$I_{\mathrm{k}} = \frac{E}{X_{\mathrm{d}}} \qquad E \approx U_{\mathrm{rG}}/\sqrt{3} + I_{\mathrm{G}} \cdot X_{\mathrm{d}} \cdot \sin\varphi \tag{4.44}$$

Mit

U_{rG} Bemessungsspannung (Generator)
I_{G} Laststrom des Generators vor Kurzschlusseintritt
$\sin\varphi$ Phasenwinkel zwischen Spannung U_{rG} und Strom I_{G}, φ ist positiv bei Übererregung, negativ bei Untererregung des Generators
E interne Generatorspannung (subtransient, transient, synchron)

Bei einem Netzfehler ist in den Gl. (4.42) bis (4.44) die Reaktanz zwischen den Generatorklemmen und dem Fehlerort zur jeweiligen Generatorreaktanz zu addieren, Gl. (4.29) bis (4.31).

4.2.2 Asynchrongeneratoren

Die Berechnung des Beitrags zum Kurzschlussstrom wird nach VDE [2] sowohl für Asynchrongeneratoren als auch für doppelt gespeiste Asynchrongeneratoren betrachtet, die bei der Umwandlung von Windenergie eingesetzt werden. Bei der Betrachtung wird jeweils der Generator als auch der dazugehörige Transformator als eine Blockeinheit angesehen. Impedanzkorrekturfaktoren werden bei der Berechnung nicht berücksichtigt.

4.2.2.1 Einfache Asynchrongeneratoren

Im Folgenden werden der Asynchrongenerator und der dazugehörige Transformator als eine Erzeugungseinheit bezeichnet, die z. B. bei der Umwandlung von Windenergie in elektrische Energie eingesetzt wird und in das übergeordnete Hochspannungsnetz HS einspeist. Abb. 4.8 zeigt die entsprechende Ersatzschaltung. Bei der Berechnung der Kurzschlussströme werden jeweils die elektrischen Angaben auf das Hochspannungsnetz bezogen.

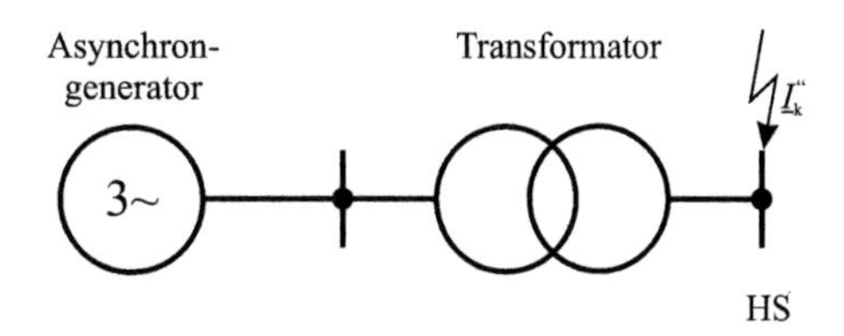

Abb. 4.8 Ersatzschaltung einer Erzeugungseinheit aus Asynchrongenerator und Blocktransformator

Die Impedanz Z_G von Asynchrongeneratoren wird ähnlich der Berücksichtigung von Motoren, Abschn. 4.6.1, ermittelt.

$$Z_G = \frac{1}{I_{LR}/I_{rG}} \cdot \frac{U_{rG}}{\sqrt{3} \cdot I_{rG}} = \frac{1}{I_{LR}/I_{rG}} \cdot \frac{U_{rG}^2}{S_{rG}} \tag{4.45}$$

U_{rG} Bemessungsspannung des Asynchrongenerators
I_{rG} Bemessungsstrom des Asynchrongenerators
S_{rG} Bemessungsleistung des Asynchrongenerators
L_{LR}/I_{rG} Verhältnis des Anlaufstroms zum Bemessungsstrom

Wenn keine anderen Werte bekannt sind, kann die komplexe Generatorimpedanz mit Hilfe eines Verhältnisses von R/X = 0,1 bestimmt werden. Die gesamte Impedanz der Blockeinheit (Asynchrongenerator+Blocktransformator) im Mitsystem $\underline{Z}_{WA}$ bestimmt sich nach Gl. (4.46), bezogen auf die Oberspannungsseite des Transformators.

$$\underline{Z}_{WA} = t_r^2 \cdot \underline{Z}_G + \underline{Z}_{THV} \tag{4.46}$$

Mit

$\underline{Z}_{THV}$ Impedanz des Transformators, bezogen auf die Oberspannungsseite (Hochspannung)
t_r Bemessungsübersetzungsverhältnis des Transformators

Bei der Berechnung von unsymmetrischen Kurzschlüssen ist das Gegensystem gleich dem Mitsystem, während das Nullsystem von der Art der Erdung des Transformators auf der Oberspannungsseite abhängig ist.

4.2.2.2 Doppeltgespeister Asynchrongenerator

Bei einem doppeltgespeistem Asynchrongenerator werden die Ständer- und Läuferwicklungen an Spannung angeschlossen, so dass ausschließlich Schleifringläufer eingesetzt werden können [6]. Während der Stator direkt mit dem Netz verbunden ist, wird der Läuferkreis über einen Umrichter (IGBT-Technologie) an das Netz angeschlossen, so dass Blindleistung sowohl abgegeben als auch aufgenommen werden kann. Der grundsätzliche Aufbau ist in Abb. 4.9 dargestellt. Auch in diesem Fall beziehen sich alle Werte auf die Hochspannungsseite.

Die Elemente „Crowbar“ und „Chopper“ nach Abb. 4.9 dienen der Reduzierung des Strombeitrags während eines Kurzschlussfalls, so dass nicht der maximale Stoßkurz-

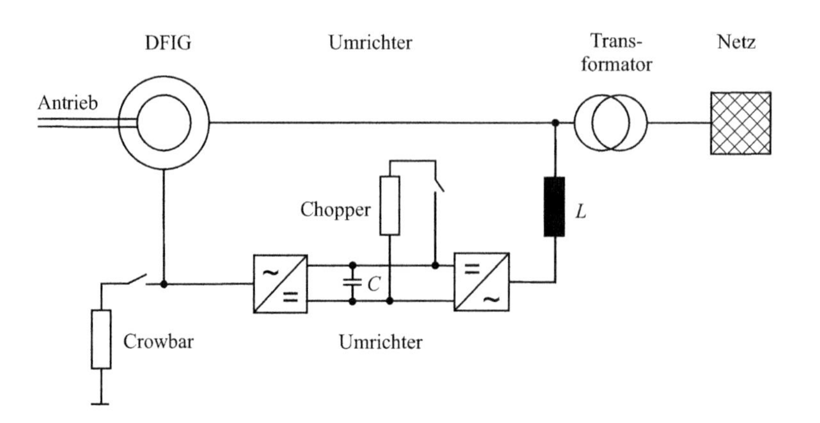

Abb. 4.9 Erzeugungseinheit eines doppeltgespeisten Asynchrongenerators (DFIG) inkl. Transformtor

schlussstrom erreicht wird [7, 8]. So wird z. B. durch die Verwendung der Crowbar der Läuferkreis kurzgeschlossen, so dass der hohe Läuferstrom bei einem Kurzschluss nicht über den Konverter fließt. Der doppeltgespeiste Asynchrongenerator wirkt in diesen Fällen als ein Kurzschlussläufer. Um auch weiterhin mit der Ersatzspannungsquelle an der Fehlerstelle zu rechnen, wird nach [2] aus dem in der Praxis gemessen Stoßkurzschlussstrom eine fiktive Mitimpedanz $\underline{Z}_{\text{WD}}$ bestimmt, unter Berücksichtigung eines Faktors κ_{WD}. Dieser Faktor beschreibt die Reduktion des Stoßkurzschlussstroms ausgehend von einem fiktiven Anfangs-Kurzschlusswechselstrom durch das Schutzsystem der Anlage (Crowbar bzw. Chopper). Für die Impedanz gilt somit:

$$Z_{\text{WD}} = \frac{\sqrt{2} \cdot \kappa_{\text{WD}} \cdot U_{\text{rTOS}}}{\sqrt{3} \cdot i_{\text{WDmax}}} \tag{4.47}$$

Mit

U_{rTOS} Bemessungsspannung des Transformators auf der Oberspannungsseite
κ_{WD} Faktor zur Berechnung des Stoßkurzschlussstroms, der vom Hersteller angegeben wird
i_{WDmax} Stoßkurzschlussstrom bei einem dreipoligen Kurzschluss (Scheitelwert)

Wenn der Faktor κ_{WD} vom Hersteller nicht angegeben wird, dann kann ein Wert von $\kappa_{\text{WD}} = 1{,}7$ werden verwendet. Zur Berechnung des Kurzschlussstroms kann zur Bestimmung der komplexen Impedanz $\underline{Z}_{\text{WD}}$ ein Verhältnis $R/X = 0{,}1$ berücksichtigt werden, mit diesem Wert κ wird dann auch die Gleichstromkomponente im Netz bestimmt. Die beiden Größen κ und κ_{WD}, Gl. (4.47), stehen somit nicht in einem Zusammenhang, sondern sie sind mit der tatsächlichen Resistanz R_{G} eines Synchrongenerators und der fiktiven Resistanz R_{Gf} vergleichbar.

Die Gegen- und Nullimpedanzen der Blockeinheit hängen von der Regelstrategie und der Erdung und Typ des Transformators ab und sind somit vom Hersteller zu erfragen.

Die Bestimmung der Impedanz aus einem Kurzschlussversuch, Gl. (4.47), entspricht der VDE-Bestimmung von 2016 [2], was in der Praxis nicht immer eindeutig ist. Da grundsätzlich das Verhalten eines doppeltgespeisten Asynchronmotors dem eines Generators entspricht, ist beabsichtigt, zukünftig die Kurzschlussimpedanz entsprechend Gl. (4.11) durchzuführen, so dass der Hersteller die notwendigen Angaben breitzustellen hat.

4.3 Kraftwerksblock

Zur Berechnung von Netzkurzschlüssen werden der Generator und der Blocktransformator eines Kraftwerks zu einer Einheit zusammengefasst, so dass ein Kurzschluss auf der Generatorsammelschiene nicht durch diese Nachbildung erfasst wird. Die Konsequenz ist, dass es nach der gültigen VDE-bestimmung [2] nicht zulässig ist, ein Kraftwerk für die Kurzschlussstromberechnung in seine zwei Komponenten: Generator – Blocktransformator (bzw. Netztransformator) zu zerlegen und mit den einzelnen Impedanzkorrekturfaktoren der Betriebsmittel (Abschn. 4.2.1.1 und 4.7.1) zu versehen.

Grundsätzlich führt eine Kurzschlussstromberechnung mit einem maximalen Spannungsfaktor c_{max} dann zu Werten, die auf der unsicheren Seite liegen können, wenn der Laststrom vor Kurzschlusseintritt groß und induktiv ist. Aus diesem Grunde ist es erforderlich, eine Impedanzkorrektur für den gesamten Kraftwerksblock anzuwenden. Hierbei wird zwischen zwei Möglichkeiten unterschieden:

- Kraftwerksblock mit Stufenschalter des Transformators
- Kraftwerksblock ohne Stufenschalter des Transformators

Bei dieser Einteilung wird angenommen, dass bei einem Stufenschalter die Spannungsregelung auf der OS-Seite des Kraftwerksblocks durch den Transformator erfolgt und die Generatorspannung auf ihren Bemessungspunkt gehalten wird. Im anderen Fall erfolgt die Spannungshaltung durch den Spannungsregler des Generators und der Blocktransformator verfügt nicht über eine automatische Spannungsregelung, sondern um Anzapfungen, die manuell verändert werden können. Die Ableitung der aufgeführten Korrekturfaktoren K_S und K_{SO} sind in [9, 10] dargestellt.

Durch die in den folgenden Abschnitten angegebenen Gleichungen wird stets der Beitrag des Kraftwerks zum Netzkurzschluss ermittelt. Bei einem Fehler auf der Generatorsammelschiene sind besondere Überlegungen anzustellen, die in der Bestimmung [2] aufgeführt sind. Da diese Berechnungen jedoch selten sind (nur bei der Auslegung eines neuen Kraftwerks) wird in diesem Zusammenhang auf die Darstellung verzichtet.

4.3.1 Blocktransformator mit Stufenschalter

Für die Berechnung der Impedanz des Kraftwerkes $\underline{Z}_{SK}$ gilt (bezogen auf die OS-Seite) nach [11]:

$$\underline{Z}_{SK} = K_S \cdot \left(t_r^2 \cdot \underline{Z}_G + \underline{Z}_{TOS} \right) \tag{4.48}$$

$$K_S = \frac{U_{nQ}^2}{U_{rG}^2} \cdot \frac{U_{rTUS}^2}{U_{rTOS}^2} \cdot \frac{c_{max}}{1 + \left| x_d^{''} - x_T \right| \cdot \sqrt{1 - \cos^2 \varphi_{rG}}} \tag{4.49}$$

Hierbei bedeuten:

$\underline{Z}_G$ Impedanz des Generators ($\underline{Z}_G = R_G + jX_d^{''}$)
$\underline{Z}_{TOS}$ Impedanz des Transformators auf der OS-Seite
U_{nQ} Nennspannung des Netzes
U_{rG} Bemessungsspannung des Generators
U_{rTOS} Bemessungsspannung des Transformators auf der OS-Seite
U_{rTUS} Bemessungsspannung des Transformators auf der US-Seite
t_r Bemessungsübersetzungsverhältnis des Transformators (Mittelstellung)
$x_d^{''}$ relative subtransiente Reaktanz des Generators
x_T relative Kurzschlussreaktanz des Transformators in Mittelstellung

Bei der Ableitung der Gl. (4.49) wird vorausgesetzt, dass die Spannung an der Generatorsammelschiene durch den Spannungsregler konstant gehalten wird. Wenn im Gegensatz hierzu auch die Klemmenspannung des Generators verändert werden kann, so ist für die maximale Generatorspannung gemäß Abschn. 4.2.1 (Generator) zu verfahren.

Für den Fall des Betriebs eines Generators im untererregten Bereich, sind grundsätzlich größere Kurzschlussströme nur bei unsymmetrischen Fehlern mit Erdberührung möglich, so dass beispielhaft das Überlagerungsverfahren angewendet werden sollte.

4.3.2 Blocktransformator ohne Stufenschalter

Für die Berechnung der Impedanz des Kraftwerkes $\underline{Z}_{SOK}$ gilt (bezogen auf die OS-Seite):

$$\underline{Z}_{SOK} = K_{SO} \cdot \left(t_r^2 \cdot \underline{Z}_G + \underline{Z}_{TOS} \right) \tag{4.50}$$

Mit

$$K_{SOK} = \frac{U_{nQ}}{U_{rG} \cdot (1 + p_G)} \cdot \frac{U_{rTUS}}{U_{rTOS}} \cdot \frac{(1 \pm p_T) \cdot c_{max}}{1 + x_d^{''} \cdot \sqrt{1 - \cos^2 \varphi_{rG}}} \tag{4.51}$$

$\underline{Z}_G$ Impedanz des Generators ($\underline{Z}_G = R_G + jX_d^{''}$)
$\underline{Z}_{TOS}$ Impedanz des Transformators auf der OS-Seite
U_{nQ} Nennspannung des Netzes
U_{rG} Bemessungsspannung des Generators
U_{rTOS} Bemessungsspannung des Transformators auf der OS-Seite
U_{rTUS} Bemessungsspannung des Transformators auf der US-Seite

t_r Bemessungsübersetzungsverhältnis des Transformators (Mittelstellung)
p_G Bereich des Generator-Spannungsreglers
p_T Stufenstellbereich des Blocktransformators
x_d'' relative subtransiente Reaktanz des Generators
x_T relative Kurzschlussreaktanz des Transformators in Mittelstellung

Im Gegensatz zur Behandlung eines Kraftwerks mit Blocktransformatoren mit Stufenschaltern kann bei einem Betrieb ohne Stufenschalter stets die Gegen- und die Nullimpedanz mit dem Faktor K_{SOK} korrigiert werden.

4.4 Selbstgeführte Vollumrichter von Erzeugungseinheiten

Im Zusammenhang mit der Erzeugung regenerativer Energien (Wind/Sonne bzw. Photovoltaik) werden in den letzten Jahren zunehmend selbstgeführte Vollumrichter eingesetzt [8, 12]. Abb. 4.10 zeigt beispielhaft die grundsätzliche Anordnung einer Windeinspeisung mit einem Asynchrongenerator und einer PV-Einspeisung. Die Nachbildung erfolgt im Allgemeinen in einer Blockeinheit, indem die elektrischen Angaben sich auf die Oberspannungsseite des Transformators nach Abb. 4.10 beziehen. Diese Anordnung wird als Erzeugungseinheit definiert.

Die Einheiten nach Abb. 4.10 werden nach [2] als Stromquelle nachgebildet, da diese Erzeugungseinheiten die Möglichkeit besitzen, einen konstanten Strom mit beliebiger

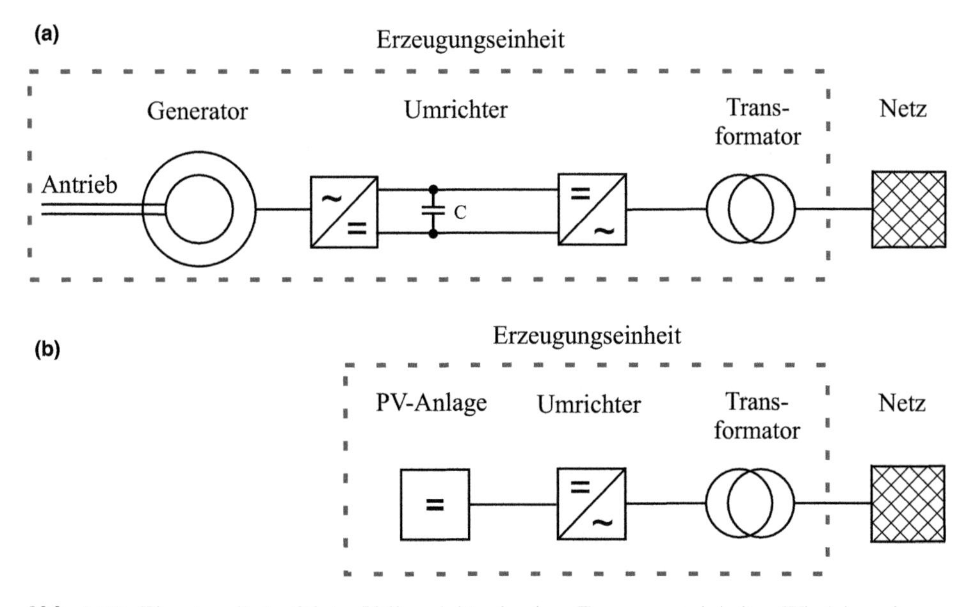

Abb. 4.10 Einsatz selbstgeführter Vollumrichter in einer Erzeugungseinheit. **a** Windeinspeisung. **b** PV-Einspeisung

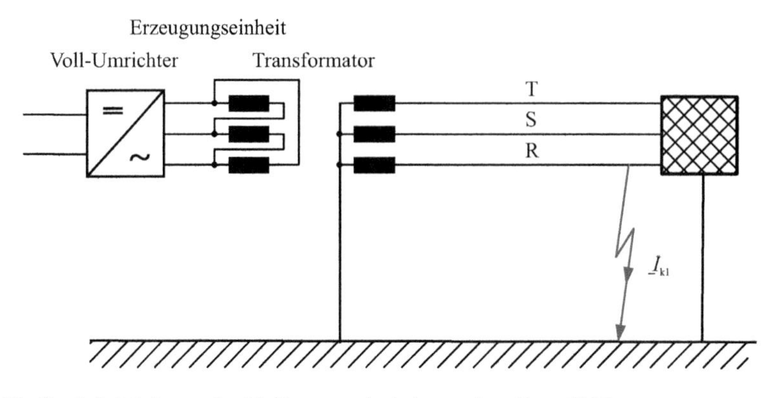

Abb. 4.11 Berücksichtigung des Nullsystems bei einem einpoligen Fehler

Phasenlage während der Kurzschlussdauer in Abhängigkeit der Regelung einzuspeisen. Da die Netzbetreiber aufgrund der Spannungshaltung bei einem Kurzschluss die Einspeisung eines induktiven Stroms u. U. fordern [13], kann in der Kurzschlussstromberechnung dieses entsprechend umgesetzt werden, wie in Kap. 13 dargestellt. Die Nachbildung des Vollumrichters wird wie folgt durchgeführt:

- Mitsystem: Der Strom der Stromquelle wird vom Hersteller (auf der OS-Seite) angegeben. Die Innenimpedanz $\underline{Z}_i$ (Abb. 13.7) wird als unendlich angenommen.
- Gegensystem: Die Größe der Impedanz $\underline{Z}_{(2)}$ im Gegensystem hängt vom Typ des Vollumrichters und der Regelstrategie ab und ist vom Hersteller anzugeben.
- Nullsystem: Für die Bestimmung der Nullimpedanz sind die Schaltgruppe, die Bauart und die Sternpunktbehandlung des Transformators zu beachten, so dass die Nullimpedanz $\underline{Z}_{(0)}$ der Erzeugungseinheit gleich der Nullimpedanz des Transformators entspricht, Abb. 4.11. Bei einem geerdeten Transformator mit der Schaltgruppe Yd5 wirkt bezogen auf die Hochspannungsseite ausschließlich die Nullimpedanz des Transformators, da durch die Dreieckswicklung die Nullimpedanz auf der Sekundärseite kurzgeschlossen ist. Wird im Gegensatz hierzu ein Vollumrichter für eine PV-Einspeisung ohne Transformator eingesetzt, dann ist die Nullimpedanz $\underline{Z}_{(0)} \rightarrow \infty$, wie dieses bei einem Einsatz in Niederspannungsnetzen der Fall ist.

4.5 Erzeugungsanlagen (Wind- und Photovoltaikanlagen)

Unterschiedliche Erzeugungseinheiten (Wind, PV) nach den Abschn. 4.2.2.1, 4.2.2.2 und 4.4 können zu einer Erzeugungsanlage zusammengefasst werden. In Anlehnung an die VDE-Anwendungsregel 4120 [13] können hierbei zwei verschiedene Grundtypen von Erzeugungsanlagen definiert werden, abhängig von den Netzanschlusspunkten NP1 und NP2:

- Erzeugungsanlage ohne Netztransformator T2, Typ A, Abb. 4.12
- Erzeugungsanlage mit Netztransformator T2, Typ B, Abb. 4.12

Zur Vereinfachung können bei der Kurzschlussstromberechnung die internen Kabelverbindungen aufgrund der Querschnitte vernachlässigt werden, so dass ein reduziertes Anlagenmodell verwendet werden kann. Dieses Modell besteht ausschließlich aus Stromquellen für Einspeisungen mit Vollumrichter (Abschn. 4.4) und aus Impedanzen der Asynchrongeneratoren (Abschn. 4.2.2.1) bzw. doppeltgespeisten Asynchrongeneratoren (Abschn. 4.2.2.2), wenn jeweils das Verfahren der Ersatzspannungsquelle an der Fehlerstelle angewendet wird. Abb. 4.13 zeigt das reduzierte Ersatzschaltbild, in Abhängigkeit der Netzanschlusspunkte NP 1 und NP 2.

Nach Abb. 4.13 gelten für die einzelnen Größen:

$\underline{I}_{\mathrm{kPF}}$ Summe der Einspeiseströme der vorhandenen Erzeugungseinheiten mit Vollumrichter nach Abschn. 4.4,

$\underline{Z}_{\mathrm{WPD}}$ Parallelschaltung der vorhandenen Erzeugungseinheiten mit Asynchrongeneratoren nach Abschn. 4.2.2.1,

$\underline{Z}_{\mathrm{WPA}}$ Parallelschaltung der vorhandenen Erzeugungseinheiten mit doppeltgespeisten Asynchrongeneratoren nach Abschn. 4.2.2.2.

Der Netzanschlusstransformator T2 (Abb. 4.13) wird nicht mit einem Impedanzkorrekturfaktor versehen (Abschn. 4.8.1), da angenommen werden kann, dass der Leistungsfaktor des Lastflusses vor Kurzschlusseintritt zwischen $\cos\varphi = 0{,}9$ und $\cos\varphi = 1{,}0$ liegen sollte.

Die resultierende Gegen- und Nullimpedanz einer Erzeugungsanlage A hängen von den Impedanzen der Erzeugungseinheiten ab.

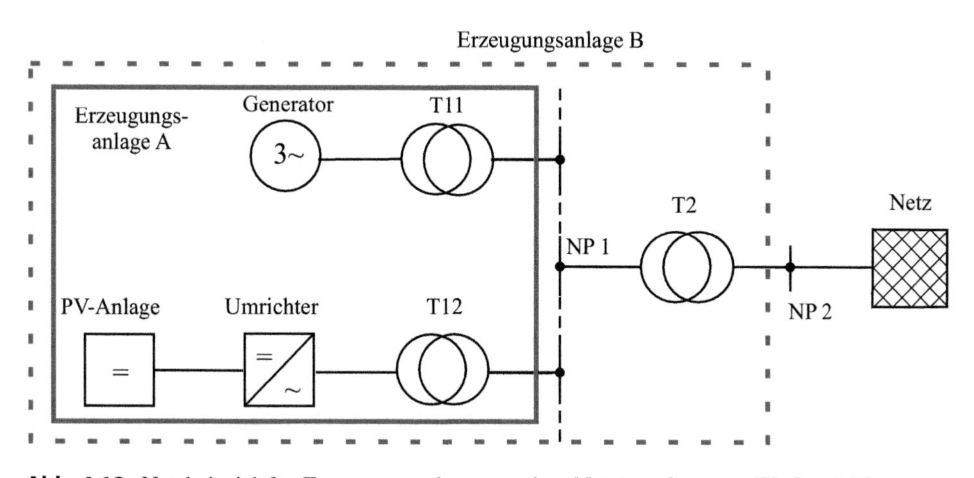

Abb. 4.12 Netzbeispiel für Erzeugungsanlagen. **a** ohne Netztransformator T2. **b** mit Netztransformator T2Anlagen

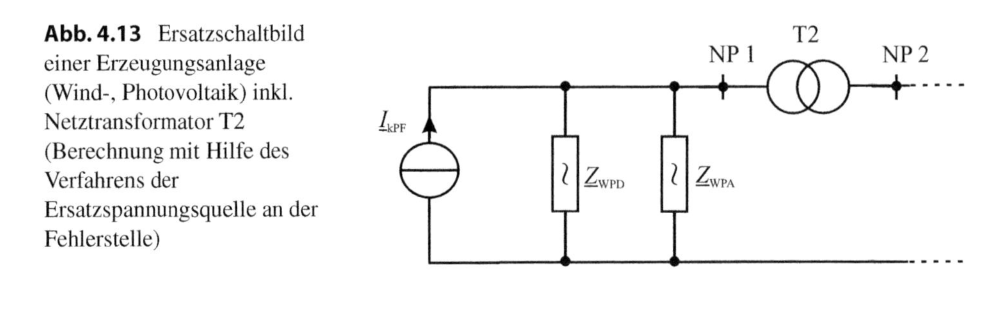

Abb. 4.13 Ersatzschaltbild einer Erzeugungsanlage (Wind-, Photovoltaik) inkl. Netztransformator T2 (Berechnung mit Hilfe des Verfahrens der Ersatzspannungsquelle an der Fehlerstelle)

4.6 Motoren

In Industrienetzen werden sowohl Asynchronmotoren (Schleifring-, Kurzschlussläufer) als auch stromrichtergespeiste Motoren eingesetzt. Bei den stromrichtergespeisten Motoren kann es sich auch um Gleichstrommotoren handeln, die über einen Stromrichter aus dem Drehstromnetz versorgt werden und während der Kurzschlussdauer einen Kurzschlussstrom einspeisen können.

4.6.1 Impedanzen von Asynchronmotoren nach VDE

Asynchronmotoren liefern in Abhängigkeit vom Kurzschlussort einen Beitrag zum Kurzschlussstrom. Für die Berechnung der Impedanz gilt:

$$Z_{M} = \frac{1}{I_{LR}/I_{rM}} \cdot \frac{U_{rM}}{\sqrt{3} \cdot I_{rM}} = \frac{1}{I_{LR}/I_{rM}} \cdot \frac{U_{rM}^{2}}{S_{rM}} \tag{4.52}$$

Mit

I_{LR}/I_{rM} Anlaufstrom des Motors bezogen auf den Bemessungsstrom
U_{rM} Bemessungsspannung
I_{rM} Bemessungsstrom
S_{rM} Bemessungsscheinleistung

Für das Verhältnis R/X können die nachfolgend aufgeführten Werte verwendet werden:

$R_{M} = 0{,}10\ X_{M}$ mit $U_{rM} > 1$ kV und einer Wirkleistung P_{rM} je Polpaar ≥ 1 MW
$R_{M} = 0{,}15\ X_{M}$ mit $U_{rM} > 1$ kV und einer Wirkleistung P_{rM} je Polpaar < 1 MW
$R_{M} = 0{,}42\ X_{M}$ mit $U_{rM} < 1000$ V einschließlich eines Anschlusskabels.

Auch bei diesen Werten R_{M}/X_{M} wird ein Abklingen des Wechselstromgliedes während der ersten Halbperiode berücksichtigt, ähnlich den Vorgängen im Abschn. 4.2.1.1 (Generatoren).

Während bei der Berechnung des Beitrages zum Kurzschlussstrom von Hochspannungsmotoren aufgrund der in der Regel unterschiedlichen Kenndaten jeder Motor einzeln betrachtet werden muss, dürfen Niederspannungsmotoren zur Vereinfachung zu einer Motorgruppe zusammengefasst werden. Für die Motorengruppe gilt dann:

- Anlaufstrom: $I_{LR}/I_{rM} = 5$
- Bemessungsleistung: $S_{rM} = S_{rT}$

S_{rT} ist in diesem Fall die Bemessungsleistung des Niederspannungs-Transformators, der diese Motorgruppe einspeist. In der Praxis wird der Anlaufstrom von Niederspannungs-Motoren $I_{LR}/I_{rM} > 5$ sein, hierbei sind jedoch Anschlussverbindungen von den Klemmen zur Sammelschiene nicht berücksichtigt, die eine Verringerung des Kurzschlussbeitrages der Motoren bewirken. Dieses bedeutet, dass keine zusätzlichen Kabelverbindungen zwischen der Niederspannungs-Sammelschiene und den Motorklemmen zu berücksichtigen sind. Die gesamte Motorengruppe wird dann direkt mit der Sammelschiene verbunden.

4.6.2 Ersatzschaltbild eines Asynchronmotors

Für einen Asynchronmotor kann grundsätzlich das Ersatzschaltbild nach Abb. 4.14 für das Mitsystem angegeben werden, welches im Wesentlichen einem Transformator entspricht [14]. In der Abb. 4.14 sind die folgenden Größen dargestellt:

$\underline{U}_1$ Statorspannung
$\underline{I}_1$ Statorstrom
R_1 Wirkwiderstand des Stators
X_1 Streureaktanz des Stators
X_H Hauptreaktanz
$\underline{U}_2$ Rotorspannung
$\underline{I}_2$ Rotorstrom
R_2 Wirkwiderstand des Rotors
X_2 Streureaktanz des Rotors

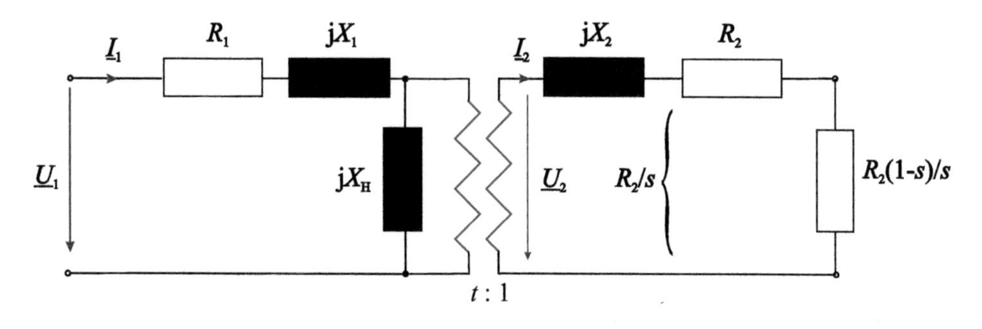

Abb. 4.14 Ersatzschaltung eines Asynchronmotors im Mitsystem

s Schlupf

Für den Schlupf s im Mitsystem gilt nach Gl. (4.53):

$$s = \frac{n_1 - n_2}{n_1} \tag{4.53}$$

Mit

n_1 Drehfeld des Stators (synchrone Drehzahl)
n_2 Drehfeld des Rotors

In der Darstellung nach Abb. 4.14 kann der resultierende Widerstand des Rotors R_2/s als Abschlusswiderstand eines Transformators gedeutet werden. Hierbei stellt R_2 die im Läufer umgesetzte Verlustleistung dar, während die Größe $R_2(1 - s)/s$ den Wert der abgegebenen mechanischen Leistung an der Motorwelle repräsentiert. In Abhängigkeit des Schlupfs können zwei charakteristische Zustände definiert werden:

- $s = 1$ Stillstand des Motors,
- $s = 0$ Leerlauf.

Während des Anlaufs (aus dem Stillstand), hierbei hat der Schlupf den Wert $s = 1$, wirkt die Reihenschaltung der Streureaktanzen X_1 und X_2 nach Abb. 4.14. Diese Reaktanz X_M wirkt auch bei einem Klemmenkurzschluss und wird nach Gl. (4.52) als Kurzschlussreaktanz eingesetzt.

$$X_M = X_1 + \frac{X_H \cdot X_2}{X_H + X_2} \approx X_1 + X_2 \tag{4.54}$$

Die subtransiente Zeitkonstante T'', mit der der Läuferstrom bei einem Kurzschluss abklingt, bestimmt sich nach Gl. (4.55) und der Kreisfrequenz ω, da die Statorresistanz gegenüber der Resistanz des Läufers vernachlässigt werden kann.

$$T'' = \frac{X_1 + X_2}{\omega \cdot R_2} \tag{4.55}$$

Für die Gleichstromkonstante T_{DC} ergibt sich aufgrund des Abklingvorgangs im Stator nach Gl. (4.56):

$$T_{DC} = \frac{X_1 + X_2}{\omega \cdot R_1} \tag{4.56}$$

Aus diesen Größen können die Wechsel- und Gleichstromkomponenten bei einem Kurzschluss bestimmt werden, unter Berücksichtigung des R_M/X_M-Verhältnisses.

$$i_{\mathrm{AC}}(t) = \frac{\sqrt{2} \cdot U_1}{Z_{\mathrm{M}}} \cdot \mathrm{e}^{-t/T''} \quad \text{Wechselstromkomponente} \tag{4.57}$$

$$i_{\mathrm{DC}}(t) = \frac{\sqrt{2} \cdot U_1}{Z_{\mathrm{M}}} \cdot \mathrm{e}^{-t/T_{\mathrm{DC}}} \quad \text{Gleichstromkomponente} \tag{4.58}$$

Für die Ableitung des Ersatzschaltbilds im Gegensystem bestimmt sich der Schlupf $s_{(2)}$, indem in Gl. (4.53) die Drehzahl n_1 durch $-n_1$ ersetzt wird, da das Drehfeld im Gegensystem sich gegenläufig zum Feld im Mitsystem verhält. Hieraus ergibt sich für $s_{(2)}$:

$$s_{(2)} = \frac{n_1 + n_2}{n_1} \tag{4.59}$$

Hieraus ergeben sich die folgenden charakteristischen Zustände, für das Verhalten im Gegensystem:

- $s = 0$ Stillstand des Motors,
- $s = 1$ Leerlauf.

Durch Addition der Gl. (4.53) und (4.59) bestimmt sich allgemein der Wert für $s_{(2)}$:

$$s_{(1)} + s_{(2)} = \frac{n_1 - n_2}{n_1} + \frac{n_1 - n_2}{n_1} = 2 \rightarrow s_{(2)} = 2 - s_{(1)} \tag{4.60}$$

Somit ergibt sich Ersatzschaltbild des Asynchronmotors durch Ersetzen der Größe s in Abb. 4.14 durch $(2 - s)$. Das Ergebnis ist, dass das Gegensystem gleich dem Mitsystem ist und sich der zweipolige Kurzschlussstrom aus dem dreipoligen ableiten lässt, Abschn. 12.4.1.

Da der Sternpunkt der Asynchronmotoren stets isoliert ist, d. h., der Sternpunkt ist nicht niederohmig mit Erde verbunden, ist das Nullsystem unendlich.

4.6.3 Stromrichtergespeiste Motoren

In Abhängigkeit der Technologie sind verschiedene stromrichtergespeiste Motoren im Einsatz, die einen unterschiedlichen Beitrag zum Kurzschlussstrom liefern.

4.6.3.1 Motoren mit Umkehrstromrichter

In der ersten VDE-Vorschrift über Kurzschlussstromberechnung in Drehstromnetzen von 1962 [15] war bereits der Einfluss von stromrichtergespeisten Gleichstromantrieben auf den dreipoligen Kurzschluss im Drehstromnetz angegeben, wenn die Stromrichter im Wechselrichterbetrieb sind. Grundlage für die Bewertung ist eine Untersuchung, die in [16] dargestellt ist. In dieser Vorschrift konnte der Beitrag zum Stoßkurzschlussstrom i_{pDC}

wie folgt abgeschätzt werden, wenn eine Begrenzung des Kurzschlussstrombeitrags durch einen Überstrom-Schnellschalter nach 10 ms und eine Abschaltung nach 15 ms stattfindet (bei Dreieckschaltung der Primärwicklung des Stromrichtertransformators):

$$i_{\mathrm{pDC}} = 2{,}9 \cdot \frac{P_{\mathrm{DC}}}{U_{\mathrm{n}}} \tag{4.61}$$

Für den Stoßkurzschlussstrom i_{p} des Netzes am Anschlusspunkt, ohne Beitrag des Gleichstromantriebs, gilt allgemein:

$$i_{\mathrm{p}} = \sqrt{2} \cdot \kappa \cdot I_{\mathrm{k}}'' = \sqrt{2} \cdot \kappa \cdot \frac{S_{\mathrm{k}}''}{\sqrt{3} \cdot U_{\mathrm{n}}} \tag{4.62}$$

Durch Zusammenfassen der Gl. (4.61) und (4.62) ergibt sich:

$$i_{\mathrm{pDC}} = \frac{2{,}9 \cdot \sqrt{3}}{\sqrt{2} \cdot \kappa} \cdot \frac{P_{\mathrm{DC}}}{S_{\mathrm{k}}''} \cdot i_{\mathrm{p}} \tag{4.63}$$

Bei einem maximalen Stoßfaktor in einem Industrienetz von $\kappa = 1{,}8$, folgt nach Einsetzen in Gl. (4.63):

$$i_{\mathrm{pDC}} = 1{,}973 \cdot \frac{P_{\mathrm{DC}}}{S_{\mathrm{k}}''} \cdot i_{\mathrm{p}} \approx 2 \cdot \frac{P_{\mathrm{DC}}}{S_{\mathrm{k}}''} \cdot i_{\mathrm{p}} \tag{4.64}$$

Mit

P_{DC} Bemessungsleistung des Gleichstromantriebs in MW
S_{k}'' aus dem Drehstromnetz anstehende Anfangs-Kurzschlusswechselstromleistung am Anschlusspunkt des Gleichstromantriebs
i_{p} Stoßkurzschlussstrom entsprechend S_{k}''

Da die angegebene Gl. (4.61) sich auf die Anwendung eines Gleichstromantriebs in Saugdrosselschaltung bezog, war es als Folge der geänderten Stromrichtertechnik notwendig, eine Änderung für Gleichstromantriebe vorzunehmen, welches 1990 [17] umgesetzt wurde.

Diese Gleichstrommotoren werden über Umrichter in Thyristortechnologie in Drehstrombrückenschaltung an das Netz angeschlossen. Grundsätzlich werden diese Antriebe

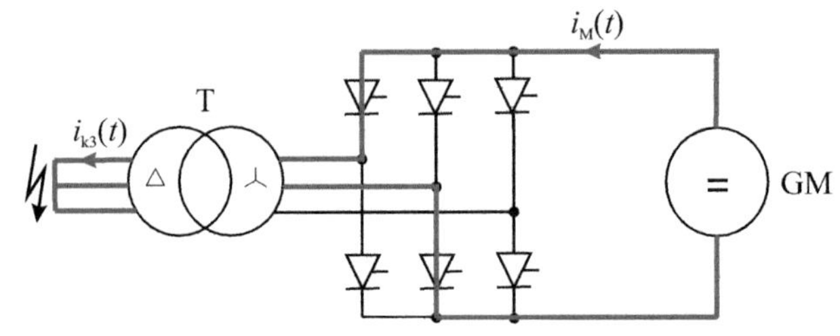

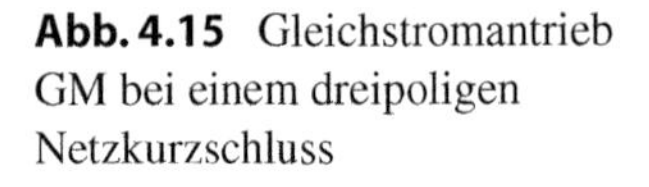
Abb. 4.15 Gleichstromantrieb GM bei einem dreipoligen Netzkurzschluss

heute nicht mehr installiert, sie sind jedoch noch in Betrieb. Diese Motoren können einen Beitrag zum dreipoligen Kurzschlussstrom liefern, wenn ein Wechselrichterbetrieb möglich ist. Abb. 4.15 zeigt beispielhaft die Netzschaltung bei einem dreipoligen Netzkurzschluss und bei zwei leitenden Thyristoren, die in [18] für die nachfolgende Ableitung angenommen ist.

Unter den gleichen Voraussetzungen, wie in [16] dargestellt, ergibt sich ein Beitrag zum Stoßkurzschlussstrom von

$$i_{\text{pDC}} = 17{,}5 \cdot I_{\text{rM}} = \sqrt{2} \cdot \kappa \cdot \frac{I_{\text{LR}}}{I_{\text{rM}}} \cdot I_{\text{rM}} \tag{4.65}$$

Hieraus ergibt sich ein maximales Anlaufstromverhältnis des Motors von:

$$\frac{I_{\text{LR}}}{I_{\text{rM}}} = \frac{17{,}5}{\sqrt{2} \cdot \kappa} \tag{4.66}$$

Unter Berücksichtigung der Stromverdrängung in den Wirkwiderständen und von zusätzlichen Induktivitäten, reduziert sich der Strombeitrag nach Gl. (4.66) bei einem Wert von $\kappa = 1{,}8$ auf:

$$\frac{I_{\text{LR}}}{I_{\text{rM}}} = \frac{9}{\sqrt{2} \cdot \kappa} \approx 3{,}5 \tag{4.67}$$

Aus diesen Angaben kann somit ein Gleichstromantrieb durch eine Motorimpedanz nach Gleichung (4.52) nachgebildet werden. Es gelten dann folgende Werte bzw. Beziehungen:

U_{rM} Bemessungsspannung des Stromrichtertransformators
I_{rM} Bemessungsstroms des Stromrichtertransformators
$I_{\text{LR}}/I_{\text{rM}}$ Anlaufstromverhältnis (= 3)
$R_{\text{M}}/X_{\text{M}}$ Resistanz/Reaktanz-Verhältnis (= 0,1)

Die Werte des Anlaufstromverhältnisses nach Gl. (4.67) sind in [18] ausführlich dargestellt, wobei die folgenden Rahmenbedingungen gelten:

- Zum Zeitpunkt des Kurzschlusses auf der Netzseite hat der rückspeisende Motor die maximale Drehzahl, so dass die induzierte Motorspannung gleich der Netzspannung ist.
- Die motorseitige Induktivität wird ausschließlich durch die Motorinduktivität dargestellt.
- Die Unterbrechung des Motorbeitrags beginnt ca. 10 ms nach Ansprechen des Schnellschalters, der bei Überschreitung des zweieinhalbfachen Bemessungsstroms des Motors aktiv wird.
- Die Sättigung des Transformators wird nicht erreicht.

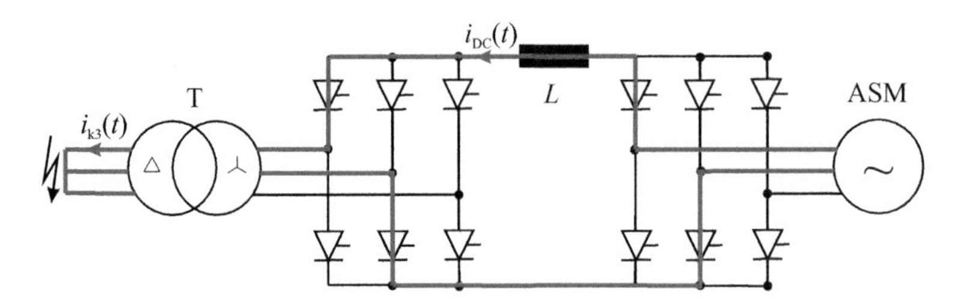

Abb. 4.16 Ersatzschaltung eines Strom-Zwischenkreisumrichters mit einer Asynchronmaschine

4.6.3.2 Motoren mit Strom-Zwischenkreisumrichter (*I*-Umrichter)

Diese Technik wird z. B. als stromrichtergespeiste Antriebe in Kraftwerks-Eigenbedarfsnetzen oder als Schiffsdiesel eingesetzt und das grundsätzliche Verhalten entspricht dem der HGÜ-LCC, so dass nur ein Beitrag zum Stoßkurzschlussstrom erfolgt [19], Abschn. 13.3; Abb. 4.16 zeigt beispielhaft eine Anlage mit einem Strom-Zwischenkreisumrichter in Thyristortechnologie.

Nach [19, 20] liefern Strom-Zwischenkreisumrichter einen Beitrag zum Stoßkurzschlussstrom, und einen wesentlichen Einfluss auf den Kurzschlussstrombeitrag bei einem dreipoligen Kurzschluss hat die Induktivität L im Zwischenkreis. In der VDE-Bestimmung [2] wird dieser Antrieb zur Zeit nicht behandelt.

4.6.3.3 Motoren mit selbstgeführten Vollumrichter (*U*-Umrichter)

Motoren, die über selbstgeführte Vollumrichter in IGBT-Technologie angeschlossen sind, entsprechen grundsätzlich dem Verhalten der Vollumrichter für den Einsatz bei der Erzeugung elektrischer Energie durch Wind/PV-Anlagen (Abschn. 4.4), jedoch ohne die Forderung eines induktiven Blindstroms, wie dieses z. B. bei HGÜ-Anlagen mit Anschluss an die öffentliche Energieversorgung gefordert wird, Kap. 13., Abb. 4.17 zeigt beispielhaft eine Anlage mit einem selbstgeführten Vollumrichter.

Wenn die Umrichteranlage keinen Beitrag zum Kurzschlussstrom auf der Drehstromseite liefern soll, kann der Kurzschlussstrom durch die Regelung der IGBT's unmittelbar unterbrochen werden, so dass kein Beitrag zum Stoßkurzschluss- und Ausschaltwechsel-

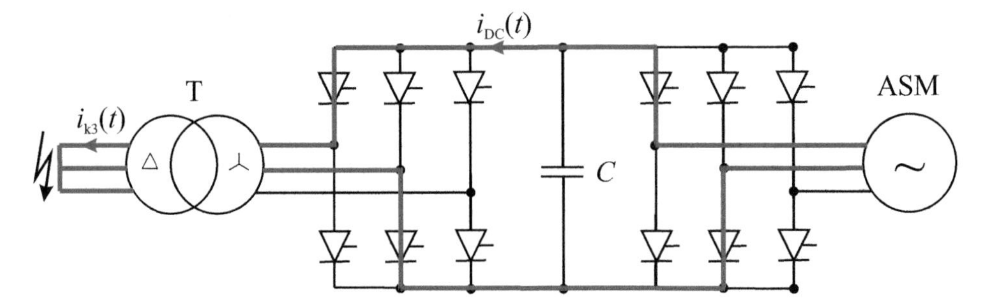

Abb. 4.17 Ersatzschaltung eines Spannung-Zwischenkreisumrichters mit einer Asynchronmaschine

strom erfolgt. In diesem Fall wird der Antrieb bei der Kurzschlussstromberechnung nicht berücksichtigt.

Falls die Anlage einen induktiven Beitrag während der Kurzschlussdauer liefern soll, erfolgt die Nachbildung als Stromquelle und der maximale Blindstrom ist vom Hersteller anzugeben. Im Allgemeinen ist eine Berücksichtigung nur bei einem Kurzschluss auf der Spannungsebene des Stromrichtertransformators notwendig.

4.7 Freileitungen und Kabel

Für die Berechnung des Kurzschlussstroms sind die Mit- und Nullimpedanzen von Freileitungen und Kabeln von wesentlicher Bedeutung, was besonders auf das Nullsystem zutrifft. Hierbei hängt vor allem die Ermittlung der Nullimpedanz des Kabels zusätzlich von der Art der Erdung des Schirms bzw. des Mantels ab.

4.7.1 Vereinfachtes Ersatzschaltbild im Mit- und Nullsystem von Freileitungen

Im Allgemeinen wird eine Leitung durch die Leitungsgleichungen umschrieben, indem die Anfangsgrößen (U_A, I_A) durch die Endgrößen (U_E, I_E) dargestellt werden [3]. Diese Gleichungen gelten somit sowohl für Freileitungen, Kabel und gasisolierte Leitungen (GIL).

$$\begin{pmatrix} \underline{U}_{1A} \\ \underline{I}_{1A} \end{pmatrix} = \begin{pmatrix} \cosh(\underline{\gamma}_1 \cdot \ell) & \underline{Z}_{W1} \cdot \sinh(\underline{\gamma}_1 \cdot \ell) \\ \underline{Z}_{W1}^{-1} \cdot \sinh(\underline{\gamma}_1 \cdot \ell) & \cosh(\underline{\gamma}_1 \cdot \ell) \end{pmatrix} \cdot \begin{pmatrix} \underline{U}_{1E} \\ \underline{I}_{1E} \end{pmatrix} \tag{4.68}$$

Für die Wellenwiderstände $\underline{Z}_{W1}$ und Ausbreitungskonstanten $\underline{\gamma}_1$ gilt im Mitsystem:

$$\underline{Z}_{W1} = \sqrt{\frac{R_1' + j\omega \cdot L_1'}{G_1' + j\omega \cdot C_1'}} \tag{4.69}$$

$$\underline{\gamma}_1 = \alpha_1 + j\beta_1 = \sqrt{(R_1' + j\omega \cdot L_1') \cdot (G_1' + j\omega \cdot C_1')} \tag{4.70}$$

Mit

ℓ Leitungslänge.

Ausgehend von den Vierpolgleichungen (4.68) lassen sich durch Koeffizientenvergleich die Elemente des π-Ersatzschaltung (Abb. 4.18) bestimmen, die durch Gl. (4.71) beschrieben sind.

$$\begin{pmatrix} \underline{U}_{1A} \\ \underline{I}_{1A} \end{pmatrix} = \begin{pmatrix} 1 + \underline{Z}_\ell \cdot \underline{Y}_q & \underline{Z}_\ell \\ \underline{Y}_q (2 + \underline{Z}_\ell \cdot \underline{Y}_q) & 1 + \underline{Z}_\ell \cdot \underline{Y}_q \end{pmatrix} \cdot \begin{pmatrix} \underline{U}_{1E} \\ \underline{I}_{1E} \end{pmatrix} \tag{4.71}$$

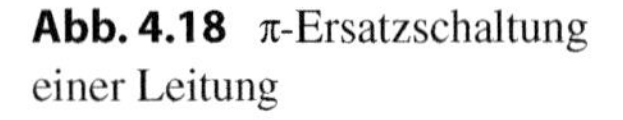

Abb. 4.18 π-Ersatzschaltung einer Leitung

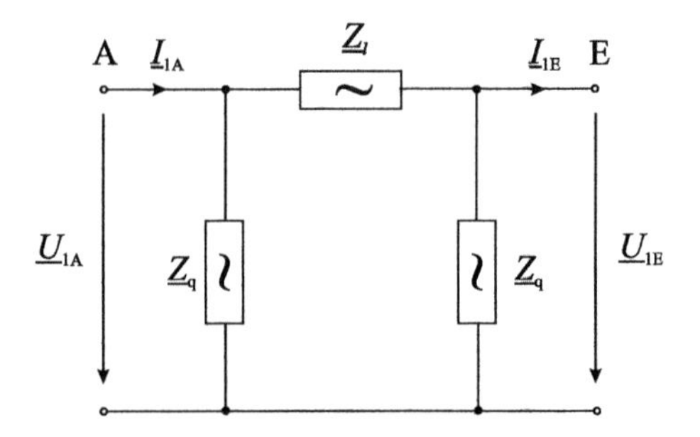

Ein Vergleich der Matrizen (4.68) und (4.71) liefert die Größen des π–Ersatzschaltbildes für homogene Leitungen.

$$\underline{Z}_\ell = \underline{Z}_{W1} \cdot \sinh\left(\underline{\gamma}_1 \cdot \ell\right) \tag{4.72}$$

$$\underline{Y}_q = \frac{\cosh\left(\underline{\gamma}_1 \cdot \ell\right) - 1}{\underline{Z}_{W1} \cdot \sinh\left(\underline{\gamma}_1 \cdot \ell\right)} = \frac{\tanh\left(\underline{\gamma}_1 \cdot \ell / 2\right)}{\underline{Z}_{W1}} \tag{4.73}$$

In der elektrischen Energieversorgung ist es im Allgemeinen zulässig, mit „kurzen“ Leitungen zu rechnen, hierbei werden Leitungen als elektrisch kurz bezeichnet, wenn die Bedingung $(\gamma\ell) < 1$ erfüllt ist, d. h., die Hyperbelfunktionen können durch die ersten Glieder der Taylor-Reihenentwicklung ausgedrückt werden, so dass gilt:

$$\sinh\left(\underline{\gamma} \cdot \ell\right) = \left(\underline{\gamma} \cdot \ell\right) + \frac{\left(\underline{\gamma} \cdot \ell\right)^3}{3!} + \ldots + \frac{\left(\underline{\gamma} \cdot \ell\right)^{2 \cdot n + 1}}{\left(2 \cdot n + 1\right)!} + \ldots \tag{4.74}$$

$$\cosh\left(\underline{\gamma} \cdot \ell\right) = l + \frac{\left(\underline{\gamma} \cdot \ell\right)^2}{2!} + \ldots + \frac{\left(\underline{\gamma} \cdot \ell\right)^{2 \cdot n}}{\left(2 \cdot n\right)!} + \ldots \tag{4.75}$$

Wird die Reihenentwicklung nach dem 1. bzw. 2. Glied abgebrochen, so folgt daraus:

$$\sinh\left(\underline{\gamma} \cdot \ell\right) \approx \left(\underline{\gamma} \cdot \ell\right) \quad \cosh\left(\underline{\gamma} \cdot \ell\right) \approx 1 + \frac{\left(\underline{\gamma} \cdot \ell\right)^2}{2} \tag{4.76}$$

Für den relativen Fehler F_{rel} bzw. die zugehörige Länge der Freileitung gilt die Abschätzung, wenn bei Gl. (4.74) das zweite Glied vernachlässigt wird:

$$\left| \frac{\left(\underline{\gamma} \cdot \ell\right)^3 / 3!}{\underline{\gamma} \cdot \ell} \right| \le F_{rel} \tag{4.77}$$

$$\ell \le \sqrt{6 \cdot F_{rel}} \cdot \frac{1}{\gamma} = \sqrt{6 \cdot F_{rel}} \cdot \frac{\lambda}{2 \cdot \pi} \tag{4.78}$$

Bei einer Wellenlänge von λ = 6000 km ergibt sich eine maximale Leitungslänge ℓ = 405 km, wenn ein Fehler von 3 % zugelassen wird. Diese Länge erhöht sich auf ℓ = 523 km bei 5 % Fehlergenauigkeit. Dieses bedeutet, dass Leitungen bis zu einer oben angegebenen Länge als ein π-Element nachgebildet werden können, wenn eine Frequenz von f = 50 Hz vorausgesetzt wird, unter Berücksichtigung eines akzeptierten Fehlers.

Die Elemente der π-Ersatzschaltung (Abb. 4.18) können für die kurze Leitung aus den Gl. (4.72) und (4.73) abgeleitet werden, so dass sich ergibt:

$$\underline{Z}_\ell = \underline{Z}_{\mathrm{W1}} \cdot (\underline{\gamma} \cdot \ell) = (R_1' + \mathrm{j}\omega L_1') \cdot \ell \tag{4.79}$$

$$\underline{Y}_\mathrm{q} = \frac{1 + (\underline{\gamma} \cdot \ell)^2 / 2 - 1}{\underline{Z}_{\mathrm{W1}} \cdot (\underline{\gamma} \cdot \ell)} = (G_1' + \mathrm{j}\omega \cdot C_1') \cdot \frac{\ell}{2} \tag{4.80}$$

Bei einem Kurzschluss am Ende der Leitung ($\underline{U}_\mathrm{E} = 0$) folgt für den Kurzschlussstrom $\underline{I}_\mathrm{E}$ an der Fehlerstelle nach den Gl. (4.71) und (4.79):

$$\underline{I}_\mathrm{E} = \frac{\underline{U}_\mathrm{A}}{\underline{Z}_\ell} = \frac{\underline{U}_\mathrm{A}}{(R_1' + \mathrm{j}\omega L_1') \cdot \ell} \tag{4.81}$$

Dieses bedeutet, dass bei der Berechnung des Kurzschlussstroms am Ende einer Leitung die Berücksichtigung ausschließlich die Längsimpedanz nach der Ersatzschaltung, Abb. 4.18, ausreichend ist. Die Kurzschlussimpedanzen der Freileitungen und der Kabel ermitteln sich für das Mit- und das Nullsystem allgemein zu

$$\underline{Z}_{(1)} = R_{(1)} + \mathrm{j}X_{(1)} \quad \underline{Z}_{(0)} = R_{(0)} + \mathrm{j}X_{(0)} \tag{4.82}$$

Mit

$R_{(1)}, R_{(0)}$ Resistanz im Mit- und Nullsystem
$X_{(1)}, X_{(0)}$ Reaktanz im Mit- und Nullsystem

Die Impedanzen von Freileitungen können aus den geometrischen Daten der Leitungskonfiguration berechnet werden und beispielhaft geben die Gl. (4.83) und (4.84) die Mit- und Nullimpedanz einer symmetrischen Freileitung ohne Erdseil an.

$$\underline{Z}_{(1)} = R_{(1)} + \mathrm{j}\omega \cdot \frac{\mu_0}{2 \cdot \pi} \cdot \ell \cdot \left(0{,}25 + \ln \frac{d}{r}\right) \tag{4.83}$$

$$\underline{Z}_{(0)} = R_{(1)} + 3 \cdot \omega \cdot \frac{\mu_0}{8} \cdot \ell + \mathrm{j}\omega \cdot \frac{\mu_0}{2 \cdot \pi} \cdot \ell \cdot \left(0{,}25 + 3 \cdot \ln \frac{d_\mathrm{E}}{\sqrt[3]{r \cdot d^2}}\right) \tag{4.84}$$

Mit

μ_0 Permeabilität (= $4\pi \cdot 10^{-7}$ Vs/Am)
ω Kreisfrequenz

d Abstand zwischen den Leitern
r Radius eines Leiters
ℓ Leitungslänge
d_E Eindringtiefe des Rückstroms im Erdreich

Beispiele von Daten für Hochspannungsfreileitungen sind in der Tab. 4.2 aufgeführt. Die entsprechenden Mitimpedanzen von Normkabeltypen sind den Herstellerangaben zu entnehmen, während sich die Nullimpedanzen aus Messungen bzw. Rechnungen bestimmen lassen. Beispielwerte sind in der Tab. 4.3 aufgelistet. Die Berechnungen der Mit- und Nullimpedanz von Kabeln bzw. Freileitungen sind in den Abschn. 4.7.2 und 4.7.3 ausführlich beschrieben.

Weitere beispielhafte Angaben für Freileitungen und Kabel sind in [1] zu finden.

Tab. 4.2 Kennwerte ausgewählter Freileitungen mit zwei Stromkreisen pro Mast (Doppelleitung), Donaumastbild mit einem Erdseil, $\rho_E = 100\ \Omega\text{m}$, Daten pro Stromkreis

Größe	Dimension	123 kV	420 kV	765 kV
Zahl der Teilleiter	-	1	4	4
Teilleiterquerschnitt	mm²	240/40	240/40	560/50
$R'_{(1)}$	Ω/km	0,12	0,03	0,013
$X'_{(1)}$	Ω/km	0,393	0,251	0,276
$R'_{(0)}$	Ω/km	0,34	0,24	0,20
$X'_{(0)}$	Ω/km	1,62	1,4	1,31

$R'_{(1)}; R'_{(0)}$ Resistanzbelag (Mit-, Nullsystem)

$X'_{(1)}; X'_{(0)}$ Reaktanzbelag (Mit-, Nullsystem)

Tab. 4.3 Kennwerte von Kabeln unterschiedlicher Spannungsebenen
1) Verlegung in Erde, Belastungsgrad $m = 0{,}7$; Dreieckverlegung

U_0/U	kV	0,6/1		12/20		64/110	
Q	mm²	120		150		400	
Typ		**NAYY**	**NA2XY**	**NAKLEY**	**NA2XS2Y**	**NÖAKUDEY**	**A2XS(FL)2Y**
$R'_{(1)}$	Ω/km	0,253	0,253	0,202	0,206	0,078	0,078
$X'_{(1)}$	Ω/km	0,080	0,077	0,116	0,122	0,116	0,131

$R'_{(1)}$ Resistanzbelag (Mitsystem), Gleichstromwiderstand 20 °C

$X'_{(1)}$ Reaktanzbelag (Mitsystem)

4.7.2 Ausführliche Ableitung der Mit- und Nullimpedanzen von Freileitungen

In diesem Unterabschnitt erfolgt die Ableitung der Gleichungen für die Mit- und die Nullimpedanzen (Längs- und Querimpedanzen) von Leitungen im Kurzschlussfall anhand der geometrischen Anordnung. Während bei der Anwendung des Berechnungsverfahrens der Ersatzspannungsquelle an der Fehlerstelle die Querimpedanzen im Mitsystem nicht berücksichtigt werden dürfen, ist bei der Anwendung, z. B. des Überlagerungsverfahrens, dieses angebracht.

4.7.2.1 Mitimpedanz

Im Allgemeinen wird die Mitimpedanz einer Drehstromfreileitung unter Berücksichtigung der geometrischen Anordnung nach Abb. 4.19 betrachtet, wobei *d* der Abstand zwischen den Leitern und *h* die Höhe eines Leiters über der Erde ist.

Zur Berechnung der Mitimpedanz werden in einem ersten Schritt die Kapazitäten einer Leitung nicht berücksichtigt, so dass nur die Resistanz und die Induktivität bestimmt werden. Die Kapazität einer Leitung ermittelt sich nach Abschn. 4.7.2.5. Für die Leiter-Erde-Spannungen $\underline{U}_\mathrm{R}$, $\underline{U}_\mathrm{S}$ und $\underline{U}_\mathrm{T}$ in Matrizenschreibweise gilt für eine Freileitung mit kurzgeschlossenem Leitungsende nach Abb. 4.20:

$$\begin{pmatrix} \underline{U}_\mathrm{R} \\ \underline{U}_\mathrm{S} \\ \underline{U}_\mathrm{T} \end{pmatrix} = \begin{pmatrix} \underline{Z}_{11} & \underline{Z}_{12} & \underline{Z}_{13} \\ \underline{Z}_{21} & \underline{Z}_{22} & \underline{Z}_{23} \\ \underline{Z}_{31} & \underline{Z}_{32} & \underline{Z}_{33} \end{pmatrix} \cdot \begin{pmatrix} \underline{I}_\mathrm{R} \\ \underline{I}_\mathrm{S} \\ \underline{I}_\mathrm{T} \end{pmatrix} \tag{4.85}$$

Mit

$$\underline{Z}_{\nu\nu} = R_\nu + \mathrm{j}\omega L_{\nu\nu} \qquad \underline{Z}_{\nu\mu} = \mathrm{j}\omega M_{\nu\mu} \tag{4.86}$$

Da bei der Induktivitätsberechnung stets Leiterschleifen betrachtet werden müssen, wird für die Anordnung nach Abb. 4.21 angenommen, dass der Rückleiter für jeden Leiter R, S und T die gemeinsame Hülle mit dem Radius d_A ist. Der Vorteil dieser Anordnung besteht darin, dass die Summe aller Ströme, die somit im gemeinsamen Hüllleiter fließen,

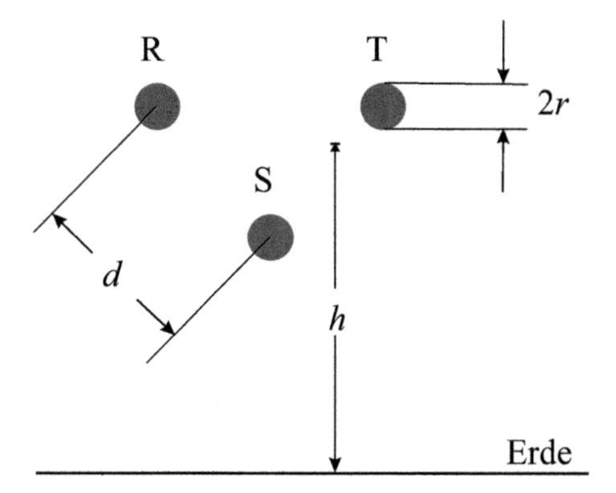

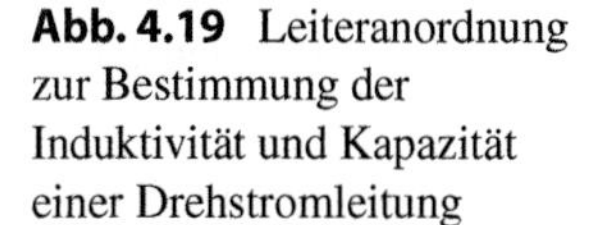
Abb. 4.19 Leiteranordnung zur Bestimmung der Induktivität und Kapazität einer Drehstromleitung

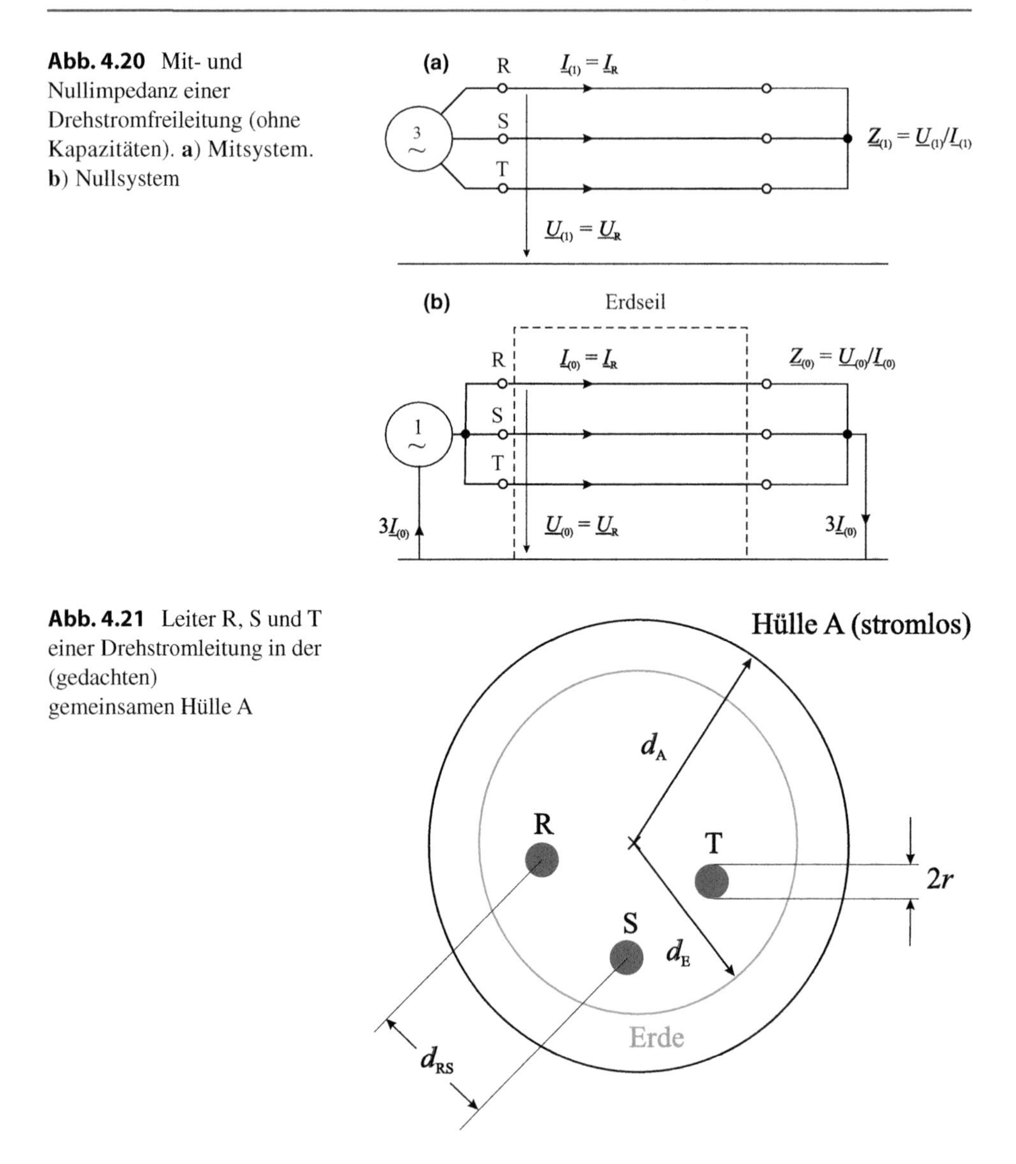

Abb. 4.20 Mit- und Nullimpedanz einer Drehstromfreileitung (ohne Kapazitäten). **a**) Mitsystem. **b**) Nullsystem

Abb. 4.21 Leiter R, S und T einer Drehstromleitung in der (gedachten) gemeinsamen Hülle A

null ist, so dass im Ergebnis der Impedanzberechnung der Radius der gedachten Hülle nicht mehr erscheint.

In diesem Fall gilt für den Belag der Selbstinduktivität des Leiters ν in der Hülle A nach [3, Abschnitt 2]:

$$L_{\nu\nu} = \frac{\mu_0}{2\pi} \cdot \ell \cdot \left(0{,}25 + \ln \frac{d_A}{r_\nu} \right) \tag{4.87}$$

mit

d_A Radius der Hülle
r_ν Radius des Leiters ν

Für die Kopplung $M_{\nu\mu}$ zweier Leiter R und S innerhalb der Hülle mit dem Radius d_A ergibt sich nach [3, Abschnitt 2], wenn der Rückleiter jeweils die gemeinsame Hülle ist:

$$M_{\nu\mu} = \frac{\mu_o}{2\pi} \cdot \ell \cdot \ln \frac{d_A}{d_{\nu\mu}} \tag{4.88}$$

Für die erste Zeile des Gleichungssystems (4.85) folgt unter Berücksichtigung der Strombedingungen und Gl. (4.86):

$$\underline{I}_R + \underline{I}_S + \underline{I}_T = 0 \tag{4.89}$$

$$\underline{I}_T = \underline{a} \cdot \underline{I}_R \quad \underline{I}_S = \underline{a}^2 \cdot \underline{I}_R \tag{4.90}$$

$$\underline{a} = -\frac{1}{2} + j\frac{\sqrt{3}}{2} \quad \underline{a}^2 = -\frac{1}{2} - j\frac{\sqrt{3}}{2} \tag{4.91}$$

$$\begin{aligned} \frac{\underline{U}_R}{\underline{I}_R} = \underline{Z}_R &= \left\{ \underline{Z}_{11} + \underline{Z}_{12} \cdot \left[-\frac{1}{2} - j\frac{\sqrt{3}}{2} \right] + \underline{Z}_{13} \cdot \left[-\frac{1}{2} + j\frac{\sqrt{3}}{2} \right] \right\} \cdot \\ &= \left\{ \underline{Z}_{11} - \frac{1}{2} \cdot [\underline{Z}_{12} + \underline{Z}_{13}] + j\frac{\sqrt{3}}{2} \cdot [\underline{Z}_{13} - \underline{Z}_{12}] \right\} \end{aligned} \tag{4.92}$$

Nach Einsetzen der Gl. (4.86) bis (4.92) in das Gleichungssystem (4.85) bestimmen sich die Impedanzen der drei Leiter R, S und T:

$$\underline{Z}_R = R_R + \omega \cdot \frac{\mu_0}{4 \cdot \pi} \cdot \sqrt{3} \cdot \ell \cdot \ln \frac{d_{RT}}{d_{RS}} + j\omega \cdot \frac{\mu_0}{2\pi} \cdot \ell \cdot \left[0{,}25 + \ln \frac{\sqrt{d_{RS} \cdot d_{RT}}}{r_R} \right] \tag{4.93}$$

$$\underline{Z}_S = R_S + \omega \cdot \frac{\mu_0}{4 \cdot \pi} \cdot \sqrt{3} \cdot \ell \cdot \ln \frac{d_{RS}}{d_{ST}} + j\omega \cdot \frac{\mu_0}{2 \cdot \pi} \cdot \ell \cdot \left[0{,}25 + \ln \frac{\sqrt{d_{RS} \cdot d_{ST}}}{r_S} \right] \tag{4.94}$$

$$\underline{Z}_T = R_T + \omega \cdot \frac{\mu_0}{4 \cdot \pi} \cdot \sqrt{3} \cdot \ell \cdot \ln \frac{d_{ST}}{d_{RT}} + j\omega \cdot \frac{\mu_0}{2\pi} \cdot \ell \cdot \left[0{,}25 + \ln \frac{\sqrt{d_{RT} \cdot d_{ST}}}{r_T} \right] \tag{4.95}$$

mit

d_{RS}, d_{RT}, d_{ST} Abstand zwischen den Leitern
r_R, r_S, r_T Radien der Leiter

Werden für eine Einebenenanordnung, d. h., alle Leiter befinden sich in einer Ebene, folgende Kennwerte angenommen (Einebenenanordnung einer 110-kV-Freileitung):

$$d_{12} = d_{23} = 4\,\text{m}; d_{13} = 8\,\text{m} \quad r_\nu = 10{,}95\,\text{mm}\left(240/40\,\text{mm}^2\right)$$

$$R_R' = R_S' = R_T' = 0{,}119\,\Omega/\text{km} \quad \mu_0 = 4 \cdot \pi \cdot 10^{-7} \cdot \frac{\text{Vs}}{\text{Am}}$$

so ergeben sich folgende Impedanzbeläge:

$$\underline{Z}_{\mathrm{R}}' = [0{,}119 + 0{,}038 + \mathrm{j}0{,}130] \cdot \Omega/\mathrm{km}$$

$$\underline{Z}_{\mathrm{S}}' = [0{,}119 + \mathrm{j}0{,}123] \cdot \Omega/\mathrm{km}$$

$$\underline{Z}_{\mathrm{T}}' = [0{,}119 - 0{,}038 + \mathrm{j}0{,}130] \cdot \Omega/\mathrm{km}$$

Die Ergebnisse der Impedanzberechnung verdeutlichen, dass bei einer unsymmetrischen Anordnung der Leiter die Resistanzen und Induktivitäten der einzelnen Leiter unterschiedlich sind und somit zu einer Spannungsunsymmetrie am Leitungsende führen, wenn symmetrische Ströme angenommen werden. Wenn im Gegensatz zu der Anordnung nach Abb. 4.19 die Abstände zwischen den Leitern gleich groß sind, so folgt mit $\underline{Z}_{12} = \underline{Z}_{13}$ für die erste Zeile des Gleichungssystems (4.85) bzw. für Gl. (4.92):

$$\underline{U}_{\mathrm{R}} = (\underline{Z}_{11} - \underline{Z}_{12}) \cdot \underline{I}_{\mathrm{R}} = \left[R_{\mathrm{R}} + \mathrm{j}\omega \cdot \frac{\mu_0}{2 \cdot \pi} \cdot \ell \cdot \left(0{,}25 + \ln \frac{d}{r} \right) \right] \cdot \underline{I}_{\mathrm{R}} = [R_{\mathrm{R}} + \mathrm{j}\omega \cdot L_{\mathrm{b}}] \cdot \underline{I}_{\mathrm{R}} \tag{4.96}$$

Der Ausdruck L_{b} wird als Betriebsinduktivität einer Leitung bezeichnet und stellt den Mittelwert der Impedanzen nach Gl. (4.93) bis (4.95) dar, der auch als Mitimpedanz der Freileitung bezeichnet wird.

4.7.2.2 Induktivitäten von Bündelleitern

Zur Reduktion der Randfeldstärke an der Oberfläche von Leiterseilen werden in der Höchstspannungsebene Bündelleiter (Tab. 4.2) eingesetzt, Abb. 4.22. Hierbei führt jeder der n Teilleiter des Bündels den Strom I/n, so bestimmt sich die Betriebsinduktivität L_{b} zu:

$$L_{\mathrm{b}} = \frac{\mu_0}{2 \cdot \pi} \cdot \ell \cdot \left(\frac{0{,}25}{n} + \ln \frac{d}{r_{\mathrm{B}}} \right) \tag{4.97}$$

Der Ersatzradius des Bündelleiters r_{B} ermittelt sich nach Gl. (4.98) zu:

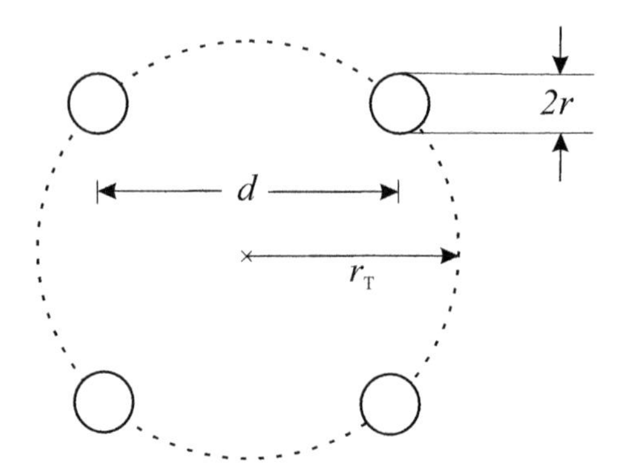

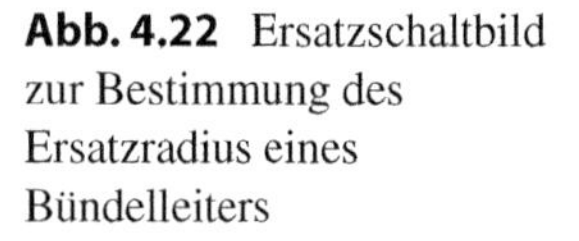
Abb. 4.22 Ersatzschaltbild zur Bestimmung des Ersatzradius eines Bündelleiters

$$r_B = \sqrt[n]{n \cdot r \cdot r_T^{n-1}} \tag{4.98}$$

mit

r Radius eines Teilleiters
r_T Radius des Teilkreises (Abb. 4.22)
n Anzahl der Bündelleiter

Aus Gl. (4.97) ist ersichtlich, dass ein größerer Ersatzradius r_B eine kleinere Betriebsinduktivität hervorruft. Wenn bei zwei Systemen eine annähernd gleiche Stromtragfähigkeit angenommen werden soll, ergeben sich folgende Möglichkeiten:

- System I: 2 x 120/20 mm² (I_d = 2 x 410A)
- System II: 1 x 380/50 mm² (I_d = 840A)

Für den Ersatzradiusr_B (n = 2) des Systems I ergibt sich nach Gl. (4.98), bei r_T = 200 mm; r = 7,75 mm:

$$r_B = \sqrt{2 \cdot 7{,}75 \cdot 200} = 55{,}68\text{mm}$$

Für den Radius r des Systems II ergibt sich ein Wert von r = 13,5 mm. Bei einem Abstand der Leiter von d = 5 m folgt für das Verhältnis der Impedanzen:

$$\frac{L_{BI}}{L_{BII}} = \frac{0{,}25/2 + \ln(5000/55{,}68)}{0{,}25 + \ln(5000/13{,}50)} = 0{,}75$$

Durch die Anwendung des Bündelleitersystems verringert sich die Betriebsinduktivität auf ca. 75 %. Dieses bedeutet, dass sich der Kurzschussstrom entsprechend erhöht.

4.7.2.3 Nullimpedanz

Während bei der Berechnung der Betriebsinduktivität das Feld zwischen den Leitern zugrunde gelegt wird, ist für die Berechnung der Nullinduktivität das Feld zwischen den Leitern und Erde entscheidend. Hierbei wird von der Schleifenimpedanz einer „unendlich" langen Leitung mit Rückleitung über Erde nach Abb. 4.23 ausgegangen. Die Erdausbreitungswiderstände R_A, R_B können bei dieser Betrachtung vernachlässigt werden.

Zu beachten ist, wie in der Abb. 4.23 dargestellt, dass die Eindringtiefe des Rückstroms im Erdreich d_E wesentlich größer als die Freileitungshöhe h ist, welches für den Bereich der üblichen Betriebsfrequenzen von Freileitungen zutrifft.

Für die Berechnung der Nullimpedanz wird der Erdrückleiter als ein zusätzlicher Hüllzylinder mit dem Radius d_E innerhalb der Hülle A (Abb. 4.21) angenommen. Für die induzierten Längsspannungsbeläge 1–3 (Leiter) und 4 (Erde) ergibt sich das Gleichungssystem (4.99):

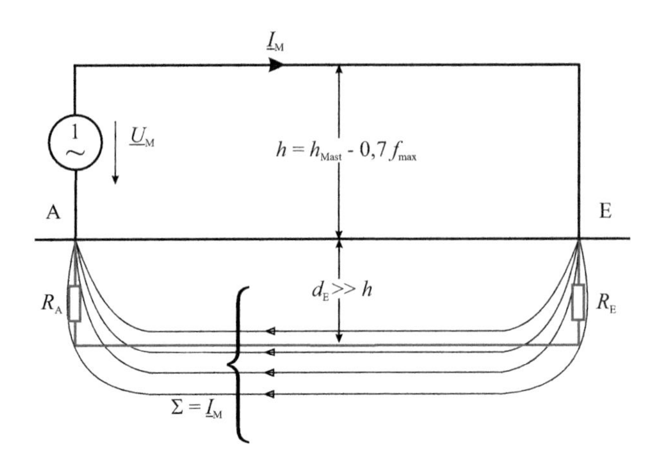

Abb. 4.23 Ersatzschaltbild zur Berechnung der Schleifenimpedanz Leiter – Erde
d_E Erdstromtiefe des Rückstroms
R_A, R_E Widerstände der Erdungsanlagen
h mittlere Leiterseilhöhe
R' Resistanzbelag des Leiters
ρ_E spezifischer Erdwiderstand
h_{Mast} Leiterseilhöhe am Mast
f_{max} maximaler Durchhang

$$\begin{pmatrix} \underline{U}_1 \\ \underline{U}_2 \\ \underline{U}_3 \\ \underline{U}_4 \end{pmatrix} = \begin{pmatrix} \underline{Z}_{11} & \underline{Z}_{12} & \underline{Z}_{13} & \underline{Z}_{14} \\ \underline{Z}_{21} & \underline{Z}_{22} & \underline{Z}_{23} & \underline{Z}_{24} \\ \underline{Z}_{31} & \underline{Z}_{32} & \underline{Z}_{33} & \underline{Z}_{34} \\ \underline{Z}_{41} & \underline{Z}_{42} & \underline{Z}_{43} & \underline{Z}_{44} \end{pmatrix} \cdot \begin{pmatrix} \underline{I}_1 \\ \underline{I}_2 \\ \underline{I}_3 \\ \underline{I}_4 \end{pmatrix} \tag{4.99}$$

Mit

$$\underline{I}_1 = \underline{I}_2 = \underline{I}_3 = \underline{I}_{(0)} \qquad \text{und} \qquad \underline{I}_4 = -3 \cdot \underline{I}_{(0)}$$

(nach Abb. 4.20b)

Werden die Längsspannungen U_1, U_2 und U_3 auf die Spannung U_4 bezogen, so ergibt sich für die erste Zeile des Gleichungssystems (4.99):

$$\begin{aligned} &\underline{U}_1 - \underline{U}_4 = \underline{U}_{(0)} = \\ &\underline{I}_{(0)} \cdot \left(\underline{Z}_{11} + \underline{Z}_{12} + \underline{Z}_{13} - \underline{Z}_{41} - \underline{Z}_{42} - \underline{Z}_{43}\right) + \underline{I}_4 \cdot \left(\underline{Z}_{14} - \underline{Z}_{44}\right) \end{aligned} \tag{4.100}$$

Gl. (4.101) gilt nur für symmetrische Freileitungen, da im Prinzip bei einem unsymmetrischen Betriebsmittel drei verschiedene Leitergleichungen abgeleitet werden können. In diesem Fall sind mit Hilfe des Gleichungssystems (4.99) sämtliche Ströme $\underline{I}_1$, $\underline{I}_2$ und $\underline{I}_3$ identisch. Für die einzelnen Impedanzen gilt für ν, $\mu = 1, 2, 3$, entsprechend den Gl. (4.87, Selbstinduktivität) und (4.88, Gegeninduktivität):

$$\underline{Z}_{\nu\nu} = R_\nu + \mathrm{j}\omega \cdot \frac{\mu_0}{2 \cdot \pi} \cdot \ell \cdot \left(0{,}25 + \ln \frac{d_\mathrm{A}}{r_\nu}\right) (\text{Selbstinduktivität: Leiter}) \tag{4.101}$$

$$\underline{Z}_{\nu\mu} = \mathrm{j}\ \omega \cdot \frac{\mu_0}{2 \cdot \pi} \cdot \ell \cdot \ln \frac{d_\mathrm{A}}{d_{\nu\mu}} \quad (\text{Gegeninduktivität: Leiter} \quad \text{Leiter}) \tag{4.102}$$

$$\underline{Z}_{4\mu} = \underline{Z}_{\nu 4} = \mathrm{j}\omega \cdot \frac{\mu_0}{2 \cdot \pi} \cdot \ell \cdot \ln \frac{d_\mathrm{A}}{d_\mathrm{E}} (\text{Gegeninduktivität: Leiter} \quad \text{Erde}) \tag{4.103}$$

$$\underline{Z}_{44} = \frac{\omega \cdot \mu_0 \cdot \ell}{8} + \mathrm{j}\omega \cdot \frac{\mu_0}{2 \cdot \pi} \cdot \ell \cdot \ln \frac{d_\mathrm{A}}{d_\mathrm{E}} (\text{Selbstinduktivität: Erde}) \tag{4.104}$$

$$\text{mit der Erdstromtiefe} \quad d_\mathrm{E} = \frac{1{,}85}{\sqrt{\mu_0 \cdot \omega / \rho_\mathrm{E}}} \tag{4.105}$$

und dem Radius d_A der stromlosen Hülle und den Abständen $d_{\nu\mu}$ zwischen den Leitern.

Der Wirkwiderstandsbelag der Rückleitung ($\omega \cdot \mu_0/8 \approx 50\ \Omega \cdot \mathrm{m/km}$ bei $f = 50$ Hz) ist unabhängig von der Leitfähigkeit des Erdbodens. Die Erdstromtiefe d_E kann als Abstand eines fiktiven Erdrückleiters von der Erdoberfläche gedeutet werden, der die gleiche Induktivität der Leiterschleife hervorruft, wie die tatsächliche Stromverteilung. Bei Al/St-Seilen ist für die relative Permeabilität μ_r zur Bestimmung der inneren Induktivität $\mu_\mathrm{r} \approx 5$–10 (einlagig) einzusetzen. Bei mehrlagigen Al/St-Seilen und bei Al- und Cu-Leitern gilt $\mu_\mathrm{r} \approx 1$. Die spezifische Leitfähigkeit κ_E des Erdbodens kann der Tab. 4.4 entnommen werden.

Wird vereinfachend für die Abstände $d_{\nu\mu}$ gesetzt

$$d_{\nu\mu} = \sqrt[3]{d_\mathrm{RS} \cdot d_\mathrm{RT} \cdot d_\mathrm{ST}} = d \tag{4.106}$$

so folgt aus Gl. (4.100)

$$\underline{U}_{(0)} = \left(\underline{Z}_{11} + 2 \cdot \underline{Z}_{12} - 3 \cdot \underline{Z}_{14}\right) \cdot \underline{I}_{(0)} + \left(\underline{Z}_{14} - \underline{Z}_{44}\right) \cdot \underline{I}_4 \ \text{bzw.} \tag{4.107}$$

Tab. 4.4 Anhaltswerte für die Erdstromtiefe d_E in Abhängigkeit der Leitfähigkeit κ_E des Erdbodens bei $f = 50$ Hz [7, 15, 21]

Art des Erdreichs nach	Schwemmland, Mergel, Moorboden	Ton	Poröser Kalksandstein, Tonschiefer, Lehm-, Ton-, Ackerboden	Quarz, fester Kalk		Granit, Gneis, toniger Schiefer	
VDE 0228 und CCITT				feuchter Sand	feuchter Kies	trockener Sand und Kies	steiniger Boden
$\rho_\mathrm{E}/\Omega \cdot \mathrm{m}$	30	50	100	200	500	1000	3000
$\kappa_\mathrm{E}/\mu\mathrm{S/cm}$	333	200	100	50	20	10	3,3
d_E/m	510	660	930	1320	2080	2940	5100

$$\frac{\underline{U}_{(0)}}{\underline{I}_{(0)}} = \underline{Z}_{(0)} = \left(\underline{Z}_{11} + 2\cdot\underline{Z}_{12} - 6\cdot\underline{Z}_{14} + 3\cdot\underline{Z}_{44}\right) \tag{4.108}$$

Nach Einsetzen folgt für die Nullimpedanz $\underline{Z}_0$:

$$\underline{Z}_{(0)} = R_1 + 3\cdot\omega\cdot\frac{\mu_0}{8}\cdot\ell + \mathrm{j}\omega\cdot\frac{\mu_0}{2\cdot\pi}\cdot\ell\cdot\left(0{,}25 + 3\cdot\ln\frac{d_\mathrm{E}}{\sqrt[3]{r\cdot d^2}}\right) \tag{4.109}$$

Bei der Ermittlung der Nullimpedanz einer Freileitung mit einem zusätzlichen Erdseil wird das Gleichungssystem (4.99) um eine fünfte Spalte bzw. Zeile erweitert. Es ergibt sich dann:

$$\begin{pmatrix}\underline{U}_1\\ \underline{U}_2\\ \underline{U}_3\\ \underline{U}_4\\ \underline{U}_5\end{pmatrix} = \begin{pmatrix}\underline{Z}_{11} & \underline{Z}_{12} & \underline{Z}_{13} & \underline{Z}_{14} & \underline{Z}_{15}\\ \underline{Z}_{21} & \underline{Z}_{22} & \underline{Z}_{23} & \underline{Z}_{24} & \underline{Z}_{25}\\ \underline{Z}_{31} & \underline{Z}_{32} & \underline{Z}_{33} & \underline{Z}_{34} & \underline{Z}_{35}\\ \underline{Z}_{41} & \underline{Z}_{42} & \underline{Z}_{43} & \underline{Z}_{44} & \underline{Z}_{45}\\ \underline{Z}_{51} & \underline{Z}_{52} & \underline{Z}_{53} & \underline{Z}_{54} & \underline{Z}_{55}\end{pmatrix}\cdot\begin{pmatrix}\underline{I}_1\\ \underline{I}_2\\ \underline{I}_3\\ \underline{I}_4\\ \underline{I}_5\end{pmatrix} \tag{4.110}$$

In diesem Gleichungssystem stellen die Zeilen 1–3 die Längsspannungen der Leiter R, S und T dar, während $\underline{U}_{04}$ die Spannung des Erdseils D und $\underline{U}_{(0)5}$ die Längsspannung über der Erde ist. Werden analog zur Gl. (4.100) die Werte auf die Spannung Leiter – Erde bezogen, so ergibt sich für die erste Zeile unter Berücksichtigung der Beziehungen:

$$3\cdot\underline{I}_{(0)} + \underline{I}_4 + \underline{I}_5 = 0 \tag{4.111}$$

$$\begin{aligned}&\underline{U}_1 - \underline{U}_5 = \underline{U}_{(0)} = \left(\underline{Z}_{11} + 2\cdot\underline{Z}_{12} - 6\cdot\underline{Z}_{15} + 3\cdot\underline{Z}_{55}\right)\cdot\underline{I}_{(0)} +\\ &\left(\underline{Z}_{14} - 2\cdot\underline{Z}_{15} + \underline{Z}_{55}\right)\cdot\underline{I}_4\end{aligned} \tag{4.112}$$

Für die Spannung längs des Erdseils gilt entsprechend:

$$\begin{aligned}&\underline{U}_4 - \underline{U}_5 =\\ &\left(3\cdot\underline{Z}_{14} - 6\cdot\underline{Z}_{15} + 3\cdot\underline{Z}_{55}\right)\cdot\underline{I}_{(0)} + \left(\underline{Z}_{44} + \underline{Z}_{55} - 2\cdot\underline{Z}_{15}\right)\cdot\underline{I}_4\end{aligned} \tag{4.113}$$

Da das Erdseil regelmäßig geerdet ist (an jedem Mast), gilt für die Spannung $\underline{U}_4 - \underline{U}_5 = 0$, so dass sich hieraus der Strom berechnen lässt, der im Erdseil fließt.

$$\underline{I}_4 = -\frac{3\cdot\left(\underline{Z}_{55} + \underline{Z}_{14} - 2\cdot\underline{Z}_{15}\right)}{\underline{Z}_{44} + \underline{Z}_{55} - 2\cdot\underline{Z}_{15}}\cdot\underline{I}_{(0)} \tag{4.114}$$

Nach Einsetzen in (4.113) folgt daraus:

$$\underline{Z}_{(0)\mathrm{E}} = \left(\underline{Z}_{11} + 2\cdot\underline{Z}_{12} - 6\cdot\underline{Z}_{15} + 3\cdot\underline{Z}_{55}\right) - \frac{3\cdot\left(\underline{Z}_{55} + \underline{Z}_{14} - 2\cdot\underline{Z}_{15}\right)^2}{\underline{Z}_{44} + \underline{Z}_{55} - 2\cdot\underline{Z}_{15}} \tag{4.115}$$

Für die einzelnen Ausdrücke gelten die Beziehungen unter Berücksichtigung der Bedingungen (4.101) bis (4.104) (zusätzlich eines 5. Leiters).

$$\begin{aligned}\underline{Z}_{11} + 2\cdot\underline{Z}_{12} + 3\cdot\underline{Z}_{55} - 6\cdot\underline{Z}_{15} &= R_1 + 3\cdot\omega\cdot\frac{\mu_0}{8}\cdot\ell \\ &+ \mathrm{j}\omega\cdot\frac{\mu_0}{2\cdot\pi}\cdot\ell\cdot\left[0{,}25 + 3\cdot\ln\frac{d_\mathrm{E}}{\sqrt[3]{r\cdot d^2}}\right]\end{aligned} \tag{4.116}$$

$$\underline{Z}_{55} + \underline{Z}_{14} - 2\cdot\underline{Z}_{15} = \omega\cdot\frac{\mu_0}{8}\cdot\ell + \mathrm{j}\omega\cdot\frac{\mu_0}{2\cdot\pi}\cdot\ell\cdot\ln\frac{d_\mathrm{E}}{d_\mathrm{D}} \tag{4.117}$$

$$\underline{Z}_{44} + \underline{Z}_{55} - 2\cdot\underline{Z}_{15} = R_\mathrm{D} + \omega\cdot\frac{\mu_0}{8}\cdot\ell + \mathrm{j}\omega\cdot\frac{\mu_0}{2\cdot\pi}\cdot\ell\cdot\left[0{,}25 + \ln\frac{d_\mathrm{E}}{r_\mathrm{D}}\right] \tag{4.118}$$

mit

d_D mittlerer geometrischer Abstand zwischen Phasen- und Erdseil

Die oben dargestellten Überlegungen lassen sich auch auf die Nullimpedanzen von Doppelleitungen mit einem oder mehreren Erdseilen erweitern.

4.7.2.4 Mit- und Nullimpedanzverhältnisse

Zur Berechnung von Kurzschlussströmen mit Erdberührung wird die Nullimpedanz von Freileitungen benötigt, so dass die Verhältnisse $R_{(0)}/R_{(1)}$ und $X_{(0)}/X_{(1)}$ bekannt sein müssen. Mit Hilfe der Gl. (4.96) und (4.109) bzw. (4.115) können diese Verhältnisse bestimmt werden, in Abhängigkeit der Topologie der Freileitung (mit und ohne Erdseil). Im Folgenden werden zwei Beispiele ermittelt.

Ohne Erdseil

Als Beispiel werden für eine Mittelspannungsleitung in Einebenenanordnung (U_n = 20 kV) die folgenden geometrischen Werte eingesetzt:

Leiterradius:	$r = 6{,}25$ mm (Querschnitt 95 mm^2)
Mittl. Leiterabstand:	$d = 1{,}26$ m (Leiterabstand $d_{1,2} = 1$ m bzw. 2 m)
Erdstromtiefe:	$d_\mathrm{E} = 930$ m (spez. Erdwiderstand $\rho_\mathrm{E} = 100\ \Omega\cdot\mathrm{m}$)
Widerstand des Leiters:	$R'_{(1)} = 0{,}308\,\Omega/\mathrm{km}$ (Aluminium)
Permeabilität:	$\mu_0 = 4\cdot\pi\cdot 10^{-7}\cdot\mathrm{Vs/Am}$.

Hieraus lassen sich die Impedanzverhältnisse ermitteln.

$$R_{(0)} / R_{(1)} = \frac{R'_{(1)} + 3 \cdot \omega \cdot \frac{\mu_0}{8}}{R'_{(1)}} = 1{,}48$$

$$X_{(0)} / X_{(1)} = \frac{\left(0{,}25 + 3 \cdot \ln \frac{d_E}{\sqrt[3]{r \cdot d^2}}\right)}{\left[0{,}25 + \ln \frac{d}{r}\right]} = 4{,}57$$

Mit Erdseil

Als Beispiel werden für eine Hochspannungsleitung in Einebenenanordnung ($U_n = 110$ kV) die folgenden geometrischen Werte eingesetzt:

Leiterradius: $r = r_D = 10{,}95$ mm (Querschnitt 240/40 mm^2)
Mittl. Leiterabstand: $d = d_D = 5{,}04$ m (Leiterabstand $d_{1,2} = 4$ m bzw. 8 m)
Erdstromtiefe: $d_E = 930$ m (spez. Erdwiderstand $\rho_E = 100\ \Omega{\cdot}$m)
Widerstand der Leiter: $R'_{(1)} = 0{,}119\ \Omega / \text{km}$ (Aluminium, Leiter-, Erdseil)

Die Mitimpedanz bestimmt sich nach Gl. (4.96), während die Nullimpedanz nach Gl. (4.115) berechnet wird.

$$\underline{Z}'_{(1)} = (0{,}119 + \text{j}0{,}401)\Omega / \text{km}$$
$$\underline{Z}'_{(0)} = (0{,}225 + \text{j}1{,}116)\Omega / \text{km}$$

Hieraus ergeben sich die folgenden Nullimpedanzverhältnisse:

$$R_{(0)} / R_{(1)} = 1{,}89 \qquad X_{(0)} / X_{(1)} = 2{,}79$$

Die in der Tab. 4.2 angegebenen Nullimpedanzverhältnisse für die 110-kV-Leitung weichen von den oben angegebenen Werten ab, da im dortigen Beispiel eine Doppelleitung mit einem Erdseil betrachtet wird und somit von der Beispielrechnung abweicht.

4.7.2.5 Kapazitäten (Mit-, Nullsystem)

Drehstromleitungen haben Kapazitäten zwischen den Leitern und gegen Erde. Zur Berechnung der Kapazitäten wird angenommen, dass der lang gestreckte Linienleiter mit der Länge ℓ nach Abb. 4.24 die Ladung $+Q$ trägt [22]. Die Gegenladung $-Q$ befinde sich im Unendlichen.

Für die elektrische Verschiebung D und für die elektrische Feldstärke E folgt im Abstand s:

$$D = \frac{Q}{2 \cdot \pi \cdot \ell} \cdot \frac{1}{s} \qquad E = \frac{D}{\varepsilon_r \cdot \varepsilon_0} = \frac{Q}{2 \cdot \pi \cdot \varepsilon_r \cdot \varepsilon_0 \cdot \ell} \cdot \frac{1}{s} \tag{4.119}$$

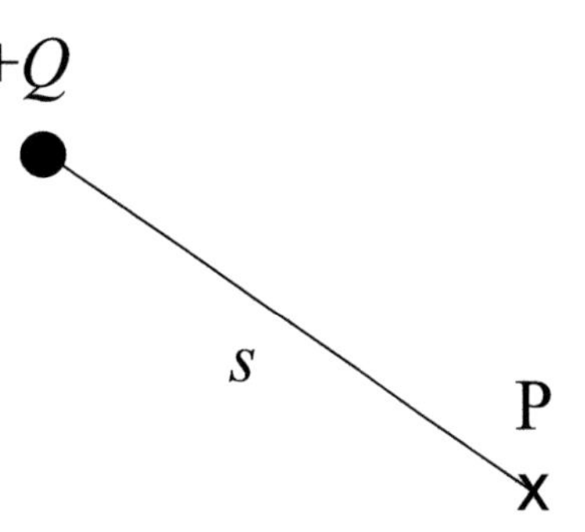

Abb. 4.24 Berechnung des elektrischen Feldes bei einem Linienleiter mit der Ladung $+Q$

Mit der Dielektrizitätskonstante ε_0 = 8,854 pF/m bzw. As/Vm (Vakuum) und der relativen Konstante ε_r. Ausgehend von der elektrischen Feldstärke lässt sich das Potenzial φ nach Gl. (4.120) bestimmen, unter Berücksichtigung der Integrationskonstanten K.

$$\varphi = -\int E \cdot \mathrm{d}s = \frac{Q}{2 \cdot \pi \cdot \varepsilon_\mathrm{r} \cdot \varepsilon_0 \cdot \ell} \cdot \ln(s) + K \tag{4.120}$$

Bei verschiedenen Leitern mit unterschiedlichen Ladungen (Q_1, Q_2, …), die auf einen Punkt P einwirken, ergibt sich das resultierende Potenzial aus der Überlagerung.

$$\varphi = -\frac{1}{2 \cdot \pi \cdot \varepsilon_\mathrm{r} \cdot \varepsilon_0 \cdot \ell} \cdot \{Q_1 \cdot \ln(s_1) + Q_2 \cdot \ln(s_2) + \ldots\} + K \tag{4.121}$$

Wird im Gegensatz zur obigen Darstellung (Abb. 4.24) die Erde als leitende Ebene angenommen (Abb. 4.25), so wird das Prinzip der Spiegelung angesetzt, so dass unter diesen Voraussetzungen dann für das Potenzial gilt:

$$\varphi = -\frac{1}{2 \cdot \pi \cdot \varepsilon_\mathrm{r} \cdot \varepsilon_0 \cdot \ell} \cdot Q_1 \cdot \ln\left(\frac{s_1'}{s_1}\right) + K \tag{4.122}$$

Oder wenn mehrere Linienladungen auf einen Punkt P einwirken, Gl. (4.123).

$$\varphi = -\frac{1}{2 \cdot \pi \cdot \varepsilon_\mathrm{r} \cdot \varepsilon_0 \cdot \ell} \cdot \left\{Q_1 \cdot \ln\left(\frac{s_1'}{s_1}\right) + Q_2 \cdot \ln\left(\frac{s_2'}{s_2}\right) + \ldots\right\} + K \tag{4.123}$$

Für die Berechnung einer Schleife (bestehend aus einem Hin- und Rückleiter, ohne Erde) nach Abb. 4.26 gilt allgemein für das Potenzial φ eines Punktes P mit $Q_1 = -Q_2$, abgeleitet aus Gl. (4.122):

$$\varphi = -\frac{Q}{2 \cdot \pi \cdot \varepsilon_\mathrm{r} \cdot \varepsilon_0 \cdot \ell} \cdot \ln\left(\frac{s_2}{s_1}\right) + K \tag{4.124}$$

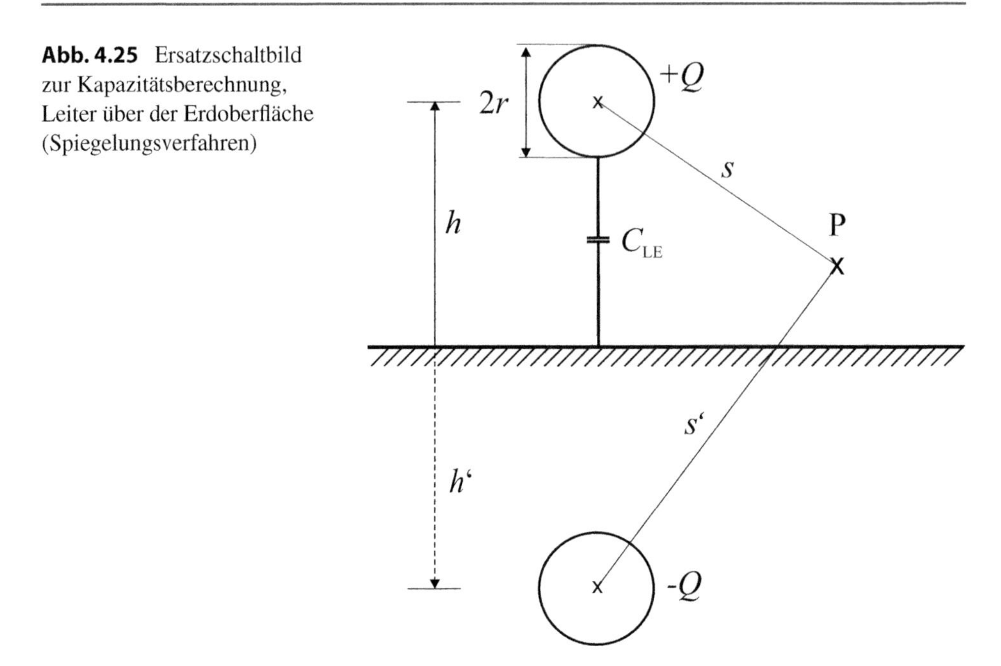

Abb. 4.25 Ersatzschaltbild zur Kapazitätsberechnung, Leiter über der Erdoberfläche (Spiegelungsverfahren)

Für die Potenziale φ_1 und φ_2 auf den Leitern ergeben sich die folgenden Randbedingungen:

- Oberfläche Leiter 1: $s_1 = r_1$ und $s_2 = d$
- Oberfläche Leiter 2: $s_1 = d$ und $s_2 = r_2$

Nach Einsetzen ergibt sich für die Spannung U zwischen den beiden Leitern:

$$U = \varphi_1 - \varphi_2 = \frac{Q}{2 \cdot \pi \cdot \varepsilon_r \cdot \varepsilon_0 \cdot \ell} \cdot \left\{ \ln\left(\frac{d}{r_1}\right) + \ln\left(\frac{r_2}{d}\right) \right\} = \frac{Q}{\pi \cdot \varepsilon_r \cdot \varepsilon_0 \cdot \ell} \cdot \ln\left(\frac{d}{\sqrt{r_1 \cdot r_2}}\right) \tag{4.125}$$

Hieraus folgt für die Kapazität der Leiterschleife, bzw. zwischen zwei Leitern, nach Abb. 4.26 mit $r = r_1 = r_2$:

$$C = \frac{Q}{U} = \frac{\pi \cdot \varepsilon_r \cdot \varepsilon_0 \cdot \ell}{\ln \frac{d}{r}} \tag{4.126}$$

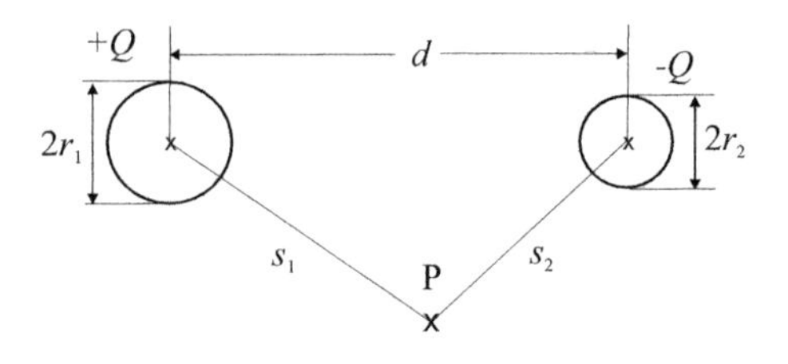

Abb. 4.26 Kapazität eines Leiters bestehend aus zwei Linienladungen (ohne Erde)

Im Gegensatz hierzu bestimmt sich die Kapazität einer Leiterschleife mit Erde ausgehend von Gl. (4.122), so dass das Potenzial des Punktes P nach Abb. 4.27 aus der Überlagerung abgeleitet werden kann. Auch in diesem Fall werden jeweils die Oberflächen der Leiter genommen, um deren Potenzial zu bestimmen, Gl. (4.128):

$$\varphi_1 = -\frac{1}{2 \cdot \pi \cdot \varepsilon_r \cdot \varepsilon_0 \cdot \ell} \cdot \left\{ Q_1 \cdot \ln\left(\frac{2h_1}{r_1}\right) + Q_2 \cdot \ln\left(\frac{d'}{d}\right) \right\} \tag{4.127}$$

Für das Potenzial φ_2 kann eine vergleichbare Gleichung abgeleitet werden. Die Kapazität eines einzelnen Leiters kann aus der Gl. (4.124) bestimmt werden, indem der Punkt P auf der Leiteroberfläche liegt, so dass die Beziehungen $s_1' = 2h - r$ und $s_1 = r$ gelten.

$$C_{LE} = \frac{Q}{\phi_{L0}} = \frac{2\pi \cdot \varepsilon_r \cdot \varepsilon_0 \cdot \ell}{\ln\left(\frac{2h - r}{r}\right)} \approx \frac{2\pi \cdot \varepsilon_r \cdot \varepsilon_0 \cdot \ell}{\ln\left(\frac{2h}{r}\right)} \tag{4.128}$$

Mitkapazität einer Drehstromfreileitung

Wird eine Drehstromfreileitung nach Abb. 4.28 von einem symmetrischen Spannungssystem gespeist, so gilt:

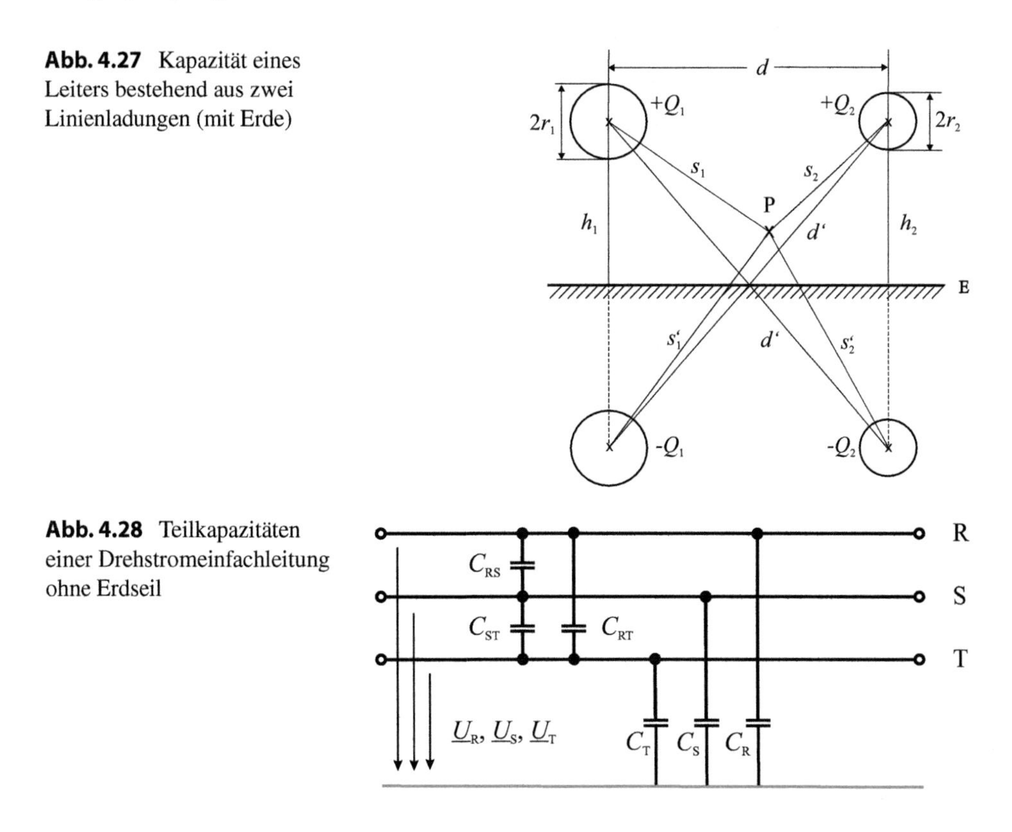

Abb. 4.27 Kapazität eines Leiters bestehend aus zwei Linienladungen (mit Erde)

Abb. 4.28 Teilkapazitäten einer Drehstromeinfachleitung ohne Erdseil

$$\underline{U}_{\mathrm{R}} = \underline{U}_{\mathrm{R}} \qquad \underline{U}_{\mathrm{S}} = \underline{\mathrm{a}}^2 \cdot \underline{U}_{\mathrm{R}} \qquad \underline{U}_{\mathrm{T}} = \underline{\mathrm{a}} \cdot \underline{U}_{\mathrm{R}} \tag{4.129}$$

$$\underline{Q}_{\mathrm{R}} = \underline{Q}_{\mathrm{R}} \qquad \underline{Q}_{\mathrm{S}} = \underline{\mathrm{a}}^2 \cdot \underline{Q}_{\mathrm{R}} \qquad \underline{Q}_{\mathrm{T}} = \underline{\mathrm{a}} \cdot \underline{Q}_{\mathrm{R}} \tag{4.130}$$

Ausgehend von der Gl. (4.126) kann das Gleichungssystem nach (4.131) aufgebaut werden, wenn kein Erdseil angenommen wird.

$$\begin{pmatrix} \underline{U}_{\mathrm{R}} \\ \underline{U}_{\mathrm{S}} \\ \underline{U}_{\mathrm{T}} \end{pmatrix} = \begin{pmatrix} \alpha_{11} & \alpha_{12} & \alpha_{13} \\ \alpha_{21} & \alpha_{22} & \alpha_{23} \\ \alpha_{31} & \alpha_{32} & \alpha_{33} \end{pmatrix} \cdot \begin{pmatrix} \underline{Q}_{\mathrm{R}} \\ \underline{Q}_{\mathrm{S}} \\ \underline{Q}_{\mathrm{T}} \end{pmatrix} \tag{4.131}$$

Die Größen α stellen die Potenzialkoeffizienten des Gleichungssystems dar und lassen sich aus der Gl. (4.127) ableiten.

$$\alpha_{\nu\nu} = \frac{1}{2 \cdot \pi \cdot \varepsilon_0 \cdot \ell} \cdot \ln\left(\frac{2 \cdot h_{\nu}}{r_{\nu}}\right) \qquad \text{für } \nu = \mathrm{R,S,T} \tag{4.132}$$

$$\alpha_{\nu\mu} = \frac{1}{2 \cdot \pi \cdot \varepsilon_0 \cdot \ell} \cdot \ln\left(\frac{d'}{d}\right) \qquad \text{für } \nu, \mu = \mathrm{R,S,T};\ \mu \neq \nu \tag{4.133}$$

Werden die Spannungs- und Ladungsbedingungen nach Gl. (4.127) berücksichtigt, so folgt für die erste Zeile des Gleichungssystems (4.131), wenn die Abstände einer symmetrischen Freileitung nach Abb. 4.27 verwendet werden:

$$\underline{U}_{\mathrm{R}} = (\alpha_{11} - \alpha_{12}) \cdot \underline{Q}_{\mathrm{R}} \tag{4.134}$$

Für die Mitkapazität ergibt sich:

$$C_{(1)} = \frac{\underline{Q}_{\mathrm{R}}}{\underline{U}_{\mathrm{R}}} = \frac{1}{\alpha_{11} - \alpha_{12}} = \frac{2\pi \cdot \varepsilon_{\mathrm{r}} \cdot \varepsilon_0 \cdot \ell}{\ln\left(\frac{2h}{r}\right) - \ln\left(\frac{d'}{d}\right)} \tag{4.135}$$

Mit

$$d' \approx \sqrt{(2 \cdot h)^2 + d^2} \qquad h = \sqrt[3]{h_{\mathrm{R}} \cdot h_{\mathrm{S}} \cdot h_{\mathrm{T}}} \tag{4.136}$$

folgt daraus

$$C_{(1)} = \frac{2\pi \cdot \varepsilon_{\mathrm{r}} \cdot \varepsilon_0 \cdot \ell}{\ln \dfrac{d}{r \cdot \sqrt{1 + \left(\dfrac{d}{2 \cdot h}\right)^2}}} \tag{4.137}$$

Die Mitkapazität wird unabhängig von der Leiterhöhe h, wenn die doppelte Leiterhöhe $2h$ wesentlich größer als der gegenseitige Abstand d der Leiter ist, was für Hochspannungsfreileitungen zutrifft. Es gilt dann vereinfachend:

$$C_{(1)} \approx \frac{2\pi \cdot \varepsilon_0 \cdot \ell}{\ln\left(\frac{d}{r}\right)} \tag{4.138}$$

Nullkapazität einer Drehstromfreileitung

Für die Berechnung der Null- bzw. Erdkapazität sind die drei Leiter nach Abb. 4.27 parallel zu schalten und mit einer Spannung $\underline{U}_R = \underline{U}_S = \underline{U}_T$ zu speisen. Unter dieser Annahme wird:

$$\underline{Q}_R = \underline{Q}_S = \underline{Q}_T \tag{4.139}$$

Bei einer symmetrischen Leitung ergibt sich dann nach den Gl. (4.122)

$$\underline{U}_R = (\alpha_{11} + 2 \cdot \alpha_{12}) \cdot \underline{Q}_R \tag{4.140}$$

Nach Einsetzen der Potenzialkoeffizienten folgt daraus:

$$C_{(0)} = \frac{\underline{Q}_R}{\underline{U}_R} = \frac{1}{\alpha_{11} + 2 \cdot \alpha_{12}} = \frac{2 \cdot \pi \cdot \varepsilon_r \cdot \varepsilon_0 \cdot \ell}{\ln\left(\frac{2 \cdot h}{r}\right) + \ln\left(\frac{\sqrt{(2h)^2 + d^2}}{d}\right)} = \frac{2 \cdot \pi \cdot \varepsilon_r \cdot \varepsilon_0 \cdot \ell}{3 \cdot \ln\left(\frac{2 \cdot h}{\sqrt[3]{r \cdot d^2}}\right) \cdot \sqrt[3]{1 + \left(\frac{d}{2 \cdot h}\right)^2}} \tag{4.141}$$

Ist die Bedingung $d << 2h$ erfüllt, gilt vereinfachend:

$$C_{(0)} \approx \frac{2 \cdot \pi \cdot \varepsilon_r \cdot \varepsilon_0 \cdot \ell}{3 \cdot \ln\left(\frac{2 \cdot h}{\sqrt[3]{r \cdot d^2}}\right)} \tag{4.142}$$

Bei Drehstromfreileitungen bewegt sich die Erdkapazität im Bereich von $C_0 \approx$ 0,45–0,6 C_1.

Kapazitätsverhätnis

Unter Berücksichtigung der folgenden geometrischen Daten einer 110-kV-Freileitung (Einebenenanordnung) ergeben sich die Kapazitäten im Mit- und Nullsystem.

Leiterradius: r = 10,95 mm (Querschnitt 240/40 mm^2)
Mittl. Leiterabstand: d = 5,04 m (Leiterabstand $d_{1,2}$ = 4 m bzw. 8 m)
Mittl. Leiterseilhöhe: h = 21 m

- Mitkapazität:

$$C_{(1)} = \frac{2\pi \cdot 1 \cdot 8{,}854}{\ln \dfrac{5{,}04}{10{,}95 \cdot 10^{-3} \cdot \sqrt{1 + \left(\dfrac{5{,}04}{2 \cdot 24}\right)^2}}} \mathrm{nF/km} = 9{,}094\,\mathrm{nF/km} \quad \text{nach Gl. (4.137)}$$

$$C_{(1)} = \frac{2\pi \cdot 1 \cdot 8{,}854}{\ln \dfrac{5{,}04}{10{,}95 \cdot 10^{-3} \cdot}} \mathrm{nF/km} = 9{,}073\,\mathrm{nF/km} \quad \text{nach Gl. (4.138)}$$

- Nullkapazität:

$$C_{(0)} = \frac{2\pi \cdot 1 \cdot 8{,}854}{3 \cdot \ln\left(\dfrac{2 \cdot 24}{\sqrt[3]{10{,}95 \cdot 10^{-3} \cdot 5{,}04^2}}\right) \cdot \sqrt[3]{1 + \left(\dfrac{5{,}04}{2 \cdot 24}\right)^2}} \mathrm{nF/km} = 4{,}311\,\mathrm{nF/km} \quad \text{nach Gl. (4.145)}$$

$$C_{(0)} = \frac{2\pi \cdot 1 \cdot 8{,}854}{3 \cdot \ln\left(\dfrac{2 \cdot 24}{\sqrt[3]{10{,}95 \cdot 10^{-3} \cdot 5{,}04^2}}\right)} \mathrm{nF/km} = 4{,}315\,\mathrm{nF/km} \quad \text{nach Gl. (4.146)}$$

Aus den Kapazitätswerten ergibt sich ein Kapazitätsverhältnis C_0/C_1 = 4,315 nF/km/ 9,073 nF/km= 0,476.

4.7.3 Impedanzen von Kabeln

Durch den Aufbau eines Kabels (Drei-, Einleiterkabel, Schirm, Mittel- und Niederspannungskabel) gegenüber einer Freileitung unterscheidet sich die Bestimmung der Impedanzen wesentlich, so dass in diesem Abschnitt gesondert die Kabelimpedanzen bestimmt werden.

4.7.3.1 Mitimpedanz von Mittelspannungskabeln

Der Wirkwiderstand eines Kabels bestimmt sich nach Gl. (4.143).

$$R = R_{20} \cdot \left[1 + \alpha_{20} \cdot \left(\theta_{\mathrm{L}} - 20\ ^{\circ}C\right)\right] \tag{4.143}$$

mit

R_{20} Gleichstromwiderstand bei 20 °C
α_{20} Temperaturkoeffizient ($\alpha_{20} \approx$ 0,004 1/K)
θ_{L} Kabeltemperatur

Der Widerstand nach Gl. (4.143) wird im Allgemeinen durch Skin- und Proximity-Effekte vergrößert. Bei den üblichen technischen Frequenzen kann die Erhöhung bei kleinen und mittleren Querschnitten (z. B. < 240 mm²) jedoch vernachlässigt werden.

Grundsätzlich entstehen jedoch durch den Betrieb des Kabels mit Wechselstrom frequenzabhängige Zusatzverluste, die sich durch eine Wirkwiderstandserhöhung ausdrücken. Der in Gl. (4.143) angegebene Wert R wird jeweils durch Zusatzwiderstände beeinflusst, wodurch die Verluste im Metallmantel und Bewehrung vergrößert werden, so dass sich für den gesamten Wirkwiderstand R_K des Kabels ergibt:

$$R_K = R + \Delta R_M + \Delta R_B \tag{4.144}$$

Mit

ΔR_M Zusatzwiderstand für die Induktionsverluste im Mantel
ΔR_B Zusatzwiderstand für die Hystereseverluste im Stahlband

Zur Bestimmung des Zusatzwiderstandes ΔR_M eines Leiters durch einen Metallmantel wird nach Abb. 4.29 angenommen, dass drei Einleiterkabel im Dreieck angeordnet sind.

Zur Bestimmung der Mitimpedanz wird das Gleichungssystem (4.85) um drei Zeilen und Spalten für die Darstellung der Mantelspannungen und –ströme erweitert, so dass gilt:

$$\begin{pmatrix} \underline{U}_1 \\ \underline{U}_2 \\ \underline{U}_3 \\ \underline{U}_4 \\ \underline{U}_5 \\ \underline{U}_6 \end{pmatrix} = \begin{pmatrix} \underline{Z}_{11} & \underline{Z}_{12} & \underline{Z}_{13} & \underline{Z}_{14} & \underline{Z}_{15} & \underline{Z}_{16} \\ \underline{Z}_{21} & \underline{Z}_{22} & \underline{Z}_{23} & \underline{Z}_{24} & \underline{Z}_{25} & \underline{Z}_{26} \\ \underline{Z}_{31} & \underline{Z}_{32} & \underline{Z}_{33} & \underline{Z}_{34} & \underline{Z}_{35} & \underline{Z}_{36} \\ \underline{Z}_{41} & \underline{Z}_{42} & \underline{Z}_{43} & \underline{Z}_{44} & \underline{Z}_{45} & \underline{Z}_{46} \\ \underline{Z}_{51} & \underline{Z}_{52} & \underline{Z}_{53} & \underline{Z}_{54} & \underline{Z}_{55} & \underline{Z}_{56} \\ \underline{Z}_{61} & \underline{Z}_{62} & \underline{Z}_{63} & \underline{Z}_{64} & \underline{Z}_{65} & \underline{Z}_{66} \end{pmatrix} \cdot \begin{pmatrix} \underline{I}_1 \\ \underline{I}_2 \\ \underline{I}_3 \\ \underline{I}_4 \\ \underline{I}_5 \\ \underline{I}_6 \end{pmatrix} \tag{4.145}$$

Die Mitimpedanz ermittelt sich nach Abb. 4.30, vergleichbar mit der Darstellung von Freileitungen gemäß Abb. 4.20a, indem die Kabelmäntel an beiden Enden mit Erde verbunden sind und sich die Mantel- und Leiterströme zu null ergänzen. Hieraus kann das Gleichungssystem (4.145) vereinfacht werden.

Unter Berücksichtigung der Symmetrien und Strom- und Spannungsbedingungen, kann das Gleichungssystem (4.146) angegeben werden. Die Leiterströme $\underline{I}_1$, $\underline{I}_2$ und $\underline{I}_3$ werden als eingeprägte Ströme eines symmetrischen Drehstromsystems angesetzt.

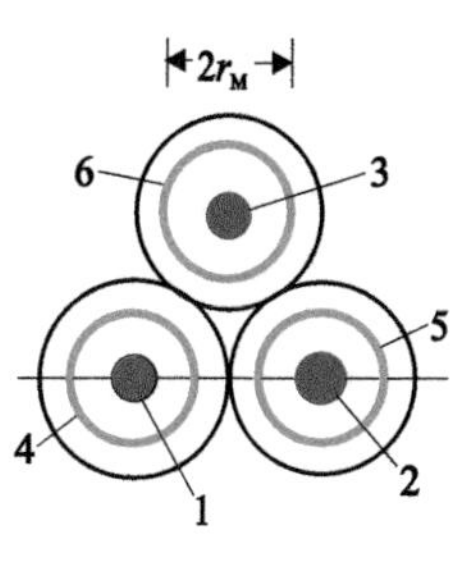

Abb. 4.29 Dreieckanordnung von Einleiterkabeln
1, 2, 3 Leiter
4, 5, 6 Mäntel
r_M Radius des Mantels

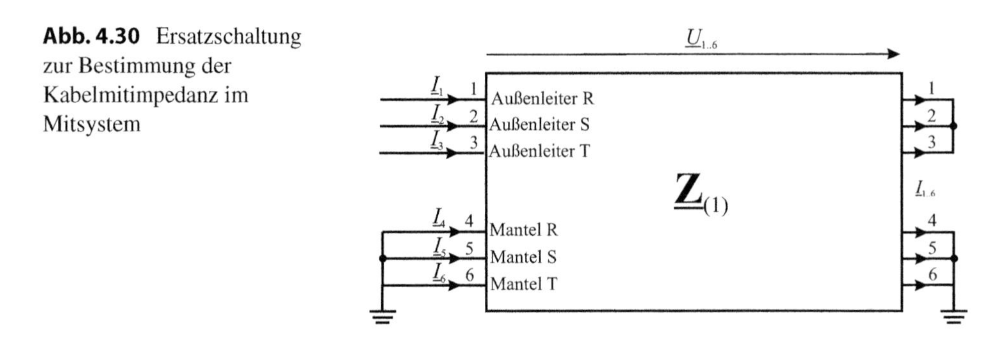

Abb. 4.30 Ersatzschaltung zur Bestimmung der Kabelmitimpedanz im Mitsystem

$$\begin{pmatrix} \underline{U}_1 \\ 0 \\ 0 \\ 0 \end{pmatrix} = \begin{pmatrix} (\underline{Z}_{11} - \underline{Z}_{12}) & \underline{Z}_{14} & \underline{Z}_{12} & \underline{Z}_{12} \\ (\underline{Z}_{14} - \underline{Z}_{12}) & \underline{Z}_{44} & \underline{Z}_{12} & \underline{Z}_{12} \\ (\underline{Z}_{14} - \underline{Z}_{12}) \cdot \underline{a}^2 & \underline{Z}_{12} & \underline{Z}_{44} & \underline{Z}_{12} \\ (\underline{Z}_{14} - \underline{Z}_{12}) \cdot \underline{a} & \underline{Z}_{12} & \underline{Z}_{12} & \underline{Z}_{44} \end{pmatrix} \cdot \begin{pmatrix} \underline{I}_1 \\ \underline{I}_4 \\ \underline{I}_5 \\ \underline{I}_6 \end{pmatrix} \tag{4.146}$$

In Gl. (4.146) bedeuten:

$$\underline{I}_4 + \underline{I}_5 + \underline{I}_6 = 0 \quad \underline{U}_4 = \underline{U}_5 = \underline{U}_6 = 0 \tag{4.147}$$

$$\underline{Z}_{11} = R_1 + \mathrm{j}\omega \cdot \frac{\mu_0}{2 \cdot \pi} \cdot \ell \cdot \left[0{,}25 + \ln \frac{d_\mathrm{A}}{r} \right] \tag{4.148}$$

$$\underline{Z}_{44} = \underline{Z}_{55} = \underline{Z}_{66} = R_\mathrm{M} + \mathrm{j}\omega \cdot \frac{\mu_0}{2 \cdot \pi} \cdot \ell \cdot \ln \frac{d_\mathrm{A}}{r_\mathrm{M}} \tag{4.149}$$

$$\underline{Z}_{14} = \underline{Z}_{41} = \underline{Z}_{52} = \underline{Z}_{25} = \underline{Z}_{63} = \underline{Z}_{36} = \mathrm{j}\omega \cdot \frac{\mu_0}{2 \cdot \pi} \cdot \ell \cdot \ln \frac{d_\mathrm{A}}{r_\mathrm{M}} \tag{4.150}$$

$$\begin{aligned} &\underline{Z}_{12} = \underline{Z}_{15} = \underline{Z}_{13} = \underline{Z}_{16} = \underline{Z}_{42} = \underline{Z}_{45} = \underline{Z}_{43} = \underline{Z}_{46} = \underline{Z}_{53} = \underline{Z}_{54} = \underline{Z}_{56} \\ &= \underline{Z}_{61} = \underline{Z}_{62} = \underline{Z}_{64} = \underline{Z}_{65} = \mathrm{j}\omega \frac{\mu_0}{2 \cdot \pi} \cdot \ell \cdot \ln \frac{d_\mathrm{A}}{d} \end{aligned} \tag{4.151}$$

Mit

R_1 Resistanz des Leiters
R_M Resistanz des Mantels
d_A Radius des fiktiven Hüllzylinders
r Radius des Leiters
r_M Innenradius des Mantels
d Abstand der Leiter

Die Mantelströme bestimmen sich hieraus unter Berücksichtigung von Gl. (4.147), die in diesem Fall (Dreieckanordnung) ein symmetrisches Drehstromsystem bilden.

$$\underline{I}_4 = -\frac{\underline{Z}_{14} - \underline{Z}_{12}}{\underline{Z}_{44} - \underline{Z}_{12}} \cdot \underline{I}_1$$

$$\underline{I}_5 = -\frac{\underline{Z}_{14} - \underline{Z}_{12}}{\underline{Z}_{44} - \underline{Z}_{12}} \cdot \underline{a}^2 \cdot \underline{I}_1 \tag{4.152}$$

$$\underline{I}_6 = -\frac{\underline{Z}_{14} - \underline{Z}_{12}}{\underline{Z}_{44} - \underline{Z}_{12}} \cdot \underline{a} \cdot \underline{I}_1$$

Für die Impedanz des Kabels ergibt sich nach Einsetzen in Gl. (4.146):

$$\frac{\underline{U}_1}{\underline{I}_1} = \underline{Z}_{(1)} = \left(\underline{Z}_{11} - \underline{Z}_{12}\right) - \frac{\left(\underline{Z}_{14} - \underline{Z}_{12}\right)^2}{\underline{Z}_{44} - \underline{Z}_{12}} \tag{4.153}$$

$$\underline{Z}_{(1)} = R_{(1)} + \mathrm{j}\omega \cdot \frac{\mu_0}{2 \cdot \pi} \cdot \ell \cdot \left[0{,}25 + \ln\frac{d}{r}\right] - \frac{\left[\mathrm{j}\omega \cdot \frac{\mu_0}{2 \cdot \pi} \cdot \ell \cdot \ln\frac{d}{r_\mathrm{M}}\right]^2}{R_\mathrm{M} + \mathrm{j}\omega \cdot \frac{\mu_0}{2 \cdot \pi} \cdot \ell \cdot \ln\frac{d}{r_\mathrm{M}}} \tag{4.154}$$

$$\mathrm{Re}\left\{\underline{Z}_{(1)}\right\} = R_{(1)} + R_\mathrm{M} \cdot \frac{\left[\omega \cdot \frac{\mu_0}{2 \cdot \pi} \cdot \ell \cdot \ln\frac{d}{r_\mathrm{M}}\right]^2}{R_\mathrm{M}^2 + \left[\omega \cdot \frac{\mu_0}{2 \cdot \pi} \cdot \ell \cdot \ln\frac{d}{r_\mathrm{M}}\right]^2} \tag{4.155}$$

$$\mathrm{Im}\left\{\underline{Z}_{(1)}\right\} = \omega \cdot \frac{\mu_0}{2 \cdot \pi} \cdot \ell \cdot \left[0{,}25 + \ln\frac{d}{r}\right] - \frac{\left[\omega \cdot \frac{\mu_0}{2 \cdot \pi} \cdot \ell \cdot \ln\frac{d}{r_\mathrm{M}}\right]^3}{R_\mathrm{M}^2 + \left[\omega \cdot \frac{\mu_0}{2 \cdot \pi} \cdot \ell \cdot \ln\frac{d}{r_\mathrm{M}}\right]^2} \tag{4.156}$$

Während sich die Resistanz des Kabels R_1 durch einen geerdeten Mantel vergrößert, wird die Induktivität kleiner. Wird bei der Gl. (4.154) der Mantelwiderstand nicht berücksichtigt ($R_\mathrm{M} \to \infty$), so ergibt sich Gl. (4.157), die der Mitimpedanz einer symmetrischen Freileitung, Gl. (4.96), entspricht.

$$\underline{Z}_{(1)} = R_{(1)} + \mathrm{j}\omega \cdot \frac{\mu_0}{2 \cdot \pi} \cdot \ell \cdot \left[0{,}25 + \ln\frac{d}{r}\right] = R_{(1)} + \mathrm{j}X_{(1)} \tag{4.157}$$

Für ein Kabel 3×1×150 mm²/25 mm² NA2XS2Y (20 kV) ergeben sich folgende Werte (Widerstandsbeläge):

$$R_{(1)}' = 0{,}206\Omega / \mathrm{km} \quad R_\mathrm{M}' = 1{,}236\Omega / \mathrm{km}$$

$$r = 6{,}91\mathrm{mm} \quad r_\mathrm{M} = 12{,}25\mathrm{mm}$$

$$d = 36\,\text{mm} \quad \text{(Kabelaußendurchmesser)}$$

$$X'_{(1)} = 0{,}104\,\Omega\,/\,\text{km}$$

Nach Einsetzen bestimmen sich jeweils Zusatzimpedanzbeläge zu:

$$\Delta R'_{\text{M}} = +0{,}0024\,\Omega\,/\,\text{km} \quad \Delta X'_{\text{M}} = -0{,}0001\,\Omega\,/\,\text{km}$$

Werden die Kabel nicht direkt aneinandergelegt, sondern der Mittenabstand der Leiter (Abb. 4.29) entspricht dem doppelten Außendurchmesser des Kabels, so vergrößern sich unter diesen Voraussetzungen die Zusatzwerte auf

$$\Delta R'_{\text{M}} = +0{,}0072\,\Omega\,/\,\text{km} \quad \Delta X'_{\text{M}} = -0.0006\,\Omega\,/\,\text{km}$$

Der Zusatzwiderstand bzw. die Zusatzinduktivität, hervorgerufen durch eine Bewehrung, lassen sich analog berechnen, wobei im Allgemeinen ein Wert von $\mu_{\text{r}} \approx 300$ für eine Stahlbandbewehrung verwendet wird.

Ausgehend von Gl. (4.152) wird der Mantelstrom bei symmetrischem Betrieb, bezogen auf die Leiterströme, durch Einsetzen der Impedanzen berechnet, so dass sich ergibt:

$$\underline{I}_4 = -\frac{\text{j}\omega \cdot \dfrac{\mu_0}{2\cdot\pi} \cdot \ell \cdot \ln\dfrac{d}{r_{\text{M}}}}{R_{\text{M}} + \text{j}\omega \cdot \dfrac{\mu_0}{2\cdot\pi} \cdot \ell \cdot \ln\dfrac{d}{r_{\text{M}}}} \cdot \underline{I}_1 \tag{4.158}$$

Unter Berücksichtigung der geometrischen und elektrischen Größen eines 20-kV-NA2XS2Y Kabels ergibt sich:

$$\underline{I}_4 = -(2{,}994 + \text{j}54{,}635)\cdot 10^{-3} \cdot \underline{I}_1 \qquad \text{und} \qquad I_4 = 0{,}0547 \cdot I_1$$

Dieses bedeutet, dass in diesem Fall der Mantelstrom 5,47 % des zugehörigen Leiterstroms ist. Bei einer Erhöhung des Kabelmittenabstandes auf den doppelten Wert vergrößert sich der Mantelstrom auf ca. 8,37 %. Wird ausgehend von Abb. 4.29 der Abstand der Leiter vergrößert, so nähert sich mit $d \to \infty$ der Mantelstrom $\underline{I}_4$ dem negativen Wert des Leiterstroms $\underline{I}_1$, Gl. (4.158), das bedeutet, im Mantel fließt der gesamte Leiterstrom, jedoch mit entgegengesetzter Richtung.

Wird im Gegensatz zu diesem Beispiel der Mantel nur an einer Seite geerdet, um z. B. die Zusatzverluste im Mantel zu vermeiden, dann ist nach Gl. (4.152) der Strom $\underline{I}_4 = 0$, so dass sich hieraus die induzierte Spannung $\underline{U}_4$ des Mantels gegen Bezugserde am Kabelende ergibt.

$$\underline{U}_4 = (\underline{Z}_{14} - \underline{Z}_{12}) \cdot \underline{I}_1 = \left(\text{j}\omega \cdot \frac{\mu_0}{2\cdot\pi} \cdot \ell \cdot \ln\frac{d}{r_{\text{M}}} \right) \cdot \underline{I}_1 \tag{4.159}$$

Unter Berücksichtigung der geometrischen Angaben ergibt sich für die induzierte Spannung $\underline{U}_4$:

$$\underline{U}_4 = 0{,}0677 \cdot \frac{\underline{I}_1}{\mathrm{kA}} \cdot \left(\frac{\mathrm{kV}}{\mathrm{km}}\right)$$

Dieses bedeutet, dass sich bei einem dreipoligen Kurzschlussstrom von $I_1 = 25$ kA eine induzierte Spannung am nicht geerdeten Mantel (Kabelende) von $U_4 = 1{,}693$ kV/km berechnet. Die Folge ist, dass unter Umständen Überspannungsableiter am Kabelmantel einzusetzen sind, um die Kabelisolation nicht zu gefährden. Dieses wirkt sich besonders bei einem einpoligen Kurzschluss aus, da sich in diesem Fall die Leiterströme nicht zum Teil aufheben.

Im Gegensatz zur Darstellung nach Abb. 4.29 erfolgt die Verlegung von Einleiterkabel in der Einebenenanordnung nach Abb. 4.31, so dass die Abstände zwischen den einzelnen Leiter unterschiedlich sind.

Zur Bestimmung der Mitimpedanz werden dieselben Strom-, Spannungs- und Impedanzbedingungen verwendet, wie sie in den Gl. (4.145 bis 4.150) aufgeführt sind. Änderungen beziehen sich auf einige Gegenimpedanzen aufgrund der geänderten Abstände.

$$\begin{aligned}&\underline{Z}_{12} = \underline{Z}_{21} = \underline{Z}_{15} = \underline{Z}_{51} = \underline{Z}_{23} = \underline{Z}_{32} = \underline{Z}_{24} = \underline{Z}_{42} = \underline{Z}_{45} = \underline{Z}_{54} = \underline{Z}_{53} = \underline{Z}_{35} = \\ &\underline{Z}_{56} = \underline{Z}_{65} = \underline{Z}_{26} = \underline{Z}_{62} = \mathrm{j}\omega \frac{\mu_0}{2 \cdot \pi} \cdot \ell \cdot \ln \frac{d_\mathrm{A}}{2d}\end{aligned} \tag{4.160}$$

$$\underline{Z}_{13} = \underline{Z}_{31} = \underline{Z}_{16} = \underline{Z}_{61} = \underline{Z}_{34} = \underline{Z}_{43} = \underline{Z}_{46} = \underline{Z}_{64} = \mathrm{j}\omega \frac{\mu_0}{2 \cdot \pi} \cdot \ell \cdot \ln \frac{d_\mathrm{A}}{4d} \tag{4.161}$$

Nach Einsetzen vereinfacht sich das Gleichungssystem entsprechend Gl. (4.162), unter der Annahme, dass die Leiterströme eingeprägt sind und ein symmetrisches Drehstromsystem darstellen.

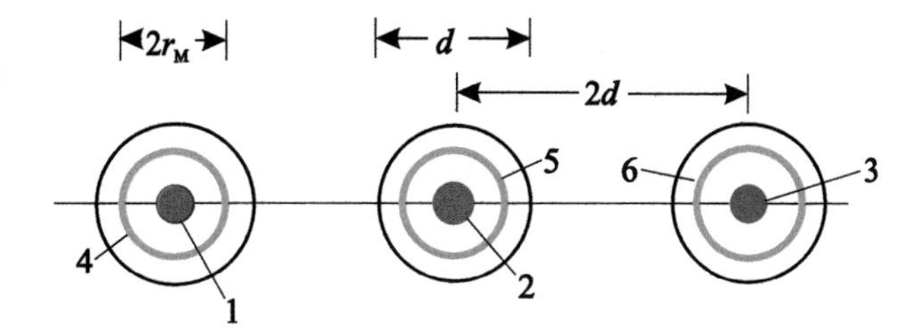

Abb. 4.31 Einleiterkabel in Einebenenanordnung, Legende Abb. 4.29
d Kabelaußendurchmesser

$$\begin{pmatrix} \underline{U}_1 \\ \underline{U}_2 \\ \underline{U}_3 \\ 0 \\ 0 \\ 0 \end{pmatrix} = \begin{pmatrix} \underline{Z}_{11} & \underline{Z}_{12} & \underline{Z}_{13} & \underline{Z}_{14} & \underline{Z}_{12} & \underline{Z}_{13} \\ \underline{Z}_{12} & \underline{Z}_{11} & \underline{Z}_{12} & \underline{Z}_{12} & \underline{Z}_{14} & \underline{Z}_{12} \\ \underline{Z}_{13} & \underline{Z}_{12} & \underline{Z}_{11} & \underline{Z}_{13} & \underline{Z}_{12} & \underline{Z}_{14} \\ \underline{Z}_{14} & \underline{Z}_{12} & \underline{Z}_{13} & \underline{Z}_{44} & \underline{Z}_{12} & \underline{Z}_{13} \\ \underline{Z}_{12} & \underline{Z}_{14} & \underline{Z}_{12} & \underline{Z}_{12} & \underline{Z}_{44} & \underline{Z}_{12} \\ \underline{Z}_{13} & \underline{Z}_{12} & \underline{Z}_{14} & \underline{Z}_{13} & \underline{Z}_{12} & \underline{Z}_{44} \end{pmatrix} \cdot \begin{pmatrix} \underline{I}_1 \\ \underline{a}^2 \cdot \underline{I}_1 \\ \underline{a} \cdot \underline{I}_1 \\ \underline{I}_4 \\ \underline{I}_5 \\ \underline{I}_6 \end{pmatrix} \tag{4.162}$$

Nach Lösen des Gleichungssystems ergeben sich die folgenden Leiterimpedanzen, Gl. (4.163) bis (4.165), und Mantelströme Gl. (4.166) bis (4.168):

$$\frac{\underline{U}_1}{\underline{I}_1} = \underline{Z}_1 = \underline{Z}_{11} + \underline{a}^2 \cdot \underline{Z}_{12} + \underline{a} \cdot \underline{Z}_{13} + \left(\underline{Z}_{14} - \underline{Z}_{13}\right) \cdot \frac{\underline{I}_4}{\underline{I}_1} + \left(\underline{Z}_{12} - \underline{Z}_{13}\right) \cdot \frac{\underline{I}_5}{\underline{I}_1} \tag{4.163}$$

$$\frac{\underline{U}_2}{\underline{a}^2 \cdot \underline{I}_1} = \underline{Z}_2 = \left(\underline{Z}_{11} - \underline{Z}_{12}\right) - \frac{\left(\underline{Z}_{14} - \underline{Z}_{12}\right)^2}{\underline{Z}_{44} - \underline{Z}_{12}} \tag{4.164}$$

$$\frac{\underline{U}_3}{\underline{a} \cdot \underline{I}_1} = \underline{Z}_3 = \underline{Z}_{11} + \underline{a} \cdot \underline{Z}_{12} + \underline{a}^2 \cdot \underline{Z}_{13} + \left(\underline{Z}_{13} - \underline{Z}_{14}\right) \cdot \frac{\underline{I}_4}{\underline{I}_1} + \left(\underline{Z}_{12} - \underline{Z}_{14}\right) \cdot \frac{\underline{I}_5}{\underline{I}_1} \tag{4.165}$$

$$\frac{\underline{I}_4}{\underline{I}_1} = -\frac{\underline{Z}_{14} + \underline{a}^2 \cdot \underline{Z}_{12} + \underline{a} \cdot \underline{Z}_{13}}{\underline{Z}_{44} - \underline{Z}_{13}} - \frac{\left(\underline{Z}_{12} - \underline{Z}_{13}\right)}{\left(\underline{Z}_{44} - \underline{Z}_{13}\right)} \cdot \frac{\underline{I}_5}{\underline{I}_1} \tag{4.166}$$

$$\frac{\underline{I}_5}{\underline{I}_1} = -\frac{\underline{Z}_{14} - \underline{Z}_{12}}{\underline{Z}_{44} - \underline{Z}_{12}} \cdot \underline{a}^2 \tag{4.167}$$

$$\frac{\underline{I}_6}{\underline{I}_1} = -\left(\frac{\underline{I}_4}{\underline{I}_1} + \frac{\underline{I}_5}{\underline{I}_1}\right) \tag{4.168}$$

Unter Berücksichtigung der elektrischen und geometrischen Angaben der Einleiterkabel, lassen sich die folgenden Werte für die einzelnen Leiterimpedanzen und Mantelströme berechnen, bezogen auf den Leiterstrom I_1:

$$\begin{aligned}
&\underline{Z}_1 = (0{,}2198 + \mathrm{j}0{,}0497) \cdot \Omega/\mathrm{km} && Z_1 = 0{,}2253 \cdot \Omega/\mathrm{km} \\
&\underline{Z}_2 = (0{,}2070 - \mathrm{j}0{,}0518) \cdot \Omega/\mathrm{km} && Z_2 = 0{,}2134 \cdot \Omega/\mathrm{km} \\
&\underline{Z}_3 = (0{,}1925 + \mathrm{j}0{,}0684) \cdot \Omega/\mathrm{km} && Z_3 = 0{,}2043 \cdot \Omega/\mathrm{km} \\
&\underline{I}_4 = -0{,}1778 - \mathrm{j}0{,}0402 \cdot \underline{I}_1 && I_4 = 0{,}1823 \cdot I_1 \\
&\underline{I}_5 = -0{,}0244 + \mathrm{j}0{,}0150 \cdot \underline{I}_1 && I_5 = 0{,}0286 \cdot I_1 \\
&\underline{I}_6 = 0{,}2022 + \mathrm{j}0{,}0252 \cdot \underline{I}_1 && I_5 = 0{,}2038 \cdot I_1
\end{aligned}$$

Im Gegensatz zur Dreieckverlegung mit einem Mantelstrom von ca. 5,5 % bezogen auf den Leiterstrom, ergeben sich bei einer Einebenenanordnung mit ca. 20,4 % wesentlich höhere Ströme im Mantel und damit höhere Verluste.

4.7.3.2 Nullimpedanzen von Niederspannungskabel

Während im Abschn. 4.7.2.3 die Nullimpedanz von Freileitungen mit einem Erdseil bestimmt wird, kann die Nullimpedanz eines Niederspannungskabels anhand der Messschaltung nach Abb. 4.32 bestimmt werden, so dass Mittelleiter, Mantel/Schirm und Erde als Rückleiter wirken [23]. Hieraus lässt sich auch die Nullimpedanz eines Dreileiter-Mittelspannungskabels ableiten, indem auf den Mittelleiter verzichtet wird.

Im Einzelnen werden die folgenden Kabeltypen, bzw. deren Kabelaufbau, betrachtet, gemäß Tab. 4.5.

Aufgrund der Kabelgeometrie sind die Impedanzen aller Leiter zum Mantel und aller Leiter gegen Erde identisch. Der Unterschied der Gegeninduktivitäten der Außenleiter untereinander und der Gegeninduktivität des Mittelleiters zu den Außenleitern ist nur gering. Hinzu kommt, dass die Selbstinduktivitäten der Außenleiter und meist auch der Mittelleiter untereinander gleich sind. Somit gelten für die Selbst- und Gegenimpedanzen die folgenden Vereinfachungen für die längenbezogenen Impedanzen:

$$\underline{Z}_{11} = \underline{Z}_{22} = \underline{Z}_{33} = R_1' + \mathrm{j}\omega \cdot \frac{\mu_0}{2\pi} \cdot \left[0{,}25 + \ln\left(\frac{d_\mathrm{A}}{r_1} \right) \right] \tag{4.169}$$

$$\underline{Z}_{44} = R_4' + \mathrm{j}\omega \cdot \frac{\mu_0}{2\pi} \cdot \left[0{,}25 + \ln\left(\frac{d_\mathrm{A}}{r_4} \right) \right] \tag{4.170}$$

$$\underline{Z}_{55} = R_5' + \mathrm{j}\omega \cdot \frac{\mu_0}{2\pi} \cdot \left[b + \ln\left(\frac{d_\mathrm{A}}{r_5} \right) \right] \tag{4.171}$$

$$\underline{Z}_{66} = R_6' + \mathrm{j}\omega \cdot \frac{\mu_0}{2\pi} \cdot \ln\left(\frac{d_\mathrm{A}}{d_\mathrm{E}} \right) \tag{4.172}$$

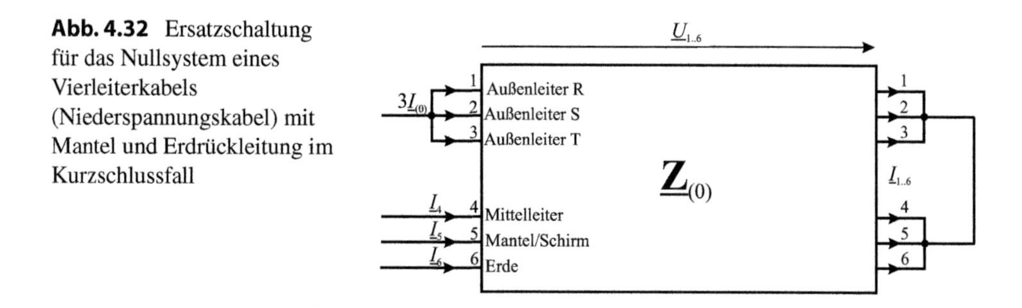

Abb. 4.32 Ersatzschaltung für das Nullsystem eines Vierleiterkabels (Niederspannungskabel) mit Mantel und Erdrückleitung im Kurzschlussfall

Tab. 4.5 Aufbau von typischen Niederspannungskabeln (Leiterbezeichnungen nach Abb. 4.32)

Bezeichnung	Kabelaufbau/Querschnitt
Vierleiterkabel mit Mittelleiter/Mantel als Rückleiter; N(A)YY	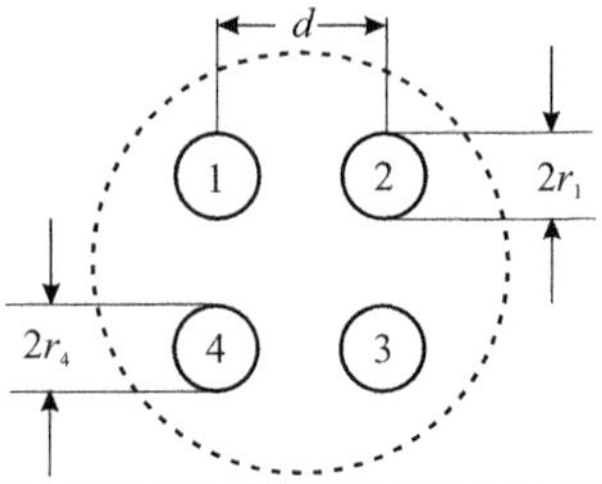
Dreileiterkabel mit Mantel/Erde als Rückleiter; NAKLEY bzw. N(A)YCWY	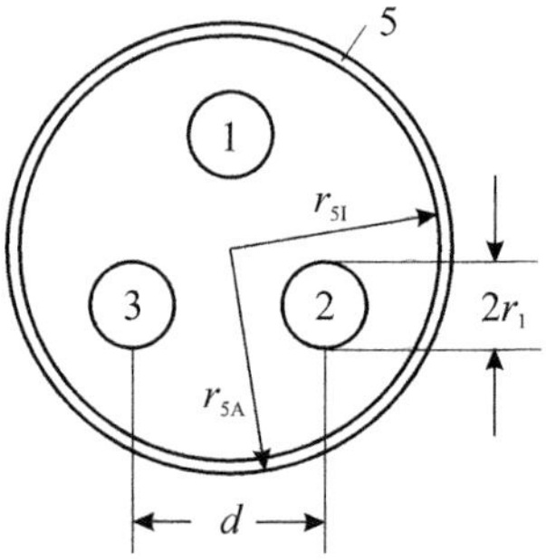
Vierleiterkabel mit Mittelleiter/Mantel/Erde als Rückleiter; N(A)KBA bzw. N(A)YCWY	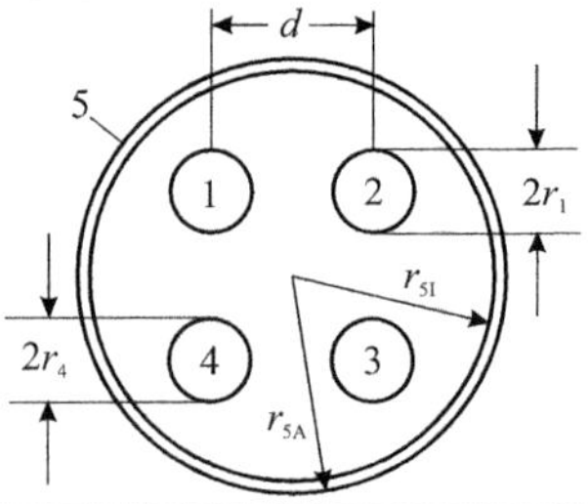

$$b = \frac{1}{\left(r_{5A}^2 - r_{5I}^2\right)^2} \cdot \left[\ln\left(\frac{r_{5A}}{r_{5I}}\right) - \frac{3 \cdot r_{5I}^2 - r_{5A}^2}{4}\right] \tag{4.173}$$

$$\underline{Z}_{12} = \underline{Z}_{23} = \underline{Z}_{13} = \underline{Z}_{14} = \underline{Z}_{24} = \underline{Z}_{34} = \mathrm{j}\omega \cdot \frac{\mu_0}{2\pi} \cdot \ln\left(\frac{d_A}{d}\right) \tag{4.174}$$

$$\underline{Z}_{16} = \underline{Z}_{26} = \underline{Z}_{36} = \underline{Z}_{46} = \underline{Z}_{56} = \mathrm{j}\omega \cdot \frac{\mu_0}{2\pi} \cdot \ln\left(\frac{d_A}{d_E}\right) \tag{4.175}$$

Mit

$R_1^{'}, R_4^{'}$ Resistanz Phasen-, Mittelleiter
$R_5^{'}$ Resistanz Mantel

R_6'	Resistanz Erde ($= \omega \cdot \mu_0/8$)
r_1, r_4	Radius Phasen-, Mittelleiters
b	innere Induktivität eines Hohlleiters [24]
d	mittlerer Abstand Phasen-, Mittelleiter
r_{5I}, r_{5A}	Radius Hohlleiter (innen, außen)
d_E	Erdringtiefe des Rückstroms im Erdreich
d_A	Radius des fiktiven Hülleiters

Zur Ableitung der Nullimpedanz wird das Gleichungssystem (4.110) um eine Zeile und Spalte erweitert (Mittelleiter), so dass sich Gl. (4.176) allgemein unter Berücksichtigung der oben angegebenen Vereinfachungen ergibt:

$$\begin{pmatrix} \underline{U}_1 \\ \underline{U}_2 \\ \underline{U}_3 \\ \underline{U}_4 \\ \underline{U}_5 \\ \underline{U}_6 \end{pmatrix} = \begin{pmatrix} \underline{Z}_{11} & \underline{Z}_{12} & \underline{Z}_{12} & \underline{Z}_{12} & \underline{Z}_{15} & \underline{Z}_{16} \\ \underline{Z}_{12} & \underline{Z}_{11} & \underline{Z}_{12} & \underline{Z}_{12} & \underline{Z}_{15} & \underline{Z}_{16} \\ \underline{Z}_{12} & \underline{Z}_{12} & \underline{Z}_{11} & \underline{Z}_{12} & \underline{Z}_{15} & \underline{Z}_{16} \\ \underline{Z}_{12} & \underline{Z}_{12} & \underline{Z}_{12} & \underline{Z}_{44} & \underline{Z}_{15} & \underline{Z}_{16} \\ \underline{Z}_{15} & \underline{Z}_{15} & \underline{Z}_{15} & \underline{Z}_{15} & \underline{Z}_{55} & \underline{Z}_{16} \\ \underline{Z}_{16} & \underline{Z}_{16} & \underline{Z}_{16} & \underline{Z}_{16} & \underline{Z}_{16} & \underline{Z}_{66} \end{pmatrix} \cdot \begin{pmatrix} \underline{I}_1 \\ \underline{I}_2 \\ \underline{I}_3 \\ \underline{I}_4 \\ \underline{I}_5 \\ \underline{I}_6 \end{pmatrix} \tag{4.176}$$

Ausgehend vom Gleichungssystem (4.176) werden die Nullimpedanzen von einigen Varianten der verschiedenen Kabeltypen nach Tab. 4.5 ermittelt.

Vierleiterkabel nur mit Mittelleiter als Rückleiter (Kabeltyp NAYY)
Durch Streichen der Zeilen und Spalten 5 und 6 ergibt sich aus dem Gleichungssystem (4.111):

$$\begin{pmatrix} \underline{U}_1 \\ \underline{U}_2 \\ \underline{U}_3 \\ \underline{U}_4 \end{pmatrix} = \begin{pmatrix} \underline{Z}_{11} & \underline{Z}_{12} & \underline{Z}_{12} & \underline{Z}_{12} \\ \underline{Z}_{12} & \underline{Z}_{11} & \underline{Z}_{12} & \underline{Z}_{12} \\ \underline{Z}_{12} & \underline{Z}_{12} & \underline{Z}_{11} & \underline{Z}_{12} \\ \underline{Z}_{12} & \underline{Z}_{12} & \underline{Z}_{12} & \underline{Z}_{44} \end{pmatrix} \cdot \begin{pmatrix} \underline{I}_1 \\ \underline{I}_2 \\ \underline{I}_3 \\ \underline{I}_4 \end{pmatrix} \tag{4.177}$$

Unter Berücksichtigung der Messschaltung zur Bestimmung der Nullspannung ergibt sich:

$$\underline{U}_1 - \underline{U}_4 = \underline{U}_{(0)} = \left(\underline{Z}_{11} - \underline{Z}_{12}\right) \cdot \underline{I}_1 + \left(\underline{Z}_{12} - \underline{Z}_{44}\right) \cdot \underline{I}_4 \tag{4.178}$$

Nach Abb. 4.32 gilt die Strombedingung:

$$\underline{I}_1 + \underline{I}_2 + \underline{I}_3 + \underline{I}_4 = 3 \cdot \underline{I}_{(0)} + \underline{I}_4 = 0 \tag{4.179}$$

Die Nullimpedanz ergibt sich dann zu:

$$\frac{\underline{U}_{(0)}}{\underline{I}_{(0)}} = \underline{Z}_{(0)} = \left(\underline{Z}_{11} - \underline{Z}_{12}\right) + 3 \cdot \left(\underline{Z}_{44} - \underline{Z}_{12}\right) =$$
$$R_1^{'} + \mathrm{j}\frac{\mu_0}{2 \cdot \pi}\left[0{,}25 + \ln\left(\frac{d}{r_1}\right)\right] + 3 \cdot \left\{R_4^{'} + \mathrm{j}\frac{\mu_0}{2 \cdot \pi}\left[0{,}25 + \ln\left(\frac{d}{r_4}\right)\right]\right\} \tag{4.180}$$

Falls die Phasen- und Mittelleiter des Kabels identisch sind, vereinfacht sich Gl. (4.180) entsprechend, so dass sich die Nullimpedanz nach Gl. (4.181) ergibt.

$$\underline{Z}_{(0)} = 4 \cdot R_1^{'} + \mathrm{j}4 \cdot \frac{\mu_0}{2 \cdot \pi}\left[0{,}25 + \ln\left(\frac{d}{r_1}\right)\right] \quad ((4.181)$$

Vierleiterkabel mit Mittelleiter und Erde als Rückleiter (Kabeltyp NAYY)

In diesem Fall wird ausgehend vom Gleichungssystem (4.177) eine zusätzliche Spalte und Zeile für die Erde (Kennzahl 6) eingeführt, so dass gilt:

$$\begin{pmatrix} \underline{U}_1 \\ \underline{U}_2 \\ \underline{U}_3 \\ \underline{U}_4 \\ \underline{U}_6 \end{pmatrix} = \begin{pmatrix} \underline{Z}_{11} & \underline{Z}_{12} & \underline{Z}_{12} & \underline{Z}_{12} & \underline{Z}_{16} \\ \underline{Z}_{12} & \underline{Z}_{11} & \underline{Z}_{12} & \underline{Z}_{12} & \underline{Z}_{16} \\ \underline{Z}_{12} & \underline{Z}_{12} & \underline{Z}_{11} & \underline{Z}_{12} & \underline{Z}_{16} \\ \underline{Z}_{12} & \underline{Z}_{12} & \underline{Z}_{12} & \underline{Z}_{44} & \underline{Z}_{16} \\ \underline{Z}_{16} & \underline{Z}_{16} & \underline{Z}_{16} & \underline{Z}_{16} & \underline{Z}_{66} \end{pmatrix} \cdot \begin{pmatrix} \underline{I}_1 \\ \underline{I}_2 \\ \underline{I}_3 \\ \underline{I}_4 \\ \underline{I}_6 \end{pmatrix} \quad ((4.182)$$

Zur Bestimmung der Nullimpedanz gelten die folgenden Strom- und Spannungsbedingungen:

$$\begin{aligned} &\underline{I}_1 + \underline{I}_2 + \underline{I}_3 + \underline{I}_4 + \underline{I}_6 = 3 \cdot \underline{I}_{(0)} + \underline{I}_4 + \underline{I}_6 = 0 \\ &\underline{U}_4 = \underline{U}_6 \\ &\underline{U}_1 - \underline{U}_4 = U_{(0)} \end{aligned} \tag{4.183}$$

Nach Einsetzen der Bedingungen nach Gl. (4.183) ergibt sich aus dem Gleichungssystem (4.182) die Nullimpedanz.

$$\frac{\underline{U}_{(0)}}{\underline{I}_{(0)}} = \underline{Z}_{(0)} = \left(\underline{Z}_{11} - \underline{Z}_{12}\right) + 3 \cdot \left(\underline{Z}_{44} - \underline{Z}_{12}\right) \cdot \frac{\underline{Z}_{66} + \underline{Z}_{12} - 2 \cdot \underline{Z}_{16}}{\underline{Z}_{66} + \underline{Z}_{44} - 2 \cdot \underline{Z}_{16}} \tag{4.184}$$

Bei gleichem Querschnitt von Phasen- und Mittelleiter ergibt sich aus Gl. (4.184) für die Nullimpedanz:

$$\underline{Z}_{(0)} = R_1^{'} + \mathrm{j}\frac{\mu_0}{2\cdot\pi}\left[0{,}25+\ln\left(\frac{d}{r_1}\right)\right]+ 3\cdot\frac{\left\{R_1^{'}+\mathrm{j}\frac{\mu_0}{2\cdot\pi}\cdot\left[0{,}25+\ln\left(\frac{d}{r_1}\right)\right]\right\}\cdot\left\{R_6^{'}+\mathrm{j}\frac{\mu_0}{2\cdot\pi}\cdot\ln\left(\frac{d}{r_1}\right)\right\}}{R_6^{'}+R_1^{'}+\mathrm{j}\frac{\mu_0}{2\cdot\pi}\left[0{,}25+\ln\left(\frac{d_\mathrm{E}}{r_1}\right)\right]} \tag{4.185}$$

In [1, 23] sind Angaben über Kabelimpedanzen aufgelistet, die entsprechend den oben angegebenen Gleichungen für verschiedene Querschnitt und Kabeltypen bestimmt wurden. Für $R_6^{'} \rightarrow \infty$, dass bedeutet, dass die Rückleitung über Erde nicht vorhanden ist, ergibt sich wiederum Gl. (4.181).

4.7.3.3 Mit- und Nullkapazität

Aufgrund der kleinen Abstände und der größeren Dielektrizitätskonstanten ist die Mitkapazität $C_{(1)}$ beim Kabel wesentlich größer als bei einer Freileitung, hierbei wird als Folge des Aufbaus zwischen einem Ein- und Dreileiterkabel nach Abb. 4.33 unterschieden. Während bei drei Einleiterkabeln die Gegenkapazitäten C_g zwischen den Leitern kurzgeschlossen sind, sind diese Kapazitäten bei einem Dreileiterkabel vorhanden. Die entsprechenden Gleichungen zur Berechnung der Kapazitätsbeläge können Tab. 4.6 entnommen werden.

Die Erd- oder Nullkapazität unterscheidet sich nur beim Gürtelkabel aufgrund der Kapazität zwischen den Leitern von der Betriebskapazität (Tab. 4.6).

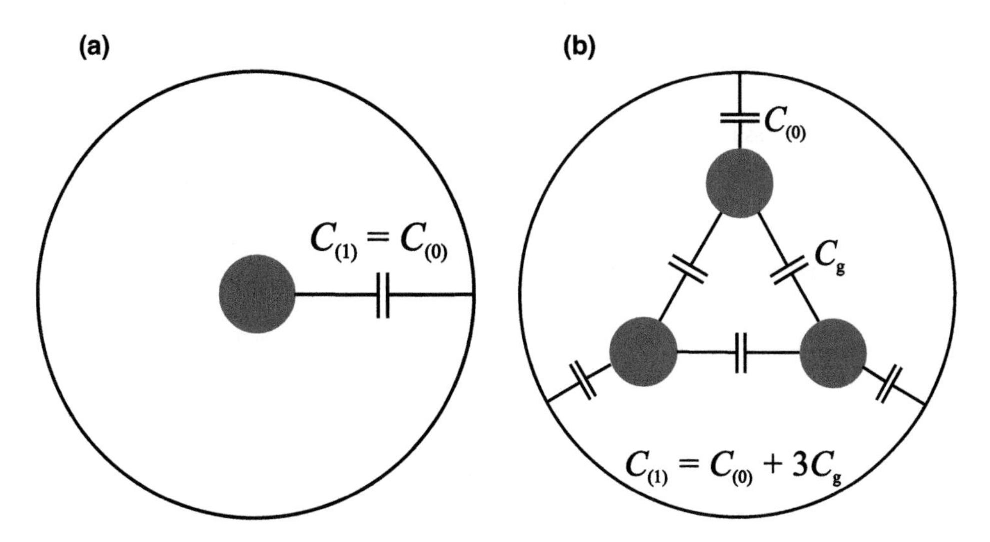

Abb. 4.33 Kabelkapazitäten in Abhängigkeit des Kabeltyps. **a** Einleiterkabel (Radialfeldkabel). **b** Dreileiterkabel (Gürtelkabel)

Tab. 4.6 Gleichungen zur Bestimmung der Kabelkapazitäten

Größe	Kabeltyp		
	einadrig, Radialfeldkabel	dreiadrig, Gürtelkabel	
Mitkapazität $C_{(1)}$	$\frac{2\cdot\pi\cdot\varepsilon_0\cdot\varepsilon_r}{\ln\frac{r_I}{r}}\cdot\ell$	$\frac{2\cdot\pi\cdot\varepsilon_0\cdot\varepsilon_r}{\ln\sqrt{\frac{3\cdot c^2\cdot(r_I^2-c^2)^3}{r^2\cdot(r_I^6-c^6)}}}\cdot\ell$	(4.186)
Nullkapazität $C_{(0)}$	$C_{(0)}=C_{(1)}$	$\frac{2\cdot\pi\cdot\varepsilon_0\cdot\varepsilon_r}{\ln\left[\frac{r_I^6-c^6}{3\cdot c^2\cdot r\cdot r_I^3}\right]}\cdot\ell$	(4.187)

r_I Innenradius der leitenden Schicht (Mantel/Schirm)
r Außenradius des Leiters
c Abstand des Leiters vom Kabelmittelpunkt

4.8 Transformatoren

Im Folgenden werden neben den Größen der Transformatorimpedanz auch zwei verschiedene Ersatzschaltbilder für die Kurzschlussstromberechnung abgeleitet und zwar:

- Vereinfachtes Ersatzschaltbild: In diesem Fall erfolgt die Nachbildung durch eine Längsimpedanz, die Umrechnung auf eine andere Spannungsebene erfolgt durch Multiplikation mit dem Übersetzungsverhältnis t.
- Integriertes Ersatzschaltbild: Das Übersetzungsverhältnis wird in eine Vierpoldarstellung integriert, so dass ein π-Ersatzschaltbild entsteht.

Die Kurzschlussstromberechnung kann grundsätzlich mit beiden Ersatzschaltbildern durchgeführt werden.

4.8.1 Transformatorimpedanz nach VDE

Für die Kurzschlussstromberechnung wird für die Impedanz Z_T von Transformatoren der Wert nach Gl. (4.188) verwendet.

$$Z_T=\frac{u_{kr}}{100\,\%}\cdot\frac{U_{rT}^2}{S_{rT}} \quad (4.188)$$

Mit

U_{rT} Bemessungsspannung des Transformators
S_{rT} Bemessungsscheinleistung des Transformators
u_{kr} Bemessungswert der Kurzschlussspannung (%)

Die Impedanz $\underline{Z}_T$ des Transformators bestimmt sich unter Berücksichtigung der ohmschen Kurzschlussverluste anhand von Gl. (4.188). Zusätzlich zur Transformatorimpedanz ist für die Berechnung nach [3] eine Impedanzkorrektur K_T einzusetzen, jeweils im Mit-, Gegen- und Nullsystem, so dass sich für Transformatoren der Ausdruck nach Gl. (4.189) ergibt.

$$\underline{Z}_{TK} = K_T \cdot \underline{Z}_{TK} \qquad K_T = 0{,}95 \cdot \frac{c_{max}}{1 + 0{,}6 \cdot x_T} \tag{4.189}$$

Mit

c_{max} Spannungsfaktor
x_T bezogene Transformatorreaktanz (X_T)

Bei der Anwendung des Impedanzkorrekturfaktors K_T wird jeweils ein induktiver Lastfluss vor Kurzschlusseintritt angenommen, der die gleiche Richtung hat, wie der Kurzschlussstrom. Auf die Ableitung des Korrekturfaktors wird in Kap. 8 genauer eingegangen.

Bei der Anwendung der Gl. (4.189) werden folgende Voraussetzungen angenommen:

- Bei der Impedanz wird nur die mittlere Stellung des Stufenschalters (Hauptanzapfung) angenommen, da eine Impedanzkorrektur vorgesehen ist, die eine induktive Vorbelastung berücksichtigt.
- Sind Transformatoren mit unterschiedlichen Übersetzungsverhältnissen parallel geschaltet, so ist als resultierendes Übersetzungsverhältnis der arithmetische Mittelwert der einzelnen Werte zu nehmen, Kap. 15.

Die $Z_{(0)}/Z_{(1)}$-Verhältnisse der Transformatoren für die verschiedenen Bauformen können dem Abschn. 4.8.6 entnommen werden. Transformatoren mit drehender Schaltgruppe wirken sich bei der Bestimmung der Transformatorimpedanz nicht aus, so dass der Kurzschlussstrom an der Fehlerstelle auch bei unsymmetrischen Kurzschlüssen hiervon unberücksichtigt bleibt. Werden jedoch Kurzschlussströme, z. B. auf die Oberspannungsseite eines Transformators, umgerechnet, so ist die Schaltgruppe zu beachten. Die Umrechnung der Komponentenströme und -spannungen ist für diese Fälle in Kap. 9, Tab. 9.1 dargestellt.

4.8.2 Vereinfachtes Ersatzschaltbild im Mitsystem

Ausgehend vom Induktions- und Durchflutungsgesetz kann für den Transformator ein T-Ersatzschaltbild abgeleitet werden, das von der Darstellung nach Abb. 4.34 ausgeht, welches die auftretenden ohmschen Verluste nicht berücksichtigt [3].

Für die Klemmenspannungen ergeben sich folgende Beziehungen:

$$\underline{u}_1(t) = w_1 \cdot \frac{d\Phi_1}{dt} = w_1 \cdot \frac{d}{dt}\left(\Phi_H + \Phi_{\sigma 1}\right) \tag{4.190}$$

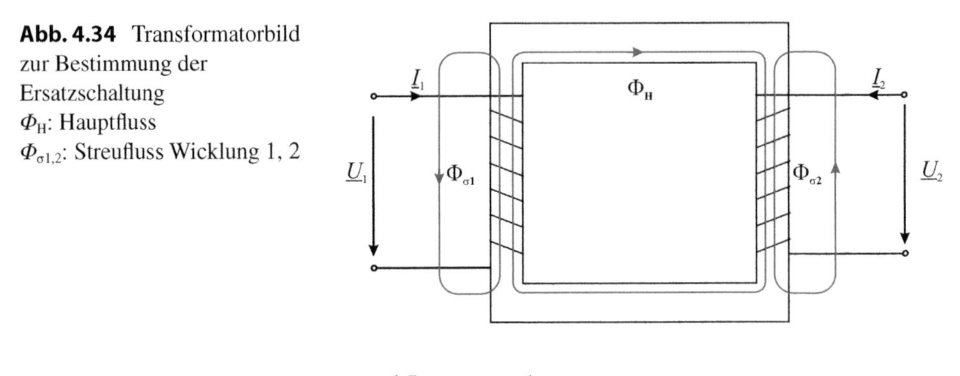

Abb. 4.34 Transformatorbild zur Bestimmung der Ersatzschaltung
Φ_H: Hauptfluss
$\Phi_{\sigma 1,2}$: Streufluss Wicklung 1, 2

$$\underline{u}_2(t) = w_2 \cdot \frac{d\Phi_2}{dt} = w_2 \cdot \frac{d}{dt}\left(\Phi_H + \Phi_{\sigma 2}\right) \tag{4.191}$$

Mit

w_1, w_2 Windungen der Wicklungen 1, 2

Der magnetische Fluss Φ ermittelt sich nach Gl. (4.192) zu:

$$\Phi = A \cdot B = A \cdot \mu_0 \cdot \mu_r \cdot H = A \cdot \mu_0 \cdot \mu_r \cdot \frac{\Theta}{\ell} = \mu_0 \cdot \mu_r \cdot \frac{w \cdot i}{\ell} \cdot A \tag{4.192}$$

Mit

A Querschnittsfläche
B magnetische Induktion
H magnetische Feldstärke
μ_0, μ_r Permeabilität
Θ Durchflutung (Amperewindungen)
ℓ Länge des magnetischen Flusses

Mit der Abkürzung Λ für den magnetischen Leitwert Λ ergibt sich vereinfachend:

$$\Phi = \Lambda \cdot w \cdot i \qquad \Lambda = \mu_0 \cdot \mu_r \cdot \frac{A}{\ell} \tag{4.193}$$

Hieraus ergeben sich für die Flüsse nach Abb. 4.34 folgende Beziehungen:

$$\Phi_H = \Lambda_H \cdot \left(w_1 \cdot i_1 + w_2 \cdot i_2\right) \tag{4.194}$$

$$\Phi_{\sigma 1} = \Lambda_{\sigma 1} \cdot w_1 \cdot i_1 \qquad \Phi_{\sigma 2} = \Lambda_{\sigma 2} \cdot w_2 \cdot i_2 \tag{4.195}$$

Eingesetzt in die Gl. (4.190) und (4.191) ergibt sich

$$\begin{aligned} u_1(t) &= w_1 \cdot \frac{d}{dt}\left[\Lambda_H \cdot \left(w_1 \cdot i_1 + w_2 \cdot i_2\right) + \Lambda_{\sigma 1} \cdot w_1 \cdot i_1\right] \\ u_2(t) &= w_2 \cdot \frac{d}{dt}\left[\Lambda_H \cdot \left(w_1 \cdot i_1 + w_2 \cdot i_2\right) + \Lambda_{\sigma 2} \cdot w_2 \cdot i_2\right] \end{aligned} \tag{4.196}$$

oder

$$\begin{aligned} u_1(t) &= w_1^2 \cdot (\Lambda_{\mathrm{H}} + \Lambda_{\sigma 1}) \cdot \frac{\mathrm{d}i_1}{\mathrm{d}t} + w_1 \cdot w_2 \cdot \Lambda_{\mathrm{H}} \cdot \frac{\mathrm{d}i_2}{\mathrm{d}t} \\ u_2(t) &= w_1 \cdot w_2 \cdot \Lambda_{\mathrm{H}} \cdot \frac{\mathrm{d}i_1}{\mathrm{d}t} + w_2^2 \cdot (\Lambda_{\mathrm{H}} + \Lambda_{\sigma 1}) \cdot \frac{\mathrm{d}i_2}{\mathrm{d}t} \end{aligned} \tag{4.197}$$

Werden sinusförmige Ströme vorausgesetzt, so ergibt sich

$$\frac{\mathrm{d}i(t)}{\mathrm{d}t} = \frac{\mathrm{d}}{\mathrm{d}t}\left(\hat{i} \cdot e^{\mathrm{j}\omega t}\right) = \mathrm{j}\omega \cdot \hat{i} \cdot e^{\mathrm{j}\omega t} = \mathrm{j}\omega \cdot \sqrt{2} \cdot I \cdot e^{\mathrm{j}\omega t} \tag{4.198}$$

$$\begin{pmatrix} \underline{U}_1 \\ \underline{U}_2 \end{pmatrix} = \mathrm{j}\omega \cdot \begin{pmatrix} w_1^2 \cdot (\Lambda_{\mathrm{H}} + \Lambda_{\sigma 1}) & w_1 \cdot w_2 \cdot \Lambda_{\mathrm{H}} \\ w_1 \cdot w_2 \cdot \Lambda_{\mathrm{H}} & w_1^2 \cdot (\Lambda_{\mathrm{H}} + \Lambda_{\sigma 2}) \end{pmatrix} \cdot \begin{pmatrix} \underline{I}_1 \\ \underline{I}_2 \end{pmatrix} \tag{4.199}$$

Werden im Gegensatz zur Gl. (4.199) die Impedanzen auf eine Spannungsebene (z. B. Seite 1) bezogen, so gilt für den Strom $\underline{I}_2$ bzw. die Spannung $\underline{U}_2$ nach Gl. (4.200) bzw. Abb. 4.35 mit dem Übersetzungsverhältnis t.

$$\underline{I}_2 = \frac{w_1}{w_2} \cdot \underline{I}_{2\mathrm{t}} = t \cdot \underline{I}_{2\mathrm{t}} \quad \text{und} \quad \underline{U}_2 = \frac{w_2}{w_1} \cdot \underline{U}_{2\mathrm{t}} = \underline{U}_{2\mathrm{t}} / t \tag{4.200}$$

Nach Einsetzen in das Gleichungssystem (4.199) ergibt sich nach Umformungen

$$\begin{pmatrix} \underline{U}_1 \\ \underline{U}_{2\mathrm{t}} \end{pmatrix} = \mathrm{j}\omega \cdot \begin{pmatrix} w_1^2 \cdot (\Lambda_{\mathrm{H}} + \Lambda_{\sigma 1}) & w_1^2 \cdot \Lambda_{\mathrm{H}} \\ w_1^2 \cdot \Lambda_{\mathrm{H}} & w_1^2 \cdot (\Lambda_{\mathrm{H}} + \Lambda_{\sigma 2}) \end{pmatrix} \cdot \begin{pmatrix} \underline{I}_1 \\ \underline{I}_{2\mathrm{t}} \end{pmatrix} \tag{4.201}$$

Das hieraus abgeleitete Ersatzschaltbild zeigt Abb. 4.35 mit einem idealen Übertrager, die Impedanzen ergeben sich aus Gl. (4.202) zu:

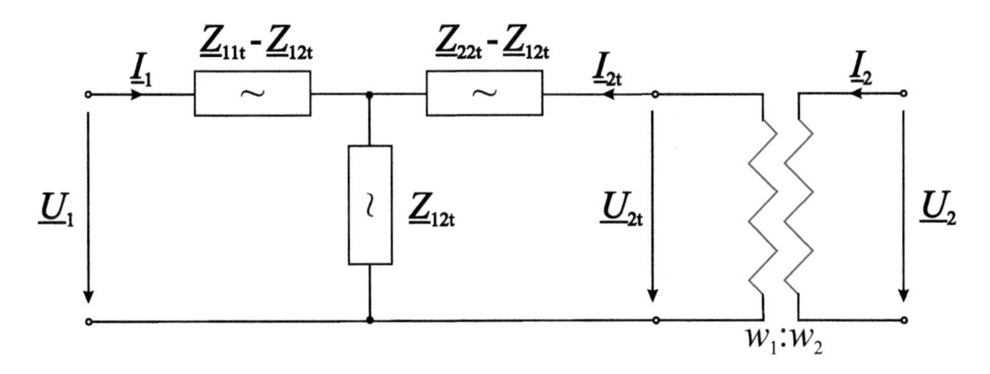

Abb. 4.35 T-Ersatzschaltbild des Transformators, Impedanzen nach Gl. (4.202)

$$\begin{aligned} \underline{Z}_{11t} - \underline{Z}_{12t} &= j\omega \cdot w_1^2 \cdot \Lambda_{\sigma 1} = j\omega \cdot L_{\sigma 1} \\ \underline{Z}_{22t} - \underline{Z}_{12t} &= j\omega \cdot w_1^2 \cdot \Lambda_{\sigma 2} = j\omega \cdot L_{\sigma 2} \\ \underline{Z}_{12t} &= j\omega \cdot w_1^2 \cdot \Lambda_{H} = j\omega \cdot L_{H} \end{aligned} \tag{4.202}$$

Abb. 4.36 zeigt das aus den Gl. (4.202) abgeleitete Ersatzschaltbild, einschließlich der ohmschen Verluste. Wird im Gegensatz hierzu ein vereinfachtes Ersatzschaltbild mit einem idealen Übertrager angenommen, welches nur die Kurzschlussimpedanz nach Abb. 4.36 verwendet (dieses bedeutet, die Streureaktanz und die ohmschen Verluste sind null und die Hauptreaktanz ist nahezu unendlich), ergibt sich unter der Bedingung $\underline{U}_1 = \underline{U}_2$:

$$\underline{I}_2 = \frac{w_1 \cdot (w_1 - w_2)}{w_2 \cdot (w_2 - w_1)} \cdot \underline{I}_1 = \frac{w_1}{w_2} \cdot \underline{I}_1 \tag{4.203}$$

Aus Gl. (4.203) ist es sinnvoller, das Vorzeichen der Stromzählfeile zu ändern, welches in den folgenden Ersatzschaltungen berücksichtigt wird.

Die Impedanz $\underline{Z}_T = R_T + jX_T = R_1 + R_{2t} + j(X_{\sigma 1} + X_{\sigma 2t})$ wird auch als Kurzschlussimpedanz des Transformators bezeichnet. Im Prinzip ist eine Umwandlung des T-Ersatzschaltbildes in eine äquivalente π-Ersatzschaltung möglich, jedoch gibt es in diesem Fall keine physikalische Zuordnung der Elemente, wie dieses bei der T-Ersatzschaltung möglich ist. Für Kurzschlussberechnungen wird in der Regel das äquivalente π-Ersatzschaltbild verwendet, da die Knotenzahl hierdurch nicht erhöht wird gegenüber der T-Ersatzschaltung, siehe Abschn. 4.8.3. Für den Betrag der Impedanz im Mitsystem gilt nach Gl. (4.204)

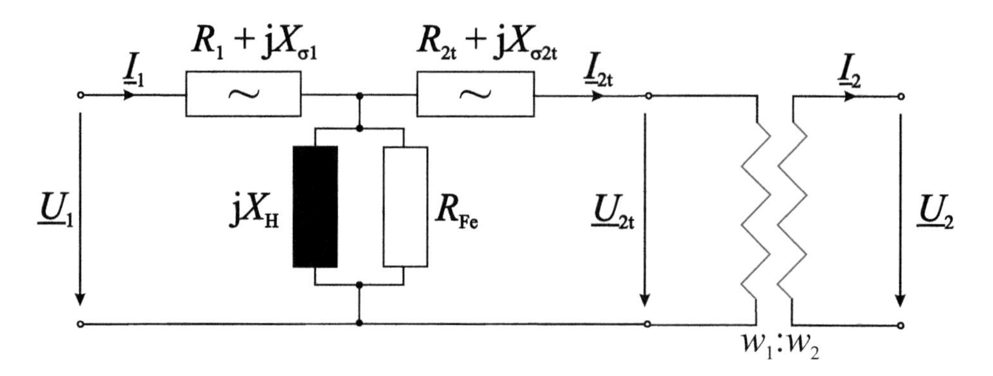

Abb. 4.36 Einphasiges Ersatzschaltbild eines Transformators (T-Ersatzschaltbild) im Mitsystem
R_1 Wicklungswiderstand der Primärwicklung (1)
R_{2t} Wicklungswiderstand der Sekundärwicklung (2) bezogen auf die Wicklung (1)
$X_{\sigma 1}$ Streureaktanz der Primärwicklung (1)
$X_{\sigma 2t}$ Streureaktanz der Sekundärwicklung (2) bezogen auf die Wicklung (1)
X_H Hauptreaktanz
R_{Fe} Eisenverluste (Hysterese, Wirbelstrom)
t Übersetzungsverhältnis

$$Z_T = \frac{u_{kr}}{100\,\%} \cdot \frac{U_{rT}^2}{S_{rT}} \tag{4.204}$$

Mit

u_{kr} Kurzschlussspannung in %
U_{rT} Bemessungsspannung
S_{rT} Bemessungsleistung

Da die Kurzschlussspannung u_{kr} sowohl den induktiven als auch den ohmschen Spannungsfall berücksichtigt, ergibt sich für die Kurzschlussreaktanz

$$X_T = \sqrt{Z_T^2 - R_T^2} \qquad R_T = \frac{u_{Rr}}{100\,\%} \cdot \frac{U_{rT}^2}{S_{rT}} = \frac{P_{krT}}{S_{rT}} \cdot \frac{U_{rT}^2}{S_{rT}} \tag{4.205}$$

Mit

P_{krT} Kurzschlussverluste (Bemessungswert)

Für die Transformatorimpedanz folgt somit

$$\underline{Z}_T = R_T + jX_T \tag{4.206}$$

Die Werte für die Bestimmung der Gl. (4.204, 4.205) können den Herstellerangaben entnommen werden. Für die Nullimpedanzverhältnisse können im Allgemeinen vereinfachend folgende Angaben in Abhängigkeit der Schaltgruppe verwendet werden:

- Dy:
  $R_{(0)T}/R_{(1)T} \approx 1{,}0$ $X_{(0)T}/X_{(1)T} \approx 0{,}95$
- Dz, Yz:
  $R_{(0)T}/R_{(1)T} \approx 0{,}4$ $X_{(0)T}/X_{(1)T} \approx 0{,}10$
- Yy:
  $R_{(0)T}/R_{(1)T} \approx 1{,}0$ $X_{(0)T}/X_{(1)T} \approx 7$ bis 100

Für die Impedanzverhältnisse von Transformatoren der Schaltgruppe Yy lassen sich keine eindeutigen Werte angeben, da sich der Streufluss über das Kesselgehäuse schließen muss, so dass der oben angegebene Wert eine Abschätzung dargestellt, für den Fall, dass der Sternpunkt der Oberspannungsseite nicht geerdet ist.

4.8.3 Integriertes Ersatzschaltbild im Mitsystem

Aufgrund der Größenanordnungen der einzelnen Elemente (X_H, R_{Fe} >> X_T, R_T) werden bei der Kurzschlussstromberechnung nur die Längsimpedanzen berücksichtigt, so dass vereinfachend Abb. 4.37 verwendet wird (eine Impedanzkorrektur wird in diesem Fall nicht

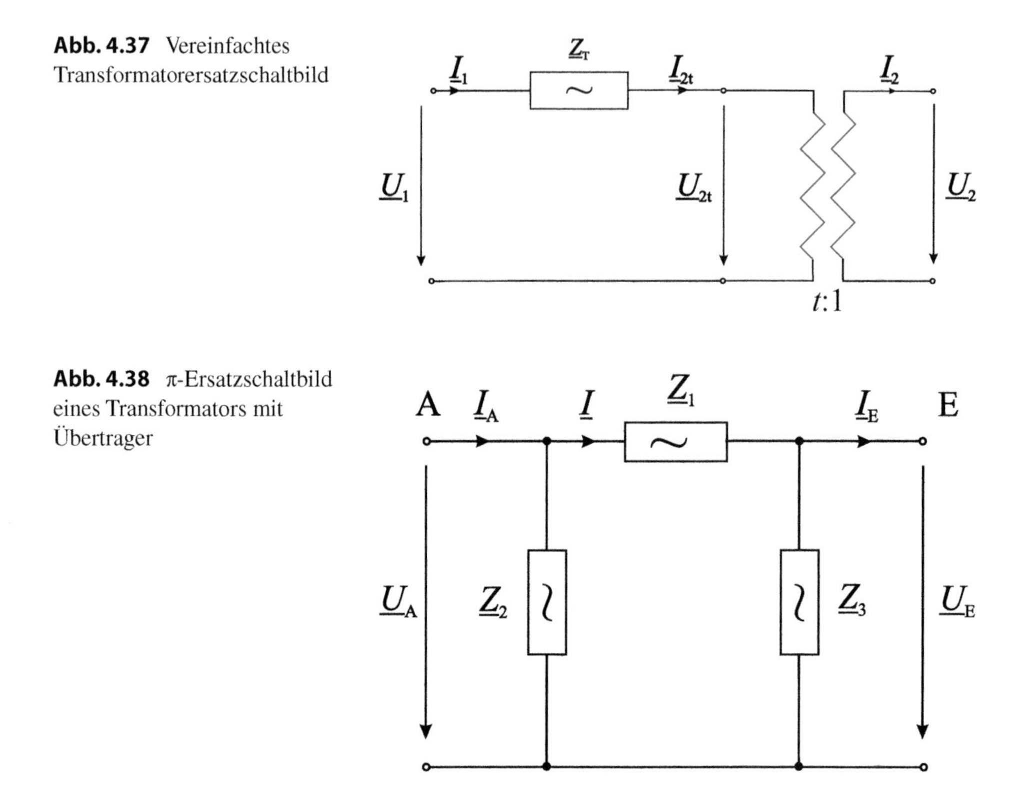

Abb. 4.37 Vereinfachtes Transformatorersatzschaltbild

Abb. 4.38 π-Ersatzschaltbild eines Transformators mit Übertrager

berücksichtigt). Im Gegensatz hierzu ist bei Lastflussberechnungen besonders bei NS-Transformatoren die Queradmittanz auch zu berücksichtigen.

Mit Hilfe der einzelnen Kettenmatrizen (**A**) kann die Gesamtmatrix für den Transformator nach Abb. 4.37 bestimmt werden. Es gelten die Beziehungen:

$$\text{Längsimpedanz:} \quad \begin{pmatrix} \underline{U}_1 \\ \underline{I}_1 \end{pmatrix} = \begin{pmatrix} 1 & \underline{Z}_T \\ 0 & 1 \end{pmatrix} \cdot \begin{pmatrix} \underline{U}_{2t} \\ \underline{I}_{2t} \end{pmatrix} \tag{4.207}$$

$$\text{Übertrager:} \quad \begin{pmatrix} \underline{U}_{2t} \\ \underline{I}_{2t} \end{pmatrix} = \begin{pmatrix} t & 0 \\ 0 & 1/t \end{pmatrix} \cdot \begin{pmatrix} \underline{U}_2 \\ \underline{I}_2 \end{pmatrix} \tag{4.208}$$

Mit dem Übersetzungsverhältnis $t = w_1/w_2$ des Übertragers, für die Reihenschaltung ergibt sich:

$$\begin{pmatrix} \underline{U}_1 \\ \underline{I}_1 \end{pmatrix} = \begin{pmatrix} 1 & \underline{Z}_T \\ 0 & 1 \end{pmatrix} \cdot \begin{pmatrix} t & 0 \\ 0 & 1/t \end{pmatrix} \cdot \begin{pmatrix} \underline{U}_2 \\ \underline{I}_2 \end{pmatrix} = \begin{pmatrix} t & \underline{Z}_T/t \\ 0 & 1/t \end{pmatrix} \cdot \begin{pmatrix} \underline{U}_2 \\ \underline{I}_2 \end{pmatrix} \tag{4.209}$$

Aus der Kettenmatrix nach Gl. (4.208 und 4.209) kann ein äquivalentes π-Ersatzschaltbild abgeleitet werden, Abb. 4.38.

Für die Elemente der π-Ersatzschaltung gilt:

$$\begin{aligned} \underline{Z}_1 &= \frac{\underline{Z}_T}{t} \\ \underline{Z}_2 &= \frac{\underline{Z}_T}{1-t} \\ \underline{Z}_3 &= \frac{\underline{Z}_T}{t^2-t} \end{aligned} \tag{4.210}$$

Wenn stattdessen die beiden Einzelelemente (Längsimpedanz $\underline{Z}_{T2}$ und Übertrager) vertauscht werden, ergibt sich für die gesamte Kettenmatrix:

$$\begin{pmatrix} \underline{U}_1 \\ \underline{I}_1 \end{pmatrix} = \begin{pmatrix} t & \underline{Z}_{T2} \cdot t \\ 0 & 1/t \end{pmatrix} \cdot \begin{pmatrix} \underline{U}_2 \\ \underline{I}_2 \end{pmatrix} \tag{4.211}$$

Ein Koeffizientenvergleich der beiden Gl. (4.208) und (4.211) führt zu dem Ergebnis, dass die beiden Ersatzschaltungen nur dann identisch sind, wenn $\underline{Z}_{T1} = t^2 \cdot \underline{Z}_{T2}$ ist. Dieses bedeutet, die Impedanz $\underline{Z}_{T2}$ ist mit t^2 auf die andere Spannungsseite zu transformieren.

Die Kurzschlussstromberechnung mit Hilfe der Ersatzspannungsquelle an der Fehlerstelle verlangt, dass Querimpedanzen im Mitsystem nicht berücksichtigt werden. In diesem fordert die π-Ersatzschaltung die Anwendung der Querimpedanzen, so dass dieses im Widerspruch steht. Aus diesem zeigt Kap. 15 die Kurzschlussstromberechnung mit den unterschiedlichen Darstellungen der Transformatoren und deren Ergebnisse.

4.8.4 Ersatzschaltbild im Nullsystem

Die Größe der Nullimpedanzen von Transformatoren hängt von der Schaltung der Wicklungen (z. B. Dreieck, Stern), von der Sternpunktbehandlung und von der Bauart ab. Grundsätzlich kann ein vereinfachtes T-Ersatzschaltbild nach Abb. 4.39 angegeben werden, welches die wesentlichen Elemente dieser Darstellung enthält.

Die geöffneten Verbindungen in Abb. 4.39 werden entsprechend der Behandlung des Transformatorsternpunktes eingesetzt. Für einen YNyn-Transformator im Nullsystem gilt Abb. 4.40 bei beidseitiger Erdung über eine Impedanz.

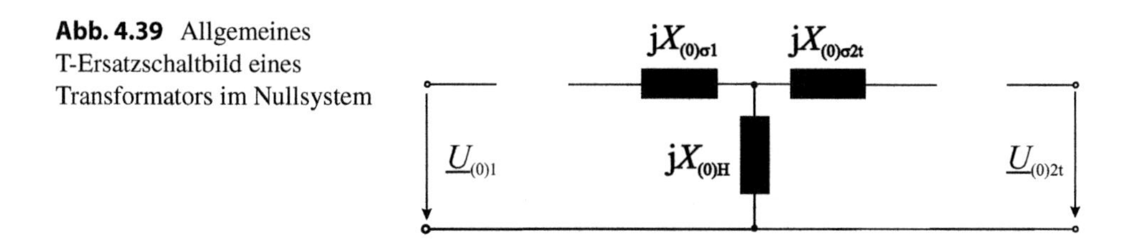

Abb. 4.39 Allgemeines T-Ersatzschaltbild eines Transformators im Nullsystem

Da die Erdungsimpedanzen vom dreifachen Nullstrom durchflossen werden, ist in der Ersatzschaltung des Nullsystems (Abb. 4.40b) jeweils $3\underline{Z}_E$ einzusetzen. Für $\underline{Z}_E$ ergeben sich folgende Grenzwerte:

- $\underline{Z}_E = 0$ direkt geerdet
- $\underline{Z}_E \Rightarrow \infty$ isoliert

Bei einem Yy-Transformator kann sich nur ein Amperegleichgewicht für die Wicklungen ausbilden, wenn auch auf der Sekundärseite in der entsprechenden Wicklung ein Strom fließen kann. Anhand des Ersatzschaltbildes können für die oben angegebenen Grenzfälle folgende Aussagen gemacht werden [11]:

- $\underline{Z}_{E1} = \underline{Z}_{E2} = 0$
  Bei einem unsymmetrischen Fehler mit Erdberührung werden die Nullspannungen und -ströme in das parallele System übertragen. Aus diesem Grunde ist ein derartiger Betrieb nicht zulässig bzw. nicht sinnvoll.
- $\underline{Z}_{E1} = 0$; $\underline{Z}_{E2} \to \infty$ (oder umgekehrt)
  Die Erdung der Oberspannungsseite wirkt sich nicht aus, da aufgrund der hochohmigen Reaktanz X_H theoretisch kein einpoliger Kurzschlussstrom fließt, so dass diese Schal-

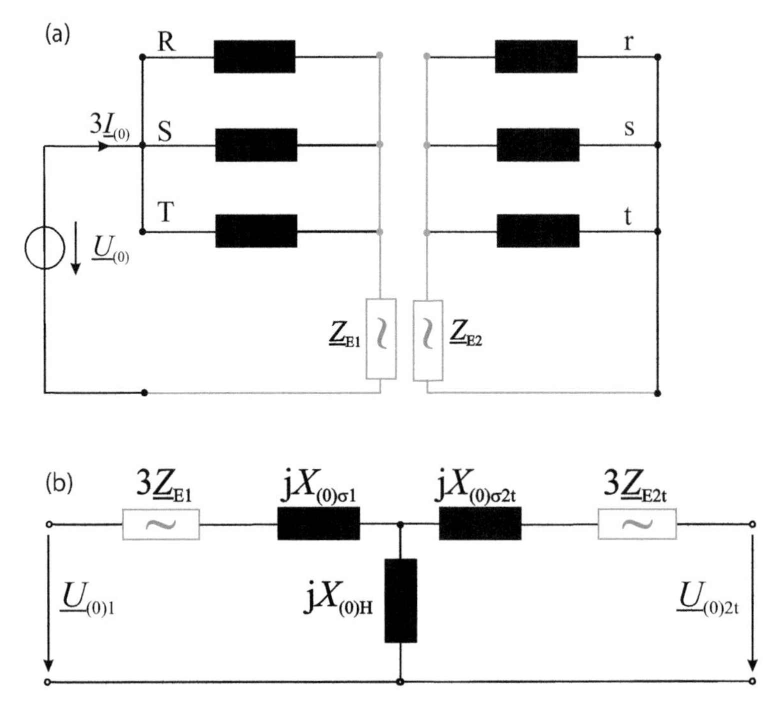

Abb. 4.40 Ersatzschaltbild eines YNyn-Transformators im Nullsystem. **a** Netzschaltbild. **b** Ersatzschaltbild

tung nicht der Reduktion des Erdfehlerfaktors in Netzen dient. In der Praxis wird trotzdem ein einpoliger Kurzschlussstrom aufgrund der vorhandenen Streureaktanzen fließen, so dass das Reaktanzverhältnis in Abhängigkeit des Transformatoraufbaus einen Wert $X_{(0)T}/X_{(1)T}$ bis 100 annehmen kann. Die Ersatzschaltung eines Yd-Transformators kann Abb. 4.41 entnommen werden. Aufgrund der Dreieckanordnung der Unterspannungswicklung kann auf der Primärseite ein Nullstrom fließen, der sich nicht auf der Sekundärseite auswirkt. Aus diesem Grunde stellt die Dreieckwicklung für das Nullsystem eine Entkopplung der beiden Netze dar. Da die Hauptreaktanz im Nullsystem wesentlich größer ist als die entsprechenden kleinen Streureaktanzen wird der Nullstrom in der Primärwicklung in erster Linie durch die Erdungsimpedanz $\underline{Z}_{E1}$ begrenzt.

4.8.5 Ersatzschaltbild eines Dreiwicklungstransformators

Transformatoren mit einer Ausgleichswicklung (Dreiwicklungstransformatoren) werden in Hochspannungsnetzen häufig eingesetzt, wenn aufgrund der Isolationseinsparung die OS- und US-Wicklung im Stern geschaltet werden soll. Dieses ist vor allem dann erforderlich, wenn ein Transformatorsternpunkt geerdet werden soll, da durch den Einsatz der Dreieckswicklung als Ausgleichswicklung die Nullsysteme entkoppelt werden. Bei einem einpoligen Fehler beschränken sich Fehlerspannungen auf eine Netzseite.

Im Regelfall wird die Leistung der Ausgleichswicklung nur zu 1/3 der übrigen Wicklungen ausgelegt. Ist im Gegensatz hierzu die Leistung der Ausgleichswicklung etwa

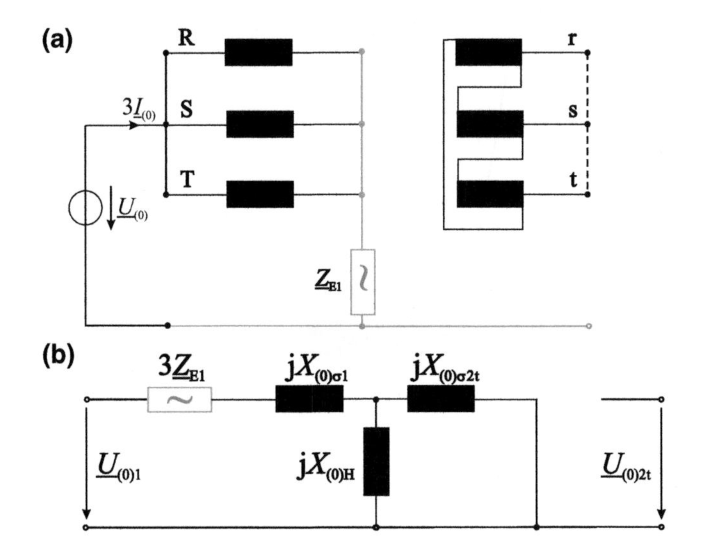

Abb. 4.41 Ersatzschaltbild eines Yd-Transformators im Nullsystem. **a** Netzschaltbild. **b** Ersatzschaltbild

gleich der Sekundärwicklung und dient die Ausgleichswicklung der Versorgung eines Mittelspannungsnetzes, so wird sie als Tertiärwicklung bezeichnet. Diese Dreiwicklungstransformatoren (mit Tertiärwicklung) werden zum Beispiel dann eingesetzt, wenn Verbraucher mit stark schwankender Belastung von den übrigen getrennt werden sollen.

4.8.5.1 Mitsystem

Bei einem Dreiwicklungstransformator sind insgesamt drei verschiedene Kurzschlussversuche durchzuführen, um die unterschiedlichen Reaktanzen eindeutig zu bestimmen. Hierbei wird jeweils eine Wicklung kurzgeschlossen, eine bleibt unbelastet, während an der letzten Spannung angelegt wird. Die Elemente der Ersatzschaltung nach Abb. 4.42 können mit Hilfe Tab. 4.7 ermittelt werden.

In der Regel ist eine der Reaktanzen X_1, X_2, X_3 negativ bzw. vom Betrag her wesentlich kleiner als die übrigen. Es handelt sich hierbei um die Reaktanz der Wicklung, die räumlich zwischen den beiden anderen liegt. Hierbei ist zu beachten, dass die negative Reaktanz keine Kapazität ist, da der Wert proportional mit der Frequenz ansteigt.

Wenn nur die Mitimpedanz aus der Wicklung 1 und 2 benötigt wird, kann der Dreiwicklungstransformator als Zweiwicklungstransformator nachgebildet werden (Wicklung 3 ist eine Ausgleichswicklung ohne Netzanschluss). In diesem Fall werden die ersten beiden Zeilen (Messung 1 und 2) addiert, so dass sich ergibt:

$$X_1 + X_2 = \frac{\left(X_{31} + X_{12} - X_{23} + X_{12} + X_{23} - X_{31}\right)}{2} = X_{12} \tag{4.212}$$

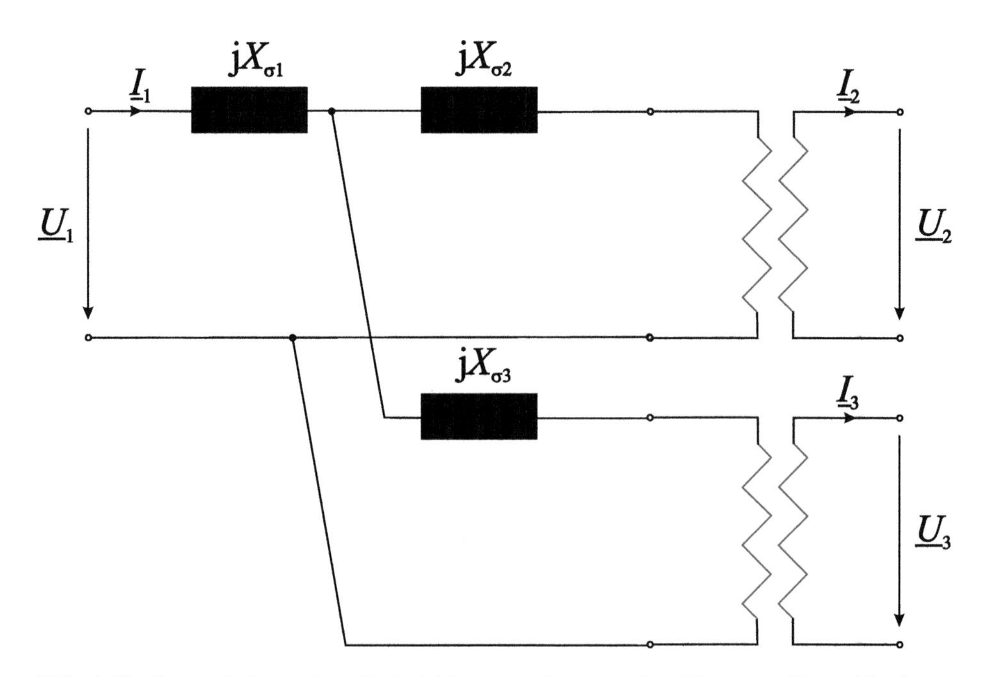

Abb. 4.42 Ersatzschaltung eines Dreiwicklungstransformators im Mitsystem (Vernachlässigung der Magnetisierungsreaktanz X_{H})

Tab. 4.7 Kurzschlussversuche zur Bestimmung der Reaktanzen

Wicklung			Reaktanzen	
Messung	Kurzschluss	Leerlauf	Messung	Berechnung
1	2	3	$X_{12} = X_1 + X_2$	$2X_1 = X_{31} + X_{12} - X_{23}$
2	3	1	$X_{23} = X_2 + X_3$	$2X_2 = X_{12} + X_{23} - X_{31}$
3	1	2	$X_{31} = X_3 + X_1$	$2X_3 = X_{23} + X_{31} - X_{12}$

4.8.5.2 Nullsystem

Aus den Überlegungen in Abschn. 4.8.4 und 4.8.5.1 kann das Nullsystem für einen Dreiwicklungstransformator abgeleitet werden. Während der Einsatz eines Transformators Yy zur Kopplung von Netzen nur bedingt geeignet ist, werden durch den Einsatz eines Transformators mit Ausgleichswicklung diese Nachteile aufgehoben. Abb. 4.43 gibt das Nullsystem eines Ydy-Transformators an. Aus Abb. 4.43 ist erkennbar, dass die Nullsysteme der beiden Netze 1 und 2 entkoppelt sind, wenn z. B. $\underline{Z}_{E1} = 0$ und $\underline{Z}_{E2} \to \infty$ ist. Für diesen Betriebsfall stellt der Transformator einen Zweiwicklungstransformator (Yd) dar, obwohl die Sekundärseite trotzdem im Stern ausgeführt werden kann. Grundsätzlich ist es auch möglich, beide Transformatorsternpunkte zu erden, da stets $X'_{0\sigma 3} << X_{0H}$ ist und somit eine Entkopplung der Nullsysteme stattfindet. Bei Transformatoren kleiner Leistung sollte dieses im Einzelfall jedoch bestimmt werden.

4.8.6 Kennwerte von Transformatoren

In Deutschland übliche Kennwerte von Transformatoren sind in der Tab. 4.8 aufgelistet. Weitere Daten sind in [1] enthalten.

Die Nullimpedanzwerte sind von der Schaltgruppe, von der Sternpunkterdung und der Bauart abhängig, typische Werte sind in [1] bzw. in Abschn. 4.8.2 aufgeführt.

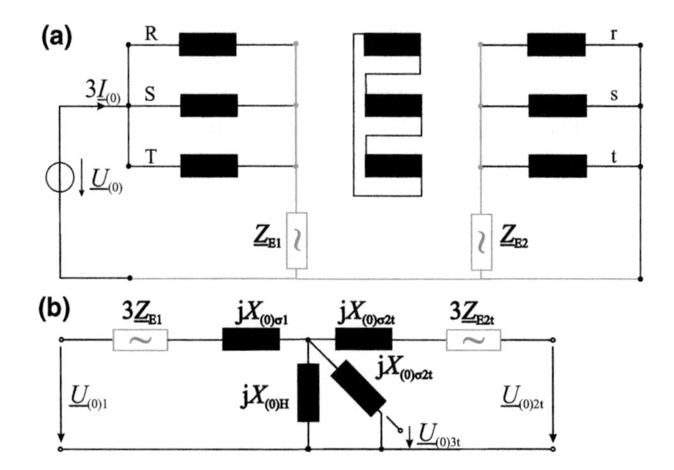

Abb. 4.43 Ersatzschaltbild im Nullsystem bei einem Ydy-Transformator. **a** Netzschaltbild. **b** Ersatzschaltbild

Tab. 4.8 Kennwerte von in Deutschland eingesetzten Transformatoren

U_r/kV	u_{kr}/%	p_{kr}/%	$p_{\ell r}$/%	i_{0r}/%
≤ 30	6–10	0,4–0,9	0,06–0,17	0,5–1,3
$30 < U_{rTOS} < 110$	10–14	0,3–0,9	0,05–0,18	0,5 (0,05[1)])–0,9
$110 < U_{rTOS} < 380$	12–20	0,2–0,4	0,03–0,07	0,45 (0,05[1)])

1) die kleineren Werte repräsentieren geräuscharme Transformatoren mit einer Bemessungsflussdichte < 1,4 T
U_r Bemessungsspannung der OS-Seite
S_r Bemessungsleistung
u_{kr} Kurzschlussspannung (Bemessungswert)
p_{kr} Kurzschlussverluste (Bemessungswert)
$p_{\ell r}$ Leerlaufverluste (Bemessungswert)
I_{0r} Leerlaufstrom (Bemessungswert)

4.9 HGÜ-Anlagen

Zur Zeit wird der Beitrag von HGÜ-Anlagen zu einem Kurzschluss auf der Drehstromseite in der VDE-Bestimmung noch nicht berücksichtigt. Hierbei ist grundsätzlich von zwei verschiedenen Technologien auszugehen, die auch einen unterschiedlichen Beitrag zu einem Fehler liefern. Diese Technologien sind:

- Thyristortechnologie (LCC: Line Commutated Converter),
- IGBT-Technologie, Vollumrichter (VSC: Voltage Source Converter).

Bei Anlagen mit Thyristoren ist nur dann ein Beitrag möglich, wenn ein Wechselrichterbetrieb vorliegt. Der Beitrag bezieht sich ausschließlich auf den Anfangs-Kurzschlusswechselstrom und den Stoßkurzschlussstrom und besteht aus der Entladung des Gleichstromsystems. Im Gegensatz hierzu kann die HGÜ-Anlage in IGBT-Ausführung bei einem Kurzschluss als eine Stromquelle angesehen werden, die in Abhängigkeit des Spannungsfalls an den Umrichterklemmen einen Kurzschlussstrombeitrag liefert, die entsprechend der Darstellung in [11] als Umrichter nachgebildet wird.

Eine ausführliche Darstellung des Kurzschlussstrombeitrags von HGÜ-Anlagen ist in Kap. 13 aufgeführt.

4.10 Spulen

Spulen zur Kurzschlussstrombegrenzung sind als Luftspulen ausgebildet, so dass keine Verminderung der Reaktanz als Folge einer Sättigung durch den Kurzschlussstrom eintritt. Somit wird durch den Einbau einer Spule im Zuge der Kurzschlussbahn die Mit-, Gegen-

und Nullimpedanz eines Netzes vergrößert und damit eine Verkleinerung des Kurzschlussstroms hervorgerufen wird.

Die Impedanz der Spule $\underline{Z}_D$ bestimmt sich nach Gl. (4.213), hierbei ist die Resistanz wesentlich kleiner als die Reaktanz ($R_D << X_D$; z. B. $R_D = 0{,}03\ X_D$).

$$Z_D = \frac{u_{kD}}{100\ \%} \cdot \frac{U_n / \sqrt{3}}{I_{rD}} \tag{4.213}$$

Mit

u_{kD} relative Kurzschlussspannung
I_{rD} Bemessungsstrom der Spule
U_n Netznennspannung

Die nach der Gl. (4.213) berechnete Mitimpedanz einer Kurzschlussstrombegrenzungsspule ist auch für das Gegen- und Nullsystem gültig.

Durch den Einsatz einer Kurzschlussstrombegrenzungsspule kommt es während des Normalbetriebs in Abhängigkeit des Betriebsstroms zu einem Spannungsfall, so dass sich die Spannung nach der Spule vermindert. Dieses tritt besonders dann auf, wenn der Betriebsstrom induktiv ist, z. B. Einschaltstrom eines Asynchronmotors. In diesen Fällen ist es sinnvoll, parallel zur Spule einen I_s-Begrenzer für den Normalbetrieb einzusetzen, der im Kurzschlussfall vor Erreichen des Stoßkurzschlussstroms unterbricht, so dass eine Begrenzung des Kurzschlussstroms durch die Spule möglich ist.

4.11 Kondensatoren

Grundsätzlich werden sich Kondensatoren bei einem Kurzschluss aufgrund ihrer Entladung beteiligen. Im Allgemeinen sollte dieser Beitrag zum Stoßkurzschlussstrom kleiner sein, da zum einen die Amplitude geringer sein wird als der betriebsfrequente Anteil als auch als Folge der Entladezeitkonstante der Maximalwert des Entladestroms schnell abgeklungen ist. Darüber hinaus tritt der Maximalwert des Kondensatorstroms dann auf, wenn der Kurzschluss im Spannungsmaximum erfolgt. Im Gegensatz hierzu wird bei der Berechnung des betriebsfrequenten Stoßkurzschlussstroms eine Kurzschlusseinleitung im Spannungsnulldurchgang vorausgesetzt, so dass die beiden Stromanteile zeitlich entkoppelt sind und nicht überlagert werden können.

Diese Überlegungen müssen jedoch für Kondensatorbänke und Filteranlagen von Hochspannungs-Gleichstromanlagen als Folge der Auslegung nicht mehr zutreffen, so dass in diesen Fällen der Entladestrom auf die Festigkeit der Anlagen einen Einfluss haben kann. Die Ergebnisse einer Berechnung sind in Kap. 14 dargestellt.

4.12 Fazit

In diesem Abschnitt werden die wesentlichen Daten der Betriebsmittel angegeben, um die Kurzschlussströme zu berechnen. Hierbei wird ausführlich dargestellt, wie die Mit- und Nullimpedanzen von Freileitungen und Kabeln aus den geometrischen Größen bestimmt werden können.

Literatur

1. DIN EN 60909-0 Beiblatt 4:2009-08 (2009) VDE 0102 Beiblatt 4:2009-08: Kurzschlussströme in Drehstromnetzen – Daten elektrischer Betriebsmittel für die Berechnungen von Kurzschlussströmen. VDE, Berlin
2. DIN EN 60909-0 (2016) VDE0 102:2016-02: Kurzschlussströme in Drehstromnetzen – Teil 0: Berechnung der Ströme. VDE, Berlin
3. Balzer G, Neumann C (2016) Schalt- und Ausgleichsvorgänge in elektrischen Netzen. Springer, Heidelberg
4. Nelles D (2009) Netzdynamik. VDE, Berlin
5. Funk G (1962) Der Kurzschluß im Drehstromnetz. Oldenbourg, München
6. Binder A (2012) Elektrische Maschinen und Antriebe – Grundlagen, Betriebsverhalten. Springer, Heidelberg
7. DIN EN 60909-0:2002-07 (2002) VDE 0102:2002-07 Kurzschlussströme in Drehstromnetzen – Teil 0: Berechnung der Ströme. VDE, Berlin
8. Gursoy E, Walling RA (2011) Representation of variable speed wind turbine generators for short circuit analysis. In: IEEE Electrical Power and Energy Conference (EPEC), Winnipeg/Canada, S 444–449
9. DIN EN 60909-0 Beiblatt 3:2003-07 (2003) VDE 0102 Beiblatt 3:2003-07: Kurzschlussströme in Drehstromnetzen – Faktoren für die Berechnung von Kurzschlussströmen nach IEC 60909-0. VDE, Berlin
10. Oeding D, Waider G (1988) Maximale Teilkurzschlußströme von Kraftwerksblöcken ohne Stufenschalter. etzArchiv 10:173–180
11. Balzer G, Remde H (1985) Probleme bei der beidseitigen Erdung von Transformatoren. Brown Boveri Technik 7:349–354
12. Walling RA, Gursoy E, English B (2011) Current contributions from type 3 and type 4 wind turbine generators during faults. In: IEEE Power and Energy Society General Meeting, San Diego
13. VDE-AR-N 4120 Anwendungsregel:2018-11 (2018) Technische Regeln für den Anschluss von Kundenanlagen an das Hochspannungsnetz und deren Betrieb (TAR Hochspannung). VDE, Berlin
14. Hosemann G, Boeck W (1991) Grundlagen der elektrischen Energietechnik, 4. Aufl. Springer, Berlin
15. VDE 0102, Teil 1/9.62 (1962) Leitsätze für die Berechnung der Kurzschlussströme, Teil 1 Drehstromanlagen mit Nennspannungen von 1 kV und darüber. VDE, Berlin
16. Meyer M (1959) Einspeisung eines stromrichtergespeisten Gleichstromantriebes auf einen drehstromseitigen Sammelschienenkurzschluss. ETZ-A 80:784–787
17. DIN VDE 0102:1990-01 (1990) Berechnung von Kurzschlussströmen in Drehstromnetzen. VDE, Berlin
18. Grotstollen H (1979) Der Beitrag stromrichtergespeister Gleichstromantriebe zum Stoßkurzschlussstrom im Drehstromnetz. Etz Archiv 11:321–326

19. IEC 61363-1 1998-02 (1998) Electrical installations of ships and mobile and fixed offshore units – part 1: procedures for calculating short-circuit currents in three-phase a.c. IEC Geneva, Switzerland
20. Haake D, Malsch M, Pfeiffer, K (2009) Kurzschlussstromanteile umrichter- bzw. stromrichtergespeister Antriebe in Netzen des Kraftwerkseigenbedarfs. ETG-Kongress 2009 FT 1+2, 27.-28. Okt. 2009, Düsseldorf
21. Oeding D, Oswald RB (2011) Elektrische Kraftwerke und Netze, 7. Aufl. Springer, Berlin
22. Brüderlink R (1954) Induktivität und Kapazität der Starkstrom-Freileitungen. G.Braun, Karlsruhe
23. Balzer G (1977) Impedanzmessung in Niederspannungsnetzen zur Bestimmung der Kurzschlussströme. Dissertation TH Darmstadt, D17
24. Küpfmüller K, Mathis W, Reibiger A (2006) Theoretische Elektrotechnik, 17. Aufl. Springer, Berlin/Heidelberg, S 357

Berechnung der Kurzschlussströme

5

In diesem Abschnitt werden ausgehend von den Daten nach Kap. 4 die Gleichungen für die Berechnung der unterschiedlichen Ströme nach VDE 0102 [1] angegeben, wobei die grundsätzliche Vorgehensweise bzw. Randbedingungen nach Kap. 3 zu berücksichtigen ist. Die Gleichungen beziehen sich in erster Linie auf die Berechnung des dreipoligen Kurzschlussstroms.

Darüber hinaus beziehen sich die nachfolgenden Erläuterungen ausschließlich auf die Darstellung der Kurzschlussstromberechnung auf der Basis der Ersatzspannungsquelle an der Fehlerstelle. Durch den Einsatz von Vollumrichtern mit einem vorgegebenen Strombeitrag während des Kurzschlusses, ist eine zusätzliche Nachbildung mit Stromquellen notwendig. Dieser Strombeitrag ist auf jeden Fall dem Ergebnis aus der Berechnung mit Hilfe der Spannungsquelle zu überlagern.

5.1 Definitionen

Im Folgenden werden die Begriffe definiert, die bei der Berechnung der Kurzschlussströme verwendet werden.

- Anfangs-Kurzschlusswechselstrom I_k''
  Hierbei handelt es sich um den Effektivwert des Kurzschlussstroms zum Zeitpunkt $t = 0$, Abschn. 5.3.
- Ausschaltwechselstrom (symmetrisch) I_b
  Effektivwert der Wechselstromkomponente eines Kurzschlussstroms zum Zeitpunkt der Kontakttrennung durch Schaltgeräte. Bei der Berechnung werden Faktoren (μ, q) berücksichtigt, Abschn. 5.6.

G. Balzer, *Kurzschlussströme in Drehstromnetzen*,
https://doi.org/10.1007/978-3-658-28331-5_5

- Bemessungsspannung
  Spannungswert, auf den die Kennwerte eines Betriebsmittels bezogen sind.
- Bemessungsstrom I_r
  Auslegungsstrom von Betriebsmitteln, auf den sämtliche stromrelevante Größen bezogen sind.
- Dauerkurzschlussstrom $\underline{I}_k$
  Effektivwert des Wechselstromglieds, nachdem alle Ausgleichsvorgänge von Synchron- und Asynchronmaschinen abgeklungen sind, Abschn. 5.7.
- Ersatzfrequenz f_c
  Frequenz zur Berechnung des Stoßfaktors κ; bei einer Netzfrequenz von $f = 50$ Hz beträgt die Ersatzfrequenz $f_c = 20$ Hz, Abschn. 5.4.4.
- Ersatzspannungsquelle
  Ideale Spannungsquelle der Ersatzspannungsquelle an der Fehlerstelle als einzige Spannung im Mitsystem, zusammen mit dem Spannungsfaktor c.
- Generatorferner Kurzschluss
  Das Wechselstromglied des Kurzschlussstroms bleibt nahezu über den gesamten Zeitverlauf konstant, Abschn. 5.2.
- Generatornaher Kurzschluss
  Der Kurzschlussstromverlauf beinhaltet ein abklingendes Wechselstromglied, welches durch Synchron- und Asynchronmaschinen hervorgerufen wird, Abschn. 5.2.
- Generatorreaktanzen $X_d''; X_d'; X_d$
  Wirksame Reaktanzen (subtransient, transient und synchron) eines Generators in Abhängigkeit der Zeit während eines Kurzschlusses, Abschn. 5.6.
- Gleichstromkomponente I_{DC}
  Die Gleichstromkomponente ist für die Verlagerung des Kurzschlussstroms verantwortlich. Sie tritt auf, wenn bei Kurzschlusseintritt der erwartete Kurzschlussstrom nicht im Nulldurchgang beginnt, z. B. bei Eintritt im Spannungsnulldurchgang bei einem induktiven Stromkreis, Abschn. 5.6.2.
- Gleichstromzeitkonstante T_{DC}
  Die Gleichstromzeitkonstante beschreibt das Abklingverhalten der Gleichstromkomponente und hängt vom R/X-Verhältnis der Kurzschlussbahn ab, Abschn. 5.4.1.
- Kurzschlussdauer
  Zeitbereich zwischen Fehlereintritt und der elektrischen Unterbrechung des Kurzschlussstroms.
- Kurzschlussimpedanz Z_k
  Die Kurzschlussimpedanz ist die resultierende Impedanz zur Berechnung der Kurzschlussströme. Sie wird in Abhängigkeit der Fehlerart für das Mit-, Gegen- und Nullsystem angegeben, Abschn. 5.3.
- Mindestschaltverzug t_{min}
  Der Mindestschaltverzug bezeichnet den Zeitraum zwischen dem Kurzschlussbeginn und der mechanischen Kontaktöffnung eines Schaltgeräts. Die Größe wird zur Festlegung des Ausschaltstroms verwendet, Abschn. 5.6.

- Netznennspannung U_n
  Effektivwert der Spannung zwischen den Leitern eines Netzes. Im Allgemeinen werden die Netznennspannungen durch VDE 0175-1 [2] definiert. Für höchste Spannungen für Betriebsmittel $U_m > 300$ kV existieren für U_n keine normativen Festlegungen.
- Spannungsfaktor c
  Der Spannungsfaktor c beschreibt das Verhältnis der Ersatzspannungsquelle an der Fehlerstelle bezogen auf die Nennspannung U_n des Netzes durch $\sqrt{3}$, Tab. 7.1.
- Stoßfaktor κ
  Mit Hilfe des Stoßfaktors κ wird der maximale Scheitelwert des Kurzschlussstroms bestimmt, in Abhängigkeit des Scheitelwerts des Anfangs-Kurzschlusswechselstroms. Der Stoßfaktor wird beeinflusst durch das R/X-Verhältnis der Kurzschlussbahn, Abschn. 5.4.1.
- Stoßkurzschlussstrom i_p
  Scheitelwert des maximalen Kurzschlussstroms nach Kurzschlusseintritt. Bei einer Betriebsfrequenz von $f = 50$ Hz tritt der Wert bei $t = 10$ ms ($R/X = 0$) auf, Abschn. 5.4.
- Subtransiente Reaktanz X_d''
  Reaktanz einer Synchronmaschine zur Berechnung des Anfangs-Kurzschlusswechselstrom.
- Thermisch gleichwertiger Kurzschlussstrom I_{th}
  Effektivwert eines symmetrischen Kurzschlussstroms, dessen Wärmewirkung identisch mit dem tatsächlichen Kurzschlussstrom ist, unter Berücksichtigung eines vorhandenen Gleichstromglieds und eines unter Umständen abklingenden Wechselstromglieds, Abschn. 5.8.
- Wechselstromkomponente I_{AC}
  Die Wechselstromkomponente ist der Kurzschlussstrom, der symmetrisch um die Nullachse mit der Betriebsfrequenz des Netzes oszilliert.

5.2 Kurzschlussstromverlauf

Grundsätzlich werden zwei verschiedene Kurzschlüsse nach Abschn. 3.5 aufgrund ihres Verlaufs unterschieden:

- generatorfern und
- generatornah.

Nach der Definition wird hierbei ein Kurzschluss dann als generatornah bezeichnet, wenn bei einem Fehler mindestens eine Synchronmaschine einen zu erwartenden Anfangs-Kurzschlusswechselstrom liefert, der größer als das Doppelte des Bemessungsstroms der Maschine ist. Bei Asynchronmotoren handelt es sich um einen generatornahen Kurzschluss, wenn die Asynchronmotoren mit mehr als 5 % zum Anfangs-Kurzschlussstrom ohne Motoren beitragen. In dieser Annahme, dass ein Abklingen des Kurzschlussbeitrages von Generatoren und Motoren erst ab einem Wert von $I_{kG,M}'' = 2 \cdot I_{rG,M}$ betrachtet wird, spiegelt sich auch die Tatsache wider, dass die Faktoren μ bis zum zweifachen des Bemessungsstroms den Wert $\mu = 1$ haben.

Wünschenswert wäre es, bei einer Kurzschlussstromberechnung den zeitlichen Verlauf des gesamten Kurzschlussstroms zu ermitteln (siehe Abschn. 3.4 bzw. 3.5). Da jedoch für die Auslegung der Betriebsmittel bzw. des Schutzes nur bestimmte Kurzschlussstromwerte notwendig sind (Tab. 3.1), ist es vollkommen ausreichend, die Werte, die zu festen Zeiten nach Kurzschlusseintritt auftreten, auszurechnen. Aus diesem Grunde werden nach der bestehenden IEC-Norm/VDE-Vorschrift, ausgehend von dem Anfangs-Kurzschlusswechselstrom I_k'', Abschn. 5.3, folgende Ströme ermittelt, entsprechend Abb. 3.3:

- Stoßkurzschlussstrom Abschn. 5.4,
- Ausschaltwechselstrom, Abschn. 5.6
  - Generatoren,
  - Motoren,
  - Vollumrichter,
- Dauerkurzschlussstrom Abschn. 5.7,
- Thermisch gleichwertiger Kurzschlussstrom, Abschn. 5.8.

5.3 Anfangs-Kurzschlusswechselstrom

Der Anfangs-Kurzschlusswechselstrom gilt als Ausgangswert, um die notwendigen Kurzschlussströme zur Dimensionierung der elektrischen Betriebsmittel zu berechnen. Für die Berechnung des dreipoligen Anfangs-Kurzschlusswechselstroms I_k'' gilt allgemein

$$\underline{I}_k'' = \frac{c \cdot U_n / \sqrt{3}}{\underline{Z}_k} \tag{5.1}$$

Mit

c Spannungsfaktor nach Tab. 7.1
U_n Netznennspannung
$\underline{Z}_k$ Kurzschlussimpedanz

Bei der Ermittlung der Kurzschlussimpedanz müssen nur die Betriebsmittel berücksichtigt werden, die vom Kurzschlussstrom durchflossen werden.

5.4 Stoßkurzschlussstrom

Die Höhe des Stoßkurzschlussstroms beeinflusst sowohl die thermische Aufheizung der Betriebsmittel als auch die magnetischen Kräfte zwischen den Leitern [3], so dass dieser Kennwert für die Auslegung der Anlagen von Bedeutung ist.

Aufgrund der elektrischen Betriebsmittel (Leitungen, Transformatoren, Maschinen usw.), die bei einem Kurzschluss hauptsächlich induktiv wirken, kommt es bei einem Kurzschluss zu einer Phasenverschiebung von nahezu $\varphi = 90°$ zwischen der treibenden Spannung und dem Kurzschlussstrom. Da in einem induktiven Netzzweig der Strom stets im Nulldurchgang beginnt, muss es bei einem Kurzschlusseintritt im Spannungsnulldurchgang der Spannung zu einem Ausgleichsvorgang kommen, so dass ein Gleichstromglied auftritt. Bei einem ausschließlich induktiven Netzzweig ($R/X = 0$), tritt der maximale Scheitelwert des Stroms nach $t = 10$ ms (bei 50 Hz) auf, bezogen auf den Kurzschlusseintritt. Bei größeren R/X-Verhältnissen verschiebt sich der Maximalwert zu geringeren Zeiten.

Der höchste auftretende Strom während eines Kurzschlusses wird Stoßkurzschlussstrom genannt und dient der mechanischen Auslegung der Betriebsmittel. Zur Berechnung gibt es verschiedene Verfahren, in Abhängigkeit der Netztopologie, die einen unterschiedlichen Rechenaufwand hervorrufen. In [4] sind die verschiedenen Verfahren der Berechnung des Stoßkurzschlussstroms angegeben.

5.4.1 Allgemeine Berechnung

Der Stoßkurzschlussstrom i_p berechnet sich im Allgemeinen ausgehend vom Anfangs-Kurzschlusswechselstrom I_k'' zu

$$i_\mathrm{p} = \sqrt{2} \cdot \kappa \cdot I_\mathrm{k}'' \tag{5.2}$$

Der Stoßkurzschlussstrom i_p stellt hierbei den maximalen Wert des Stromverlaufs $i_\mathrm{k}(t)$ dar, der sich durch Gl. (5.2) ausdrücken lässt. Der Kurzschlussstrom bestimmt sich aus einem R/L-Reihenschwingkreis mit Hilfe der treibenden Spannung $\underline{U}$, indem der Kurzschluss im Nulldurchgang der Spannung eingeleitet wird. Hierbei wird angenommen, dass der Strom vor Kurzschlusseintritt null war. Nach Gl. (5.3) ergibt sich im Laplace-Bereich:

$$i(p) = \frac{u(p)}{p \cdot L + R} = \frac{\omega \cdot \sqrt{2} \cdot U}{p^2 + \omega^2} \cdot \frac{1}{p \cdot L + R} = \frac{\omega \cdot \sqrt{2} \cdot U}{L} \cdot \frac{1}{p + R/L} \cdot \frac{1}{p^2 + \omega^2} \tag{5.3}$$

Die Rücktransformation ergibt:

$$i_\mathrm{k}(t) = \sqrt{2} \cdot U \cdot \frac{\omega}{L} \cdot \frac{1}{\omega^2 + (R/L)^2} \left[\mathrm{e}^{-t \cdot R/L} - \cos(\omega t) + \frac{R/L}{\omega} \cdot \sin(\omega t) \right] \tag{5.4}$$

Mit Hilfe der trigonometrischen Funktion nach Gl. (5.5) kann Gl. (5.4) umgeformt werden, so dass sich die Beziehung nach (5.6) ergibt:

$$\cos(\omega t + \alpha) = \cos(\omega t) \cdot \cos(\alpha) - \sin(\omega t) \cdot \sin(\alpha) \tag{5.5}$$

$$i_\mathrm{k}(t) = \frac{\sqrt{2} \cdot U}{X} \cdot \frac{1}{1 + (R/X)^2} \cdot \left[\mathrm{e}^{-t/T_\mathrm{DC}} - \sqrt{1 + (R/X)^2} \cdot \cos(\omega t + \alpha) \right] \tag{5.6}$$

bzw.

$$i_{\mathrm{k}}(t) = \frac{\sqrt{2} \cdot U}{X \cdot \sqrt{1 + (R/X)^2}} \cdot \left[\frac{\mathrm{e}^{-t/T_{\mathrm{DC}}}}{\sqrt{1 + (R/X)^2}} - \cos(\omega t + \alpha) \right] \tag{5.7}$$

Mit der Gleichstromzeitkonstanten

$$T_{\mathrm{DC}} = \frac{X}{\omega \cdot R} = \frac{X}{2\pi \cdot f \cdot R} \qquad \alpha = \arctan(R/X) \tag{5.8}$$

Der Maximalwert des Kurzschlussstroms $i_{\mathrm{k}}(t)$ zum Zeitpunkt t_{m} kann grundsätzlich mit Hilfe der ersten Ableitung bestimmt werden, indem sie gleich null gesetzt wird.

$$\frac{\mathrm{d}i_{\mathrm{k}}(t)}{\mathrm{d}t} \stackrel{!}{=} 0 = \frac{-1}{T_{\mathrm{DC}}} \mathrm{e}^{-t_{\mathrm{m}}/T_{\mathrm{DC}}} + \sqrt{1 + (R/X)^2} \cdot \omega \cdot \sin(\omega t_{\mathrm{m}} + \alpha) \tag{5.9}$$

bzw.

$$\mathrm{e}^{-t_{\mathrm{m}}/T_{\mathrm{DC}}} = T_{\mathrm{DC}} \sqrt{1 + (R/X)^2} \cdot \omega \cdot \sin(\omega t_{\mathrm{m}} + \alpha) \tag{5.10}$$

Der Zeitpunkt t_{m} des maximalen Stroms lässt sich nicht explizit angeben, sondern kann nur durch Näherungen bestimmt werden.

Abb. 5.1 zeigt den zeitlichen Kurzschlussstromverlauf innerhalb der ersten 12 ms nach Kurzschlusseintritt. Unter der Voraussetzung einer Netznennspannung von $U_{\mathrm{n}} = 110$ kV und einem Anfangs-Kurzschlusswechselstrom von $I_{\mathrm{k}}'' = 20\,\mathrm{kA}$. Es zeigt sich, dass der Scheitelwert des Kurzschlussstroms mit steigendem R/X-Verhältnis zu geringeren Zeiten

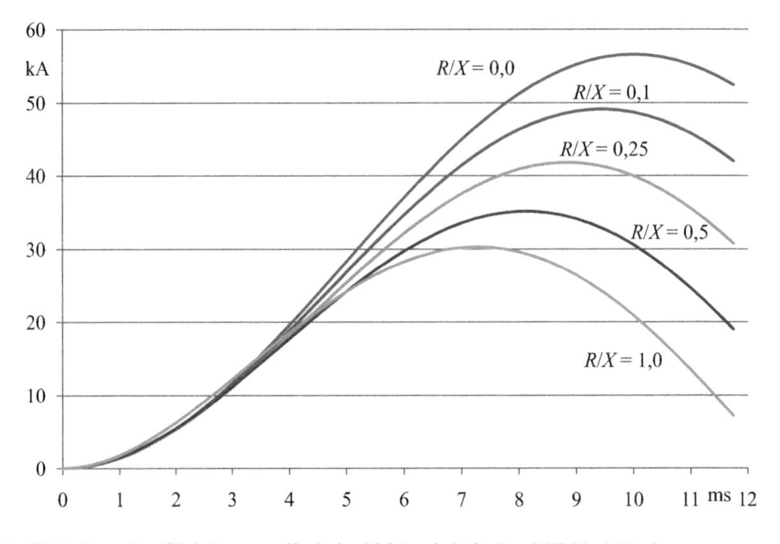

Abb. 5.1 Verhalten des Gleichstromglieds in Abhängigkeit des R/X-Verhältnisses

auftritt. Zusätzlich wird die Amplitude geringer, so dass kleinere Gleichstromglieder und damit Faktoren κ entstehen sind.

Nach [4] bestimmt sich der Stoßfaktor κ_3 bei einem dreipoligen Kurzschluss, der simultan im Spannungsnulldurchgang einer Phase eingeleitet wird zu

$$k_3 = 1 + e^{-(\pi/2+\beta)\cdot R/X} \cdot \sin\beta \tag{5.11}$$

Mit

β arctan(X/R)

In Abhängigkeit des R/X-Verhältnisses ergeben sich die folgenden κ-Werte für den simultanen dreipoligen Kurzschluss nach Tab. 5.1.

Der Faktor κ_3 nach Gl. (5.11) ist durch eine vereinfachte Gleichung in [1, 5], angenähert worden:

$$\kappa = \kappa_3 = 1{,}02 + 0{,}98 \cdot e^{-3\cdot R/X} \tag{5.12}$$

Bei der Ermittlung des Stoßkurzschlussstroms in einem einzelnen Kurzschlusszweig führt diese Berechnung des Faktors κ stets zu einem richtigen Ergebnis, wenn das R/X-Verhältnis des Zweigs verwendet wird. Dieses trifft jedoch nicht für den Fall zu, wenn der Kurzschluss über parallele Zweige gespeist wird oder der Kurzschluss in einem vermaschten Netz stattfindet. Dieses wird anhand des folgenden Beispiels gezeigt.

Wird nach Abb. 5.2 der Stoßkurzschlussstrom i_p an der Kurzschlussstelle mehrseitig einfach eingespeist, so gibt es mehrere Verfahren zur Ermittlung des Faktors κ. Diese Abbildung gilt auch für den Fall, dass ein Kurzschluss über parallele Zweige mit einer Spannungsquelle verbunden ist, da die Spannungen $\underline{U}_1 = \underline{U}_2 = \underline{U}$ identisch sind.

Die exakte Größe des Stoßkurzschlussstroms ergibt sich aus der Überlagerung der Zeitverläufe der Teilströme $\underline{I}_1$ und $\underline{I}_2$. Bei der Betrachtung soll vorausgesetzt werden, dass die Beträge der einzelnen Ströme gleich sind, so dass gilt:

$$X_1 = \sqrt{R^2 + X^2} = X\sqrt{1 + (R/X)^2} \tag{5.13}$$

Für die Überlagerung der beiden Teilkurzschlussströme an der Kurzschlussstelle folgt:

$$i_\mathrm{k}(t) = i_1(t) + i_2(t) \tag{5.14}$$

Tab. 5.1 Werte für den Stoßfaktor κ bei einem dreipoligen Kurzschluss (κ_3, simultan), bei einem zweipoligen mit Übergang zum dreipoligen Kurzschluss ($\kappa_{2\text{-}3}$) und der Näherungsformel nach VDE

R/X	0,0	0,1	0,2	0,3	0,4	0,6	0,8	1,0	1,2
κ_3	2,000	1,734	1,544	1,407	1,308	1,180	1,109	1,067	1,042
κ_3 (VDE)	2,000	1,746	1,558	1,418	1,315	1,182	1,109	1,069	1,047
$\kappa_{2\text{-}3}$	2,366	2,011	1,760	1,580	1,450	1,283	1,187	1,130	1,094

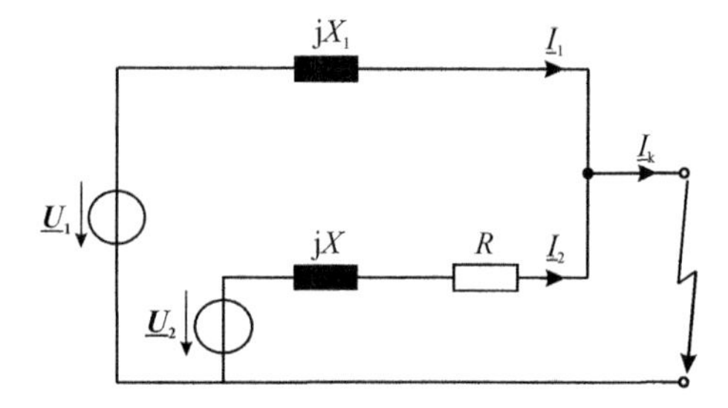

Abb. 5.2 Bestimmung des Stoßkurzschlussstroms i_p bei parallelen Zweigen

Nach Einsetzen der Gl. (5.7) in (5.14) ergibt sich für den Gesamtstrom für das Beispiel nach Abb. 5.2:

$$i_k(t) = \frac{\sqrt{2} \cdot U}{X \cdot \sqrt{1 + (R/X)^2}} \cdot \left[1 - \cos(\omega t) - \cos(\omega t + \phi) + \frac{e^{-t/T_{DC}}}{\sqrt{1 + (R/X)^2}} \right] \quad (5.15)$$

Gl. (5.15) hat neben einem Wechselstromanteil auch einen Gleichstromanteil, die sich aus der Addition der zeitlichen Verläufe ergeben. Mit Hilfe des zeitlichen Verlaufs des Kurzschlussstroms $i_k(t)$ kann der tatsächliche Stoßkurzschlussstrom i_p ermittelt werden. Wird der Stoßkurzschlussstrom i_p nicht mit Hilfe der Überlagerung der zeitlichen Stromverläufe, sondern mittels des Verhältnisses R/X an der Kurzschlussstelle bestimmt, so ergibt sich für die gesamte Kurzschlussimpedanz $\underline{Z}_k$.

$$\underline{Z}_k = \frac{jX_1 \cdot (R + jX)}{R + j(X_1 + X)} = X_1 \cdot \frac{R \cdot X_1 + j(X^2 + X \cdot X_1 + R^2)}{R^2 + (X_1 + X)^2} \quad (5.16)$$

$$R_k = X_1 \cdot \frac{R \cdot X_1}{R^2 + (X_1 + X)^2} \quad (5.17)$$

$$X_k = X_1 \cdot \frac{(X^2 + X \cdot X_1 + R^2)}{R^2 + (X_1 + X)^2} \quad (5.18)$$

Für das R/X-Verhältnis ergibt sich daraus:

$$R_k / X_k = \frac{X_1 \cdot R}{R^2 + X \cdot (X_1 + X)} \quad (5.19)$$

Nach Einsetzen der Bedingung aus Gl. (5.12) folgt:

$$R_k / X_k = \frac{R/X}{1 + \sqrt{1 + (R/X)^2}} \quad (5.20)$$

Mit Hilfe der Größen X_k und R_k/X_k kann entsprechend Gl. (5.7) der Stoßkurzschlussstrom i_{p1} aus der gesamten Kurzschlussimpedanz an der Fehlerstelle berechnet werden.

$$i_{p1} = \kappa_1 \frac{\sqrt{2} \cdot U}{Z_k} \tag{5.21}$$

Aus den Größen i_p nach Gl. (5.15) und i_{p1} nach Gl. (5.21) kann das Verhältnis f_1, das heißt, der Fehler nach Gl. (5.22) bestimmt werden. Hierbei wird der Stoßkurzschlussstrom i_p als der tatsächliche Wert betrachtet.

$$f_1 = \frac{i_{pb}}{i_p} \tag{5.22}$$

Abb. 5.3 zeigt das Stoßkurzschlussstromverhältnis f_1 nach Gl. (5.21), ermittelt aus dem Wert der gesamten Kurzschlussimpedanz.

Die Berechnung des Stoßkurzschlussstroms i_{p1} mit Hilfe des R/X-Verhältnisses an der Kurzschlussstelle führt stets zu kleineren Werten als die tatsächlich auftretenden Ströme ($f_1 < 1$). Dieses ist besonders dann der Fall, wenn die R/X-Verhältnisse von parallelen Zweigen erheblich voneinander abweichen. Aus diesem Grund werden nach VDE-Bestimmung 0102 [6] insgesamt drei verschiedene Möglichkeiten vorgeschlagen, den Stoßkurzschlussstrom zu berechnen.

Der Faktor κ kann nach Gl. (5.12) maximal den Faktor 2 annehmen, das bedeutet, dass maximal der doppelte Scheitelwert des Kurzschlussstroms auftreten kann. Dieser Wert gilt

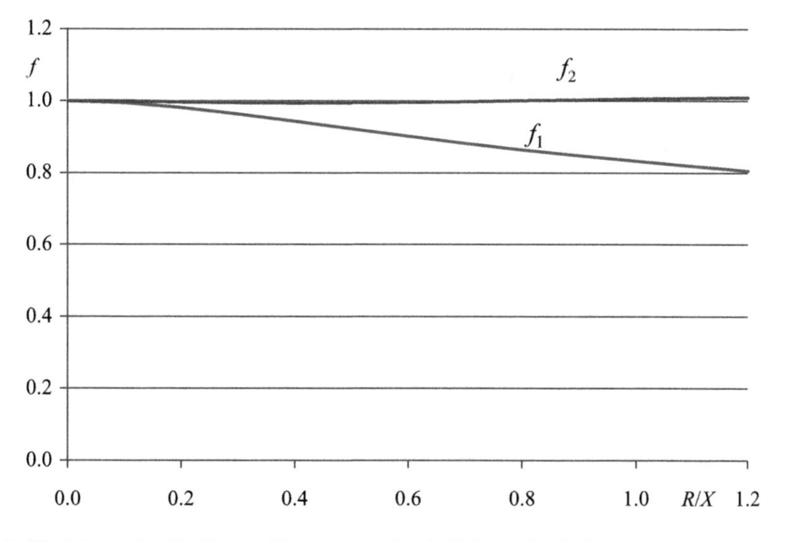

Abb. 5.3 Verhältnis der Stoßkurzschlussströme $f_1 = i_{pb}/i_p$ bzw. $f_2 = i_{pc}/i_p$
i_{p1} Berechnung mit dem Verhältnis R/X an der Fehlerstelle, Gl. (5.21),
i_p tatsächlicher Kurzschlussstrom, Gl. (5.15)
i_{p2} Berechnung mit Hilfe der Ersatzfrequenz $f_c = 20$ Hz, Abschn. 5.4.4

für den Fall, dass der dreipolige Kurzschluss in den Leitern simultan eintritt. Für den theoretischen Fall, dass zuerst ein Fehler zwischen zwei Phasen im Spannungsnulldurchgang der verketteten Spannung entsteht, der sich genau nach 5 ms zu einem dreipoligen Kurzschluss ausweitet, ergibt sich ein Stoßfaktor $\kappa > 2$, entsprechend der Näherungsgleichung (5.23) nach [7].

$$\kappa_{2-3} \approx 1 + \mathrm{e}^{-(\pi/6+\beta)\cdot R/X} \cdot \left[\sin(\beta - \pi/3) + \frac{\sqrt{3}}{2} \cdot \cos(\beta) \right] + \mathrm{e}^{-(2\pi/3+\beta)\cdot R/X} \cdot \frac{\sqrt{3}}{2} \cdot \sin(\beta) \quad (5.23)$$

Die Faktoren $\kappa_{2\text{-}3}$ sind auch in Tab. 5.1 für unterschiedliche R/X-Werte eingetragen, wobei der Maximalwert $\kappa_{2\text{-}3} = 2{,}366$ ist. Da die oben beschriebene Fehlersequenz in der Praxis sehr unwahrscheinlich ist, wurde in der Norm darauf verzichtet, eine entsprechende κ-Kurve in die Bestimmungen aufzunehmen.

Bei generatorfernen Kurzschlüssen berücksichtigt der κ-Wert das Abklingen des Gleichstromgliedes innerhalb der ersten 10 ms bzw. der halben Periode. Bei generatornahen Kurzschlüssen ist auch die Reduktion des Wechselstromgliedes bei Generatoren und Motoren berücksichtigt. Hierzu werden durch die VDE-Bestimmung für die verschiedenen Betriebsmittel fiktive R/X-Werte vorgegeben (siehe Abschn. 4.2.1.1 und 4.6.1). Die angegebenen fiktiven Resistanzen R_{Gf} der Generatoren unterscheiden sich wesentlich von den tatsächlichen Ankerwiderständen, so dass die fiktiven Werte R_{Gf} nicht für das Abklingen des Gleichstromgliedes bei einem Kurzschluss verwendet werden dürfen. Für diese Fälle sind die tatsächlichen Werte, d. h. die Ankerwiderstände, zu verwenden. Die fiktiven Wirkwiderstände sind aus Messungen und Berechnungen abgeleitet worden. Bei Motoren werden zur Vereinfachung der Berechnung die tatsächlichen Widerstände gleich den fiktiven gesetzt.

Berechnungen nach [4] haben ergeben, dass die Abweichung $\Delta R/X_{\mathrm{d}}''$, die den Einfluss zwischen der Abklingzeitkonstanten auf der Basis des Ankerwiderstands R_{G} und dem tatsächlichen Abklingvorgang des Generators widerspiegelt, bei kleinen größer ist als bei großen Generatoren. Darüber hinaus ist dieser Einfluss nur bei generatornahen Kurzschlüssen maßgebend, so dass bei generatorfernen Vorgängen der fiktive Widerstand R_{Gf} nicht berücksichtigt werden müsste. Jedoch liegen die Ergebnisse auf der sicheren Seite, und der Einfluss ist gering als Folge des R/X-Verhältnisses des Netzes.

In den folgenden Abschn. 5.4.2, 5.4.3 und 5.4.4 werden verschiedene Verfahren zur Berechnung des Stoßkurzschlussstroms nach [1] näher dargestellt. In der Regel wird das Verfahren mit Hilfe der Ersatzfrequenz (Abschn. 5.4.4) dem tatsächlichen Wert entsprechen, besonders dann, wenn die R/X-Verhältnisse in einem Netz sehr unterschiedlich sind. Die beiden übrigen Verfahren (Abschn. 5.4.2 und 5.4.3) sind für eine Handrechnung der Kurzschlussströme wesentlich besser geeignet. Sind die Verhältnisse $R/X \leq 0{,}3$, so liefern alle Verfahren nahezu die gleichen Ergebnisse.

Die Berechnung des Anfangs-Kurzschlusswechselstroms erfolgt in jedem Fall mit Hilfe des tatsächlichen R/X-Verhältnis der gesamten Kurzschlussimpedanz $\underline{Z}_{\mathrm{k}}$.

5.4.2 Einheitliches Verhältnis *R*/*X*

Die Berechnung des Wertes κ erfolgt nach dem kleinsten Verhältnis *R/X* eines Zweiges im Netz, wobei die Impedanzen einer Reihenschaltung zusammengefasst werden können. Es müssen nur die Netzzweige berücksichtigt werden, die vom Kurzschlussstrom durchflossen werden.

Bewertung: Dieses Verfahren führt zu κ-Werten, die stets auf der sicheren Seite liegen, da kleine *R*/*X*-Verhältnisse nach Gl. (5.2) zu größeren κ-Werten und damit zu größeren Stoßkurzschlussströmen führen. Der κ-Wert wird hierbei durch den kleinsten Wert der *R*/*X*-Verhältnisse geprägt, auch wenn über diesen Netzzweig nur ein geringer Kurzschlussstrom fließen wird. Das Berechnungsverfahren ist besonders für eine Handrechnung geeignet.

5.4.3 Verhältnis *R*/*X* an der Fehlerstelle

Der Stoßkurzschlussstrom wird nach Gl. (5.24) bestimmt, indem zum berechneten Wert nach Gl. (5.2) ein Sicherheitsfaktor berücksichtigt wird, wenn sich der Stoßfaktor κ aus dem *R*/*X*-Verhältnis an der Fehlerstelle ermittelt:

$$i_{\mathrm{p1}} = 1{,}15 \cdot \kappa \cdot \sqrt{2} \cdot I_{\mathrm{k}}'' \tag{5.24}$$

Der Faktor 1,15 berücksichtigt in diesem Fall die Abweichung nach Abb. 5.3, da gezeigt werden kann, dass die exakte Lösung bei parallelen Zweigen mit unterschiedlichen *R*/*X*-Verhältnissen stets zu einem Ergebnis führt, das auf der unsicheren Seite liegt [4]. Unter Berücksichtigung einer Toleranz in der Berechnung von ±5 % deckt somit der Faktor von 1,15 einen Unterschied bis zum *R*/*X*-Verhältnis von 1,2 ab, was in der Praxis ausreichend sein sollte. In diesem Fall ergibt sich ein Verhältnis von $f \sim 0{,}8$ nach Abb. 5.3.

Wenn das *R*/*X*-Verhältnis aller Netzzweige $R/X \leq 0{,}3$ ist, dann braucht der Faktor 1,15 nicht berücksichtigt zu werden. Bei einem Wert der Netzzweige von $R/X \leq 0{,}3$ kann anhand Abb. 5.3 vorausgesetzt werden, dass die Berechnung innerhalb der oben angegebenen Fehlertoleranz von ±5 % bleibt. Da im allgemeinen die Berechnung des Stoßkurzschlussstroms mit Hilfe des Faktors 1,15 auf der sicheren Seite liegen wird, erfolgt eine Begrenzung des resultierenden Faktors $1{,}15 \cdot \kappa$ in Niederspannungsnetzen auf 1,8 und in Mittel- und Hochspannungsnetzen auf 2,0, da sich andernfalls höhere Werte als 2,0 ergeben könnten.

Bewertung: Grundsätzlich ist dieses ein einfaches Verfahren, da das *R*/*X*-Verhältnis der gesamten Kurzschlussimpedanz vorliegt, welches somit auch für die Handrechnung geeignet ist. Nachteilig ist, dass in vielen Fällen der Sicherheitsfaktor von 1,15 zu hoch ist, da der hierfür relevante *R*/*X*-Bereich in der Praxis nur in Ausnahmefällen auftritt. Die Einschränkung, dass bei Werten von *R*/*X*-Verhältnissen $\leq 0{,}3$ dieser Faktor nicht berücksichtigt werden muss, erfordert eine Topologieabfrage, welches mit Rechenprogrammen schwierig sein sollte, besonders bei Zweigen mit unterschiedlichen in Reihe geschalteten Betriebsmitteln.

5.4.4 Verfahren der Ersatzfrequenz f_c

In [4] wurde das Verfahren mit Hilfe der Ersatzfrequenz abgeleitet. Umfangreiche Untersuchungen haben ergeben, dass zwei verschiedene Verfahren zur Bestimmung des Stoßkurzschlussstroms zu unterschiedlichen Ergebnissen kommen, nämlich:

- Berechnung mit Betriebsfrequenz: Bei dieser Methode können größere Fehler auftreten, wenn die R/X-Verhältnisse paralleler Netzzweige sehr unterschiedlich sind, wie dieses beispielhaft in Abb. 5.3 gezeigt ist. Zusätzlich liegen diese Abweichungen auf der unsicheren Seite, dieses bedeutet, dass die tatsächlichen Stoßkurzschlussströme größer sind als die berechneten.
- Verfahren mit sehr kleinen Frequenzen: Bei dieser Methode wird die resultierende Impedanz eines Netzes für den Fall bestimmt, dass alle Induktivitäten nahezu kurzgeschlossen sind ($f = 0{,}1$ Hz). Unter diesen Bedingungen ergeben Berechnungen, dass die Ergebnisse in erster Linie auf der sicheren Seite liegen.

Diese beiden Grundüberlegungen führten zur Erkenntnis, dass offensichtlich eine Frequenz existieren muss, bei der die berechneten Ergebnisse unter Berücksichtigung einer statistischen Abweichung im Mittel gleich den tatsächlichen Strömen sind. Untersuchungen mit Beispielnetzen haben ergeben, dass diese Frequenz, die als Ersatzfrequenz bezeichnet wird, in Abhängigkeit der Betriebsfrequenz gefunden werden kann:

- Betriebsfrequenz $f = 50$ Hz: Ersatzfrequenz $f_c = 20$ Hz,
- Betriebsfrequenz $f = 60$ Hz: Ersatzfrequenz $f_c = 24$ Hz.

Nach [4] liegen bei einer Ersatzfrequenz von $f_c = 20$ Hz, für eine Betriebsfrequenz von $f = 50$ Hz, die Abweichungen bei 3000 gerechneten Fällen zwischen −3,5 % (unsicher) und +3,1 % (sicher).

Die Berechnung des Anfangs-Kurzschlusswechselstroms ist in einem ersten Schritt mit dem tatsächlichen R/X-Verhältnis bei Betriebsfrequenz zu bestimmen. Anschließend wird das R_c/X_c-Verhältnis an der Fehlerstelle mit Hilfe der Ersatzfrequenz $f_c = 20$ Hz (bei 50 Hz) bzw. $f_c = 24$ Hz (bei 60 Hz) bestimmt. Das aktuelle R/X-Verhältnis zur Bestimmung des Stoßfaktors κ wird anschließend nach Gl. (5.25) ermittelt:

$$\frac{R}{X} = \frac{R_c}{X_c} \cdot \frac{f_c}{f} \tag{5.25}$$

Für die Ersatzimpedanz gilt:

$$\underline{Z}_c = R_c + jX_c \tag{5.26}$$

Abb. 5.3 zeigt das Verhältnis $f_2 = i_{p2}/i_p$. Der Strom i_{p2} ist in diesem Fall mit Hilfe der Ersatzfrequenz ermittelt worden. Ein Vergleich mit dem tatsächlichen Stoßkurzschlussstrom zeigt, dass bei diesem Verfahren die Abweichungen ≤ 1 % bleiben.

Bewertung: Dieses Verfahren führt zu κ-Werten, die im Mittel dem tatsächlichen Wert entsprechen. Nachteilig ist, dass die Impedanzmatrix zusätzlich noch einmal für die Ersatzfrequenz aufgestellt werden muss. Aus diesem Grunde eignet sich dieses Verfahren auf jeden Fall für Berechnungen mit einem Rechenprogramm.

5.4.5 Mehrseitig einfache Einspeisung

Bei einer mehrseitig einfachen Einspeisung nach Abb. 3.1b kann zur Vereinfachung (Handrechnung) der resultierende Stoßkurzschlussstrom an der Sammelschiene aus der Summe der Teil-Stoßkurzschlussströme bestimmt werden, Gl. (5.27).

$$i_p = i_{p1} + i_{p2} + \ldots i_{pi} \ldots + i_{pn} \tag{5.27}$$

Das Ergebnis der Gl. (5.27) ist auf jeden Fall auf der sicheren Seite, da in Abhängigkeit der R/X-Verhältnisses die Maximalwerte in den Teilzweigen zu unterschiedlichen Zeiten auftreten.

5.4.6 Beispiel

Da nach den Abschn. 5.4.2, 5.4.3 und 5.4.4 es mehrere Verfahren zur Berechnung des Stoßkurzschlussstroms gibt, werden anhand von zwei Beispielen diese Berechnungsmöglichkeiten erläutert.

5.4.6.1 Mehrseitig einfach eingespeister Kurzschluss

Im Folgenden wird das Ergebnis der Gl. (5.29) mit Hilfe der Abb. 5.2 anhand verschiedener Berechnungsverfahren untersucht. Für die einzelnen Teilströme $i_{k1}(t)$ und $i_{k2}(t)$ ergeben sich nach Abb. 5.2 die zeitlichen Verläufe unter Berücksichtigung der Gl. (5.6) und der jeweiligen R/X-Verhältnisse:

$$i_{k1}(t) = \frac{\sqrt{2} \cdot U}{X_1} \cdot \left[1 - \cos(\omega t)\right] = \frac{\sqrt{2} \cdot U}{X \cdot \sqrt{1 + (R/X)^2}} \cdot \left[1 - \cos(\omega t)\right] \tag{5.28}$$

$$i_{k2}(t) = \frac{\sqrt{2} \cdot U}{X} \cdot \frac{1}{\sqrt{1 + (R/X)^2}} \cdot \left[\frac{e^{-t/T_{DC}}}{\sqrt{1 + (R/X)^2}} - \cos(\omega t + \alpha)\right] \tag{5.29}$$

Mit den Werten nach Gl. (5.8) und X_1 nach Gl. (5.13). Wird ein Wert von $R/X = 1$ (Zweig 2) angenommen, so ergeben sich die folgenden Ströme bei einer Frequenz von $f = 50$ Hz:

$$i_{k1}(t) = \frac{\sqrt{2} \cdot U}{X \cdot \sqrt{2}} \cdot \left[1 - \cos(\omega t)\right] \tag{5.30}$$

$$i_{k2}(t) = \frac{\sqrt{2} \cdot U}{X \cdot \sqrt{2}} \cdot \left[\frac{e^{-100 \cdot \pi \cdot t}}{\sqrt{2}} - \cos\left(\omega t + 45^{\circ}\right)\right] \tag{5.31}$$

Zur Bestimmung des resultierenden Stoßkurzschlussstroms i_p werden die Gl. (5.2) und (5.11) verwendet, so dass sich die folgenden Werte ergeben, mit

$$I''_{k1} = I''_{k2} = I''_k = \frac{U}{X} \tag{5.32}$$

$$i_{p1} = \sqrt{2} \cdot 2 \cdot I''_k \qquad i_{p2} = \sqrt{2} \cdot 1{,}06879 \cdot I''_k$$

- Verfahren 1: Summe der Stoßkurzschlussströme, da ein mehrseitig einfach eingespeister Kurzschluss vorliegt, Abschn. 5.4.5.

$$i_p = i_{p1} + i_{p2} = \sqrt{2} \cdot 3{,}06879 \cdot I''_k$$

- Verfahren 2: *R*/*X*-Verhältnis an der Kurzschlussstelle (Abschn. 5.4.3)

$$R_k / X_k = \frac{1}{1 + \sqrt{1 + 1^2}} = 0{,}41421 \qquad \kappa = 1{,}30285$$

$$i_p = 1{,}15 \cdot 1{,}30285 \cdot \sqrt{2} \cdot 2 \cdot I''_k = \sqrt{2} \cdot 2{,}99656 \cdot I''_k$$

Wenn der Faktor 1,15 nach Gl. (5.24) nicht berücksichtigt wird, folgt für den resultierenden Stoßkurzschlussstrom:

$$i_p = 1{,}30285 \cdot \sqrt{2} \cdot 2 \cdot I''_k = \sqrt{2} \cdot 2{,}60570 \cdot I''_k$$

- Verfahren 3: Nachbildung der zeitlichen Verläufe

Die Addition der Ströme anhand der zeitlichen Verläufe stellt das richtige Ergebnis dar und ist in Abb. 5.4 dargestellt, für die Ströme nach den Gl. (5.30, 5.31), hierbei ist jeweils nur der Klammerausdruck berücksichtigt. Zusätzlich ist der Summenstrom eingetragen.

Nach Abb. 5.4 ergeben sich die maximalen Scheitelwerte bzw. die κ-Werte der Teilströme und des Gesamtstroms mit den dazugehörigen Zeiten zu:

– Teilstrom 1:	$\kappa_1 = 2{,}0000$	$t_{1max} = 10{,}000$ ms
– Teilstrom 2:	$\kappa_2 = 1{,}0694$	$t_{2max} = 7{,}250$ ms
– Gesamtstrom:	$\kappa = 2{,}8934/2 = 1{,}4467$	$t_{max} = 8{,}625$ ms

- Beurteilung

  Die Addition der Teil-Stoßkurzschlussströme bei mehrseitig einfach gespeisten Fehlern nach Gl. (5.27) führt zu einem Ergebnis, welches auf der sicheren Seite liegt.

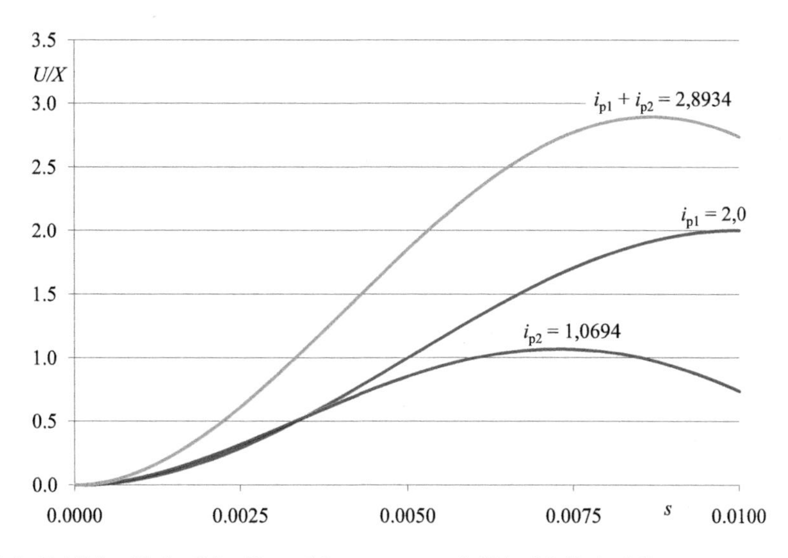

Abb. 5.4 Zeitlicher Verlauf der Kurzschlussströme nach Abb. 5.2 (Beispiel)

Im Gegensatz liefert die Berechnung mit Hilfe des *R*/*X*-Verhältnissen der Kurzschlussimpedanz an der Fehlerstelle zu einem Stromwert, der auf der unsicheren Seite liegt (ohne Faktor 1,15).

Die Verwendung des Verfahrens der Ersatzfrequenz nach Abschn. 5.4.4 liefert Ergebnisse, die dem tatsächlichen Wert (Abb. 5.4) entsprechen.

5.4.6.2 Netzbeispiel

Als zweites Beispiel zeigt Abb. 5.5 eine parallele Freileitungs-/Kabelverbindung, die mit dem Netz Q verbunden ist. An der Sammelschiene SS2 findet ein dreipoliger Kurzschluss statt, dessen Stoßkurzschlussstrom zu berechnen ist.

Es werden folgende Daten für die einzelnen Betriebselemente verwendet:

- Netz: $U_{nQ} = 110$ kV $\quad I''_{kQ} = 63\ \text{kA}$ $\quad R/X = 0{,}1$
- Freileitung: $\underline{Z}'_F = (0{,}119 + j0{,}401)\,\Omega/\text{km}$ $\quad \ell = 50$ km
- Kabel: $\underline{Z}'_K = (0{,}047 + j0{,}123)\,\Omega/\text{km}$ $\quad \ell = 50$ km

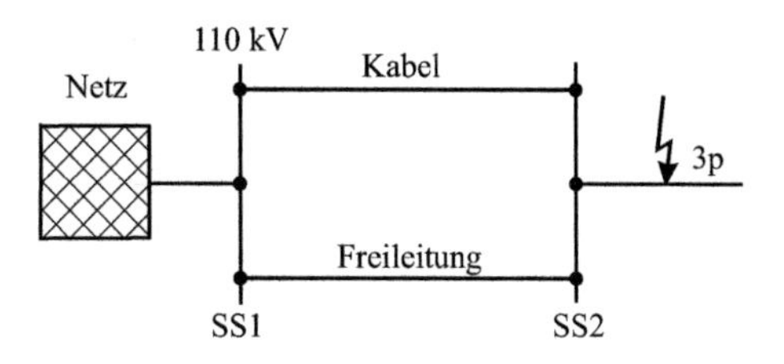

Abb. 5.5 Ersatzschaltung zur Bestimmung des Stoßkurzschlussstroms an der Fehlerstelle SS2 bei einem dreipoligen Kurzschluss

Für die Berechnung des dreipoligen Anfangs-Kurzschlusswechselstroms gilt:

$$\underline{I}_{\mathrm{k}}^{"} = \frac{cU_{\mathrm{n}} / \sqrt{3}}{\underline{Z}_{\mathrm{k}}} \tag{5.33}$$

Die Kurzschlussimpedanz $\underline{Z}_{\mathrm{k}}$ ermittelt sich zu

$$\underline{Z}_{\mathrm{k}} = \underline{Z}_{\mathrm{Q}} + \frac{\underline{Z}_{\mathrm{F}} \cdot \underline{Z}_{\mathrm{K}}}{\underline{Z}_{\mathrm{F}} + \underline{Z}_{\mathrm{K}}} \tag{5.34}$$

Mit den Werten aufgrund der Betriebsmitteldaten:

$$Z_{\mathrm{Q}} = \frac{cU_{\mathrm{nQ}}}{\sqrt{3} \cdot I_{\mathrm{kQ}}^{"}} = \frac{1{,}1 \cdot 110\ \mathrm{kV}}{\sqrt{3} \cdot 63\ \mathrm{kA}} = 1{,}1089\ \Omega$$

$$X_{\mathrm{Q}} = 1{,}1034\ \Omega \qquad R_{\mathrm{Q}} = 0{,}1103\ \Omega$$

$$\underline{Z}_{\mathrm{F}} = (5{,}95 + \mathrm{j}20{,}05)\Omega / \mathrm{km} \qquad R_{\mathrm{F}} / X_{\mathrm{F}} = 0{,}2968$$

$$\underline{Z}_{\mathrm{K}} = (2{,}35 + \mathrm{j}6{,}15)\Omega / \mathrm{km} \qquad R_{\mathrm{K}} / X_{\mathrm{K}} = 0{,}3821$$

Die Kurzschlussimpedanz berechnet sich nach Gl. (5.34) zu:

$$\begin{aligned}\underline{Z}_{\mathrm{k}} &= 0{,}1103\ \Omega + \mathrm{j}1{,}1034\ \Omega + \frac{(2{,}35 + 6{,}15) \cdot (5{,}95 + \mathrm{j}20{,}05)}{8{,}30 + \mathrm{j}26{,}20}\ \Omega \\ &= (1{,}8126 + \mathrm{j}5{,}8154)\Omega\end{aligned}$$

$$Z_{\mathrm{k}} = 6{,}0913\Omega \qquad R_{\mathrm{k}} / X_{\mathrm{k}} = 0{,}3117$$

Für den dreipoligen Kurzschlussstrom gilt entsprechend Gl. (5.33):

$$I_{\mathrm{k}}^{"} = \frac{1{,}1 \cdot 110\ \mathrm{kV} / \sqrt{3}}{6{,}0913\ \Omega} = 11{,}4687\ \mathrm{kA}$$

Zur Berechnung des Stoßkurzschlussstroms werden die unterschiedlichen Verfahren verwendet:

a) *einheitliches Verhältnis R/X*

Das kleinste Verhältnis R/X ermittelt sich aus der Netzeinspeisung zu $R/X = 0{,}1$, Somit ergibt sich für den Stoßfaktor $\kappa_{\mathrm{a}} = 1{,}746$ (Gl. 5.12).

$$i_{\mathrm{p}} = \kappa_{\mathrm{a}} \sqrt{2} \cdot I_{\mathrm{k}}^{"} = 1{,}7356 \cdot \sqrt{2} \cdot 11{,}4687\ \mathrm{kA} = 28{,}1505\ \mathrm{kA}$$

b) *Verhältnis R/X an der Fehlerstelle*

Da die drei Netzzweige ein größeres R/X-Verhältnis haben als 0,3, ist bei der Berechnung des Stoßfaktors der Wert 1,15 zu berücksichtigen. Der κ-Faktor bestimmt sich aus Gl. (5.12) aus dem R/X-Verhältnis an der Fehlerstelle. Es gilt dann:

$$i_{\mathrm{p}} = 1{,}15 \cdot \kappa_{\mathrm{b}} \sqrt{2} \cdot I_{\mathrm{k}}'' = 1{,}15 \cdot 1{,}3804 \cdot \sqrt{2} \cdot 11{,}4687 \text{ kA} = 25{,}7472 \text{ kA}$$

Wird im Gegensatz hierzu der Faktor 1,15 nicht berücksichtigt, so beträgt der resultierender Stoßkurzschlussstrom $i_{\mathrm{p}} = 22{,}3889$ kA.

c) *Ersatzfrequenz*

Die verschiedenen Netzzweige sind bei einer Betriebsfrequenz von $f_{\mathrm{r}} = 50$ Hz auf eine Ersatzfrequenz ($f_{\mathrm{c}} = 20$ Hz) umzurechnen. Es ergeben sich dann folgende Werte:

$$\begin{aligned} \underline{Z}_{\mathrm{k}} &= 0{,}1103\ \Omega + \mathrm{j}0{,}4414\ \Omega + \frac{(2{,}35 + 2{,}46) \cdot (5{,}95 + \mathrm{j}8{,}02)}{8{,}30 + \mathrm{j}10{,}48}\ \Omega \\ &= (1{,}8069 + \mathrm{j}2{,}3334)\,\Omega \end{aligned}$$

Die Berechnung der Impedanz $\underline{Z}_{\mathrm{c}}$ gilt ausschließlich zur Ermittlung des Stoßfaktors κ. Der Anfangs-Kurzschlusswechselstrom wird entsprechend den Verfahren a) bzw. b) mit Hilfe der Kurzschlussimpedanz $\underline{Z}_{\mathrm{k}}$ bestimmt. Für das Verhältnis R/X gilt dann

$$\frac{R}{X} = \frac{R_c}{X_c} \cdot \frac{f_c}{f} = \frac{1{,}8069}{2{,}3334} \cdot \frac{20}{50} = 0{,}3098$$

Daraus folgt für den Stoßkurzschlussstrom:

$$i_{\mathrm{p}} = \kappa_{\mathrm{c}} \sqrt{2} \cdot I_{\mathrm{k}}'' = 1{,}3827 \cdot \sqrt{2} \cdot 11{,}4687 \text{ kA} = 22{,}4269 \text{ kA}$$

Bewertung

Ein Vergleich der unterschiedlichen Verfahren zeigt, dass die Berechnung mit Hilfe der Ersatzfrequenz den kleinsten Wert liefert, verglichen mit den beiden übrigen. Allerdings ist hierbei ein erhöhter Rechenaufwand erforderlich, da die Fehlerimpedanz zweimal ermittelt werden muss. Die Bestimmung des Stoßkurzschlussstroms mit Hilfe der Impedanz an der Fehlerstelle (Verfahren b) erfordert in diesem Fall die Multiplikation mit dem Faktor 1,15, da die Bedingung, dass alle Netzzweige ein kleineres R/X-Verhältnis als 0,3 haben, nicht erfüllt ist. Wird dieser Faktor nicht berücksichtigt, so weicht das Ergebnis nur um ca. 0,67 % vom tatsächlichen Wert (Verfahren c) ab. Es zeigt sich, dass der Faktor 1,15 nur dann gerechtfertigt ist, wenn die R/X-Verhältnisse des Netzes zwischen 0,0 und 1,2 sind.

5.5 Gleichstromkomponente

Grundsätzlich hat ein Kurzschlussstrom, besonders in Hochspannungsnetzen, ein induktives Verhalten aufgrund des R/X-Verhältnisses ($R/X \approx 0{,}1$). Dieses hat zur Folge, dass aufgrund des Kurzschlusseintritts im Spannungsnulldurchgang es zu einer Gleichstromkomponente $i_{\mathrm{DC}}(t)$ im Kurzschlussstromverlauf nach Abb. 3.7 kommt. Die Größe der Gleichstromkomponente lässt sich nach Gl. (5.7) bestimmen, so dass gilt:

$$i_{\mathrm{DC}}(t) = \frac{\sqrt{2} \cdot U}{X \cdot \sqrt{1+(R/X)^2}} \cdot \frac{\mathrm{e}^{-t/T_{\mathrm{DC}}}}{\sqrt{1+(R/X)^2}} = \sqrt{2} \cdot I_{\mathrm{k}}'' \cdot \frac{\mathrm{e}^{-t/T_{\mathrm{DC}}}}{\sqrt{1+(R/X)^2}} \text{ bzw.} \tag{5.35}$$

$$i_{\mathrm{DC}}(t) \approx \sqrt{2} \cdot I_{\mathrm{k}}'' \cdot \mathrm{e}^{-t/T_{\mathrm{DC}}} = I_{\mathrm{DC}} \cdot \mathrm{e}^{-t/T_{\mathrm{DC}}} \tag{5.36}$$

Mit

U Spannung (Leiter – Erde)
T_{DC} Gleichstromzeitkonstante, Gl. (5.8),
I_{k}'' Anfangs-Kurzschlusswechselstrom

Zur Bestimmung der Gleichstromzeitkonstante ist das R/X-Verhältnis an der Kurzschlussstelle zu bestimmen. Bei einem einfachgespeisten Netz (ohne Verzweigungen) bzw. bei vermaschten Netzen kann dieses Verhältnis direkt aus der Kurzschlussimpedanz ermittelt werden, im Gegensatz zur Berechnung der maximalen Amplitude des Stoßkurzschlussstroms.

Eine Abschätzung zur sicheren Seite kann durch die Addition der Teil-Gleichstromkomponenten z. B. bei zwei parallelen Zweigen mit unterschiedlichen R/X-Verhältnissen, erfolgen. So geben sich für die einzelnen Gleichstromkomponenten i_{DC1}, i_{DC2} und die Addition i_{DC} jeweils die folgenden Beziehungen, wenn die Bezeichnungen nach Abb. 5.2 verwendet werden:

$$\begin{aligned} i_{\mathrm{DC1}}(t) &= \frac{\sqrt{2} \cdot U}{X_1 \cdot \sqrt{1+(R_1/X_1)^2}} \cdot \frac{\mathrm{e}^{-t/T_{\mathrm{DC1}}}}{\sqrt{1+(R_1/X_1)^2}} \\ i_{\mathrm{DC2}}(t) &= \frac{\sqrt{2} \cdot U}{X \cdot \sqrt{1+(R/X)^2}} \cdot \frac{\mathrm{e}^{-t/T_{\mathrm{DC2}}}}{\sqrt{1+(R/X)^2}} \end{aligned} \tag{5.37}$$

Auf der rechten Seite der Gl. (5.35) ist zum einen der Betrag des Anfangs-Kurzschlusswechselstroms und zum anderen ein Ausdruck, der den Verlauf der Gleichstromkomponente beschreibt. Wenn das R/X-Verhältnis klein ist (z. B. $\leq 0{,}3$), bestimmt sich der Betrag der Gleichstromkomponente nahezu aus der 2. Gleichung von (5.36). Im Folgenden wird die Abweichung in Abhängigkeit des R/X-Verhältnisses dargestellt.

Die maximale Gleichstromkomponente ergibt sich zum Zeitpunkt des Kurzschlusseintritts $t = 0$ aus den Beträgen der einzelnen Komponenten, so dass allgemein für den Maximalwert folgt:

$$i_{DC}(0)=\sqrt{2}\cdot U\cdot\left[\frac{1}{X_1\cdot\left[1+(R_1/X_1)^2\right]}+\frac{1}{X\cdot\left[1+(R/X)^2\right]}\right] \tag{5.38}$$

Nach Abb. 5.2 ist $R_1/X_1 = 0$, so dass sich die Gleichstromkonstante mit Hilfe von Gl. (5.13) vereinfacht.

$$i_{DC}(0)=\sqrt{2}\cdot U\cdot\left[\frac{1}{X_1}+\frac{1}{X\cdot\left[1+(R/X)^2\right]}\right] \tag{5.39}$$

Für den Betrag des Anfangs-Kurzschlusswechselstroms gilt unter Berücksichtigung der Gl. (5.17, 5.18):

$$I_k'' = \frac{\sqrt{2}\cdot U}{\sqrt{R_k^2+X_k^2}} = \frac{\sqrt{2}\cdot U}{X_1}\cdot\frac{R^2+(X_1+X)^2}{\sqrt{(R\cdot X_1)^2+(X^2+X\cdot X_1+R^2)^2}} \tag{5.40}$$

Der Betrag der Reaktanz X_1 wird nach Gl. (5.41) durch die Reaktanz X und das R/X-Verhältnis bestimmt und zusätzlich in Abhängigkeit des Faktors $n = 2, 1, 0{,}5$ verändert.

$$X_1 = n\cdot X\cdot\sqrt{1+(R/X)^2} \tag{5.41}$$

In Abb. 5.6 ist das Verhältnis der Berechnungen nach den Gl. (5.35, $k=\sqrt{2}\cdot I_k''/I_{DC}$) in Abhängigkeit des Verhältnisses n aufgetragen. Es zeigt sich, dass die Abweichungen bei

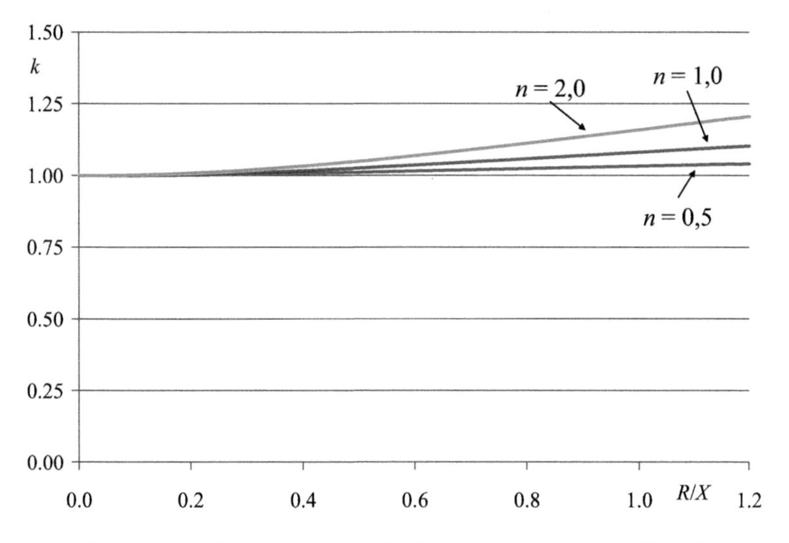

Abb. 5.6 Abweichungen der Berechnung der Gleichstromkonstante nach Gl. (5.35)

einem R/X-Verhältnis $\leq 0{,}3$ unter 2 % bleiben, so die Vereinfachung nach Gl. (5.36) zur Berechnung der Gleichstromkomponente verwendet werden kann.

Bei größeren R/X-Verhältnissen ergibt die Berechnung der Gleichstromkomponente unter Berücksichtigung der Vereinfachung (Anfangs-Kurzschlusswechselstrom) einen Wert, der größer ist als die tatsächlich auftretende Gleichstromkomponente, so dass das Ergebnis auf der sicheren Seite liegt.

5.6 Ausschaltwechselstrom I_b

Der Ausschaltstrom berücksichtigt die Abklingvorgänge des Kurzschlussstroms bei generatornahen Kurzschlüssen in der Nähe von Synchrongeneratoren und Motoren. Dieser Strom ist für die Dimensionierung der Leistungsschalter notwendig, da der Ausschaltvorgang erst nach einigen Millisekunden aktiviert wird (Abb. 1.1) und der Kurzschlussstrom in dieser Zeit bereits abgeklungen ist, so dass das Schaltvermögen eines Schaltgerätes geringer sein kann als durch den Anfangs-Kurzschlusswechselstrom vorgegeben. Im Allgemeinen wird zwischen dem symmetrischen (nur Wechselstromkomponente) und dem asymmetrischen (Wechsel- und Gleichstromkomponente) unterschieden.

5.6.1 Verfahren zur Berechnung des symmetrischen Ausschaltwechselstroms

Bei generatornahen Kurzschlüssen klingt der Kurzschlussstrom aufgrund der Zeitkonstanten der Generatoren oder Motoren ab [8, 9], welches durch einen Faktor beschrieben wird. Dieser Abklingvorgang des Kurzschlussstromverlaufs kann z. B. für einen Generator im Leerlauf vor Kurzschlusseintritt nach Abschn. 4.2.1, Gl. (4.39) durch das Wechselstromglied $i_{AC}(t)$ zum Zeitpunkt $t = t_{min}$ ausgedrückt werden.

$$i_{kAC}(t) \approx \sqrt{\frac{2}{3}} \cdot U_{rG} \cdot \left\{ \left[\frac{1}{X_d''} - \frac{1}{X_d'} \right] \cdot e^{-t_{min}/T_d''} + \left[\frac{1}{X_d'} - \frac{1}{X_d} \right] \cdot e^{-t_{min}/T_d'} + \frac{1}{X_d} \right\} \cdot \cos(\omega \cdot t_{min}) \quad (5.42)$$

Mit

U_{rG} Bemessungsspannung des Generators (verkettet)
t_{min} Mindestschaltverzug
X_d'' subtransiente Reaktanz
X_d' transiente Reaktanz
X_d synchrone Reaktanz

Der Effektivwert der Wechselstromkomponente nach Gl. (5.42) kann auf den Anfangs-Kurzschlusswechselstrom I_k'' für den Zeitpunkt $t = t_{min}$ bezogen werden, so dass gilt, wenn eine Netzreaktanz X_F in Reihe zur Synchronmaschine angenommen wird (die Zeitkonstanten werden für diesen Fall um den Index F erweitert):

$$\mu = \frac{I_b}{I_k''} = \frac{I_k''(t = t_{min})}{I_k''(t = 0)} \approx \frac{\sqrt{\frac{2}{3}} \cdot U_{rG}}{\sqrt{\frac{2}{3}} \cdot U_{rG} \cdot \left[\frac{1}{X_d'' + X_F}\right]} \cdot$$
$$\left\{\left[\frac{1}{X_d'' + X_F} - \frac{1}{X_d' + X_F}\right] \cdot e^{-t_{min}/T_{dF}''} + \left[\frac{1}{X_d' + X_F} - \frac{1}{X_d + X_F}\right] \cdot e^{-t_{min}/T_{dF}'} + \frac{1}{X_d + X_F}\right\} \tag{5.43}$$

oder

$$\mu \approx \left[1 - \frac{X_d'' + X_F}{X_d' + X_F}\right] \cdot e^{-t_{min}/T_{dF}''} + \left[\frac{X_d'' + X_F}{X_d' + X_F} - \frac{X_d'' + X_F}{X_d + X_F}\right] \cdot e^{-t_{min}/T_{dF}'} + \frac{X_d'' + X_F}{X_d + X_F} \tag{5.44}$$

Nach Tab. 4.1 werden die folgenden Mittelwerte für die Reaktanzen und Zeitkonstanten angenommen:

Subtransiente Reaktanz:	$x_d'' = 20\,\%$
Transiente Reaktanz:	$x_d' = 30\,\% = 1{,}5 \cdot x_d''$
Synchrone Reaktanz:	$x_d = 220\,\% = 11 \cdot x_d''$
Subtransiente Zeitkonstante:	$T_d'' = 30\text{ms}$
Transiente Leerlaufzeitkonstante:	$T_{d0}' = 10\text{s}$ bzw. $T_d' = 1{,}364\text{s}$

Da ein Netzkurzschluss betrachtet wird, wird eine Fehlerreaktanz X_F bzw. x_F zwischen den Generatorklemmen und dem Fehlerort als Vielfaches der subtransienten Reaktanz x_d'' angenommen, bezogen auf die Generatorimpedanz Z_{rG}.

$$x_F = 10 \cdot x_d'' = 200\,\%$$

Aus diesen Werten lassen sich nach Abschn. 4.2.1.2 die relevanten Zeitkonstanten zur Bewertung der Gl. (5.44) bestimmen.

$$T_{dF}'' \approx T_d'' \cdot \frac{1 + \frac{x_F}{x_d''}}{1 + \frac{x_F}{x_d'}} = 43{,}04\text{ms} \qquad T_{dF}' \approx T_d' \cdot \frac{1 + \frac{x_F}{x_d'}}{1 + \frac{x_F}{x_d}} = 1{,}0363\text{s}$$

Unter Berücksichtigung eines Zeitraums für den Mindestschaltverzug von $t_{min} = 0{,}02$ bis 0,25 s können die folgenden Näherungen verwendet werden, Abschn. 10.2:

$$e^{-t_{\min}/T'_{\mathrm{dF}}} \sim 1 \quad \mathrm{e}^{-t/T''} \sim (1 - t/T'') \tag{5.45}$$

$$\mu \approx \left[\frac{X'_{\mathrm{d}} - X''_{\mathrm{d}}}{X'_{\mathrm{d}} + X_{\mathrm{F}}}\right] \cdot \mathrm{e}^{-t_{\min}/T''_{\mathrm{dF}}} + \frac{X''_{\mathrm{d}} + X_{\mathrm{F}}}{X'_{\mathrm{d}} + X_{\mathrm{F}}} \approx 1 - \frac{X'_{\mathrm{d}} - X''_{\mathrm{d}}}{X'_{\mathrm{d}} - X_{\mathrm{F}}} \cdot \frac{t}{T''} \tag{5.46}$$

Nach Gl. (10.10) lässt sich die Fehlerreaktanz X_{F} zur Vereinfachung durch Generatorgrößen darstellen. Für subtransiente Reaktanz x''_{d} kann auch geschrieben werden $I''_{\mathrm{kG}} / I_{\mathrm{rG}} = 1 / x''_{\mathrm{d}}$, so dass der Faktor μ nach Gl. (5.46) durch das Stromverhältnis ausgedrückt werden kann. Darüber hinaus beeinflusst noch die subtransiente Zeitkonstante T'' den Faktor μ. Nach [1] wird somit dieser Abklingvorgang vereinfachend durch den Faktor μ berücksichtigt. Hierbei stellt diese μ-Kurve die Einhüllende der tatsächlich, möglichen Ausschaltwechselströme von elektrischen Maschinen dar. Hiermit liegt das Ergebnis auf der sicheren Seite, da die maximalen Ströme für die Dimensionierung der Schaltgeräte notwendig sind. Aus diesem Grunde ist es stets wahrscheinlich, dass z. B. der tatsächliche Ausschaltstrom eines konkreten Generators geringer sein sollte als der mit Hilfe des μ-Faktors berechnete.Für den Ausschaltwechselstrom des Generators I_{bG} ergibt sich dann:

$$I_{\mathrm{bG}} = \mu \cdot I''_{\mathrm{kG}} \tag{5.47}$$

Der Faktor μ bestimmt sich nach den Gl. (5.48–5.51), indem die Abhängigkeit des Faktors μ als Funktion des Stromverhältnisses $I''_{\mathrm{kG}} / I_{\mathrm{rG}}$ angegeben wird [1, 5].

$$\mu = 0{,}84 + 0{,}26 \cdot \mathrm{e}^{-0{,}26 I''_{\mathrm{kG}}/I_{\mathrm{rG}}} \qquad t_{\min} = 0{,}02\mathrm{s} \tag{5.48}$$

$$\mu = 0{,}71 + 0{,}51 \cdot \mathrm{e}^{-0{,}30 I''_{\mathrm{kG}}/I_{\mathrm{rG}}} \qquad t_{\min} = 0{,}05\mathrm{s} \tag{5.49}$$

$$\mu = 0{,}62 + 0{,}72 \cdot \mathrm{e}^{-0{,}32 I''_{\mathrm{kG}}/I_{\mathrm{rG}}} \qquad t_{\min} = 0{,}10\mathrm{s} \tag{5.50}$$

$$\mu = 0{,}56 + 0{,}94 \cdot \mathrm{e}^{-0{,}38 I''_{\mathrm{kG}}/I_{\mathrm{rG}}} \qquad t_{\min} = 0{,}25\mathrm{s} \tag{5.51}$$

Die μ-Kurven werden in Abhängigkeit vom Mindestschaltverzug $t_{\min}$ angegeben. Hiermit wird die Zeit zwischen Kurzschlusseintritt und Öffnung der Kontakte des Leistungsschalters bezeichnet. Bei der Anwendung der Gleichungen zur Berechnung der μ-Kurven, Gl. (5.48) bis (5.51), ist darauf zu achten, dass für Werte $I''_{\mathrm{kG}}/I_{\mathrm{rG}} \leq 2$ stets der Wert $\mu = 1$ einzusetzen ist. Aus dieser Grenze lässt sich auch die Definition für einen generatorfernen Kurzschluss nach Abschn. 3.5 ableiten, dass in diesem Fall keine Synchronmaschine einen Kurzschlussstrom liefert, der den zweifachen Wert des Bemessungsstroms überschreitet.

Der Faktor μ wird auch zur Berechnung des Ausschaltstroms von Asynchronmaschinen verwendet. Zusätzlich wird jedoch der Faktor q nach den Gl. (5.53) bis (5.56) eingeführt, da der Kurzschlussstrom der Asynchronmaschine schneller abklingt als der Kurzschlussstrom einer Synchronmaschine. Der Grund ist, dass die Erregung von der Motorklemme genommen wird, während es sich bei einer Synchronmaschine um eine Fremderregung handelt. Aus diesem Grund gilt für den Ausschaltwechselstrom von Motoren:

$$I_{\mathrm{bM}} = q \cdot \mu \cdot I''_{\mathrm{kM}} \tag{5.52}$$

Der Faktor q kann den Gl. (5.53) bis (5.56) entnommen werden. Die Faktoren werden in Abhängigkeit der Bemessungswirkleistung pro Polpaarzahl $P_{\mathrm{rM}}/p = m$ angegeben [1, 5].

$$q = 1{,}03 + 0{,}12 \cdot \ln(m) \qquad \text{bei}\, t_{\min} = 0{,}02\,\mathrm{s} \tag{5.53}$$

$$q = 0{,}79 + 0{,}12 \cdot \ln(m) \qquad \text{bei}\, t_{\min} = 0{,}05\,\mathrm{s} \tag{5.54}$$

$$q = 0{,}57 + 0{,}12 \cdot \ln(m) \qquad \text{bei}\, t_{\min} = 0{,}10\,\mathrm{s} \tag{5.55}$$

$$q = 0{,}26 + 0{,}10 \cdot \ln(m) \qquad \text{bei}\, t_{\min} \geq 0{,}25\,\mathrm{s} \tag{5.56}$$

Der Faktor q berücksichtigt nicht einen beliebigen Kurzschlussort, sondern er ist unabhängig davon für Asynchronmotoren bei der Berechnung des Ausschaltwechselstroms einzusetzen. Im Allgemeinen ist der Strombeitrag von der Restspannung an den Klemmen bei einem Kurzschluss abhängig, so dass bei einem Netzkurzschluss der relative Beitrag der Asynchronmotoren zum Ausschaltwechselstrom größer als bei einem Klemmenkurzschluss ist. In der VDE-Bestimmung [10] wurde dieses Verhalten durch zwei q-Kurven (a, b) für jeden Mindestschaltverzug berücksichtigt. Ab 1971 [11] wird auf die Unterscheidung Klemmen – Netzkurzschluss verzichtet, indem ein mittlerer Wert zwischen den beiden q-Kurven gewählt wird. Tab. 5.2 zeigt die Werte für einen Mindestschaltverzug von $t_{\min} = 0{,}1$ s.

Die Werte nach [1] sind zwar für den Netzkurzschluss kleiner im Vergleich zu [10], so dass der Betrag auf der unsicheren Seite liegt, jedoch ist in diesen Fällen der absolute Stromwert der Asynchronmotoren bezogen auf den Summenkurzschlussstrom im Netz gering, so dass die Abweichung unter 5 % liegen sollte. Darüber hinaus ist die Unterscheidung Klemmenkurzschluss – Netzkurzschluss in einer Berechnung nur schwierig umzusetzen.

Die Berechnung des Ausschaltwechselstroms nach Gl. (5.52) bzw. (5.58) setzt voraus, dass die Beiträge der Motoren und Generatoren zum Kurzschlussstrom bei generatornahen Kurzschlüssen während der Kurzschlussdauer abnehmen und sich nicht gegenseitig

Tab. 5.2 q-Faktor für $t_{\min} = 0{,}1$ s für Netz- und Klemmenkurzschlüsse

P_{rM}/p		q_{62}	
MW	q_{16}	a	b
0,1	0,29	0,26	0,43
0,4	0,46	0,42	0,57
1,0	0,57	0,53	0,67
4,0	0,74	0,69	0,80

q_{16} q-Faktor nach VDE 0102, 2016 [1]
q_{62} q-Faktor nach VDE 0102, 1962 [10]
a Klemmenkurzschluss
b Netzkurzschluss

beeinflussen. Im Gegensatz hierzu wird ein paralleler Netzanteil $I_{bQ} = I''_{kQ}$ im betrachteten Zeitbereich als konstant angenommen, so dass für den Summenausschaltwechselstrom $\underline{I}_b$ gilt:

$$I_b = I_{bM} + I_{bG} + I''_{kQ} \qquad \text{bzw.} \tag{5.57}$$

$$I_b = \mu_M \cdot q_M \cdot I''_{kM} + \mu_G \cdot I''_{kG} + I''_{kQ} \tag{5.58}$$

Mit

I''_{kM} Anfangs-Kurzschlusswechselstrom der Motoren
I''_{kG} Anfangs-Kurzschlusswechselstrom der Generatoren
I''_{kQ} Anfangs-Kurzschlusswechselstrom der Netzeinspeisung

Die Berechnung des Ausschaltwechselstroms nach Gl. (5.58) gilt jedoch nur dann, wenn die einzelnen Teilkurzschlussströme während der gesamten Kurzschlussdauer entkoppelt sind. Das bedeutet für das Beispiel nach Abb. 5.7, dass eine gegenseitige Beeinflussung zwischen dem Generatoranteil und dem Netzanteil stattfindet, da der Fehler F sich nicht direkt an der 6-kV-Sammelschiene befindet und somit keine mehrseitig einfache Einspeisung vorliegt.

Für das vermaschte Netze nach Abb. 5.7 ist die Ermittlung des Ausschaltwechselstroms nach Gl. (5.59) erforderlich, da in diesen Fällen eine Berechnung nach den Gl. (5.57) und (5.58) nicht möglich ist. Die Ableitung der Gl. (5.59) nach [12] ist ausführlich in Kap. 10 dargestellt und beruht auf die Berücksichtigung der Anfangs-Spannungsdifferenzen $\Delta\underline{U}''$ der angeschlossenen Generatoren und Motoren.

$$\underline{I}_b = \underline{I}''_k - \sum_i \frac{\Delta\underline{U}''_{Gi}}{cU_n/\sqrt{3}} \cdot (1-\mu_i) \cdot \underline{I}''_{kGi} - \sum_j \frac{\Delta\underline{U}''_{Mi}}{cU_n/\sqrt{3}} \cdot \left(1-\mu_j q_j\right) \cdot \underline{I}''_{kMj} \tag{5.59}$$

Mit

$$\Delta\underline{U}''_{Gi} = \mathrm{j}X''_{di} \cdot \underline{I}''_{kGi} \tag{5.60}$$

$$\Delta\underline{U}''_{Mi} = \mathrm{j}X''_{Mj} \cdot I''_{kMj} \tag{5.61}$$

Dabei sind

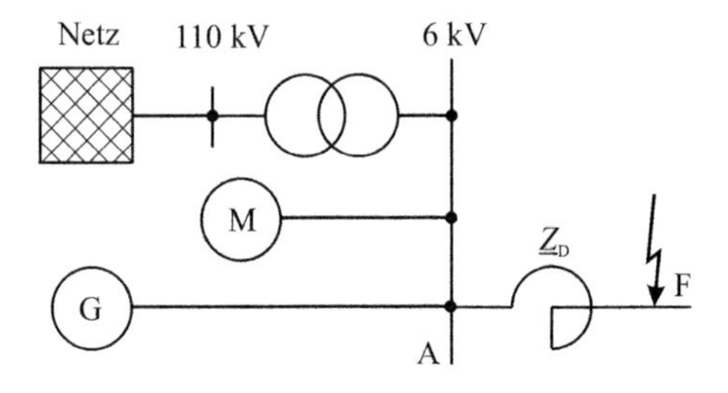

Abb. 5.7 Berechnung des Ausschaltwechselstroms I_b bei einem dreipoligen Kurzschluss hinter einer gemeinsamen Impedanz $\underline{Z}_D$

$cU_n / \sqrt{3}$	Ersatzspannungsquelle an der Fehlerstelle
$\underline{I}_k'', \underline{I}_b$	Anfangs-Kurzschlusswechselstrom und Ausschaltwechselstrom unter Berücksichtigung aller Netzeinspeisungen, Generatoren und Motoren
$\Delta\underline{U}_{Gi}'', \Delta\underline{U}_{Mj}''$	Anfangs-Spannungsdifferenzen am Anschlusspunkt der Synchronmaschinen i und der Asynchronmotoren j
$\underline{I}_{kGi}'', \underline{I}_{kMj}''$	Teilkurzschlussströme der Synchronmaschinen i und der Asynchronmotoren j

In Gl. (5.59) ist zur Vereinfachung ausschließlich das Abklingverhalten von Synchronmaschinen und Asynchronmotoren berücksichtigt, in [1] sind auch Kraftwerkseinspeisungen und Windparks (Asynchrongenerator, doppeltgespeister Asynchrongenerator) enthalten, so dass auch in diesen Fällen das Abklingverhalten gemäß Gl. (5.59) zu berücksichtigen ist.

Falls eine Berechnung nach der Gl. (5.59) nicht möglich oder zu aufwendig erscheint, gilt für den Ausschaltwechselstrom in vermaschten Netzen:

$$I_b = I_k'' \tag{5.62}$$

Dieses bedeutet, dass das Ergebnis in jedem Fall auf der sicheren Seite liegt, da ein Abklingen der Wechselstromkomponente des Kurzschlussstroms nicht berücksichtigt wird.

Nach [1] wird in vermaschten Netzen ausschließlich der Summenwert des Ausschaltwechselstroms ermittelt und nicht die Teilströme. Für die Auslegung der Schaltgeräte ist im Prinzip ausschließlich der Strom maßgebend, der durch das Schaltgeräte unterbrochen wird. Dieses bedeutet im Allgemeinen, dass der maximale Ausschaltwechselstrom der Schaltgeräte kleiner gleich dem Summenstrom, z. B. an der Sammelschiene, ist. Da die Betriebsmittel nur in definierten Bemessungswerten (31,5 kA, 40 kA) zur Verfügung stehen, ist es durchaus angebracht, gleiche Schaltgeräte für alle Abgänge einer Sammelschiene zu nehmen. Zusätzlich ist ein Austausch zwischen verschiedenen Einbauorten uneingeschränkt möglich.

5.6.2 Verfahren zur Berechnung des asymmetrischen Ausschaltwechselstroms

Während in den Gl. (5.46) und (5.51) ausschließlich der Wechselstromanteil des Ausschaltstroms ermittelt wird, ist für die Auslegung von Leistungsschaltern auch die Berücksichtigung des Gleichstromanteils notwendig, da hierdurch eine Verlagerung des Kurzschlussstroms hervorgerufen wird und eine höhere Lichtbogenenergie bei einer Ausschaltung entsteht. Ausgangspunkt hierbei ist die Berechnung des Gleichstromanteils im Kurzschlussstromverlauf, der nach Gl. (5.63) bestimmt wird.

$$i_{\mathrm{DC}} = \sqrt{2} \cdot I_{\mathrm{k}}^{"} \cdot \mathrm{e}^{-2\pi \cdot f \cdot t \cdot R/X} \tag{5.63}$$

Mit

$I_{\mathrm{k}}^{"}$ Anfangs-Kurzschlusswechselstrom,
f Betriebsfrequenz,
R/X Verhältnis der Kurzschlussbahn an der Fehlerstelle,
t Zeitpunkt der Berechnung des Gleichstromglieds.

Für die Resistanz ist stets der tatsächliche Wirkwiderstand der Kurzschlussstrombahn zu verwenden und nicht der fiktive Widerstand, wie dieses beispielhaft bei Synchrongeneratoren der Fall ist (Unterschied zwischen R_{G} und R_{GF}). Das R/X-Verhältnis wird aus der Impedanz an der Fehlerstelle ermittelt.

Der asymmetrische Ausschaltwechselstrom berechnet sich dann nach Gl. (5.64).

$$I_{\mathrm{b(asym)}} = \sqrt{I_{\mathrm{b}}^{2} + i_{\mathrm{DC}}^{2}} = I_{\mathrm{b}} \cdot \sqrt{1 + \left(\frac{i_{\mathrm{DC}}}{I_{\mathrm{b}}}\right)^{2}} \tag{5.64}$$

$I_{\mathrm{b(asym)}}$ asymmetrischer Ausschaltstrom (Effektivwert)
I_{b} Ausschaltwechselstrom (Effektivwert) nach (5.47) bzw. (5.47)
i_{DC} Gleichstromanteil des Ausschaltstroms nach Gl. (5.63).

5.7 Dauerkurzschlussstrom

Der Dauerkurzschlussstrom I_{k} stellt sich nach Abklingen der subtransienten und transienten Vorgänge in den elektrischen Maschinen ein und ist weniger genau zu berechnen als der Anfangs-Kurzschlusswechselstrom $I_{\mathrm{k}}^{"}$ und der Ausschaltwechselstrom I_{b}. Aus diesem Grund sollte die Berechnung des Dauerkurzschlussstroms als eine Abschätzung angesehen werden. Zusätzlich zu den bereits beschriebenen Einflüssen, die sich auf die Berechnung des Ausschaltwechselstroms auswirken, werden die folgenden Punkte für die Berechnung des Dauerkurzschlussstroms bedeutsam:

- die gesättigte synchrone Reaktanz in der Längsachse,
- die Eisensättigung, insbesondere im Rotor,
- die Wirksamkeit der Spannungsregelung der Generatoren,
- die höchste mögliche Erregerspannung U_{fmax}.

Grundsätzlich ist bei der Berechnung des Dauerkurzschlussstroms zwischen zwei verschiedenen Netztopologien zu unterscheiden, die auch einen Einfluss auf die rechnerische Ermittlung des Dauerkurzschlussstroms haben. Dieses sind:

- Inselnetz mit nur einer Synchronmaschine bzw. mehrfache Einspeisungen in einem nicht vermaschten Netz
- Maschennetz mit mehreren Synchronmaschinen bzw. Netzeinspeisungen.

Im Folgenden wird in den Abschn. 5.7.1 und 5.7.3 zwischen diesen Möglichkeiten unterschieden.

5.7.1 Inselnetz mit einer Synchronmaschine bzw. mehrfache Einspeisungen in einem nicht vermaschten Netz

In diesem Fall wird der Dauerkurzschlussstrom in einem Netz ermittelt, das nur von einer Synchronmaschine eingespeist wird. Bei der Dauerkurzschlussstromberechnung wird zwischen einem minimalen und maximalen Strom unterschieden:

$$I_{\text{kmax}} = \lambda_{\text{max}} \cdot I_{\text{rG}} \tag{5.65}$$

$$I_{\text{kmin}} = \lambda_{\text{min}} \cdot I_{\text{rG}} \tag{5.66}$$

Mit

I_{rG} Bemessungsstrom des Generators
λ Faktoren nach der VDE-Bestimmung [1]

Da sich Turbogeneratoren und Schenkelpolgeneratoren in der Größe der synchronen Reaktanzen X_d merklich unterscheiden und auch mit unterschiedlichen Erregungseinrichtungen ausgerüstet werden ($u_{\text{fmax}} = U_{\text{fmax}}/U_{\text{fr}}$ ist unterschiedlich), ergeben sich verschiedene Werte zur Ermittlung der Faktoren λ. Die Faktoren λ sind in [1] für unterschiedliche Generatortypen und Erregungen aufgeführt.

5.7.2 Beispiel: Einseitige bzw. mehrseitig einfache Einspeisung

Für die Berechnung des Dauerkurzschlussstroms einer Synchronmaschine wird angenommen, dass bei einem Fehler in F1 nach Abb. 5.8 ausschließlich das Kraftwerk auf die 380-kV-Sammelschiene einspeist. Die Netzeinspeisung bleibt vorerst unberücksichtigt.

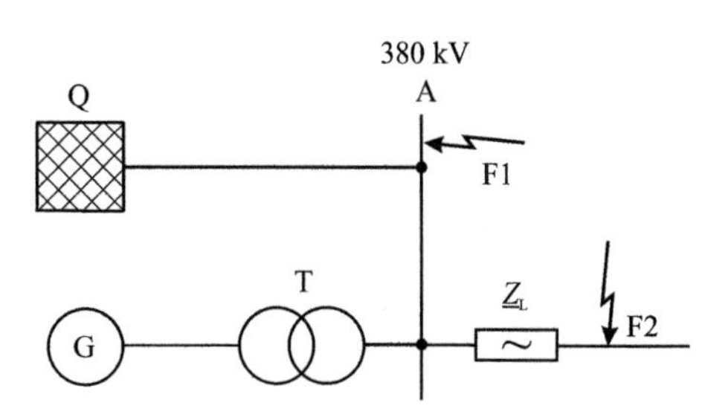

Abb. 5.8 Ersatzschaltplan zur Bestimmung des Stromverlaufs bei einem dreipoligen Kurzschluss bei Parallelbetrieb von Generator und Netz

Für das Kraftwerk werden folgende Daten angenommen:

1. Generator G: $S_{rG} = 940$ MVA $U_{rG} = 27$ kV

$x_d'' = 23\,\%$ $R_{Gf} = 0{,}05 \cdot X_d''$

$u_{fmax} = 1{,}3$ $x_d = 2{,}0$ p.u.

$\sin\varphi_{rG} = 0{,}8$

2. Transformator T: $S_{rT} = 850$ MVA $t_r = 420$ kV/27 kV

$u_{kr} = 17\,\%$ $u_{Rr} = 0{,}4\,\%$

Der Kraftwerksblock verfügt über einen Transformator mit einem Stufenschalter, so dass im Einzelnen das Verfahren nach Abschn. 4.3.1 anzuwenden ist. Die einzelnen Impedanzen berechnen sich aus den angegebenen Daten zu:

Generator G:

$$X_d'' = \frac{x_d''}{100\,\%} \cdot \frac{U_{rG}^2}{S_{rG}} = 0{,}23 \cdot \frac{(27\ \text{kV})^2}{940\ \text{MVA}} = 178{,}4\ \text{m}\Omega \qquad R_{GF} = 0{,}05 \cdot X_d'' = 8{,}9\ \text{m}\Omega$$

Transformator T:

$$Z_{TOS} = \frac{u_{kr}}{100\,\%} \cdot \frac{U_{rT}^2}{S_{rT}} = 0{,}17 \cdot \frac{(420\ \text{kV})^2}{850\ \text{MVA}} = 35{,}28\ \Omega$$

$$R_{TOS} = \frac{u_{Rr}}{100\,\%} \cdot \frac{U_{rT}^2}{S_{rT}} = 0{,}004 \cdot \frac{(420\ \text{kV})^2}{850\ \text{MVA}} = 830{,}1\ \text{m}\Omega$$

$$X_{TOS} = \sqrt{Z_{TOS}^2 - R_{TOS}^2} = 35{,}27\ \Omega$$

Für den Korrekturfaktor des Kraftwerksblocks gilt nach Gl. (4.50):

$$K_S = \frac{U_{nQ}^2}{U_{rG}^2} \cdot \frac{U_{rTUS}^2}{U_{rTOS}^2} \cdot \frac{c_{max}}{1 + \left|x_d'' - x_T\right| \cdot \sqrt{1 - \cos^2 \varphi_{rG}}} =$$

$$\left(\frac{380\ \text{kV}}{27\ \text{kV}}\right)^2 \left(\frac{27\ \text{kV}}{420\ \text{kV}}\right)^2 \frac{1{,}1}{1 + \left|0{,}23 - 0{,}17\right| \cdot 0{,}8} = 0{,}8592$$

Die Impedanz des Kraftwerksblocks, bezogen auf die OS-Seite, bestimmt sich zu:

$$\underline{Z}_S = K_S \cdot \left(t_r^2 \cdot \underline{Z}_G + \underline{Z}_{TOS}\right) = 0{,}8592 \cdot \left[\left(\frac{420}{27}\right)^2 \cdot (8{,}9 + \text{j}178{,}4)\ \text{m}\Omega + (0{,}83 + \text{j}35{,}27)\ \Omega\right]$$

$$= (2{,}56 + \text{j}67{,}40)\ \Omega$$

Der dreipolige Kurzschlussstrom auf der OS-Seite des Blocktransformators wird unter Berücksichtigung der Gl. (5.1) gebildet:

$$\underline{I}_{kS}'' = \frac{cU_{nQ}/\sqrt{3}}{\underline{Z}_S} = \frac{1{,}1 \cdot 380\ \text{kV}/\sqrt{3}}{(2{,}56 + j67{,}40)\ \Omega} = (0{,}14 - j3{,}58)\ \text{kA} \qquad \Rightarrow I_k'' = 3{,}58\ \text{kA}$$

Zur Ermittlung des Dauerkurzschlussstroms der Synchronmaschine mit Hilfe der λ-Faktoren ist das Verhältnis I_{kG}'' / I_{rG} zu bestimmen. Für den Bemessungsstrom des Generators gilt:

$$I_{rG} = \frac{S_{rG}}{\sqrt{3} \cdot U_{rG}} \cdot \frac{1}{t_r} = \frac{940\ \text{MVA}}{\sqrt{3} \cdot 27\ \text{kV}} \cdot \frac{1}{420/27} = 1{,}29\ \text{kA}\ (\text{OS} - \text{Seite})$$

Bei einem Anfangs-Kurzschlusswechselstrom von $I_k'' = 3{,}58$ kA ermittelt sich ein Strom-Verhältnis von:

$$\frac{I_{kG}''}{I_{rG}} = \frac{3{,}58\ \text{kA}}{1{,}29\ \text{kA}} = 2{,}78$$

Hieraus folgt nach [1]: $\lambda_{max} = 1{,}55$ und $\lambda_{min} = 0{,}45$

Für den minimalen und maximalen dreipoligen Dauerkurzschlussstrom ergibt sich dann

$$I_{kmax} = 1{,}55 \cdot 1{,}29\ \text{kA} = 2{,}0\ \text{kA} \qquad I_{kmin} = 0{,}45 \cdot 1{,}29\ \text{kA} = 0{,}58\ \text{kA}$$

Erfolgt die Berechnung des Dauerkurzschlussstroms nach Abb. 5.8 für die Fehlerstelle F1, unter Berücksichtigung der Netzeinspeisung, so gilt für die mehrseitig einfache Einspeisung in einem nicht vermaschten Netz folgende Beziehung für den Dauerkurzschlussstrom:

$$I_k = \lambda \cdot I_{rG} + I_{kQ}'' = I_{kG} + I_{kQ}'' \tag{5.67}$$

Da sich in diesem Fall die einzelnen Anteile nicht gegenseitig beeinflussen, können die Teilkurzschlussströme addiert werden. Wenn für die Netzeinspeisung folgende Daten vorausgesetzt werden:

$$I_{kQ}'' = 15\ \text{kA} \qquad U_{nQ} = 380\ \text{kV} \quad R/X = 0{,}1$$

ergibt sich für den gesamten maximalen Dauerkurzschlussstrom i_{kmax}:

$$I_{kmax} = 2{,}0\ \text{kA} + 15{,}0\ \text{kA} = 17{,}0\ \text{kA}.$$

5.7.3 Maschennetz mit Synchronmaschinen

In Maschennetzen oder in Netzen, in denen Synchronmaschinen über eine gemeinsame Impedanz auf einen Fehler einspeisen, ist eine einfache Berechnung des Dauerkurzschlussstroms entsprechend Abschn. 5.7.1 nicht möglich, wie das folgende Beispiel zeigt.

Gemäß Abb. 5.8 speist ein 940-MVA-Kraftwerksblock parallel zu einem 380-kV-Netz auf die Kurzschlussstelle F2. Im Gegensatz zum Kurzschlussort F1, liegt beim Kurzschlussort F2 zwischen der Kurzschlussstelle und der Sammelschiene A eine gemeinsame Impedanz $\underline{Z}_L$.

Bei einem Kurzschluss an der Kurzschlussstelle F1 enthält der Summenstrom (Abb. 5.9c) nach einem Zeitbereich $t \geq 0{,}5$ s Schwebungen, während die einzelnen Teilkurzschlussströme (Abb. 5.9a–b) den erwarteten, unbeeinflussten Verlauf zeigen. Im Gegensatz hierzu enthalten bei einem Kurzschluss in F2 sämtliche Ströme überlagerte Schwebungen, die jedoch erst nach einer Zeit von $t > 1$ s auftreten. Die Abb. 5.9 und 5.10 zeigen die transienten Stromverläufe (qualitativ).

Durch den Kurzschlusseintritt wird der Generator aufgrund seiner fehlenden Wirkleistungsabgabe beschleunigt, was sich in einer Erhöhung der Drehzahl und der Frequenz auswirkt. Der Generator läuft somit asynchron mit dem Netz. Im Gegensatz hierzu behält der Netzanteil seine konstante Frequenz, so dass sich der Summenstrom aus zwei Teilströmen mit zwei unterschiedlichen Frequenzen zusammensetzt. Für die Teilkurzschlussströme gilt, wenn ausschließlich die Reaktanzen betrachtet werden:

$$i_{kQ}(\mathrm{t}) = \frac{\sqrt{2} \cdot cU_n / \sqrt{3}}{X_Q} \cdot \sin(\omega t) \tag{5.68}$$

$$i_{kG}(t) = \frac{\sqrt{2} \cdot cU_n / \sqrt{3}}{X_S} \cdot \sin(\omega t + \Delta\omega(t) \cdot t) \tag{5.69}$$

Für den Summenstrom folgt daraus:

$$i_k(t) = \frac{\sqrt{2} \cdot cU_n / \sqrt{3}}{X_{KW} \cdot X_Q} \cdot \left[X_{KW} \cdot \sin(\omega t) + X_Q \cdot \sin(\omega t + \Delta\omega(t) \cdot t) \right] \tag{5.70}$$

Die Minima und Maxima der Schwebung bestimmen sich zu

$$i_{kmax} = \frac{X_Q + X_{KW}}{X_Q \cdot X_{KW}} \cdot \sqrt{2} \cdot cU_n / \sqrt{3} \tag{5.71}$$

$$i_{kmin} = \frac{X_Q - X_{KW}}{X_Q \cdot X_{KW}} \cdot \sqrt{2} \cdot cU_n / \sqrt{3} \tag{5.72}$$

Es zeigt sich, dass der Summenstrom nach Gl. (5.71) aus der Überlagerung zweier Anteile unterschiedlicher Frequenz bestimmt wird. Die Addition kann hierbei durch eine Sinusfunktion ausgedrückt werden, der eine Schwebung mit der Frequenz f_0 überlagert ist.

$$|f_0| = \frac{|\omega - \omega - \Delta\omega|}{2\pi} = \frac{\Delta\omega}{2\pi} \tag{5.73}$$

Anhand der dargestellten Stromverläufe ist erkennbar, dass eine Ermittlung des Dauerkurzschlussstroms bei generatornahen Kurzschlüssen in einem vermaschten Netz mit Hilfe der Faktoren λ nicht zu einem ausreichend genauen Ergebnis führt, wenn

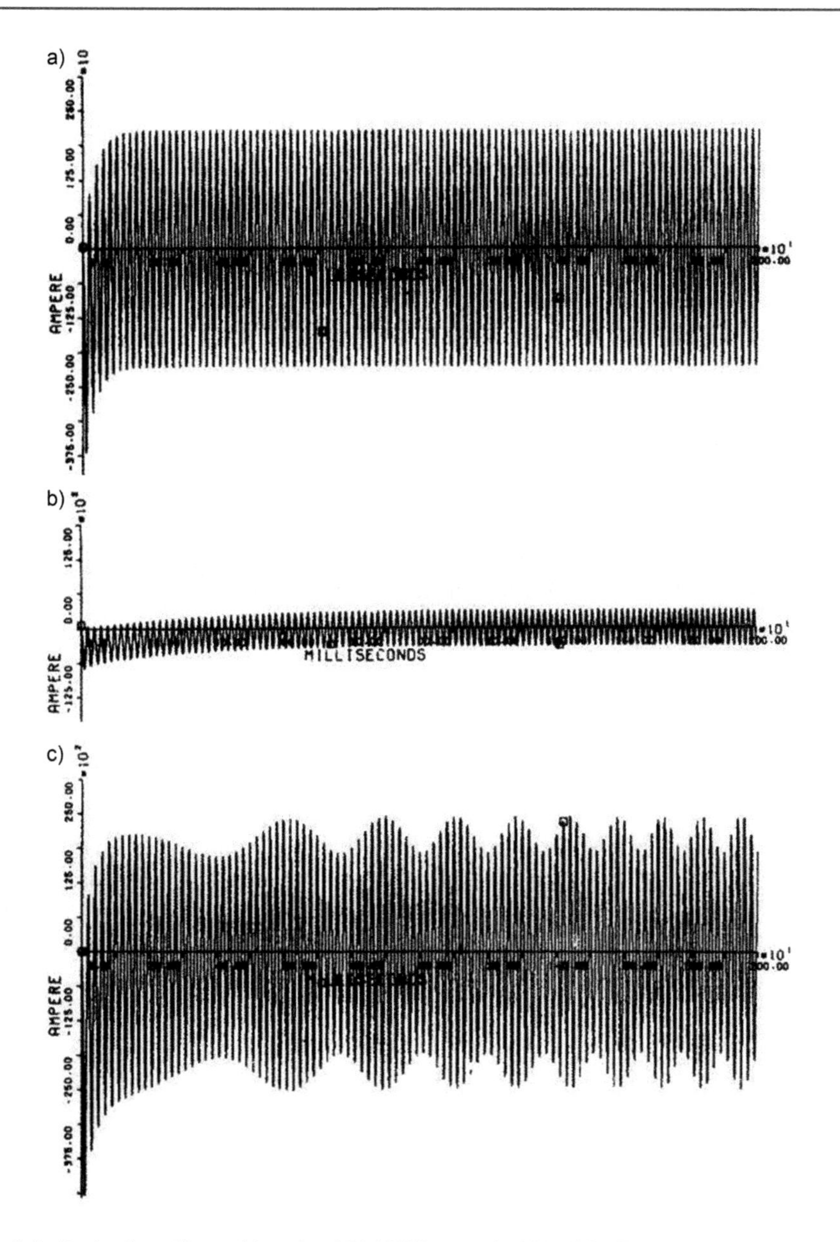

Abb. 5.9 Dreipoliger Kurzschluss im 380-kV-Netz nach Abb. 5.8, Kurzschlussstelle F1 [13]. a $i_{kQ}(t)$ Netzstrom. b $i_{kG}(t)$ Generatorstrom (Kraftwerk). c $i_k(t)$ Summenstrom

Generator und Netz parallel betrieben werden. Zusätzlich zu dem beschriebenen Effekt des Schwebungsvorgangs ist bei der Berechnung des Dauerkurzschlussstroms ein zusätzlicher Fehler zu erwarten, der durch die Vernachlässigung der Kopplung durch eine gemeinsame Impedanz eintritt, ähnlich den Vorgängen nach Abschn. 5.4, bei der Ermittlung des Ausschaltwechselstroms. Aus diesem Grund ist in vermaschten Netzen

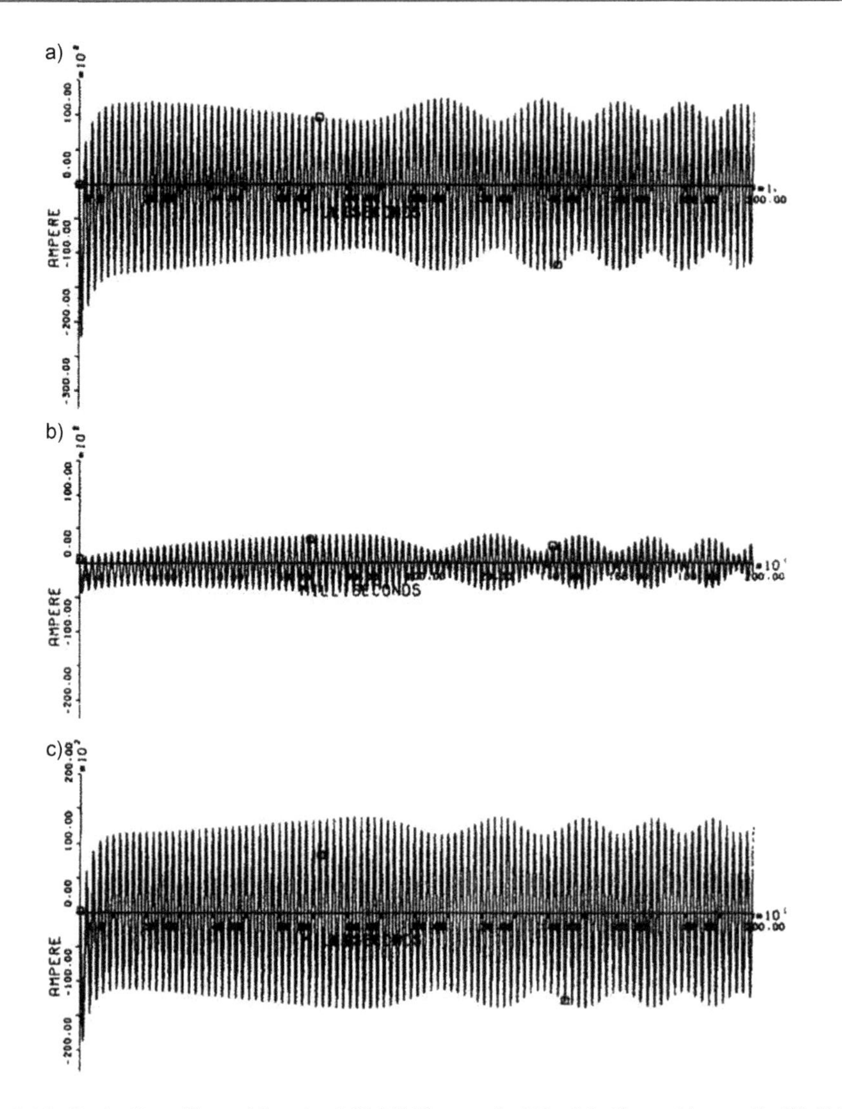

Abb. 5.10 Dreipoliger Kurzschluss im 380-kV-Netz nach Abb. 5.8, Kurzschlussstelle F2 [14]. a $i_{kQ}(t)$ Netzstrom. b $i_{kG}(t)$ Generatorstrom (Kraftwerk). c $i_k(t)$ Summenstrom

der Dauerkurzschlussstrom I_k mit Hilfe des Anfangs-Kurzschlusswechselstroms, jedoch ohne Motoren zu berechnen. In Netzen mit Motoreinspeisung ist somit eine zweite Kurzschlussstromberechnung durchzuführen.

Eine Berechnung des Dauerkurzschlussstroms in vermaschten Netzen bestimmt sich nach Gl. (5.74) und (5.75) zu:

$$\text{maximal:} \qquad I_{\text{kmax}} = I''_{\text{kmax}} \tag{5.74}$$

$$\text{minimal:} \qquad I_{\text{kmin}} = I''_{\text{kmin}} \tag{5.75}$$

Die Bestimmung des maximalen Anfangs-Kurzschlusswechselstroms I''_{kmax} erfolgt in diesem Fall ohne die Berücksichtigung von Motoren, da deren Beitrag zum Dauerkurzschlussstrom sehr schnell abgeklungen ist. Dieses bedeutet, dass der Anfangs-Kurzschlusswechselstrom zweimal zu berechnen ist. Im Gegensatz hierzu werden bei der Bestimmung des minimalen Kurzschlussstroms bei allen Kurzschlussarten die angeschlossenen Motoren nicht berücksichtigt.

5.7.4 Beitrag von Asynchronmaschinen

Asynchronmaschinen liefern nach [1] keinen Beitrag zum Dauerkurzschlussstrom bei einem dreipoligen Kurzschluss an den Motorklemmen, da als Folge des Spannungsfalls an den Motorklemmen die Erregung ausfällt, im Gegensatz zu unsymmetrischen Kurzschlüssen, Abschn. 12.4.

Ähnlich zu der Betrachtung nach Abschn. 5.6.2 ist grundsätzlich der Beitrag von Asynchronmaschinen auch beim dreipoligen Dauerkurzschluss im Netz eine Folge des Spannungsfalls an den Motorklemmen. Nach [15] hängt somit der Dauerkurzschlussstrom bei einem Netzfehler von der Restspannung U_{Rest} ab, so dass gilt:

$$I_{\text{kM}} \approx \frac{U_{\text{Rest}}}{U_{\text{n}}} \cdot I''_{\text{kM}} \tag{5.76}$$

Mit

U_{n} Netznennspannung
I''_{kM} Anfangs-Kurzschlusswechselstrom des Asynchronmotors bei einem Netzfehler

Aufgrund des geringen absoluten Beitrags zum Summenkurzschlussstrom kann der Motorbeitrag nach [1] vernachlässigt werden. Darüber hinaus kann die Berechnung des Dauerkurzschlussstroms als Folge des Regelverhaltens der Synchronmaschinen als eine Abschätzung angesehen werden.

5.8 Thermisch gleichwertiger Kurzschlussstrom

Die Berechnung des thermisch gleichwertigen Kurzschlussstroms ist für die thermische Auslegung der Betriebsmittel notwendig, wie dieses z. B. für die Dimensionierung der Kabel der Fall ist. Die Ableitung der Faktoren m und n nach [6] wird ausführlich in Kap. 11 dargestellt. Die grundlegende Idee zur Ermittlung des thermisch gleichwertigen Kurzschlussstroms besteht darin, jeden Kurzschlussstromverlauf, z. B. generatorfern mit Gleichstromverlagerung oder abklingenden Kurzschlussstrombeitrag einer Synchronmaschine, in einen Stromverlauf umzuwandeln, der ausschließlich aus einer konstanten Wechselstromkomponente besteht. Die Wärmewirkung dieses Stromverlaufs entspricht dann der Wärmewirkung des tatsächlichen Kurzschlussstroms während der vorgegebenen Kurzschlussdauer.

5.8.1 Berechnungsverfahren

Für die Berechnung des Stroms I_{th} gilt Gl. (5.77). Dieses bedeutet, dass der Anfangs-Kurzschlusswechselstrom mit Hilfe der Faktoren m und n, die der Wärmewirkung der Gleich- und Wechselstromkomponente entsprechen, als Ausgangswert genommen wird.

$$I_{\text{th}} = I_{\text{k}}'' \cdot \sqrt{m+n} \qquad \text{bzw.} \tag{5.77}$$

$$I_{\text{th}}^2 = \frac{1}{T_{\text{k}}} \int_0^{T_{\text{K}}} i^2(t)\,\text{dt} = \left(I_{\text{k}}''\right)^2 \cdot (m+n) \tag{5.78}$$

Mit

I_{k}'' Anfangs-Kurzschlusswechselstrom,
m Wärmewirkung der Gleichstromkomponente,
n Wärmewirkung der Wechselstromkomponente.

Die Faktoren m und n können den Gl. (5.79) bis (5.81) entnommen werden.

$$m = \frac{e^{4\cdot f\cdot T_{\text{k}}\cdot\ln(\kappa-1)} - 1}{2\cdot f\cdot T_{\text{k}}\cdot\ln(\kappa-1)} \tag{5.79}$$

Bei der Ermittlung der n-Kurven ist zwischen zwei verschiedenen Stromverhältnissen $I_{\text{k}}'' / I_{\text{k}}$ zu unterscheiden, da die ausführliche Gl. (5.82) nicht den physikalisch sinnvollen Verlauf nach Gl. (5.81) liefert.

$$\text{für}\,\frac{I_{\text{k}}''}{I_{\text{k}}} = 1 \qquad \Rightarrow n = 1 \tag{5.80}$$

$$\text{für}\,\frac{I_{\text{k}}''}{I_{\text{k}}} \geq 1{,}25 \qquad \Rightarrow$$

$$n = \frac{1}{\left(I_k'' / I_k\right)^2} \cdot \left\{ \begin{aligned} & 1 + \left(\frac{I_k''}{I_k} - \frac{I_k'}{I_k}\right)^2 \cdot \frac{T_d'}{20 \cdot T_k} \cdot \left(1 - e^{-20 \cdot T_k / T_d'}\right) + \left(\frac{I_k'}{I_k} - 1\right)^2 \cdot \frac{T_d'}{2 \cdot T_k} \cdot \left(1 - e^{-2 \cdot T_k / T_d'}\right) \\ & + \left(\frac{I_k''}{I_k} - \frac{I_k'}{I_k}\right) \cdot \frac{T_d'}{5 \cdot T_k} \cdot \left(1 - e^{-10 \cdot T_k / T_d'}\right) + \left(\frac{I_k'}{I_k} - 1\right) \cdot 2 \cdot \frac{T_d'}{T_k} \cdot \left(1 - e^{-T_k / T_d'}\right) \\ & + \left(\frac{I_k''}{I_k} - \frac{I_k'}{I_k}\right) \cdot \left(\frac{I_k'}{I_k} - 1\right) \cdot \frac{T_d'}{5,5 \cdot T_k} \cdot \left(1 - e^{-11 \cdot T_k / T_d'}\right) \end{aligned} \right\} \quad (5.81)$$

Mit

$$\frac{I_k'}{I_k} = \frac{I_k'' / I_k}{0,88 + 0,17 \cdot I_k'' / I_k} \qquad T_d' \approx \frac{3,1\text{s}}{I_k' / I_k} \quad (5.82)$$

Für die thermische Kurzschlussfestigkeit von Stromleitern gilt Gl. (5.83) für den Fall, dass die Kurzschlussdauer von dem Bemessungswert $T_{kr} = 1$ s abweicht. Hierbei wird im Allgemeinen mit einem Wert von $\eta = 1$ gerechnet, dieses bedeutet, dass während der Kurzschlussdauer T_k keine Wärmeenergie abgestrahlt wird, so dass die Ergebnisse auf der sicheren Seite liegen.

$$S_{th} = S_{thr} \cdot \sqrt{\frac{T_{kr}}{T_k}} \cdot \frac{1}{\eta} \quad (5.83)$$

Mit

S_{thr} Bemessungs-Kurzzeitstromdichte,
S_{th} Kurzzeitstromdichte bei einer Kurzschlussdauer T_k,
T_{kr} Bemessungs-Kurzschlussdauer (= 1 s),
η Faktor zur Berücksichtigung der Wärmeabgabe während der Kurz-schlussdauer, adiabatisch: $\eta = 1$.

Die Anwendung des thermisch gleichwertigen Kurzschlussstroms ist dann von Bedeutung, wenn in Abhängigkeit des Kurzschlussstromverlaufs der erforderliche Kabelquerschnitt oder aber die Schutzzeit festgelegt werden muss.

5.8.2 Beispiel

Im Folgenden wird der notwendige Querschnitt eines Kabels unter folgenden Randbedingungen ermittelt:

$I_k'' = 40$ kA $\qquad \kappa = 1,8 \qquad I_k'' / I_k = 2 \qquad T_k = 0,5s$

Die zulässige Kurzzeitstromdichte S_{thr} eines VPE-Kabels bei einer Betriebstemperatur von $\vartheta_B = 90$ °C und einer Kurzschlussendtemperatur von $\theta_B = 250$ °C beträgt bei einer Kurzschlussdauer $T_{kr} = 1$ s:

$$S_{thr} = 143\frac{A}{mm^2} \qquad \text{bei Cu-Leiter}$$

$$S_{thr} = 94\frac{A}{mm^2} \qquad \text{bei Al-Leiter}$$

Aus der Kurzschlussdauer $T_k = 0{,}5$ s und des Faktors $\kappa = 1{,}8$ bestimmt sich der Faktor m zu $m = 0{,}09$ nach Gl. (5.79). Für den Faktor n ergibt sich ein Wert von $n = 0{,}712$, Gl. (5.81), wenn ein Abklingen des Kurzschlusswechselstroms bzw. ein Kurzschlussstromverhältnis von $I_k'' / I_k = 2$ bei einer Kurzschlussdauer von $T_k = 0{,}5$ s berücksichtigt wird. Der Strom I_{th} ermittelt sich dann unter diesen Voraussetzungen zu:

$$I_{th} = 40\,\text{kA} \cdot \sqrt{0{,}09 + 0{,}712} = 35{,}82\,\text{kA}$$

Aus der Kurzschlussdauer T_k und den Bemessungswerten bestimmen sich die Kurzzeitstromdichten S_{th} bei $\eta = 1$ für die verschiedenen Materialien zu:

$$S_{th} = 143\,\frac{A}{mm^2} \cdot \sqrt{\frac{1}{0{,}5}} = 202{,}2\,\frac{A}{mm^2}\ (\text{Cu})$$

$$S_{th} = 94\,\frac{A}{mm^2} \cdot \sqrt{\frac{1}{0{,}5}} = 132{,}9\,\frac{A}{mm^2}\ (\text{Al})$$

Für den erforderlichen Kabelquerschnitt F folgt hieraus:

$$F = \frac{I_{th}}{S_{th}} = \frac{35{,}82\ \text{kA}}{202{,}2\ \text{A}}\ \text{mm}^2 = 177{,}2\ \text{mm}^2\ (\text{Cu})$$

$$F = \frac{I_{th}}{S_{th}} = \frac{35{,}82\ \text{kA}}{132{,}9\ \text{A}}\ \text{mm}^2 = 269{,}5\ \text{mm}^2\ (\text{Al})$$

Eine Verringerung der Kabelquerschnitte kann durch eine kürzere Ausschaltzeit des Selektivschutzes erreicht werden. Die ermittelten Querschnitte sind auf jeden Fall mit der Querschnittdimensionierung basierend auf der Belastung durch den Betriebsstrom zu vergleichen. Der größere der beiden Querschnitte ist dann bei der Auswahl der Kabelquerschnitte maßgebend.

5.9 Unsymmetrische Kurzschlussströme

Während in den Abschn. 5.2, 5.3, 5.4, 5.5, 5.6, 5.7 und 5.8 ausschließlich der symmetrische, dreipolige Kurzschlussstrom betrachtet wird, zeigt Tab. 5.3 in Ergänzung zu Abschn. 3.3 die Berechnungsvorschriften für die Ströme bei ein- und zweipoligen Kurzschlussfehlern.

Bei der Ermittlung des Stoßfaktors κ kann stets der Wert für den dreipoligen Kurzschlussstrom genommen werden, was auf jeden Fall für den generatorfernen Fehler zutrifft. Während bei einem generatornahen Kurzschluss die Wechselstromkomponente im Gegensystem grundsätzlich verschieden vom Mitsystem abklingt, wirkt sich dieses jedoch im Zeitbereich $t < 10$ ms nicht wesentlich aus. Hierbei wird vorausgesetzt, dass das R/X-Verhältnis des Nullsystems größer ist als des Mitsystems, welches in Praxis der Fall sein dürfte, so dass im Prinzip gilt $\kappa_{1p} < \kappa_{3p}$. In diesen Fällen führt dann die Summe der Reihenschaltung aus Mit-, Gegen- und Nullimpedanz stets zu einem R/X-Verhältnis, was größer ist als das Verhältnis des Mitsystems und somit liegt das Ergebnis auf der sicheren Seite.

Bei der Berechnung des Ausschaltwechselstroms bei unsymmetrischen Kurzschlüssen, z. B. bei einem zweipoligen Kurzschluss, wirkt sich die Veränderung der Generatorreaktanz und damit der Zeitkonstanten während eines Kurzschlusses nur im Mitsystem aus. Dieses bedeutet, dass die Reaktanz eines Generators im Gegensystem als zusätzliche Fehlerreaktanz X_F nach Gl. (5.44) im Mitsystem angesehen werden kann. Aus diesem Grunde hatte die VDE-Bestimmung bis 1971 [11] bei der Darstellung des Faktors $\mu = f\left(I''_{k3G} / I_{rG}\right)$ auch die Achsenbezeichnung für den zweipoligen Kurzschluss $\mu = f\left(I''_{k2G} / I_{rG}\right)$, die um den $\sqrt{3}$-fachen Wert höher war, bei gleichen μ-Werten. Dieses bedeutet, dass bei einem Stromverhältnis von $I''_{k3G} / I_{rG} = 5$ und einem Mindestschaltverzug von $t_{min} = 0{,}1$ s sich nach Gl. (5.49) ein Wert von $\mu = 0{,}765$ ergibt, für den dreipoligen Kurzschluss. Dieser μ-

Tab. 5.3 Berechnung von unsymmetrischen Kurzschlussströmen (Stoß-, Ausschalt- und Dauerkurzschlussstrom)

Fehlerart	i_p	I_b	I_k
einpolig	$\kappa\sqrt{2} \cdot I''_{k1}$	I''_{k1}	I''_{k1}
zweipolig	$\kappa\sqrt{2} \cdot I''_{k2}$	I''_{k2}	I''_{k2}
zweipolig (E)	$\kappa\sqrt{2} \cdot I''_{k2E}$	I''_{k2E}	I''_{k2E}

i_p Stoßkurzschlussstrom
I_b Ausschaltwechselstrom
I_k Dauerkurzschlussstrom
κ Stoßfaktor für den dreipoligen Kurzschluss
I''_{k1}, I''_{k2}, I''_{k2E} Anfangs-Kurzschlusswechselströme nach Abschn. 3.3

Wert entspricht einem Verhältnis von $I''_{k2G} / I_{rG} = 8{,}660$. Nach Abschn. 3.3 gilt für den zweipoligen Kurzschlussstrom, bezogen auf den dreipoligen:

$$\frac{I''_{k2G}}{I_{rG}} = \frac{\sqrt{3}}{2} \cdot \frac{I''_{k3G}}{I_{rG}} \quad \rightarrow \quad \frac{I''_{k2G}}{I_{rG}} = \frac{\sqrt{3}}{2} \cdot 5 = 4{,}330$$

Hieraus ergibt sich nach [11] ein Wert für den zweipoligen Kurzschluss von $\mu = 0{,}906$. Somit bestimmen sich die Ausschaltwechselströme in Abhängigkeit der Fehlerfälle:

- Dreipolig:

$$\frac{I_{b3}}{I_{rG}} = 0{,}765 \cdot \frac{I''_{k3G}}{I_{rG}}$$

- Zweipolig:

$$\frac{I_{b2}}{I_{rG}} = 0{,}906 \cdot \frac{\sqrt{3}}{2} \cdot \frac{I''_{k3G}}{I_{rG}} = 0{,}784 \cdot \frac{I''_{k3G}}{I_{rG}}$$

Aus den Ergebnissen zeigt sich, dass die μ-Werte für den drei- und zweipoligen Kurzschluss nahezu identisch sind, wenn dieser Mindestschaltverzug angenommen wird. Ab der Ausgabe VDE 0102 (1990) [5] wurde die noch heute gültige Regelung [1] entsprechend Tab. 5.3 eingeführt. Wird das Ergebnis für den zweipoligen Ausschaltwechselstrom mit dem Anfangs-Kurzschlusswechselstrom vergleichen, so ergibt sich:

$$\text{VDE 0102}\,(1971)\,[11] \quad \frac{I_{b2}}{I_{rG}} = 0{,}784 \cdot \frac{I''_{k3G}}{I_{rG}}$$

$$\text{VDE 0102}\,(2016)\,[1] \quad \frac{I_{b2}}{I_{rG}} = \frac{\sqrt{3}}{2} \cdot \frac{I''_{k3G}}{I_{rG}} = 0{,}866 \cdot \frac{I''_{k3G}}{I_{rG}}$$

Die Annahme, dass nach Tab. 5.3 der Ausschaltwechselstrom gleich dem Anfangs-Kurzschlusswechselstrom ist, liegt somit auf der sicheren Seite. Dieses führt jedoch dazu, dass stellenweise der zweipolige Kurzschluss zu einem größeren Strom I_b führt als der dreipolige, welches nach den Messungen nach [15] auch für größere Mindestschaltverzüge ($t_{min} > 0{,}1$ s) festgestellt worden ist. Dieses bedeutet, dass für die Auslegung der Schaltgeräte bzw. der thermischen Festigkeit der Anlagen der zweipolige Kurzschluss für die Dimensionierung maßgebend ist.

In der Tab. 5.4 sind die Ausschaltströme für unterschiedliche Mindestschaltverzüge t_{min} für das dreipolige Kurzschlussstromverhältnis i''_{k3} und dem hieraus abgeleiteten zweipoli-

Tab. 5.4 Anfangs-Kurzschlusswechselströme I_k'' und Ausschaltwechselströme I_b bezogen auf den Bemessungsstrom I_{rG}, (drei-, zweipolig) in Abhängigkeit des Mindestschaltverzugs t_{min}

	Mindestschaltverzug/s			
Stromverhältnisse	0,02	0,05	0,10	0,25
i_{k3}''	5,00			
i_{b3}	4,55	4,12	3,83	3,50
i_{k2}''	4,33			
i_{b2} 1)	4,17	4,00	3,92	3,78
i_{b2} 2)	4,33			

1) Berechnung nach VDE 0102 (1971) [11]
2) Berechnung nach VDE 0102 (2016) [1]

gen Kurzschluss als Funktion der verschiedenen Berechnungsverfahren nach VDE aufgetragen.

Wenn unterstellt wird, dass die Berechnungsverfahren mit Hilfe der μ-Kurven für den drei- und zweipoligen Kurzschluss dem tatsächlichen Verlauf entsprechen, so können folgende Bemerkungen abgeleitet werden:

- Für Mindestschaltverzüge $t_{min} \geq 0{,}1$ s ist der zweipolige Ausschaltwechselstrom größer als der dreipolige [i_{b2} 1) > i_{b3}].
- Die Abschätzung i_{b2} 2) liegt stets auf der sicheren Seite, in diesem Fall mit ca. 10,5 % bei $t_{min} \geq 0{,}1$ s.

Auf das Verhalten von Asynchronmotoren bei unsymmetrischen Kurzschlüssen wird in dem Abschn. 12.4 gesondert eingegangen.

5.10 Fazit

In diesem Abschnitt werden die wesentlichen Grundlagen für die Berechnung der charakteristischen Kurzschlussströme aufgeführt. Hierbei wird besonders der Stoßkurzschlussstrom und der Ausschaltwechselstrom betrachtet, die für die mechanische Festigkeit von Anlagen bzw. für das Ausschaltvermögen der Schaltgeräte maßgeblich sind.

Während die Berechnung des Stoßkurzschlussstroms die Impedanzen der Kurzschlussbahn verantwortlich sind, werden für die Ermittlung des Ausschaltwechselstroms „maximale" Hüllkurven aus Messungen und Berechnungen verwendet. Es ist somit wahrscheinlich, dass aktuelle Generator- und Motordaten von diesen Hüllkurven abweichen. In der Regel sollten jedoch die μ- und q-Kurven eine Abschätzung sein, die auf der sicheren Seite liegt.

Literatur

1. DIN EN 60909-0 (VDE 0102):2016-12 (2016) Kurzschlussströme in Drehstromnetzen – Teil 0: Berechnung der Ströme. VDE, Berlin
2. DIN EN 60038 (VDE 0175-1):2012-04 (2012) CENELEC-Normspannungen. VDE, Berlin
3. DIN EN 60865-1 (VDE 0103):2012-09 (2012) Kurzschlussströme – Berechnung der Wirkung – Teil 1: Begriffe und Berechnungsverfahren. VDE, Berlin
4. Koglin H-J (1971) Der abklingende Gleichstrom beim Kurzschluß in Energieversorgungsnetzen. Diss. TH Darmstadt
5. DIN VDE 0102 (VDE 102):1990-1 (1990) Kurzschlussströme in Drehstromnetzen – Teil 0: Berechnung von Kurzschlussströmen in Drehstromnetzen. VDE, Berlin
6. Balzer G, Deter O (1985) Berechnung der thermischen Kurzschlußbeanspruchung von Starkstromanlagen mit Hilfe der Faktoren *m* und *n* nach DIN VDE 0103/2.82. etz-Archiv 7:287–290
7. Tsanaks D (1976):Beitrag zur Berechnung der elektromagnetischen Kurzschlusskräfte und der dynamischen Beanspruchung von Schaltanlagen. Diss. TH Darmstadt, D 17
8. DIN EN 60909-0 Beiblatt 3:2003-07; VDE 0102 Beiblatt 3:2003-07 (2003) Kurzschlussströme in Drehstromnetzen – Faktoren für die Berechnung von Kurzschlussströmen nach IEC 60909-0. VDE, Berlin
9. Ott G, Webs A (1971) Beitrag von Hochspannungs-Asynchronmotoren zum Kurzschlußstrom bei dreipoligem Kurzschluß. ETZ-Report 6. VDE, Berlin
10. VDE 0102, Teil 1/9.62 (1962) Leitsätze für die Berechnung der Kurzschlussströme. Teil 1 Drehstromanlagen mit Nennspannungen von 1 kV und darüber. VDE, Berlin
11. VDE 0102 Teil 1/11.71 (1971) Leitsätze für die Berechnung der Kurzschlussströme – Teil 1 Drehstromanlagen mit Nennspannungen über 1 kV. VDE, Berlin
12. Hosemann G, Balzer G (1984) Der Ausschaltwechselstrom bei dreipoligem Kurzschluß im vermaschten Netz. etzArchiv 6:51–56
13. Balzer G, Nelles D, Tuttas C (2009) Kurzschlussstromberechnung nach IEC und DIN EN 60909-0 (VDE 0102):2002-07. VDE, Berlin
14. Funk G (1962) Der Kurzschluß im Drehstromnetz. Oldenbourg, München
15. Webs A (1972) Einfluß von Asynchronmotoren auf die Kurzschlußstromstärken in Drehstromanlagen. VDE Fachberichte 27, Seite 86–92

Doppelerdkurzschluss

6

Bis zur VDE-Bestimmung 102:1990-01 [2] war der Doppelerdkurzschluss ein Bestandteil der Hauptvorschrift. Eine Überarbeitung des gesamten Textes führte jedoch dazu, dass der Inhalt wesentlich vergrößert wurde, so dass es ratsam erschien, hierfür einen gesonderten Teil vorzusehen. Dieses wurde durch die Veröffentlichung der Vorschrift [1] erfüllt.

6.1 Allgemeines

Der Doppelerdkurzschluss (früher: Doppelerdschluss) ist ein Fehler, der zur gleichen Zeit in zwei unterschiedlichen Leitern des Drehstromsystems entsteht, Abb. 3.5. Die Umbenennung Erdschluss → Erdkurzschluss ist dem Umstand geschuldet, dass ein Kurzschlussstrom fließt, obwohl das Netz eine isolierte oder kompensierte Sternpunktbehandlung hat. Während ein Erdschluss in einem isolierten Netz eine Stromstärke an der Fehlerstelle von maximal 100 A besitzt, treten bei einem Kurzschluss Werte von >1 kA auf.

Der Doppelerdkurzschluss tritt in diesen Netzen (isoliert, kompensiert) häufig auf, weil der zweite Fehler gegen Erde eine Konsequenz des ersten ist. Bei einem Erdschluss nehmen die nicht vom Fehler betroffenen Leiter das $\sqrt{3}$ -fache der Leiter-Erde Spannung an, so dass es möglich ist, dass als Folge einer Verschmutzung eines Isolators ein Überschlag entsteht, der zu einem zweiten Erdschluss führt. Die Folge ist, dass sich dieses Fehlerszenario zu einem Doppelerdkurzschluss ausweitet und ein Kurzschlussstrom zum Fließen kommt.

In niederohmig geerdeten Netzen wird der Doppelerdkurzschluss nicht betrachtet, da der erste Fehler einen stromstarken Kurzschluss hervorruft und somit vom Netzschutz erfasst und abgeschaltet wird. Darüber hinaus ist die Spannungsanhebung geringer, so dass die zweite Fehlerstelle weniger wahrscheinlich ist. In diesen Fällen wird der zweipolige

G. Balzer, *Kurzschlussströme in Drehstromnetzen*,
https://doi.org/10.1007/978-3-658-28331-5_6

Kurzschluss mit Erdberührung ermittelt, wobei der Fehler an dergleichen Stelle ist, Abb. 3.4c.

Grundsätzlich lassen sich die Doppelerdkurzschlussströme mit Hilfe der symmetrischen Komponenten bestimmen, wobei in Abhängigkeit der Einspeisungen die folgenden Beispiele allgemein abgeleitet werden, jeweils für den Anfangs-Kurzschlusswechselstrom:

- Einfach gespeiste Leitung, Abschn. 6.2.
- Zwei einfache gespeiste Leitungen, Abschn. 6.3.
- Zweifach gespeiste Leitung, Abschn. 6.4.

6.2 Einfach gespeiste Leitung

Abb. 6.1 zeigt den Netzschaltung für einen Doppelerdkurzschluss, der durch ein Netz eingespeist wird. Hierbei wird angenommen, dass der Sternpunkt des Transformators auf der Unterspannungsseite nicht geerdet ist, da der Kurzschlussstrom bei zwei auftretenden Erdschlüssen in einem isolierten oder kompensierten Netz bestimmt wird.

Der Kurzschluss ist zwischen den Leitern R (Fehlerstelle A) und S (Fehlerstelle B) gegen Erde. Der Kurzschlussstrom des Netzes wird als unendlich angenommen, so dass die Innenimpedanz des Netzes null ist. Mit Hilfe der symmetrischen Komponenten (Kap. 9) können die Ströme I_{k1RA} und I_{k1SB} bestimmt werden.

Die Fehlerbedingungen für die Fehlerstelle A ergeben sich bei einem einpoligen Fehler entsprechend Abschnitt in der Komponentenebene zu [3]:

$$\underline{I}_{(0)\mathrm{A}} = \underline{I}_{(1)\mathrm{A}} = \underline{I}_{(2)\mathrm{A}} = \underline{I}_{\mathrm{RA}} / 3 \tag{6.1}$$

$$\underline{U}_{(0)\mathrm{A}} + \underline{U}_{(1)\mathrm{A}} + \underline{U}_{(2)\mathrm{A}} = 0 \tag{6.2}$$

Dieses bedeutet, dass entsprechend Abb. 9.10 die Komponenten an der Kurzschlussstelle A direkt in Reihe geschaltet sind.

Für die Kurzschlussstelle B ergeben sich die Fehlerbedingungen im Originalsystem zu:

$$\underline{U}_{\mathrm{SB}} = 0 \qquad \underline{I}_{\mathrm{RB}} = \underline{I}_{\mathrm{TB}} = 0 \tag{6.3}$$

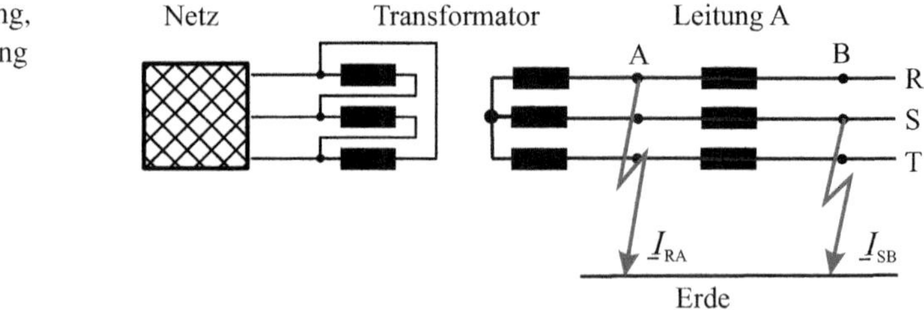

Abb. 6.1 Netzschaltung, einfach gespeiste Leitung

Für die Transformationsmatrizen zur Bestimmung der Komponentenspannungen und -ströme gelten die Gleichungen nach (9.25) und (9.42), so dass sich ergibt:

$$\begin{pmatrix} \underline{U}_{(0)B} \\ \underline{U}_{(1)B} \\ \underline{U}_{(2)B} \end{pmatrix} = \frac{1}{3} \cdot \begin{pmatrix} 1 & 1 & 1 \\ 1 & \underline{a} & \underline{a}^2 \\ 1 & \underline{a}^2 & \underline{a} \end{pmatrix} \cdot \begin{pmatrix} \underline{U}_{RB} \\ \underline{U}_{SB} \\ \underline{U}_{TB} \end{pmatrix} \tag{6.4}$$

Nach Einsetzen ergibt sich:

$$\underline{U}_{(0)B} + \underline{U}_{(1)B} + \underline{U}_{(2)B} = 0 \tag{6.5}$$

Aus den Strombedingungen nach Gl (6.3) folgt:

$$\begin{pmatrix} \underline{I}_{(0)B} \\ \underline{I}_{(1)B} \\ \underline{I}_{(2)B} \end{pmatrix} = \frac{1}{3} \cdot \begin{pmatrix} 1 & 1 & 1 \\ 1 & \underline{a} & \underline{a}^2 \\ 1 & \underline{a}^2 & \underline{a} \end{pmatrix} \cdot \begin{pmatrix} \underline{I}_{RB} \\ \underline{I}_{SB} \\ \underline{I}_{TB} \end{pmatrix} = \frac{1}{3} \cdot \begin{pmatrix} 1 \\ \underline{a} \\ \underline{a}^2 \end{pmatrix} \cdot \left(\underline{I}_{SB}\right) \tag{6.6}$$

bzw.

$$\underline{I}_{(1)B} = \underline{a} \cdot \underline{I}_{(0)B} \qquad \underline{I}_{(2)B} = \underline{a}^2 \cdot \underline{I}_{(0)B} \tag{6.7}$$

Anhand der Gl. (6.7) ist ersichtlich, dass bei diesem Fehler, der nicht symmetrisch zum Leiter R ist, die Komponenten nicht direkt, sondern durch Wandler mit den Übersetzungsverhältnissen $\underline{a}$ und $\underline{a}^2$, miteinander verbunden sind, im Gegensatz zur Darstellung nach Gl. (6.1).

Abb. 6.2 zeigt die Ersatzschaltung der Komponenten für den betrachteten Fehlerfall des Doppelerdkurzschlusses in den Leitern R und S gegen Erde. Zur Vereinfachung werden die folgenden Gleichungen eingeführt:

$$\begin{aligned} \underline{I}_{(1)A} &= \underline{I}_A + \underline{a} \cdot \underline{I}_{(0)B} = \left(1 - \underline{a}\right) \cdot \underline{I}_A \\ \underline{I}_{(2)A} &= \underline{I}_A + \underline{a}^2 \cdot \underline{I}_{(0)B} = \left(1 - \underline{a}^2\right) \cdot \underline{I}_A \\ 0 &= \underline{I}_A + \underline{I}_{(0)B} \end{aligned} \tag{6.8}$$

Ausgehend von den Strombedingungen nach Gl. (6.8) und der Ersatzschaltung der Komponenten nach Abb. 6.2 kann das folgende Gleichungssystem (6.9) aufgestellt werden. Während an der Fehlerstelle A der Fehler symmetrisch zum Leiter R ist, ist dieses bei der Fehlerstelle nicht der Fall, so dass hier Übertrager einzusetzen sind, mit den Übersetzungsverhältnissen nach Gl. (6.7). Zur Vereinfachung wird für den Strom $\underline{I}_{(0)B} = \underline{I}_B$ gewählt, dieses ist somit der Strom im Komponentensystem an der Fehlerstelle B.

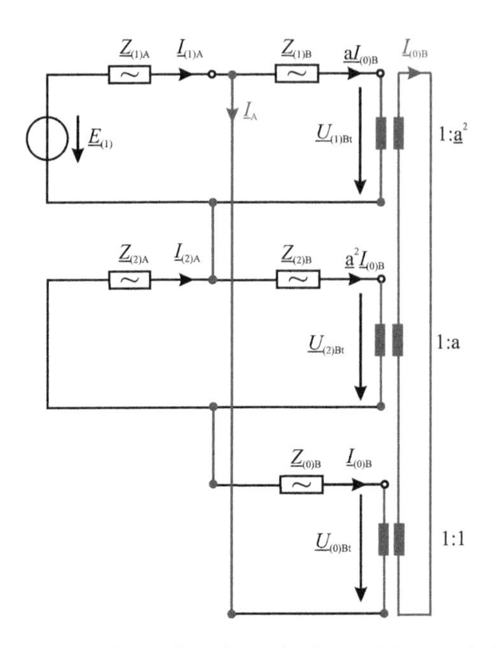

Abb. 6.2 Komponentenersatzschaltung eines Doppelerdkurzschlusses, einfach gespeiste Leitung

Das Nullsystem des Transformators und des vorgelagerten Netzes $\underline{Z}_{(0)A}$ ist in Abb. 6.2 nicht eingetragen, da es aufgrund des nicht geerdeten Transformatorsternpunktes unwirksam ist.

$$\begin{pmatrix} \underline{E}_{(1)} \\ \underline{E}_{(1)} \\ 0 \\ 0 \\ 0 \end{pmatrix} = \begin{pmatrix} \underline{Z}_{(1)A} + \underline{Z}_{(2)A} & \underline{a} \cdot \underline{Z}_{(1)A} + \underline{a}^2 \cdot \left(\underline{Z}_{(2)A} - \underline{Z}_{(0)B} \right) & 0 & 0 & -1 \\ \underline{Z}_{(1)A} & \underline{a} \cdot \left(\underline{Z}_{(1)A} + \underline{Z}_{(1)B} \right) & 1 & 0 & 0 \\ 1 & 1 & 0 & 0 & 0 \\ \underline{Z}_{(2)A} & \underline{a}^2 \cdot \left(\underline{Z}_{(2)A} + \underline{Z}_{(2)B} \right) & 0 & 1 & 0 \\ 0 & 0 & \underline{a}^2 & \underline{a} & 1 \end{pmatrix} \cdot \begin{pmatrix} \underline{I}_A \\ \underline{I}_B \\ \underline{U}_{(1)Bt} \\ \underline{U}_{(2)Bt} \\ \underline{U}_{(0)Bt} \end{pmatrix} \tag{6.9}$$

Da das Mitsystem $\underline{Z}_{(1)}$ gleich dem Gegensystem $\underline{Z}_{(2)}$ ist, ergibt sich zusammen mit der 3. Gleichung die Vereinfachung nach Gl. (6.10).

$$\begin{pmatrix} \underline{E}_{(1)} \\ \underline{E}_{(1)} \\ 0 \\ 0 \end{pmatrix} = \begin{pmatrix} 3 \cdot \underline{Z}_{(1)A} + \underline{Z}_{(0)B} & 0 & 0 & -1 \\ \underline{Z}_{(1)A} \cdot (1 - \underline{a}) - \underline{Z}_{(1)B} \cdot \underline{a} & 1 & 0 & 0 \\ \underline{Z}_{(1)A} \cdot \left(1 - \underline{a}^2\right) - \underline{Z}_{(1)B} \cdot \underline{a}^2 & 0 & 1 & 0 \\ 0 & \underline{a}^2 & \underline{a} & 1 \end{pmatrix} \cdot \begin{pmatrix} \underline{I}_A \\ \underline{U}_{(1)Bt} \\ \underline{U}_{(2)Bt} \\ \underline{U}_{(0)Bt} \end{pmatrix} \tag{6.10}$$

Durch Zusammenfassen der Gleichungen können die Komponentenspannungen eliminiert werden, so dass der Strom $\underline{I}_A$ bestimmt werden kann.

$$\underline{I}_{\mathrm{A}} = \frac{\sqrt{3} \cdot \underline{E}_{(1)}}{6\underline{Z}_{(1)\mathrm{A}} + 2\underline{Z}_{(1)\mathrm{B}} + \underline{Z}_{(0)\mathrm{B}}} \tag{6.11}$$

Nach Gl. (6.1) ergibt sich der Fehlerstrom im Originalsystem aus dem dreifachen Wert des Komponentenstroms, so dass gilt:

$$\underline{I}_{\mathrm{RA}} = \frac{3\sqrt{3} \cdot \underline{E}_{(1)}}{6\underline{Z}_{(1)\mathrm{A}} + \underline{Z}_{(0)\mathrm{B}} + 2\underline{Z}_{(1)\mathrm{B}}} \tag{6.12}$$

Der Kurzschlussstrom an der Fehlerstelle A entspricht nach Gl. (6.8) auch dem Strom an der Fehlerstelle B, unter Berücksichtigung des Vorzeichens. Da nach [2] die Netznennspannung U_{n} und zusätzlich der Spannungsfaktor c berücksichtigt werden, folgt somit für den Doppelerdkurzschlussstrom

$$\underline{I}_{\mathrm{kEE}}^{"} = \frac{3 \cdot cU_{\mathrm{n}}}{6\underline{Z}_{(1)\mathrm{A}} + \underline{Z}_{(0)\mathrm{B}} + 2\underline{Z}_{(1)\mathrm{B}}} \tag{6.13}$$

Mit

$E_{(1)}$ Spannung im Mitsystem ($U_{\mathrm{n}} / \sqrt{3}$)
$\underline{Z}_{(1)\mathrm{A}}$ Mitimpedanz des Netzes und des Transformators (bis zur Fehlerstelle A)
$\underline{Z}_{(1)\mathrm{B}}$ Mitimpedanz der Leitung zwischen den Fehlerstellen A und B
$\underline{Z}_{(0)\mathrm{B}}$ Nullimpedanz der Leitung zwischen den Fehlerstellen A und B.

Die Kurzschlussströme über die Netzeinspeisung bzw. den Transformator entsprechen den Kurzschlussströmen in den fehlerbehafteten Leitern gegen Erde.

Wenn die beiden Kurzschlussorte nach Abb. 6.1 zusammenfallen, ergibt sich nach Gl. (6.13) der Kurzschlussstrom eines zweipoligen Kurzschlusses ohne Erdberührung, Gl. (3.4).

Im Folgenden wird das Verhältnis der Kurzschlussströme nach den Gleichungen (3.4, zweipoliger Kurzschluss ohne Erdberührung) und (6.13) berechnet. Hierbei werden die Beträge nach Gl. (6.14) in Bezug genommen.

$$i_{\mathrm{k}} = \frac{\left|\underline{I}_{\mathrm{k2}}^{"}\right|}{\left|\underline{I}_{\mathrm{kEE}}^{"}\right|} = \frac{\left|2\underline{Z}_{(1)\mathrm{A}}\right|}{\left|2\underline{Z}_{(1)\mathrm{A}} + 2\underline{Z}_{(1)\mathrm{B}} / 3 + \underline{Z}_{(0)\mathrm{B}} / 3\right|} \tag{6.14}$$

Für die Berechnung werden die folgenden Daten angenommen, die Impedanz $\underline{Z}_{\mathrm{B}}$ entspricht hierbei einer 110-kV-Freileitung (5 km), deren Länge in 5-km-Schritten variiert wird, nach Tab. 4.2:

$$R_{(1)}^{'} = 0{,}12\ \Omega/\mathrm{km} \qquad X_{(1)}^{'} = 0{,}393\ \Omega/\mathrm{km}$$

$$R_{(0)}^{'} = 0{,}34\ \Omega/\mathrm{km} \qquad X_{(0)}^{'} = 1{,}62\ \Omega/\mathrm{km}$$

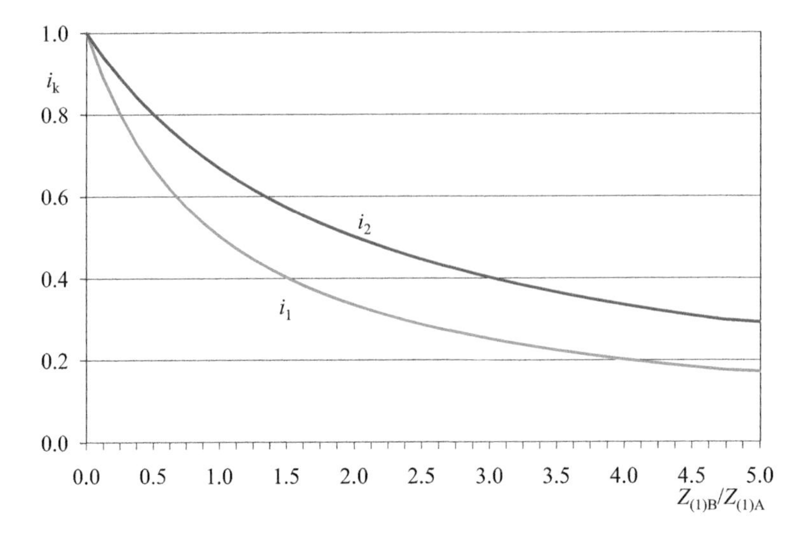

Abb. 6.3 Verhältnis des Doppelerdkurzschlussstroms bezogen auf den zweipoligen Kurzschluss in Abhängigkeit des Impedanzverhältnisses $Z_{(1)B}/Z_{(1)A}$.
i_1 $I''_{k3} = 33{,}73\,\text{kA}$ bei $Z_{(1)B} = Z_{(0)B} = 0$. i_2 $I''_{k3} = 16{,}87\,\text{kA}$ bei $Z_{(1)B} = Z_{(0)B} = 0$

Der Betrag der einspeisenden Impedanz $\underline{Z}_A$ entspricht der Leitungslänge von $\ell = 5$ km (Fall 1) bzw. $\ell = 10$ km (Fall 2) bei einem Verhältnis von $R_{(1)A}/X_{(1)A} = 0{,}1$. Im ersten Fall ist die Impedanz einem dreipoligen Kurzschlussstrom von $I''_{k3} = 33{,}73$ kA bei einer 110-kV-Einspeisung gleichwertig Abb. 6.3.

Nach Abb. 6.3 sind bei einem Verhältnis $Z_{(1)B}/Z_{(1)A} = 0$ die Doppelerdkurzschlussströme gleich dem zweipoligen Kurzschlussstrom mit $i_k = 1$, da in diesem Fall die beiden Fußpunkte A und B nach Abb. 6.1 des Doppelerdkurzschlusses identisch sind. Bei einer zusätzlichen Impedanz $Z_{(1)B}$ wird der Kurzschlussstrom kleiner, in Abhängigkeit der Impedanz der Einspeisung, so dass z. B. bereits nach 10 km der Kurzschlussstrom auf ca. 50 % des Stroms eines zweipoligen Kurzschlusses an der Sammelschiene reduziert ist.

6.3 Zwei einfach gespeiste Leitungen

Im Gegensatz zur Darstellung nach Abb. 6.1 befinden sich in diesem Fall die beiden Fehlerorte auf verschiedenen Leitungen, die von einer gemeinsamen Sammelschiene nach Abb. 6.4 ausgehen.

Da es sich auch in diesem Beispiel um einen Doppelerdkurzschluss handelt, gelten somit die gleichen Fehlerbedingungen im Original- und Komponentensystem, so dass die Komponentenersatzschaltung nach Abb. 6.5 abgeleitet werden kann.

Abb. 6.5 zeigt die Ersatzschaltung der Komponenten für den betrachteten Fehlerfall des Doppelerdkurzschlusses in den Leitern R und S gegen Erde. Zur Vereinfachung werden die folgenden Gleichungen eingeführt:

Abb. 6.4 Netzschaltplan, zwei einfach gespeiste Leitungen

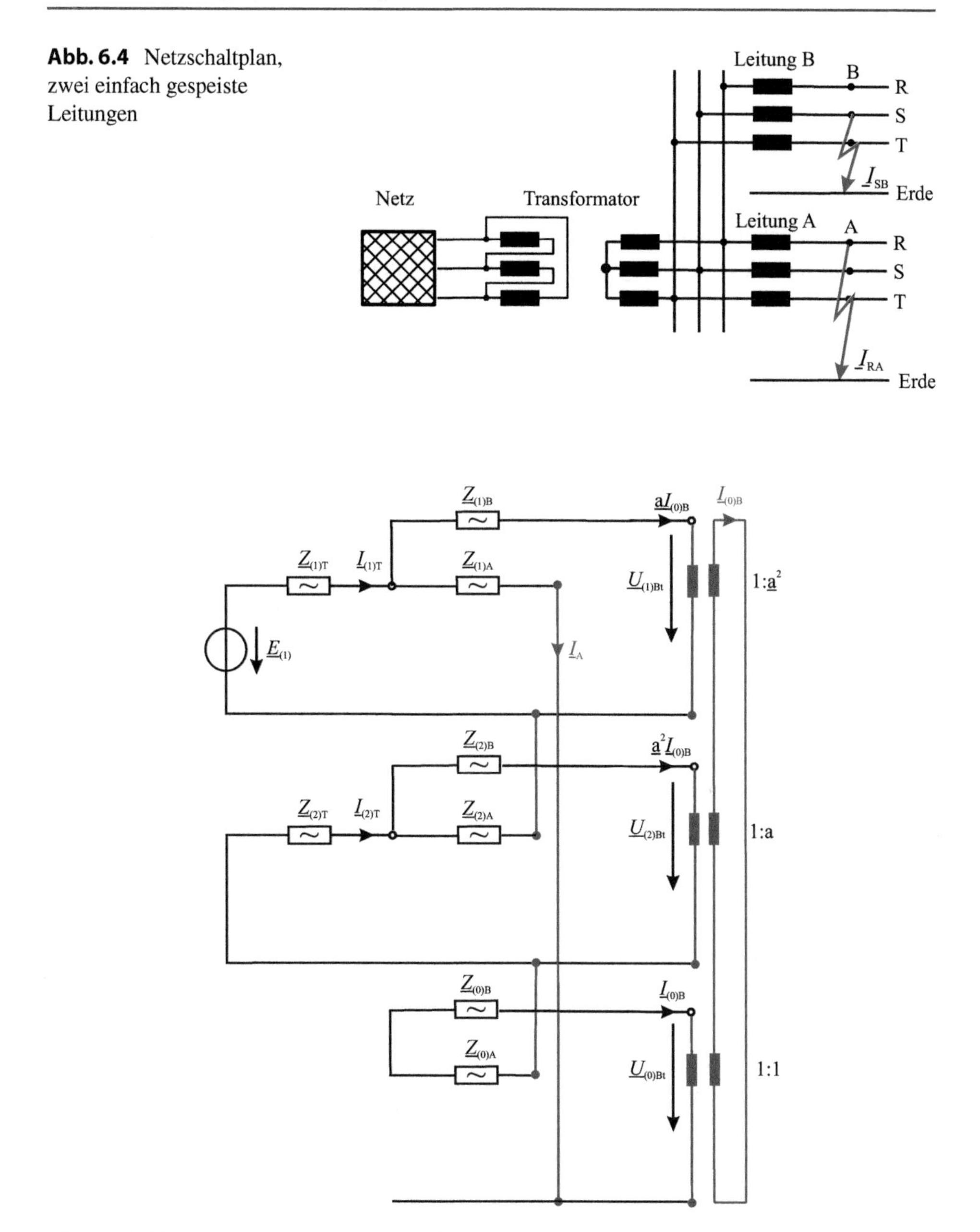

Abb. 6.5 Komponentenersatzschaltung eines Doppelerdkurzschlusses, zwei einfach gespeiste Leitungen

$$\begin{aligned}\underline{I}_{(1)\mathrm{T}} &= \underline{I}_{\mathrm{A}} + \underline{a} \cdot \underline{I}_{(0)\mathrm{B}} \\ \underline{I}_{(2)\mathrm{T}} &= \underline{I}_{\mathrm{A}} + \underline{a}^2 \cdot \underline{I}_{(0)\mathrm{B}} \\ 0 &= \underline{I}_{\mathrm{A}} + \underline{I}_{(0)\mathrm{B}}\end{aligned} \tag{6.15}$$

Zur Vereinfachung wird auch in diesem Beispiel der Strom $\underline{I}_{(0)\mathrm{B}}$ als $\underline{I}_{\mathrm{B}}$ und $\underline{Z}_1 = \underline{Z}_2$ bezeichnet, so dass das Gleichungssystem (6.16) abgeleitet werden kann.

$$\begin{pmatrix}\underline{E}_{(1)} \\ \underline{E}_{(1)} \\ 0 \\ 0 \\ 0\end{pmatrix} = \begin{pmatrix} 2\underline{Z}_{(1)\mathrm{T}} + 2\underline{Z}_{(1)\mathrm{A}} + \underline{Z}_{(0)\mathrm{A}} + \underline{Z}_{(0)\mathrm{B}} & -\underline{Z}_{(1)\mathrm{T}} & 0 & 0 & -1 \\ \underline{Z}_{(1)\mathrm{T}} & \underline{a} \cdot \left(\underline{Z}_{(1)\mathrm{T}} + \underline{Z}_{(1)\mathrm{B}}\right) & 1 & 0 & 0 \\ 1 & 1 & 0 & 0 & 0 \\ \underline{Z}_{(1)\mathrm{T}} & \underline{a}^2 \cdot \left(\underline{Z}_{(1)\mathrm{T}} + \underline{Z}_{(1)\mathrm{B}}\right) & 0 & 1 & 0 \\ 0 & 0 & \underline{a}^2 & \underline{a} & 1 \end{pmatrix} \cdot \begin{pmatrix}\underline{I}_{\mathrm{A}} \\ \underline{I}_{\mathrm{B}} \\ \underline{U}_{(1)\mathrm{Bt}} \\ \underline{U}_{(2)\mathrm{Bt}} \\ \underline{U}_{(0)\mathrm{Bt}}\end{pmatrix} \tag{6.16}$$

Nach Einsetzen der 3. Zeile des Gleichungssystems (6.16) vereinfacht sich die Berechnung entsprechend Gl. (6.17).

$$\begin{pmatrix}\underline{E}_{(1)} \\ \underline{E}_{(1)} \\ 0 \\ 0\end{pmatrix} = \begin{pmatrix} 3\underline{Z}_{(1)\mathrm{T}} + 2\underline{Z}_{(1)\mathrm{A}} + \underline{Z}_{(0)\mathrm{A}} + \underline{Z}_{(0)\mathrm{B}} & 0 & 0 & -1 \\ \underline{Z}_{(1)\mathrm{T}} - \underline{a} \cdot \left(\underline{Z}_{(1)\mathrm{T}} + \underline{Z}_{(1)\mathrm{B}}\right) & 1 & 0 & 0 \\ \underline{Z}_{(1)\mathrm{T}} - \underline{a}^2 \cdot \left(\underline{Z}_{(1)\mathrm{T}} + \underline{Z}_{(1)\mathrm{B}}\right) & 0 & 1 & 0 \\ 0 & \underline{a}^2 & \underline{a} & 1 \end{pmatrix} \cdot \begin{pmatrix}\underline{I}_{\mathrm{A}} \\ \underline{U}_{(1)\mathrm{Bt}} \\ \underline{U}_{(2)\mathrm{Bt}} \\ \underline{U}_{(0)\mathrm{Bt}}\end{pmatrix} \tag{6.17}$$

Durch Ersetzen der Übertrager-Spannungen an der Fehlerstelle B kann der Komponentenstrom $\underline{I}_{\mathrm{A}}$ ermittelt werden, so dass anschließend der Fehlerstrom gegen Erde im Originalsystem bestimmt werden kann, entsprechend den Gl. (6.11) und (6.12).

$$\begin{aligned}\underline{I}_{\mathrm{A}} &= \frac{\sqrt{3} \cdot \underline{E}_{(1)}}{6\underline{Z}_{(1)\mathrm{T}} + 2 \cdot \left[\underline{Z}_{(1)\mathrm{B}} + \underline{Z}_{(1)\mathrm{B}}\right] + \underline{Z}_{(0)\mathrm{A}} + \underline{Z}_{(0)\mathrm{B}}} \\ \underline{I}_{\mathrm{kEE}}'' &= \frac{3 \cdot cU_{\mathrm{n}}}{6\underline{Z}_{(1)\mathrm{T}} + 2 \cdot \left[\underline{Z}_{(1)\mathrm{B}} + \underline{Z}_{(1)\mathrm{B}}\right] + \underline{Z}_{(0)\mathrm{A}} + \underline{Z}_{(0)\mathrm{B}}}\end{aligned} \tag{6.18}$$

Mit

$\underline{E}_{(1)}$ Spannung im Mitsystem ($U_{\mathrm{n}} / \sqrt{3}$)

$\underline{Z}_{(1)\mathrm{T}}$ Mitimpedanz des Netzes und des Transformators (bis zur Sammelschiene auf der Unterspannungsseite),

$\underline{Z}_{(1,0)\mathrm{A}}$ Mit-, Nullimpedanz der Leitung zwischen der Sammelschiene und der Fehlerstelle A,

$\underline{Z}_{(1,0)\mathrm{B}}$ Mit-, Nullimpedanz der Leitung zwischen der Sammelschiene und der Fehlerstelle B.

Die Kurzschlussströme über die Netzeinspeisung bzw. den Transformator entsprechen den Kurzschlussströmen in den fehlerbehafteten Leitern gegen Erde.

6.4 Zweifach gespeiste Leitung

Im Gegensatz zur Darstellung in Abschn. 6.2 wird in diesem Fall die Einfachleitung von zwei Seiten eingespeist. Zu Vereinfachung wird vorausgesetzt, dass die Netzspannungen gleich sind, so dass sie in der Komponentendarstellung die zusammengefasst werden können. Abb. 6.6 zeigt die Netzschaltung, die ausgehend von Abb. 6.1 durch eine zusätzliche Einspeisung ergänzt ist.

Abb. 6.7 zeigt die Ersatzschaltung der Komponenten für den betrachteten Fehlerfall des Doppelerdkurzschlusses in den Leitern R und S gegen Erde.

Für die Berechnung gelten die nachfolgenden Stromgleichungen, wobei die Strombeziehung aufgrund des Fehlers gilt: $\underline{I}_{\mathrm{A}} = -\underline{I}_{(0)\mathrm{B}}$.

$$\begin{aligned}
\underline{I}_{(1)\mathrm{T1}} &= \underline{I}_{\mathrm{A}} \cdot \left(1 - \underline{a}\right) - \underline{I}_{(1)\mathrm{T2}} \\
\underline{I}_{(2)\mathrm{T1}} &= \underline{I}_{\mathrm{A}} \left(1 - \underline{a}^2\right) - \underline{I}_{(2)\mathrm{T2}} \\
\underline{I}_{(1)\mathrm{B}} &= -\underline{a} \cdot \underline{I}_{\mathrm{A}} - \underline{I}_{(1)\mathrm{T2}} \\
\underline{I}_{(2)\mathrm{B}} &= -\underline{a}^2 \cdot \underline{I}_{\mathrm{A}} - \underline{I}_{(2)\mathrm{T2}}
\end{aligned} \tag{6.19}$$

Unter Berücksichtigung der Spannungsumläufe kann somit das Gleichungssystem (6.20) aufgestellt werden, wobei jeweils die Gegenimpedanz gleich der Mitimpedanz gesetzt wird. Es ergibt sich eine 6×6-Matrix mit folgenden Unbekannten: $\underline{I}_{\mathrm{A}}$, $\underline{I}_{(1)\mathrm{T2}}$, $\underline{I}_{(2)\mathrm{T2}}$, $\underline{U}_{(1)\mathrm{Bt}}$, $\underline{U}_{(2)\mathrm{Bt}}$, $\underline{U}_{(0)\mathrm{Bt}}$.

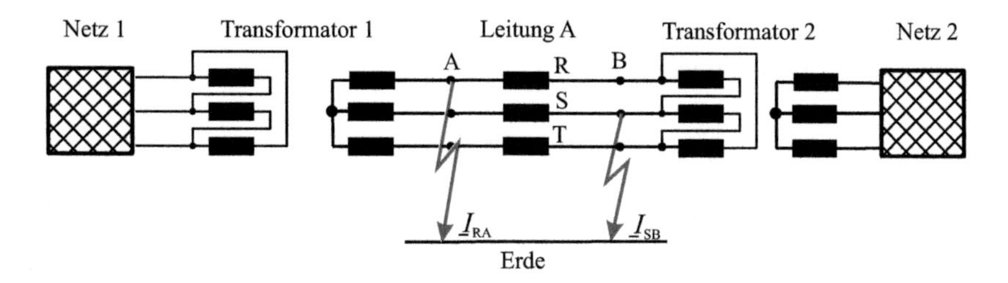

Abb. 6.6 Netzschaltung, zweifach gespeiste Leitung

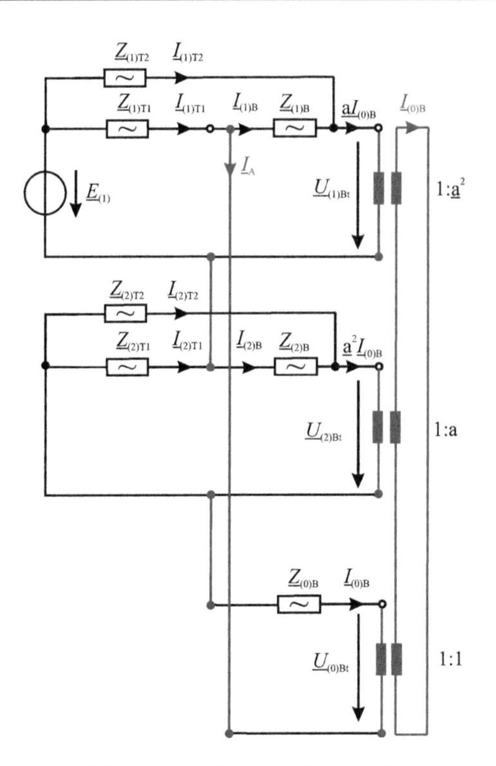

Abb. 6.7 Komponentenersatzschaltung eines Doppelerdkurzschlusses, zweifach gespeiste Leitung

$$\begin{pmatrix} \underline{E}_{(1)} \\ \underline{E}_{(1)} \\ 0 \\ \underline{E}_{(1)} \\ 0 \\ 0 \end{pmatrix} = \begin{pmatrix} 3\underline{Z}_{(1)\mathrm{T1}} + \underline{Z}_{(0)\mathrm{B}} & -\underline{Z}_{(1)\mathrm{T1}} & -\underline{Z}_{(1)\mathrm{T1}} & 0 & 0 & -1 \\ \underline{Z}_{(1)\mathrm{T1}} \cdot (1-\underline{a}) - \underline{Z}_{(1)\mathrm{B}} \cdot \underline{a} & -\left(\underline{Z}_{(1)\mathrm{T1}} + \underline{Z}_{(1)\mathrm{B}}\right) & 0 & 1 & 0 & 0 \\ \underline{Z}_{(1)\mathrm{T1}} \cdot (1-\underline{a}^2) - \underline{Z}_{(1)\mathrm{B}} \cdot \underline{a}^2 & 0 & -\left(\underline{Z}_{(1)\mathrm{T1}} + \underline{Z}_{(1)\mathrm{B}}\right) & 0 & 1 & 0 \\ 0 & \underline{Z}_{(1)\mathrm{T2}} & 0 & 1 & 0 & 0 \\ 0 & 0 & \underline{Z}_{(1)\mathrm{T2}} & 0 & 1 & 0 \\ 0 & 0 & 0 & \underline{a}^2 & \underline{a} & 1 \end{pmatrix} \cdot \begin{pmatrix} \underline{I}_{\mathrm{A}} \\ \underline{I}_{(1)\mathrm{T2}} \\ \underline{I}_{(2)\mathrm{T2}} \\ \underline{U}_{(1)\mathrm{Bt}} \\ \underline{U}_{(2)\mathrm{Bt}} \\ \underline{U}_{(0)\mathrm{Bt}} \end{pmatrix} \tag{6.20}$$

Durch Eliminieren der Komponentenspannungen können die Ströme in Abhängigkeit der Spannung $\underline{E}_{(1)}$ bestimmt werden.

$$\begin{pmatrix} (1-\underline{a}^2) \cdot \underline{E}_{(1)} \\ 0 \\ 0 \end{pmatrix} = \begin{pmatrix} 3\underline{Z}_{(1)\mathrm{T1}} + \underline{Z}_{(0)\mathrm{B}} & -\left(\underline{Z}_{(1)\mathrm{T1}} + \underline{a}^2 \cdot \underline{Z}_{(1)\mathrm{T2}}\right) & -\left(\underline{Z}_{(1)\mathrm{T1}} + \underline{a} \cdot \underline{Z}_{(1)\mathrm{T2}}\right) \\ \underline{Z}_{(1)\mathrm{T1}} \cdot (1-\underline{a}) - \underline{Z}_{(1)\mathrm{B}} \cdot \underline{a} & -\left(\underline{Z}_{(1)\mathrm{T1}} + \underline{Z}_{(1)\mathrm{B}} + \underline{Z}_{(1)\mathrm{T2}}\right) & 0 \\ \underline{Z}_{(1)\mathrm{T1}} \cdot (1-\underline{a}^2) - \underline{Z}_{(1)\mathrm{B}} \cdot \underline{a}^2 & 0 & -\left(\underline{Z}_{(1)\mathrm{T1}} + \underline{Z}_{(1)\mathrm{B}} + \underline{Z}_{(1)\mathrm{T2}}\right) \end{pmatrix} \cdot \begin{pmatrix} \underline{I}_{\mathrm{A}} \\ \underline{I}_{(1)\mathrm{T2}} \\ \underline{I}_{(2)\mathrm{T2}} \end{pmatrix} \tag{6.21}$$

Die Komponentenströme $\underline{I}_{(1,2)\mathrm{T2}}$ der Transformatoreinspeisung T2, Abb. 6.6, können in Abhängigkeit des Fehlerstroms $\underline{I}_{\mathrm{A}}$ bestimmt werden.

$$\underline{I}_{(1)\mathrm{T2}} = \frac{\underline{Z}_{(1)\mathrm{T1}} \cdot (1-\underline{a}) - \underline{a} \cdot \underline{Z}_{(1)\mathrm{B}}}{\underline{Z}_{(1)\mathrm{T1}} + \underline{Z}_{(1)\mathrm{T2}} + \underline{Z}_{(1)\mathrm{B}}} \cdot \underline{I}_{\mathrm{A}}$$
$$\underline{I}_{(2)\mathrm{T2}} = \frac{\underline{Z}_{(1)\mathrm{T1}} \cdot (1-\underline{a}^2) - \underline{a}^2 \cdot \underline{Z}_{(1)\mathrm{B}}}{\underline{Z}_{(1)\mathrm{T1}} + \underline{Z}_{(1)\mathrm{T2}} + \underline{Z}_{(1)\mathrm{B}}} \cdot \underline{I}_{\mathrm{A}} \tag{6.22}$$

Für den Fehlerstrom $\underline{I}_{\mathrm{A}}$ im Komponentensystem folgt daraus bzw. für den Kurzschlussstrom im Originalsystem:

$$\underline{I}_{\mathrm{A}} = \frac{(1-\underline{a}^2) \cdot E_{(1)}}{\dfrac{6\underline{Z}_{(1)\mathrm{T1}} \cdot \underline{Z}_{(1)\mathrm{T2}} + 2\underline{Z}_{(1)\mathrm{B}} \cdot (\underline{Z}_{(1)\mathrm{T1}} + \underline{Z}_{(1)\mathrm{T2}})}{\underline{Z}_{(1)\mathrm{T1}} + \underline{Z}_{(1)\mathrm{T2}} + \underline{Z}_{(1)\mathrm{B}}} + \underline{Z}_{(0)\mathrm{B}}}$$
$$\underline{I}''_{\mathrm{kEE}} = \frac{3 \cdot cU_{\mathrm{n}}}{\dfrac{6\underline{Z}_{(1)\mathrm{T1}} \cdot \underline{Z}_{(1)\mathrm{T2}} + 2\underline{Z}_{(1)\mathrm{B}} \cdot (\underline{Z}_{(1)\mathrm{T1}} + \underline{Z}_{(1)\mathrm{T2}})}{\underline{Z}_{(1)\mathrm{T1}} + \underline{Z}_{(1)\mathrm{T2}} + \underline{Z}_{(1)\mathrm{B}}} + \underline{Z}_{(0)\mathrm{B}}} \tag{6.23}$$

Mit

$E_{(1)}$ Spannung im Mitsystem ($U_{\mathrm{n}} / \sqrt{3}$)
$\underline{\underline{Z}}_{(1)\mathrm{T1}}$ Mitimpedanz des Netzes 1 und des Transformators T1 (bis zum Fehlerort A auf der Unterspannungsseite),
$\underline{\underline{Z}}_{(1)\mathrm{T2}}$ Mitimpedanz des Netzes 2 und des Transformators T2 (bis zum Fehlerort B auf der Unterspannungsseite),
$\underline{Z}_{(1,0)\mathrm{B}}$ Mit-, Nullimpedanz der Leitung zwischen den Sammelschiene und der Fehlerstellen B.

Da sich nach den Abschn. 6.2 und 6.3 die Kurzschlussstromeinspeisung während der Kurzschlussdauer sich eindeutig aus den Fehlerbedingungen ergibt, hängen in diesem Fall nach Abb. 6.6 die Kurzschlussströme von den Impedanzen der beiden Netzeinspeisungen ab. Mit Hilfe der Transformationsgleichungen, Abschn. 9.2.2.1, können ausgehend von den Strömen nach Gl. (6.22) und (6.19) die Kurzschlussströme der beiden Einspeisungen im Originalsystem bestimmt werden. Es gelten die Transformationsgleichungen:

$$\begin{pmatrix} \underline{I}_{\mathrm{R}} \\ \underline{I}_{\mathrm{S}} \\ \underline{I}_{\mathrm{T}} \end{pmatrix} = \begin{pmatrix} 1 & 1 & 1 \\ 1 & \underline{a}^2 & \underline{a} \\ 1 & \underline{a} & \underline{a}^2 \end{pmatrix} \cdot \begin{pmatrix} \underline{I}_0 \\ \underline{I}_1 \\ \underline{I}_2 \end{pmatrix} \tag{6.24}$$

Da die Transformatoren T1 und T2 nicht geerdet sind, ergeben sich für die entsprechenden Nullströme jeweils $\underline{I}_{(0)\mathrm{T1}} = \underline{I}_{(0)\mathrm{T2}} = 0$, so dass für den Kurzschlussstrombeitrag T2 allgemein gilt, unter Berücksichtigung der Gl. (6.22):

$$\begin{aligned}
\underline{I}_{\mathrm{RT2}} &= \underline{I}_{(1)\mathrm{T2}} + \underline{I}_{(2)\mathrm{T2}} = \frac{3\underline{Z}_{(1)\mathrm{T1}} + \underline{Z}_{(1)\mathrm{B}}}{\underline{Z}_{(1)\mathrm{T1}} + \underline{Z}_{(1)\mathrm{T2}} + \underline{Z}_{(1)\mathrm{B}}} \cdot \underline{I}_{\mathrm{A}} \\
\underline{I}_{\mathrm{ST2}} &= \underline{a}^2 \cdot \underline{I}_{(1)\mathrm{T2}} + \underline{a} \cdot \underline{I}_{(2)\mathrm{T2}} = -\frac{3\underline{Z}_{(1)\mathrm{T1}} + 2\underline{Z}_{(1)\mathrm{B}}}{\underline{Z}_{(1)\mathrm{T1}} + \underline{Z}_{(1)\mathrm{T2}} + \underline{Z}_{(1)\mathrm{B}}} \cdot \underline{I}_{\mathrm{A}} \\
\underline{I}_{\mathrm{TT2}} &= \underline{a} \cdot \underline{I}_{(1)\mathrm{T2}} + \underline{a}^2 \cdot \underline{I}_{(2)\mathrm{T2}} = \frac{\underline{Z}_{(1)\mathrm{B}}}{\underline{Z}_{(1)\mathrm{T1}} + \underline{Z}_{(1)\mathrm{T2}} + \underline{Z}_{(1)\mathrm{B}}} \cdot \underline{I}_{\mathrm{A}}
\end{aligned} \tag{6.25}$$

Durch Einsetzen des Komponentenstroms $\underline{I}_{\mathrm{A}}$ an der Fehlerstelle A nach Gl. (6.23) können die Leiterströme des Transformators T2 bestimmt werden.

6.5 Sonstige Kurzschlussströme

Für die Berechnung des Stoßkurzschlussstroms i_{pEE} wird der κ-Faktor für den dreipoligen Kurzschluss verwendet, so dass gilt:

$$i_{\mathrm{pEE}} = \kappa \cdot \sqrt{2} \cdot I''_{\mathrm{kEE}} \tag{6.26}$$

Der κ-Faktor nach Gl. (6.26) richtet sich hierbei nach dem größeren Wert des dreipoligen Kurzschlussstroms an den Fehlerstellen A oder B, so dass das Ergebnis auf der sicheren Seite liegt.

Bei einem Doppelerdkurzschluss kann im Allgemeinen davon ausgegangen werden, dass es sich um einen generatorfernen Fehler handelt, so dass für den Ausschaltwechselstrom $\underline{I}_{\mathrm{bEE}}$ und Dauerkurzschlussstrom $\underline{I}_{\mathrm{kEE}}$ gilt:

$$\underline{I}_{\mathrm{kEE}} = \underline{I}_{\mathrm{bEE}} = \underline{I}''_{\mathrm{kEE}} \tag{6.27}$$

6.6 Fazit

Für die häufig vorkommenden Netzbeispiele werden die Kurzschlussströme bei einem Doppelerdkurzschluss abgeleitet. Der Anfangs-Kurzschlusswechselstrom I''_{kEE} führt jeweils zu einem kleineren Wert als der dazugehörige zweipolige Kurzschluss mit Erdberührung. Seit der Ausgabe [1] ist dem Doppelerdkurzschluss in einer separaten Norm zusammen mit der Berechnung der Teilkurzschlussströme über Erde veröffentlicht worden.

Literatur

1. DIN EN 60909-3:2010-08, VDE 0102-3:2010-08 (2010) Kurzschlussströme in Drehstromnetzen – Teil 3: Ströme bei Doppelerdkurzschluss und Teilkurzschlussströme über Erde. VDE, Berlin
2. DIN VDE 0102 (VDE 0102):1990-0 (1990) Kurzschlussströme in Drehstromnetzen – Teil 0: Berechnung der Ströme. VDE, Berlin
3. Funk G (1962) Der Kurzschluß im Drehstromnetz. Oldenbourg, München

7 Berechnung des Spannungsfaktors *c*

Bei der Anwendung des Verfahrens der Ersatzspannungsquelle an der Fehlerstelle ist es notwendig, eine Spannung einzusetzen, der der Spannung am Fehlerort vor Eintritt des Kurzschlusses entspricht. Daher ist jeweils eine Lastflussberechnung notwendig, damit diese Spannung anschließend als Spannungsquelle eingesetzt werden kann. Das Problem ist, dass unter diesen Bedingungen für jeden Kurzschlussfall zuerst umfangreiche Berechnungen durchgeführt werden müssen, um die gewünschten maximalen und minimalen Kurzschlussströme zu berechnen. Aus diesem Grunde sind in der Vergangenheit Überlegungen angestellt worden, den Wert dieser Spannungsquelle allgemein abzuschätzen, um einen maximalen oder minimalen Kurzschlussstrom zu berechnen [1].

Auf die Größe des Spannungsfalls haben nicht nur die Belastung, sondern auch die unterschiedlichen Betriebsmittel einen Einfluss. Während für Generatoren, Kraftwerke und Transformatoren gesonderte Impedanzkorrekturfaktoren bei der Kurzschlussstromberechnung angewendet werden (Kap. 8), ist auch die Auswirkung der Leitung in Abhängigkeit der Belastung im Spannungsfaktor c enthalten, so dass im Folgenden dieser Einfluss ausführlich gezeigt wird (Abschn. 7.4).

7.1 Spannungsfaktor c

Die Anwendung des Verfahrens der Ersatzspannungsquelle an der Fehlerstelle nach Abschn. 3.6.6 benötigt grundsätzlich eine Spannung, die abhängig von der Belastung einzusetzen ist. Da es gerade in einem Planungszustand nicht möglich ist, genaue Spannungswerte vorzugeben, sind in den IEC/VDE-Bestimmungen entsprechende Werte c für den Spannungsfaktor vorgegeben [2].

G. Balzer, *Kurzschlussströme in Drehstromnetzen*,
https://doi.org/10.1007/978-3-658-28331-5_7

Tab. 7.1 Spannungsfaktor c nach DIN VDE 0102 [2]

Nennspannung	Faktor c	
	maximal	minimal
Niederspannung ($U_n \leq 1$ kV)		
– Netze mit einer Spannungstoleranz von +6 %	1,05	0,95
– Netze mit einer Spannungstoleranz von +10 %	1,10	0,90
Hoch-/Höchstspannung (>1 kV < $U_n \leq 230$ kV)und $U_m \leq 420$ kV	1,10	1,00

Der Spannungsfaktor c wird für die Kurzschlussstromberechnung nach Tab. 7.1 gewählt, wobei mit c_{max} der größte und mit c_{min} der kleinste Kurzschlussstrom berechnet werden. Die in Tab. 7.1 angegebenen Spannungsfaktoren gelten grundsätzlich für alle Spannungen, wobei das Produkt $c_{max} \cdot U_n$ den Wert der höchsten Spannung für Betriebsmittel U_m im Allgemeinen nicht überschreiten sollte. Jedoch muss darauf hingewiesen werden, dass für Netze mit Spannungen $\geq$ 500 kV und darüber besondere Überlegungen angestellt werden müssen, z. B. die Anwendung des Überlagerungsverfahren, da aufgrund der dort üblichen langen Leitungen die in der Tab. 7.1 angegebenen Spannungsfaktoren nicht mehr ausreichend sind. Dieses bedeutet, dass der Anwender bei Berechnungen mit diesen Spannungen eigene Werte zu berücksichtigen hat, bzw. das Überlagerungsverfahren mit ausgewählten Lastflüssen anzuwenden ist.

Zusammenfassend gibt es die folgenden Einschränkungen hinsichtlich der Anwendung der Spannungsfaktoren nach Tab. 7.1:

- Der maximale Spannungsfaktor, multipliziert mit der Netznennspannung soll nicht die dazugehörige höchste Spannung für Betriebsmittel U_m überschreiten,
- wenn keine Nennspannung des Netzes definiert ist, z. B. für Spannungen $U_m > 300$ kV, werden folgende Spannungswerte eingesetzt:
  $c_{max} \cdot U_n = U_m$ bzw. $c_{min} \cdot U_n = 0{,}90 \cdot U_m$,
- für Spannungen $U_m > 420$ kV sind die Spannungsfaktoren nicht gültig.

Die in der Tab. 7.1 aufgeführten Werte der Spannungsfaktoren und die dazugehörigen Bemerkungen gehen davon aus, dass in der Hochspannungsebene ($U_n \geq 110$ kV) der stationäre Wert der Betriebsspannung U_b die höchste Spannung für Betriebsmittel U_m nicht überschreitet bzw. nicht für einen längeren Zeitbereich.

Nach der Verordnung der Europäischen Union [EU] für Stromerzeugungsanlagen [3] sind Spannungen von z. B. $U_{max} = 1{,}1 \times 400$ kV für mindestens 20 Minuten und höchstens 60 Minuten bzw. nach der Verordnung der EU für HGÜ-Anlagen [4] Spannungen für einen Mindestzeitraum von 60 min. gefordert. Da in den EU-Verordnungen keine Angabe über die Häufigkeit pro Jahr angegeben wird, ist die in den Bemerkungen zur Tab. 7.1 aufgeführte Bedingung, dass der maximale Spannungsfaktor zusammen mit der Nennspannung des Netzes nicht die dazugehörige höchste Spannung für Betriebsmittel U_m überschreiten sollte, nicht mehr allgemein zulässig. Aus diesem Grunde sollte eine höhere Spannung für $1{,}1 \times U_n$ eingesetzt werden, so dass gilt $c_{max} \times U_n = U_b$ mit U_b höchste Betriebsspannung für $U_b > U_m$, wenn diese Spannungsbedingungen in einem Netzbezirk über einen längeren Zeitraum und Häufigkeit auftreten.

Im Allgemeinen sollte angenommen werden, dass durch betriebliche Maßnahmen, z. B. rotierende Phasenschieber, Kompensationsdrosseln oder STATCOM (Static Synchronous Compensator) der Spannungsbereich $\leq U_m$ eingehalten wird. Jedoch kann es bei außergewöhnlichen Netzsituation zum Überschreiten des Spannungsbereichs kommen oder wenn die oben aufgeführten Maßnahmen nicht konsequent eingesetzt werden.

7.2 Ableitung des Spannungsfaktors

Im Folgenden wird eine Begründung für die Ableitung des Spannungsfaktors anhand eines einfachen Modellnetzes gegeben. Bestehend aus einer Spannungsquelle ohne inneren Widerstand und einer Freileitung wird der Faktor c in Abhängigkeit der Freileitungslänge ermittelt, wobei angenommen wird, dass die Leitung vor Kurzschlusseintritt unbelastet war, d. h., es erfolgt eine Ermittlung des Spannungsfaktors c ausschließlich auf der Basis des Vergleichs der Nachbildung einer Leitung [5]. Wird eine Freileitung durch ihre Vierpolgleichungen dargestellt (Abschn. 4.7.1), so ergibt sich nach Gl. (7.1):

$$\begin{pmatrix} \underline{U}_1 \\ \underline{I}_1 \end{pmatrix} = \begin{pmatrix} \cosh(\underline{\gamma} \cdot \ell) & \underline{Z}_W \cdot \sinh(\underline{\gamma} \cdot \ell) \\ \underline{Z}_W^{-1} \cdot \sinh(\underline{\gamma} \cdot \ell) & \cosh(\underline{\gamma} \cdot \ell) \end{pmatrix} \cdot \begin{pmatrix} \underline{U}_2 \\ \underline{I}_2 \end{pmatrix} \tag{7.1}$$

Mit

Z_W Wellenwiderstand der Freileitung
γ Ausbreitungskonstante ($\alpha + j\beta$)
α Dämpfungskonstante
β Phasenkonstante
ℓ Leitungslänge

Bei einer verlustlosen Leitung kann die Matrix (7.1) wie folgt vereinfacht werden:

$$\begin{aligned} \cosh(\alpha \cdot \ell + j\beta \cdot \ell) &= \cosh(\alpha \cdot \ell) \cdot \cos(\beta \cdot \ell) + j\sinh(\alpha \cdot \ell) \cdot \sin(\beta \cdot \ell) \\ \sinh(\alpha \cdot \ell + j\beta \cdot \ell) &= \sinh(\alpha \cdot \ell) \cdot \cos(\beta \cdot \ell) + j\cosh(\alpha \cdot \ell) \cdot \sin(\beta \cdot \ell) \end{aligned} \tag{7.2}$$

Mit $\alpha = 0$ vereinfacht sich Gl. (7.1).

$$\begin{pmatrix} \underline{U}_1 \\ \underline{I}_1 \end{pmatrix} = \begin{pmatrix} \cos(\beta \cdot \ell) & jZ_W \cdot \sin(\beta \cdot \ell) \\ jZ_W^{-1} \cdot \sin(\beta \cdot \ell) & \cos(\beta \cdot \ell) \end{pmatrix} \cdot \begin{pmatrix} \underline{U}_2 \\ \underline{I}_2 \end{pmatrix} \tag{7.3}$$

Die Beziehung nach Gl. (7.3) ergibt sich aus der Ersatzschaltung nach Abb. 7.1, das heißt, die Größen am Anfang der Leitung werden durch die Größen am Ende ausgedrückt.

Unter der Annahme, dass am Ende der Leitung ein Kurzschluss ist ($\underline{U}_2 = 0$), ergibt sich aus Gl. (7.3):

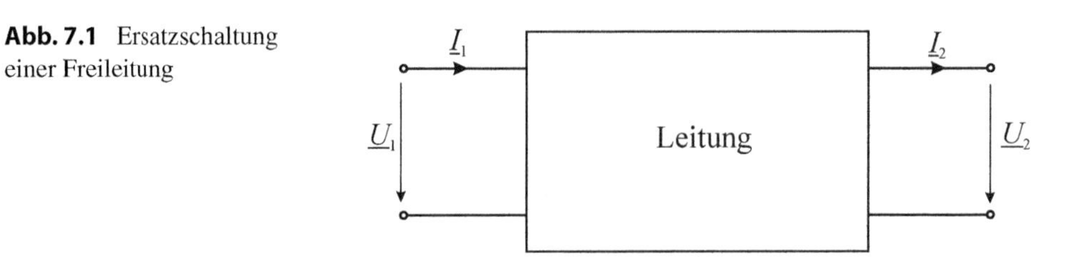

Abb. 7.1 Ersatzschaltung einer Freileitung

$$\underline{U}_1 = \mathrm{j}\underline{I}_2 \cdot Z_\mathrm{W} \cdot \sin(\beta \cdot \ell) \tag{7.4}$$

$$\underline{I}_1 = \underline{I}_2 \cdot \cos(\beta \cdot \ell) \tag{7.5}$$

Hieraus folgt für die Kurzschlussimpedanz $\underline{Z}_\mathrm{kA}$ einer Freileitung, Fall A:

$$\frac{\underline{U}_1}{\underline{I}_1} = \underline{Z}_1 = \mathrm{j}Z_\mathrm{W} \cdot \tan(\beta \cdot \ell) = \underline{Z}_\mathrm{kA} \tag{7.6}$$

Da bei der Anwendung des Verfahrens mit der Ersatzspannungsquelle an der Kurzschlussstelle Queradmittanzen im Mitsystem nicht berücksichtigt werden, gilt für die Kurzschlussimpedanz $\underline{Z}_\mathrm{kB}$ (Längsimpedanz), Fall B:

$$\underline{Z}_\mathrm{kB} = \mathrm{j}X' \cdot \ell \tag{7.7}$$

Die Berechnung der Ströme mit Hilfe der Gl. (7.4) soll bei einer Eingangsspannung $\underline{U}_1 = \underline{E}$ das gleiche Ergebnis liefern, wie die Berechnung unter Berücksichtigung ausschließlich der Längsreaktanz nach Gl. (7.7), jedoch in diesem Fall mit der Spannung $c \cdot \underline{E}$. Aus dieser Bedingung kann der Spannungsfaktor c ermittelt werden. In diesem Fall ist die Leitung unbelastet und es wird der Spannungsfall längs der Leitung für die zwei verschiedenen Leitungsnachbildungen verglichen.

$$\frac{c \cdot \underline{E}}{\mathrm{j}X' \cdot \ell} = \frac{\underline{E}}{\mathrm{j}Z_\mathrm{W} \cdot \tan(\beta \cdot \ell)} \tag{7.8}$$

Daraus folgt für den Spannungsfaktor c:

$$c = \frac{X' \cdot \ell}{Z_\mathrm{W} \cdot \tan(\beta \cdot \ell)} = \frac{\beta \cdot \ell}{\tan(\beta \cdot \ell)} \tag{7.9}$$

Mit

$$Z_\mathrm{W} = \sqrt{L'/C'} \qquad \beta = \omega \cdot \sqrt{L' \cdot C'} \tag{7.10}$$

Für zwei Beispiele werden die folgenden Werte angenommen:

- 380-kV-Freileitung:

$$L_\mathrm{F}' = 0{,}799\,\mathrm{mH/km} \qquad C_\mathrm{F}' = 13{,}8\,\mathrm{nF/km}$$

- 110-kV-Kabel:

$$L'_K = 0{,}439\text{mH/km} \qquad C'_K = 160\text{nF/km}$$

Hieraus ergeben sich die folgenden Werte nach Gl. (7.10):

$\beta_F = 59{,}770 \cdot 10^{-3}$ °/km bzw. $\beta_F = 1{,}0432 \cdot 10^{-3}$ rad/km
$\beta_K = 150{,}857 \cdot 10^{-3}$ °/km bzw. $\beta_K = 2{,}6330 \cdot 10^{-3}$ rad/km

Nach Einsetzen der Freileitungs- und Kabelwerte ergeben sich folgende Angaben nach Gl. (7.9):

- Freileitung:

$\ell = 200$ km → $c = 0{,}985$
$\ell = 400$ km → $c = 0{,}941$

- Kabel:

$\ell = 50$ km → $c = 0{,}994$

Bei der Kurzschlussstromberechnung wird der Faktor $c = 1{,}0$ bei einer langen Freileitung, die unbelastet ist, nicht überschritten, wenn an der Kurzschlussstelle die Netznennspannung eingehalten wird. In dieser Verminderung des Faktors c drückt sich der Einfluss der Kapazitäten (Ferranti-Effekt) aus. Da Kabel zur Drehstromübertragung in Abhängigkeit der Spannungsebene nur bis zu einer Länge von ca. 50 km eingesetzt werden können, ohne Querkompensation, ändert sich c_k in Abhängigkeit von der Kabellänge nur in einem kleinen Bereich ($\geq 0{,}001$ p.u.). Bei großen, unbelasteten Leitungslängen führt somit die Berechnung zu Kurzschlussströmen, die zu sehr auf der „sicheren" Seite liegen, so dass in diesen Fällen die Anwendung des Überlagerungsverfahrens zu empfehlen ist.

Wird im Gegensatz hierzu die Leitung am Ende mit einer Impedanz $\underline{Z}_V$ belastet, so ergibt sich für die Spannungen $\underline{U}_1$ abgeleitet von Gl. (7.3).

$$\underline{U}_1 = \underline{U}_2 \cdot \cos(\beta \cdot \ell) + jZ_W \cdot \underline{I}_2 \cdot \sin(\beta \cdot \ell) \tag{7.11}$$

Mit

$$\underline{Z}_V = Z_V \cdot (\cos\varphi + j\sin\varphi) \qquad \underline{I}_2 = \frac{\underline{U}_2}{\underline{Z}_V} \tag{7.12}$$

folgt, wenn der Strom $\underline{I}_2$ (Gl. 7.1) durch die Spannung $\underline{U}_2$ und die Impedanz $\underline{Z}_V$ ausgedrückt und mit dem Verhältnis U_1/U_2 der Spannungsfaktor c bezeichnet wird:

$$c = \frac{\underline{U}_1}{\underline{U}_2} = \cos(\beta \cdot \ell) + \left[(\sin\varphi + j\cos\varphi) \cdot \sin(\beta \cdot \ell)\right] \cdot \frac{Z_W}{Z_V} \tag{7.13}$$

Bei einer Leitungslänge von $\ell = 300$ km berechnet sich Gl. (7.13) mit $\beta_F = 59{,}77 \cdot 10^{-3°}$/km und $Z_W = 240{,}62\ \Omega$ (Freileitung) zu

$$c = \frac{\underline{U}_1}{\underline{U}_2} = 0{,}9514 + (\sin\varphi + j\cos\varphi) \cdot \frac{74{,}08\Omega}{Z_V}$$

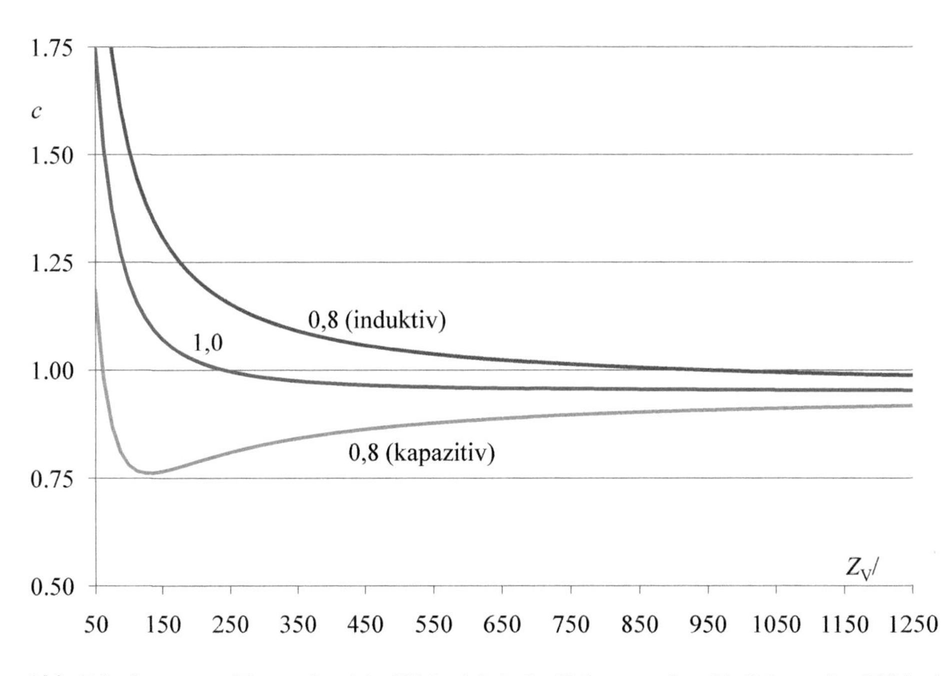

Abb. 7.2 Spannungsfaktor c (p.u.) in Abhängigkeit der Belastung einer Freileitung (l = 300 km); Z_V = 1000 Ω entspricht einer Belastung von S_V = 144,4 MVA

Der Betrag des Spannungsfaktors c ist in Abb. 7.2 in Abhängigkeit der Belastungsimpedanzen Z_V für verschiedene Leistungsfaktoren dargestellt. Aus Abb. 7.2 ist ersichtlich, dass die Spannungsanhebung der Spannung $\underline{U}_1$ von der Belastung am Ende der Leitung abhängt. Bei einer induktiven Belastung führt der Strom $\underline{I}_2$ längs der Leitung zu einem Spannungsfall $\Delta\underline{U}$, der die Spannung $\underline{U}_1$ vergrößert, so dass der Spannungsfaktor c Werte annimmt, die höher als c = 1,1 sind. Im Gegensatz hierzu führt eine kapazitive Belastung zu einer Spannungsverminderung von $\underline{U}_1$.

Noch eindeutiger ist das Ergebnis, wenn die Belastung S_V einen Spannungsfall am Transformator mit einer großen Streureaktanz hervorruft. Der Spannungsfaktor c = 1,1 wird dann überschritten, wenn eine große induktive Belastung vorliegt. Um bei der Ermittlung des größten Kurzschlussstroms trotzdem auf der sicheren Seite zu sein, sind Korrekturen notwendig. Statt eine Erhöhung der Spannungsfaktoren bei unterschiedlichen Quellenspannungen vorzunehmen, wird in der VDE-Bestimmung eine Impedanzkorrektur eingeführt, um das Verfahren mit der Ersatzspannungsquelle an der Kurzschlussstelle mit einer konstanten Spannung beizubehalten, siehe Kap. 8.

Zwischen der Höhe des Spannungsfaktors c und der Abweichung in der vereinfachten Berechnung des Kurzschlussstroms lässt sich unter Verwendung von Abb. 7.3 ein Zusammenhang ableiten, wie dieses in [6] dargestellt ist. Hierbei wird die Leitung bzw. die Netzeinspeisung ausschließlich durch die Impedanz $\underline{Z}_1$ nachgebildet, um nur den Einfluss der unterschiedlichen Belastung auf den Spannungsfaktor aufzuzeigen. Die Spannung $\underline{U}$ an der Fehlerstelle berechnet sich nach Abb. 7.3 zu:

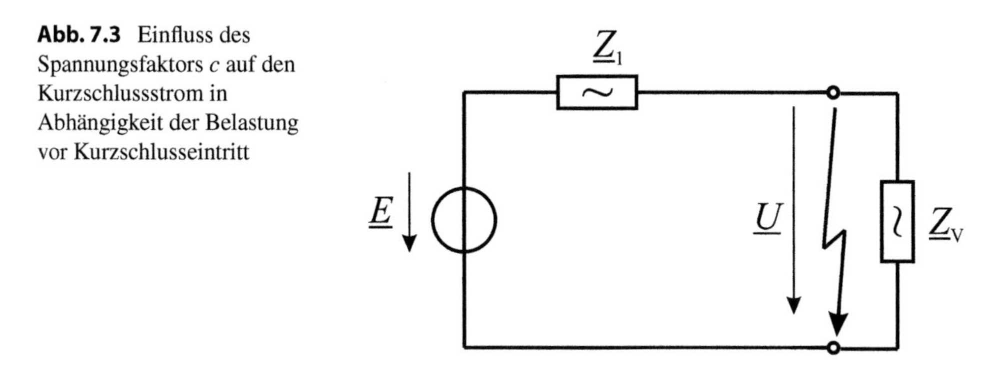

Abb. 7.3 Einfluss des Spannungsfaktors c auf den Kurzschlussstrom in Abhängigkeit der Belastung vor Kurzschlusseintritt

$$\underline{U} = \frac{\underline{Z}_V}{\underline{Z}_V + \underline{Z}_1} \cdot \underline{E} \qquad \underline{E} = \left(1 + \frac{\underline{Z}_1}{\underline{Z}_V}\right) \cdot \underline{U} \tag{7.14}$$

Für die relative Spannungsdifferenz $\Delta\underline{u}$ gilt dann:

$$\Delta\underline{u} = \frac{\underline{E} - \underline{U}}{\underline{U}} = \frac{\underline{E}}{\underline{U}} - 1 = \left(1 + \frac{\underline{Z}_1}{\underline{Z}_V}\right) - 1 = \frac{\underline{Z}_1}{\underline{Z}_V} \tag{7.15}$$

Die Spannungsdifferenz ist positiv, wenn die Spannung U nach Abb. 7.3 kleiner als E ist, das heißt, am Netzpunkt der Spannung U ist eine induktive Last angeschlossen.

Wird bei der Berechnung des Kurzschlussstroms die Spannung U an der Fehlerstelle konstant gehalten, so ergibt sich für den Anfangs-Kurzschlusswechselstrom $\underline{I}''_{ko}$ ohne Belastung (Abb. 7.3, $\underline{Z}_V \rightarrow \infty$):

$$\underline{I}''_{ko} = \frac{\underline{U}}{\underline{Z}_1} \tag{7.16}$$

Für den Kurzschlussstrom unter Berücksichtigung der Last gilt bei konstanter Spannung $\underline{E}$:

$$\underline{I}''_{km} = \frac{1 + \frac{\underline{Z}_1}{\underline{Z}_V}}{\underline{Z}_1} \cdot \underline{U} = \left(1 + \frac{\underline{Z}_1}{\underline{Z}_V}\right) \cdot \underline{I}''_{ko} \tag{7.17}$$

Für die relative Kurzschlussstromabweichung $\Delta\underline{i}''_k$ gilt dann:

$$\Delta\underline{i}''_k = \frac{\underline{I}''_{ko} - \underline{I}''_{km}}{\underline{I}''_{km}} = \frac{1}{1 + \frac{\underline{Z}_1}{\underline{Z}_V}} - 1 \tag{7.18}$$

Nach Einsetzen von Gl. (7.15) in (7.18) folgt daraus:

$$\Delta\underline{i}''_k = \frac{1}{1 + \Delta\underline{u}} - 1 = \frac{-\Delta\underline{u}}{1 + \Delta\underline{u}} \tag{7.19}$$

Gl. (7.19) besagt, dass der Wert der Abweichung in der Berechnung des Kurzschlussstroms stets kleiner ist als die relative Spannungsänderung am fehlerbehafteten Netzknoten vor Fehlereintritt [7]. Dieses gilt für den Fall, dass die treibende Spannung $\underline{E}$ des Netzes konstant gehalten wird und sich z. B. die Spannung $\underline{U}$ am Anschlusspunkt einer induktiven Last vermindert.

Damit in dieser vereinfachten Ersatzschaltung nach Abb. 7.3 auch die Berechnung ohne Impedanz $\underline{Z}_{\mathrm{V}}$ zum richtigen Ergebnis führt, ist an der Fehlerstelle nicht mehr mit $\underline{U}$ sondern, entsprechend der Kurzschlussstromabweichung, mit $c\underline{U}$ zu rechnen. Aus den Gl. (7.16) und (7.17) erhält man dann mit Gl. (7.12) die folgende Beziehung:

$$\frac{c \cdot \underline{U}}{\underline{Z}_1} = \left(1 + \frac{\underline{Z}_1}{\underline{Z}_{\mathrm{V}}}\right) \cdot \frac{\underline{U}}{\underline{Z}_1} = \frac{\underline{E}}{\underline{Z}_1} \qquad \text{bzw.} \quad c = \left|\frac{\underline{E}}{\underline{U}}\right| \tag{7.20}$$

Der Spannungsfaktor *c* wird bei der Berechnung des Kurzschlussstroms unter Berücksichtigung der Ersatzspannungsquelle an der Fehlerstelle eingesetzt und berücksichtigt somit die Belastung des Netzes vor dem Kurzschluss.

7.3 Spannungshaltung bei Belastung

Ausgehend von dem Beispiel nach Abschn. 3.6.1.1 wird die Spannung an der Belastungsimpedanz ermittelt, Abb. 7.4, um den Spannungsfaktor *c* als Funktion der Impedanz $\underline{Z}_{\mathrm{B}}$ bei zwei Einspeisungen zu bestimmen. Die Belastungsimpedanz $\underline{Z}_{\mathrm{B}}$ verändert nicht nur die resultierende Kurzschlussimpedanz, sondern sie hat auch einen wesentlichen Einfluss auf die Spannungshaltung im Netz und somit wiederum Auswirkungen auf den Kurzschlussstrom.

Wird nach Abb. 7.4 der Kurzschluss nicht berücksichtigt, so kann mit Hilfe des Gleichungssystems (7.21) die Strom- und Spannungsverteilung bestimmt werden (mit $\underline{I}_3 = -\underline{I}_2$).

$$\begin{pmatrix} \underline{U}_1 \\ \underline{U}_2 \\ 0 \end{pmatrix} = \begin{pmatrix} \underline{Z}_1 & 0 & \underline{Z}_{\mathrm{B}} \\ 0 & -(\underline{Z}_2 + \underline{Z}_3) & \underline{Z}_{\mathrm{B}} \\ -1 & 1 & 1 \end{pmatrix} \cdot \begin{pmatrix} \underline{I}_1 \\ \underline{I}_3 \\ \underline{I}_{\mathrm{B}} \end{pmatrix} \tag{7.21}$$

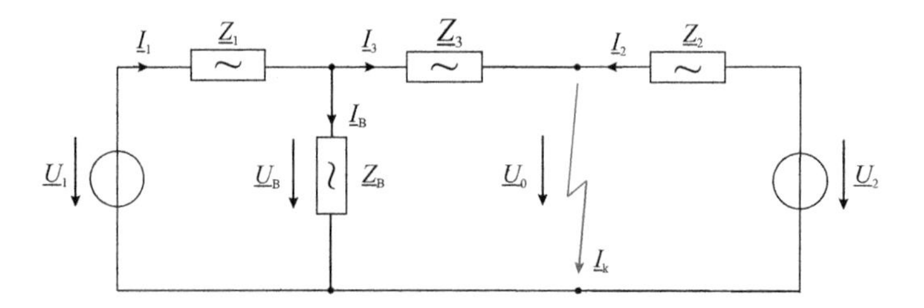

Abb. 7.4 Spannungshaltung im Netz bei einer Belastung (entsprechend Abb. 3.9)

Der Strom $\underline{I}_B$ wird entsprechend Gl. (3.18) ermittelt, so dass für die Determinante **D** und die Teildeterminante $\mathbf{D}_B$ gilt:

$$\mathbf{D} = -(\underline{Z}_2 + \underline{Z}_3)\cdot(\underline{Z}_1 + \underline{Z}_B) - \underline{Z}_1 \cdot \underline{Z}_B \tag{7.22}$$

$$\mathbf{D}_B = -(\underline{Z}_2 + \underline{Z}_3)\cdot \underline{U}_1 - \underline{Z}_1 \cdot \underline{U}_2 \tag{7.23}$$

Somit folgt für den Belastungsstrom $\underline{I}_B$ nach Gl. (7.24):

$$\underline{I}_B = \frac{(\underline{Z}_2 + \underline{Z}_3)\cdot \underline{U}_1 + \underline{Z}_1 \cdot \underline{U}_2}{(\underline{Z}_1 + \underline{Z}_B)\cdot(\underline{Z}_2 + \underline{Z}_3) + \underline{Z}_1 \cdot \underline{Z}_B} \tag{7.24}$$

Bzw. für die Spannung $\underline{U}_B$ über der Belastung ergibt sich:

$$\underline{U}_B = \frac{(\underline{Z}_2 + \underline{Z}_3)\cdot \underline{U}_1 + \underline{Z}_1 \cdot \underline{U}_2}{\left(\frac{\underline{Z}_1}{\underline{Z}_B} + 1\right)\cdot(\underline{Z}_2 + \underline{Z}_3) + \underline{Z}_1} \tag{7.25}$$

Wird vereinfachend gesetzt, dass die beiden Spannungen $\underline{U}_1$ und $\underline{U}_2$ in Betrag und Phase identisch sind, folgt aus Gl. (7.25):

$$\underline{U}_B = \frac{\underline{Z}_1 + \underline{Z}_2 + \underline{Z}_3}{\frac{\underline{Z}_1}{\underline{Z}_B}\cdot(\underline{Z}_2 + \underline{Z}_3) + \underline{Z}_1 + \underline{Z}_2 + \underline{Z}_3} \cdot \underline{U}_1 \tag{7.26}$$

Für die Spannung $\underline{U}_0$ an der späteren Kurzschlussstelle ergibt sich unter Berücksichtigung der Gl. (7.21) und (7.24):

$$\underline{U}_0 = \underline{U}_1 \cdot \left\{1 - \frac{\underline{Z}_2}{\underline{Z}_2 + \underline{Z}_3}\cdot\left[1 - \frac{\underline{Z}_B\cdot(\underline{Z}_1 + \underline{Z}_2 + \underline{Z}_3)}{(\underline{Z}_1 + \underline{Z}_B)\cdot(\underline{Z}_2 + \underline{Z}_3) + \underline{Z}_1 \cdot \underline{Z}_B}\right]\right\} \tag{7.27}$$

Abb. (7.5) zeigt für verschiedene Belastungsimpedanzen die bezogene Spannung $u_B = U_B/U_1$. Hierbei werden die folgenden Werte für die Impedanzen angenommen:

$$\underline{Z}_1 = \underline{Z}_2 = 0{,}4634\,\Omega + \mathrm{j}4{,}6342\,\Omega \qquad \text{wegen } I_k'' = 15\,\mathrm{kA}\,\text{und}\,R/X = 0{,}1$$

$$\underline{U}_1/\sqrt{3} = 110\,\mathrm{kV}/\sqrt{3} \qquad \underline{Z}_3 = 6{,}00\,\Omega + \mathrm{j}19{,}65\,\Omega$$

Die Impedanzen $\underline{Z}_1$ und $\underline{Z}_2$ entsprechen jeweils einer Kraftwerkseinspeisung mit einem Anfangs-Kurzschlusswechselstrom von 15 kA, während die Impedanz $\underline{Z}_3$ eine Freileitungslänge von 50 km darstellt, Tab. 4.2. Die Belastungsimpedanz $\underline{Z}_B$ wird in Abhängigkeit der Belastung zwischen 0 und 200 MVA verändert, wobei ein Leistungsfaktor von $\cos\varphi = 0.8$ (induktiv); 1,0 und $-0{,}8$ (kapazitiv) angenommen wird.

Abb. 7.5 verdeutlicht, dass die Spannung im Netz von der Belastung abhängig ist, hierbei führt eine induktive Belastung ($\cos\varphi = 0{,}8$) stets zu einer Verringerung der Spannung, während eine kapazitive Belastung zu einer Erhöhung führt. Wird gefordert, dass die Spannung im Netz unabhängig von der Belastung konstant gehalten werden soll, so führt

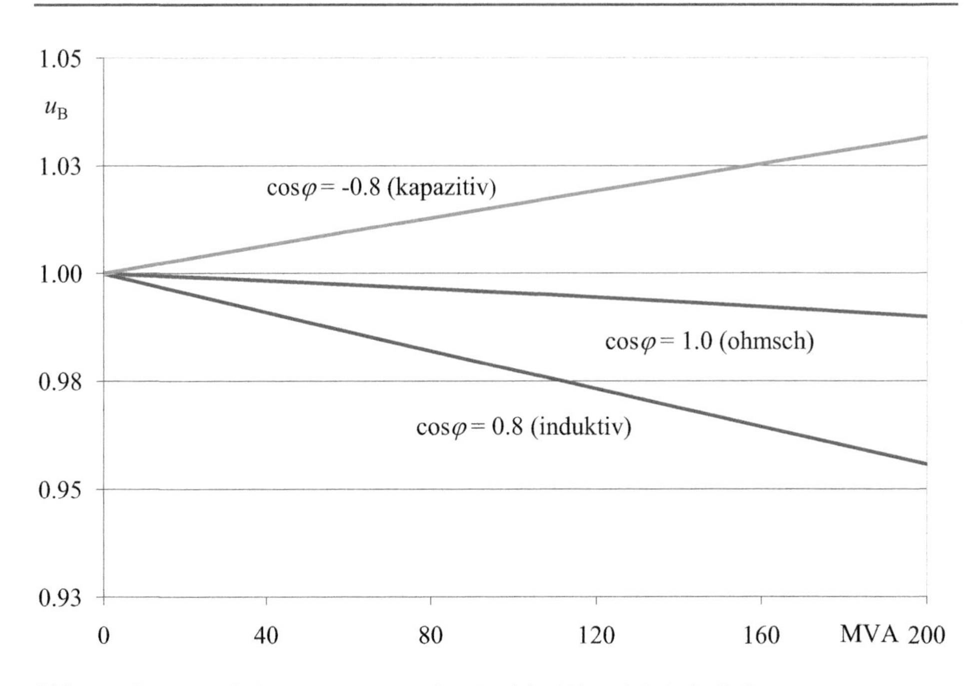

Abb. 7.5 Bezogene Belastungsspannung Δu_B (p.u.) in Abhängigkeit der Belastung

dieses zu einer Anpassung der treibenden Spannungen, z. B. $\underline{U}_1$, $\underline{U}_2$, im Netz (Abb. 7.4). Die Konsequenz ist, dass dieses zu einer Erhöhung des Kurzschlussstroms führt, wenn eine induktive Belastung angenommen wird.

In diesem Beispiel vermindert sich die Spannung U_0 am Fehlerort wesentlich geringer ($\Delta u < 1$ %), da diese Spannung von der Nähe der Kraftwerkseinspeisung beeinflusst wird, so dass in diesem Fall die Belastung nahezu keinen Einfluss auf die Spannung vor Kurzschlusseintritt hat.

Die Schlussfolgerung hieraus ist, dass es durchaus sinnvoll ist, eine konstante treibende Spannung anzunehmen, die den größten Kurzschlussstrom zur Folge hat, so dass das Ergebnis auf der sicheren Seite liegt. Dieses führte dazu, bei der Kurzschlussstromberechnung in der Planungsphase einen Spannungsfaktor c einzuführen, der den ungünstigsten Belastungsfall widerspiegelt (Tab. 7.1).

7.4 Berechnung des Spannungsfaktors für unterschiedliche Anordnungen bzw. Spannungsebenen

Im Folgenden werden anhand von Leitungen mit unterschiedlichen Randbedingungen (Spannungsebene, Leitungstyp, Belastung und Leitungslänge) Spannungsfaktoren abgeleitet und deren Grenzen gezeigt, unter den heute verwendeten Werten nach Tab. 7.1. Hierbei ist zu berücksichtigen, dass sich der Spannungsfaktor auf die Nennspannung des Netzes bezieht. Wenn im Gegensatz hierzu die übliche Betriebsspannung $U_b > U_n$ ist,

z. B. U_b = 115 kV, wirkt sich dieses auf den Spannungsfaktor c entsprechend aus, wie dieses in Abschn. 7.4.2 gezeigt wird.

7.4.1 Grundlagen

Für die weiteren Berechnungen wird allgemein das Ersatzschaltbild nach Abb. 7.6 verwendet, hierbei wird in einem ersten Schritt ausschließlich eine Leitung angenommen, die am Ende durch eine Impedanz belastet ist bzw. eine Leistung bei einer vorgegebenen Spannung übertragen wird. Bei der Leitung werden die Kapazitäten und Impedanzen zur Vereinfachung als konzentrierte Elemente berücksichtigt. Die übertragene Leistung stellt eine Belastung dar, deren Leistungsfaktor zwischen cos φ = 1,0 bis 0,9 (kapazitiv/induktiv) verändert wird. Der Spannungsfaktor c beschreibt das Verhältnis der Spannungen am Anfang der Leitung U_1 im Verhältnis bezogen auf die Spannung am Ende U_2 nach Gl. (7.29) und wird auf die Netznennspannung U_n bezogen:

$$c = \frac{\underline{U}_1 = f\left(\underline{U}_2\right)}{U_n} \tag{7.29}$$

U_2 stellt hierbei die Spannung dar, die vor einem Kurzschluss an diesem Ort auftritt. Die maximale Belastung der Leitung hängt von der Stromtragfähigkeit des verwendeten Freileitungsseils bzw. Kabels ab; zusätzlich wird die Leitungslänge variiert.

Die Ströme und Spannungen nach Abb. 7.6 werden mit Hilfe der Gl. (7.30), die das Verhalten eines Vierpols beschreibt, ermittelt.

$$\begin{pmatrix} \underline{U}_1 \\ \underline{I}_1 \end{pmatrix} = \begin{pmatrix} 1 + \underline{Z}_L \cdot \underline{Y}_q & \underline{Z}_L \\ \underline{Y}_q \cdot \left(2 + \underline{Z}_L \cdot \underline{Y}_q\right) & 1 + \underline{Z}_L \cdot \underline{Y}_q \end{pmatrix} \cdot \begin{pmatrix} \underline{U}_2 \\ \underline{I}_2 \end{pmatrix} \tag{7.30}$$

Die Admittanz Y_q nach Gl. (7.30) stellt die Parallelschaltung der Mitkapazität der Leitung und der Impedanz der Kompensation $\underline{Z}_K$ dar. Die Kompensation wird dann verwen-

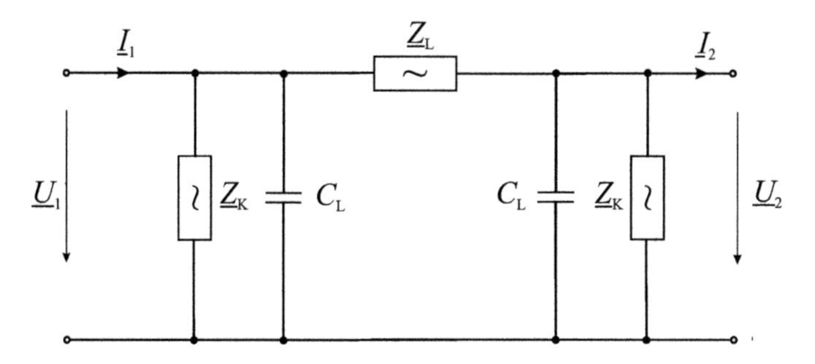

Abb. 7.6 Ersatzschaltbild zur Berechnung des Spannungsfaktors
$\underline{Z}_L$ Längsimpedanz der Leitung
C_L Mitkapazität der Leitung
$\underline{Z}_K$ Kompensation der Leitung (falls benötigt)

det, wenn die Spannung der unbelasteten Leitung so groß wird, dass eine Reduktion erforderlich ist. Der Kompensationsgrad der Leitung wird hierbei mit maximal mit 70 % angenommen, dieses ist bei unbelasteten Freileitungen nur bei sehr hohen Spannungen und bei Kabelnetzen von Interesse.

Für die Berechnungen werden in Abhängigkeit der Spannungsebene und der Leitung (Freileitung/Kabel) die Werte nach Tab. 7.2 verwendet. Die Querschnitte innerhalb einer Spannungsebene werden so ausgewählt, dass der maximale übertragbare Dauerstrom I_d nahezu identisch ist bzw. es werden bei Bedarf parallele Systeme verwendet. Zusätzlich sind in der Tab. 7.2 die charakteristischen Werte Wellenwiderstand Z der Leitung und natürliche Leistung P_{nat} bei der Betriebsspannung U_b (Leiter-Leiter Spannung) nach Gl. (7.31) bestimmt.

$$Z = \sqrt{\frac{L_L}{C_L}} \qquad P_{nat} = \frac{U_b^2}{Z} \tag{7.31}$$

Für die Betriebsspannung U_b wird der Wert angenommen, die in den Abb. 7.7, 7.8, 7.9, 7.10 und 7.11 angegeben sind. Aus der natürlichen Leistung P_{nat} kann der dazugehörige Strom I_{nat} nach Gl. (7.32) bestimmt werden, der in der Tab. 7.2 zusätzlich eingetragen ist.

$$I_{nat} = \frac{P_{nat}}{\sqrt{3} \cdot U_b} = \frac{U_b / \sqrt{3}}{Z} \tag{7.32}$$

Tab. 7.2 Daten für die Ersatzschaltung nach Abb. 7.6 für verschiedene Spannungsebenen (U_n Netznennspannung)

Größe	Dim.	110 kV		380 kV		500 kV
		Freil.	Kabel	Freil.	Kabel	Freil.
Typ		a	b	c	d	e
R_L'	Ω/km	0,119	0,047[1)]	0,030	0,006[1)]	0,018
X_L'	Ω/km	0,401	0,123	0,251	0,108	0,26
C_L'	µF/km	0,0091	0,185	0,0134	0,48	0,0144
I_d	A	645	673	2580	2734	5320
Z	Ω	374,46	46,00	244,19	26,76	239,73
U_b	kV	115	115	410	410	530
I_{nat}	A	486	3954[2)]	969	8845[3)]	1276

a 240/40 mm²
b A2XS(FL)2Y 630 mm²
c 4 × 240/40 mm²
d N2XS(FL)2Y 1 × 2500/250 mm² (zwei Systeme parallel)
e 4 × 795 kcmil
1) 20 °C, Gleichstromwiderstand
2) ohne Kompensation; bei einer Kompensation von 70 %, I_{nat} = 791 A
3) ohne Kompensation; bei einer Kompensation von 70 %, I_{nat} = 4845 A

Der Strom, der sich aus der natürlichen Leistung bestimmt, ist ein Maß dafür, wie die Leitung bei einer Übertragung wirkt. Hierbei sind in Abhängigkeit des tatsächlichen Stroms I_2 die folgenden Bereiche möglich:

- $I_2 < I_{nat}$: Die Leitung wirkt kapazitiv,
- $I_2 = I_{nat}$: Die Leitung wirkt ohmsch,
- $I_2 > I_{nat}$: Die Leitung wirkt induktiv.

Die Ermittlung der elektrischen Größen von Abb. 7.6 erfolgt nach den folgenden Arbeitsschritten:

- Die Spannung U_2 (reelle Größe) wird gleich der gewünschten Betriebsspannung am Fehlerort gesetzt.
- Festlegung des maximalen Stroms I_2 am Ende der Leitung, der sich aus dem maximalen Dauerstrom I_d ergibt, bzw. dem halben Wert des Dauerstroms. Der Leistungsfaktor $\cos\varphi$ wird variiert.
- Aus der ersten Zeile der Gl. (7.30) wird die Spannung U_1 am Anfang der Leitung und damit der Spannungsfaktor c bestimmt, unter Berücksichtigung der jeweiligen Netznennspannung, Gl. (7.29).
- Mit Hilfe der zweiten Zeile von Gl. (7.30) wird überprüft, ob der Strom I_1 zu Beginn der Leitung den zulässigen Wert I_d überschreitet.

Der Kurzschlussstrom an der Fehlerstelle (Index 2 nach Abb. 7.6) ermittelt sich in Abhängigkeit der Spannung U_1 am Anfang der Leitung, so dass ausschließlich der Einfluss der Leitung auf den Spannungsfall betrachtet wird. Aus den verschiedenen Berechnungen kann somit abgeleitet werden, unter welchen Randbedingungen der Spannungsfaktor $c = 1{,}1$ für die Ermittlung des maximalen Kurzschlussstroms gerechtfertigt ist. Aus diesem Grund bestimmt sich der Spannungsfaktor c ausschließlich durch das Spannungsverhältnis von $\underline{U}_2$ und $\underline{U}_1$ bezogen auf die Netznennspannung U_n nach Gl. (7.29).

Bei den Berechnungen wird jeweils angenommen, dass am Ende der Leitungsverbindung der halbe Wert des maximalen Dauerstroms übertragen wird. Dieser Wert ist dadurch gerechtfertigt, wenn das $(n-1)$-Prinzip bei der Netzplanung vorausgesetzt wird.

7.4.2 110-kV-Spannungsebene

Zur Berechnung werden die Angaben nach Tab. 7.2 verwendet, inklusiver der Erläuterungen. Darüber hinaus wird ausschließlich eine Betriebsspannung am Ende der Leitung von $U_b = \sqrt{3} \cdot U_2 = 115\,\text{kV}$ angenommen.

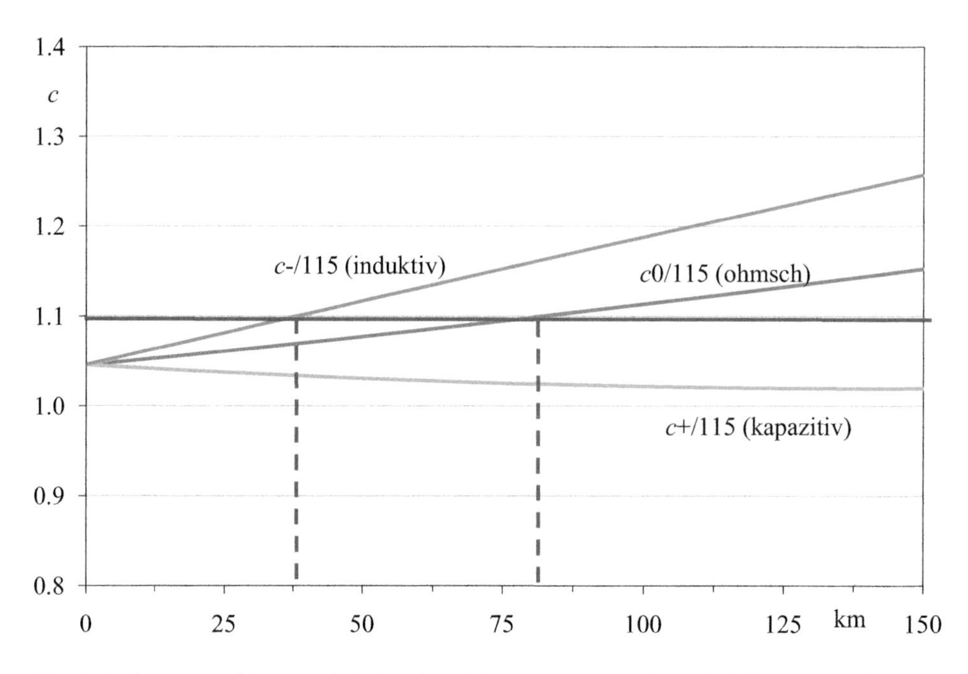

Abb. 7.7 Spannungsfaktoren c bei einer Betriebsspannung von U_b = 115 kV in Abhängigkeit der Freileitungslänge (nicht kompensiert)
c0/115 Leistungsfaktor cos φ = 1,0
c-/115 Leistungsfaktor cos φ = 0,9 (induktiv)
c+/115 Leistungsfaktor cos φ = 0,9 (kapazitiv)

Freileitung
Abb. 7.7 zeigt den Spannungsfaktor für den Fall, dass am Ende der Leitung der halbe Wert des maximalen Dauerstroms I_d übertragen wird. Die Freileitung ist aufgrund des geringen kapazitiven Ladestroms nicht induktiv kompensiert. Da der übertragene Strom von I_2 = 322,5 A geringer ist als der Strom, der sich aus der natürlichen Leistung von I_{nat} = 486 A ermittelt, wirkt die Leitung unter dieser Bedingung grundsätzlich kapazitiv, welches sich durch die Leitungslänge ausdrückt, ohne Überschreitung des Spannungsfaktors von $c = 1{,}1$.

Anhand der Ergebnisse können die folgenden Bewertungen nach Abb. 7.7 abgeleitet werden:

- Bei einer ohmschen Belastung der Freileitung (cos φ = 1,0) wird der vorgegebene Spannungsfaktor $c = 1{,}1$ nach einer Leitungslänge von $\ell \approx 81$ km überschritten. Dieses bedeutet, dass in diesen Fällen die Kurzschlussergebnisse nach [2] auf der unsicheren Seite liegen.
- Der Spannungsfaktor $c = 1{,}1$ wird bis zu einer Leitungslänge von $\ell \approx 250$ km bei einer Belastung mit einem Leistungsfaktor von cos φ = 0,9 (kapazitiv) nicht überschritten, d. h., die Ergebnisse liegen stets auf der sicheren Seite, wenn praktische Übertragungslängen angenommen werden.
- Wird im Gegensatz hierzu die Leitung induktiv belastet (cos φ = 0,9), so verringert sich die zulässige Leitungslänge auf $\ell \approx 38$ km.

- Der Schnittpunkt der dargestellten Kurven mit der y-Achse ergibt sich aus dem Wert $c = U_b/U_n = 115/110 = 1{,}045$.
- Bei höheren Betriebsspannungen, zum Beispiel $U_b = 123$ kV, verschieben sich folglich die Kurven zu höheren c-Werten.

Kabel

Aufgrund der großen Kapazität eines 110-kV-Kabels, zeigt dieses auch bei einer induktiven Belastung stets ein kapazitives Verhalten. Das bedeutet, dass die Begrenzung im Kurzschlussverhalten nicht als Folge des Überschreitens des Spannungsfaktors $c = 1{,}1$ erfolgt, sondern der Bemessungsstrom des Kabels ist die dimensionierende Größe bei der Bestimmung der maximalen Kabellänge. Die Berechnungen ergeben für den Fall, dass keine Kompensation des Ladestroms erfolgt, bei einer Betriebsspannung von $U_b = 115$ kV, maximale Kabellängen von $\ell = 60$ km (kapazitiv), 80 km (ohmsch) und 100 km (induktiv), abhängig vom Leistungsfaktor cos φ, wenn am Kabelende der halbe Wert des Bemessungsstroms übertragen wird.

Aus diesem Grunde werden nach Abb. 7.8 die 110-kV-Kabel zu 70 % kompensiert, dieses bedeutet, dass nur 30 % der ursprünglichen Kabelkapazität wirksam ist. Auch bei einer Kompensation des Ladestroms ergibt sich ein Strom von $I_{nat} = 791$ A, der wesentlich höher als der Betriebsstrom ist, so dass das Kabel auch in diesem Fall stets kapazitiv wirkt.

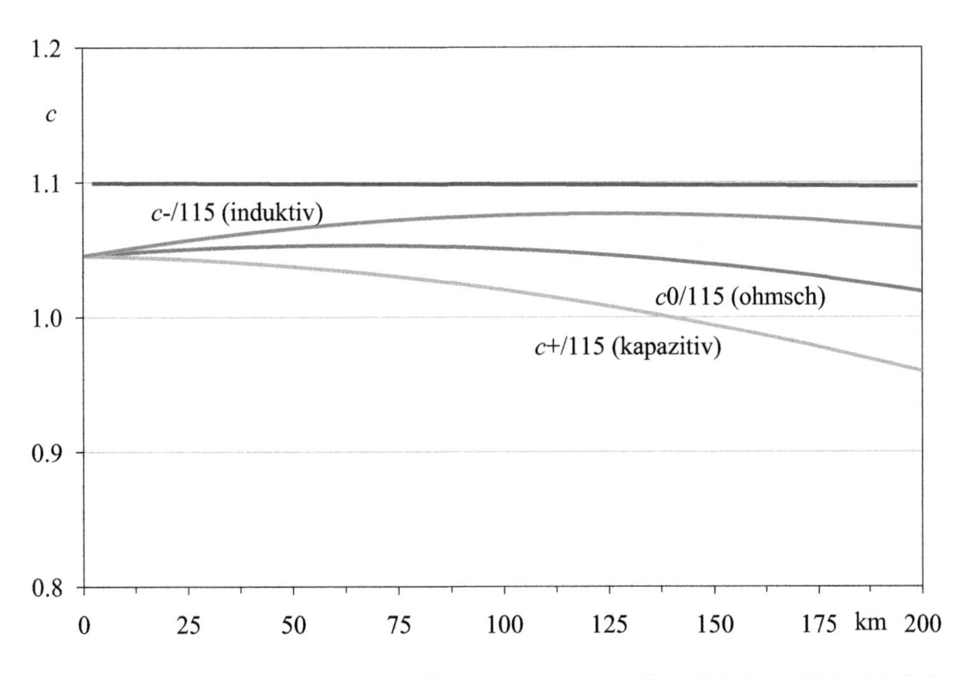

Abb. 7.8 Spannungsfaktoren c bei einer Betriebsspannung von $U_b = 115$ kV in Abhängigkeit der Kabellänge (Legende siehe Abb. 7.7)

Anhand der Ergebnisse können die folgenden Bewertungen nach Abb. 7.8 abgeleitet werden:

- In den betrachteten Beispielen (115 kV) wird der Spannungsfaktor $c = 1{,}1$ in keinem Fall überschritten.
- Kabellängen von $\ell > 200$ km sind möglich, ohne dass der Bemessungsstrom am Kabelanfang überschritten wird (bei einem Betriebsstrom von $I_b = I_d/2$.
- Nur bei maximalen Betriebsspannungen von $U_b = 123$ kV (= U_m, höchste Spannung für Betriebsmittel) wird der Spannungsfaktor $c = 1{,}1$ überschritten, unabhängig vom Leistungsfaktor.

7.4.3 380-kV-Spannungsebene

Für die Berechnung werden die Daten der Tab. 7.2 verwendet, wobei zusätzlich für das Kabelbeispiel eine Kompensation des Ladestroms berücksichtigt wird. Als Betriebsspannung wird bei den Beispielen ein Wert von $U_b = 410$ kV gewählt, was der üblichen Betriebsspannung in dieser Spannungsebene entsprechen sollte. Da in dieser Spannungsebene eine Netznennspannung nach [7] nicht genormt ist, wird ein Wert von $U_n = 380$ kV angenommen, bei einer höchsten Spannung für Betriebsmittel von $U_m = 420$ kV.

Freileitung
Abb. 7.9 zeigt die Ergebnisse der Spannungsberechnungen unter der Voraussetzung, dass keine Kompensation der Freileitung berücksichtigt wird. In diesem Fall liegt der Belastungsstrom (1290A) stets oberhalb des Stroms I_{nat} (969 A), so dass die Freileitung bei ohmscher Belastung induktiv wird, wodurch die maximale Leitungslänge beeinflusst wird.

Nach Abb. 7.9 ergeben sich die folgenden Bewertungen:

- Bei einer induktiven (c-/410) bzw. ohmschen (c0/410) Belastung ergeben sich maximale Freileitungslängen von $\ell = 30$ km bzw. 130 km, ohne dass der Spannungsfaktor $c = 1{,}1$ überschritten wird.
- Im Gegensatz hierzu wird bei einer kapazitiven Belastung der Spannungsfaktor in keinem Fall überschritten.
- Bei einer reduzierten Betriebsspannung von $U_b = 380$ kV vergrößert sich die zulässige Freileitungslänge auf $\ell = 380$ km (ohmsche Belastung, nicht in Abb. 7.9 dargestellt).
- Eine induktive Kompensation der Freileitung aufgrund des Ferranti-Effekts, z. B. mit 50 %, verändert die möglichen Freileitungslängen zum Teil nur unwesentlich, wobei kürzere Längen von $\ell = 97$ km bei einer ohmschen Belastung auftreten. Hierbei ist jedoch zu berücksichtigen, dass bei einer induktiven Übertragung keine induktive Kompensation vorgenommen, sondern die Betriebsspannung am Leitungsende angehoben werden sollte, was mit einer kapazitiven Kompensation möglich ist (MSCDN, siehe Kap. 14).

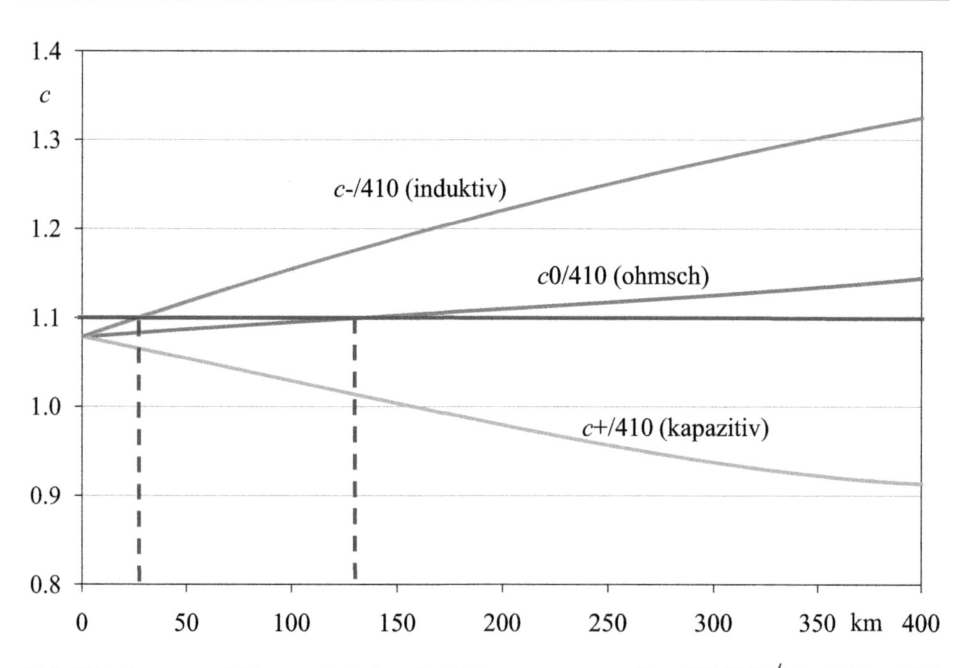

Abb. 7.9 Spannungsfaktoren c bei einer Betriebsspannung von $U_b = 410\ \text{kV}/\sqrt{3}$ in Abhängigkeit der Freileitungslänge (ohne Kompensation)
$c0/410$ Leistungsfaktor $\cos\varphi = 1{,}0$
c-/410 Leistungsfaktor $\cos\varphi = 0{,}9$ (induktiv)
c+/410 Leistungsfaktor $\cos\varphi = 0{,}9$ (kapazitiv)

Kabel
Ähnlich der 110-kV-Übertragung haben die beiden verwendeten 380-kV-Kabelsysteme aufgrund der hohen Ladekapazität von $C = 0{,}48\ \mu\text{F/km}$ einen hohen Ladestrom von $I_c = 36{,}57\ \text{A/km}$. Dieses bedeutet, dass bei einer Kabellänge von $\ell = 74{,}8\ \text{km}$ das unbelastete Kabel aufgrund des Ladestroms bereits ausgelastet ist. Aus diesem Grunde wird für die Berechnung nach Abb. 7.10 eine induktive Kompensation von 70 % vorgesehen. Auch in diesem Fall wird das Kabel bei den untersuchten Belastungen stets unterhalb der natürlichen Leistung betrieben.

Nach Abb. 7.10 ergeben sich die folgenden Bewertungen:

- In den betrachteten Fällen mit einer Betriebsspannung von $U_b = 410\ \text{kV}$ wird der Spannungsfaktor $c = 1{,}1$ in keinem Betriebsfall überschritten.
- Bei einer induktiven Belastung mit einem Leistungsfaktor von $\cos\varphi = 0{,}9$ ist ein Betrieb mit einer maximalen Kabellänge von $\ell \approx 150\ \text{km}$ möglich, ohne dass der Bemessungsstrom am Kabelanfang überschritten wird.
- Bei einer maximalen Spannung am Kabelende von $U_b = 420\ \text{kV}$ bleibt der Spannungsfaktor auch unter $c < 1{,}1$, bei gleichen maximalen Kabellängen.

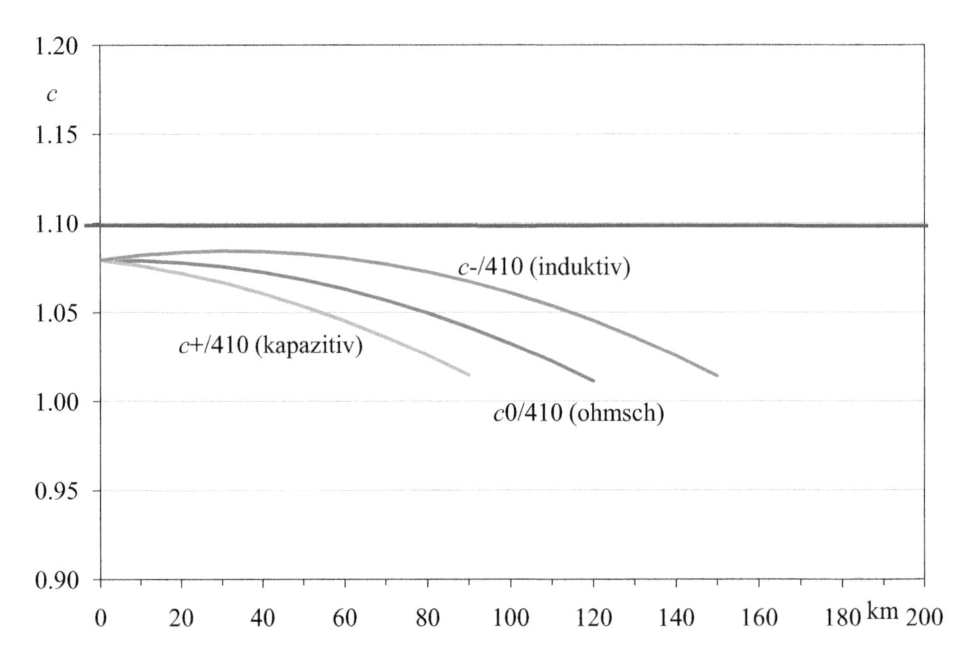

Abb. 7.10 Spannungsfaktoren c bei einer Betriebsspannung von $U_b = 410$ kV in Abhängigkeit der Kabellänge (Legende siehe Abb. 7.9)

7.4.4 500-kV-Spannungsebene

Für die Berechnung werden die Daten der Tab. 7.2 verwendet, wobei in diesem Fall ausschließlich eine Freileitung berücksichtigt wird. Als Betriebsspannung wird bei den Beispielen ein Wert von $U_b = 530$ kV gewählt, was einer üblichen Betriebsspannung in dieser Spannungsebene entsprechen sollte. Da in dieser Spannungsebene eine Netznennspannung nach [8] nicht genormt ist, wird eine Wert von $U_n = 500$ kV angenommen, bei einer höchsten Spannung für Betriebsmittel von $U_m = 550$ kV.

Freileitung
Abb. 7.11 zeigt die Ergebnisse der Spannungsberechnungen unter der Voraussetzung, dass keine Kompensation der Freileitung berücksichtigt wird.

Grundsätzlich zeigt sich das gleiche Spannungsverhalten wie bei der Betrachtung der 380-kV-Freileitung:

- Bei einer induktiven (c-/530) bzw. ohmschen (c0/530) Belastung ergeben sich maximale Freileitungslängen von $\ell = 35$ km bzw. 120 km, ohne dass der Spannungsfaktor $c = 1{,}1$ überschritten wird.
- Im Gegensatz hierzu wird bei einer kapazitiven Belastung der Spannungsfaktor in keinem Fall überschritten (bis zu einer Leitungslänge von $\ell = 460$ km).
- Bei einer reduzierten Betriebsspannung von $U_b = 500$ kV vergrößert sich die zulässige Freileitungslänge auf $\ell = 210$ km (ohmsche Belastung, nicht in Abb. 7.11 enthalten).

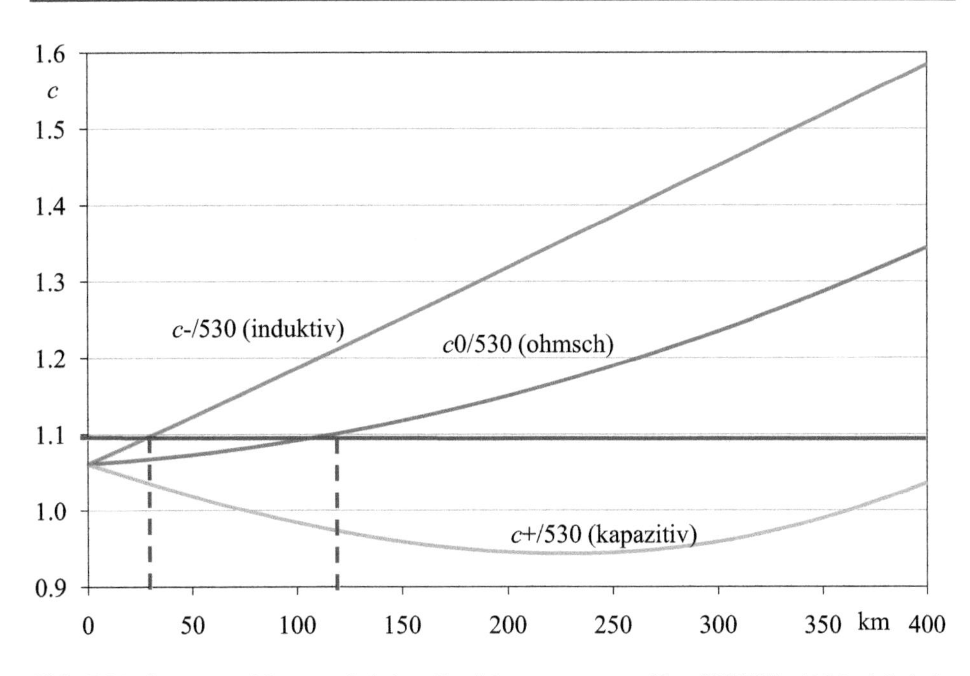

Abb. 7.11 Spannungsfaktoren c bei einer Betriebsspannung von $U_b = 530$ kV in Abhängigkeit der Freileitungslänge (ohne Kompensation)
$c0/530$ Leistungsfaktor $\cos \varphi = 1{,}0$
$c\text{-}/530$ Leistungsfaktor $\cos \varphi = 0{,}9$ (induktiv)
$c+/530$ Leistungsfaktor $\cos \varphi = 0{,}9$ (kapazitiv)

7.4.5 Zusammenfassung der Berechnungen

Die Berechnungen zeigen, dass der Spannungsfaktor c eine Funktion des Spannungsfalls zwischen der Einspeisung und dem Kurzschlussort ist, so dass die maßgeblichen Parameter die Induktivität der Übertragungsleitung und der Leistungsfaktor des Lastflusses sind. Wesentlich ist somit, dass bei langen Leitungen, die besonders in den Hoch- und Höchstspannungsnetzen zum Einsatz kommen, der Spannungsfaktor $c = 1{,}1$ überschritten wird. Da die Bezugsspannung für den Spannungsfaktor die Netznennspannung U_n ist, stellt sich bei einer Betriebsspannung U_b, die in der Nähe der höchsten Spannung für Betriebsmittel U_m ist, die Frage, ob der vorgegebene Wert nach [2] besonders in Netzen mit langen Freileitungen ausreichend ist.

Die Aussage, dass die Berechnung der Kurzschlussströme in den letztgenannten Netzen führt, die auf der unsicheren Seite liegen können, deckt sich mit der Darstellung in [1]. Grundsätzlich besteht die Möglichkeit, auch für lange Freileitungen einen Korrekturfaktor einzuführen, wie dieses beispielhaft in Abschn. 7.5 aufgezeigt wird.

Im Gegensatz hierzu wirken Kabelnetze auch bei einer Kompensation (bis 70 %) kapazitiv, so dass der Spannungsfaktor c in der Regel ausreichend ist, auch bei einer induktiven Belastung.

7.5 Korrekturfaktor für Leitungen

Die Festlegung des Spannungsfaktors $c = 1{,}1$ für den maximalen Kurzschlussstrom beruht unter anderem auf die Untersuchungen, die in [8] dargelegt sind. Hierbei sind in den verschiedenen Netzen ($U_n = 0{,}4$ kV bis 735 kV) die Betriebsspannungen nahezu identisch mit den Netznennspannungen (≤ 2 %). Der wesentliche Unterschied zu den vereinfachten Berechnungen nach den Abschn. 7.4.2, 7.4.3 und 7.4.4 ist, dass die Betriebsspannungen vor Fehlereintritt von den Netznennspannungen abweichen (115/110 = 1,045; 410/380 = 1,079; 530/500 = 1,06).

Bei hohen Betriebsspannungen sollte versucht werden, die Spannungen zu reduzieren und somit den Leistungsfaktor so zu beeinflussen, so dass in erster Linie ein Wirkstrom übertragen wird. Dieses wird sich in jedem Fall reduzierend auf den tatsächlichen Kurzschlussstrom auswirken, bzw. der Spannungsfaktor $c = 1{,}1$ sollte nicht überschritten werden.

Da die Auswertung des Abschn. 7.4 ergibt, dass bei einer Kabelverbindung aufgrund des kapazitiven Betriebsverhaltens, auch bei einer induktiven Belastung, der Spannungsfaktor $c = 1{,}1$ ausreichend ist, beziehen sich die weiteren Ausführungen ausschließlich auf das Verhalten bei Freileitungen, da in diesen Fällen auch bei relativ „kurzen" Leitungslängen und bei einer ohmsch/induktiven Belastung der Faktor $c = 1{,}1$ überschritten werden kann.

Da der Spannungsfaktor c den Spannungsunterschied zwischen einem zukünftigen Fehlerort und der treibenden Spannung eines Netzes berücksichtigt in Abhängigkeit des Lastflusses, ist es grundsätzlich möglich, diesen Spannungsunterschied durch einen Korrekturfaktor auszudrücken, der bei der Ermittlung der Leitungsimpedanz berücksichtigt wird.

Die Spannungsdifferenz kann mit Hilfe der Vierpolgleichung (7.30) ermittelt werden, unter Berücksichtigung der Phasenspannungen $\underline{U}_1$, $\underline{U}_2$:

$$\underline{U}_1 = \left(1 + \underline{Z}_L \cdot \underline{Y}_q\right) \cdot \underline{U}_2 + \underline{Z}_L \cdot \underline{I}_2 \tag{7.33}$$

Mit

$$\underline{Z}_L = R_L + jX_L = R_L + j\omega L_L \qquad \text{Leitungsimpedanz:} \tag{7.34}$$

$$\underline{Y}_q \approx j\omega C_L \qquad \text{Queradmittanz} \tag{7.35}$$

$$\underline{I}_2 = I_2 \cdot \left(\cos\varphi - j\sin\varphi\right) \qquad \text{Belastungsstrom (induktiv)} \tag{7.36}$$

Nach Einsetzen der Gl. (7.34) bis (7.36) in (7.33) ergibt sich:

$$\underline{U}_1 = \left\{1 + j\left(R_L + jX_L\right) \cdot \omega C\right\} \cdot U_2 + I_2 \cdot \left(\cos\varphi + j\sin\varphi\right) \cdot \left(R_L + jX_L\right) \tag{7.37}$$

$$\begin{aligned} \operatorname{Re}\left\{\underline{U}_1\right\} &= \left\{1 - \omega^2 \cdot L \cdot C\right\} \cdot U_2 + I_2 \cdot \left(R_L \cdot \cos\varphi + X_L \cdot \sin\varphi\right) \\ \operatorname{Im}\left\{\underline{U}_1\right\} &= \omega \cdot R \cdot C \cdot U_2 + I_2 \cdot \left(X_L \cdot \cos\varphi - R_L \cdot \sin\varphi\right) \end{aligned} \tag{7.38}$$

Mit ausreichende Genauigkeit bestimmt sich die Spannung U_1 aus dem Realteil der Gl. (7.38), da die Spannung U_2 als real angesetzt wird, wobei zusätzlich der „Ferrant-Effekt" unberücksichtigt wird, so dass gilt:

$$U_1 \approx U_2 + I_2 \cdot \left(R_L \cdot \cos\varphi + X_L \cdot \sin\varphi\right) \tag{7.39}$$

Nach den durchgeführten Berechnungen sollte für größere Freileitungsstrecken ein größerer Spannungsfaktor c gewählt werden, um auch für diese Betriebsfälle einen Kurzschlussstrom zu berechnen, der auf der sicheren Seite liegt. Wenn jedoch ein einheitlicher Wert c verwendet werden soll, kann ebenso eine verringerte Impedanz benutzt werden, wie dieses auch bei der Impedanzkorrektur bei Transformatoren stattfindet. Für den exakten Kurzschlussstrom an der Fehlerstelle nach Abb. 7.6 gilt nach Gl. (7.30):

$$\underline{I}_k'' = \underline{I}_{2k} = \frac{U_1}{\underline{Z}_L} \stackrel{!}{=} \frac{c_{max} \cdot U_n / \sqrt{3}}{K_L \cdot \underline{Z}_L} \tag{7.40}$$

Mit

Z_L Leitungsimpedanz
K_L Korrekturfaktor
U_n Netznennspannung
U_B Betriebsspannung (verkettet)
I_{2k} Anfangs-Kurzschlusswechselstrom an der Stelle 2 nach Abb. 7.6

Aus den Gl. (7.39) und (7.40) lässt sich der Korrekturfaktor K_L für die Freileitung bestimmen, hierbei werden mit dem Index „b" die Betriebsbedingungen am Fehlerort vor Eintritt des Kurzschlusses bezeichnet (Index 2).

$$K_L = \frac{c_{max} \cdot U_n / \sqrt{3}}{U_2 + I_2 \cdot \left(R_L \cdot \cos\varphi + X_L \cdot \sin\varphi\right)} = \frac{c_{max} \cdot U_n}{U_b + \sqrt{3} \cdot I_b \cdot \left(R_L \cdot \cos\varphi + X_L \cdot \sin\varphi\right)} \tag{7.41}$$

Abb. 7.12 zeigt den Korrekturfaktor K_L für einen maximalen Spannungsfaktor für $c_{max} = 1{,}1$, bezogen auf die 380-kV-Freileitung nach Abb. 7.9, in Abhängigkeit der Leitungslänge und der Betriebsspannung U_b vor Fehlereintritt an der Fehlerstelle, bei einem Betriebsstrom gleich dem halben maximalen Wert nach Tab. 7.2.

Nach Abb. 7.12 können die folgenden Aussagen getroffen werden, bezogen auf den maximalen dreipoligen Anfangs-Kurzschlusswechselstrom:

- $K_L \geq 1{,}0$: Die Berechnung des Kurzschlussstroms mit $c_{max} = 1{,}1$ führt zu einem Ergebnis, welches auf der sicheren Seite liegt. Dieses ist besonders bei einer kapazitiven Belastung der Fall (bei $U_b = 410$ kV). Der Korrekturfaktor wird in diesen Fällen die Freileitungsimpedanz vergrößern, so dass der berechnete Kurzschlussstrom dem tatsächlichen Strom entsprechen sollte.

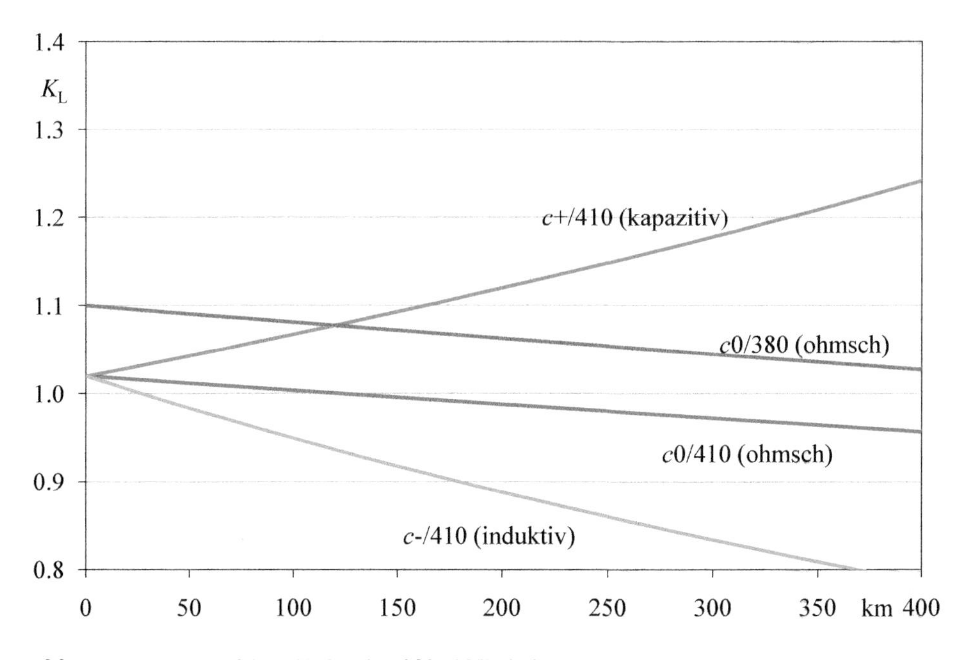

Abb. 7.12 Korrekturfaktor K_L für eine 380-kV-Freileitung mit $c_{max} = 1{,}1$

- $K_L < 1{,}0$: Die Berechnung des Kurzschlussstroms mit $c_{max} = 1{,}1$ führt zu einem Ergebnis, welches auf der unsicheren Seite liegt, z. B. bei einer induktiven Belastung und längeren Leitungen. In diesen Fällen ist somit ein größerer Spannungsfaktor (c > 1,1) angebracht, um den maximalen Kurzschlussstrom zu berechnen, so dass der Korrekturfaktor stattdessen die Impedanz der Freileitung vermindert.

7.6 Fazit

Bei der Kurzschlussstromberechnung wird zur Vereinfachung mit einer einzigen Spannung $cU_n/\sqrt{3}$ als Ersatzspannung an der Fehlerstelle gerechnet. Der Vorteil hierbei ist, dass im Einzelnen keine Lastflussgrößen für einen speziellen Fall berücksichtigt werden müssen. Für den maximalen Kurzschlussstrom wird im Hochspannungsnetz ein Wert von $c = 1{,}1$ verwendet. Im Allgemeinen ist dieser Faktor in Netzen mit kurzen Freileitungen und Kabelnetzen ausreichend, auch wenn eine induktive Belastung angenommen wird. Dieses gilt besonders dann, wenn mehrfache Einspeisungen vorhanden sind, die die Betriebsspannung konstant halten.

Bei Netzen mit einem Kurzschluss am Ende von langen Freileitungen und hohen Betriebsspannungen, die in der Nähe der höchsten Spannung für Betriebsmittel liegen, ist es möglich, dass dieser Wert ($c = 1{,}1$) nicht mehr ausreichend ist. In diesen Fällen sollte das Überlagerungsverfahren eingesetzt werden.

Literatur

1. Funk G (1967) Die Wirkungen von Belastungsimpedanzen und Leitungskapazitäten auf die Größe der Kurzschlussströme. Elektrizitätswirtschaft 66(15):437–440
2. DIN EN 60909-0 (VDE 0102):12-2016 (2016) Kurzschlussströme in Drehstromnetzen Teil 0: Berechnung der Ströme. VDE, Berlin
3. EU (2016) VERORDNUNG 2016/631 DER KOMMISSION vom 14. April 2016 zur Festlegung eines Netzkodex mit Netzanschlussbestimmungen für Stromerzeuger. EU, Brussels
4. EU (2016) VERORDNUNG 2016/1447 DER KOMMISSION vom 26. August 2016 zur Festlegung eines Netzkodex mit Netzanschlussbestimmungen für Hochspannungs-Gleichstrom- Übertragungssysteme und nichtsynchrone Stromerzeugungsanlagen mit Gleichstromanbindung. EU, Brussels
5. Balzer G, Nelles D, Tuttas C (2009) Kurzschlussstromberechnung nach IEC und DIN EN 60909-0 (VDE 0102): 2002-07: Grundlagen, Anwendung der Normen, Auswirkungen der Kurzschlussströme (VDE-Schriftenreihe – Normen verständlich). VDE, Berlin
6. Taumberger H (1988) Ein Beitrag zur Neukonzeption der Vorschriften über Kurzschlussstromberechnung. Diss. TU Graz
7. Rittinghaus D (1983) Über den Einfluss der im Netzbetrieb veränderlichen Größen auf die Kurzschlussstromstärke. Diss. TU Erlangen-Nürnberg, Erlangen
8. IEC 60038 Ed.7 (2009) IEC standard voltages. Genf

Korrekturfaktoren für Impedanzen

8

In der VDE-Bestimmung zur Kurzschlussstromberechnung [1] wird die Belastung eines Netzes durch die Anwendung eines Spannungsfaktors c berücksichtigt. Der Spannungsfaktor kompensiert grundsätzlich den Spannungsfall bei einer Belastung zwischen der treibenden Spannung und einer möglichen Kurzschlussstelle im Netz. Dieser Spannungsfall wirkt sich bei einer induktiven Belastung besonders aus, da auch die Betriebsmittel eines Netzes als überwiegend als induktive Elemente wirken. Grundsätzlich ist es möglich, den Spannungsfall durch einen allgemeinen Spannungsfaktor c bei der Kurzschlussstromberechnung zu kompensieren, der sich auf alle Kurzschlussorte im Netz gleichmäßig auswirkt, als auch individuell eine Impedanzkorrektur für ein bestimmtes Betriebsmittel vorzunehmen. In der VDE-Bestimmung werden beide Möglichkeiten eingesetzt.

Während ein Korrekturfaktor für Generatoren bereits in der ersten Fassung der VDE-Bestimmung [2] enthalten war, sind die Korrekturfaktoren für Transformatoren und Kraftwerke in späteren Fassungen ergänzt worden.

Im Folgenden werden die Ursachen für die Ableitung der Impedanzkorrekturfaktoren dargestellt. Zusätzliche Hinweise sind in [3] aufgeführt.

8.1 Allgemeines

Im Allgemeinen können sowohl Generatoren als auch Transformatoren als eine Impedanz $\underline{Z} = R + \mathrm{j}X$ nach Abb. 8.1 dargestellt werden. In Abhängigkeit des Stroms ergibt sich an den Klemmen eine Spannungsänderung gegenüber der treibenden Spannung U_0.

Für die Spannung $\underline{U}_0$ gilt nach Gl. (8.1):

$$\underline{U}_0 = \underline{U}_1 + \underline{I}_1 \cdot (\cos\varphi - \mathrm{j}\sin\varphi) \cdot (R + \mathrm{j}X) \tag{8.1}$$

Für die Spannungsänderung $\Delta\underline{U}$ ergibt sich aus Gl. (8.1):

G. Balzer, *Kurzschlussströme in Drehstromnetzen*,
https://doi.org/10.1007/978-3-658-28331-5_8

Abb. 8.1 Ersatzschaltbild zur Ermittlung der Spannungsveränderung

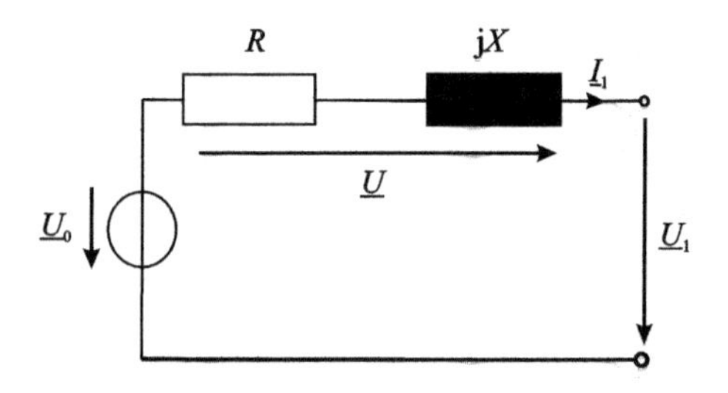

$$\begin{aligned}\Delta\underline{U} &= \underline{I}_1 \cdot (\cos\varphi - \mathrm{j}\sin\varphi)\cdot(R + \mathrm{j}X) = \\ &\underline{I}_1 \cdot \{R\cdot\cos\varphi + X\cdot\sin\varphi + \mathrm{j}(X\cdot\cos\varphi - R\cdot\sin\varphi)\}\end{aligned} \tag{8.2}$$

Für den Spannungsunterschied gilt vereinfachend, wenn vorausgesetzt wird, dass die Spannung $\underline{U}_1$ in der reellen Ebene liegt:

$$\Delta U \approx I_1 \cdot (R\cdot\cos\varphi + X\cdot\sin\varphi) \tag{8.3}$$

Abb. 8.2 zeigt das Zeigerdiagramm der Spannungen und des Belastungsstroms für die Ersatzschaltung nach Abb. 8.1.

Wenn die Spannung U_1 unabhängig von der Belastung konstant gehalten werden soll, ist es notwendig, die treibende Spannung U_0 um den Wert ΔU zu vergrößern. Darüber hinaus gilt bei Generatoren bzw. Transformatoren $R << X$, so dass für die Spannung U_0 gilt:

$$U_0 = U_1 + I_1 \cdot X \cdot \sin\varphi = U_1 \cdot \left(1 + \frac{I_1}{U_1} \cdot X \cdot \sin\varphi\right) \overset{!}{=} c \cdot U_\mathrm{n} / \sqrt{3} \tag{8.4}$$

Soll die treibende Spannung U_0 gleich dem Wert $c \cdot U_\mathrm{n} / \sqrt{3}$ entsprechen, so gilt für den Spannungsfaktor c:

Abb. 8.2 Zeigerdiagramm für die Ersatzschaltung, Abb. 8.1

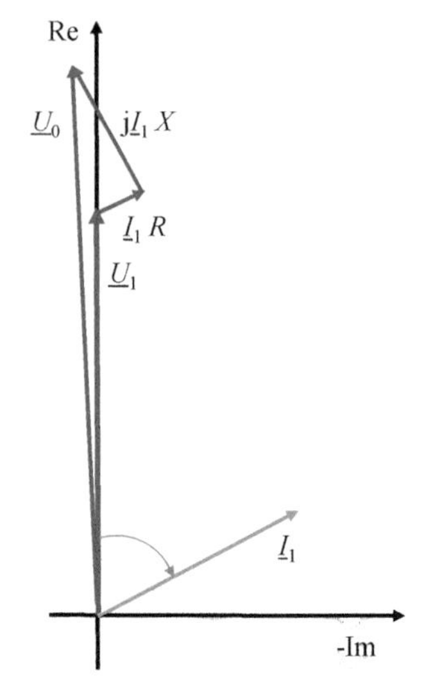

$$c = \frac{U_1}{U_n / \sqrt{3}} \cdot \left(1 + \frac{I_1}{U_1} \cdot X \cdot \sin\varphi \right) \tag{8.5}$$

Mit

U_n Nennspannung des Netzes (verkettet),
U_1 Klemmenspannung (Leiter – Erde),
I_1 Belastungsstrom vor Kurzschlusseintritt,
φ Phasenwinkel zwischen U_1 und I_1,
X Reaktanz des Betriebsmittels.

In der Ableitung der Gl. (8.5) wird unterstellt, dass vor Kurzschlusseintritt ein induktiver Belastungsstrom die gleiche Richtung hat, wie ein zu erwartender Kurzschlussstrom. Dieses führt dazu, dass ein Spannungsfall dergestalt wirkt, dass die Spannung U_1 an den Klemmen vermindert wird. Dieses geht von der Überlegung aus, dass im Allgemeinen ein Lastfluss von den höheren Spannungsebenen zu den unteren vorherrscht, der einen induktiven Leistungsfaktor hat und die Erzeugung sich hauptsächlich in den oberen Spannungsebenen befindet. Ist im Gegensatz hierzu ein kapazitiver Lastfluss vor Kurzschlusseintritt vorhanden, so führt dieses zu einer Anhebung der Spannung U_1.

Wird im Gegensatz zur Gl. (8.5) der Spannungsfall nach Gl. (8.3) berücksichtigt, so ergibt sich für den Faktor c:

$$c = \frac{U_1}{U_n / \sqrt{3}} \cdot \left\{ 1 + \frac{I_1}{U_1} \cdot \left(R \cdot \cos\varphi + X \cdot \sin\varphi \right) \right\} \tag{8.6}$$

Im Folgenden wird die allgemeine Darstellung auf Generatoren, Transformatoren und Kraftwerke angewendet.

8.2 Synchrongeneratoren

Die Impedanzkorrektur nach der VDE-Bestimmung [1] für einen Generator wird ausschließlich auf Generatoren angewendet, die unmittelbar auf eine Sammelschiene, z. B. in einem Niederspannungsnetz oder Industrienetz, einspeisen. Demgegenüber werden Generatoren, die über einen Blocktransformator in das Netz einspeisen, im Zusammenhang mit einem Kraftwerksblock betrachtet, so dass es eine Impedanzkorrektur für einen Kraftwerksblock gibt, Abschn. 8.4.

Für die Berechnung des Anfangs-Kurzschlusswechselstrom $\underline{I}''_{kG}$ an den Generatorklemmen gilt allgemein Abb. 8.3, bzw. Gl. (8.7).

$$\underline{I}''_{kG} = \frac{E}{R_G + jX_G} = \frac{E}{R_G + jX''_d} \tag{8.7}$$

Mit

E Polradspannung des Generators
R_G Wirkwiderstand des Generators
X''_d subtransiente Längsreaktanz des Generators

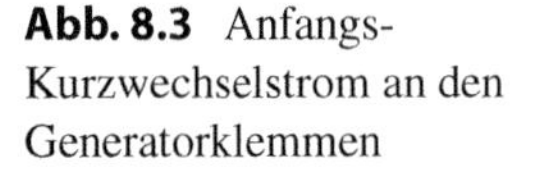

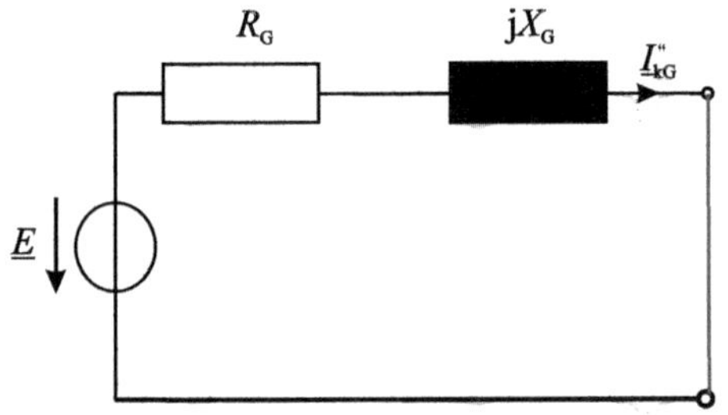

Abb. 8.3 Anfangs-Kurzwechselstrom an den Generatorklemmen

Entsprechend der Gl. (8.4) ergibt sich für das Beispiel Synchrongenerator die folgende Zuordnung:

$$E = \frac{U_{rG}}{\sqrt{3}} \cdot \left(1 + \frac{I_{rG} \cdot \sqrt{3}}{U_{rG}} \cdot X''_d \cdot \sin\varphi \right) \tag{8.8}$$

Hierbei wird vorausgesetzt, dass die Spannung an den Generatorklemmen mit U_{rG} stets konstant gehalten wird und der Belastungsstrom vor Kurzschlusseintritt gleich dem Bemessungsstrom $\underline{I}_{rG}$ des Generators ist. Wegen

$$X''_d = x''_d \cdot \frac{U_{rG} / \sqrt{3}}{I_{rG}} \tag{8.9}$$

Ergibt sich für die Polradspannung E des Generators

$$E = \frac{U_{rG}}{\sqrt{3}} \cdot \left(1 + x''_d \cdot \sin\varphi \right) \tag{8.10}$$

Mit

U_{rG}	Bemessungsspannung des Generators,
I_{rG}	Bemessungsstrom des Generators,
φ	Phasenwinkel zwischen U_{rG} und I_{rG},
x''_d	auf X''_d bezogene subtransiente Reaktanz,

Für die Berechnung des maximalen Anfangs-Kurzschlussstroms ergibt sich nach Gl. (8.7):

$$\underline{I}''_{kG} = \frac{\frac{U_{rG}}{\sqrt{3}} \cdot \left(1 + x''_d \cdot \sin\varphi \right)}{R_G + jX''_d} \tag{8.11}$$

Die Berechnung des Anfangs-Kurzschlusswechselstroms nach Gl. (8.11) setzt voraus, dass nur ein einziger Synchrongenerator die Fehlerstelle einspeist und dieser Beitrag wird berechnet. Im Allgemeinen ist eine Synchronmaschine in einem Netz installiert mit weiteren Einspeisungen, so dass ein gesamter Kurzschlussstrom bestimmt werden muss und das Verfahren der Ersatzspannungsquelle an der Fehlerstelle angewendet wird. Da der maximale Spannungsfaktor mit c = 1,1 festgelegt ist, wirkt sich die Spannungsanhebung nach Gl. (8.11) in einem Korrekturfaktor der Generatorimpedanz aus. Aus diesem Grunde ergibt sich die folgende Gleichung für den Korrekturfaktor K_G:

$$\underline{I}''_{kGmax} = \frac{\frac{U_{rG}}{\sqrt{3}} \cdot \left(1 + x''_d \cdot \sin\varphi\right)}{R_G + jX''_d} \overset{!}{=} \frac{c_{max} \cdot U_n / \sqrt{3}}{K_G \cdot \left(R_G + jX''_d\right)} \tag{8.12}$$

$$K_G = \frac{U_n}{U_{rG}} \cdot \frac{c_{max}}{1 + x''_d \cdot \sin\varphi} \tag{8.13}$$

Bei der Anwendung der Ersatzspannungsquelle an der Fehlerstelle ist nach Gl. (8.12) die Generatorimpedanz mit dem Korrekturfaktor nach Gl. (8.13) zu multiplizieren. Der Spannungsfaktor c_{max} richtet sich nach der Spannungsebene der Kurzschlussstelle.

In Gl. (8.8) ist vorausgesetzt, dass vor Kurzschlusseintritt der Bemessungsstrom des Generators I_G fließt. Wird dieses berücksichtigt, so ergibt sich für die Polradspannung E:

$$E = \frac{U_{rG}}{\sqrt{3}} \cdot \left(1 + \frac{I_G \cdot \sqrt{3}}{U_{rG}} \cdot X''_d \cdot \sin\varphi\right) \tag{8.14}$$

Unter diesen Voraussetzungen ergibt sich für den Korrekturfaktor K_G:

$$K_G = \frac{U_n}{U_{rG}} \cdot \frac{c_{max}}{1 + \frac{I_G}{I_{rG}} x''_d \cdot \sin\varphi} \tag{8.15}$$

Für einen beispielhaften Synchrongenerator werden die Korrekturfaktoren für verschiedene Betriebspunkte bestimmt und zusätzlich die resultierenden c-Faktoren für eine Kurzschlussstromberechnung angegeben. Hierbei wird bei verschiedenen Arbeitspunkten jeweils der maximale Wirkstrom berücksichtigt und Gl. (8.15) verwendet. Folgende Daten werden angenommen:

Netznennspannung:	U_n = 10 kV
Generatorspannung:	U_{rG} = 10,5 kV
Subtransiente Reaktanz:	$x''_d = 0{,}13$
Leistungsfaktor:	$\cos\varphi_{rG}$ = 0,8
Spannungsfaktor:	c_{max} = 1,1

- Bemessungs-Betriebspunkt (induktiv): $\cos\varphi$ = 0,8; I_G/I_{rG} = 1,0

$$K_G = \frac{10}{10{,}5} \cdot \frac{1{,}1}{1 + 1{,}0 \cdot 0{,}13 \cdot 0{,}6} = 0{,}9718$$

- Wirkleistung-Betriebspunkt: $\cos\varphi$ = 1,0; I_G/I_{rG} = 0,8

$$K_G = \frac{10}{10{,}5} \cdot \frac{1{,}1}{1 + 0{,}8 \cdot 0{,}13 \cdot 0{,}0} = 1{,}0476$$

- Kapazitiver Betriebspunkt: $\cos\varphi = 0{,}9$; $I_G/I_{rG} = 0{,}8889$

$$K_G = \frac{10}{10{,}5} \cdot \frac{1{,}1}{1 - (0{,}8889) \cdot 0{,}13 \cdot 0{,}4359} = 1{,}1032$$

Aus der Gl. (8.12) kann ein resultierende Spannungsfaktor $c_{res} = c_{max}/K_G$ abgeleitet werden. Im vorliegenden Beispiel ergeben sich die folgenden Werte:

- $\cos\varphi = 0{,}8$ (induktiv): $c_{res} = 1{,}1319$,
- $\cos\varphi = 1{,}0$: $c_{res} = 1{,}0500$,
- $\cos\varphi = 0{,}9$ (kapazitiv): $c_{res} = 0{,}9971$.

Es zeigt sich, dass im ersten Fall (induktiver Bemessungspunkt) der resultierende Spannungsfaktor c_{res} größer ist als der Spannungsfaktor nach Tab. 7.1, während in den übrigen Fällen die Anwendung des Korrekturfaktors zu einem geringeren Kurzschlussstrom führt. Dieses setzt jedoch voraus, dass der Synchrongenerator an den Klemmen mit einer Spannung von U_{rG} betrieben wird. Ist dieses nicht der Fall, so ist in der Gl. (8.15) die höhere Spannung einzusetzen.

Die Anwendung des Korrekturfaktors führt stets zu größeren Kurzschlussströmen, wenn der Kurzschluss aus einem induktiven Betrieb eingeleitet wird, während bei einem kapazitiven Betrieb sich kleinere Kurzschlussströme ergeben. Da bei der Planung einer Anlage stets der größtmögliche Kurzschlussstrom zu berücksichtigen ist, ist es sinnvoll, den übererregten Bereich (Bemessungsbetrieb) bei einem Synchrongenerator als Dimensionierungsgrundlage zu nehmen. Dieses bedeutet, dass Gl. (8.13) mit maximalem Betriebsstrom zu verwenden ist, mit $K_G = 0{,}9718$. Diese Überlegung führte auch dazu, dass in der Bestimmung [1] der Faktor K_G nach Gl. (8.16) zu bestimmen ist.

$$K_G = \frac{c}{1 + x_d'' \cdot \sqrt{1 - \cos^2 \varphi_G}} \cdot \frac{U_n}{U_{rG}} \tag{8.16}$$

8.3 Netztransformatoren

Die Kurzschlussimpedanz von Transformatoren (Zweiwicklungstransformatoren) wird nach Gl. (8.17) bestimmt, entsprechend Abschn. 4.8.1 bzw. VDE-Bestimmung [4].

$$Z_T = \frac{u_{kr}}{100\,\%} \cdot \frac{U_{rT}^2}{S_{rT}} \tag{8.17}$$

Mit

$$R_T = \frac{u_{Rr}}{100\,\%} \cdot \frac{U_{rT}^2}{S_{rT}} = \frac{P_{krT}}{S_{rT}} \cdot \frac{U_{rT}^2}{S_{rT}} \tag{8.18}$$

$$X_T = \sqrt{Z_T^2 - R_T^2} \tag{8.19}$$

Es bedeuten:

U_{rT} Bemessungsspannung,
I_{rT} Bemessungsstrom,
S_{rT} Bemessungsscheinleistung,
P_{krT} Wicklungsverluste bei Bemessungsstrom,
u_{kr} Bemessungswert der Kurzschlussspannung in %,
u_{Rr} Bemessungswert des ohmschen Spannungsfalls in %

Für die Berechnung des Kurzschlussstroms ist es ausreichend, dass die Impedanz Z_T für die Hauptanzapfung bestimmt wird, dieses bedeutet, der Stufensteller befindet sich in der Mittelstellung. In der damaligen Bestimmung [4] wurde in diesem Zusammenhang der folgende Hinweis gegeben:
„Besondere Überlegungen sind nur notwendig wenn:

- Ein einfach gespeister Kurzschlussstrom berechnet wird und der Kurzschlussstrom die gleiche Richtung hat wie der Betriebsstrom vor dem Auftreten des Kurzschlusses (Kurzschluss auf der Unterspannungsseite eines Transformators oder paralleler Transformatoren mit Stufenschaltern, …,)
- es mit Hilfe eines Stufenschalters möglich ist, die Transformatorübersetzung in weiten Grenzen zu verändern, $U_{TOS} = U_{rTOS} \cdot (1 \pm p_T)$ mit $p_T > 0{,}05$,
- die kleinste Kurzschlussspannung u_{kmin} merklich kleiner ist als der Bemessungswert der Kurzschlussspannung bei der Hauptanzapfung ($u_{kmin} < u_{kr}$),
- die Spannung während des Betriebs merklich höher ist als die Netznennspannung ($U \geq 1{,}05 \cdot U_n$).“

Da die oben angegebenen Überlegungen eine Oder-Verknüpfung darstellen, stellte sich heraus, dass der erste Punkt der Standardanwendung eines Transformators entspricht, indem der Lastfluss von einer höheren Spannungsebene zu einer tieferen erfolgt und dieser Lastfluss in der Regel induktiv ist. Die „besonderen“ Überlegungen führten dazu, dass ein Korrekturfaktor für Netztransformatoren eingeführt wurde [5]. Hierbei ist der Begriff „Netztransformator“ im Gegensatz zu Transformatoren in Kraftwerken gewählt, da für diese einen eigenen Korrekturfaktor gibt, Abschn. 8.4.

Dieser Impedanzkorrekturfaktor für Netztransformatoren hat somit das Ziel, den Spannungsfall zu kompensieren, welches grundsätzlich durch eine Erhöhung des Spannungsfaktors c, z. B. auf $c = 1{,}15$, oder durch eine Verringerung der Transformatorimpedanz möglich ist. Es liegen somit die gleichen elektrischen Verhältnisse vor, wie in Abschn. 8.1 dargestellt.

Der Nachteil einer Erhöhung des Spannungsfaktors c liegt darin, dass bei der Anwendung des Verfahrens der Ersatzspannungsquelle an der Fehlerstelle alle Kurzschlussströme im Netz entsprechend vergrößert werden, auch wenn der Spannungsfall gering ist. Im Gegensatz macht der Korrekturfaktor nur dann bemerkbar, wenn die Transformatordaten eine hohe Kurzschlussreaktanz aufweisen oder der Lastfluss induktiv ist. Hierbei ist in erster Linie die Auswirkung auf den Kurzschlussstrom lokal begrenzt.

Da der Spannungsfaktor c nach Tab. 7.1 weiterhin bestehend bleibt, wird durch die Impedanzkorrektur K_T ausschließlich die Abweichung bezogen auf den Faktor $c_{max} = 1{,}1$ ermittelt. Aus den Gl. (8.4) und (8.5) kann für den größten Kurzschlussstrom, bezogen auf die Unterspannungsseite, geschrieben werden, mit $U_1 = U_T / \sqrt{3}$. In Gl. (8.20) sind Betriebsgrößen vor Kurzschlusseintritt nur mit dem Index „T" gekennzeichnet.

$$I''_{kTmax} = \frac{c_{max} \cdot U_n / \sqrt{3}}{K_T \cdot Z_T} = \frac{U_T / \sqrt{3}}{U_n / \sqrt{3}} \cdot \left(1 + \frac{I_T}{U_T / \sqrt{3}} \cdot X_T \cdot \sin\varphi\right) \cdot \frac{U_n / \sqrt{3}}{Z_T} \tag{8.20}$$

$$\text{bzw. mit } X_T = x_T \cdot \frac{U_{rT} / \sqrt{3}}{I_{rT}} \tag{8.21}$$

$$I''_{kTmax} = \frac{c_{max} \cdot U_n / \sqrt{3}}{K_T \cdot Z_T} = \frac{U_T / \sqrt{3}}{Z_T} \cdot \left(1 + \frac{I_T}{I_{rT}} \cdot \frac{U_{rT}}{U_T} \cdot x_T \cdot \sin\varphi\right) \tag{8.22}$$

Somit ergibt sich für den Korrekturfaktor K_T:

$$K_T = \frac{U_n}{U_T} \cdot \frac{c_{max}}{1 + \frac{I_T}{I_{rT}} \cdot \frac{U_{rT}}{U_T} \cdot x_T \cdot \sin\varphi} \tag{8.23}$$

Mit

c_{max} Spannungsfaktor c nach Tab. 7.1
U_n Netznennspannung
I_{rT} Bemessungsstrom des Transformators
x_T bezogene Transformatorreaktanz
U_{rT} Bemessungsspannung des Transformators
U_T Betriebsspannung vor dem Kurzschluss (verkettet)
I_T Betriebsstrom vor dem Kurzschluss
φ Winkel des Leistungsfaktors des Lastflusses vor dem Kurzschluss

Wenn angenommen wird, dass im Allgemeinen die höchste Betriebsspannung gleich der Bemessungsspannung des Transformators ist, dann vereinfacht sich Gl. (8.23) mit $U_T = U_{rT}$ zu:

$$K_T = \frac{U_n}{U_T} \cdot \frac{c_{max}}{1 + \frac{I_T}{I_{rT}} \cdot x_T \cdot \sin\varphi} \tag{8.24}$$

In den Gl. (8.23) und (8.24) wird vorausgesetzt, dass sich die Betriebsspannung jeweils auf die Unterspannungsseite des Transformators bezieht. Dieses geht aus der Darstellung der Spannungen nach Abb. 8.1 hervor. Unter der Annahme, dass die folgenden Betriebsbedingungen eingehalten werden, kann eine weitere Vereinfachung gewählt werden:

- Maximale Betriebsspannung: $U_T < 1{,}05 \cdot U_n$,
- maximaler Betriebsstrom: $I_T < I_{rT}$,
- Leistungsfaktor: $\cos\varphi > 0{,}8$ bzw. $\sin\varphi < 0{,}6$.

Wobei das Produkt aus den beiden letzten Größen einen Wert von 0,6 nicht überschreiten sollte. Unter diesen Voraussetzungen kann zur Vereinfachung für den Korrekturfaktor geschrieben werden:

$$K_T = 0{,}95 \cdot \frac{c_{max}}{1 + 0{,}6 \cdot x_T} \tag{8.25}$$

Der Vorteil in der Anwendung der Gl. (8.25) liegt darin, dass keine Betriebsgrößen verwendet werden, was der grundsätzliche Vorteil in dem Verfahren der Ersatzspannungsquelle an der Fehlerstelle mit der Anwendung des Spannungsfaktors c ist. Dieses bedeutet jedoch, dass auch die aktuellen Betriebsgrößen vor Kurzschlusseintritt in den Grenzen liegen sollten, wie oben aufgeführt.

Nach Gl. (8.23) ist es grundsätzlich möglich, dass auch ein kapazitiver Belastungsstrom berücksichtigt werden kann, so dass sich der Korrekturfaktor vergrößert. Da jedoch ein induktiver Strom zu größeren Kurzschlussströmen führt, der somit bei der Planung vorausgesetzt werden sollte, ist dieses bei der Neufassung [1] entsprechend berücksichtigt worden, mit:

$$K_T = \frac{U_n}{U_T} \cdot \frac{c_{max}}{1 + \frac{I_T}{I_{rT}} \cdot x_T \cdot \sqrt{1 - \cos^2\varphi}} \tag{8.26}$$

Für den dreipoligen Anfangs-Kurzschlusswechselstrom ergibt sich somit unter Berücksichtigung des Korrekturfaktors nach [1]:

$$\underline{I}_T'' = \frac{c_{max} \cdot U_n / \sqrt{3}}{K_T \cdot \underline{Z}_T} = \frac{U_T / \sqrt{3}}{\underline{Z}_T} \cdot \left(1 + \frac{I_r}{I_{rT}} \cdot x_T \cdot \sqrt{1 - \cos^2\varphi}\right) \tag{8.27}$$

Oder mit der Vereinfachung nach Gl. (8.25):

$$\underline{I}_T'' = \frac{U_n / \sqrt{3}}{\underline{Z}_T} \cdot \frac{(1 + 0{,}6 \cdot x_T)}{0{,}95} \tag{8.28}$$

Im Folgenden werden für vier Beispiele der Einsatz der Korrekturfaktoren gezeigt, wobei der Unterschied hauptsichlich bezogen auf die abweichenden Betriebsbedingungen verdeutlicht wird. Die Berechnungen der folgenden Beispiele werden jeweils mit Hilfe der Netzersatzschaltung nach Abb. 8.4 durchgeführt. Darüber hinausgehende Untersuchungen sind in [3, 6, 7] aufgeführt.

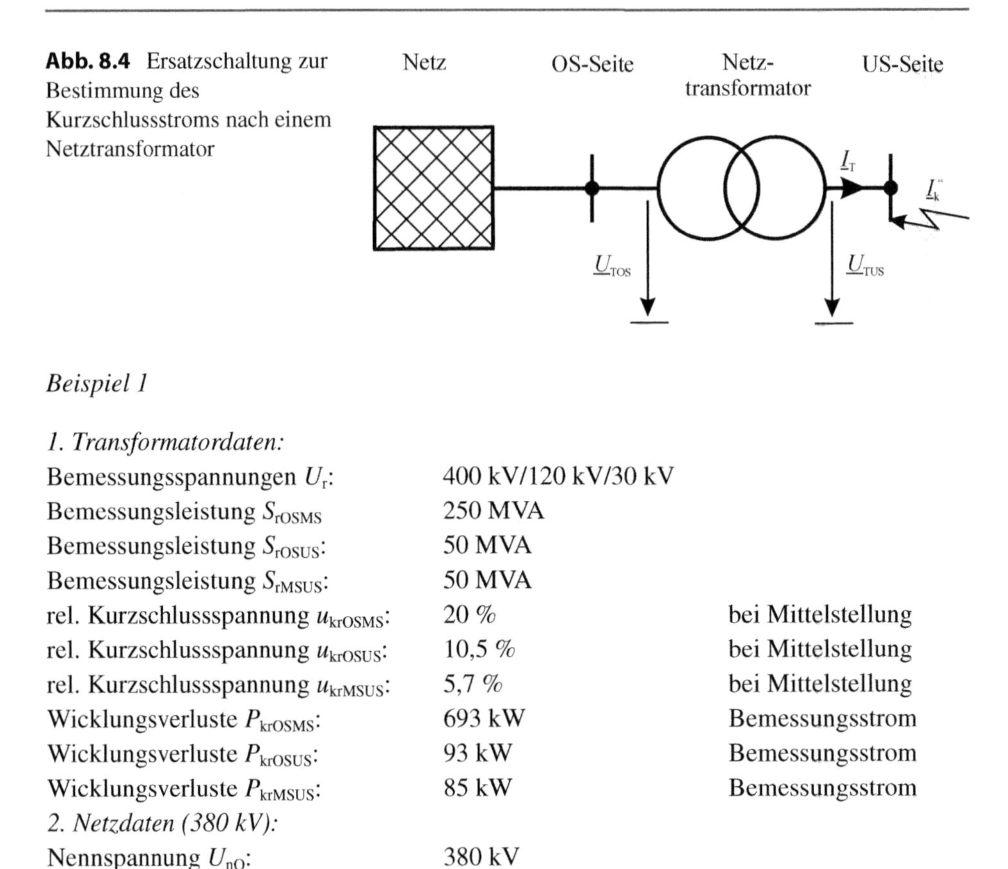

Abb. 8.4 Ersatzschaltung zur Bestimmung des Kurzschlussstroms nach einem Netztransformator

Beispiel 1

1. Transformatordaten:

Bemessungsspannungen U_r:	400 kV/120 kV/30 kV	
Bemessungsleistung S_{rOSMS}	250 MVA	
Bemessungsleistung S_{rOSUS}:	50 MVA	
Bemessungsleistung S_{rMSUS}:	50 MVA	
rel. Kurzschlussspannung u_{krOSMS}:	20 %	bei Mittelstellung
rel. Kurzschlussspannung u_{krOSUS}:	10,5 %	bei Mittelstellung
rel. Kurzschlussspannung u_{krMSUS}:	5,7 %	bei Mittelstellung
Wicklungsverluste P_{krOSMS}:	693 kW	Bemessungsstrom
Wicklungsverluste P_{krOSUS}:	93 kW	Bemessungsstrom
Wicklungsverluste P_{krMSUS}:	85 kW	Bemessungsstrom
2. Netzdaten (380 kV):		
Nennspannung U_{nQ}:	380 kV	
Kurzschlussstrom (dreipolig) I''_{kQ}:	60 kA	
Verhältnis R_Q/X_Q:	0,1	

Nach Abschn. 4.8.5.1 kann aus den Wicklungsverlusten und den Durchgangsleistungen zwischen den unterschiedlichen Wicklungen für jede Wicklung die Kurzschlussimpedanz ermittelt werden, jeweils bezogen auf die 110-kV-Netzebene, Gl. (8.17–8.19).

$$\underline{Z}_{OS} = (0{,}103 + j12{,}673)\Omega \qquad \underline{Z}_{MS} = (0{,}957 - j1{,}154)\Omega \; \underline{Z}_{US} = (0{,}4333 + j17{,}563)\Omega$$

Nach Gl. (4.212) bestimmt sich die Kurzschlussimpedanz des Transformators zwischen der Ober- und Mittelspannungsseite zu:

$$\underline{Z}_T = \underline{Z}_{OS} + \underline{Z}_{MS} = (0{,}160 + j11{,}519)\Omega$$

Für die Netzimpedanz ergibt sich nach den Gl. (4.1) und (4.2), bezogen auf die 110-kV-Ebene mit $t_r = 400/120$:

$$Z_{Qt} = \frac{1{,}1 \cdot U_{nQ}}{\sqrt{3} \cdot I''_{kQ}} \cdot \frac{1}{t_r^2} = 0{,}362\Omega$$

$$X_{Qt} = \frac{Z_{Qt}}{\sqrt{1-(R_Q/X_Q)^2}} = 0{,}360\Omega \qquad R_{Qt} = 0{,}036\Omega$$

Die Berechnungen des dreipoligen Kurzschlussstroms auf der Unterspannungsseite des Transformators nach Abb. 8.4 erfolgen unter folgenden Voraussetzungen:

- Der Betriebsstrom vor Kurzschlusseintritt wird zwischen $I_T = (0{,}0 - 1{,}0) \cdot I_{rT}$ verändert.
- Für den Leistungsfaktor wird $\cos\varphi = 0{,}0$ und 0,8 (induktiv) eingesetzt.
- Die Transformatorspannung auf der Unterspannungsseite wird $U_T = U_{rT}$ und U_m verwendet.

Der dreipolige Kurzschlussstrom ermittelt sich nach Gl. (8.29), wobei der Spannungsfall nach den Gl. (8.3) und (8.6) als Referenzstrom betrachtet wird, der eine Vereinfachung gegenüber dem tatsächlichen Strom ist, da bei der Ableitung des Spannungsfalls nur der Realteil berücksichtigt wird. Darüber hinaus wird der Spannungsfall über der Netzeinspeisung nicht betrachtet, so dass die weitere Darstellung ausschließlich das Verhalten des Transformators in Abhängigkeit des Korrekturfaktors vergleicht.

Dieser Referenzstrom wird mit den Kurzschlussströmen verglichen, die mit den Impedanzkorrekturfaktoren nach den Gl. (8.25) und (8.26) bestimmt werden.

$$\underline{I}_k'' = \frac{1{,}1 \cdot U_n / \sqrt{3}}{\underline{Z}_{Qt} + K_T \cdot \underline{Z}_T} \tag{8.29}$$

Für die verschiedenen Korrekturfaktoren K_T gelten somit die folgenden Beziehungen:

- Referenzstrom, $\underline{I}_{kT1}''$

$$K_{T1} = \frac{U_n}{U_T} \cdot \frac{c_{max}}{1 + \frac{I_T}{I_{rT}} \cdot \frac{U_{rT}}{U_T} \cdot \left(u_{Rr} \cdot \cos\varphi + x_T \cdot \sin\varphi\right)} \tag{8.30}$$

- Kurzschlussstrom $\underline{I}_{kT2}''$ nach [1] mit vereinfachten Betriebsbedingungen

$$K_{T2} = \frac{U_n}{U_T} \cdot \frac{c_{max}}{1 + \frac{I_T}{I_{rT}} \cdot x_T \cdot \sin\varphi} \tag{8.31}$$

- Kurzschlussstrom $\underline{I}_{kT3}''$ nach [1] ohne Betriebsbedingungen

$$K_{T3} = 0{,}95 \cdot \frac{c_{max}}{1 + 0{,}6 \cdot x_T} \tag{8.32}$$

Mit

U_n	Netznennspannung (110 kV),
c_{max}	Spannungsfaktor (= 1,1),
U_{rT}	Transformatorbemessungsspannung auf der US-Seite,
U_T	Transformatorspannung auf der US-Seite vor Kurzschluss,
I_{rT}	Transformatorbemessungsstrom auf der US-Seite,
I_T	Transformatorstrom auf der US-Seite vor Kurzschluss,
x_T	bezogene Kurzschlussreaktanz

u_{Rr} bezogene Kurzschlussresistanz, p.u. Gl. (8.18)
$\cos \varphi$ Leistungsfaktor vor Kurzschlusseintritt

Die Abweichung Δi in % als Funktion des Laststroms vor Kurzschlusseintritt und Leistungsfaktor ermittelt sich nach Gl. (8.33).

$$\Delta i = \frac{I''_{kT2,T3} - I''_{kT1}}{I''_{kT1}} \cdot 100\,\% \tag{8.33}$$

In der nachfolgenden Abb. 8.5 sind jeweils die Abweichungen Δi der Ströme nach den Gl. (8.31, 8.32) bezogen auf den Referenzstrom dargestellt, Gl. (8.33). Zusätzlich wird die Transformatorspannung U_T vor Kurzschlusseintritt verändert.

Im Allgemeinen wird bei der Kurzschlussstromberechnung eine Abweichung von ±5 % bezogen auf den genauen Berechnungswert als akzeptabel angenommen. Aus diesem Grunde sind in Abb. 8.5 zusätzlich diese beiden Grenzwerte eingetragen. Aus der Darstellung lassen sich die folgenden Ergebnisse ableiten in Abhängigkeit des Transformatorstroms vor Kurzschlusseintritt:

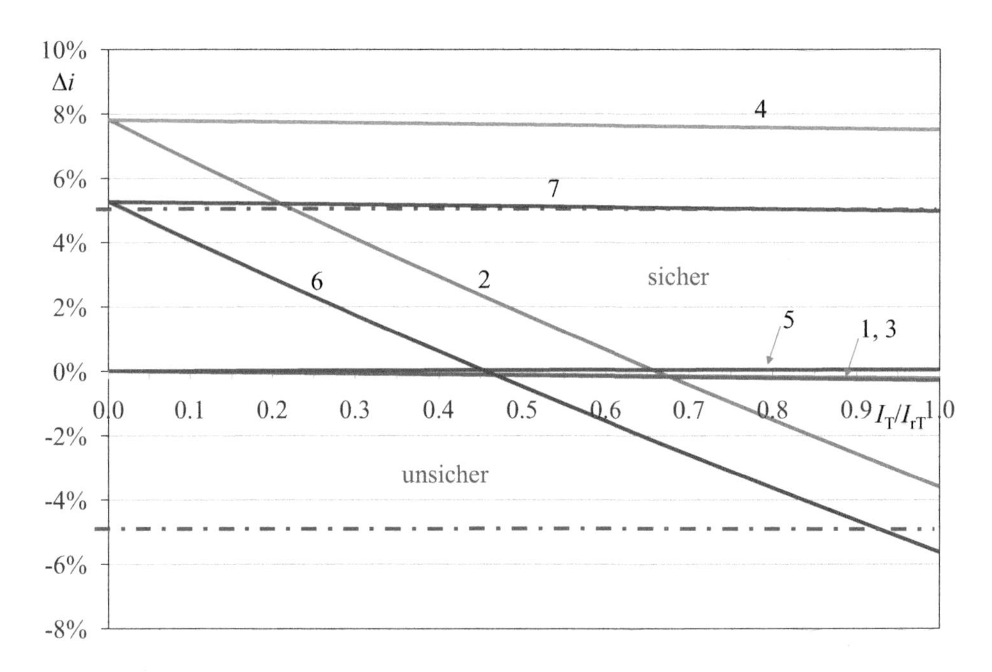

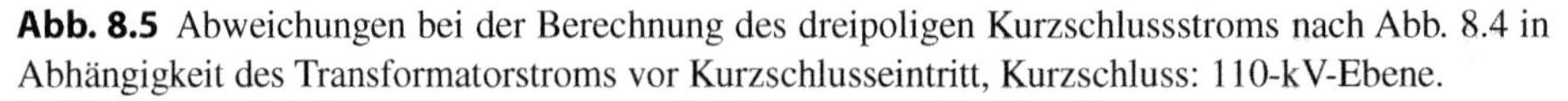

Abb. 8.5 Abweichungen bei der Berechnung des dreipoligen Kurzschlussstroms nach Abb. 8.4 in Abhängigkeit des Transformatorstroms vor Kurzschlusseintritt, Kurzschluss: 110-kV-Ebene.

1 K_{T2}: $\cos \varphi = 0{,}8$; $U_T = U_{rT}$ 2 K_{T3}: $\cos \varphi = 0{,}8$; $U_T = U_{rT}$
3 K_{T2}: $\cos \varphi = 1{,}0$; $U_T = U_{rT}$ 4 K_{T3}: $\cos \varphi = 1{,}0$; $U_T = U_{rT}$
5 K_{T2}: $\cos \varphi = 0{,}8$; $U_T = U_m$ 6 K_{T3}: $\cos \varphi = 0{,}8$; $U_T = U_m$
7 K_{T3}: $\cos \varphi = 1{,}0$; $U_T = U_m$

- Die Abweichungen bei der Berechnung zwischen den Korrekturfaktoren K_{T1} und K_{T2} bleiben unter 0,1 %, so dass die Verwendung des Faktors K_{T2} gerechtfertigt ist, unabhängig vom Laststrom, Leistungsfaktor und den hier angenommenen Transformatorspannungen (Kurven 1, 3, 5).
- Wenn ausschließlich Wirkstrom ($\cos\varphi = 1{,}0$) übertragen wird, führt die vereinfachte Gleichung (K_{T3}, Kurve 4) zu einer mittleren Abweichung von +7,67 % (Bandbreite: +7,81 % bis +7,52 %), das bedeutet, der Kurzschlussstrom wird zu groß bestimmt, bei $U_T = U_{rT}$.
- Bei einer höheren Transformatorspannung als U_{rT} führt dieses zu einer Verkleinerung des Korrekturfaktors K_{T1}, so dass dieses zu einem größeren Strom führt. Dieses führt somit insgesamt zu einer geringeren Abweichung (K_{T3}, Kurve 7), so dass sich ein Mittelwert von +5,12 % ergibt, bei $\cos\varphi = 1{,}0$.
- Wenn der Korrekturfaktor K_{T3} bei einem Lastfaktor von $\cos\varphi = 0{,}8$ (induktiv) verwendet wird, führt dieses zu Kurzschlussströmen, die auf der unsicheren Seite liegen, wenn das Verhältnis der Transformatorströme $I_T/I_{rT} > 0{,}65$ ($U_T = U_{rT}$, Kurve 2) bzw. $I_T/I_{rT} > 0{,}45$ ($U_T = U_m$, Kurve 6) ist. Falls eine Abweichung von ± 5 % akzeptiert wird, führt dieses nur bei einer Spannung $U_T = U_m$ und Strömen $I_T/I_{rT} > 0{,}95$ zu einer Verletzung der Toleranzgrenze.
- Bei einem Leistungsfaktor von $\cos\varphi = 0{,}9$ (induktiv, nicht in Abb. 8.5 aufgeführt) verschiebt sich die Grenze auf $I_T/I_{rT} > 0{,}90$ ($U_T = U_{rT}$), wenn der Faktor K_{T3} angewendet wird.

Zusammenfassend ergibt sich anhand dieses Beispiels, dass der Korrekturfaktor K_{T3} stets sinnvoll ist, wenn der Leistungsfaktor des Lastflusses $\cos\varphi > 0{,}9$ (induktiv) ist. Bei einem Wert von $\varphi = 0{,}8$ (induktiv) wird zwar der Kurzschlussstrom zu klein berechnet, jedoch bleibt er innerhalb einer Toleranzgrenze von ±5 %. Ist der Belastungsstrom I_T vor Kurzschlusseintritt ein Wirkstrom, so liegt das Ergebnis in Abhängigkeit des Verhältnisses U_{rT}/U_n auf jeden Fall auf der sicheren Seite, so dass der Kurzschlussstrom zu groß bestimmt wird.

Die Verwendung von K_{T2} führt stets zu einem besseren Ergebnis, jedoch muss der Belastungsstrom vor Kurzschlusseintritt eindeutig festliegen, welches im Planungszustand eines Netzes problematisch sein sollte.

Beispiel 2

In diesem Beispiel werden dieselben Transformatordaten entsprechend Beispiel 1 gewählt, jedoch findet der Kurzschluss auf der Oberspannungsseite des Transformators statt, so dass die Einspeisung aus dem 110-kV-Netz erfolgt. Aufgrund der Transformatorimpedanz kann der Beitrag bei einem Kurzschluss auf der Oberspannungsseite nur $I_k'' = 1{,}89\,\mathrm{kA}$ sein, so dass für dieses Beispiel der Kurzschlussstrombeitrag des 110-kV-Netzes als unendlich angesehen werden kann. Die Berechnungen werden unter folgenden Randbedingungen durchgeführt:

- Es wird derselbe Lastfluss entsprechend Beispiel 1 vorausgesetzt.
- Die Berechnungen berücksichtigen den Korrekturfaktor K_{T3}.

- Der Korrekturfaktor K_{T3} bestimmt sich aus den Daten der Unterspannungsseite des Transformators.
- Der Referenzstrom wird mit dem Korrekturfaktor K_{T1} ermittelt, bezogen jedoch auf die Oberspannungsseite des Transformators.

Da bei der Berechnung des Kurzschlussstroms während der Dateneingabe der Korrekturfaktor direkt dem Datensatz des Transformators zugeordnet wird, erfolgt die Ermittlung des Faktors K_{T3} ausschließlich für die Unterspannungsseite des Transformators [1], unabhängig vom Kurzschlussort. Im Gegensatz hierzu erfolgt die Berechnung des Spannungsfalls nach Abschn. 8.1 stets bezogen auf die Kurzschlussseite des Transformators. Aufgrund der geänderten Lastfluss des Belastungsstroms vor Kurzschlusseintritt ergeben sich folgende Korrekturfaktoren:

$$K_{T1} = \frac{U_n}{U_T} \cdot \frac{c_{max}}{1 - \frac{I_T}{I_{rT}} \cdot \frac{U_{rT}}{U_T} \cdot \left(u_{Rr} \cdot \cos\varphi + x_T \cdot \sin\varphi\right)} \tag{8.34}$$

$$K_{T3} = 0{,}95 \cdot \frac{c_{max}}{1 + 0{,}6 \cdot x_T} \text{unverändert, Gleichung } (8.32) \tag{8.35}$$

In Abb. 8.6 sind die Abweichungen zwischen dem Referenzstrom und der Kurzschlussstromberechnung mit Hilfe des Korrekturfaktors nach Gl. (8.35) dargestellt. Es zeigt sich, dass die Berechnung mit K_{T3} (nach [1]) stets auf der sicheren Seite liegt, das bedeutet, es werden zu große Ströme ermittelt. In Abhängigkeit der Belastung und Transformatorspannung vor Kurzschlusseintritt kann die Abweichung bis 27,6 % gehen ($I_T/I_{rT} = 1{,}0$, $U_T = U_{rT}$, Kurve 1). Da in diesem Fall der Beitrag zum Summenkurzschlussstrom an der Sammelschiene (380 kV) nur 3,05 % (1,89 kA von 61,89 kA), kann diese Abweichung toleriert werden.

Falls diese Kurzschlussstromverhältnisse jedoch nicht zutreffen sollten und eine „genauere" Bestimmung des Teilkurzschlussstroms notwendig ist, sollte z. B. das Überlagerungsverfahren verwendet werden, bzw. bei einem induktiven Lastfluss in die unterlagerte Spannungsebene sollte auf die Anwendung des Korrekturfaktors bei einem Fehler auf der Oberspannungsseite verzichtet werden ($K_T = 1{,}0$).

Beispiel 3

1. Transformatordaten:		
Bemessungsspannungen U_r:	115 kV/22 kV	
Bemessungsleistung S_r:	50 MVA	
rel. Kurzschlussspannung u_{krS}:	14 %	bei Mittelstellung
Wicklungsverluste P_{kr}:	200 kW	Bemessungsstrom
2. Netzdaten (110 kV):		
Nennspannung U_{nQ}:	110 kV	
Kurzschlussstrom (dreipolig) I''_{kQ}:	35 kA	
Verhältnis R_Q/X_Q:	0,1	

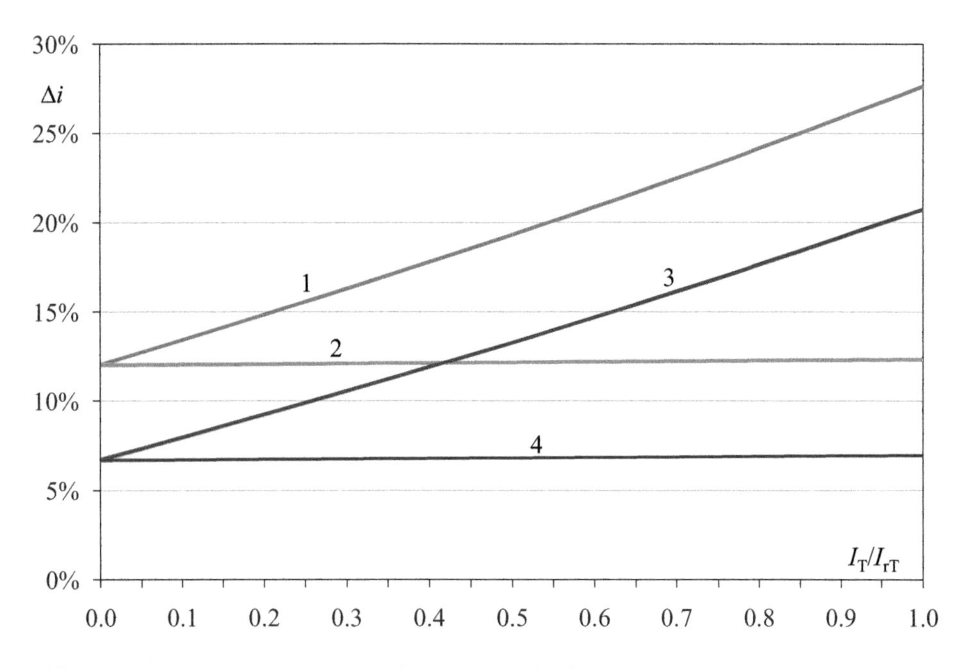

Abb. 8.6 Abweichungen bei der Berechnung des dreipoligen Kurzschlussstroms nach Abb. 8.4 in Abhängigkeit des Transformatorstroms vor Kurzschlusseintritt, Kurzschluss: 380-kV-Ebene.
1 K_{T3}: $\cos\varphi = 0{,}8$ (kap.); $U_T = U_{rT}$ 2 K_{T3}: $\cos\varphi = 1{,}0$; $U_T = U_{rT}$
3 K_{T3}: $\cos\varphi = 0{,}8$ (kap.); $U_T = U_m$ 4 K_{T3}: $\cos\varphi = 1{,}0$; $U_T = U_m$

Ein Kurzschluss wird nach Abb. 8.4 jeweils auf der Unterspannungsseite (20-kV-Seite) angenommen. Aus den angegebenen Daten lassen sich die folgenden Impedanzen bestimmen, bezogen auf die 20-kV-Seite:

$$\underline{Z}_T = \underline{Z}_{OS} + \underline{Z}_{MS} = (0{,}160 + j11{,}519)\Omega$$

Für die Netzimpedanz ergibt sich nach den Gl. (4.1) und (4.2), bezogen auf die 110-kV-Ebene mit $t_r = 400/120$:

$$Z_{Qt} = \frac{1{,}1 \cdot U_{nQ}}{\sqrt{3} \cdot I''_{kQ}} \cdot \frac{1}{t_r^2} = 0{,}362\Omega$$

$$X_{Qt} = \frac{Z_{Qt}}{\sqrt{1-(R_Q / X_Q)^2}} = 0{,}360\Omega \qquad R_{Qt} = 0{,}036\Omega$$

Abb. 8.7 zeigt die Abweichungen zwischen den Kurzschlussströmen Δi auf der 20-kV-Ebene unter Berücksichtigung der Impedanzkorrekturfaktoren K_{T1}, K_{T2} und K_{T3} nach den Gl. (8.31) bis (8.33). Zusätzlich wird die Spannung vor Kurzschlusseintritt in der 20-kV-Ebene zwischen $U_T = U_{rT}$ und $U_T = U_m$ verändert.

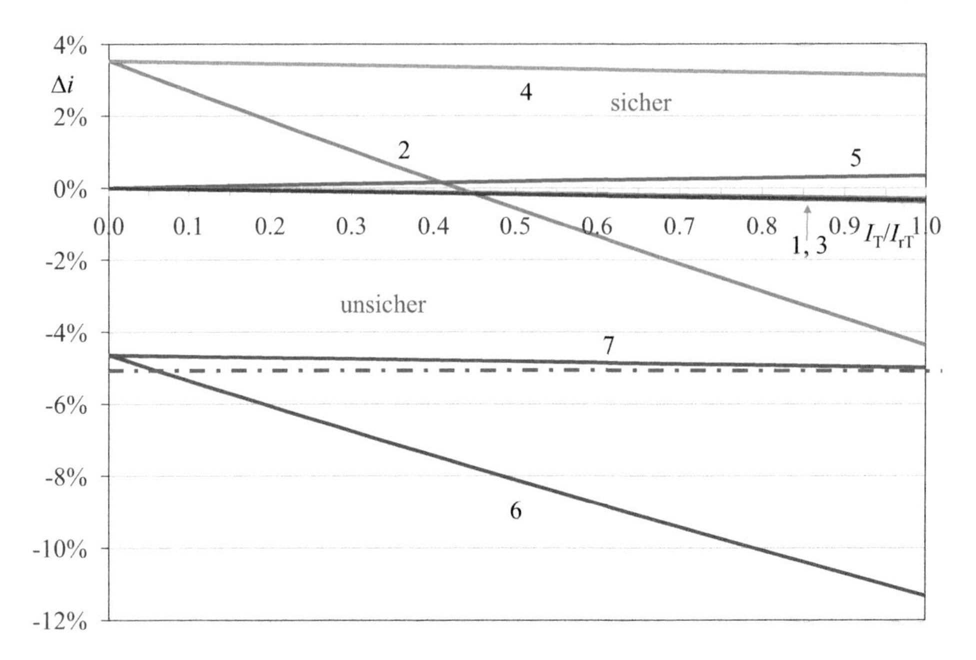

Abb. 8.7 Abweichungen bei der Berechnung des dreipoligen Kurzschlussstroms nach Abb. 8.4 in Abhängigkeit des Transformatorstroms vor Kurzschlusseintritt, Kurzschluss: 20-kV-Ebene.
1 K_{T2}: cos $\varphi = 0{,}8$; $U_T = U_{rT}$ 2 K_{T3}: cos $\varphi = 0{,}8$; $U_T = U_{rT}$
3 K_{T2}: cos $\varphi = 1{,}0$; $U_T = U_{rT}$ 4 K_{T3}: cos $\varphi = 1{,}0$; $U_T = U_{rT}$
5 K_{T2}: cos $\varphi = 0{,}8$; $U_T = U_m$ 6 K_{T3}: cos $\varphi = 0{,}8$; $U_T = U_m$
7 K_{T3}: cos $\varphi = 1{,}0$; $U_T = U_m$

Die grundsätzlichen Kurvenverläufe sind ähnlich zur Abb. 8.5, wobei die wesentlichen Abweichungen durch das Verhältnis der Nennspannung zur Spannung vor Kurzschlusseintritt bedingt sind (Faktor K_{T3}).

Aus der Darstellung lassen sich die folgenden Ergebnisse ableiten in Abhängigkeit des Transformatorstroms vor Kurzschlusseintritt und der Transformatorspannung:

- Die Abweichungen bei der Berechnung zwischen den Korrekturfaktoren K_{T1} und K_{T2} bleiben unter 0,4 %, so dass die Verwendung des Faktors K_{T2} gerechtfertigt ist, unabhängig vom Laststrom, Leistungsfaktor und den hier angenommenen Transformatorspannungen (Kurven 1, 3, 5).
- Wenn ausschließlich Wirkstrom (cos $\varphi = 1{,}0$) übertragen wird, führt die vereinfachte Gleichung (K_{T3}, Kurve 4) zu einer mittleren Abweichung von +3,34 % (Bandbreite: +3,53 % bis +3,14 %), das bedeutet, der Kurzschlussstrom wird zu groß bestimmt, bei $U_T = U_{rT}$. Die Abweichungen sind jedoch innerhalb der Toleranzgrenze von ±5 % und liegen auf der sicheren Seite.
- Bei einer höheren Transformatorspannung als U_{rT} führt dieses zu einer Verkleinerung des Korrekturfaktors K_{T1}, so dass dieses zu einem größeren Strom führt. Dieses führt somit insgesamt zu einer geringeren Abweichung (K_{T3}, Kurve 7), so dass sich ein Mit-

telwert von −5,12 % ergibt, bei cos φ = 1,0. Die Abweichungen liegen an der unteren Toleranzgrenze und sind auf der unsicheren Seite.

- Wenn der Korrekturfaktor K_{T3} bei einem Lastfaktor von cos φ = 0.8 (induktiv) verwendet wird, führt dieses zu Kurzschlussströmen, die auf der unsicheren Seite liegen, wenn das Verhältnis der Transformatorströme $I_T/I_{rT} > 0{,}43$ ($U_T = U_{rT}$, Kurve 2) ist. Bei einer höheren Transformatorspannung ergeben sich ausschließlich Kurzschlussströme, die auf der unsicheren Seite liegen, mit einem Maximalwert von −11.3 % bei einem Wert von $I_T/I_{rT} = 1{,}0$ ($U_T = U_m$, Kurve 6).
- Bei einem Leistungsfaktor von cos φ = 0,9 (induktiv, nicht in Abb. 8.5 aufgeführt) verschiebt sich die Grenze auf $I_T/I_{rT} > 0{,}58$ ($U_T = U_{rT}$), wenn der Faktor K_{T3} angewendet wird.

Beispiel 4

In diesem Beispiel werden dieselben Transformatordaten entsprechend Beispiel 3 gewählt, jedoch findet der Kurzschluss auf der Oberspannungsseite des Transformators (110 kV) statt, so dass die Einspeisung aus dem 20-kV-Netz erfolgt. Die grundsätzliche Vorgehensweise ist somit Beispiel 2 identisch. Aufgrund der Transformatorimpedanz kann der Beitrag bei einem Kurzschluss auf der Oberspannungsseite nur $I_k'' = 1{,}89$ kA sein, so dass für dieses Beispiel der Kurzschlussstrombeitrag des 20-kV-Netzes als unendlich angesehen werden kann.

Unter gleichen Voraussetzungen entsprechend Beispiel 2 ergeben sich bei einem Leistungsfaktor von cos φ = 0,8 (kap.) folgende Abweichung Δi, in Abhängigkeit von der Belastung und der Transformatorspannung:

- $U_T = U_{rT}$: Δi = 9,1 % bis 19,6 %,
- $U_T = U_m$: Δi = 2,0 % bis 11,6 %.

Da in diesem Fall der Beitrag zum Summenkurzschlussstrom an der Sammelschiene (110 kV) nur 5,12 % (1,89 kA von 36,89 kA), kann diese Abweichung toleriert werden, da die oben angegebene Abweichung sich nur auf den Teilkurzschlussstrom bezieht. Bei einer maximalen Abweichung von 19,6 % ergibt sich in diesem Beispiel insgesamt ein Fehler von ca. 1 %.

8.4 Kraftwerksblock mit und ohne Stufenschalter

Ähnlich den Lastverhältnissen nach Abschn. 8.1 ist auch eine Impedanzkorrektur bei Kraftwerksblöcken erforderlich, die sich besonders bei hohen Reaktanzen und induktiven Belastungen auswirkt (Betrieb im übererregten Bereich). Der Grund für unterschiedliche Faktoren in Abhängigkeit des Stufenschalters des Blocktransformators liegt darin, dass die Spannungsregelung verschieden ist.

- Kraftwerksblock mit Stufenschalter des Transformators:
  Die Generatorspannung U_{rG} wird konstant gehalten, während die Regelung der vorgegebenen Spannung U_Q bzw. U_{nQ} auf der OS-Seite des Transformators durch den Stufenschalter erfolgt, Abb. 8.8.
- Kraftwerksblock ohne Stufenschalter des Transformators:
  Die Spannung U_Q bzw. U_{nQ} auf der OS-Seite des Transformators erfolgt ausschließlich durch die Regelung p_G der Generatorspannung U_{rG}, Abb. 8.9.

Nach [1] werden die folgenden Korrekturfaktoren der Impedanzen des gesamten Kraftwerksblocks auf der Oberspannungsseite eingesetzt:

- Kraftwerksblock mit Stufenschalter:

$$K_S = \frac{U_{nQ}^2}{U_{rG}^2} \cdot \frac{U_{rTUS}^2}{U_{rTOS}^2} \cdot \frac{c_{max}}{1 + \left|x_d'' - x_T\right| \cdot \sqrt{1 - \cos^2 \varphi_{rG}}} \quad (8.36)$$
$$\underline{Z}_{SK} = K_S \cdot \left(t_r^2 \cdot \underline{Z}_G + \underline{Z}_{TOS}\right)$$

- Kraftwerksblock ohne Stufenschalter:

$$K_{SO} = \frac{U_{nQ}}{U_{rG} \cdot (1 + p_G)} \cdot \frac{U_{rTUS}}{U_{rTOS}} \cdot \frac{(1 \pm p_T) \cdot c_{max}}{1 + x_d'' \cdot \sqrt{1 - \cos^2 \varphi_{rG}}} \quad (8.37)$$
$$\underline{Z}_{SOK} = K_{SO} \cdot \left(t_r^2 \cdot \underline{Z}_G + \underline{Z}_{TOS}\right)$$

Mit

$\underline{Z}_{SK}$ korrigierte Impedanz des Kraftwerksblocks mit Stufenschalter auf der Oberspannungsseite,
$\underline{Z}_{SOK}$ korrigierte Impedanz des Kraftwerksblocks ohne Stufenschalter auf der Oberspannungsseite,
c_{max} Spannungsfaktor für den größten Kurzschlussstrom nach Tab. 7.1
$\underline{Z}_G$ subtransiente Generatorimpedanz,
$\underline{Z}_{TOS}$ Transformatorimpedanz auf der OS-Seite,

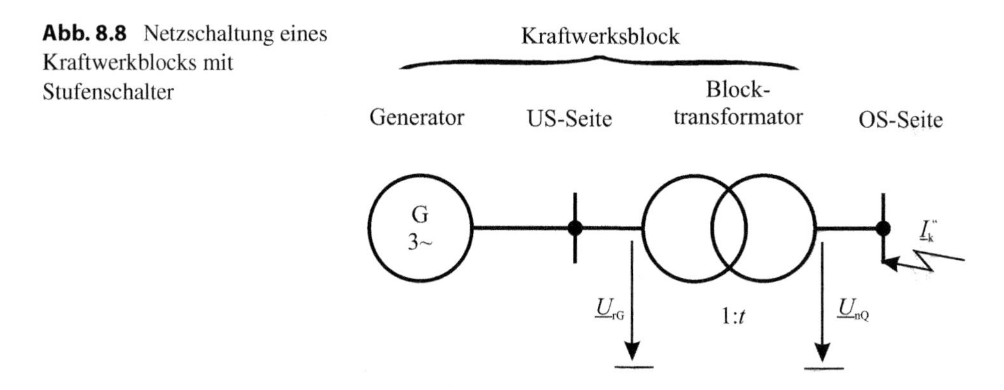

Abb. 8.8 Netzschaltung eines Kraftwerkblocks mit Stufenschalter

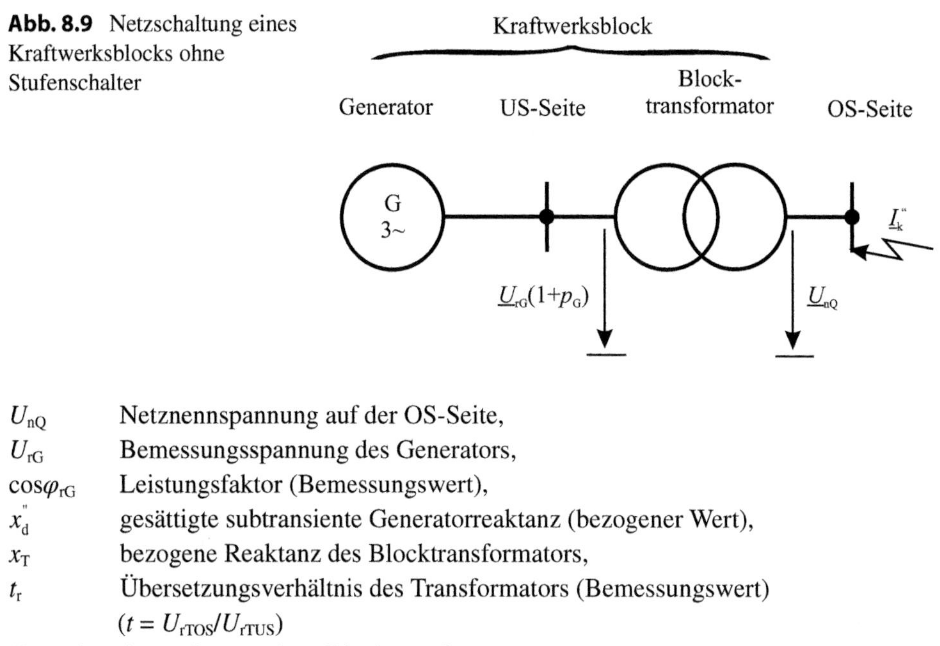

Abb. 8.9 Netzschaltung eines Kraftwerksblocks ohne Stufenschalter

U_{nQ}	Netznennspannung auf der OS-Seite,
U_{rG}	Bemessungsspannung des Generators,
$\cos\varphi_{rG}$	Leistungsfaktor (Bemessungswert),
x_d''	gesättigte subtransiente Generatorreaktanz (bezogener Wert),
x_T	bezogene Reaktanz des Blocktransformators,
t_r	Übersetzungsverhältnis des Transformators (Bemessungswert) ($t = U_{rTOS}/U_{rTUS}$)
$(1 \pm p_T)$	Anzapfungen eines Blocktransformators,
p_G	Spannungsbereich des Generators.

In den Gl. (8.36) und (8.37) sollte die Spannung U_Q auf der Oberspannungsseite des Transformators stehen, statt U_{nQ}. Berechnungen haben jedoch ergeben, dass unter der Bedingung $U_Q = U_{nQ}$ die größten Teilkurzschlussströme aufgrund der Regelung auftreten [3, 8].

In dem vorgestellten Verfahren der Impedanzkorrektur wird das Kraftwerk als gesamte Einheit korrigiert. Dieses bedeutet in der praktischen Anwendung, dass der Knotenpunkt „Generatorsammelschiene" nicht vorhanden ist. Es können somit nicht gleichzeitig Netzkurzschlüsse als auch ein Kurzschluss an der Generatorsammelschiene bestimmt werden. Da in der Praxis nur während der Planung eines Kraftwerks die Kurzschlussstromverhältnisse an der Sammelschiene von Interesse sein sollten, besteht somit auch keine Notwendigkeit, diesen Berechnungsvorgang bei jeder Netzberechnung zu wiederholen.

Falls ein Generator über einen Dreiwicklungstransformator zwei entkoppelte Netze (u. U. mit unterschiedlichen Spannungsebenen) versorgt, sind diese Berechnungsbeispiele nicht durch [1] abgedeckt. In diesen Fällen sollten geeignete Verfahren (z. B. das Überlagerungsverfahren) angewendet werden, da die Leistungsabgabe in die einzelnen Netze geregelt wird. Darüber hinaus ist der Lastfluss zu bestimmen, der zu dem größten Kurzschlussstrom führt.

Für die Berechnung der Kurzschlussströme an der Generatorsammelschiene und im Eigenbedarf sind in [1] besondere Berechnungsvorschriften angegeben, mit für diese Fälle angepassten Impedanzkorrekturverfahren.

8.5 Fazit

Im Allgemeinen kompensiert der Spannungsfaktor *c* der Ersatzspannungsquelle an der Fehlerstelle in der Kurzschlussstromberechnung den Spannungsfall in einem Netz zwischen der treibenden Spannung und dem späteren Kurzschlussort. Dieser Spannungsfall wirkt sich besonders bei einem induktiven Lastfluss aus. In einigen Anwendungen ist es jedoch sinnvoller, einen „angepassten" Spannungsfaktor zu bestimmen. Dieses ist besonders dann der Fall, wenn Generatoren oder Kraftwerke einen Kurzschluss einspeisen oder ein Kurzschlussstrom über einen Netztransformator fließt. Dieser „angepasste" Spannungsfaktor wird z. B. als Impedanzkorrekturfaktor bei Transformatoren und Kraftwerksblöcken angewendet.

Literatur

1. DIN EN 60909-0 (VDE 0102):12-2016 (2016) Kurzschlussströme in Drehstromnetzen Teil 0: Berechnung der Ströme. VDE, Berlin
2. VDE 0102 Teil 1/9.62 (1962) Leitsätze für die Berechnung der Kurzschlußströme, Teil 1 Drehstromanlagen mit Nennspannungen von 1 kV und darüber. VDE, Berlin
3. DIN EN 60909-0 Beiblatt 3:2003-07; VDE 0102 Beiblatt 3:2003-07 (2003) Kurzschlussströme in Drehstromnetzen – Faktoren für die Berechnung von Kurzschlussströmen nach IEC 60909-0. VDE, Berlin
4. DIN VDE 00102:1990-01 (1990) Berechnung von Kurzschlußströmen in Drehstromnetzen. VDE, Berlin
5. DIN EN 60909-0 (VDE 0102):07-2002 (2002) Kurzschlussströme in Drehstromnetzen Teil 0: Berechnung der Ströme. VDE, Berlin
6. Pitz V, Waider G (1993) Impedanzkorrekturfaktoren für Netztransformatoren bei der Kurzschlußstromberechnung mit der Ersatzspannungsquelle an der Kurzschlußstelle. Elektrie 47:301–304
7. Waider G (1992) Impedanzkorrekturfaktoren bei der Kurzschlußstromberechnung mit der Ersatzspannungsquelle an der Kurzschlußstelle. Diss. TH Darmstadt, D17
8. Hunger T (1996) Beiträge zur Kurzschlussstromberechnung. Diss. TH Darmstadt, D17

Komponentensystem

9

Bei der Kurzschlussstromberechnung werden zur Vereinfachung die symmetrischen Komponenten eingesetzt, wenn von symmetrischen Betriebsmitteln ausgegangen wird. Nachfolgend werden die symmetrischen Komponenten abgeleitet und die Ersatzschaltungen für die wesentlichen Fehlerfälle dargestellt [1].

9.1 Drehstromsystem (Dreiphasensystem)

Im Folgenden werden die wesentlichen Merkmale eines Drehstromsystems dargestellt, die für die Nachbildung von Netzen und der Ableitung von Komponentensystemen von Interesse sind.

9.1.1 Strom- und Spannungsbeziehungen

In einem Drehstromsystem wird ein Netz oder ein Verbraucher durch drei Außenleiter mit den Leiter-Erde-Spannungen U_R, U_S und U_T versorgt. Die Spannungen $u_R(t)$, $u_S(t)$ und $u_T(t)$ werden durch die Gl. (9.1) bis (9.3) definiert:

$$u_R(t) = \sqrt{2} \cdot U \cdot \cos(\omega \cdot t) \tag{9.1}$$

$$u_S(t) = \sqrt{2} \cdot U \cdot \cos(\omega \cdot t - 120°) \tag{9.2}$$

$$u_T(t) = \sqrt{2} \cdot U \cdot \cos(\omega \cdot t - 240°) \tag{9.3}$$

G. Balzer, *Kurzschlussströme in Drehstromnetzen*,
https://doi.org/10.1007/978-3-658-28331-5_9

Abb. 9.1 Definition eines symmetrischen Strom- und Spannungssystems

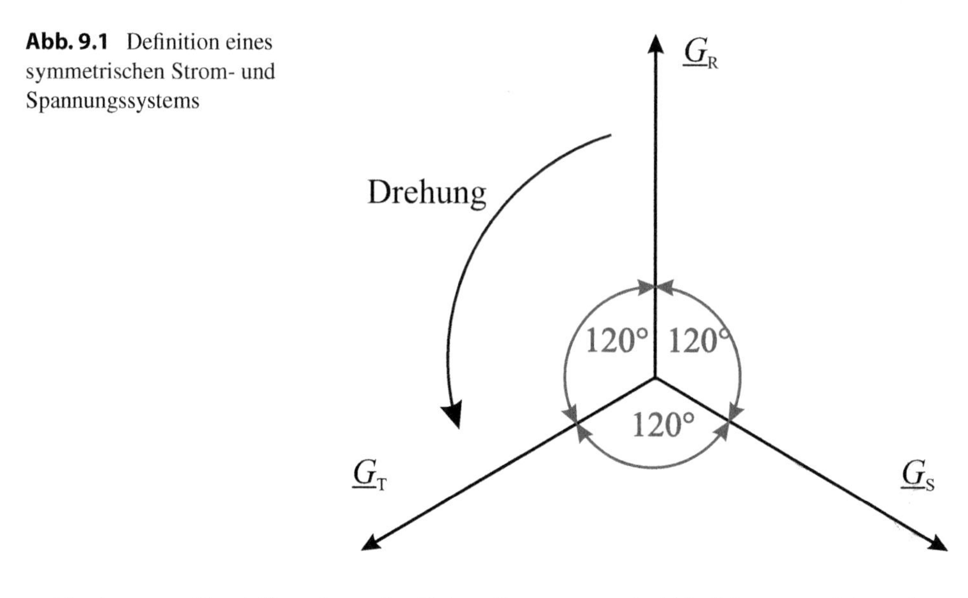

Zur besseren Darstellung kann das Zeigerdiagramm nach Abb. 9.1 verwendet werden. Zur Vereinfachung der Berechnung werden folgende Abkürzungen $\underline{a}$ und $\underline{a}^2$ für die Drehoperatoren eingeführt, so dass folgende Beziehungen gelten:

$$\underline{a} = e^{j120^\circ} = -\frac{1}{2} + j\frac{1}{2}\sqrt{3} \tag{9.4}$$

$$\underline{a}^2 = e^{j240^\circ} = -\frac{1}{2} - j\frac{1}{2}\sqrt{3} \tag{9.5}$$

$$1 + \underline{a} + \underline{a}^2 = 0 \qquad \underline{a} = 1/\underline{a}^2 \tag{9.6}$$

$$\underline{a}^* = \underline{a}^2 \qquad \underline{a} - \underline{a}^2 = j\sqrt{3} \tag{9.7}$$

Mit Hilfe dieser Abkürzungen kann für die Spannungen und Ströme in einem Drehstromsystem (Leiter – Erde) geschrieben werden:

$$\underline{U}_S = \underline{a}^2 \cdot \underline{U}_R \qquad \underline{I}_S = \underline{a}^2 \cdot \underline{I}_R \tag{9.8}$$

$$\underline{U}_T = \underline{a} \cdot \underline{U}_R \qquad \underline{I}_T = \underline{a} \cdot \underline{I}_R \tag{9.9}$$

Für die verketteten Spannungen $\underline{U}_{RS}$, $\underline{U}_{ST}$ und $\underline{U}_{TR}$ nach Abb. 9.1 gilt mit Hilfe der Beziehungen nach den Gl. (9.8) und (9.9):

$$\underline{U}_{RS} = \underline{U}_S - \underline{U}_R = \underline{a}^2 \cdot \underline{U}_R - \underline{U}_R = \left(\underline{a}^2 - 1\right) \cdot \underline{U}_R = -\left[1{,}5 + j0{,}5 \cdot \sqrt{3}\right] \cdot \underline{U}_R \tag{9.10}$$

$$\underline{U}_{ST} = \underline{U}_T - \underline{U}_S = \underline{a} \cdot \underline{U}_R - \underline{a}^2 \cdot \underline{U}_R = \left(\underline{a} - \underline{a}^2\right) \cdot \underline{U}_R = \left[0 + j1{,}0 \cdot \sqrt{3}\right] \cdot \underline{U}_R \tag{9.11}$$

$$\underline{U}_{\mathrm{TR}} = \underline{U}_{\mathrm{R}} - \underline{U}_{\mathrm{T}} = \underline{U}_{\mathrm{R}} - \underline{a} \cdot \underline{U}_{\mathrm{R}} = (1-\underline{a}) \cdot \underline{U}_{\mathrm{R}} = \left[1{,}5 - \mathrm{j}0{,}5 \cdot \sqrt{3}\right] \cdot \underline{U}_{\mathrm{R}} \tag{9.12}$$

Es zeigt sich, dass in einem symmetrischen dreiphasigen Drehsystem sowohl die verketteten als auch die Leiter-Erd-Spannungen sich durch die Beziehungen U_{R} und die Drehoperatoren $\underline{a}$ darstellen lassen. Anhand der Gl. (9.10 bis 9.12) zeigt sich, dass für die Spannungsbeträge jeweils gilt:

$$U_{\mathrm{TR}} = \sqrt{3} \cdot U_{\mathrm{R}} \tag{9.13}$$

In der Energieversorgung wird zur Beschreibung eines Netzes die verkettete Spannung, z. B. U_{RS}, herangezogen. Diese Größe wird dann als Nennspannung des Netzes bezeichnet. In einem 110-kV-Netz hat somit die Spannung Leiter-Erde, U_{R}, einen Wert von $110\ \mathrm{kV}/\sqrt{3} = 63{,}51\ \mathrm{kV}$.

Abb. 9.2 beschreibt ein Drehstromsystem, bestehend aus einem symmetrischen Spannungssystem $\underline{E}_{\mathrm{R}}$, $\underline{E}_{\mathrm{S}}$ und $\underline{E}_{\mathrm{T}}$ und einem Verbraucher, der in diesem Fall in einem Stern geschaltet ist. Unter der Annahme, dass die einzelnen Phasenimpedanzen des Verbrauchers gleich groß sind, ergeben sich gleiche Werte der Amplituden der Spannung $\underline{U}_{\mathrm{R}}$, $\underline{U}_{\mathrm{S}}$ und $\underline{U}_{\mathrm{T}}$ und für die Ströme $\underline{I}_{\mathrm{R}}$, $\underline{I}_{\mathrm{S}}$ und $\underline{I}_{\mathrm{T}}$. Die Konsequenz ist, dass in diesem Fall kein Strom über den Neutralleiter (Rückleiter) bzw. Erde fließt. Werden im Gegensatz hierzu auch Wechselstromverbraucher zwischen einer Phase und dem Neutralleiter angeschlossen, wie dieses in einem Niederspannungsnetz der Fall ist, so ist die Verlegung eines zusätzlichen Rückleiters notwendig. Aus Abb. 9.2 ist erkennbar, dass ein Drehstromsystem auch aus der Überlagerung von drei Wechselstromsystemen mit unterschiedlichen Spannungen und Strömen angesehen werden kann. Diese Erkenntnis wird auch bei der Umsetzung eines Komponentensystems verwendet.

9.1.2 Impedanzen des Drehstromsystems

Ein Betriebsmittel eines Drehstromsystems, z. B. eine Freileitung nach Abb. 9.3, hat nicht nur eine Leiterimpedanz, sondern auch induktive und kapazitive Kopplung zu den anderen Leitern und gegen Erde.

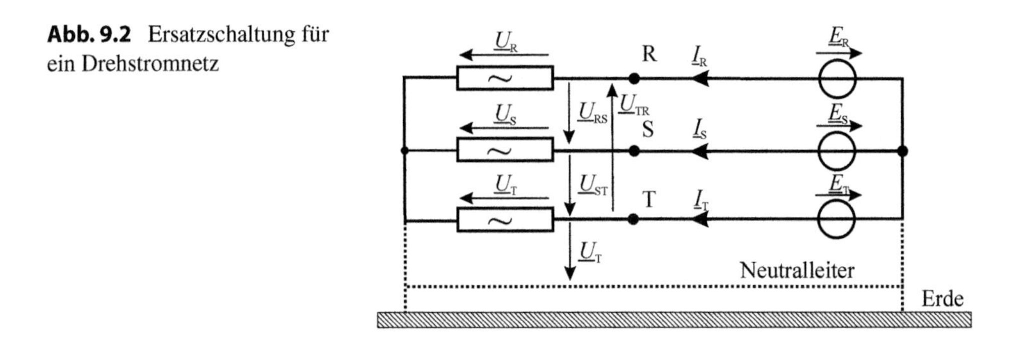

Abb. 9.2 Ersatzschaltung für ein Drehstromnetz

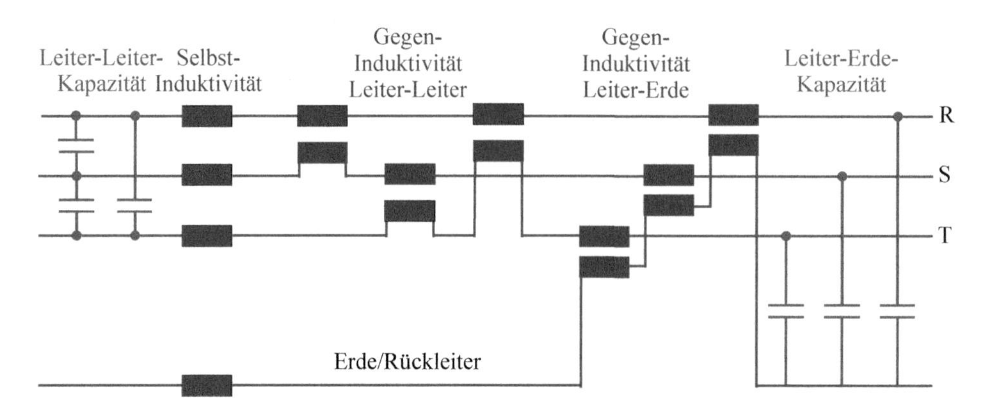

Abb. 9.3 Dreiphasiges Ersatzschaltbild einer Leitung

Für ein Betriebsmittel (z. B. Freileitung) nach Abb. 9.3 ergibt sich eine resultierende Impedanzmatrix $\underline{\mathbf{Z}}$ nach Gl. (9.14)

$$\underline{\mathbf{Z}} = \begin{pmatrix} \underline{Z}_A & \underline{Z}_B & \underline{Z}_C \\ \underline{Z}_C & \underline{Z}_A & \underline{Z}_B \\ \underline{Z}_B & \underline{Z}_C & \underline{Z}_A \end{pmatrix} \tag{9.14}$$

Die allgemeine Matrix nach Gl. (9.14) gilt für Motoren und Generatoren, während bei symmetrischen Betriebsmitteln die Kopplungsimpedanzen $\underline{Z}_B$, $\underline{Z}_C$ identisch sind. Für die Spannungen und Ströme gilt allgemein:

$$\underline{\mathbf{U}} = \underline{\mathbf{Z}} \cdot \underline{\mathbf{I}} \tag{9.15}$$

Unter Berücksichtigung der Bedingungen nach den Gl. (9.8, 9.9) folgt für das Gleichungssystem

$$\underline{U}_R = \underline{Z}_A \cdot \underline{I}_R + \underline{Z}_B \cdot \underline{a}^2 \cdot \underline{I}_R + \underline{Z}_C \cdot \underline{a} \cdot \underline{I}_R \tag{9.16}$$

$$\underline{U}_S = \underline{Z}_C \cdot \underline{a} \cdot \underline{I}_S + \underline{Z}_A \cdot \underline{I}_S + \underline{Z}_B \cdot \underline{a}^2 \cdot \underline{I}_S \tag{9.17}$$

$$\underline{U}_T = \underline{Z}_B \cdot \underline{a}^2 \cdot \underline{I}_T + \underline{Z}_C \cdot a \cdot \underline{I}_T + \underline{Z}_A \cdot \underline{I}_T \tag{9.18}$$

oder in Matrizenschreibweise

$$\begin{pmatrix} \underline{U}_R \\ \underline{U}_S \\ \underline{U}_T \end{pmatrix} = \begin{pmatrix} \underline{Z}_A + \underline{a}^2 \cdot \underline{Z}_B + \underline{a} \cdot \underline{Z}_C & 0 & 0 \\ 0 & \underline{Z}_A + \underline{a}^2 \cdot \underline{Z}_B + \underline{a} \cdot \underline{Z}_C & 0 \\ 0 & 0 & \underline{Z}_A + \underline{a}^2 \cdot \underline{Z}_B + \underline{a} \cdot \underline{Z}_C \end{pmatrix} \cdot \begin{pmatrix} \underline{I}_R \\ \underline{I}_S \\ \underline{I}_T \end{pmatrix} \tag{9.19}$$

Unter der Bedingung eines zyklisch symmetrischen Betriebsmittels ($\underline{Z}_C = \underline{Z}_B$), vereinfacht sich Matrix (9.19) zu

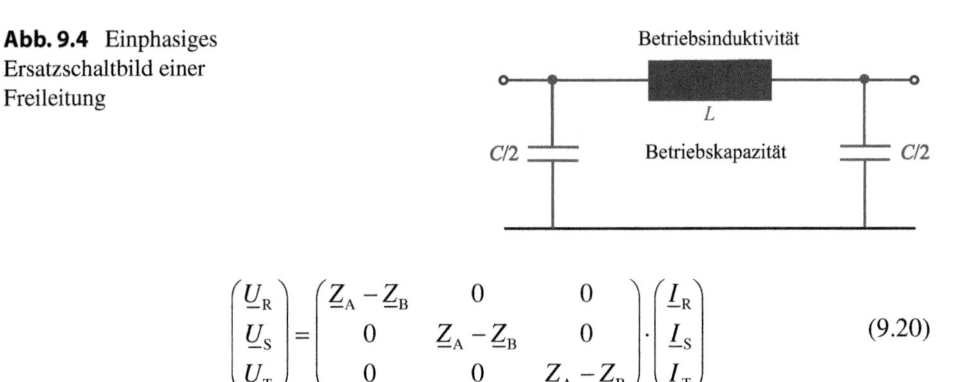

Abb. 9.4 Einphasiges Ersatzschaltbild einer Freileitung

$$\begin{pmatrix} \underline{U}_R \\ \underline{U}_S \\ \underline{U}_T \end{pmatrix} = \begin{pmatrix} \underline{Z}_A - \underline{Z}_B & 0 & 0 \\ 0 & \underline{Z}_A - \underline{Z}_B & 0 \\ 0 & 0 & \underline{Z}_A - \underline{Z}_B \end{pmatrix} \cdot \begin{pmatrix} \underline{I}_R \\ \underline{I}_S \\ \underline{I}_T \end{pmatrix} \tag{9.20}$$

Aus den Gl. (9.19) und (9.20) ist ersichtlich, dass bei einem symmetrischen Spannungs- und Stromsystem die drei Systeme R, S, und T entkoppelt und identisch sind. In diesen Fällen ist es zulässig mit einem einphasigen Ersatzschaltbild nach Abb. 9.4 zu rechnen, was der ausführlichen Ersatzschaltung nach Abb. 9.3 entspricht.

9.2 Komponentensysteme

Nur im Fall eines symmetrischen Spannungs- und Stromsystems findet eine Entkopplung einer zyklisch-symmetrischen Matrix statt (Abschn. 9.1.2), so dass dann eine Berechnung mit einem einphasigen Modell möglich ist. Liegt im Gegensatz hierzu eine Unsymmetrie vor, so müsste die Lösung des Gleichungssystems mit allen Kopplungen erfolgen. In diesen Fällen hat es sich als praktisch erwiesen, die Berechnung mit Hilfe einer Transformation vorzunehmen [2].

9.2.1 Allgemeines

Die Bearbeitung mit Hilfe eines Komponentensystems erfolgt nach Abb. 9.5 in folgenden Schritten:

1. Problemstellung im reellen System (R, S, T-System),
2. Transformation in die Komponentenebene,
3. Lösung des Problems in der Komponentenebene,
4. Rücktransformation in das reelle System (R, S, T-System),
5. Problemlösung im R, S, T-System.

In der elektrischen Energietechnik wurden in der Vergangenheit verschiedene Komponentensysteme entwickelt [3, 4], die sich jeweils für bestimmte Vorgänge besonders eignen, z. B.:

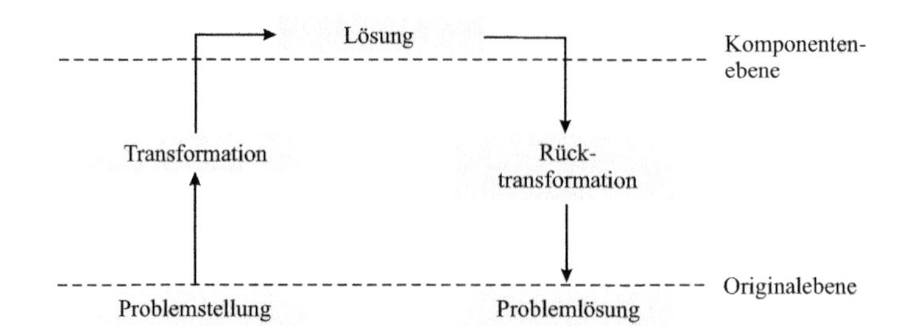

Abb. 9.5 Prozessablauf bei der Lösung mit Hilfe eines Komponentensystems

- symmetrische Komponenten: 0-1-2, Berechnung stationärer Vorgänge (Abschn. 9.2.2)
- Diagonalkomponenten: 0-α-β, Berechnung transienter Vorgänge (Abschn. 9.4)
- Zwei-Achsenkomponente: 0-d-q, Berechnung transienter Vorgänge in Synchronmaschinen

Nach [5] können die folgenden Forderungen an eine Transformation definiert werden:

- Gleiche Rechenvorschriften für die Umwandlung der Ströme und der Spannungen.
- Die Impedanzmatrix muss auf Diagonalform gebracht werden.
- Die Transformation ist für alle Betriebsmittel identisch.
- Es muss eine Rücktransformation möglich sein.

Falls sich die Leistungen im Originalbereich und Bildbereich nicht ändern soll, wird diese Transformation als orthonormal bezeichnet. Besteht im anderen Fall ein Maßstabsfaktor zwischen diesen beiden Systemen, so handelt es sich um eine orthogonale Transformation.

Im Folgenden wird die Anwendung der symmetrischen für die Kurzschlussstromberechnung vorgestellt [6], die bei der Berechnung der Kurzschlussströme hauptsächlich verwendet werden. Aus diesem Grunde werden im Abschn. 9.2.2.3 für typische Kurzschlussfälle die dazugehörigen Ersatzschaltbilder mit Hilfe der symmetrischen Komponenten abgeleitet. Grundsätzlich ist natürlich auch die Anwendung der 0-α-β-Komponenten für alle Kurzschlussfälle möglich, wie dieses beispielhaft in Abschn. 9.4 gezeigt wird.

9.2.2 Symmetrische Komponenten

Für die Berechnung von stationären Vorgängen, (Berechnung der Kurzschlussströme in Drehstromnetzen) werden im Allgemeinen die symmetrischen Komponenten angewendet. Sie sind gekennzeichnet durch eine komplexe Transformationsmatrix und bei Fehlern, die symmetrisch zur Phase R liegen, werden die Verbindungen zwischen den Komponentensystemen ohne zusätzliche Übertrager realisiert. Diese Komponenten werden auch als Fortescue-Komponenten bezeichnet.

Die grundsätzliche Überlegung besteht darin, dass das Originalsystem aus drei verschiedenen Systemen (Komponenten) zusammengesetzt werden kann, nämlich aus dem

- Mitsystem: Symmetrische Drehstromsystem mit natürlicher Phasenfolge,
- Gegensystem: Symmetrisches Drehstromsystem mit entgegengesetzter Phasenfolge,
- Nullsystem: Ströme/Spannungen mit gleicher Phasenlage.

Ausgehend von diesen drei verschiedenen Komponenten werden die jeweiligen Strom- und Spannungsverhältnisse ermittelt. Die Lösung im Originalsystem ergibt sich dann aus der geometrischen Addition der Komponentenwerte.

9.2.2.1 Herleitung

Die wesentliche Grundvoraussetzung einer Transformationsmatrix ist, dass sowohl die Spannungen als auch die Ströme mit denselben Matrizen zu transformieren sind und die Impedanzmatrix auf Diagonalform gebracht wird. Für das Gleichungssystem (9.15) kann somit für ein Drehstromsystem geschrieben werden:

$$\underline{\mathbf{U}}_{\mathrm{RST}} = \underline{\mathbf{Z}}_{\mathrm{RST}} \cdot \underline{\mathbf{I}}_{\mathrm{RST}} \qquad \begin{pmatrix} \underline{U}_{\mathrm{R}} \\ \underline{U}_{\mathrm{S}} \\ \underline{U}_{\mathrm{T}} \end{pmatrix} = \begin{pmatrix} \underline{Z}_{\mathrm{A}} & \underline{Z}_{\mathrm{B}} & \underline{Z}_{\mathrm{C}} \\ \underline{Z}_{\mathrm{C}} & \underline{Z}_{\mathrm{A}} & \underline{Z}_{\mathrm{B}} \\ \underline{Z}_{\mathrm{B}} & \underline{Z}_{\mathrm{C}} & \underline{Z}_{\mathrm{A}} \end{pmatrix} \cdot \begin{pmatrix} \underline{I}_{\mathrm{R}} \\ \underline{I}_{\mathrm{S}} \\ \underline{I}_{\mathrm{T}} \end{pmatrix} \tag{9.21}$$

Es stellt sich nun die Frage, ob durch eine geeignete Transformationsmatrix die resultierende Matrix wie folgt in Diagonalform überführt werden kann, entsprechend Gl. (9.22):

$$\underline{\mathbf{U}}_{012} = \underline{\mathbf{Z}}_{012} \cdot \underline{\mathbf{I}}_{012} \qquad \begin{pmatrix} \underline{U}_{(0)} \\ \underline{U}_{(1)} \\ \underline{U}_{(2)} \end{pmatrix} = \begin{pmatrix} \underline{Z}_{(0)} & 0 & 0 \\ 0 & \underline{Z}_{(1)} & 0 \\ 0 & 0 & \underline{Z}_{(2)} \end{pmatrix} \cdot \begin{pmatrix} \underline{I}_{(0)} \\ \underline{I}_{(1)} \\ \underline{I}_{(2)} \end{pmatrix} \tag{9.22}$$

Dadurch ergibt sich äquivalent zu (9.19) eine Entkopplung der drei Systeme [hier: (0), (1) und (2)] mit den oben angesprochenen Vorteilen. Wählt man zur Transformation der Vektoren **U** und **I** eine reguläre Matrix **T** mit den Größen nach (9.23).

$$\underline{\mathbf{T}} = \begin{pmatrix} \underline{t}_{11} & \underline{t}_{12} & \underline{t}_{13} \\ \underline{t}_{21} & \underline{t}_{22} & \underline{t}_{23} \\ \underline{t}_{31} & \underline{t}_{32} & \underline{t}_{33} \end{pmatrix} \tag{9.23}$$

so ergibt sich unter Verwendung der folgenden Transformationsgleichungen

$$\underline{\mathbf{U}}_{\mathrm{RST}} = \underline{\mathbf{T}} \cdot \underline{\mathbf{U}}_{(012)} \qquad \underline{\mathbf{I}}_{\mathrm{RST}} = \underline{\mathbf{T}} \cdot \underline{\mathbf{I}}_{(012)} \tag{9.24}$$

sowie der inversen Matrix $\mathbf{T}^{-1}$

$$\underline{\mathbf{U}}_{(012)} = \underline{\mathbf{T}}^{-1} \cdot \underline{\mathbf{U}}_{\mathrm{RST}} \qquad \underline{\mathbf{I}}_{(012)} = \underline{\mathbf{T}}^{-1} \cdot \underline{I}_{\mathrm{RST}} \tag{9.25}$$

durch Einsetzen von (9.24) und (9.25) in (9.26) das gewünschte Ergebnis.

$$\underline{\mathbf{U}}_{(012)} = \underline{\mathbf{T}}^{-1} \cdot \underline{\mathbf{Z}}_{\mathrm{RST}} \cdot \underline{\mathbf{T}} \cdot \underline{\mathbf{I}}_{(012)} \tag{9.26}$$

Der Vergleich der Gl. (9.22) und (9.26) liefert dann:

$$\underline{\mathbf{Z}}_{(012)} = \underline{\mathbf{T}}^{-1} \cdot \underline{\mathbf{Z}}_{\mathrm{RST}} \cdot \underline{\mathbf{T}} \tag{9.27}$$

Soll dieses Problem lösbar sein, d. h. $\underline{\mathbf{Z}}_{012}$ Diagonalgestalt haben, so muss die Transformationsmatrix aus den Eigenvektoren von $\underline{\mathbf{Z}}_{\mathrm{RST}}$ bestehen. In diesem Fall setzt sich die gesuchte Matrix $\underline{\mathbf{T}}$ spaltenweise aus den Koordinaten der die neue Matrix bildenden Eigenvektoren zusammen. Die ebenfalls gesuchten Hauptdiagonalelemente von $\underline{\mathbf{Z}}_{012}$ ergeben sich aus den Eigenwerten von $\underline{\mathbf{Z}}_{\mathrm{RST}}$. Zu bestimmen sind demnach die nicht trivialen Lösungen des Gleichungssystems

$$\underline{\mathbf{Z}}_{\mathrm{RST}} \cdot \underline{\mathbf{X}} = \underline{\lambda} \cdot \underline{\mathbf{X}} \qquad \left(\underline{\mathbf{Z}}_{\mathrm{RST}} - \underline{\lambda} \cdot \mathbf{E}\right) \cdot \underline{\mathbf{X}} = 0 \tag{9.28}$$

mit einem beliebigen dreidimensionalen Vektor $\mathbf{X}$ und einer komplexen Zahl $\underline{\lambda}$. Die Eigenwerte $\underline{\lambda}_i$ der Matrix $\underline{\mathbf{Z}}_{\mathrm{RST}}$ bestimmen sich aus der Bedingung für die nicht triviale Lösbarkeit der Eigenwertgleichung (9.29):

$$\det\left(\underline{\mathbf{Z}}_{\mathrm{RST}} - \underline{\lambda} \cdot \mathbf{E}\right) = \begin{vmatrix} \underline{Z}_{\mathrm{A}} - \underline{\lambda} & \underline{Z}_{\mathrm{B}} & \underline{Z}_{\mathrm{C}} \\ \underline{Z}_{\mathrm{C}} & \underline{Z}_{\mathrm{A}} - \underline{\lambda} & \underline{Z}_{\mathrm{B}} \\ \underline{Z}_{\mathrm{B}} & \underline{Z}_{\mathrm{C}} & \underline{Z}_{\mathrm{A}} - \underline{\lambda} \end{vmatrix} = 0 \tag{9.29}$$

Hieraus ergibt sich die charakteristische Gleichung:

$$\begin{gathered} \underline{\lambda}^3 + \underline{\lambda}^2 \cdot \left(-3 \cdot \underline{Z}_{\mathrm{A}}\right) + \underline{\lambda} \cdot \left(3 \cdot \underline{Z}_{\mathrm{A}}^2 - 3 \cdot \underline{Z}_{\mathrm{B}} \cdot \underline{Z}_{\mathrm{C}}\right) + \\ \left(-\underline{Z}_{\mathrm{A}}^3 - \underline{Z}_{\mathrm{B}}^3 - \underline{Z}_{\mathrm{C}}^3 + 3 \cdot \underline{Z}_{\mathrm{A}} \cdot \underline{Z}_{\mathrm{B}} \cdot \underline{Z}_{\mathrm{C}}\right) = 0 \end{gathered} \tag{9.30}$$

Die Lösung kann mit Hilfe der Cardanischen Lösungsformel für kubische Gleichungen ermittelt werden.

$$\lambda^3 + r \cdot \lambda^2 + s \cdot \lambda + t = 0 \tag{9.31}$$

$$\text{Mit}: \sigma = \lambda + \frac{r}{3} \qquad \sigma = \lambda - \frac{r}{3} \tag{9.32}$$

ergibt sich:

$$\sigma^3 + p \cdot \sigma + q = 0$$
$$\underline{p} = \frac{3\underline{s} - \underline{r}^2}{3} \tag{9.33}$$
$$\underline{q} = \frac{2\underline{r}^3}{27} - \frac{\underline{r} \cdot \underline{s}}{3} + \underline{t}$$

sowie den Lösungen:

$$\underline{\sigma}_1 = \underline{u} + \underline{v} \tag{9.34}$$

$$\underline{\sigma}_2 = -\frac{\underline{u} + \underline{v}}{2} + \frac{\underline{u} - \underline{v}}{2} \mathrm{j}\sqrt{3} = \underline{\mathrm{a}} \cdot \underline{u} + \underline{\mathrm{a}}^2 \cdot \underline{v} \tag{9.35}$$

$$\underline{\sigma}_3 = -\frac{\underline{u} + \underline{v}}{2} - \frac{\underline{u} - \underline{v}}{2} \mathrm{j}\sqrt{3} = \underline{\mathrm{a}}^2 \underline{u} + \underline{\mathrm{a}} \cdot \underline{v} \tag{9.36}$$

$$\underline{u} = \sqrt[3]{-\frac{\underline{q}}{2} + \sqrt{\underline{D}}} \qquad \underline{v} = -\frac{\underline{p}}{3 \cdot \underline{u}} \qquad \underline{D} = \frac{\underline{p}^3}{27} + \frac{\underline{p}^2}{4} \tag{9.37}$$

Das heißt im betrachteten Fall:

$$\underline{\lambda}_{(0)} = \underline{Z}_\mathrm{A} + \underline{Z}_\mathrm{B} + \underline{Z}_\mathrm{C} \tag{9.38}$$

$$\underline{\lambda}_{(1)} = \underline{Z}_\mathrm{A} + \underline{\mathrm{a}}^2 \cdot \underline{Z}_\mathrm{B} + \underline{\mathrm{a}} \cdot \underline{Z}_\mathrm{C} \tag{9.39}$$

$$\underline{\lambda}_{(2)} = \underline{Z}_\mathrm{A} + \underline{\mathrm{a}} \cdot \underline{Z}_\mathrm{B} + \underline{\mathrm{a}}^2 \cdot \underline{Z}_\mathrm{C} \tag{9.40}$$

Die Eigenvektoren ergeben sich durch das Einsetzen der Gl. (9.38–9.40) in Gl. (9.28) und die anschließende Lösung des Gleichungssystems (z. B. mit dem Gauß-Algorithmus):

$$\underline{\mathbf{X}}_{(0)} = \mu_{(0)} \cdot \begin{pmatrix} 1 \\ 1 \\ 1 \end{pmatrix} \qquad \underline{\mathbf{X}}_{(1)} = \mu_{(1)} \cdot \begin{pmatrix} 1 \\ \underline{\mathrm{a}}^2 \\ \underline{\mathrm{a}} \end{pmatrix} \qquad \underline{\mathbf{X}}_{(2)} = \mu_{(2)} \cdot \begin{pmatrix} 1 \\ \underline{\mathrm{a}} \\ \underline{\mathrm{a}}^2 \end{pmatrix} \tag{9.41}$$

Die gesuchte Transformationsmatrix $\underline{\mathbf{T}}$ wird dann spaltenweise aus den Eigenvektoren (9.41) gebildet wobei $\mu_0 = \mu_1 = \mu_2 = 1$ gewählt wird:

$$\mathbf{T} = \begin{pmatrix} 1 & 1 & 1 \\ 1 & \underline{\mathrm{a}}^2 & \underline{\mathrm{a}} \\ 1 & \underline{\mathrm{a}} & \underline{\mathrm{a}}^2 \end{pmatrix} \qquad \mathbf{T}^{-1} = \frac{1}{3} \cdot \begin{pmatrix} 1 & 1 & 1 \\ 1 & \underline{\mathrm{a}} & \underline{\mathrm{a}}^2 \\ 1 & \underline{\mathrm{a}}^2 & \underline{\mathrm{a}} \end{pmatrix} \tag{9.42}$$

Die Eigenwerte (9.41) bilden die gesuchten Koeffizienten von $\underline{\mathbf{Z}}_{012}$.

$$\underline{\mathbf{Z}}\left(_{012}\right)\cdot\begin{pmatrix}\underline{\lambda}_{(0)} & 0 & 0\\ 0 & \underline{\lambda}_{(1)} & 0\\ 0 & 0 & \underline{\lambda}_{(2)}\end{pmatrix} = \begin{pmatrix}\underline{Z}_{A}+\underline{Z}_{B}+\underline{Z}_{C} & 0 & 0\\ 0 & \underline{Z}_{A}+\underline{Z}_{B}+\underline{Z}_{C} & 0\\ 0 & 0 & \underline{Z}_{A}+\underline{Z}_{B}+\underline{Z}_{C}\end{pmatrix} \tag{9.43}$$

Durch die Transformation ist es möglich, ein unsymmetrisches Drehstromsystem in drei Wechselstromsysteme zu überführen. Sind bei einem Betriebsmittel die Kopplungen zwischen den einzelnen Leitern identisch, z. B. bei einer Freileitung (Abb. 9.3), so vereinfacht sich das Gleichungssystem (9.43) mit $\underline{Z}_{B} = \underline{Z}_{C}$ zu:

$$\underline{Z}_{(0)} = \underline{Z}_{A} + 2\cdot\underline{Z}_{B} \qquad \underline{Z}_{(1)} = \underline{Z}_{(2)} = \underline{Z}_{A} - \underline{Z}_{B} \tag{9.44}$$

Neben der Berechnung der Impedanz eines Komponentensystems ist die Ermittlung der treibenden Spannungen notwendig. Es gilt hierbei:

$$\begin{pmatrix}\underline{E}_{(0)}\\ \underline{E}_{(1)}\\ \underline{E}_{(2)}\end{pmatrix} = \frac{1}{3}\cdot\begin{pmatrix}1 & 1 & 1\\ 1 & \underline{a} & \underline{a}^{2}\\ 1 & \underline{a}^{2} & \underline{a}\end{pmatrix}\cdot\begin{pmatrix}\underline{U}_{R}\\ \underline{U}_{S}\\ \underline{U}_{T}\end{pmatrix} \tag{9.45}$$

Gl. (9.45) zeigt, dass, ausgehend von den Spannungen $\underline{U}_{R}$, $\underline{U}_{S}$ und $\underline{U}_{T}$, die Spannung im Nullsystem $\underline{E}_{0}$ die gleiche Phasenlage hat, während die Spannung $\underline{E}_{1}$ aus einem Drehfeld (gleich dem Originalsystem RST) abgeleitet wird und $\underline{E}_{2}$ ein Spannungssystem mit entgegengesetzter Phasenfolge darstellt. Wird entsprechend Gl. (9.24) ein symmetrisches Spannungssystem mit den treibenden Spannungen $\underline{\mathbf{E}}_{RST}$ transformiert, so ergeben sich folgende Werte: (E_{R}: Bezugsspannung):

$$\begin{pmatrix}\underline{E}_{(0)}\\ \underline{E}_{(1)}\\ \underline{E}_{(2)}\end{pmatrix} = \frac{1}{3}\cdot\begin{pmatrix}1 & 1 & 1\\ 1 & \underline{a} & \underline{a}^{2}\\ 1 & \underline{a}^{2} & \underline{a}\end{pmatrix}\cdot\begin{pmatrix}1\\ \underline{a}^{2}\\ \underline{a}\end{pmatrix}\cdot E_{R} = \begin{pmatrix}0\\ E_{R}\\ 0\end{pmatrix} \tag{9.46}$$

Nach Gl. (9.46) besitzt bei einem symmetrischen RST-Spannungssystem nur ein Komponentensystem eine treibende Spannung, das Mitsystem. Im Gegensatz hierzu ist das Null- und das Gegensystem spannungslos. Mit Hilfe der oben beschriebenen Transformation lässt sich somit eine beliebige Schaltung des RST-Systems in drei gleichwertige Ersatzschaltbilder in den symmetrischen Komponenten gemäß Abb. 9.6 zerlegen. Liegt kein symmetrisches System vor, z. B. bei ungleichen Spannungen, unterschiedlichen Lasten an

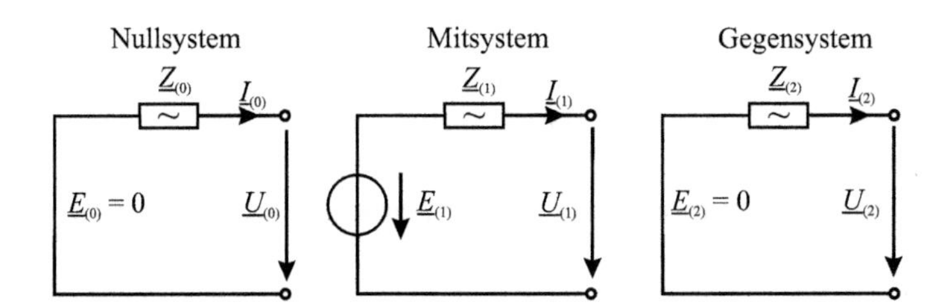

Abb. 9.6 Drei einphasige Ersatzschaltbilder der Komponentensysteme

den einzelnen Leitern, Kurzschlüssen oder Leitungsunterbrechungen, so sind die einzelnen Systeme miteinander verbunden. Die Berechnung der Komponentenströme ist jedoch in jedem Fall einfacher als die Berechnung im Originalsystem.

Bei der Transformation nach Gl. (9.42) handelt es sich um eine orthogonale Transformation, da die Leistungen im Originalsystem um den Faktor 3 größer sind als im Komponentensystem. Für die Leistungen gilt:

$$\underline{S}_{RST} = \underline{U}_R \cdot \underline{I}_R^* + \underline{U}_S \cdot \underline{I}_S^* + \underline{U}_T \cdot \underline{I}_T^* = \left(\underline{\mathbf{U}}_{RST}\right)^T \cdot \left(\underline{\mathbf{I}}_{RST}\right)^* \tag{9.47}$$

$$\underline{\mathbf{S}}_{RST} = \left(\underline{\mathbf{T}}^{-1} \cdot \underline{\mathbf{U}}_{(012)}\right)^{\mathbf{T}} \cdot \left(\underline{\mathbf{T}}^{-1} \cdot \underline{\mathbf{I}}_{(012)}\right)^* = \left(\underline{\mathbf{U}}_{(012)}\right)^{\mathbf{T}} \cdot \left(\underline{\mathbf{T}}^{-1}\right)^{\mathbf{T}} \cdot \left(\underline{\mathbf{T}}^{-1}\right)^* \cdot \left(\underline{\mathbf{I}}_{(012)}\right)^* \tag{9.48}$$

$$\underline{\mathbf{S}}_{RST} = \left(\underline{\mathbf{U}}_{(012)}\right)^{\mathbf{T}} \cdot \begin{pmatrix} 1 & 1 & 1 \\ 1 & \underline{a}^2 & \underline{a} \\ 1 & \underline{a} & \underline{a}^2 \end{pmatrix} \cdot \begin{pmatrix} 1 & 1 & 1 \\ 1 & \underline{a} & \underline{a}^2 \\ 1 & \underline{a}^2 & \underline{a} \end{pmatrix} \cdot \left(\underline{\mathbf{I}}_{(012)}\right)^* = 3 \cdot \underline{\mathbf{S}}_{012} \tag{9.49}$$

Soll dieser Nachteil der Transformation vermieden werden, so sind stattdessen die orthonormalen Transformationsmatrizen zu verwenden, entsprechend Gl. (9.50):

$$\mathbf{T} = \frac{1}{\sqrt{3}} \cdot \begin{pmatrix} 1 & 1 & 1 \\ 1 & \underline{a}^2 & \underline{a} \\ 1 & \underline{a} & \underline{a}^2 \end{pmatrix} \qquad \mathbf{T}^{-1} = \frac{1}{\sqrt{3}} \cdot \begin{pmatrix} 1 & 1 & 1 \\ 1 & \underline{a} & \underline{a}^2 \\ 1 & \underline{a}^2 & \underline{a} \end{pmatrix} \tag{9.50}$$

Die wesentlichen Vor- und Nachteile der symmetrischen Komponenten sind:

- Bei einem zyklisch, symmetrischen Netz tritt eine Entkopplung der Komponentensysteme ein.
- Bei einem zyklisch, symmetrischen Netz sind die Mit- und Gegenimpedanzen der Komponentensysteme gleich groß.
- Die Fehlerschaltungen für unsymmetrische Lasten, Kurzschlüsse und Unterbrechungen bestehen aus galvanischen Kopplungen, wenn diese Fehler jeweils symmetrisch zur Phase R sind. Im anderen Fall sind komplexe Übertrager zwischen den Komponentensystemen erforderlich.
- Phasendrehende Transformatoren erfordern ebenfalls komplexe Übertrager.

- Unter bestimmten Voraussetzungen ist die Berechnung von transienten Netzvorgängen möglich, wenn durch die Transformation keine Phasenverschiebung zwischen dem Komponenten- und Originalsystem hervorgerufen wird.

9.2.2.2 Übertragung symmetrischer Komponenten über Transformatoren

Eine Berechnung der Kurzschlussströme mit Hilfe der symmetrischen Komponenten ist innerhalb einer Spannungsebene möglich. Soll im Gegensatz hierzu die Strom- und Spannungsverteilung auch auf anderen Spannungsebenen ermittelt werden, so ist u. U. die Drehung der Phasenlage in Abhängigkeit von der Schaltgruppe bzw. der Kennziffer der Transformatoren zu berücksichtigen. Für die Umwandlung von der Primär- (OS) zur Sekundärseite (US) und umgekehrt gelten folgende Bedingungen:

Primär → sekundär

$$\underline{\mathbf{U}}_{(012)}^{(s)} = \frac{1}{t} \cdot \underline{\ddot{\mathbf{U}}}^{(p)} \cdot \underline{\mathbf{U}}_{(012)}^{(p)} \qquad \underline{\mathbf{I}}_{(012)}^{(s)} = t \cdot \underline{\ddot{\mathbf{U}}}^{(p)} \cdot \underline{\mathbf{I}}_{(012)}^{(p)} \tag{9.51}$$

Sekundär → primär

$$\underline{\mathbf{U}}_{(012)}^{(p)} = t \cdot \underline{\ddot{\mathbf{U}}}^{(s)} \cdot \underline{\mathbf{U}}_{(012)}^{(s)} \qquad \underline{\mathbf{I}}_{(012)}^{(p)} = \frac{1}{t} \cdot \underline{\ddot{\mathbf{U}}}^{(s)} \cdot \underline{\mathbf{I}}_{(012)}^{(s)} \tag{9.52}$$

Die Übertragungsmatrizen $\underline{\ddot{\mathbf{U}}}$ können für die verschiedenen Schaltgruppen der Tab. 9.1 entnommen werden. Für einen einpoligen Kurzschluss auf der Oberspannungsseite eines Yd5-Transformators ergibt sich für die einzelnen Komponentenströme nach Gl. (9.53) bzw. (9.71).

$$\underline{I}_{(1)} = \underline{I}_{(2)} = \underline{I}_{(0)} = \frac{c \cdot U_{\mathrm{n}} / \sqrt{3}}{2 \cdot \underline{Z}_{(1)} + \underline{Z}_{(0)}} \tag{9.53}$$

Die Umrechnung auf die Sekundärseite (s) ergibt sich mit Gl. (9.51) und Nr. 2 von Tab. 9.1, wenn die Größen der Primärseite (p) bekannt sind:

$$\begin{pmatrix} \underline{I}_{(0)} \\ \underline{I}_{(1)} \\ \underline{I}_{(2)} \end{pmatrix}^{(s)} = t \cdot \begin{pmatrix} 0 & 0 & 0 \\ 0 & \mathrm{j}\underline{a} & 0 \\ 0 & 0 & -\mathrm{j}\underline{a}^2 \end{pmatrix} \cdot \begin{pmatrix} \underline{I}_{(0)} \\ \underline{I}_{(1)} \\ \underline{I}_{(2)} \end{pmatrix}^{(p)} \tag{9.54}$$

Daraus folgt mit $t = 1$:

$$\begin{aligned} \underline{I}_{(0)}^{(s)} &= 0 \\ \underline{I}_{(1)}^{(s)} &= \mathrm{j}\underline{a} \cdot \underline{I}_{(1)}^{(p)} \\ \underline{I}_{(2)}^{(s)} &= -\mathrm{j}\underline{a}^2 \cdot \underline{I}_{(2)}^{(p)} \end{aligned} \tag{9.55}$$

Mit Hilfe der Transformatmatrix (9.24) folgt für die Ströme im RST-System.

Tab. 9.1 Übertragungsmatrizen zur Berücksichtigung der Phasendrehung bei der Übertragung symmetrischer Komponenten über Transformatoren

Nr.	Schaltgruppe	$\underline{\ddot{U}}^{(p)}$	$\underline{\ddot{U}}^{(s)}$
1	Yy0	$\begin{pmatrix} 1^{a)} & 0 & 0 \\ 0 & 1 & 0 \\ 0 & 0 & 1 \end{pmatrix}$	$\begin{pmatrix} 1^{a)} & 0 & 0 \\ 0 & 1 & 0 \\ 0 & 0 & 1 \end{pmatrix}$
2	Dy5 Yd5 Yz5	$\begin{pmatrix} 0 & 0 & 0 \\ 0 & \mathrm{j}\underline{a} & 0 \\ 0 & 0 & -\mathrm{j}\underline{a}^2 \end{pmatrix}$	$\begin{pmatrix} 0 & 0 & 0 \\ 0 & -\mathrm{j}\underline{a}^2 & 0 \\ 0 & 0 & \mathrm{j}\underline{a} \end{pmatrix}$
3	Yd11	$\begin{pmatrix} 0 & 0 & 0 \\ 0 & -\mathrm{j}\underline{a} & 0 \\ 0 & 0 & -\mathrm{j}\underline{a}^2 \end{pmatrix}$	$\begin{pmatrix} 0 & 0 & 0 \\ 0 & \mathrm{j}\underline{a}^2 & 0 \\ 0 & 0 & -\mathrm{j}\underline{a} \end{pmatrix}$

a) 1 nur, wenn beide Sternpunkte geerdet sind, sonst 0

$$\begin{pmatrix} \underline{I}_R \\ \underline{I}_S \\ \underline{I}_T \end{pmatrix}^{(s)} = \begin{pmatrix} 1 & 1 & 1 \\ 1 & \underline{a}^2 & \underline{a} \\ 1 & \underline{a} & \underline{a}^2 \end{pmatrix} \cdot \begin{pmatrix} 0 \\ \mathrm{j}\underline{a} \cdot \underline{I}_{(1)} \\ -\mathrm{j}\underline{a}^2 \cdot \underline{I}_{(2)} \end{pmatrix}^{(s)} \tag{9.56}$$

$$\begin{aligned} \underline{I}_R^{(s)} &= \mathrm{j} \cdot \left(\underline{a} - \underline{a}^2\right) \cdot \underline{I}_{(1)}^{(p)} = -\sqrt{3} \cdot \underline{I}_{(1)}^{(p)} \\ \underline{I}_S^{(s)} &= 0 \\ \underline{I}_T^{(s)} &= \mathrm{j} \cdot \left(\underline{a}^2 - \underline{a}\right) \cdot \underline{I}_{(1)}^{(p)} = \sqrt{3} \cdot \underline{I}_{(1)}^{(p)} \end{aligned} \tag{9.57}$$

Aus einem einpoligen Fehler zum Beispiel auf der Oberspannungsseite eines Blocktransformators wird somit durch die Übertragung auf die Sekundärseite ein zweipoliger Kurzschluss.

9.2.2.3 Anwendung der symmetrischen Komponenten

Die Vorgehensweise bei der Berechnung der Kurzschlussströme mit Hilfe der symmetrischen Komponenten wird anhand einiger Beispiele gezeigt.

Dreipoliger Kurzschlussstrom

Wesentlich für die mechanische Beanspruchung (Kurzschlusskräfte) der Betriebsmittel und Anlagen ist die Berechnung des dreipoligen Kurzschlussstroms. Wird der dreipolige Kurzschlussstrom am Ende einer Freileitung bestimmt (Abb. 9.7), so muss nur das Mitsystem nach Abb. 9.6 betrachtet werden, da es sich um ein symmetrisches Betriebsmittel und um einen symmetrischen Vorgang handelt, da der Kurzschlussstrom in allen drei Leitern fließt.

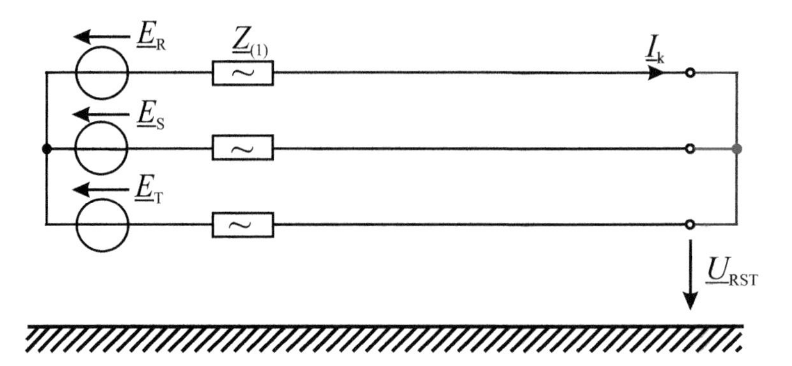

Abb. 9.7 Dreipoliger Kurzschluss am Ende einer Freileitung mit der Impedanz $\underline{Z}_{(1)}$ im Mitsystem

Die Kurzschlussstromberechnung ist entsprechend Abb. 9.5 in verschiedene Arbeitsschritte unterteilt.

- ***1. Schritt:*** Festlegung der Fehlerbedingungen im Originalsystem, gegen Erde
  Für die Spannungen $\underline{U}_{012}$ und die Ströme $\underline{I}_{012}$ der Komponentensysteme ergibt sich aufgrund der Fehlerbedingungen im RST-System:

$$\underline{U}_{\mathrm{R}} = \underline{U}_{\mathrm{S}} = \underline{U}_{\mathrm{T}} \qquad \underline{I}_{\mathrm{R}} + \underline{I}_{\mathrm{S}} + \underline{I}_{\mathrm{T}} = 0 \tag{9.58}$$

- ***2. Schritt:*** Ermittlung der Fehlerbedingungen für das Komponentensystem
  Unter Berücksichtigung der Transformationsmatrix, Gl. (9.24) können die Fehlerbedingungen im Komponentensystem abgeleitet werden.

$$\begin{pmatrix} \underline{I}_{(0)} \\ \underline{I}_{(1)} \\ \underline{I}_{(2)} \end{pmatrix} = \frac{1}{3} \cdot \begin{pmatrix} 1 & 1 & 1 \\ 1 & \underline{a} & \underline{a}^2 \\ 1 & \underline{a}^2 & \underline{a} \end{pmatrix} \cdot \begin{pmatrix} \underline{I}_{\mathrm{R}} \\ \underline{I}_{\mathrm{S}} \\ \underline{I}_{\mathrm{T}} \end{pmatrix} \Rightarrow \underline{I}_{(0)} = 0 \tag{9.59}$$

$$\begin{pmatrix} \underline{U}_{(0)} \\ \underline{U}_{(1)} \\ \underline{U}_{(2)} \end{pmatrix} = \frac{1}{3} \cdot \begin{pmatrix} 1 & 1 & 1 \\ 1 & \underline{a} & \underline{a}^2 \\ 1 & \underline{a}^2 & \underline{a} \end{pmatrix} \cdot \begin{pmatrix} \underline{U}_{\mathrm{R}} \\ \underline{U}_{\mathrm{S}} \\ \underline{U}_{\mathrm{T}} \end{pmatrix} \Rightarrow \underline{U}_{(1)} = \underline{U}_{(2)} = 0 \tag{9.60}$$

Die Fehlerbedingungen im Komponentensystem lassen sich mit Hilfe der Ersatzschaltungen nach Abb. 9.6 realisieren. Die Ersatzschaltung im Mit-, Gegen- und Nullsystem zeigt Abb. 9.8 für diesen Fehlerfall. Da symmetrische Spannungen angenommen sind, ist nur im Mitsystem eine treibende Spannung vorhanden und die anderen Komponentensysteme sind stromlos.

- ***3. Schritt:*** Bestimmung der Strom- und Spannungsbedingungen im Komponentensystem:

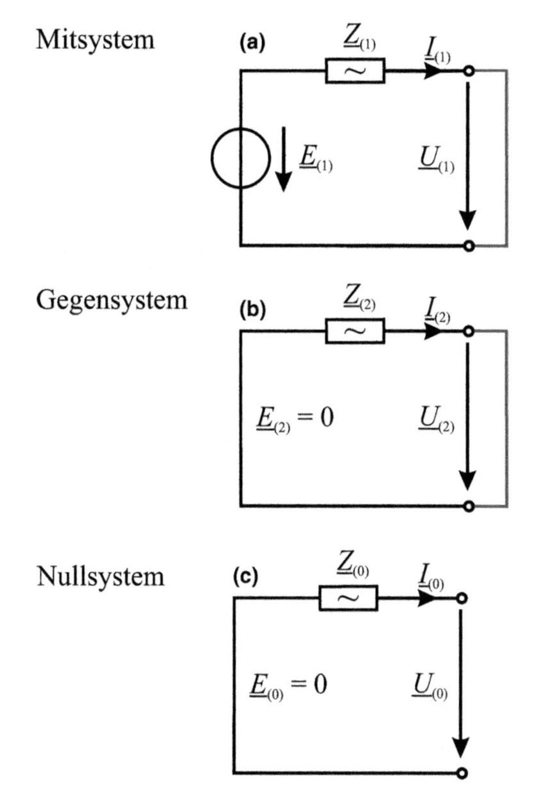

Abb. 9.8 Komponentenersatzschaltungen für den dreipoligen Kurzschlussstrom im Mit-, Gegen- und Nullsystem

Für den Strom $\underline{I}_1$ gilt, da nur im Mitsystem eine Spannung vorhanden ist:

$$\underline{I}_{(1)} = \frac{\underline{E}_{(1)}}{\underline{Z}_{(1)}} = \frac{\underline{E}_{\mathrm{R}}}{\underline{Z}_{(1)}} \qquad \underline{I}_{(2)} = \underline{I}_{(0)} = 0 \tag{9.61}$$

- ***4. Schritt:*** Rücktransformation der Strom- und Spannungsbeziehungen in das Originalsystem:

$$\underline{\mathbf{I}}_{\mathrm{RST}} = \begin{pmatrix} 1 & 1 & 1 \\ 1 & \underline{a}^2 & \underline{a} \\ 1 & \underline{a} & \underline{a}^2 \end{pmatrix} \cdot \underline{\mathbf{I}}_{(012)} \tag{9.62}$$

$$\underline{I}_{\mathrm{R}} = \underline{I}_{(1)} \qquad \underline{I}_{\mathrm{S}} = \underline{a}^2 \cdot \underline{I}_{(1)} \qquad \underline{I}_{\mathrm{T}} = \underline{a} \cdot \underline{I}_{(1)} \tag{9.63}$$

Die Spannungen an der Fehlerstelle gegen Erde sind null, welches den Fehlerbedingungen im ersten Arbeitsschritt entspricht.

- ***5. Schritt: Ableitung des Endergebnisses***
  In den einzelnen Leitern fließt betragsmäßig der gleiche Strom, so dass für den dreipoligen Anfangs-Kurzschlusswechselstrom gilt:

$$\underline{I}_R = \underline{I}_k'' = \frac{\underline{E}_R}{\underline{Z}_{(1)}} \tag{9.64}$$

Da zur Beschreibung einer Spannungsebene die verkettete Spannung (Leiter-Leiter) gewählt wird, ergibt sich mit U_n (Netz-Nennspannung):

$$E_R = U_n / \sqrt{3} \tag{9.65}$$

Nach [7] wird zur Berechnung des größten Kurzschlussstroms in Hochspannungsnetzen ein Spannungsfaktor $c = 1{,}1$ gewählt, so dass für den dreipoligen Kurzschlussstrom gilt:

$$\underline{I}_k'' = \frac{c \cdot U_n / \sqrt{3}}{\underline{Z}_{(1)}} \tag{9.66}$$

- ***6. Schritt (Berechnung der Spannung am Fehlerort, falls erforderlich):***
  Mit Hilfe der Strom- und Spannungsbedingungen können die Spannungen der einzelnen Leiter gegen Erde bestimmt werden. Die Komponentenspannungen bestimmen sich nach den Abb. 9.8a–c zu:

$$U_{(1)} = U_{(2)} = U_{(0)} = 0 \tag{9.67}$$

Hieraus ergeben sich die Spannungen im Originalsystem entsprechend Gl. (9.62).

$$\begin{pmatrix} \underline{U}_R \\ \underline{U}_S \\ \underline{U}_T \end{pmatrix} = \begin{pmatrix} 1 & 1 & 1 \\ 1 & \underline{a}^2 & \underline{a} \\ 1 & \underline{a} & \underline{a}^2 \end{pmatrix} \cdot \begin{pmatrix} \underline{U}_0 \\ \underline{U}_1 \\ \underline{U}_2 \end{pmatrix} = \begin{pmatrix} 1 & 1 & 1 \\ 1 & \underline{a}^2 & \underline{a} \\ 1 & \underline{a} & \underline{a}^2 \end{pmatrix} \cdot \begin{pmatrix} 0 \\ 0 \\ 0 \end{pmatrix} \tag{9.68}$$

Sämtliche Spannungen gegen Erde haben bei einem dreipoligen Kurzschluss den Wert null.

Einpoliger Kurzschlussstrom

Im Folgenden wird der Kurzschlussstrom ermittelt, wenn nach Abb. 9.9 ein einpoliger Fehler gegen Erde entsteht. In diesem Fall ergeben sich die folgenden Arbeitsschritte.

- ***1. Schritt:*** Festlegung der Fehlerbedingungen im Originalsystem gegen Erde:

$$\underline{U}_R = 0 \qquad \underline{I}_S = \underline{I}_T = 0 \tag{9.69}$$

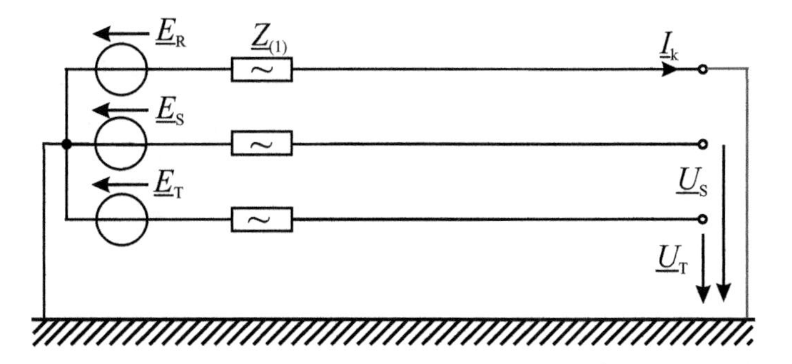

Abb. 9.9 Einpoliger Kurzschluss am Ende einer Freileitung

Die Transformation liefert die Strom- und Spannungsbedingungen.

- ***2. Schritt:*** Ermittlung der Fehlerbedingungen für das Komponentensystem:

$$\begin{pmatrix} \underline{I}_{(0)} \\ \underline{I}_{(1)} \\ \underline{I}_{(2)} \end{pmatrix} = \frac{1}{3} \cdot \begin{pmatrix} 1 & 1 & 1 \\ 1 & \underline{a} & \underline{a}^2 \\ 1 & \underline{a}^2 & \underline{a} \end{pmatrix} \cdot \begin{pmatrix} \underline{I}_R \\ 0 \\ 0 \end{pmatrix} \tag{9.70}$$

$$\underline{I}_{(0)} = \underline{I}_{(1)} = \underline{I}_{(2)} = \underline{I}_R/3 \tag{9.71}$$

$$\begin{pmatrix} \underline{U}_{(0)} \\ \underline{U}_{(1)} \\ \underline{U}_{(2)} \end{pmatrix} = \frac{1}{3} \cdot \begin{pmatrix} 1 & 1 & 1 \\ 1 & \underline{a} & \underline{a}^2 \\ 1 & \underline{a}^2 & \underline{a} \end{pmatrix} \cdot \begin{pmatrix} 0 \\ \underline{U}_S \\ \underline{U}_T \end{pmatrix} \tag{9.72}$$

Eine Addition des Gleichungssystems ergibt:

$$\underline{U}_{(0)} + \underline{U}_{(1)} + \underline{U}_{(2)} = \frac{1}{3} \cdot \left[\underline{U}_S \cdot \left(1 + \underline{a} + \underline{a}^2\right) + \underline{U}_T \cdot \left(1 + \underline{a}^2 + \underline{a}\right) \right] = 0 \tag{9.73}$$

Die Ergebnisse der Transformation führen zu der Ersatzschaltung der Komponentensysteme nach Abb. 9.10, indem die drei Komponentensysteme in Reihe geschaltet werden. Hierdurch lassen sich die Fehlerbedingungen realisieren.

- ***3. Schritt:*** Bestimmung der Strom- und Spannungsbedingungen im Komponentensystem:

$$\underline{I}_{(1)} = \frac{\underline{E}_{(1)}}{\underline{Z}_{(1)} + \underline{Z}_{(2)} + \underline{Z}_{(0)}} = \frac{\underline{E}_{(1)}}{2 \cdot \underline{Z}_{(1)} + \underline{Z}_{(0)}} = \underline{I}_{(2)} = \underline{I}_{(0)} \tag{9.74}$$

Mit Hilfe der berechneten Komponentenströme können auch die Komponentenspannungen bestimmt werden.

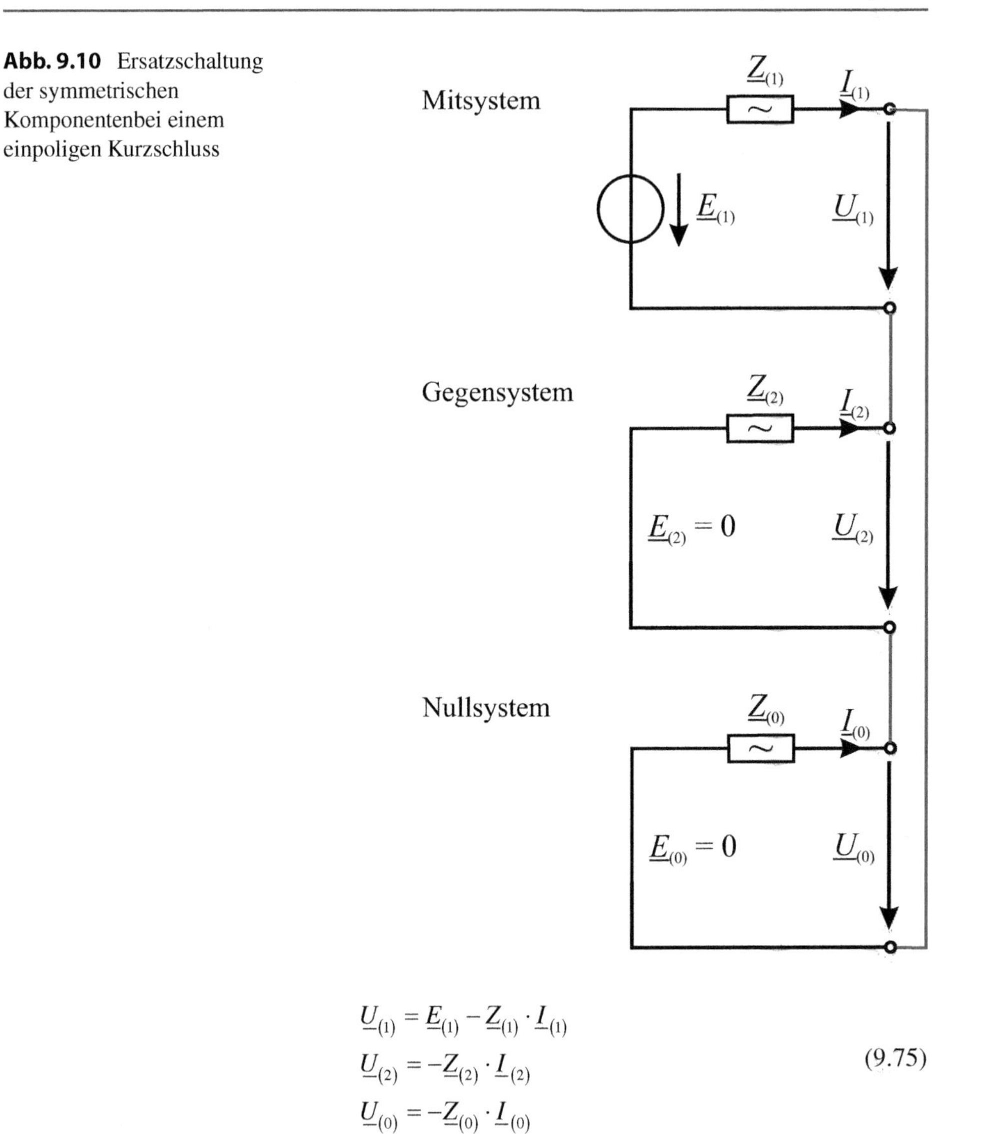

Abb. 9.10 Ersatzschaltung der symmetrischen Komponentenbei einem einpoligen Kurzschluss

$$\begin{aligned} \underline{U}_{(1)} &= \underline{E}_{(1)} - \underline{Z}_{(1)} \cdot \underline{I}_{(1)} \\ \underline{U}_{(2)} &= -\underline{Z}_{(2)} \cdot \underline{I}_{(2)} \\ \underline{U}_{(0)} &= -\underline{Z}_{(0)} \cdot \underline{I}_{(0)} \end{aligned} \tag{9.75}$$

- ***4. Schritt:*** Rücktransformation der Strom- und Spannungsbeziehungen in das Originalsystem:

$$\begin{pmatrix} \underline{I}_R \\ \underline{I}_S \\ \underline{I}_T \end{pmatrix} = \begin{pmatrix} 1 & 1 & 1 \\ 1 & \underline{a}^2 & \underline{a} \\ 1 & \underline{a} & \underline{a}^2 \end{pmatrix} \cdot \begin{pmatrix} \underline{I}_{(0)} \\ \underline{I}_{(1)} \\ \underline{I}_{(2)} \end{pmatrix} \tag{9.76}$$

Aus der ersten Zeile der Transformationsgleichung (9.76) ermittelt sich der einpolige Kurzschlussstrom, während die beiden anderen Ströme gegen Erde den Wert null haben, welches den vorgegebenen Fehlerbedingungen entspricht (1. Schritt).

$$\underline{I}_{\mathrm{R}} = 3 \cdot \underline{I}_{(1)} = \frac{3 \cdot \underline{E}_{(1)}}{2 \cdot \underline{Z}_{(1)} + \underline{Z}_{(0)}} \qquad \underline{E}_{(1)} = \underline{E}_{\mathrm{R}} \tag{9.77}$$

$$\begin{aligned} \underline{I}_{\mathrm{S}} &= \left(1 + \underline{a}^2 + \underline{a}\right) \cdot \underline{I}_{(1)} = 0 \\ \underline{I}_{\mathrm{T}} &= \left(1 + \underline{a} + \underline{a}^2\right) \cdot \underline{I}_{(1)} = 0 \end{aligned} \tag{9.78}$$

Die Spannungen ergeben sich zu:

$$\begin{aligned} \underline{U}_{\mathrm{R}} &= \underline{U}_{(0)} + \underline{U}_{(1)} + \underline{U}_{(2)} = 0 \\ \underline{U}_{\mathrm{S}} &= \underline{U}_{(0)} + \underline{a}^2 \cdot \underline{U}_{(1)} + \underline{a} \cdot \underline{U}_{(2)} = \underline{E}_{\mathrm{R}} \cdot \left(\underline{a}^2 - \frac{\underline{a}^2 \cdot \underline{Z}_{(1)} + \underline{a} \cdot \underline{Z}_{(1)} + \underline{Z}_{(0)}}{2 \cdot \underline{Z}_{(1)} + \underline{Z}_{(0)}} \right) \\ &= \underline{E}_{\mathrm{R}} \cdot \left(\underline{a}^2 + \frac{\underline{Z}_{(1)} / \underline{Z}_{(0)} - 1}{2 \cdot \underline{Z}_{(1)} / \underline{Z}_{(0)} + 1} \right) \\ \underline{U}_{\mathrm{T}} &= \underline{U}_{(0)} + \underline{a} \cdot \underline{U}_{(1)} + \underline{a}^2 \cdot \underline{U}_{(2)} = \underline{E}_{\mathrm{R}} \cdot \left(\underline{a} + \frac{\underline{Z}_{(1)} / \underline{Z}_{(0)} - 1}{2 \cdot \underline{Z}_{(1)} / \underline{Z}_{(0)} + 1} \right) \end{aligned} \tag{9.79}$$

- ***5. Schritt:*** Ableitung des Endergebnisses:
  Für die Berechnung des Anfangs-Kurzschlusswechselstroms bei einem einpoligen Kurzschluss gilt allgemein nach Gl. (9.80).

$$\underline{I}_{\mathrm{R}} = \underline{I}_{\mathrm{k1}}'' = \underline{I}_{(1)} + \underline{I}_{(2)} + \underline{I}_{(0)} = \frac{3 \cdot \underline{E}_{\mathrm{R}}}{2 \cdot \underline{Z}_{(1)} + \underline{Z}_{(0)}} \tag{9.80}$$

Unter Berücksichtigung der verketteten Spannung U_{n} und des Spannungsfaktors $c = 1{,}1$ folgt für den einpoligen Kurzschlussstrom:

$$\underline{I}_{\mathrm{k1}}'' = \frac{c \cdot \sqrt{3} \cdot U_{\mathrm{n}}}{2 \cdot \underline{Z}_{(1)} + \underline{Z}_{(0)}} \tag{9.81}$$

- ***6. Schritt:*** (Berechnung der Spannung am Fehlerort, falls erforderlich):
  Mit Hilfe der Strom- und Spannungsbedingungen können die Spannungen der einzelnen Leiter gegen Erde bestimmt werden. Die Komponentenspannungen bestimmen sich nach der Abb. 9.10 zu:

$$\begin{aligned} \underline{U}_{(1)} &= \underline{E}_{(1)} - \underline{Z}_{(1)} \cdot \underline{I}_{(1)} \\ \underline{U}_{(2)} &= -\underline{Z}_{(1)} \cdot \underline{I}_{(1)} \\ \underline{U}_{(0)} &= -\underline{Z}_{(0)} \cdot \underline{I}_{(1)} \end{aligned} \tag{9.82}$$

Mit $\underline{I}_{(1)}$ nach Gl. (9.81).

$$\underline{I}_{(1)} = \frac{\underline{E}_{(1)}}{2 \cdot \underline{Z}_{(1)} + \underline{Z}_{(0)}} \tag{9.83}$$

Hieraus ergeben sich die Spannungen im Originalsystem entsprechend Gl. (9.67).

$$\underline{U}_{\mathrm{R}} = \underline{E}_{(1)} - \left[2 \cdot \underline{Z}_{(1)} + \underline{Z}_{(0)}\right] \cdot \underline{I}_{(1)} = 0 \tag{9.84}$$

$$\begin{aligned} \underline{U}_{\mathrm{S}} &= -\underline{Z}_{(0)} \cdot \underline{I}_{(1)} + \underline{a}^2 \cdot \left[\underline{E}_{(1)} - \underline{Z}_{(1)} \cdot \underline{I}_{(1)}\right] - \underline{a} \cdot \underline{Z}_{(1)} \cdot \underline{I}_{(1)} \\ &= \left[\underline{a}^2 + \frac{\underline{Z}_{(1)} - \underline{Z}_{(0)}}{2 \cdot \underline{Z}_{(1)} + \underline{Z}_{(0)}}\right] \cdot \underline{E}_{(1)} \end{aligned} \tag{9.85}$$

$$\underline{U}_{\mathrm{T}} = \left[\underline{a} + \frac{\underline{Z}_{(1)} - \underline{Z}_{(0)}}{2 \cdot \underline{Z}_{(1)} + \underline{Z}_{(0)}}\right] \cdot \underline{E}_{(1)} \tag{9.86}$$

Für die folgenden Werte der Nullimpedanz $\underline{Z}_{(0)}$ ergeben sich die charakteristischen Werte der fehlerfreien Phase $\underline{U}_{\mathrm{S}}$ gegen Erde:

- $\underline{Z}_{(0)} = \underline{Z}_{(1)}$; z. B. unmittelbar nach einem Transformator:

$$\underline{U}_{\mathrm{S}} = \underline{a}^2 \cdot \underline{E}_{(1)} \tag{9.87}$$

Die Spannung entspricht der Leiter-Erde Spannung des ungestörten Betriebs.

- $\underline{Z}_{(0)} \to \infty$; z. B. in einem Netz mit isolierten oder kompensierten Sternpunkten:

$$\underline{U}_{\mathrm{S}} = \left(\underline{a}^2 - 1\right) \cdot \underline{E}_{(1)} \qquad \left|\underline{U}_{\mathrm{S}}\right| = \sqrt{3} \cdot \left|\underline{E}_{(1)}\right| \tag{9.88}$$

Die Spannung entspricht der Leiter-Leiter Spannung des ungestörten Betriebs.

Simultanfehler

Als Simultanfehler werden nach [8] Fehler bezeichnet, die in der gleichen Phase an unterschiedlichen Stellen des Netzes auftreten. Da bei der Anwendung der symmetrischen Komponenten bei Fehlern, die symmetrisch zur Phase R sind, die Komponentensysteme direkt galvanisch verbunden sind, sind bei der Ermittlung von Simultanfehlern (bei gleichzeitigen Fehlern an verschiedenen Orten) nach Abb. 9.11 ideale Übertrager einzusetzen. Hierbei treten zwei einpolige Fehler jeweils in der Phase R gegen Erde auf.

Nach Abb. 9.11a werden durch die direkten Verbindungen Bedingungen eingeführt, die in der Realität nicht vorhanden sind. So gilt jeweils für die Längsspannungen aufgrund der durchgehenden Rückleitung:

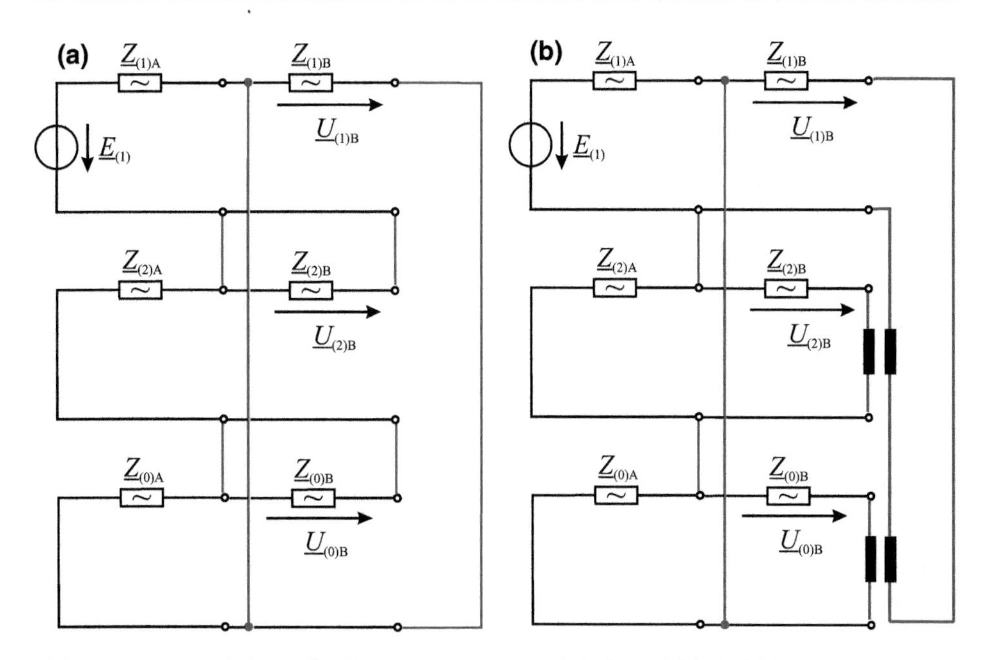

Abb. 9.11 Ersatzschaltung der Komponentensysteme bei einem Mehrfachfehler in der Phase R (Erdkurzschluss) an verschiedenen Orten. a falsch. b richtig

$$\underline{U}_{1B} = \underline{U}_{2B} = \underline{U}_{0B} = 0 \tag{9.89}$$

welches zu einer falschen Strom- und Spannungsverteilung im Netz führt. Vermieden wird dieses durch den Einsatz von 1:1-Übertragern nach Abb. 9.11b. Durch den Übergang auf eine Darstellung mit Hilfe der 0, α, β-Komponenten wird diese Schwierigkeit vermieden, da in diesen Fällen stets Übertrager zur Verknüpfung der Komponentensysteme eingesetzt werden.

Ein weiteres Beispiel für einen Simultanfehler bzw. eines Mehrfachfehlers ist in Kap. 6 dargestellt. In diesem Kapitel wird die Ableitung eines Doppelerdkurzschlussstroms gezeigt, der gleichzeitig in zwei Phasen an unterschiedlichen Orten entsteht.

9.3 Fehlerbedingungen, Gleichungen

In Tab. 9.2 sind die Fehlerbedingungen, die Ströme und Spannungen für symmetrischen und unsymmetrischen Kurzschlüssen zusammenfassend dargestellt.

Für die Berechnung der Kurzschlussströme mit Hilfe der symmetrischen Komponenten nach Tab. 9.2 können die vereinfachten Ersatzschaltbilder von häufig verwendeten Betriebsmitteln nach Tab. 9.3 verwendet werden. Für weitere Ersatzschaltbilder, z. B. für Transformatoren ist [9] zu verwenden.

Im Allgemeinen werden Generatoren isoliert betrieben, d. h., der Transformatorsternpunkt ist nicht mit Erde verbunden, so dass die Erdungsimpedanz $\underline{Z}_E$ den Wert unendlich hat. Bei Niederspannungsgeneratoren ist dieses unter Umständen nicht der Fall, um Oberschwingungen zu vermeiden.

9.4 Vergleich: 0, 1, 2-Komponenten mit 0, α, β-Komponenten

Die Berechnung der stationären Kurzschlussströme erfolgt in der Regel unter Anwendung der symmetrischen Komponenten, indem der Fehler jeweils symmetrisch zum Leiter R gelegt wird. In diesen Fällen werden bei der Kopplung der Komponentenersatzschaltbilder keine Übertrager eingesetzt, z. B. Abb. 9.10 für den einpoligen Kurzschluss. Grundsätzlich ist es auch möglich, die 0, α, β-Komponenten zu verwenden, die in der Regel für transiente Vorgänge eingesetzt werden. In diesem Abschnitt werden kurz die Ersatzschaltbilder für die drei- und einpoligen Fehler nach den Abb. 9.7 und 9.9 dargestellt.

Für die Spannungen und Ströme gelten die nachfolgenden Transformationsgleichungen nach [10]:

$$\mathbf{G}_{\mathrm{RST}} = \mathbf{C} \cdot \mathbf{G}_{0\alpha\beta} \qquad \mathbf{G}_{0\alpha\beta} = \mathbf{C}^{-1} \cdot \mathbf{G}_{\mathrm{RST}} \tag{9.90}$$

Mit den Transformationsmatrizen:

$$\mathbf{C} = \begin{pmatrix} 1 & 1 & 0 \\ 1 & -\frac{1}{2} & \frac{\sqrt{3}}{2} \\ 1 & -\frac{1}{2} & -\frac{\sqrt{3}}{2} \end{pmatrix} \qquad \mathbf{C}^{-1} = \frac{1}{3} \cdot \begin{pmatrix} 1 & 1 & 1 \\ 2 & -1 & -1 \\ 0 & \sqrt{3} & -\sqrt{3} \end{pmatrix} \tag{9.91}$$

Für die Impedanzmatrix ergibt sich nach Gl. (9.92):

$$\underline{\mathbf{Z}}_{(0\alpha\beta)} = \mathbf{C}^{-1} \cdot \underline{\mathbf{Z}}_{\mathrm{RST}} \cdot \mathbf{C} \tag{9.92}$$

Nach Einsetzen der Transformationsmatrizen kann eine symmetrische Impedanzmatrix in eine Diagonalmatrix überführt werden, so dass im ungestörten Betrieb drei entkoppelte Komponentensystem existieren.

Tab. 9.2 Fehlerbedingungen, Ströme und Spannungen bei symmetrischen und unsymmetrischen Kurzschlüssen; im ersten Augenblick (subtransient) gilt $\underline{Z}_2 = \underline{Z}_1$

Kurzschluss	Fehlerbedingungen		Kurzschlussströme und Spannungen
	RST	012	012 und RST
k3	$\underline{U}_R = \underline{U}_S = \underline{U}_T$ $\underline{I}_R + \underline{I}_S + \underline{I}_T = 0$	$\underline{I}_{(0)} = 0$ $\underline{U}_{(1)} = \underline{U}_{(2)} = 0$	$\underline{I}_{(1)} = \frac{\underline{E}_{(1)}}{\underline{Z}_{(1)}} \quad \underline{I}_{(2)} = \underline{I}_{(0)} = 0$ $\underline{I}_R = \frac{\underline{E}_{(1)}}{\underline{Z}_{(1)}} \quad \underline{I}_S = \underline{a}^2 \cdot \underline{I}_R \quad \underline{I}_T = \underline{a} \cdot \underline{I}_R$
k2	$\underline{U}_S = \underline{U}_T$ $\underline{I}_R = 0$ $\underline{I}_S + \underline{I}_T = 0$	$\underline{U}_{(1)} = \underline{U}_{(2)}$ $\underline{I}_{(1)} = -\underline{I}_{(2)}$ $\underline{I}_{(0)} = 0$	$\underline{I}_{(1)} = \frac{\underline{E}_{(1)}}{\underline{Z}_{(1)} + \underline{Z}_{(2)}} \quad \underline{I}_R = 0 \quad \underline{I}_S = -\underline{I}_T = \frac{-j\sqrt{3} \cdot \underline{E}_{(1)}}{\underline{Z}_{(1)} + \underline{Z}_{(2)}}$ $\underline{U}_R = \frac{2 \cdot \underline{E}_{(1)}}{1 + \underline{Z}_{(1)} / \underline{Z}_{(2)}} \quad \underline{U}_S = \underline{U}_T = -\frac{\underline{E}_{(1)}}{1 + \underline{Z}_{(1)} / \underline{Z}_{(2)}}$
k2E	$\underline{U}_S = \underline{U}_T = 0$ $\underline{I}_R = 0$	$\underline{U}_{(1)} = \underline{U}_{(2)} = \underline{U}_{(0)}$ $\underline{I}_{(1)} = \underline{I}_{(2)} = \underline{I}_{(0)} = 0$	$\underline{I}_{(1)} = \frac{\underline{E}_{(1)}}{\underline{Z}_{(1)} + \frac{\underline{Z}_{(2)} \cdot \underline{Z}_{(0)}}{\underline{Z}_{(2)} + \underline{Z}_{(0)}}}$ $\underline{I}_{(2)} = -\underline{I}_{(1)} \cdot \frac{\underline{Z}_{(0)}}{\underline{Z}_{(2)} + \underline{Z}_{(0)}} \quad \underline{I}_{(0)} = -\underline{I}_{(1)} \cdot \frac{\underline{Z}_{(2)}}{\underline{Z}_{(2)} + \underline{Z}_{(0)}}$ $\underline{I}_R = 0; \underline{I}_S = \frac{-j\sqrt{3} \cdot \underline{E}_{(1)} \cdot \left(\underline{Z}_{(0)} - \underline{a} \cdot \underline{Z}_{(2)}\right)}{\underline{Z}_{(1)} \cdot \underline{Z}_{(2)} + \underline{Z}_{(1)} \cdot \underline{Z}_{(0)} + \underline{Z}_{(2)} \cdot \underline{Z}_{(0)}}$ $\underline{I}_S = \frac{-j\sqrt{3} \cdot \underline{E}_{(1)} \cdot \left(\underline{Z}_{(0)} - \underline{a}^2 \cdot \underline{Z}_{(2)}\right)}{\underline{Z}_{(1)} \cdot \underline{Z}_{(2)} + \underline{Z}_{(1)} \cdot \underline{Z}_{(0)} + \underline{Z}_{(2)} \cdot \underline{Z}_{(0)}}$ $\underline{I}_S + \underline{I}_T = 3 \cdot \underline{I}_{(0)} = \frac{-3 \cdot \underline{E}_{(1)}}{\underline{Z}_{(1)} + \underline{Z}_{(0)} \cdot \left(1 + \underline{Z}_{(1)} / \underline{Z}_{(2)}\right)}$ $\underline{U}_R = \frac{3 \cdot \underline{E}_{(1)} \cdot \underline{Z}_{(0)} \cdot \underline{Z}_{(2)}}{\underline{Z}_{(1)} \cdot \underline{Z}_{(2)} + \underline{Z}_{(1)} \cdot \underline{Z}_{(0)} + \underline{Z}_{(2)} \cdot \underline{Z}_{(0)}}$ $\underline{U}_S = 0; \ \underline{U}_T = 0$
k1	$\underline{U}_R = 0$ $\underline{I}_S = \underline{I}_T = 0$	$\underline{U}_{(1)} + \underline{U}_{(2)} + \underline{U}_{(0)} = 0$ $\underline{I}_{(1)} = \underline{I}_{(2)} = \underline{I}_{(0)} = 0$	$\underline{I}_{(1)} = \underline{I}_{(2)} = \underline{I}_{(0)} = \frac{\underline{E}_{(1)}}{\underline{Z}_{(1)} + \underline{Z}_{(2)} + \underline{Z}_{(0)}}$ $\underline{I}_R = 3 \cdot \underline{I}_{(1)} = 3 \cdot \underline{I}_{(2)} = 3 \cdot \underline{I}_{(0)}$ $\underline{U}_R = 0 \quad \underline{U}_S = \frac{-j\sqrt{3} \cdot \underline{E}_{(1)} \cdot \left(\underline{Z}_{(2)} - \underline{a} \cdot \underline{Z}_{(0)}\right)}{\underline{Z}_{(1)} + \underline{Z}_{(2)} + \underline{Z}_{(0)}}$ $\underline{U}_T = \frac{j\sqrt{3} \cdot \underline{E}_{(1)} \cdot \left(\underline{Z}_{(2)} - \underline{a}^2 \cdot \underline{Z}_{(0)}\right)}{\underline{Z}_{(1)} + \underline{Z}_{(2)} + \underline{Z}_{(0)}}$

Tab. 9.3 Komponentenersatzschaltbilder

Betriebsmittel	Mitimpedanz	Nullimpedanz
Leitung, Kabel	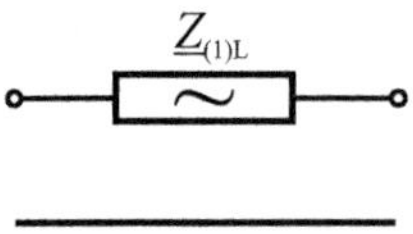 $\underline{Z}_{(1)\mathrm{L}}$	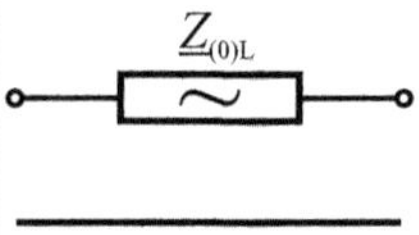 $\underline{Z}_{(0)\mathrm{L}}$
Transformator (Yy), OS-seitig geerdet	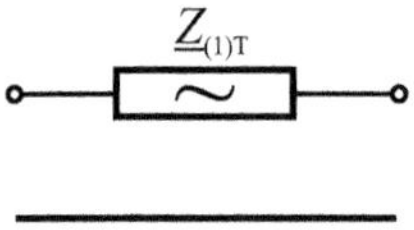 $\underline{Z}_{(1)\mathrm{T}}$	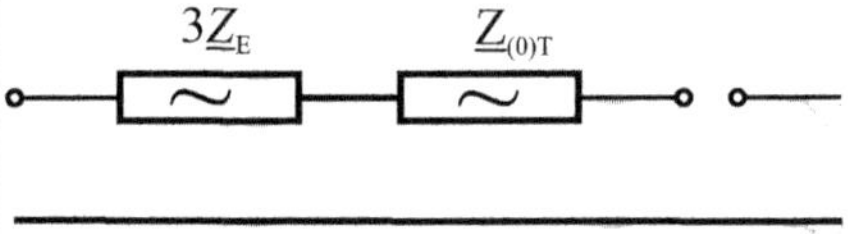 $3\underline{Z}_{\mathrm{E}}$ $\underline{Z}_{(0)\mathrm{T}}$
Transformator (Yd), OS-seitig geerdet	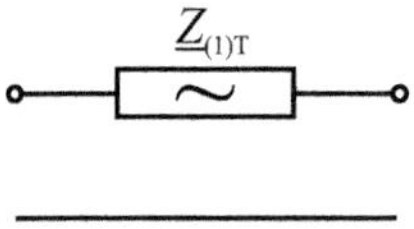 $\underline{Z}_{(1)\mathrm{T}}$	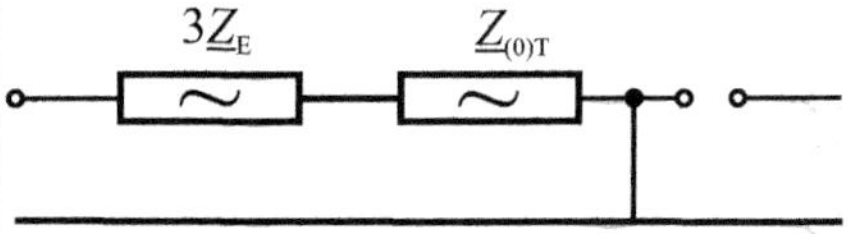 $3\underline{Z}_{\mathrm{E}}$ $\underline{Z}_{(0)\mathrm{T}}$
Generator	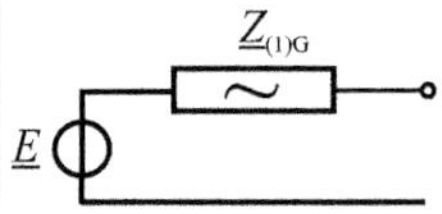 $\underline{E}$ $\underline{Z}_{(1)\mathrm{G}}$	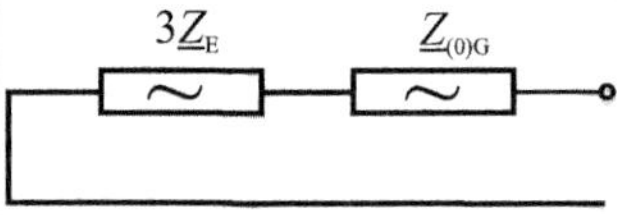 $3\underline{Z}_{\mathrm{E}}$ $\underline{Z}_{(0)\mathrm{G}}$
Netz	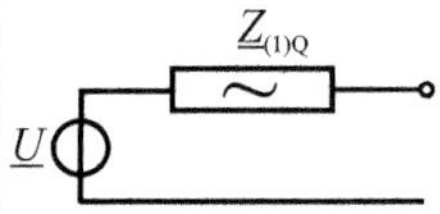 $\underline{U}$ $\underline{Z}_{(1)\mathrm{Q}}$	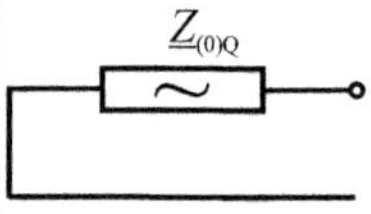 $\underline{Z}_{(0)\mathrm{Q}}$

$\underline{Z}_{\mathrm{E}}$ Erdungsimpedanz im Originalsystem

$$\begin{pmatrix} \underline{Z}_{(0)} \\ \underline{Z}_{(\alpha)} \\ \underline{Z}_{(\beta)} \end{pmatrix} = \frac{1}{3} \cdot \begin{pmatrix} 1 & 1 & 1 \\ 2 & -1 & -1 \\ 0 & \sqrt{3} & -\sqrt{3} \end{pmatrix} \cdot \begin{pmatrix} \underline{Z}_{\mathrm{A}} & \underline{Z}_{\mathrm{B}} & \underline{Z}_{\mathrm{B}} \\ \underline{Z}_{\mathrm{B}} & \underline{Z}_{\mathrm{A}} & \underline{Z}_{\mathrm{B}} \\ \underline{Z}_{\mathrm{B}} & \underline{Z}_{\mathrm{B}} & \underline{Z}_{\mathrm{A}} \end{pmatrix} \cdot \begin{pmatrix} 1 & 1 & 0 \\ 1 & -\frac{1}{2} & \frac{\sqrt{3}}{2} \\ 1 & -\frac{1}{2} & -\frac{\sqrt{3}}{2} \end{pmatrix}$$
$$= \begin{pmatrix} \underline{Z}_{\mathrm{A}} + 2\underline{Z}_{\mathrm{B}} & 0 & 0 \\ 0 & \underline{Z}_{\mathrm{A}} - \underline{Z}_{\mathrm{B}} & 0 \\ 0 & 0 & \underline{Z}_{\mathrm{A}} - \underline{Z}_{\mathrm{B}} \end{pmatrix} \tag{9.93}$$

Das Ergebnis der Gl. (9.93) zeigt, dass die Impedanzen der einzelnen Komponentensysteme identisch mit den Werten der symmetrischen Komponenten sind, entsprechend Gl. (9.44).

Auch in diesem Fall besteht die Überlegung darin, dass das Originalsystem aus drei verschiedenen Systemen (Komponenten) zusammengesetzt werden kann, nämlich aus dem

- α-System: In diesem System fließt der Strom des Bezugsleiters (Leiter R) in den beiden anderen Leitern wieder zurück,
- β-System: In diesem System fließen nur die Ströme der Leiter S und T, die sich zu null ergänzen,
- Nullsystem: Ströme/Spannungen mit gleicher Phasenlage.

Mit Hilfe der Bedingungen (9.90) lassen sich die treibenden Spannungen der einzelnen Komponentensysteme bestimmen, wenn ein symmetrisches Drehstromnetz nach den Gl. (9.8) und (9.9) vorausgesetzt wird, $\underline{E}_1 = \underline{U}_R$.

$$\begin{pmatrix} \underline{U}_{(0)} \\ \underline{U}_{(\alpha)} \\ \underline{U}_{(\beta)} \end{pmatrix} = \frac{1}{3} \cdot \begin{pmatrix} 1 & 1 & 1 \\ 2 & -1 & -1 \\ 0 & \sqrt{3} & -\sqrt{3} \end{pmatrix} \cdot \begin{pmatrix} \underline{E}_{(1)} \\ \underline{a}^2 \cdot \underline{E}_{(1)} \\ \underline{a} \cdot \underline{E}_{(1)} \end{pmatrix} \tag{9.94}$$

$$\underline{U}_{(0)} = 0 \quad \underline{U}_{(\alpha)} = \underline{E}_{(1)} \quad \underline{U}_{(\beta)} = -j\underline{E}_{(1)}$$

Dieses bedeutet, dass im Gegensatz zur Darstellung nach Abb. 9.6 jeweils in zwei Komponentensystemen (α, β) treibende Spannungen vorhanden sind, unter der Bedingung eines symmetrischen Systems.

Dreipoliger Fehler

Aus den Fehlerbedingungen, Gl. (9.58), im Originalsystem können die Fehlerbedingungen der Spannungen im Komponentensystem an der Fehlerstelle abgeleitet werden.

$$\begin{pmatrix} \underline{U}_{(0)} \\ \underline{U}_{(\alpha)} \\ \underline{U}_{(\beta)} \end{pmatrix} = \frac{1}{3} \cdot \begin{pmatrix} 1 & 1 & 1 \\ 2 & -1 & -1 \\ 0 & \sqrt{3} & -\sqrt{3} \end{pmatrix} \cdot \begin{pmatrix} \underline{U}_R \\ \underline{U}_R \\ \underline{U}_R \end{pmatrix} \tag{9.95}$$

$$\underline{U}_{(\alpha)} = 0 \quad \underline{U}_{(\beta)} = 0$$

Die Addition der drei Leiterströme liefert die Beziehung:

$$\underline{I}_R + \underline{I}_S + \underline{I}_T = 0 \qquad \underline{I}_{(0)} = 0 \tag{9.96}$$

Aus diesen Angaben kann die Ersatzschaltung der Komponentensysteme angegeben werden, Abb. 9.12.

Mit Hilfe der Komponentenersatzschaltbilder können die Ströme bestimmt werden, so dass sich die Kurzschlussströme im Originalsystem unter der Bedingung $\underline{Z}_{(\alpha)} = \underline{Z}_{(\beta)}$ errechnet werden können.

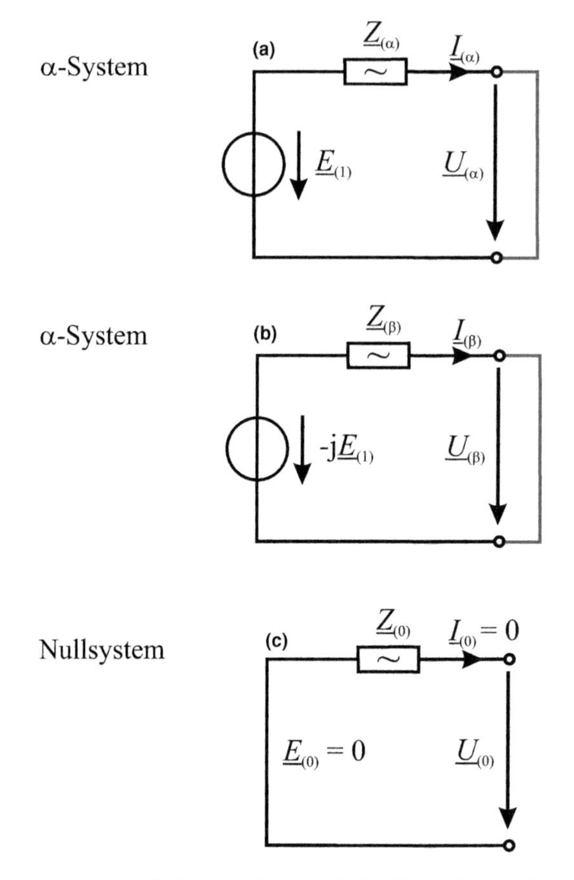

Abb. 9.12 Komponentenersatzschaltungen für den dreipoligen Kurzschlussstrom im α-, β- und Nullsystem

$$\underline{I}_{(\alpha)} = \frac{\underline{E}_1}{\underline{Z}_{(\alpha)}} \qquad \underline{I}_{(\beta)} = -\mathrm{j}\frac{\underline{E}_1}{\underline{Z}_{(\beta)}} = -\mathrm{j}\underline{I}_{(\alpha)} \tag{9.97}$$

$$\begin{aligned} \underline{I}_{\mathrm{R}} &= \underline{I}_{(\alpha)} \\ \underline{I}_{\mathrm{S}} &= \underline{I}_{(\alpha)} \cdot \left(-\frac{1}{2} - \mathrm{j}\frac{\sqrt{3}}{2} \right) = \underline{\mathrm{a}}^2 \cdot \underline{I}_{(\alpha)} \\ \underline{I}_{\mathrm{T}} &= \underline{I}_{(\alpha)} \cdot \left(-\frac{1}{2} + \mathrm{j}\frac{\sqrt{3}}{2} \right) = \underline{\mathrm{a}} \cdot \underline{I}_{(\alpha)} \end{aligned} \tag{9.98}$$

Einpoliger Fehler

Beispielhaft wird der einpolige Fehler im Leiter R gegen Erde angenommen. Grundsätzlich ist es möglich, den Fehler auch in anderen Leitern anzunehmen, da in jedem Fall

Übertrager eingesetzt werden, im Gegensatz zur Anwendung der symmetrischen Komponenten [11]. Es ergeben sich die folgenden Fehlerbedingungen im Original- und Komponentensystem.

$$\underline{U}_{\mathrm{R}} = 0 \qquad \underline{I}_{\mathrm{S}} = \underline{I}_{\mathrm{T}} = 0 \tag{9.99}$$

Strombedingungen:

$$\begin{pmatrix} \underline{I}_{(0)} \\ \underline{I}_{(\alpha)} \\ \underline{I}_{(\beta)} \end{pmatrix} = \frac{1}{3} \cdot \begin{pmatrix} 1 & 1 & 1 \\ 2 & -1 & -1 \\ 0 & \sqrt{3} & -\sqrt{3} \end{pmatrix} \cdot \begin{pmatrix} \underline{I}_{\mathrm{R}} \\ 0 \\ 0 \end{pmatrix}$$
$$\underline{I}_{(0)} = \frac{1}{2} \cdot \underline{I}_{(\alpha)} \quad \underline{I}_{(\beta)} = 0 \tag{9.100}$$

Spannungsbedingungen:

$$\begin{pmatrix} \underline{U}_{(0)} \\ \underline{U}_{(\alpha)} \\ \underline{U}_{(\beta)} \end{pmatrix} = \frac{1}{3} \cdot \begin{pmatrix} 1 & 1 & 1 \\ 2 & -1 & -1 \\ 0 & \sqrt{3} & -\sqrt{3} \end{pmatrix} \cdot \begin{pmatrix} 0 \\ \underline{U}_{\mathrm{S}} \\ \underline{U}_{\mathrm{T}} \end{pmatrix}$$
$$\underline{U}_{(0)} + \underline{U}_{(\alpha)} = 0 \tag{9.101}$$

Unter Berücksichtigung der Strom- und Spannungsbedingungen kann die Ersatzschaltung nach Abb. 9.13 ermittelt werden. Da das Nullsystem mit einem Übertrager verbunden ist, steht somit eine höhere Spannung ($2\underline{U}_{(0)}$) an. Aus diesem Grunde ist die Nullimpedanz $\underline{Z}_{(0)}$ mit dem Faktor 2 zu multiplizieren, um den Strom $\underline{I}_{(0)}$ zu erhalten.

Die Komponentenströme lassen sich anhand der Ersatzschaltung nach Abb. 9.13 bestimmen, so dass gilt:

$$\underline{I}_{(\alpha)} = \frac{\underline{E}_1}{\underline{Z}_{(\alpha)} + 2 \cdot \underline{Z}_{(0)} / t^2} = \frac{\underline{E}_1}{\underline{Z}_{(\alpha)} + \underline{Z}_{(0)} / 2} \tag{9.102}$$

Die Ströme im Originalsystem ergeben sich unter Berücksichtigung der Gl. (9.90) und (9.100) zu:

$$\underline{I}_{\mathrm{R}} = \underline{I}_{(0)} + \underline{I}_{(\alpha)} = \frac{3}{2} \cdot \underline{I}_{(\alpha)} = \frac{3 \cdot \underline{E}_1}{2 \cdot \underline{Z}_{(\alpha)} + \underline{Z}_{(0)}}$$
$$\underline{I}_{\mathrm{S}} = \underline{I}_{(0)} - \frac{1}{2} \cdot \underline{I}_{(\alpha)} = 0 \tag{9.103}$$
$$\underline{I}_{\mathrm{S}} = \underline{I}_{(0)} - \frac{1}{2} \cdot \underline{I}_{(\alpha)} = 0$$

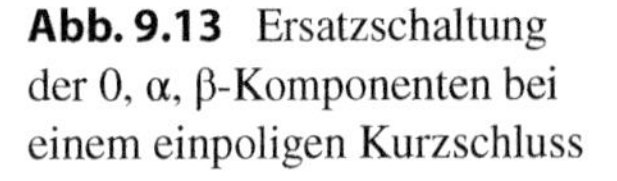

Abb. 9.13 Ersatzschaltung der 0, α, β-Komponenten bei einem einpoligen Kurzschluss

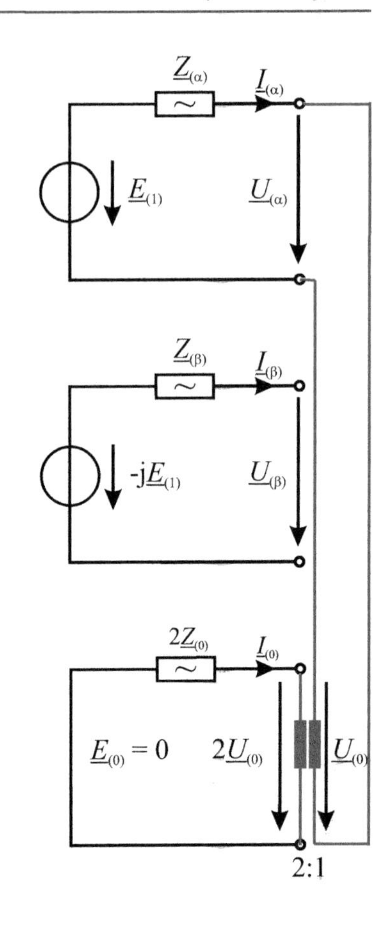

Bewertung

Der grundsätzliche Vorteil in der Anwendung von Komponentensystemen ist, dass bei symmetrischen Betriebsmitteln auf einfache Weise unsymmetrische Vorgänge (z. B. Kurzschlüsse) nachgebildet werden können.

Nach [11] besteht der Vorteil in der Anwendung der symmetrischen Komponenten darin, dass den Komponentensystemen auch eine physikalische Zuordnung gegeben werden kann:

- Das Mitsystem ist maßgebend für die Wirkleistungsübertragung in einem Netz,
- das Gegensystem ruft aufgrund des gegensätzlichen Drehfelds Zusatzverluste hervor und
- das Nullsystem ist ein Maß für die Spannungsverlagerung in einem Netz.

Alle Fehler können bei der Anwendung der symmetrischen Komponenten durch einfache Verschaltungen der Komponentensysteme realisiert werden, sofern der Fehler symmetrisch zur Phase R angenommen wird. Ist dieses nicht der Fall, sind komplexe Übertrager zu verwenden. Im Gegensatz hierzu werden bei der Anwendung der 0, α, β-Komponenten stets reelle Übertrager verwendet.

Im Allgemeinen werden bei der stationären Kurzschlussstromberechnung die symmetrischen Komponenten verwendet, da alle Fehler nach Tab. 9.2 symmetrisch zur Phase R gelegt werden können.

Die Vorteile der 0, α, β-Komponenten treten dann in Erscheinung, wenn Ausgleichsvorgänge betrachtet werden sollen. Dieses bedeutet, wenn z. B. ausgehend von einem zweipoligen Kurzschluss mit Erdberührung die Kurzschlussströme in den einzelnen Leitern bzw. gegen Erde jeweils im Nulldurchgang unterbrochen werden sollen, da in diesem Fall sowohl die Ströme im Originalsystem als auch im Komponentensystem die gleiche Phasenlage haben müssen. Dieses ist hierbei durch die Transformation mit realen Werten nach Gl. (9.95) möglich, im Gegensatz zur komplexen Transformation bei der Anwendung der symmetrischen Komponenten.

9.5 Fazit

Die Berechnung von Vorgängen in Drehstromnetzen ist grundsätzlich umfangreicher als in einem Wechselstromnetz, da sie im Allgemeinen aus drei einzelnen Wechselstromnetzen zusammengesetzt sind. Mit Hilfe der Komponenten ist es möglich, ein symmetrisches Drehstromsystem in drei einzelne Systeme zu zerlegen, so dass die Berechnungen in diesem Fall durch ein Wechselstromsystem nachgebildet werden können. Bei der Nachbildung von stationären, elektrischen Vorgängen haben sich die 0, 1, 2-Komponenten oder symmetrische Komponenten durchgesetzt.

Mit Hilfe von Transformationsmatrizen kann ein Drehstromsystem in drei einzelne Teilsysteme zerlegt werden, die z. B. als 0-, 1-, 2-Systeme bezeichnet werden. Während bei einer symmetrischen Belastung diese drei Teilsysteme entkoppelt sind, werden bei einem Fehler (z. B. Leiter-Leiter Kurzschluss, Kurzschluss gegen Erde) diese Teilsysteme in Abhängigkeit der Fehlerbedingungen miteinander verbunden, so dass die Fehlerströme und Fehlerspannungen in den Komponentensystemen berechnet werden. Anschließend erfolgt die Umwandlung der ermittelten Fehlerbedingungen zurück in das Originalsystem.

Während sich für die Berechnung von stationären Fehlern die symmetrischen Komponenten eignen, wenn der Netzfehler symmetrisch zum Leiter R angenommen wird, sind für die Nachbildung von Schaltvorgängen besonders die 0, α, β-Komponenten vorteilhaft.

Literatur

1. Balzer G, Neumann C (2016) Schalt- und Ausgleichsvorgänge in elektrischen Netzen. Springer, Heidelberg
2. Funk G (1976) Symmetrische Komponenten. Elitera, Berlin
3. Clarke E (1950) Circuit-analysis of A-C power systems, Bd 1, 2. Wiley, New York
4. Oswald BR (2009) Berechnung von Drehstromnetzen, 1. Aufl. Vieweg+Teubner, Wiesbaden
5. Nelles D, Tuttas C (1998) Elektrische Energietechnik. Vieweg+Teubner, Stuttgart

6. DIN EN 62428:2008-02 (2008) Elektrische Energietechnik – Modale Komponenten in Drehstromsystemen – Größe und Transformationen
7. DIN EN 60909-0 (VDE 0102):2002-07 (2002) Kurzschlussströme in Drehstromnetzen, Teil 0: Berechnung der Ströme. VDE, Berlin
8. Edelmann H (1963) Berechnung elektrischer Verbundnetze. Springer, Berlin/Göttingen/Heidelberg
9. DIN EN 60909-0 Beiblatt 1:2002-11; VDE 0102 Beiblatt 1:2002–11 (2011) Kurzschlussströme in Drehstromnetzen – Beispiele für die Berechnung von Kurzschlussströmen. VDE, Berlin
10. Clarke E (1943, 1950) Circuit analysis of A-C-power systems, Bd 1 & 2. Wiley, New York
11. Funk G (1962) Der Kurzschluß im Drehstromnetz. Oldenbourg, München

Ausschaltwechselstrom in vermaschten Netzen

10

In vermaschten, elektrischen Netzen können bei der Berechnung des Ausschaltwechselstroms nach einer alten VDE Bestimmung 0102 von 1971 [1] Abweichungen auf der unsicheren Seite mit zu kleinen Stromwerten auftreten. Sie werden durch Generatoren und Motoren im Nahbereich verursacht, die wesentlich zum Kurzschlussstrom beitragen. Deren Einfluss kann bewirken, dass der Beitrag des überlagerten Netzes zum Kurzschlussstrom während der Kurzschlussdauer ansteigt, was nicht wie bisher in allen Fällen vernachlässigt werden darf, da der Beitrag eines Netzes während des Kurzschlussstromverlaufs als konstant angenommen wird.

Es werden daher Gleichungen angegeben, die diese Einflüsse berücksichtigen, dass der Netzbeitrag steigt. Der nachfolgende Text entspricht weitgehend der Literaturstelle [2] mit einigen Ergänzungen.

10.1 Einleitung

Wird der dreipolige Kurzschluss an der Fehlerstelle Fl nach Abb. 10.1 von mehreren Spannungsquellen Q (Netz), G (Generator) und M (Motor) unabhängig voneinander gespeist, so ergibt sich der Ausschaltwechselstrom $\underline{I}_{\mathrm{b}}$ aus der Summe der Teilströme, so dass nach Gl. (10.1) folgt:

$$\underline{I}_{\mathrm{b}} = \underline{I}_{\mathrm{bQ}} + \underline{I}_{\mathrm{bG}} + \underline{I}_{\mathrm{bM}} \tag{10.1}$$

Mit den einzelnen Beiträgen zum Ausschaltwechselstrom:

$$\underline{I}_{\mathrm{bQ}} = \underline{I}''_{\mathrm{kQ}} \qquad \text{Netz (generatorfern)} \tag{10.2}$$

$$\underline{I}_{\mathrm{bG}} = \mu_{\mathrm{G}} \cdot \underline{I}''_{\mathrm{kG}} \qquad \text{Generator} \tag{10.3}$$

$$\underline{I}_{\mathrm{bM}} = \mu_{\mathrm{M}} \cdot q \cdot \underline{I}''_{\mathrm{kM}} \qquad \text{Motor} \tag{10.4}$$

G. Balzer, *Kurzschlussströme in Drehstromnetzen*,
https://doi.org/10.1007/978-3-658-28331-5_10

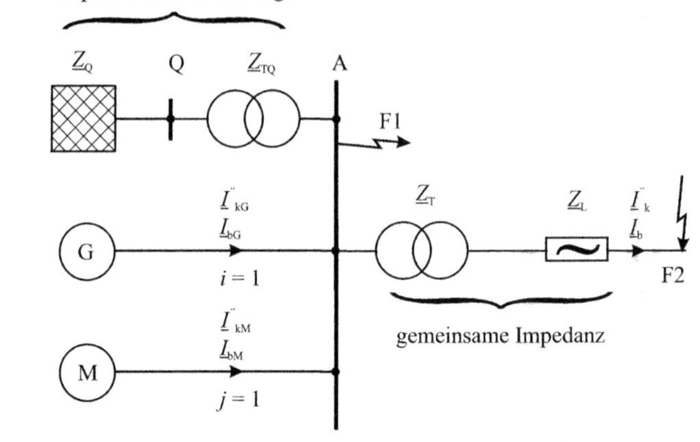

Abb. 10.1 Beispiel für einen von mehreren Spannungsquellen einfach gespeisten Kurzschluss in F1 und über eine gemeinsame Impedanz in F2

Der Faktor μ berücksichtigt die Abnahme des Kurzschlusswechselstroms von seinem Anfangswert $\underline{I}''_k$ bis zur ersten Kontakttrennung (t_{min}) eines Schalterpols und ist abhängig von dem Verhältnis $\underline{I}''_{k3G,M} / I_{rG,M}$ und vom Mindestschaltverzug t_{min}. Werte für μ sind Abschn. 5.6.1 den Gl. (5.47) bis (5.50) zu entnehmen. Bei einem Asynchronmotor kleiner Leistung klingt der Spulenfluss des Läufers schneller ab als bei einer Synchronmaschine, da die Erregung von den Motorklemmen genommen wird und nicht fremderregt wird, wie bei Synchronmaschinen. Dieses wird durch den zusätzlichen Faktor q berücksichtigt. Die Gl. (5.53) bis (5.56) im Abschn. 5.6.1 stellen den Faktor q dar und entsprechen den für Motoren gültigen Modellgesetzen. Der Faktor q ist von der Leistung je Polpaar abhängig.

Die Berechnung des Ausschaltwechselstroms nach den Gl. (10.1) bis (10.4) gilt jedoch nur, wenn die einzelnen Teilkurzschlussströme während der gesamten Kurzschlussdauer entkoppelt sind, d. h., sie beeinflussen sich nicht gegenseitig. Bei einem Kurzschluss an der Fehlerstelle F2 nach Abb. 10.1 ist dies nicht der Fall: Die Teilkurzschlussströme der drei Spannungsquellen Q, G und M fließen durch die zwischen der Sammelschiene A und der Fehlerstelle F2 liegende gemeinsame Impedanz. Die Konsequenz ist, dass die Berechnung nach den Gl. (10.1) bis (10.4) stets zu unsicheren Ergebnissen führt [3].

Der Stromanteil des Netzzweigs bleibt nämlich während der Kurzschlussdauer keinesfalls konstant, wie dieses Gl. (10.2) annimmt. Während die Generatorstrom- und Motorstromanteile sinken, verringert sich auch das Potenzial an der Sammelschiene A gegenüber der Fehlerstelle F2. Bei konstanter Netzquellenspannung E muss folglich der vom Netz zufließende Strom im Widerspruch zur Gl. (10.2) ansteigen.

Wird dieses außerachtgelassen, so ergibt sich bei der Berechnung des Ausschaltwechselstroms mit Berücksichtigung der Motoren unter Umständen sogar ein kleinerer Wert als ohne Motoren, was besonders in Industrienetzen, in denen sehr viele Motoren installiert sind, zu erheblichen Unsicherheiten führen kann, wenn Schaltgeräte mit einem nicht ausreichenden Schaltvermögen eingesetzt werden.

10.2 Der Faktor μ

Der Betrag des Kurzschlusswechselstroms I_{AC} auf einer Stichleitung an der Fehlerstelle F nach Abb. 10.2 lässt sich durch den zeitlichen Verlauf des Effektivwerts des Wechselstromglieds beschreiben, Gl. (10.5).

$$\underline{I}_{AC} = \left(I_k'' - I_k'\right) \cdot e^{-t/T''} + \left(I_k' - I_k\right) \cdot e^{-t/T'} + I_k \tag{10.5}$$

Mit

I_k'' subtransienter Kurzschlussstrom,
I_k' transienter Kurzschlussstrom,
I_k Dauerkurzschlussstrom,
T'', T' subtransiente, transiente Zeitkonstante.

Nach Abklingen des kurzzeitigen subtransienten Anteils $e^{-t/T'}$ von Gl. (10.5) wird mit der Näherung der e-Funktion durch eine Potenzreihe ersetzt.

$$e^{-t/T'} \approx 1 + \frac{1}{1!} \cdot \left(-\frac{t}{T'}\right) + \frac{1}{2!} \cdot \left(-\frac{t}{T'}\right)^2 + K \ldots \approx 1 - t/T' \tag{10.6}$$

$$I_k'' - I_{AC} = \left(I_k'' - I_k'\right) + \left(I_k' - I_k\right) \cdot t/T' \tag{10.7}$$

In diese Funktion gehen außer den internen Generatordaten noch die externe Netzimpedanz $R_N + jX_N$ ein. Von ihr ist praktisch nur die Netzreaktanz X_N wirksam, weil die Netzresistanz R_N weder die Beträge I_k'', I_k', I_k des Kurzschlusswechselstroms kaum verändert, solange $R_N/X_N < 0{,}3$ ist, noch die in Gl. (10.7) auftretende transiente Zeitkonstante T':

$$T' = \frac{\left(X_d' + X_N\right) \cdot \left(X_q + X_N\right) + R_N^2}{\left(X_d + X_N\right) \cdot \left(X_q + X_N\right) + R_N^2} \cdot T_f \tag{10.8}$$

Die Indizes d und q kennzeichnen dabei die Achsen der Synchronmaschine. T_f ist die Polradzeitkonstante. Somit kann $R_N = 0$ gesetzt werden und es folgt:

$$T' = \frac{\left(X_d' + X_N\right)}{\left(X_d + X_N\right)} \cdot T_f \tag{10.9}$$

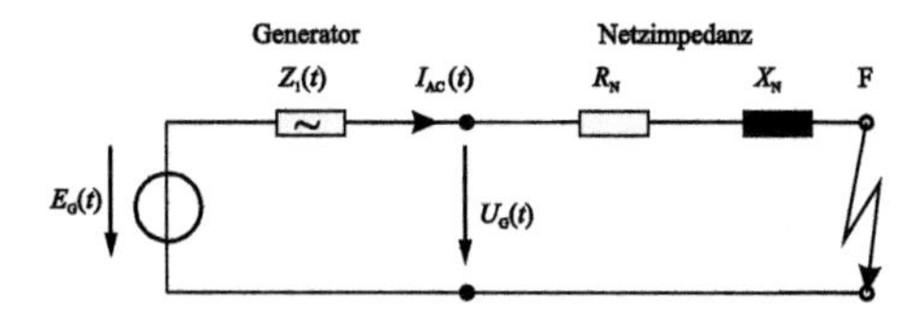

Abb. 10.2 Kurzschluss auf einer Stichleitung, die von einem Generator gespeist wird

Die Reaktanz X_N der Stichleitung zwischen Kurzschlussort und Generatorklemmen lässt sich nach Abb. 10.2 einfach durch den Anfangs-Kurzschlusswechselstrom I_k'' substituieren:

$$X_N = \frac{U_G / \sqrt{3}}{I_k''} - X_d'' \tag{10.10}$$

Für die Ströme nach Gl. (10.7) gilt:

$$I_k' = \frac{U_G / \sqrt{3}}{X_d' + X_N} \qquad I_k = \frac{U_G / \sqrt{3}}{X_d + X_N} \tag{10.11}$$

Mit

U_G Klemmenspannung des Generators, Abb. 10.2

Wird in den Ausdrücken für I_k', I_k und T' jeweils X_N nach Gl. (10.10) ersetzt, so wird I_{AC} allein von den Generatordaten, der Zeit t und I_k'' abhängig. Zweckmäßig wird $I_k'' - I_{AC}$ auf I_k'' bezogen und unter Verwendung der Abkürzung folgt:

$$\frac{I_k'' - I_\approx}{I_k''} = 1 - \mu \tag{10.12}$$

Bei dem in Abb. 10.2 betrachteten Kurzschluss auf einer Stichleitung ist folglich der Strom nur von den Generatordaten und den bezogenen Größen I_k'' / I_r und t/T_f abhängig. Der Ausdruck $(1-\mu) \cdot I_k''$ darf deshalb durch eine ideale Stromquelle ohne interne Admittanz ersetzt werden.

Liegt der Kurzschluss nicht wie in Abb. 10.2 auf einer Stichleitung, sondern in einem beliebig vermaschten Netz, das auch von anderen Generatoren gespeist wird, bleibt derselbe Faktor μ gültig: Für die im Generator G_i ablaufenden dynamischen Vorgänge ist es bedeutungslos, wie sich die Ströme im Netz verteilen; die Eingangsreaktanz des Netzes

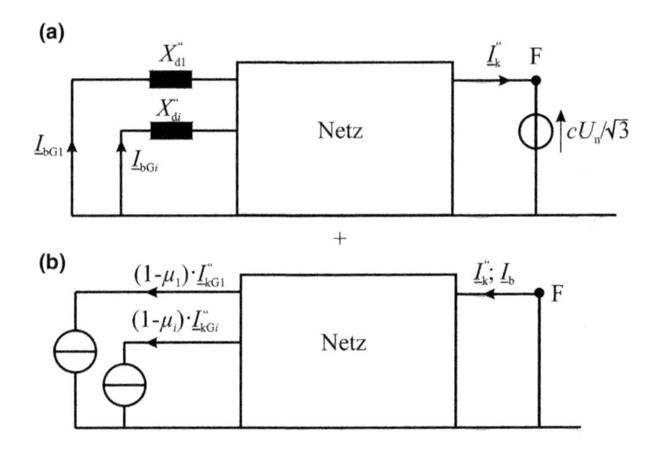

Abb. 10.3 Berechnung des Ausschaltwechselstroms in einem beliebig vermaschten Netz durch Überlagerung (+). a Berechnung der generatorischen Anteile zum Anfangs-Kurzschlusswechselstrom nach dem Verfahren mit der Ersatzspannungsquelle an der Fehlerstelle. b Berechnung der Abklingvorgänge mit idealen Ersatzstromquellen an den Generator klemmen

repräsentiert die Reaktanz X_N einer Stichleitung. Somit kann für jede Netzform an den Klemmen des Generators G_i nach Abb. 10.3 überlagert werden:

$$\mu = f\left(\frac{I''_{kGi}}{I_{rGi}}; t_{min}\right) \tag{10.13}$$

$$I_{aGi} = I''_{kGi} - (1-\mu) \cdot I''_{kGi} \tag{10.14}$$

Mit

I_{rG} Bemessungsstrom des Generators,
t_{min} Mindestschaltverzug.

In einem ersten Rechenschritt werden die generatorischen Anteile I''_{kGi} zum Anfangs-Kurzschlusswechselstrom etwa nach dem bekannten Verfahren mit der Ersatzspannungsquelle am Fehlerort, Abschn. 3.6.6, nach Abb. 10.3a bestimmt. Daran schließt sich die Berechnung der Abklingvorgänge nach Abb. 10.3b an, wobei an den Generatorklemmen ideale Ersatzstromquellen mit den Werten $-(1-\mu) \cdot I''_{kGi}$ das kurzgeschlossene Netz speisen (geändertes Vorzeichen).

Es fällt auf, dass das Netz in Abb. 10.3b gegenüber Abb. 10.3a verändert ist und keine Generatorreaktanzen X''_{di} enthält. Dies ist in unvermaschten Netzen, z. B. nach Abschn. 10.4, ohne Bedeutung, verlangt aber in vermaschten Netzen eine Änderung der Netzmatrix. Wenn dieser Umstand vermieden werden soll, darf approximierend die Generatorreaktanz X''_{di} bei den Ersatzstromquellen $(1-\mu) \cdot I''_{kGi}$ belassen werden und es ergeben sich damit Ergebnisse, die ausnahmslos auf der sicheren Seite liegen.

Der Faktor μ ist in Abschn. 5.6.1 durch Gl. (5.47) bis (5.50) dargestellt, die aus Kurzschlussversuchen und Berechnungen abgeleitet wurden [4]. Er darf nach Gl. (10.4) zusammen mit dem Faktor q auch für Asynchronmotoren verwendet werden. Er gilt nach der Theorie des Drehfelds auch für die mitlaufende (positiv-sequente) Stromkomponente bei unsymmetrischen Kurzschlüssen.

10.3 Der Faktor q

Nach den für induktive Maschinen zutreffenden Modellgesetzen wächst die Zeitkonstante T_f in Gl. (10.8) und (10.9) in grober Näherung etwa mit der Wurzel aus der Typenleistung [5], die hierzu durch die Polpaarzahl zu dividieren ist. Eine Zeitkonstante von 10 s bei 100 MW entsprechen also überschlägig 0,1 s bei 10 kW. Die Abklingvorgänge laufen deshalb in Maschinen kleiner Leistung je Polpaarzahl erheblich schneller ab als in den im vorigen Abschnitt betrachteten Generatoren.

Der dreipolige Dauerkurzschlussstrom von Asynchronmotoren ist überdies Null. Der Faktor q ist in Abschn. 5.6.1 als Gl. (5.53) bis (5.56) nach Kurzschlussversuchen [5] dargestellt.

10.4 Aus mehreren Spannungsquellen über eine gemeinsame Impedanz einfach gespeister Kurzschluss

Das Ansteigen des Kurzschlusswechselstroms im Netzzweig Q von Abb. 10.1 während der Kurzschlussdauer kann mit Hilfe der Abb. 10.4 abgeleitet werden, indem die Stromverteilung während der Kurzschlussdauer bestimmt wird. Hierbei wird zur Vereinfachung auf den Motorzweig verzichtet und die Netzeinspeisung wird zu einer Impedanz $\underline{Z}_{\mathrm{Q}}$ zusammengefasst, ebenso wird die gemeinsame Impedanz durch eine Spule $\underline{Z}_{\mathrm{D}}$ repräsentiert, Abb. 10.4a. Hierbei sind $i_{\mathrm{kG}}(t)$ der zeitliche Verlauf des Generatorstroms, $i_{\mathrm{kQ}}(t)$ der auf die Spannungsebene der Sammelschiene A transformierte Netzstrom und $i_{\mathrm{k}}(t)$ der Gesamtstrom an der Fehlerstelle. Die Berechnung wird mit Hilfe der Ersatzspannungsquelle an der Fehlerstelle durchgeführt.

In Abb. 10.4b stellt die Ersatzstromquelle den Generator dar, die entsprechend dem Kurzschlussort einen Differenzstrom $\Delta \underline{I}_{\mathrm{kG}} = (1-\mu)\cdot I''_{\mathrm{kG}}$ in das Netz einspeist, der zu einer Verringerung des Generatorstroms über der Zeit führt. Aufgrund der Stromaufteilung ergeben sich Differenzströme, die den Anfangs-Kurzschlusswechselströmen überlagert werden.

Für die Anfangs-Kurzschlusswechselströme der einzelnen Zweige und den Gesamtstrom gilt:

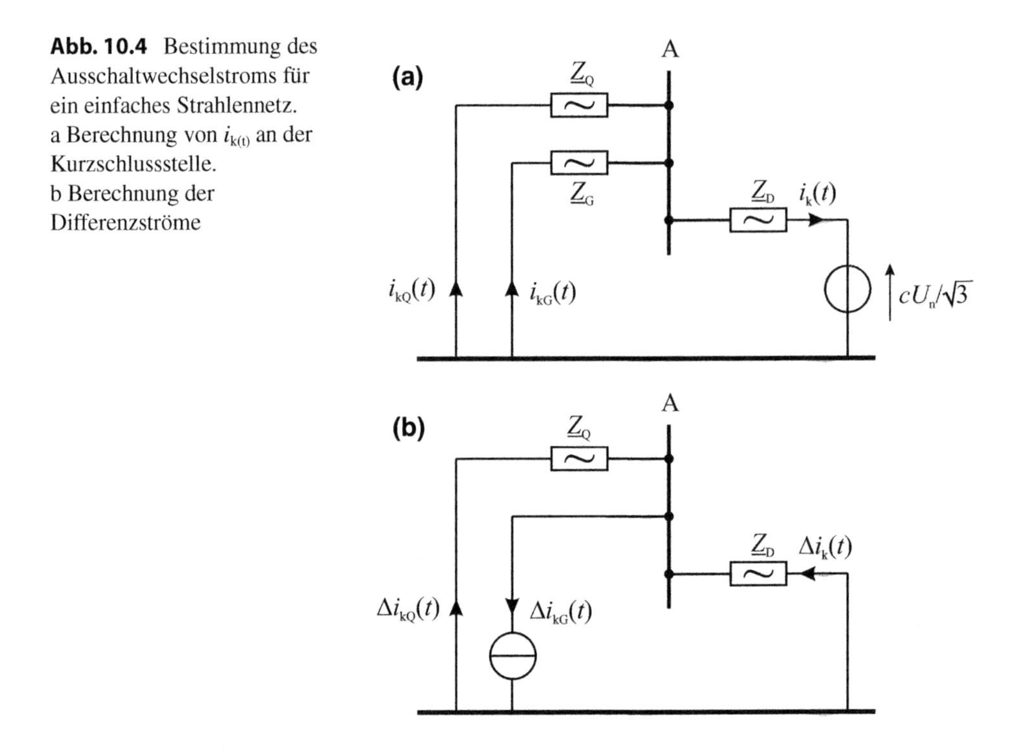

Abb. 10.4 Bestimmung des Ausschaltwechselstroms für ein einfaches Strahlennetz. a Berechnung von $i_{\mathrm{k(t)}}$ an der Kurzschlussstelle. b Berechnung der Differenzströme

Summe an der Fehlerstelle

$$\underline{I}_{\mathrm{k}}^{''} = \frac{cU_{\mathrm{n}}}{\sqrt{3}} \cdot \frac{\underline{Z}_{\mathrm{Q}} + \underline{Z}_{\mathrm{G}}}{\underline{Z}_{\mathrm{D}} \cdot \left(\underline{Z}_{\mathrm{Q}} + \underline{Z}_{\mathrm{G}}\right) + \underline{Z}_{\mathrm{Q}} \cdot \underline{Z}_{\mathrm{G}}} \tag{10.15}$$

Generator

$$\underline{I}_{\mathrm{kG}}^{''} = \frac{cU_{\mathrm{n}}}{\sqrt{3}} \cdot \frac{\underline{Z}_{\mathrm{Q}}}{\underline{Z}_{\mathrm{D}} \cdot \left(\underline{Z}_{\mathrm{Q}} + \underline{Z}_{\mathrm{G}}\right) + \underline{Z}_{\mathrm{Q}} \cdot \underline{Z}_{\mathrm{G}}} \tag{10.16}$$

Netz (transformiert auf die Spannungsebene des Fehlers)

$$\underline{I}_{\mathrm{kQ}}^{''} = \frac{cU_{\mathrm{n}}}{\sqrt{3}} \cdot \frac{\underline{Z}_{\mathrm{G}}}{\underline{Z}_{\mathrm{D}} \cdot \left(\underline{Z}_{\mathrm{Q}} + \underline{Z}_{\mathrm{G}}\right) + \underline{Z}_{\mathrm{Q}} \cdot \underline{Z}_{\mathrm{G}}} \tag{10.17}$$

Für den Ausschaltstrom $\underline{I}_{\mathrm{b}}$ gilt die Überlagerung nach Abb. 10.4b, da durch das Abklingen des Generatorstroms während der Kurzschlusszeit eine verringerte Einspeisung durch den Generator erfolgt.

Ausschaltstrom an der Fehlerstelle

$$\underline{I}_{\mathrm{b}} = \underline{I}_{\mathrm{k}}^{''} - \frac{\underline{Z}_{\mathrm{Q}}}{\underline{Z}_{\mathrm{D}} + \underline{Z}_{\mathrm{Q}}} \cdot \Delta\underline{I}_{\mathrm{kG}}^{''} = \underline{I}_{\mathrm{k}}^{''} - \frac{\underline{Z}_{\mathrm{Q}}}{\underline{Z}_{\mathrm{D}} + \underline{Z}_{\mathrm{Q}}} \cdot (1 - \mu) \cdot \underline{I}_{\mathrm{kG}}^{''} \tag{10.18}$$

Erhöhung des Kurzschlussstrombeitrags des Netzes bis zum Zeitpunkt der Ausschaltung als Folge der Überlagerung nach Abb. 10.4:

$$\underline{I}_{\mathrm{bQ}} = \underline{I}_{\mathrm{kQ}}^{''} + \frac{\underline{Z}_{\mathrm{D}}}{\underline{Z}_{\mathrm{D}} + \underline{Z}_{\mathrm{Q}}} \cdot \Delta\underline{I}_{\mathrm{kG}}^{''} = \underline{I}_{\mathrm{kQ}}^{''} + \frac{\underline{Z}_{\mathrm{D}}}{\underline{Z}_{\mathrm{D}} + \underline{Z}_{\mathrm{Q}}} \cdot (1 - \mu) \cdot \underline{I}_{\mathrm{kG}}^{''} \tag{10.19}$$

Gl. (10.19) verdeutlicht, dass der Netzstrom für die Berechnung des Ausschaltwechselstroms nur dann konstant bleibt, wenn die Impedanz $\underline{Z}_{\mathrm{D}}$ zwischen dem Kurzschlussort und dem Anschlusspunkt des Generators und der Netzeinspeisung null ist. Dies bedeutet, dass die Berechnung mit einem konstanten Netzteil nach Gl. (10.2) nur für solche Netze zutreffend ist, die mehrseitig einfach eingespeist werden. In diesen Fällen sind die einzelnen Teilkurzschlussströme unabhängig voneinander und können somit addiert werden. Dies trifft jedoch auf vermaschte Netze nicht zu, bzw. wenn die Fehlerstelle über eine gemeinsame Impedanz eingespeist wird.

Ausgehend von den Gl. (10.18) und (10.19) kann der Ausschaltstrom $\underline{I}_{\mathrm{b}}$ nach Abb. 10.4 (Generator + Motor; mit den Impedanzen nach Abb. 10.1) bestimmt werden zu:

$$\underline{I}_{\mathrm{b}} = \underline{I}''_{\mathrm{kQ}} + \sum_j \left(\Delta\underline{I}_{\mathrm{Q}j} + \underline{I}_{\mathrm{bM}j} \right) + \sum_i \left(\Delta\underline{I}_{\mathrm{Q}i} + \underline{I}_{\mathrm{bG}i} \right) \tag{10.20}$$

mit den Korrekturströmen des Netzes $\Delta\underline{I}_{\mathrm{Qt}}$:

$$\begin{aligned}
\Delta\underline{I}_{\mathrm{Q}j} &= \frac{\underline{Z}_{\mathrm{T}} + \underline{Z}_{\mathrm{L}}}{\underline{Z}_{\mathrm{T}} + \underline{Z}_{\mathrm{L}} + \underline{Z}_{\mathrm{Q}} + \underline{Z}_{\mathrm{TQ}}} \cdot \left(1 - \mu_j \cdot q_j\right) \cdot \underline{I}''_{\mathrm{kM}j} \\
\Delta\underline{I}_{\mathrm{Q}i} &= \frac{\underline{Z}_{\mathrm{T}} + \underline{Z}_{\mathrm{L}}}{\underline{Z}_{\mathrm{T}} + \underline{Z}_{\mathrm{L}} + \underline{Z}_{\mathrm{Q}} + \underline{Z}_{\mathrm{TQ}}} \cdot \left(1 - \mu_i\right) \cdot \underline{I}''_{\mathrm{kG}i}
\end{aligned} \tag{10.21}$$

Dabei sind:

$\underline{I}''_{\mathrm{kQ}}$; $\underline{I}''_{\mathrm{kG}i}$; $\underline{I}''_{\mathrm{kM}j}$	Anfangs-Kurzschlusswechselstromanteile nach Abb. 10.4,
$\underline{I}_{\mathrm{bG}i}$	Ausschaltwechselstromanteile der Synchronmaschine $i = 1 \ldots n$ nach Gl. (10.3),
$\underline{I}_{\mathrm{bM}j}$	Ausschaltwechselstromanteile der Asynchronmotoren $j = 1 \ldots m$ nach Gl. (10.4),
μ_i; μ_j; q_j	Faktoren Ausschaltwechselstromanteile der Asynchronmotoren $j = 1 \ldots m$ nach Gl. (10.4), bzw. Abschn. 5.6.1.

In einem ersten Rechenschritt werden die Anfangs-Kurzschlusswechselströme $\underline{I}''_{\mathrm{kQ}}$; $\underline{I}''_{\mathrm{kG}i}$; $\underline{I}''_{\mathrm{kM}j}$ sowie die Faktoren μ_i; μ_j; q_j bestimmt. In einem zweiten Rechenschritt werden die Ausschaltwechselströme nach den Gl. (10.21) und (10.20) berechnet sowie bei Bedarf die Zweigströme, z. B. der Einspeisung nach Gl. (10.21).

Wenn die Stromverteilung im gesamten Netz während des Ausschaltwechselstroms bestimmt werden soll, z. B. zur Festlegung des Ausschaltverhaltens von Leistungsschaltern, so kann der Ausschaltwechselstrom an der Fehlerstelle, Gl. (10.18) und (10.22) und die Ausschaltwechselströme der Generatoren und Motoren als Stromquellen nachgebildet werden. Als Ergebnis zeigt sich der Ausschaltwechselstrom der Netzeinspeisung(en) als auch die Stromverteilung im gesamten Netz. Diese Vorgehensweise gilt auch für die Nachbildung von vermaschten Netzen, Abschn. 10.5.

Das Beispiel nach Abb. 10.4 berücksichtigt die Vorgehensweise und den Einfluss von Generatoren und Motoren bei der Ausschaltwechselstromberechnung. Durch die Ergänzung von Umrichtereinspeisungen nach Kap. 13 kann das Beispiel entsprechend Abb. 10.5 erweitert werden. Ergänzend zur Generatoreinspeisung wird in diesem Fall eine Stromquelle berücksichtigt, die während der Kurzschlussdauer einen konstanten Strom einspeist. Nach dem Überlagerungsverfahren werden zuerst die Ströme, die durch die Spannungsquellen (Abb. 10.5a, Index: I), und anschließend durch die Stromquelle (Abb. 10.5b, Index II) hervorgerufen werden, berechnet. Somit kann der zeitliche Stromverlauf bestimmt werden.

Die Berechnung des Ausschaltwechselstroms wird in folgenden Schritten durchgeführt:

- *Spannungsquellen:* Bestimmung des Anfangs-Kurzschlusswechselstroms $\underline{I}''_{\mathrm{kI}}$, hervorgerufen durch die Spannungsquellen im Netz.

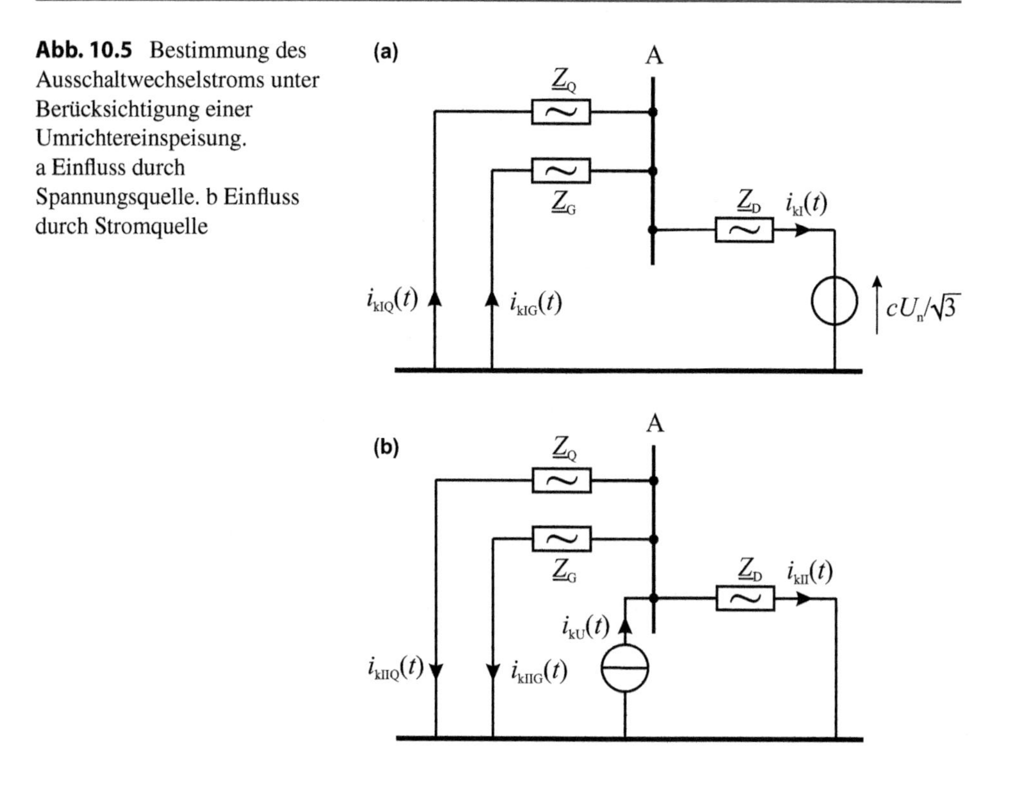

Abb. 10.5 Bestimmung des Ausschaltwechselstroms unter Berücksichtigung einer Umrichtereinspeisung. a Einfluss durch Spannungsquelle. b Einfluss durch Stromquelle

- *Stromquelle:* Bestimmung des Anfangs-Kurzschlusswechselstroms $\underline{I}''_{kII}$, hervorgerufen durch die Stromquelle im Netz.
- *Überlagerung:* Bestimmung der resultierenden Anfangs-Kurzschlusswechsel-ströme in allen Netzzweigen durch Überlagerung.
- *Korrektur des Netzstroms:* Ermittlung des Einflusses der abklingenden Ströme der Spannungsquellen (Generator) auf den Netzstrom $\underline{I}''_{kQI}$. Hierbei wird angenommen, dass die Stromquelle während der Kurzschlussdauer einen konstanten Strom einspeist.

Die Berechnung der Ströme ergibt die folgenden Werte:

Spannungsquellen

Die Teilströme (Netz, Generator) und der Summenstrom (Fehler) entspricht den Werten der Gl. (10.15) bis (10.17).

Stromquelle

Für die Ströme im Netz ergeben sich die folgenden Gleichungen (Zählpfeile entsprechend Abb. 10.5b.

- Fehlerstrom:

$$\underline{I}''_{kII} = \frac{\underline{Z}_Q \cdot \underline{Z}_G}{\underline{Z}_Q \cdot \underline{Z}_G + \underline{Z}_D \cdot \left(\underline{Z}_Q + \underline{Z}_G\right)} \cdot \underline{I}_{kU} \tag{10.22}$$

- Netzstrom:

$$\underline{I}''_{\mathrm{kQII}} = -\frac{\underline{Z}_{\mathrm{D}} \cdot \underline{Z}_{\mathrm{G}}}{\underline{Z}_{\mathrm{D}} \cdot \underline{Z}_{\mathrm{G}} + \underline{Z}_{\mathrm{Q}} \cdot \left(\underline{Z}_{\mathrm{D}} + \underline{Z}_{\mathrm{G}}\right)} \cdot \underline{I}_{\mathrm{kU}} \tag{10.23}$$

- Generatorstrom:

$$\underline{I}''_{\mathrm{kGII}} = -\frac{\underline{Z}_{\mathrm{D}} \cdot \underline{Z}_{\mathrm{Q}}}{\underline{Z}_{\mathrm{D}} \cdot \underline{Z}_{\mathrm{Q}} + \underline{Z}_{\mathrm{G}} \cdot \left(\underline{Z}_{\mathrm{D}} + \underline{Z}_{\mathrm{Q}}\right)} \cdot \underline{I}_{\mathrm{kU}} \tag{10.24}$$

Mit

$\underline{I}_{\mathrm{kU}}$ konstante Einspeisung der Stromquelle während des Kurzschlusses

Überlagerung
Die resultierenden Ströme in den Netzzweigen ergeben sich aus der Addition der Teilströme der Gl. (10.15) bis (10.17) und (10.22) bis (10.24). Während der Strom an der Fehlerstelle durch die zusätzliche Stromquelle vergrößert wird, verringern sich die Anfangs-Kurzschlusswechselströme der Netz- und Generatoreinspeisungen entsprechend den Impedanzverhältnissen.

- Fehlerstrom:

$$\underline{I}''_{\mathrm{k}} = \underline{I}''_{\mathrm{kI}} + \underline{I}''_{\mathrm{kII}} = \frac{\left(\underline{Z}_{\mathrm{Q}} + \underline{Z}_{\mathrm{G}}\right) \cdot \frac{cU_{\mathrm{n}}}{\sqrt{3}} + \underline{Z}_{\mathrm{Q}} \cdot \underline{Z}_{\mathrm{G}} \cdot \underline{I}_{\mathrm{kU}}}{\underline{Z}_{\mathrm{Q}} \cdot \underline{Z}_{\mathrm{G}} + \underline{Z}_{\mathrm{D}} \cdot \left(\underline{Z}_{\mathrm{Q}} + \underline{Z}_{\mathrm{G}}\right)} \tag{10.25}$$

- Netzstrom:

$$\underline{I}''_{\mathrm{kQ}} = \underline{I}''_{\mathrm{kQI}} + \underline{I}''_{\mathrm{kQII}} = \frac{\underline{Z}_{\mathrm{G}} \cdot \frac{cU_{\mathrm{n}}}{\sqrt{3}} - \underline{Z}_{\mathrm{D}} \cdot \underline{Z}_{\mathrm{G}} \cdot \underline{I}_{\mathrm{kU}}}{\underline{Z}_{\mathrm{Q}} \cdot \underline{Z}_{\mathrm{G}} + \underline{Z}_{\mathrm{D}} \cdot \left(\underline{Z}_{\mathrm{Q}} + \underline{Z}_{\mathrm{G}}\right)} \tag{10.26}$$

- Generatorstrom

$$\underline{I}''_{\mathrm{kG}} = \underline{I}''_{\mathrm{kGI}} + \underline{I}''_{\mathrm{kGII}} = \frac{\underline{Z}_{\mathrm{Q}} \cdot \frac{cU_{\mathrm{n}}}{\sqrt{3}} - \underline{Z}_{\mathrm{D}} \cdot \underline{Z}_{\mathrm{Q}} \cdot \underline{I}_{\mathrm{kU}}}{\underline{Z}_{\mathrm{Q}} \cdot \underline{Z}_{\mathrm{G}} + \underline{Z}_{\mathrm{D}} \cdot \left(\underline{Z}_{\mathrm{Q}} + \underline{Z}_{\mathrm{G}}\right)} \tag{10.27}$$

Korrektur des Netzstroms
Die Reduktion der Generatoreinspeisung während des Kurzschlusses führt zu einer Vergrößerung des Netzstroms (die Einspeisung der Stromquelle ist konstant), so dass der Ausschaltwechselstrom an der Fehlerstelle nach Gl. (10.28) berechnet wird.

$$\underline{I}_{\mathrm{b}} = \underline{I}''_{\mathrm{k}} - \frac{\underline{Z}_{\mathrm{Q}}}{\underline{Z}_{\mathrm{D}} + \underline{Z}_{\mathrm{Q}}} \cdot \Delta\underline{I}''_{\mathrm{kG}} = \underline{I}''_{\mathrm{k}} - \frac{\underline{Z}_{\mathrm{Q}}}{\underline{Z}_{\mathrm{D}} + \underline{Z}_{\mathrm{Q}}} \cdot \left(1 - \mu\right) \cdot \underline{I}''_{\mathrm{kG}} \tag{10.28}$$

Mit:

$\underline{I}_{\mathrm{k}}''$ resultierende Kurzschlussstrom an der Fehlerstelle, Gl. (10.25)
$\underline{I}_{\mathrm{kG}}''$ resultierende Kurzschlussstrom des Generators, Gl. (10.27)
μ Faktor zur Bestimmung des Ausschaltwechselstroms

Da der Generatorstrom aufgrund der Einspeisung der Stromquelle (Umrichter) geringer ist als im Beispiel nach Abb. 10.4, wird der Faktor μ einen größeren Wert haben. Neben der oben beschriebenen Vorgehensweise ist es auch möglich, den Abklingfaktor μ ausschließlich auf den Generatorstrom anzuwenden, der durch die Spannungsquellen hervorgerufen wird, und anschließend den konstanten Strom der Stromquelle zu überlagern.

10.5 Kurzschluss im vermaschten Netz

Die Schaltungen von vermaschten Netzen werden sich nicht immer, z. B. durch Netzumwandlungen, auf die einfache Struktur nach Abb. 10.1 zurückführen lassen. In derartigen Fällen kann der Ausschaltwechselstrom I_{b} an der Fehlerstelle berechnet werden mit

$$\underline{I}_{\mathrm{b}} = \underline{I}_{\mathrm{k}}'' - \sum_j \left(\frac{\sqrt{3} \cdot \Delta U_{\mathrm{M}j}''}{c \cdot U_{\mathrm{n}}} \right) \cdot \left(1 - \mu_j \cdot q_j\right) \cdot \underline{I}_{\mathrm{kM}j}'' - \sum_i \left(\frac{\sqrt{3} \cdot \Delta U_{\mathrm{G}i}''}{c \cdot U_{\mathrm{n}}} \right) \cdot \left(1 - \mu_i\right) \cdot \underline{I}_{\mathrm{kG}i}'' \quad (10.29)$$

Dabei sind:

$c \cdot U_{\mathrm{n}} / \sqrt{3}$ Ersatzspannungsquelle an der Kurzschlussstelle,
$\underline{I}_{\mathrm{b}}$ Ausschaltwechselstrom an der Fehlerstelle unter Berücksichtigung der Netzeinspeisung, Synchronmaschinen und Asynchronmotoren,
$\underline{I}_{\mathrm{k}}''$ Anfangs-Kurzschlusswechselstrom an der Fehlerstelle unter Berücksichtigung der Netzeinspeisung, Synchronmaschinen und Asynchron motoren,
$\Delta U_{\mathrm{M}j}'' \cdot \Delta U_{\mathrm{G}i}''$ Differenz zwischen der Spannung am Ort des Asynchronmotors j bzw. Synchronmaschine i beim Kurzschlusseintritt und vor dem Kurzschluss; die rotierenden Maschinen einschließlich ihrer Leitwerte selbst bleiben dabei außer Betracht,
$\underline{I}_{\mathrm{kG}i}''$, $\underline{I}_{\mathrm{kM}j}''$ Teilkurzschlussströme der Synchronmaschinen i und der Asynchronmotoren j,
$\mu_{i,j}$, q_j Abklingfaktoren zur Berechnung des Ausschaltstroms von Generatoren und Asynchronmotoren, Abschn. 5.5.

Falls eine Berechnung nach der Gl. (10.29) nicht möglich bzw. zu aufwendig ist, gilt für den Ausschaltwechselstrom in vermaschten Netzen:

$$\underline{I}_{\mathrm{b}} = \underline{I}_{\mathrm{k}}'' \quad (10.30)$$

Dieses bedeutet, dass das Ergebnis nach Gl. (10.30) in jedem Fall auf der sicheren Seite liegt, da ein Abklingverhalten der Generatoren und Motoren nicht berücksichtigt wird.

Die Berechnung nach den Gl. (10.20) und (10.29) führt für die Ersatzschaltung nach Abb. 10.1 auf das gleiche Ergebnis. Um die Gültigkeit der Gl. (10.29) zu erkennen, wird das (n + 1) -Tor nach Abb. 10.6 untersucht. In Matrizenschreibweise ergibt sich mit den eingetragenen Zählpfeilen Gl. (10.31).

$$\begin{pmatrix} \underline{\mathbf{U}} \\ \underline{V} \end{pmatrix} = \begin{pmatrix} \underline{\mathbf{A}} & \underline{\mathbf{B}} \\ \underline{\mathbf{C}} & \underline{D} \end{pmatrix} \cdot \begin{pmatrix} \underline{\mathbf{J}} \\ -\underline{I} \end{pmatrix} \tag{10.31}$$

Hierbei ist $\underline{\mathbf{U}}$ der Spaltenvektor der Klemmenspannungen an den Kurzschluss-Stromquellen und $\underline{V}$ die Spannung an der zukünftigen Fehlerstelle F. Bei einem Kurzschluss gilt mit $\underline{V} = 0$

$$\underline{D} \cdot \underline{I} = \underline{\mathbf{C}} \cdot \underline{\mathbf{J}} \tag{10.32}$$

Die Koeffizienten $\underline{D}$ und $\underline{\mathbf{C}}$ lassen sich für den Anfangskurzschluss $t = 0$ (Kennzeichnung: ") bestimmen. Hierzu werden $\underline{\mathbf{U}}$, $\underline{V}$, $\underline{\mathbf{J}}$ und $\underline{I}$ in Gl. (10.31) durch ihre Änderung ersetzt, und es wird berücksichtigt, dass für die rotierenden Maschinen im Anfangskurzschluss $\Delta\underline{\mathbf{J}}'' = 0$ gilt. Damit folgt aus der zweiten Zeile von Gl. (10.31):

$$\Delta\underline{V}'' = -\underline{D} \cdot \Delta\underline{I}''. \tag{10.33}$$

$\underline{D} = \underline{Z}_{\mathrm{kF}}$ ist offensichtlich die Kurzschlussimpedanz an der Fehlerstelle F. Aus der ersten Zeile von Gl. (10.31) folgt ebenso:

$$\Delta\underline{\mathbf{U}}'' = -\underline{\mathbf{B}} \cdot \Delta\underline{\mathbf{I}}''. \tag{10.34}$$

Für die h-te Zeile erhält man also mit $\Delta\underline{I}'' = \underline{I}''_{\mathrm{k}}$.

$$\underline{B}_h = \frac{-\underline{U}''_h}{\underline{I}''_{\mathrm{k}}}. \tag{10.35}$$

$\underline{U}''_h$ ist die Klemmenspannungsänderung am Generator h beim Anfangskurzschluss. Wegen der Diagonalsymmetrie der Impedanzmatrix in Gl. (10.31) gilt für die gesuchten Koeffizienten $\underline{\mathbf{C}}$:

$$\underline{\mathbf{C}} = \underline{\mathbf{B}}^{\mathrm{T}} \qquad \text{oder} \qquad \underline{C}_h = \underline{B}_h \tag{10.36}$$

Werden die Vorzeichen so gewählt, dass beim Rechnen mit reellen Zahlen $\Delta\underline{I}, \Delta\underline{J}, \Delta\underline{U}''$ positiv werden, so sind einzusetzen:

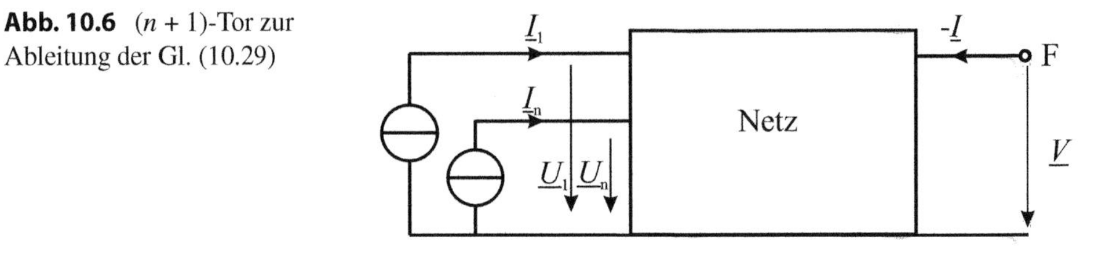

Abb. 10.6 (n + 1)-Tor zur Ableitung der Gl. (10.29)

$-\underline{J} = \left(\Delta\underline{J}_{\mathrm{M}j}, \Delta\underline{J}_{\mathrm{G}i}\right)$ Spaltenvektor der Quellenstromänderung in M und G während der Kurzschlussdauer, Gl. (10.40) und (10.41),

$\underline{I} = \Delta\underline{I}$ Gesuchte Kurzschlussstromänderung an der Fehlerstelle nach Gl. (10.41),

$-\underline{U}'' = \left(\Delta\underline{U}''_{\mathrm{M}j}, \Delta\underline{U}''_{\mathrm{G}i}\right)$ Spaltenvektor der Klemmenspannungsänderung in M und G bei Kurzschlusseintritt.

Man erhält so aus der Gl. (10.32) mit $\underline{D} = \underline{B}_{\mathrm{kF}}$ und C nach Gl. (10.36):

$$\underline{Z}_{\mathrm{kF}} \cdot \Delta\underline{I} = \sum_j \left(\frac{\Delta\underline{U}''_{\mathrm{M}j}}{\underline{I}''_{\mathrm{k}}} \right) \cdot \Delta\underline{J}_{\mathrm{M}j} + \sum_i \left(\frac{\Delta\underline{U}''_{\mathrm{G}i}}{\underline{I}''_{\mathrm{k}}} \right) \cdot \Delta\underline{J}_{\mathrm{G}i} \tag{10.37}$$

Wegen

$$\underline{Z}_{\mathrm{kF}} \cdot \underline{I}''_{\mathrm{k}} = c \cdot U_{\mathrm{n}} / \sqrt{3} \qquad \text{wird} \tag{10.38}$$

$$\Delta\underline{I} = \sum_j \left(\frac{\Delta\underline{U}''_{\mathrm{M}j}}{c \cdot U_{\mathrm{n}} / \sqrt{3}} \right) \cdot \Delta\underline{J}_{\mathrm{M}j} + \sum_i \left(\frac{\Delta\underline{U}''_{\mathrm{G}i}}{c \cdot U_{\mathrm{n}} / \sqrt{3}} \right) \cdot \Delta\underline{J}_{\mathrm{G}i} \tag{10.39}$$

Mit den Quellenstromänderungen

$$\Delta\underline{J}_{\mathrm{M}j} = \left(1 - \mu_j \cdot q_j\right) \cdot \underline{I}''_{\mathrm{kM}j} \tag{10.40}$$

und

$$\Delta\underline{J}_{\mathrm{G}i} = \left(1 - \mu_j\right) \cdot \underline{I}''_{\mathrm{kG}i} \tag{10.41}$$

Die Quellenstromänderungen werden nach Gl. (10.39) in gleichem Maße an die Fehlerstelle F übertragen, wie der Spannungszusammenbruch von der Fehlerstelle an den Ort der rotierenden Maschinen. Der Ausschaltwechselstrom $\underline{I}_{\mathrm{b}}$ an der Fehlerstelle ist damit

$$\underline{I}_{\mathrm{b}} = \underline{I}''_{\mathrm{k}} - \Delta\underline{I}. \tag{10.42}$$

Das Verfahren lässt sich sinngemäß auch auf zweipolige Kurzschlüsse anwenden, die jedoch im Allgemeinen nicht interessieren.

Das vorstehend beschriebene Verfahren setzt außer der Richtigkeit der μ-Kurven keine zusätzlichen Annahmen oder Vernachlässigungen voraus. Es ist allerdings ein Nachteil, dass die Größen $\Delta U''_{\mathrm{M}j}$ und $\Delta U''_{\mathrm{G}i}$ für Gl. (10.29) ohne die Innenreaktanzen der Motoren und Generatoren bestimmt werden müssen, d. h., dass die Motoren und Generatoren nicht vorhanden sind und das überlagerte Netz allein den Kurzschluss speist. In vielen Fällen bedeutet es einen zu großen Aufwand, diese Größen $\Delta U''_{\mathrm{M}j}$ und $\Delta U''_{\mathrm{G}i}$ auf diese Weise zu berechnen und man begnügt sich mit

$$\Delta \underline{U}''_{\mathrm{M}j} = \mathrm{j}X''_{\mathrm{M}j} \cdot \underline{I}''_{\mathrm{kM}j} \tag{10.43}$$

und

$$\Delta \underline{U}''_{\mathrm{G}i} = \mathrm{j}X''_{\mathrm{d}i} \cdot \underline{I}''_{\mathrm{kG}i} \tag{10.44}$$

Diese Ergebnisse liegen dann auf der sicheren Seite, wie dieses aus der Tab. 10.2, Abschn. 10.6.2, ersichtlich ist.

Durch Einsetzen der Spannungswerte für das Beispiel nach Abb. 10.4a kann Gl. (10.29) für vermaschte Netze in Gl. (10.18) für Strahlennetze (gemeinsame Impedanz) überführt werden. Für die Spannung an den Klemmen des Generators $\underline{U}_{\mathrm{G}}$, wenn ausschließlich das Netz als aktives Element berücksichtigt wird, gilt:

$$\underline{U}_{\mathrm{G}} = \frac{\underline{Z}_{\mathrm{D}}}{\underline{Z}_{\mathrm{D}} + \underline{Z}_{\mathrm{Q}}} \cdot \frac{c \cdot U_{\mathrm{n}}}{\sqrt{3}} \tag{10.45}$$

Hieraus lässt sich die Spannungsänderung $\Delta \underline{U}_{\mathrm{G}}$ durch den Kurzschluss bestimmen.

$$\Delta \underline{U}_{\mathrm{G}} = \left(1 - \frac{\underline{Z}_{\mathrm{D}}}{\underline{Z}_{\mathrm{D}} + \underline{Z}_{\mathrm{Q}}}\right) \cdot \frac{c \cdot U_{\mathrm{n}}}{\sqrt{3}} = \frac{\underline{Z}_{\mathrm{Q}}}{\underline{Z}_{\mathrm{D}} + \underline{Z}_{\mathrm{Q}}} \cdot \frac{c \cdot U_{\mathrm{n}}}{\sqrt{3}} \tag{10.46}$$

Durch Einsetzen von $\Delta \underline{U}_{\mathrm{G}}$ in Gl. (10.29) kann der Ausschaltwechselstrom $\underline{I}_{\mathrm{B}}$ für das Beispiel abgeleitet werden. Das so ermittelte Ergebnis stimmt mit Gl. (10.18) überein.

Wird stattdessen bei der Ermittlung der Spannungsänderung an der Generatorklemme das Ergebnis aus der Berechnung des Anfangs-Kurzschlusswechselstroms genommen, d. h., der Generator wird in diesem Beispiel mit seiner Impedanz berücksichtigt, so ergibt sich für die Spannung $\underline{U}_{\mathrm{G}}$:

$$\underline{U}_{\mathrm{G}} = \frac{\underline{Z}_{\mathrm{D}}}{\underline{Z}_{\mathrm{D}} + \dfrac{\underline{Z}_{\mathrm{Q}} \cdot \underline{Z}_{\mathrm{G}}}{\underline{Z}_{\mathrm{Q}} + \underline{Z}_{\mathrm{G}}}} \cdot \frac{c \cdot U_{\mathrm{n}}}{\sqrt{3}} \tag{10.47}$$

Hieraus folgt für die Spannungsänderung $\Delta \underline{U}_{\mathrm{G}}$:

$$\Delta \underline{U}_{\mathrm{G}} = \frac{\underline{Z}_{\mathrm{Q}} \cdot \underline{Z}_{\mathrm{G}}}{\left(\underline{Z}_{\mathrm{D}} + \underline{Z}_{\mathrm{Q}}\right) \cdot \underline{Z}_{\mathrm{G}} + \underline{Z}_{\mathrm{Q}} \cdot \underline{Z}_{\mathrm{D}}} \cdot \frac{c \cdot U_{\mathrm{n}}}{\sqrt{3}} \tag{10.48}$$

Ein Vergleich der Gl. (10.46) und (10.48) zeigt, dass die Berechnung der Klemmenspannung nach Gl. (10.47) immer ein Ergebnis bei der Berechnung des Ausschaltwechselstroms liefert, das auf der sicheren Seite liegt, dieses bedeutet, der so berechnete Strom ist größer als der tatsächlich auftretende. Da nach Gl. (10.50) der linke Teil der Ungleichung stets kleiner ist als der rechte und damit die Spannungsänderung geringer ist, so dass nach Gl. (10.29) die Minderung des Anfangs-Kurzschlusswechselstroms auch geringer ist.

$$\frac{\underline{Z}_Q \cdot \underline{Z}_G}{\left(\underline{Z}_D + \underline{Z}_Q\right) \cdot \underline{Z}_G + \underline{Z}_Q \cdot \underline{Z}_D} \leq \frac{\underline{Z}_Q}{\underline{Z}_D + \underline{Z}_Q} \tag{10.49}$$

$$\frac{1}{\underline{Z}_D + \underline{Z}_Q + \frac{\underline{Z}_Q \cdot \underline{Z}_D}{\underline{Z}_G}} \leq \frac{1}{\underline{Z}_D + \underline{Z}_Q} \tag{10.50}$$

10.6 Beispiele

Die Berechnung des Ausschaltwechselstroms wird im Folgenden anhand von zwei Beispielen (Kurzschluss nach einer gemeinsamen Impedanz und im vermaschten Netz) gezeigt.

10.6.1 Beispiel 1 (gemeinsame Impedanz)

In einem ersten Beispiel wird der Strom- und Spannungsverlauf für die Netzschaltung nach Abb. 10.7, nach einem dreipoligen Kurzschlusseintritt berechnet. Hierbei erfolgt die Kurzschlussstromeinspeisung sowohl durch einen Generator, der unmittelbar auf eine 6-kV-Sammelschiene einspeist, als auch durch ein 110-kV-Netz, das über einen Transformator mit der Sammelschiene verbunden ist. Der Kurzschluss erfolgt nach einer Kurzschlussstrom-Begrenzungsspule.

Für die Betriebsmittel nach Abb. 10.7 gelten folgende Werte:

Netz:	$U_{nQ} = 110$ kV	$I''_{kQ} = 1{,}574\,\text{kA}$	$R/X = 0{,}1$
Transformator:	$S_{rT} = 25$ MVA	$t_r = 110$ kV/6 kV	
	$u_{kr} = 15$ %	$u_{kr} = 0{,}5$ %	
Drosselspule:	$U_{rD} = 6$ kV	$S_{rD} = 25$ MVA	$x_D = 6$ %
Generator:	$U_{rG} = 6{,}3$ kV	$S_{rG} = 25$ MVA	$\sin\varphi_{rG} = 0{,}8$
	$x''_d = 11\,\%$	$x'_d = 16{,}5\,\%$	$x_d = 180$ %
	$T''_d = 0{,}03\,\text{s}$	$T'_{d0} = 7\,\text{s}$	$T_a = 0{,}2$ s

Mit Hilfe der oben angegebenen Betriebsmitteldaten berechnen sich die Impedanzen und Ströme bei einem Mindestschaltverzug von $t_{min} = 0{,}25$ s zu:

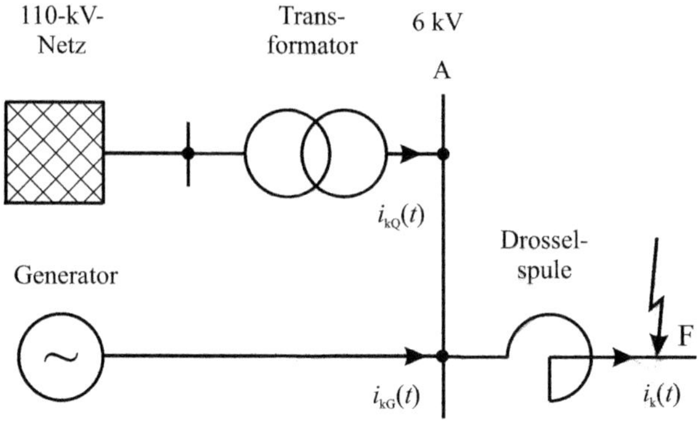

Abb. 10.7 Berechnung des Ausschaltwechselstroms $\underline{I}_b$ bei einem dreipoligen Kurzschluss hinter einer gemeinsamen Impedanz (Drosselspule) $\underline{Z}_D$

Netz:

$$Z_Q = \frac{c \cdot U_{nQ}}{\sqrt{3} \cdot I''_{kQ}} = \frac{1{,}1 \cdot 110\ \text{kV}}{\sqrt{3} \cdot 1{,}574\ \text{kA}} = 44{,}383\ \Omega$$

$$\underline{Z}_Q = (4{,}416 + \text{j}44{,}163)\ \Omega\ (110-\text{kV}-\text{Seite})$$

$$\underline{Z}_{Qt} = (4{,}416 + \text{j}44{,}163)\ \Omega \cdot \frac{1}{(110/6)^2} = (0{,}013 + \text{j}0{,}131)\ \Omega\ (6-\text{kV}-\text{Seite})$$

Transformator:

$$Z_T = \frac{u_{kr}}{100\,\%} \cdot \frac{U_{rT}^2}{S_{rT}} = 0{,}15 \cdot \frac{(6\text{kV})^2}{25\text{MVA}} = 0{,}216\ \Omega$$

$$R_T = \frac{u_{Rr}}{100\,\%} \cdot \frac{U_{rT}^2}{S_{rT}} = 0{,}005 \cdot \frac{(6\ \text{kV})^2}{25\ \text{MVA}} = 0{,}007\ \Omega \qquad X_T = \sqrt{Z_T^2 - R_T^2} = 0{,}216\ \Omega$$

Korrekturfaktor K_T für Netztransformatoren:

$$K_T = 0{,}95 \frac{c_{max}}{1 + 0{,}6 \cdot x_T} = 0{,}95 \cdot \frac{1{,}1}{1 + 0{,}6 \cdot 0{,}15} = 0{,}959$$

$$\underline{Z}_{TK} = K_T \cdot \underline{Z}_T = (0{,}007 + \text{j}0{,}207)\Omega$$

Drosselspule:

$$X_D \approx \frac{x_D}{100\,\%} \cdot \frac{U_{rD}^2}{S_{rD}} = 0{,}06 \cdot \frac{(6\text{kV})^2}{25\text{MVA}} = 0{,}086\Omega$$

Generator:

$$X''_d = \frac{x''_d}{100\,\%} \cdot \frac{U_{rG}^2}{S_{rG}} = 0{,}11 \cdot \frac{(6{,}3\text{kV})^2}{25\text{MVA}} = 0{,}175\Omega$$

Bei der Berechnung des Anfangs-Kurzschlusswechselstroms des Generators wird der tatsächliche Widerstand des Generators eingesetzt, der sich aus der Zeitkonstante T_a ermittelt.

$$R_G = \frac{X_d''}{\omega \cdot T_a} = \frac{0{,}175\Omega}{100 \cdot \pi \cdot 0{,}2} = 0{,}003\ \Omega$$

Korrekturfaktor K_G für direkt einspeisende Generatoren:

$$K_G = \frac{U_n}{U_{rG}} \cdot \frac{c_{max}}{1 + x_d'' \cdot \sin\varphi_{rG}} = \frac{6\text{kV}}{6{,}3\text{kV}} \cdot \frac{1{,}1}{1 + 0{,}11 \cdot 0{,}8} = 0{,}963$$

$$\underline{Z}_{GK} = K_G \cdot \underline{Z}_G = (0{,}003 + \text{j}0{,}168)\Omega$$

Für den Bemessungsstrom des Generators gilt:

$$I_{rG} = \frac{S_{rG}}{\sqrt{3} \cdot U_{rG}} = \frac{25\ \text{MVA}}{\sqrt{3} \cdot 6{,}3\ \text{kV}} = 2{,}291\ \text{kA}$$

Die Berechnung des Anfangs-Kurzschlusswechselstroms erfolgt nach den Gl. (10.15–10.17), sämtliche Ströme sind auf die 6-kV-Ebene bezogen.

$$\underline{I}_k'' = \frac{1{,}1 \cdot 6\ \text{kV}}{\sqrt{3}} \cdot (0{,}090 - \text{j}5{,}042)\ \frac{1}{\Omega} = (0{,}343 - \text{j}19{,}213)\ \text{kA} \qquad \Rightarrow I_k'' = 19{,}216\ \text{kA}$$

$$\underline{I}_{kQ}'' = \frac{1{,}1 \cdot 6\ \text{kV}}{\sqrt{3}} \cdot (0{,}076 - \text{j}1{,}671)\ \frac{1}{\Omega} = (0{,}289 - \text{j}6{,}380)\ \text{kA} \qquad \Rightarrow I_{kQ}'' = 6{,}375\ \text{kA}$$

$$\underline{I}_{kG}'' = \frac{1{,}1 \cdot 6\ \text{kV}}{\sqrt{3}} \cdot (0{,}014 - \text{j}3{,}371)\ \frac{1}{\Omega} = (0{,}054 - \text{j}12{,}845)\ \text{kA} \qquad \Rightarrow I_{kG}'' = 12{,}845\ \text{kA}$$

Für die Berechnung des μ-Faktors zur Ermittlung des Ausschaltwechselstroms des Generators wird das Verhältnis I_{kG}'' / I_{rG} benötigt. Dieses berechnet sich aus dem Teilkurzschlussstrom I_{kG}'' des Generators und seines Bemessungsstroms I_{rG} zu:

$$I_{kG}'' / I_{rG} = \frac{12{,}845}{2{,}291} = 5{,}607$$

Aus diesem Wert kann der Faktor $\mu = 0{,}679$ nach Gl. (5.51) für einen Mindestschaltverzug von $t_{min} = 0{,}25$ s bestimmt werden. Dieses bedeutet, dass der Kurzschlussstrombeitrag des Generators nach $t = 0{,}25$ s auf 67,9 % seines ursprünglichen Wertes abklingt.

Für die Ermittlung des Ausschaltwechselstroms an der Fehlerstelle F kann Gl. (10.18) und (10.19) verwendet werden. Es ergeben sich dann folgende Werte:

$$\underline{I}_b = (0{,}369 - \text{j}15{,}924)\ \text{kA} \qquad \Rightarrow \qquad I_b = 15{,}928\ \text{kA}$$

$$\underline{I}_{bQ} = (0{,}332 - \text{j}7{,}215)\ \text{kA} \qquad \Rightarrow \qquad I_{bQ} = 7{,}222\ \text{kA}$$

Der Ausschaltwechselstrom $\underline{I}_{\mathrm{bG}}$ des Generators kann unter Berücksichtigung der Gl. (5.52) mit Hilfe des Anfangs-Kurzschlusswechselstroms und des Faktors μ bestimmt werden, oder aus der Differenz der beiden oben aufgeführten Ausschaltströmen $\underline{I}_{\mathrm{b}}$ und $\underline{I}_{\mathrm{bQt}}$.

$$\underline{I}_{\mathrm{bG}} = (0{,}037 - \mathrm{j}8{,}710)\ \mathrm{kA} \qquad \Rightarrow \qquad I_{\mathrm{bG}} = 8{,}710\ \mathrm{kA}$$

Der Vergleich der Netzbeiträge I''_{kQt} und I_{bQt} zeigt, dass in diesem Beispiel sich dieser Anteil von 6,375 kA auf 7,222 kA, also um 13,2 %, während der Kurzschlussdauer vergrößert. Die Kurzschlussstromberechnung an der Fehlerstelle F liefert als Ergebnis somit folgende Werte:

$$\underline{I}''_{\mathrm{k}} = \underline{I}''_{\mathrm{kQ}} + \underline{I}''_{\mathrm{kG}} = (0{,}343 - \mathrm{j}19{,}213)\mathrm{kA} \Rightarrow \qquad I''_{\mathrm{k}} = 19{,}216\ \mathrm{kA}$$

$$\underline{I}_{\mathrm{b}} = (0{,}369 - \mathrm{j}15{,}924)\ \mathrm{kA} \qquad \Rightarrow \qquad I_{\mathrm{b}} = 15{,}928\ \mathrm{kA}$$

Wird im Gegensatz hierzu fälschlicherweise der Kurzschlussstromanteil des Netzes konstant gehalten, so ergibt sich ein Wert von $I_{\mathrm{b}} = 15{,}093$ kA, der auf der unsicheren Seite liegt, das bedeutet, der Ausschaltstrom wird um 4,8 % zu klein bestimmt.

$$\underline{I}_{\mathrm{b}} = \underline{I}''_{\mathrm{kQ}} + \underline{I}_{\mathrm{bG}} = (0{,}326 - \mathrm{j}15{,}090)\mathrm{kA} \Rightarrow \qquad I_{\mathrm{b}} = 15{,}093\ \mathrm{kA}$$

Abb. 10.8a–d zeigen die entsprechenden Ergebnisse bei einem Kurzschluss an der Fehlerstelle F. Der Kurzschluss tritt aus dem Leerlaufbetrieb des Generators zum Zeitpunkt $t = 15$ ms ein, die Erregerspannung wird während der Kurzschlussdauer als konstant angesehen. Die Berechnungen sind mit einem digitalen Rechenprogramm für dynamische Netzvorgänge durchgeführt.

Die Ergebnisse der Berechnung der transienten Kurzschlussstromverläufe während der Kurzschlussdauer bis $t = 0{,}5$ s zeigen (Abb. 10.8), dass bei der Berücksichtigung des Generators der Ausschaltstrom I_{bQ} des Netzanteils größer ist als der Anfangs-KurzschlusswechselstromI''_{kQ} (Abb. 10.8c). Dieses liegt darin begründet, dass durch die Abnahme des Generatorstroms während der Kurzschlussdauer eine Verminderung des Potenzials an der gemeinsamen Sammelschiene eintritt. Bei einer konstanten Netzquellenspannung muss folglich der vom Netz zufließende Strom ansteigen.

Um die Genauigkeit des im Abschn. 10.4 vorgeschlagenen Verfahrens abzuschätzen, sind in Tab. 10.1 die Netzstromanstiege ΔI_{Q} nach Gl. (10.21) und die Ausschaltwechselströme nach Gl. (10.20) angegeben. Der Faktor μ in Gl. (10.21) wurde auf zwei verschiedene Weisen ermittelt: Einerseits mit einer Abklingkurve $i_{\mathrm{k}\approx}(t)/I''_{\mathrm{k}}$, die nur für den speziellen in diesem Beispiel beschriebenen Generator für den vorliegenden Fall $I''_{\mathrm{kG}}/I_{\mathrm{rG}} = 5{,}6$ gilt [Index[2]; Tab. 10.1] und andererseits für den Faktor μ nach den Gl. (5.48) bis (5.51), Abschn. 5.6.1 [Index[3]; Tab. 10.1]. Die Werte mit dem Index[1] sind den berechneten Oszillogrammen nach Abb. 10.8 entnommen. Die Werte für den Ausschaltstrom I_{b} (Index[1] und [2]) stimmen gut überein, so dass die Nachbildung mit Hilfe eines Rechenprogramms zur Berechnung transienter Vorgänge und der Berechnung nach der Gl. (10.18) identisch sind. Im Gegensatz hierzu müssen die Abweichungen zum dritten Verfahren (Index[3]) größer sein,

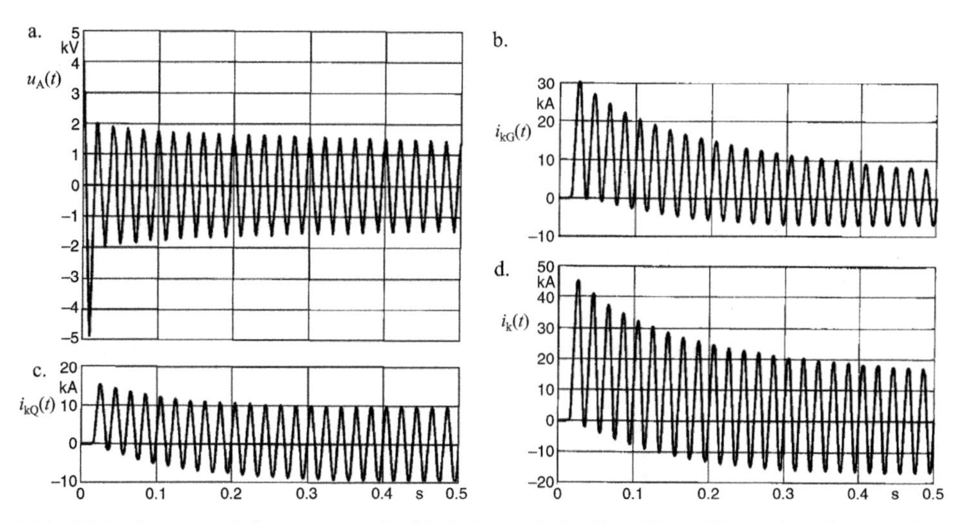

Abb. 10.8 Strom- und Spannungsverlauf bei einem dreipoligen Kurzschluss über eine gemeinsame Impedanz nach Abb. 10.6. a Spannung $u_A(t)$ an der Sammelschiene A. b Generatorstrom $i_{kG}(t)$. c Netzstrom $i_{kQ}(t)$. d Summenstrom (Kurzschlussstrom an der Fehlerstelle) $i_k(t)$

da in diesem Fall die allgemeinen μ-Kurven verwendet werden, die nicht der eingesetzten Synchronmaschine entsprechen müssen.

10.6.2 Beispiel 2 (vermaschtes Netz)

Im zweiten Beispiel nach Abb. 10.9 lässt sich die gemeinsame Impedanz der Spannungsquellen nicht unmittelbar angeben, so dass der Ausschaltwechselstrom $\underline{I}_b$ nach Gl. (10.29) berechnet werden muss. Die Betriebsmitteldaten sind wie folgt:

Netz: $U_{nQ} = 110$ kV; $I''_{kQ} = 1{,}574$kA; $R/X = 0{,}1$

Transformator T1: $S_{rT} = 31{,}5$ MVA; $t_r = 20$ kV/6 kV
$u_{kr} = 15{,}5$ %; $u_{kr} = 0{,}75$ %

Transformator T2: $S_{rT} = 1{,}6$ MVA; $t_r = 6$ kV/0,4 kV
$u_{kr} = 5{,}0$ %; $u_{kr} = 1{,}25$ %

Kabel L1 $R' = 0{,}059$ Ω/km; $X = 0{,}153$ Ω/km (drei Stromkreise)

Kabel L2 $R' = 0{,}074$ Ω/km; $X' = 0{,}156$ Ω/km (zwei Stromkreise)

Kabel L3 $R' = 0{,}15$ Ω/km; $X' = 0{,}168$ Ω/km (zwei Stromkreise)

Kabel L4 $R' = 0{,}097$ Ω/km; $X' = 0{,}16$ Ω/km (zwei Stromkreise)

Drosselspule: $U_{rD} = 6$ kV $S_{rD} = 15$ MVA
$u_D = 3$ % $u_r = 0{,}09$ %

Motoren M1: $P_{rM} = 500$ kW; $I_{an}/I_r = 5{,}5$
$\eta \cos\varphi = 0{,}86$; $p = 3$; $U_{rM} = 6$ kV

Motoren M2: $P_{rM} = 250$ kW; $I_{an}/I_r = 6{,}0$
$\eta \cos\varphi = 0{,}82$; $p = 3$; $U_{rM} = 380$ V

Tab. 10.1 Netzstromanstiege ΔI_{Qt} und Ausschaltwechselströme I_b, abhängig vom Mindestschaltverzug t_{min}

t_{min}/ms	$I_{kAC}(t)/I_k''$	μ	$\Delta I_{Qt}^{1)}$/kA	$\Delta I_{Qt}^{2)}$/kA	$\Delta I_{Qt}^{3)}$/kA	$I_b^{1)}$/kA	$I_b^{2)}$/kA	$I_b^{3)}$/kA
50	0,83	0,81	0,36	0,39	0,51	15,57	15,21	17,21
100	0,76	0,74	0,54	0,55	0,68	14,96	14,96	16,55
250	0,64	0,67	0,89	0,82	0,85	13,96	13,85	15,85

1) Werte nach digitaler Berechnung, Abb. 10.8b
2) Werte nach Gl. (10.21) und (10.20) mit $I_{kAC}(t)/I_k''$ für den in diesem Beispiel beschriebenen Generator
3) Werte nach Gl. (10.21) und (10.20) mit dem Faktor μ nach den Gl. (5.48) bis (5.51), Abschn. 5.6.1

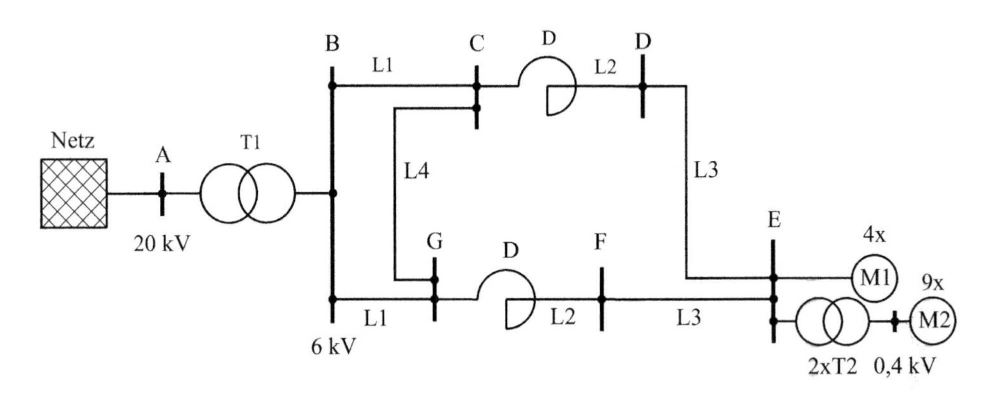

Abb. 10.9 Beispiel für die Bestimmung des Ausschaltwechselstroms nach Gl. (10.20); Knoten B bis G jeweils vier Hochspannungs- und neun Niederspannungsmotoren, wie für Knoten E eingezeichnet

Tab. 10.2 zeigt das Ergebnis der Berechnung, indem an allen Netzknoten ein Kurzschluss angenommen wird. Der Wert 100 % entspricht jeweils der Berechnung nach Gl. (10.29) mit den Spannungsänderungen $\Delta \underline{U}_{Mj}''$ an den Asynchronmotoren für $1/X_{Mj} \rightarrow 0$, entsprechend der Herleitung nach Gl. (10.29), Abschn. 10.5. Hierzu ist es erforderlich, dass die Kurzschlussstromberechnung in einem ersten Rechenschritt *ohne* und in einem zweiten Rechenschritt *mit* den Asynchronmotoren durchgeführt wird. Soll dieses vermieden werden, so ist $\Delta \underline{U}_{Mj}''$ mit Gl. (10.43) in einem einzigen Rechengang zu berechnen. Das Ergebnis $I_b^{2)}$ ist in den rechten Spalten aufgeführt und liegt bei der Anwendung des üblichen Verfahrens der Ersatzspannungsquelle an der Fehlerstelle stets auf der sicheren Seite. Dies bedeutet am Knoten B, wo bereits die Berechnung mit Gl. (10.1) wegen der Entkopplung auf ein richtiges Ergebnis führte, allerdings beachtliche Abweichungen.

Wird die Berechnung unter der unzutreffenden Annahme durchgeführt, dass der Netzanteil während der gesamten Kurzschlussdauer konstant bleibt, so werden die Ausschaltwechselströme zu klein berechnet, mit Ausnahme des Knotens B, an dem die Teilkurzschlussströme der übrigen Spannungsquellen mit dem Netzkurzschlussstrom entkoppelt sind, Index[1], Tab. 10.2.

Tab. 10.2 Bestimmung des Ausschaltwechselstroms I_b und des Anfangs-Kurzschlusswechselstroms I_k'' nach Abb. 10.9 in Abhängigkeit des Mindestschaltverzugs t_{min}

Knoten	I_k'' / kA	I_b[1)]/% t_{min}			I_b[2)]/% t_{min}		
		0,05 s	0,1 s	0,25 s	0,05 s	0,1 s	0,25 s
B	26,7	100,0	100,0	100,0	116,1	118,2	121,0
C, G	24,5	97,7	96,9	96,3	110,8	111,9	113,9
D, F	18,7	87,8	85,4	80,6	107,1	107,7	108,4
E	18,3	85,9	83,2	79,5	103,3	103,9	104,3

1) Nach Gl. (10.1) mit konstantem Stromanteil des Netzes
2) Nach Gl. (10.29) und (10.43), d. h. $X_{Mj} \neq \infty$

Tab. 10.3 Ausschaltwechselstrom I_b nach Abb. 10.9

Knoten	I_b[1)]/kA	I_b[2)]/kA t_{min}		
		0,05 s	0,1 s	0,25 s
D	8,6	9,3	8,5	7,4
E	8,3	9,0	8,1	7,0

1) ohne Motoren
2) mit Motoren, jedoch nach Gl. (10.1) mit konstantem Stromanteil des Netzes

Darüber hinaus verdeutlicht Tab. 10.3, dass die Berechnungen des Ausschaltwechselstroms nach Gl. (10.1) mit konstantem Stromanteil des Netzes in den Knoten D und E bei Berücksichtigung der Motoren wesentlich kleinere Werte für $t_V \geq 0{,}1$ s liefert als ohne Motoren.

Dieses nach Tab. 10.3 unverständliche Ergebnis, dass eine Berechnung ohne Motoren einen größeren Ausschaltwechselstrom ergibt als mit Motoren, führte zu einer Überarbeitung der VDE-Bestimmung in Bezug auf den Ausschaltwechselstrom. Weitere Beispiele mit einem Vergleich der Berechnungsverfahren sind in [6] dargestellt.

10.7 Anwendung des Ergebnisses auf die Berechnung des Dauerkurzschlussstroms I_k

Nach dem Ergebnis der Tab. 10.2 müssten bei der Berechnung des Dauerkurzschlussstroms $\underline{I}_k$ unter Vernachlässigung der Kopplung durch eine gemeinsame Impedanz noch größere Fehler zu erwarten sein, da nach der Gl. (10.21) die Netzstromkorrekturen ΔI_{Qj} für Asynchronmotoren im Dauerkurzschluss maximal sind. Dagegen wird bei den Synchronmaschinen der Spannungsregler eingreifen und die Klemmenspannung zu erhalten suchen, was das weitere Absinken des Kurzschlusswechselstroms behindert.

Es wird daher für die Berechnung des Dauerkurzschlussstroms als ausreichend angesehen, ausschließlich die Vergrößerung des Netzkurzschlussstroms durch die Asynchronmotoren zu berücksichtigen. Hierzu wird in vermaschten Netzen nach [5] der Dauerkurzschlussstrom ohne die im Netz vorhandenen Asynchronmotoren berechnet.

10.8 Fazit

Wird ein Kurzschluss von Netzeinspeisungen und von zusätzlichen Spannungsquellen (Asynchronmotoren und Synchronmaschinen) über eine gemeinsame Impedanz oder über ein beliebig vermaschtes Netz gespeist, so steigen die Stromanteile der Netzeinspeisungen während der Kurzschlussdauer an und bleiben nicht konstant, wie dieses in der Kurzschlussstrom-Bestimmung von 1971 [1] vorausgesetzt wurde.

Wird dieses vernachlässigt, so liegt die Bestimmung des Ausschaltwechselstroms I_b auf der unsicheren Seite. Die Gl. (10.18) und (10.29) führen dagegen auf ausreichend genaue Ergebnisse.

Literatur

1. VDE 0102 Teil 1/11.71 (1971) Leitsätze für die Berechnung der Kurzschlussströme, Drehstromanlagen mit Nennspannungen über 1 kV. VDE, Berlin
2. Hosemann G, Balzer G (1984) Der Ausschaltwechselstrom beim dreipoligen Kurzschluss im vermaschten Netz. etzArchiv 6(2):51–56
3. Neuendorf H (1974) Untersuchungen über die Bestimmung von Ausschaltwechselströmen bei dreipoligem Kurzschluss. Diss. TU Berlin
4. Webs A (1972) Einfluß von Asynchronmotoren auf die Kurzschlußstromstärken in Drehstromanlagen, VDE-Fachbericht 27. VDE, Berlin/Offenbach, S 86–92
5. Hosemann G, Boeck W (1983) Grundlagen der elektrischen Energietechnik, 2. Aufl. Springer, Berlin
6. Oswald BR (2018) Berechnung der Kurzschlussströme in Elektroenergieversorgungsnetzen mit Bezug auf die Normen IEC 60909-0 und DIN 60909-0 (VDE 0102). Leipziger Universitätsverlag, Leipzig

11 Berechnung des thermisch gleichwertigen Kurzschlussstroms

Die mechanische und thermische Kurzschlussfestigkeit elektrischer Betriebsmittel wurde früher nach der VDE-Bestimmung 0103 [3] mit Hilfe der Faktoren m und n ermittelt. Diese Größen berücksichtigen das Abklingen des Gleich-und Wechselstromanteils während der Kurzschlussdauer. Im Laufe der Überarbeitung der beiden VDE-Bestimmungen 0102 und 0103 ist die Berechnung des thermisch gleichwertigen Kurzschlussstroms jetzt ab 2002 in der Ausgabe VDE 0102 dargestellt, da diese Bestimmung sich ausschließlich mit der Berechnung der Kurzschlussströme beschäftigt, während VDE 0103 die mechanischen und thermischen Auswirkungen der Kurzschlussströme behandelt.

Während der Faktor m sich aus dem Verhältnis R/X der Kurzschlussbahn und der Kurzschlussdauer eindeutig bestimmen lässt, ist der Faktor n bei generatornahen Kurzschlüssen für jede Synchronmaschine verschieden. In diesem Abschnitt werden die Gleichungen angegeben, die der Ermittlung der m und n Faktoren dienen und mit den Angaben nach VDE 0102, (Bilder 18 und 19) [2], identisch sind.

Dieser Abschnitt gibt im Wesentlichen den Inhalt eines Aufsatzes wider, der im Jahr 1985 veröffentlicht wurde [1], jedoch sind Korrekturen, Ergänzungen und Anpassungen vorgenommen worden. Ziel der Untersuchung war es, die ausschließlich in Bildern dargestellten m und n Faktoren durch Gleichungen nachzubilden, um sie in Rechenprogrammen umzusetzen. Aus diesem Grunde wird ein allgemeines Generatormuster verwendet, dass diesen Ansprüchen genügt, d. h., bei Verwendung der Daten dieses Generators ergeben sich Werte, die den m- und n-Kurven entsprechen.

Grundsätzlich ist es möglich, für eine Anwendung spezielle Generatordaten zu verwenden, so dass angepasste n-Werte berücksichtigt werden. In diesem Fall ist jedoch der Anwender für die Erstellung der Gleichungen selbst verantwortlich.

G. Balzer, *Kurzschlussströme in Drehstromnetzen*,
https://doi.org/10.1007/978-3-658-28331-5_11

11.1 Einleitung

Die Betriebsmittel der Starkstromanlagen, z. B. Leiter, Schalter und Wandler, werden im Kurzschlussfall mechanisch und thermisch beansprucht. Die VDE-Bestimmung 0103/2.82 [3] enthält die notwendigen Berechnungsverfahren, um die mechanische und thermische Beanspruchung der Betriebsmittel für den härtesten Kurzschlussfall im Voraus zu ermitteln. Liegen die Beanspruchungen unter den zulässigen Festigkeitswerten, so ist die Anlage kurzschlussfest, wie dieses gefordert wird.

Bei der thermischen Kurzschlussbeanspruchung muss neben dem Kurzschlusswechselstrom auch der aperiodisch abklingende Gleichstrom des Kurzschlussstroms berücksichtigt werden, wozu in [3] der Faktor m benutzt wird. Bei generatorfernen Kurzschlüssen bleibt der betriebsfrequente Kurzschlusswechselstrom konstant, während bei generatornahen Kurzschlüssen dieser Anteil mit der Dauer des Kurzschlusses abnimmt, was in [3] durch den Faktor n ausgedrückt wird.

11.2 Allgemeines

Der thermisch wirksame Kurzzeitstrom berechnet sich nach VDE 0103 bzw. VDE 0102 (ab 2002) zu, Gl. (11.1):

$$I_{\text{th}} = I_{\text{k}}'' \cdot \sqrt{m+n} \tag{11.1}$$

Mit

I_{k}'' Anfangs-Kurzschlusswechselstrom (subtransient),
m Faktor für die Wärmewirkung des Gleichstromglieds,
n Faktor für die Wärmewirkung des Wechselstromglieds.

Nach dieser Definition ist I_{th} der Effektivwert eines betriebsfrequenten Wechselstroms konstanter Amplitude, der bei einer Stromflussdauer von der Größe der Kurzschlussdauer T_{k} die gleiche Wärmemenge erzeugt wie der in seinen Gleich- und Wechselstromanteilen veränderliche Kurzschlussstrom, so dass gilt:

$$I_{\text{th}}^2 = \frac{1}{T_{\text{k}}} \cdot \int_0^{T_{\text{k}}} i^2(t)\text{d}t = I_{\text{k}}''^2 \cdot (m+n) \tag{11.2}$$

Werden die in der Querachse ablaufenden Abklingvorgänge vernachlässigt, so darf für den zeitlichen Verlauf des Kurzschlussstroms $i(t)$ bei Klemmenkurzschluss eines Generators mit ausreichender Genauigkeit gesetzt werden:

$$i(t) = \sqrt{2} \cdot \begin{bmatrix} \left(I_{\text{k}}'' - I_{\text{k}}'\right) \cdot \text{e}^{-t/T_{\text{d}}''} \cdot \cos(\omega t + \vartheta) + \left(I_{\text{k}}' - I_{\text{k}}\right) \cdot \text{e}^{-t/T_{\text{d}}'} \cdot \cos(\omega t + \vartheta) + \\ I_{\text{k}} \cdot \cos(\omega t + \vartheta) - I_{\text{k}}'' \cdot \text{e}^{-t/T_{\text{a}}} \cdot \cos\vartheta \end{bmatrix} \tag{11.3}$$

Hierbei ist:

I_k''	Anfangs-Kurzschlusswechselstrom,
I_k'	transienter Kurzschlusswechselstrom,
I_k	Dauerkurzschlussstrom,
T_d''	subtransiente Zeitkonstante der *d*-Achse,
T_d'	transiente Zeitkonstante der *d*-Achse,
T_a	Zeitkonstante des Gleichstromglieds,
ϑ	Nullphasenwinkel,
ω	Kreisfrequenz.

Für die Berechnung des maximalen Gleichstromglieds folgt nach Gl. (11.4) für den Nullphasenwinkel:

$$\vartheta = 0 \tag{11.4}$$

Wird nach Gl. (11.2) der quadratische Mittelwert aus Gl. (11.3) gebildet, so ergeben sich bei maximalem Gleichstromglied [5] die folgenden konstanten und aperiodischen Summanden:

$$\begin{aligned}
&\int_0^{T_k} i^2(t)\mathrm{d}t = \left(I_k'' - I_k'\right)^2 \cdot \frac{T_d''}{2} \cdot \left(1 - \mathrm{e}^{-2 \cdot T_k / T_d''}\right) + \\
&\left(I_k' - I_k\right)^2 \cdot \frac{T_d'}{2} \cdot \left(1 - \mathrm{e}^{-2 \cdot T_k / T_d'}\right) + I_k''^2 \cdot T_a \cdot \left(1 - \mathrm{e}^{-2 \cdot T_k / T_a}\right) + \\
&I_k^2 \cdot T_k + \left(I_k'' - I_k'\right) \cdot I_k \cdot 2 \cdot T_d'' \cdot \left(1 - \mathrm{e}^{-T_k / T_d''}\right) + \\
&\left(I_k' - I_k\right) \cdot I_k \cdot 2 \cdot T_d' \cdot \left(1 - \mathrm{e}^{-T_k / T_d'}\right) + \\
&\left(I_k'' - I_k'\right) \cdot \left(I_k' - I_k\right) \cdot 2 \cdot T_{SS} \cdot \left(1 - \mathrm{e}^{-T_k / T_{SS}}\right)
\end{aligned} \tag{11.5}$$

Mit

$$\frac{1}{T_{SS}} = \frac{1}{T_d''} + \frac{1}{T_d'} \tag{11.6}$$

Die mit 50 Hz und 100 Hz schwingenden Anteile sind vernachlässigbar klein und daher in Gl. (11.5) nicht enthalten. Für die Ermittlung des thermisch gleichwertigen Kurzzeitstroms nach Gl. (11.5) sind zunächst I_k'' und I_k nach [2] zu berechnen. Außerdem wird die Kurzschlussdauer T_k als bekannt vorausgesetzt. Der transiente Kurzschlusswechselstrom I_k' und die wirksamen Zeitkonstanten werden in den Abschn. 11.3 und 11.4 bestimmt.

11.3 Transienter Kurzschlusswechselstrom $I_k^{'}$

Für die Kurzschlussströme $I_k^{''}$, $I_k^{'}$ und I_k kann unter Vernachlässigung der ohmschen Anteile der Kurzschlussbahn gesetzt werden, wobei die Netzschaltung nach Abb. 11.1 angenommen wird.

$$I_k^{''} = \frac{\sqrt{1 + \left(\frac{X_d^{''}}{Z_{rG}}\right)^2 + 2 \cdot \left(\frac{X_d^{''}}{Z_{rG}}\right) \cdot \sin(\varphi_{rG})}}{\frac{(X_d^{''} + X_F)}{Z_{rG}}} \cdot I_r = \frac{E''}{\frac{(X_d^{''} + X_F)}{Z_{rG}}} \cdot I_r \tag{11.7}$$

$$I_k^{'} = \frac{\sqrt{1 + \left(\frac{X_d^{'}}{Z_{rG}}\right)^2 + 2 \cdot \left(\frac{X_d^{'}}{Z_{rG}}\right) \cdot \sin(\varphi_{rG})}}{\frac{(X_d^{'} + X_F)}{Z_{rG}}} \cdot I_r = \frac{E'}{\frac{(X_d^{'} + X_F)}{Z_{rG}}} \cdot I_r \tag{11.8}$$

$$I_k = \frac{p \cdot \sqrt{1 + \left(\frac{X_d}{Z_{rG}}\right)^2 + 2 \cdot \left(\frac{X_d}{Z_{rG}}\right) \cdot \sin(\varphi_{rG})}}{\frac{(X_d + X_F)}{Z_{rG}}} \cdot I_r = \frac{E}{\frac{(X_d + X_F)}{Z_{rG}}} \cdot I_r \tag{11.9}$$

Mit (gesättigte Reaktanzen des Generators):

I_r	Bemessungsstrom
Z_{rG}	Bemessungsimpedanz
$X_d^{''}$	subtransiente Längsreaktanz
$X_d^{'}$	transiente Längsreaktanz
X_d	synchrone Längsreaktanz
$\cos(\varphi_{rG})$	Leistungsfaktor

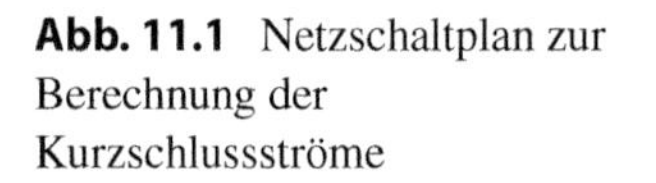

Abb. 11.1 Netzschaltplan zur Berechnung der Kurzschlussströme

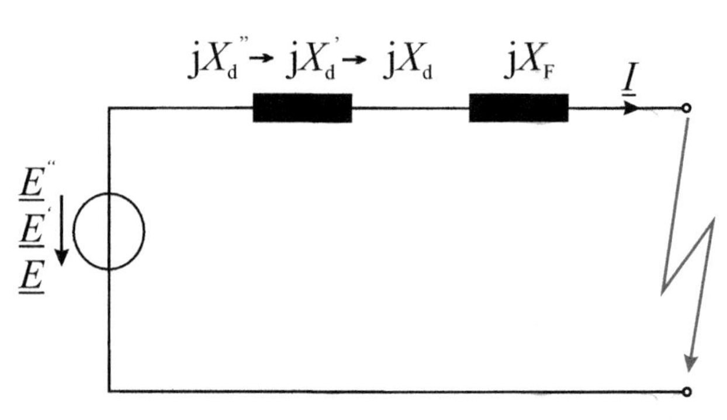

p Verhältnis der Deckenspannung zur Bemessungserregerspannung des Generators; nach [2] kann gesetzt werden: p = 1,3 für Turbogeneratoren, p = 1,6 für Schenkelpolgeneratoren

X_F Fehlerreaktanz des Netzes zwischen dem Kurzschlussort und den Generatorklemmen

E'', E', E treibende, relative Spannungen zur Berechnung der Kurzschlussströme I''_k, I'_k, I_k

Aus den Gl. (11.7) und (11.9) folgt für die externe Netzreaktanz:

$$X_F = \frac{I_k \cdot X_d \cdot E'' - I''_k \cdot X''_d \cdot E}{I''_k \cdot E - I_k \cdot E''} \tag{11.10}$$

Aus den Gl. (11.8) und (11.9) kann das Kurzschlussstromverhältnis bestimmt werden:

$$\frac{I'_k}{I_k} = \frac{E' \cdot (X_d + X_e)}{E \cdot (X'_d + X_e)} \tag{11.11}$$

Nach Einsetzen der Netzreaktanz X_F nach Gl. (11.10) folgt für Kurzschlussstromverhältnis:

$$\frac{I'_k}{I_k} = \frac{I''_k / I_k}{\frac{E''}{E'} \cdot \frac{X_d - X'_d}{X_d - X''_d} + \frac{I''_k}{I_k} \cdot \frac{E}{E'} \cdot \frac{X'_d - X''_d}{X_d - X''_d}} \tag{11.12}$$

Die relativen Spannungen in der Gl. (11.12) ermitteln sich aus den Beziehungen (11.7) bis (11.9).

11.4 Zeitkonstanten

Für die subtransiente Zeitkonstante T''_d kann unter Berücksichtigung der Wirbelströme im massiven Läufereisen nach [6] gesetzt werden:

$$T''_d \approx 0{,}1 T'_d \tag{11.13}$$

Die transiente Zeitkonstante T'_d wird durch die Netzresistanz kaum beeinflusst, so dass mit ausreichender Genauigkeit gilt [4]:

$$\frac{T'_d}{T'_{d0}} = \frac{X'_d + X_F}{X_d + X_F} \tag{11.14}$$

Nach Einsetzen der Gl. (11.11) folgt für das Verhältnis der transienten Zeitkonstanten:

$$\frac{T_{\mathrm{d}}^{'}}{T_{\mathrm{d0}}^{'}} = \left(\frac{I_{\mathrm{k}}^{''}}{I_{\mathrm{k}}^{'}}\right) \cdot \left(\frac{E'}{E}\right) \tag{11.15}$$

mit den Werten nach den Gl. (11.12), (11.8) und (11.9). Dabei bedeutet $T_{\mathrm{d0}}^{'}$ die Leerlauf-Zeitkonstante des Polrads. Die Zeitkonstante T_{a} des aperiodisch abklingenden Gleichstromglieds hängt wesentlich von der Resistanz R_{F} des Netzes ab und geht auch in den Faktor κ ein, mit dem der Stoßkurzschlusswechselstrom i_{p} bestimmt werden kann:

$$\kappa = \frac{i_{\mathrm{p}}}{\sqrt{2} \cdot I_{\mathrm{k}}^{''}} \tag{11.16}$$

Der Stoßkurzschlusswechselstrom i_{p} erreicht nach etwa einer halben Periode $1/(2f)$ den größtmöglichen Wert. Aus einem Vergleich der Funktionen für κ, Gl. (11.16) und (11.3), und das Gleichstromglied folgt so mit ausreichender Genauigkeit:

$$\kappa = 1 + \mathrm{e}^{-1/(2 \cdot f \cdot T_{\mathrm{a}})} \tag{11.17}$$

Damit ergibt sich:

$$T_{\mathrm{a}} = -\frac{1}{2 \cdot f \cdot \ln(\kappa - 1)} \tag{11.18}$$

11.5 Bestimmung der Faktoren *m* und *n*

Durch Vereinfachung der Gl. (11.3), ergibt sich der generatorferne Kurzschluss zu:

$$i(t) = \sqrt{2} \cdot I_{\mathrm{k}}^{''} \cdot \left[\cos(\omega \cdot t) - e^{-t/T_{\mathrm{a}}}\right] \tag{11.19}$$

bzw.

$$i^2(t) = \sqrt{2} \cdot I_{\mathrm{k}}^{''2} \cdot \left\{1 + \cos(2\omega \cdot t) - 4 \cdot \cos(\omega \cdot t) \cdot \mathrm{e}^{-t/T_{\mathrm{a}}} + 2 \cdot \mathrm{e}^{-2t/T_{\mathrm{a}}}\right\} \tag{11.20}$$

Bei Vernachlässigung der mit 50 Hz und 100 Hz schwingenden Summanden ergibt sich für $n = 1$:

$$\begin{aligned} (m+1) \cdot I_{\mathrm{k}}^2 \cdot T_{\mathrm{k}} &= \int_0^{T_{\mathrm{k}}} i^2(t)\,\mathrm{d}t = I_{\mathrm{k}}^{''2} \cdot \left[t - T_{\mathrm{a}} \cdot \mathrm{e}^{-2t/T_{\mathrm{a}}}\right]_0^{T_{\mathrm{k}}} \\ m &= \frac{T_{\mathrm{a}}}{T_{\mathrm{k}}} \cdot \left[1 - \mathrm{e}^{-2T_{\mathrm{k}}/T_{\mathrm{a}}}\right] \end{aligned} \tag{11.21}$$

Die Zeitkonstante T_a wird zweckmäßig mit Gl. (11.18) aus dem Faktor κ der Gl. (11.16) bestimmt, der ohnehin bei jeder Kurzschlussstromberechnung ermittelt werden muss. Nach Einsetzen von Gl. (11.18) in ((11.21)) folgt somit für den Faktor m:

$$m = \frac{1}{2 \cdot f \cdot T_k \ln(\kappa - 1)} \cdot \left[e^{4T_k \cdot f \cdot \ln(\kappa-1)} - 1 \right] \tag{11.22}$$

Abb. 11.2 zeigt den Verlauf der *m*-Kurven in Abhängigkeit vom Faktor κ nach der Gl. (11.22). In der heute gültigen Fassung der VDE-Bestimmung [2] ist als Abszissenwert nicht die Frequenz aufgetragen, sondern das Produkt $T_k \cdot f$, so dass die Darstellung frequenzunabhängig ist.

Den Einfluss des Wechselstromglieds auf den Wärmeeffekt beschreibt dann allein der Faktor *n* nach Gl. (11.23):

$$n = \frac{\int_0^{T_k} i^2(t)\,\mathrm{d}t}{I_k''^2 \cdot T_k} - m \tag{11.23}$$

Unter Berücksichtigung der Gl. (11.1) und ((11.21)) kann der Ausdruck für den Faktor *n* bestimmt werden.

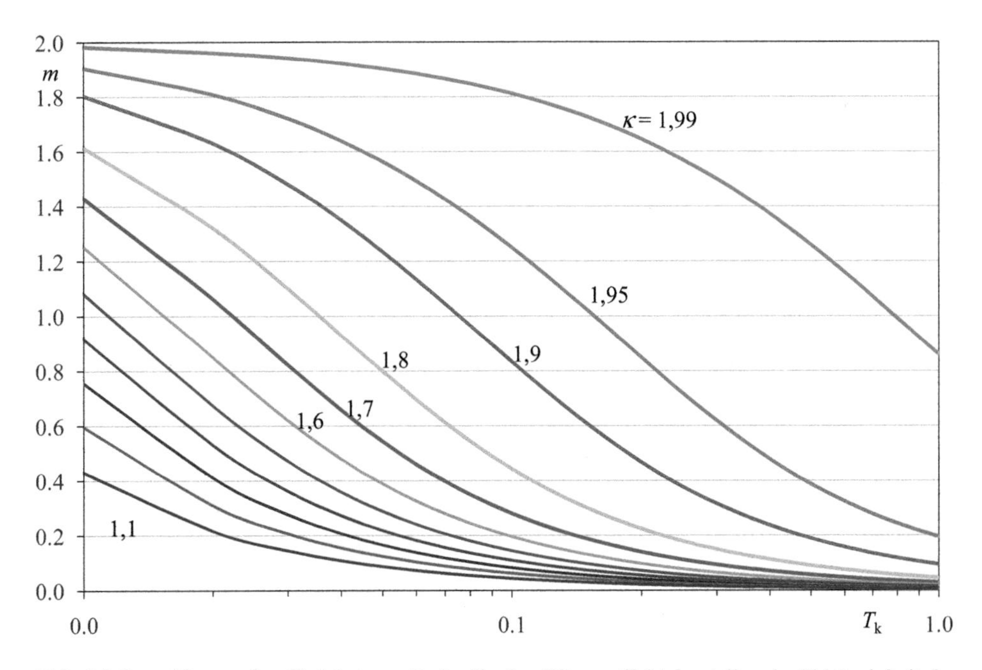

Abb. 11.2 *m*-Kurven des Gleichstromglieds, die den Wärmeeffekt darstellen, in Abhängigkeit der Kurzschlussdauer T_k (in s) für verschiedene Werte des Faktors κ bei $f = 50$ Hz

$$n=\frac{1}{I_k^{"2}}\left\{\begin{array}{l}\left(I_k^{"}-I_k^{'}\right)^2\cdot\frac{T_d^{"}}{2\cdot T_k}\cdot\left(1-e^{-2\cdot T_k/T_d^{"}}\right)+\left(I_k^{'}-I_k\right)^2\cdot\frac{T_d^{'}}{2\cdot T_k}\cdot\left(1-e^{-2\cdot T_k/T_d^{'}}\right)+\\+I_k^{"2}\cdot\frac{T_a}{T_k}\cdot\left(1-e^{-2\cdot T_k/T_a}\right)+I_k^2+\left(I_k^{"}-I_k^{'}\right)\cdot I_k\cdot 2\cdot\frac{T_d^{"}}{T_k}\cdot\left(1-e^{-T_k/T_d^{"}}\right)+\\+\left(I_k^{'}-I_k\right)\cdot I_k\cdot 2\cdot\frac{T_d^{'}}{T_k}\cdot\left(1-e^{-T_k/T_d^{'}}\right)+\left(I_k^{"}-I_k^{'}\right)\cdot\left(I_k^{'}-I_k\right)\cdot 2\cdot\frac{T_{SS}}{T_k}\cdot\left(1-e^{-T_k/T_{SS}}\right)\end{array}\right\}-\frac{T_a}{T_k}\cdot\left(1-e^{-2\cdot T_k/T_a}\right) \tag{11.24}$$

$$n=\frac{1}{\left(I_k^{"}/I_k\right)^2}\cdot\left\{\begin{array}{l}1+\left(\frac{I_k^{"}}{I_k}-\frac{I_k^{'}}{I_k}\right)^2\cdot\frac{T_d^{'}}{20\cdot T_k}\cdot\left(1-e^{-20\cdot T_k/T_d^{'}}\right)+\left(\frac{I_k^{'}}{I_k}-1\right)^2\cdot\frac{T_d^{'}}{2\cdot T_k}\cdot\left(1-e^{-2\cdot T_k/T_d^{'}}\right)\\+\left(\frac{I_k^{"}}{I_k}-\frac{I_k^{'}}{I_k}\right)\cdot\frac{T_d^{'}}{5\cdot T_k}\cdot\left(1-e^{-10\cdot T_k/T_d^{'}}\right)+\left(\frac{I_k^{'}}{I_k}-1\right)\cdot 2\cdot\frac{T_d^{'}}{T_k}\cdot\left(1-e^{-T_k/T_d^{'}}\right)\\+\left(\frac{I_k^{"}}{I_k}-\frac{I_k^{'}}{I_k}\right)\cdot\left(\frac{I_k^{'}}{I_k}-1\right)\cdot\frac{T_d^{'}}{5{,}5\cdot T_k}\cdot\left(1-e^{-11\cdot T_k/T_d^{'}}\right)\end{array}\right\} \tag{11.25}$$

Nach Einsetzen der Angaben des Generatormusters nach Tab. 11.1 in Gl. (11.14) kann für die Zeitkonstante $T_d^{'}$, bei einem Wert von p = 1,3 (Turbogenerator) gesetzt werden:

$$T_d^{'}\approx\frac{3{,}1\,\mathrm{s}}{I_k^{'}/I_k} \tag{11.26}$$

Die Darstellung der n-Faktoren erfolgt in Abhängigkeit der Kurzschlussdauer T_k und des Stromverhältnisses $I_k^{"}/I_k$, so dass das Verhältnis $I_k^{'}/I_k$ aufgrund des Generatormusters bestimmt werden muss. Nach Einsetzen der Daten des Generatormusters ergibt sich:

$$\frac{I_k^{'}}{I_k}=\frac{I_k^{"}/I_k}{0{,}88+0{,}17\cdot I_k^{"}/I_k} \tag{11.27}$$

Tab. 11.1 Daten des Generatormusters

Bezeichnung	Größe	Wert
Subtransiente Längsreaktanz	$x_d^{"}$	0,225 p.u.
Transiente Längsreaktanz	$x_d^{'}$	0,340 p.u.
Synchrone Längsreaktanz	x_d	2,350 p.u.
Leerlaufzeitkonstante	$T_{d0}^{"}$	10 s
Leistungsfaktor	$\cos\varphi$	0,8

Die Darstellung der *n*-Kurven zeigt Abb. 11.3, dem das Generatormuster nach der Tab. 11.1 zugrunde liegt. Dieses Generatormuster ist so gewählt, dass die in der damals bestehenden VDE-Bestimmung [3] dargestellten *n*-Kurven mit den geringsten Abweichungen nachgebildet werden konnte.

Die Kurvenschar n (T_k; I_k'' / I_k) deckt sich mit Bild 19 in VDE 0102 [2] für $I_k'' / I_k \geq 1{,}25$. Für $I_k'' / I_k \leq 1{,}15$ wird zur Vereinfachung der Wert $n = 1$ verwendet, da sich in diesem Fall die errechnete *n*-Kurve nicht zu einem Wert $n = 1$ ergibt.

Die Ableitung der *m*- und *n*-Kurven bezieht sich auf den Inselbetrieb eines einzelnen Generators. Durch das Einsetzen der Werte des Generatormusters nach Tab. 11.1 sind für die Berechnung der thermischen Kurzschlussbeanspruchung nur noch die Größen I_k'', κ, T_k und I_k'' / I_k notwendig. Die Faktoren *m* und *n* können somit näherungsweise auch für beliebig vermaschte Netze angewendet werden.

Außerdem wurden mit den Gl. (11.12) bis (11.15), eingesetzt in Gl. (11.25), weitere 21 Generatoren nach Tab. 11.2 untersucht. In den beiden letzten Spalten stehen die Abweichungen *F* in % zwischen den mit Gl. (11.25) berechneten Werten der untersuchten Generatoren und dem Faktor *n* des Generatormusters. Negative Abweichungen bedeuten, dass die Ergebnisse nach VDE 0102 auf der sicheren Seite liegen (Tab. 11.2).

Bei einem generatorfernen Kurzschluss $I_k'' / I_k = 1{,}25$ ergibt sich eine durchschnittliche Abweichung von −0,3 % bei einer Bandbreite von −6,7 % bis +4,7 %, während sich bei einem generatornahen Kurzschluss ($I_k'' / I_k = 3{,}3$) eine Abweichung von −4,6 % ergibt,

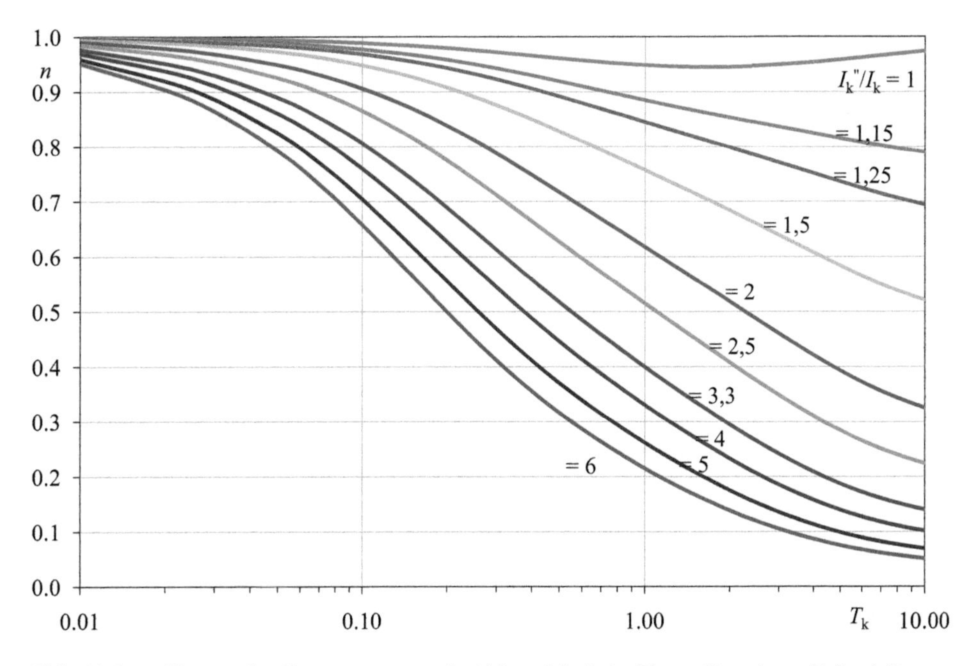

Abb. 11.3. *n*-Kurven des Generatormusters in Abhängigkeit der Kurzschlussdauer T_k (in s) für verschiedene Werte des Kurzschlussstromverhältnisses I_k'' / I_k

mit einer vergrößerten Bandbreite von −28,9 % bis +4,7 % (ohne Ausreißer von 11 %). Die hier angegebenen positiven Abweichungen können als vertretbar angesehen werden.

Die dargelegten Untersuchungen bestätigen, dass die Vorgehensweise nach VDE 0103/0102 praktisch und technisch vertretbar ist.

11.6 Fazit

Zur Berechnung der thermischen Kurzschlussbeanspruchungen dienen die Faktoren *m* und *n*, die in VDE 0102:2016-12 [2] in den dortigen Bildern 18 und 19 durch Diagramme dargestellt sind. Die den Diagrammen zugrunde liegenden Überlegungen und Annahmen werden zusammengestellt.

Der Faktor *m* wird durch die Gl. 11.22 eindeutig beschrieben und lässt sich in dieser Form in Rechenprogramme übernehmen.

Der Faktor *n* wird durch die Gl. (11.25), (11.7 bis 11.9), (11.12) und (11.15) und den Faktor *m* eindeutig beschrieben. Setzt man darin die Daten des Generatormusters nach Tab. 11.1 ein, so erhält man das Diagramm nach VDE 0102:2016-12 [2], Bild 19.

Tab. 11.2 Ausgeführte Generatoren und prozentuale Abweichungen F des Faktors n; Beanspruchung einer Kurzschlussdauer von T_k = 1 s, verglichen mit dem Faktor n des Generatormusters; Bezeichnungen nach Tab. 11.1

Nr.	S_r/MVA	X_d/Z_G	x'_d / Z_G	x''_d / Z_G	T''_{d0} / s	F/% für I''_k / I_k	
						1,25	3,30
1	27,7	1,80	0,217	0,181	6,5	+3,95	+4,43
2	27,7	2,16	0,180	0,130	8,3	+3,38	+5,63
3S	60,0	1,31	0,310	0,240	5,9	−4,81	−15,45
4	68,8	1,45	0,182	0,123	5,9	+2,38	+3,57
5	93,3	2,16	0,286	0,201	7,5	+0,05	−4,93
6	100,0	1,90	0,187	0,145	8,1	+4,65	+10,98
7	166,7	1,97	0,270	0,172	8,4	−0,05	−1,91
8	248,3	2,12	0,377	0,336	5,9	+2,98	−1,57
9	312,5	1,54	0,318	0,230	5,0	−2,31	−14,66
10	400,0	2,56	0,300	0,220	11,1	+3,00	+9,38
11S	615,0	0,90	0,270	0,230	7,4	+1,73	+9,92
12	675,0	1,79	0,320	0,245	3,4	−4,68	−28,94
13S	737,0	0,90	0,300	0,200	8,7	−6,72	−7,22

S_r Bemessungsleistung, S Schenkelpolmaschine

Literatur

1. Balzer G, Deter O (1985) Berechnung der thermischen Kurzschlußbeanspruchung von Starkstromanlagen mit Hilfe der Faktoren *m* und *n* nach DIN VDE 0103/2.82. etz-Archiv 7:287–290
2. DIN EN 60909-0 (VDE 0102):2016-12 (2016) Kurzschlussströme in Drehstromnetzen – Teil 0: Berechnung der Ströme. VDE, Berlin
3. DIN VDE·0103/2.82 (1982) Bemessung von Starkstromanlagen auf mechanische und thermische Kurzschlussfestigkeit. VDE, Berlin
4. Jacottet P (1932) Dämpfung und Wärmewirkung des Stoßkurzschlussstroms bei einfach gespeistem Netzkurzschluss. Arch Elektrotech 26:679–692
5. Roeper R (1949) Ermittlung der thermischen Beanspruchung bei nichtstationären Kurzschlussströmen. ETZ Elektrotech Ztg 70(4):131–135
6. Tittel J (1942) Ausgleichsvorgänge in Synchronmaschinen bei plötzlichen Blindlaständerungen. Wiss Veröff Siemenswerk 21:38–74

12 Beitrag von Asynchronmotoren zum Kurzschlussstrom

Grundsätzlich sind bei der Berechnung der größten Kurzschlussströme Asynchronmotoren zu berücksichtigen, sofern sie aufgrund der Betriebsweise nicht gleichzeitig eingeschaltet sind (Verriegelung oder Reservebetrieb). Zur Vereinfachung der Netzberechnung können Niederspannungsmotoren bei Kurzschlüssen in der öffentlichen Energieversorgung vernachlässigt werden, im Gegensatz zu Fehlern in Eigenbedarfsnetzen von Kraftwerken oder ähnlichen Anlagen industrieller Art (z. B. Chemie- und Stahlindustrie).

Während in den Abschn. 12.2 und 12.3 die Abschätzung des Kurzschlussbeitrags bei einem dreipoligen Fehler gezeigt wird, befasst sich der Abschn. 12.4 mit unsymmetrischen Kurzschlüssen. Die Berechnung des Kurzschlussstroms bei einem dreipoligen Fehler ist in Kap. 5 dargestellt.

12.1 Allgemeines

Der Beitrag von Motoren ist bei der Berechnung der folgenden Ströme zu berücksichtigen, wenn ein Kurzschluss vorliegt:

- Stoßkurzschlussstrom i_p,
- Ausschaltwechselstrom I_b,
- Dauerkurzschlussstrom I_k (nur zwei- und einpolig),
- thermisch gleichwertiger Kurzschlussstrom I_{th} (nur zwei- und einpolig).

Asynchronmotoren liefern aufgrund der Art der Erregung keinen Beitrag zum Dauerkurzschlussstrom I_k, da die Erregerspannung von den Klemmen abgegriffen wird. Dieses trifft jedoch nicht für unsymmetrische Fehler (z. B. zweipolige) zu, wie am Ende dieses Abschnittes am Beispiel des Dauerkurzschlussstroms gezeigt. Motoren liefern auch einen

G. Balzer, *Kurzschlussströme in Drehstromnetzen*,
https://doi.org/10.1007/978-3-658-28331-5_12

Beitrag zum einpoligen Kurzschlussstrom, obwohl die Sternpunkte der Motoren nicht geerdet sind, wenn ein Sternpunkt des Netzes geerdet ist.

Die Motorimpedanz Z_M wird nach Gl. (4.52), Abschn. 4.6.1, ermittelt, ebenso die Darstellung von mehreren Niederspannungsmotoren zu einem Ersatzmotor.

12.2 Abschätzung des Kurzschlussstrombeitrags

In der VDE-Bestimmung [1] war eine Abschätzung aufgeführt, die in der Überarbeitung [2] nicht mehr enthalten ist. Der Grund liegt darin, dass Handrechnungen in den überwiegenden Fällen nicht mehr angewendet werden und es dann sinnvoll ist, sämtliche Daten von Hochspannungsmotoren in einem Rechenprogramm einzusetzen. Dieses Abschätzung besagt, dass im Allgemeinen der Beitrag von Motoren zum Anfangs-Kurzschlusswechselstrom I_k'' nicht berücksichtigt zu werden braucht, wenn folgende Beziehung eingehalten wird:

$$\Sigma I_{rM} \leq 0{,}01 \cdot I_k'' \tag{12.1}$$

Mit

ΣI_{rM} Summenwert der Bemessungsströme aller Motoren
I_k'' Anfangs-Kurzschlusswechselstrom ohne Motoren

Da entsprechend Abschn. 1.1 eine Abweichung zwischen dem tatsächlichen und berechneten Ergebnis von 5 % toleriert wird, wenn das Verfahren der Ersatzspannungsquelle an der Fehlerstelle verwendet wird, berücksichtigt Gl. (12.1) diesen Wert, wenn ein Anlaufstrom der Motoren von $I_{LR}/I_{rM} = 5$ unterstellt ist. Zusätzlich wird angenommen, dass die Motorspannung $U_{rM} = 1{,}1\ U_n$ ist.

Bei der Berechnung von Netzen, in die Motoren einspeisen, ist es grundsätzlich sinnvoll, sämtliche Motoren stets zu berücksichtigen, wenn die Rechnungen mit Netzberechnungsprogrammen durchgeführt werden. Wenn im Gegensatz hierzu Kurzschlussströme mit einer Handrechnung ermittelt werden, kann eine weitere Abschätzung des Motoreinflusses unter Umständen zu einer Vereinfachung der Berechnung führen. Dieses ist besonders dann der Fall, wenn die Netze vermascht sind. Hierbei gilt folgende Abschätzformel, nach [1]:

$$\frac{\sum P_{rM}}{\sum S_{rT}} \leq \frac{0{,}8}{\left| \dfrac{c \cdot 100 \cdot \sum S_{rT}}{\sqrt{3} \cdot U_n \cdot I_k''} - 0{,}3 \right|} \tag{12.2}$$

$\sum P_{rM}$ Summe der Wirkleistung der Hoch- und Niederspannungsmotoren
$\sum S_{rT}$ Summe der Bemessungsleistung der Transformatoren, die diese Motoren speisen
I_k'' Anfangs-Kurzschlusswechselstrom an Anschlusspunkt Q der Motorengruppe ohne den Motorbeitrag
U_n Netznennspannung am Anschlusspunkt Q

Gl. (12.2) gilt unter der Bedingung, dass der Beitrag der Motoren in Bezug auf den Anfangs-Kurzschlusswechselstrom ohne Motoren nach Abb. 12.1 den Wert von 5 % nicht überschreiten soll, so dass gilt:

$$I''_{\mathrm{kM}} \leq 0{,}05 \cdot I''_{\mathrm{k}} \tag{12.3}$$

Bei der weiteren Ableitung der Abschätzformel wird mit den Beträgen gerechnet, so dass das Ergebnis auf der sicheren Seite liegt.

Der Beitrag der Motoren zum Kurzschlussstrom bestimmt sich aus der Motor- und Transformatorimpedanz zu:

$$I''_{\mathrm{kM}} = \frac{c \cdot U_{\mathrm{n}} / \sqrt{3}}{Z_{\mathrm{M}} + Z_{\mathrm{T}}} \tag{12.4}$$

Hierbei gelten nach den Gl. (4.52) und (4.188) die Beziehungen:

$$Z_{\mathrm{M}} = \frac{1}{I_{\mathrm{LR}} / I_{\mathrm{rM}}} \cdot \frac{U_{\mathrm{rM}}^2}{S_{\mathrm{rM}}} = \frac{1}{I_{\mathrm{LR}} / I_{\mathrm{rM}}} \cdot \frac{U_{\mathrm{rM}}^2}{P_{\mathrm{rM}}} \cdot \eta \tag{12.5}$$

$$Z_{\mathrm{T}} = \frac{u_{\mathrm{k}}}{100\ \%} \cdot \frac{U_{\mathrm{rT}}^2}{S_{\mathrm{rT}}} \tag{12.6}$$

Für den Beitrag der Motoren folgt daraus:

$$I''_{\mathrm{kM}} = \frac{c \cdot U_{\mathrm{n}} / \sqrt{3}}{\frac{1}{I_{\mathrm{LR}} / I_{\mathrm{rM}}} \cdot \frac{U_{\mathrm{rM}}^2}{P_{\mathrm{rM}}} \cdot \eta + \frac{u_{\mathrm{k}}}{100\ \%} \cdot \frac{U_{\mathrm{rT}}^2}{S_{\mathrm{rT}}}} \tag{12.7}$$

Unter Berücksichtigung der Bedingung, Gl. (12.3), ergibt sich:

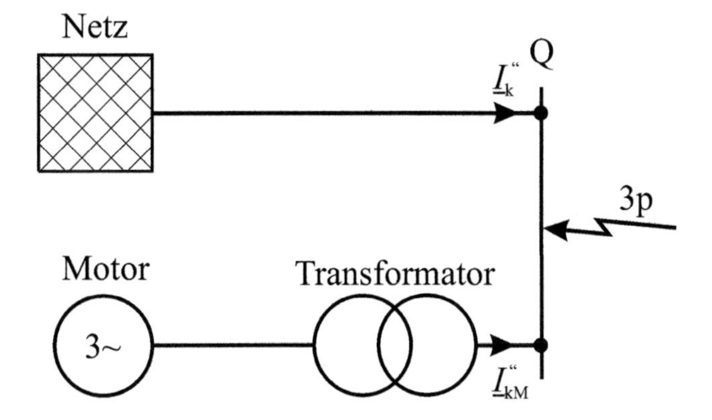

Abb. 12.1 Netzschaltung zur Bestimmung des Beitrags von Motoren, Gl. (12.2)

$$\frac{c \cdot U_{\mathrm{n}} / \sqrt{3}}{I_{\mathrm{k}}^{"}} \leq 0{,}05 \cdot \left\{ \frac{1}{I_{\mathrm{LR}} / I_{\mathrm{rM}}} \cdot \frac{U_{\mathrm{rM}}^{2}}{P_{\mathrm{rM}}} \cdot \eta + \frac{u_{\mathrm{k}}}{100\,\%} \cdot \frac{U_{\mathrm{rT}}^{2}}{S_{\mathrm{rT}}} \right\}$$
$$= 0{,}05 \cdot \frac{1}{S_{\mathrm{rT}}} \cdot \left\{ \frac{1}{I_{\mathrm{LR}} / I_{\mathrm{rM}}} \cdot \frac{S_{\mathrm{rT}}}{P_{\mathrm{rM}}} \cdot U_{\mathrm{rM}}^{2} \cdot \eta + \frac{u_{\mathrm{k}}}{100\,\%} \cdot U_{\mathrm{rT}}^{2} \right\} \tag{12.8}$$

Nach Umformen ergibt sich:

$$\frac{P_{\mathrm{rM}}}{S_{\mathrm{rT}}} \leq \frac{\frac{1}{I_{\mathrm{LR}} / I_{\mathrm{rM}}} \cdot U_{\mathrm{rM}}^{2} \cdot \eta}{\frac{c \cdot U_{\mathrm{n}} \cdot S_{\mathrm{rT}} / \sqrt{3}}{0{,}05 \cdot I_{\mathrm{k}}^{"}} - \frac{u_{\mathrm{k}}}{100\,\%} \cdot U_{\mathrm{rT}}^{2}} \tag{12.9}$$

Für die Ableitung der allgemeinen Gl. (12.2) werden die folgenden Vereinfachungen bzw. Festlegungen getroffen:

- Spannungen: $U_{\mathrm{n}} = U_{\mathrm{rM}} = U_{\mathrm{rT}}$
- Wirkungsgrad, Leistungsfaktor des Motors: $\eta \cdot \cos \varphi = 0{,}8$
- Anlaufstrom des Motors: $I_{\mathrm{LR}}/I_{\mathrm{rM}} = 5$
- Kurzschlussspannung des Transformators: $u_{\mathrm{k}} = 6\,\%$

Werden diese Werte in Gl. (12.9) eingesetzt, so ergibt sich:

$$\frac{P_{\mathrm{rM}}}{S_{\mathrm{rT}}} \leq \frac{0{,}01 \cdot 0{,}8}{\frac{c \cdot S_{\mathrm{rT}}}{\sqrt{3} \cdot U_{\mathrm{n}} \cdot I_{\mathrm{k}}^{"}} - 0{,}003} = \frac{0{,}8}{\frac{c \cdot 100 \cdot S_{\mathrm{rT}}}{\sqrt{3} \cdot U_{\mathrm{n}} \cdot I_{\mathrm{k}}^{"}} - 0{,}3} \tag{12.10}$$

Dieses bedeutet, dass unter den oben angegebenen Voraussetzungen die Abschätzungsformel der genauen Berechnung nach Gl. (12.9) entspricht. Dieses bedeutet, z. B. kleinere Kurzschlussspannung des Transformators oder größeres Anlaufverhältnis der Motoren, können zu einem größeren Strombeitrag führen im Vergleich zu dem Ergebnis der Abschätzformel.

Da diese Abschätzung für die Handrechnung doch recht praktisch ist, wird an einem Beispiel deren Anwendung gezeigt, Abschn. 12.3.

12.3 Beispiel für den Beitrag von Motoren

Im Folgenden wird die Gültigkeit der Abschätzformel, Gl. 12.2, an einem Beispiel nach Abb. 12.2 überprüft.

Im Beispiel nach Abb. 12.2 speisen fünf Hochspannungsmotoren (6,9 kV, je P_{rM} = 400 kW) über Transformatoren auf eine 10-kV-Sammelschiene. Darüber hinaus wird von

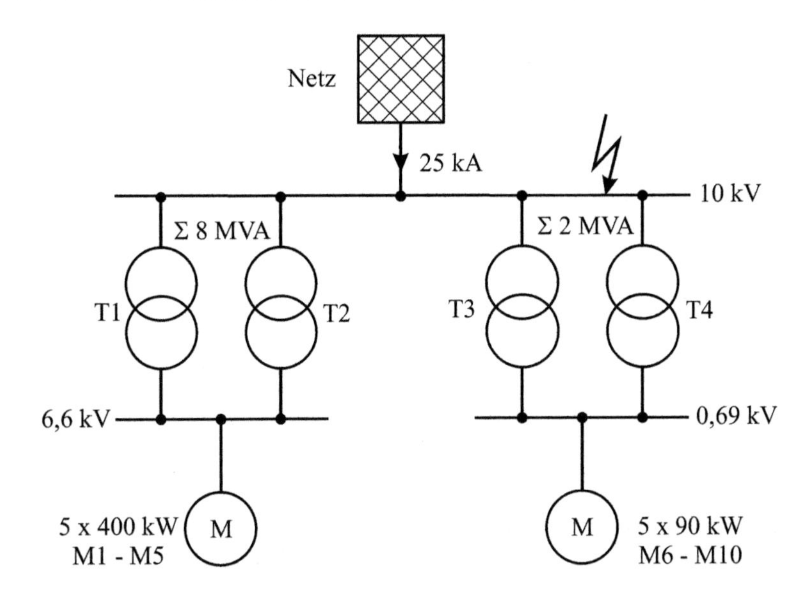

Abb. 12.2 Netzschaltung zur Bestimmung des Kurzschlussstrombeitrags von Asynchronmotoren bei einem dreipoligen Kurzschluss

dieser Sammelschiene eine Niederspannungsmotorengruppe versorgt (0,69 kV, P_{rM} = 500 kW). Der Anfangs-Kurzschlusswechselstrom des Netzes ohne den Einfluss der Motoren beträgt an der 10-kV-Sammelschiene $I''_{\mathrm{kQ}} = 25\ \mathrm{kA}$. Für die genaue Berechnung der Teilkurzschlussströme der Motoren werden folgende Werte eingesetzt (Resistanzen werden vernachlässigt):

- Transformatoren:

10 kV/6,6 kV	$S_{\mathrm{rT}} = 4$ MVA;	$u_{\mathrm{k}} = 10\ \%$;	$U_{\mathrm{rT}} = 11/6{,}6$ kV
10 kV/0,69 kV	$S_{\mathrm{rT}} = 1$ MVA;	$u_{\mathrm{k}} = 6\ \%$;	$U_{\mathrm{rT}} = 11/0{,}69$ kV

- Motoren:

6,9 kV:	$P_{\mathrm{rM}} = 400$ kW;	$\eta\cos\varphi = 0{,}87$;	$U_{\mathrm{rM}} = 6$ kV	$I_{\mathrm{LR}}/I_{\mathrm{r}} = 6$
0,69 kV:	$P_{\mathrm{rM}} = 90$ kW;	$\eta\cos\varphi = 0{,}81$;	$U_{\mathrm{rM}} = 0{,}69$ kV	$I_{\mathrm{LR}}/I_{\mathrm{r}} = 5$

- Netz:
  Kurzschluss (3p): $I''_{\mathrm{k}} = 25\,\mathrm{kA}$

Bei der Anwendung der Gl. (12.2) in Bezug auf Abb. 12.2 gelten folgende Zuordnungen der Transformator- und Motorleistungen:

$$\sum_{i=1}^{4} S_{\mathrm{rT}i} = S_{\mathrm{rT1}} + S_{\mathrm{rT2}} + S_{\mathrm{rT3}} + S_{\mathrm{rT4}} = 10\,\mathrm{MVA}$$

$$\sum_{i=1}^{10} P_{\text{rM}i} = \sum_{i=1}^{5} P_{\text{rM}i} + \sum_{i=6}^{10} P_{\text{rM}i} = 2,45\,\text{MW}$$

Nach Einsetzen ergibt sich:

$$\frac{P_{\text{rM}}}{S_{\text{rT}}} = \frac{2,45}{10} \leq \frac{0,8}{\dfrac{c \cdot 100 \cdot S_{\text{rT}}}{\sqrt{3} \cdot U_{\text{nQ}} \cdot I_{\text{k}}^{"}} - 0,3} = \frac{0,8}{\dfrac{1,1 \cdot 100 \cdot 10}{\sqrt{3} \cdot 10 \cdot 25} - 0,3} = 0,3571$$

Die Abschätzung ergibt (0,245 ≤ 0,3571), dass für das vorliegende Beispiel sämtliche Motoren unberücksichtigt bleiben können, wenn ein dreipoliger Kurzschluss auf der überlagerten 10-kV-Ebene betrachtet wird.

Das gleiche Ergebnis der Abschätzung ergibt sich auch, wenn die Niederspannungsebene über die 6,6-kV-Ebene in die 10-kV-Ebene einspeist, da stets die Summenbildung der Transformatorleistung genommen wird, unabhängig davon, ob sie parallel oder in Reihe geschaltet sind. Bei einer Reihenschaltung wird jedoch der Kurzschlussstrombeitrag geringer, so dass die Abschätzformel auf der sicheren Seite liegt.

Unter Vernachlässigung der Resistanzen bestimmt sich der dreipolige Kurzschlussstrombeitrag der Asynchronmotoren zu:

$$I_{\text{kM}}^{"} = \frac{1,1 \cdot U_{\text{n}} / \sqrt{3}}{X_{\text{k}}} \tag{12.11}$$

mit der Kurzschlussreaktanz X_{k}

$$\frac{1}{X_{\text{k}}} = \frac{1}{X_{\text{k1}}} + \frac{1}{X_{\text{k2}}} \tag{12.12}$$

X_{k1} Kurzschlussreaktanz der HS-Motoren (6,9 kV), incl. Transformatoren
X_{k2} Kurzschlussreaktanz der NS-Motorengruppe (0,69 kV), incl. Transformatoren

Die Berechnung der Reaktanzen erfolgt nach den folgenden Gleichungen:

- HS-Motoren: Gl. (4.52)
- NS-Motorengruppe: Abschn. 4.6.1
- Transformatoren: Gl. (4.188)
- Impedanzkorrektur: Gl. (4.189)

$$X_{\text{k1}} = \frac{0,95 \cdot 1,1}{1 + 0,6 \cdot 0,10} \cdot \frac{10\,\%}{100\,\%} \cdot \frac{(11\ \text{kV})^2}{4\ \text{MVA}} \cdot \frac{1}{2} + \frac{1}{6} \cdot \frac{(6\ \text{kV})^2 \cdot 0.87}{0,4\ \text{MVA}} \cdot \frac{1}{5} \cdot \left(\frac{11\,\text{kV}}{6,6\,\text{kV}}\right)^2$$
$$= 1,491\ \Omega + 7,250\ \Omega = 8,741\ \Omega$$

$$X_{k2} = \frac{0{,}95 \cdot 1{,}05}{1 + 0{,}6 \cdot 0{,}06} \cdot \frac{6\,\%}{100\,\%} \cdot \frac{(11\ \text{kV})^2}{1\ \text{MVA}} \cdot \frac{1}{2} + \frac{1}{5} \cdot \frac{(0{,}69\ \text{kV})^2}{0{,}1111\ \text{MVA}} \cdot \frac{1}{5} \cdot \left(\frac{11}{0{,}69}\right)^2$$
$$= 3{,}495\ \Omega + 43{,}560\ \Omega = 47{,}055\ \Omega$$

Für die gesamte Kurzschlussreaktanz X_K gilt dann: $X_k = 7{,}372\ \Omega$; so dass sich der Kurzschlussstrombeitrag der Motoren berechnet zu:

$$I''_{kM} = \frac{1{,}1 \cdot 10\ \text{kV}/\sqrt{3}}{7{,}385\ \Omega} = 861{,}53\ \text{A}$$

Verglichen mit dem dreipoligen Kurzschlussstrom an der Fehlerstelle ohne Motorbeitrag von $I''_{kQ} = 25\text{kA}$, kann der Wert von $I''_{kM} = 0{,}860\ \text{kA}$ vernachlässigt werden, da dieser Beitrag < 5 % von 25 kA (entsprechend 1,25 kA) ist, wodurch die Richtigkeit der Abschätzformel gezeigt ist.

Die Berechnung des dreipoligen Kurzschlussstroms wird unter Berücksichtigung der Impedanzkorrekturfaktoren für Netztransformatoren durchgeführt. Nach Abschn. 8.3 wird gezeigt, dass diese Faktoren dann zu berücksichtigen sind, wenn der induktive Kurzschlussstrom die gleiche Stromrichtung hat wie der induktive Laststrom vor dem Kurzschlusseintritt. Die Konsequenz wäre, dass bei einem Kurzschluss an der 10-kV-Sammelschiene, wie in Abb. 12.2 eingetragen, die Verwendung der Impedanzkorrekturfaktoren für die Transformatoren nicht notwendig ist. Werden diese Faktoren in diesem Fall nicht berücksichtigt, ergibt sich ein Wert von $I''_{kM} = 859{,}36\ \text{A}$, der etwas geringer ist als oben ermittelt. Da die Transformatorimpedanz wesentlich geringer ist als die Motorimpedanz, wirkt sich die Impedanzkorrektur der Transformatoren nur gering aus.

12.4 Beitrag von Asynchronmotoren bei unsymmetrischen Kurzschlüssen

Die Berechnung des Kurzschlussstroms bei einem zwei- und einpoligen Fehler bei Asynchronmotoren ist unterschiedlich zur der Ermittlung bei einem dreipoligen Kurzschluss, so dass im Folgenden diese Unterschiede gesondert dargestellt sind.

12.4.1 Zweipoliger Kurzschluss

Nach Abschn. 4.6.2 ist bei Asynchronmotoren die Gegenimpedanz $\underline{Z}_2$ gleich der Mitimpedanz $\underline{Z}_1$, so dass für den zweipoligen Anfangs-Kurzschlusswechselstrom I''_{k2} gilt:

$$\underline{I}''_{k2} = \frac{c \cdot U_n}{\underline{Z}_1 + \underline{Z}_2} = \frac{c \cdot U_n}{2 \cdot \underline{Z}_M} = \frac{\sqrt{3}}{2} \cdot \underline{I}''_{k3} \tag{12.13}$$

Mit

$\underline{Z}_{\mathrm{M}}$ Impedanz des Motors nach Gl. (4.52)
$\underline{I}''_{\mathrm{k3}}$ dreipoliger Anfangs-Kurzschlusswechselstrom des Motors.

Für die Berechnung des Stoßkurzschlussstroms wird zur Vereinfachung der κ-Faktor aus der Berechnung des Mitsystems bestimmt.

Bei einem zweipoligen Klemmenkurzschluss ohne Erdberührung zwischen den Leitern S und T bestimmen sich die Klemmenspannungen nach Tab. 9.2 zu:

$$\underline{U}_{\mathrm{R}} = \frac{2 \cdot \underline{E}_{(1)}}{1 + \underline{Z}_{(1)} / \underline{Z}_{(2)}} \qquad \underline{U}_{\mathrm{S}} = \underline{U}_{\mathrm{T}} = -\frac{\underline{E}_{(1)}}{1 + \underline{Z}_{(1)} / \underline{Z}_{(2)}} \tag{12.14}$$

Mit

$$\underline{E}_{(1)} = c \cdot U_{\mathrm{n}} / \sqrt{3} \qquad \underline{Z}_{(1)} \approx \underline{Z}_{(2)} \tag{12.15}$$

folgt daraus:

$$\underline{U}_{\mathrm{R}} \approx c \cdot U_{\mathrm{n}} / \sqrt{3} \qquad \underline{U}_{\mathrm{S}} = \underline{U}_{\mathrm{T}} \approx -0{,}5 \cdot c \cdot U_{\mathrm{n}} / \sqrt{3} \tag{12.16}$$

Dieses bedeutet, dass im Gegensatz zum dreipoligen Kurzschluss in diesem Fall stets eine Spannung an den Klemmen existiert, so dass die Erregung teilweise aufrechterhalten werden kann. Die Konsequenz ist, dass nach [2] kein Abklingvorgang des zweipoligen Kurzschlussstroms angenommen wird. Hiermit wird stets gesetzt:

$$I_{\mathrm{b2M}} = \frac{\sqrt{3}}{2} \cdot I''_{\mathrm{k3M}} \qquad I_{\mathrm{k2M}} \approx \frac{\sqrt{3}}{2} \cdot I''_{\mathrm{k3M}} \tag{12.17}$$

Die Annahmen beruhen im Wesentlichen auf Versuchen, deren Ergebnisse in [3, 4] dargestellt sind. Da der dreipolige Dauerkurzschlussstrom $I_{\mathrm{k}} = 0$ ist (Abschn. 5.7.4), hat dieses zur Konsequenz, dass bei der Auslegung von Betriebsmitteln bei einem hohen Anteil an Asynchronmotoren der zweipolige Kurzschluss betrachtet werden sollte und nicht der dreipolige.

12.4.2 Einpoliger Kurzschluss

Obwohl die Sternpunkte von Motoren im Allgemeinen nicht geerdet sind, liefern sie bei einem einpoligen Fehler einen Beitrag zum Anfangs-Kurzschlusswechselstrom, wie dieses anhand des nachfolgenden Beispiels gezeigt wird und in [2] angegeben ist. Hierbei wird nach Abb. 12.3 eine Niederspannungs-Motorengruppe über einen 10-kV-Transformator eingespeist. Bei dem Niederspannungsnetz handelt es sich aufgrund des Schutzsystems um ein niederohmig geerdetes Netz, so dass der einspeisende Transformator

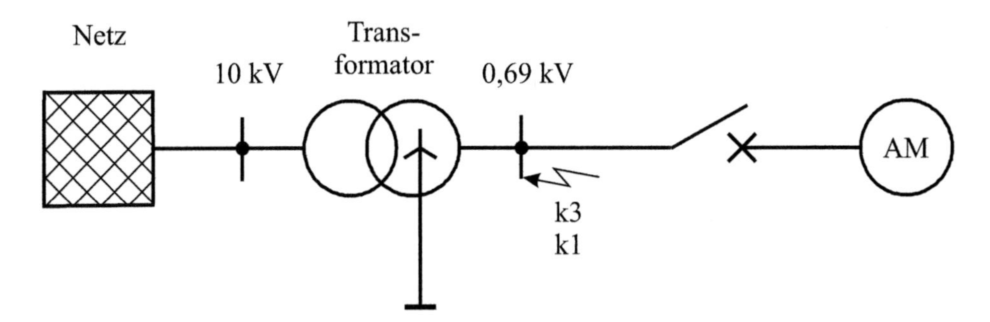

Abb. 12.3 Netzschaltung zur Bestimmung des Beitrags einer Niederspannungs-Motorengruppe bei einem ein- und dreipoligen Kurzschluss

direkt geerdet ist. Im Gegensatz hierzu sind die Motoren nicht geerdet, welches der üblichen Praxis entspricht. Der einpolige Kurzschlussstrom wird mit der Größe des dreipoligen verglichen.

Für die Berechnung mit Hilfe der Ersatzspannungsquelle an der Fehlerstelle werden die folgenden Betriebsmitteldaten angenommen:

• Netz:	$U_{nQ} = 10$ kV	$I''_{kQ} = 10\,\text{kA}$	$R_Q/X_Q = 0{,}1$
• Transformator:	$S_{rT} = 2$ MVA	$u_k = 6\ \%$	$u_{Rr} = 0{,}8\ \%$
	$t_r = 11$ kV/0,69 kV	$\underline{Z}_{(0)T}/\underline{Z}_{(1)T} = 1$	$\underline{Z}_{(1)T} = \underline{Z}_{(2)T}$
• Motorengruppe:	$S_{rM} = 1{,}5$ MVA	$I_{LR}/I_r = 5$	
	$U_{rM} = 690$ V	$R_M = 0{,}42\,X_M$	
	$\underline{Z}_{(1)M} = \underline{Z}_{(2)M}$	$\underline{Z}_{(0)M} \to \infty$	

Aus diesen Angaben berechnen sich die Impedanzen entsprechend den Gl. (4.1, 4.52, 4.188, 4.189) bezogen auf $U_n = 0{,}69$ kV zu:

Netz:

$$Z_Q = \frac{cU_{nQ}/\sqrt{3}}{I''_{kQ}} \cdot \frac{1}{t_r^2} = \frac{1{,}1 \cdot 10\,\text{kV}}{\sqrt{3} \cdot 10\,\text{kA}} \cdot \left(\frac{0{,}69}{11}\right)^2 \Omega = 2{,}5\,\text{m}\Omega$$

$$X_Q = \frac{Z_Q}{\sqrt{1+\left(R_{Qt}/X_{Qt}\right)^2}} = \frac{2{,}5\,\text{m}\Omega}{\sqrt{1+(0{,}1)^2}} \approx 2{,}5\,\text{m}\Omega \qquad R_Q = 0{,}1 \cdot X_Q \approx 0{,}2\,\text{m}\Omega$$

$$\underline{Z}_{(1)Q} = (0{,}2 + \text{j}2{,}5)\,\text{m}\Omega$$

Transformator incl. Impedanzkorrektur:

$$Z_T = \frac{u_{kr}}{100\ \%} \cdot \frac{U_{rT}^2}{S_{rT}} = 0{,}06 \cdot \frac{(0{,}69\,\text{kV})^2}{2\,\text{MVA}} = 14{,}3\ \text{m}\Omega$$

$$R_{\mathrm{T}} = \frac{u_{\mathrm{Rr}}}{100\,\%} \cdot \frac{U_{\mathrm{rT}}^2}{S_{\mathrm{rT}}} = 0{,}008 \cdot \frac{(0{,}69\ \mathrm{kV})^2}{2\,\mathrm{MVA}} = 1{,}9\ \mathrm{m\Omega} \qquad X_{\mathrm{T}} = \sqrt{Z_{\mathrm{T}}^2 - R_{\mathrm{T}}^2} = 14{,}2\ \mathrm{m\Omega}$$

$$K_{\mathrm{T}} = 0{,}95 \cdot \frac{c_{\max}}{1 + 0{,}6 \cdot x_{\mathrm{T}}} = 0{,}95 \cdot \frac{1{,}05}{1 + 0{,}6 \cdot 0{,}06} = 0{,}9628$$

$$\underline{Z}_{(1)\mathrm{TK}} = K_{\mathrm{T}} \cdot \underline{Z}_{\mathrm{T}} = (1{,}8 + \mathrm{j}13{,}6)\,\mathrm{m\Omega} = \underline{Z}_{(0)TK}$$

Motorengruppe:

$$Z_{\mathrm{M}} = \frac{1}{I_{\mathrm{LR}} / I_{\mathrm{rM}}} \cdot \frac{U_{\mathrm{rM}}^2}{S_{\mathrm{rM}}} = \frac{1}{5} \cdot \frac{(0{,}69\ \mathrm{kV})^2}{1{,}5\ \mathrm{MVA}} = 63{,}5\ \mathrm{m\Omega}$$

$$X_{\mathrm{M}} = \frac{Z_{\mathrm{M}}}{\sqrt{1 + (R_{\mathrm{M}} / X_{\mathrm{M}})^2}} = \frac{63{,}5\mathrm{m\Omega}}{\sqrt{1 + (0{,}42)^2}} = 58{,}5\mathrm{m\Omega} \qquad R_{\mathrm{Q}} = 0{,}42 \cdot X_{\mathrm{Q}} = 24{,}6\mathrm{m\Omega}$$

$$\underline{Z}_{(1)\mathrm{M}} = (24{,}6 + \mathrm{j}58{,}5)\,\mathrm{m\Omega}$$

Für die Berechnung des dreipoligen Kurzschlussstroms I_{k3}'' an der Fehlerstelle gilt Abb. 12.4. Er setzt sich aus den Kurzschlussstromanteilen der Einspeisung und der Motorengruppe zusammen. Da es sich bei dem Kurzschlussort nach Abb. 12.3 um einen mehrseitig einfachen Kurzschlusshandelt, können die Teilkurzschlussströme getrennt bestimmt und anschließend addiert werden.

Für den Beitrag der Einspeisung gilt:

$$\underline{I}_{\mathrm{k3Q}}'' = \frac{c U_{\mathrm{n}} / \sqrt{3}}{\underline{Z}_{(1)\mathrm{Q}} + \underline{Z}_{(1)\mathrm{TK}}} = \frac{1{,}05 \cdot 0{,}690\ \mathrm{kV} / \sqrt{3}}{(2{,}0 + \mathrm{j}16{,}1)\ \mathrm{m\Omega}} = (3{,}18 - \mathrm{j}25{,}59)\ \mathrm{kA}$$

$$I_{\mathrm{k3Q}}'' = 25{,}78\ \mathrm{kA}$$

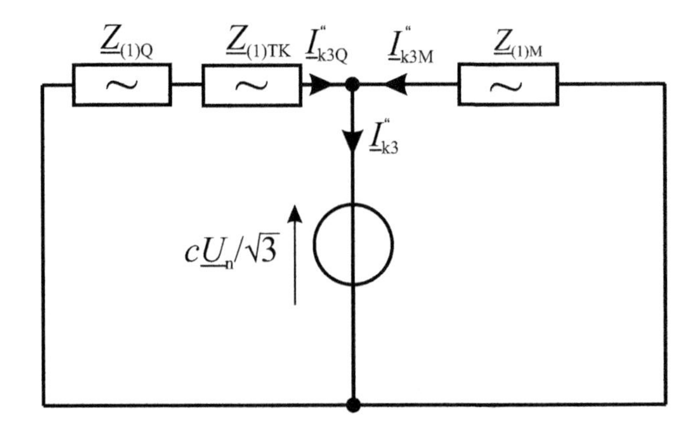

Abb. 12.4 Ersatzschaltung zur Bestimmung des dreipoligen Kurzschlussstroms I_{k3}''

Kurzschlussbeitrag der Motorengruppe:

$$\underline{I}''_{\text{k3M}} = \frac{cU_{\text{n}} / \sqrt{3}}{\underline{Z}_{(1)\text{M}}} = \frac{1{,}05 \cdot 0{,}690\ \text{kV} / \sqrt{3}}{(24{,}6 + \text{j}58{,}5)\ \text{m}\Omega} = (2{,}55 - \text{j}6{,}08)\ \text{kA}$$

$$I''_{\text{k3M}} = 6{,}59\ \text{kA}$$

Für den Summenstrom ergibt sich:

$$\underline{I}''_{\text{k3}} = \underline{I}''_{\text{k3Q}} + \underline{I}''_{\text{k3M}} = (5{,}73 - \text{j}31{,}67)\ \text{kA} \qquad I''_{\text{k3}} = 32{,}18\ \text{kA}$$

Die Berechnung des einpoligen Kurzschlussstroms I''_{k1} erfolgt mit Hilfe der Ersatzschaltung der Komponentensysteme nach Abb. 12.5. In diesem Fall sind zusätzlich die Gegen- und die Nullsysteme zu berücksichtigen. Da der Sternpunkt der Motorengruppe nicht geerdet ist, ist die Motorimpedanz im Nullsystem unendlich. Für den Komponentenstrom $\underline{I}$ gilt somit unter Berücksichtigung der Impedanzen:

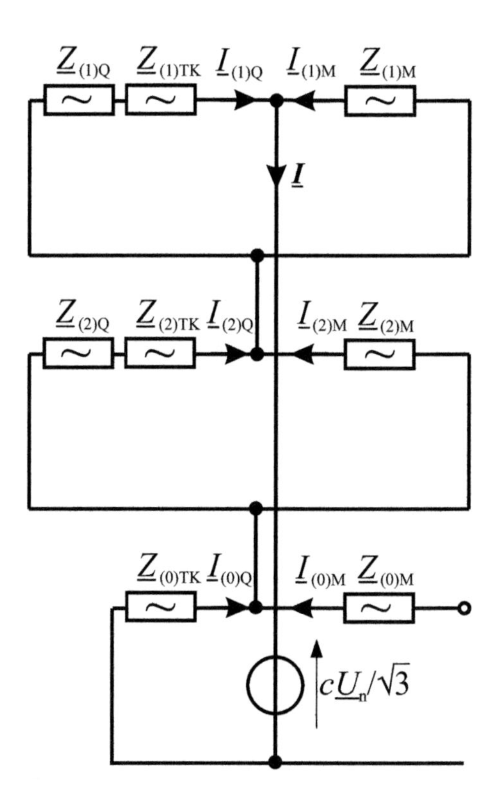

Abb. 12.5 Ersatzschaltung zur Bestimmung des einpoligen Kurzschlussstroms I''_{k1}

$$\underline{I} = \frac{cU_{\mathrm{n}} / \sqrt{3}}{2 \cdot \dfrac{\left(\underline{Z}_{(1)\mathrm{Q}} + \underline{Z}_{(1)\mathrm{TK}}\right) \cdot \underline{Z}_{(1)\mathrm{M}}}{\underline{Z}_{(1)\mathrm{Q}} + \underline{Z}_{(1)\mathrm{TK}} + \underline{Z}_{(1)\mathrm{M}}} + \underline{Z}_{(1)\mathrm{TK}}} \tag{12.18}$$

Die Teilströme der Komponentensysteme berechnen sich zu:

$$\begin{aligned} \underline{I}_{(1)\mathrm{Q}} = \underline{I}_{(2)\mathrm{Q}} &= \frac{\underline{Z}_{(1)\mathrm{M}}}{\underline{Z}_{(1)\mathrm{Q}} + \underline{Z}_{(1)\mathrm{TK}} + \underline{Z}_{(1)\mathrm{M}}} \cdot \underline{I} \\ &= \frac{\underline{Z}_{(1)\mathrm{M}} \cdot cU_{\mathrm{n}} / \sqrt{3}}{2 \cdot \left(\underline{Z}_{(1)\mathrm{Q}} + \underline{Z}_{(1)\mathrm{TK}}\right) \cdot \underline{Z}_{(1)\mathrm{M}} + \underline{Z}_{(1)\mathrm{TK}} \cdot \left(\underline{Z}_{(1)\mathrm{Q}} + \underline{Z}_{(1)\mathrm{TK}} + \underline{Z}_{(1)\mathrm{M}}\right)} \end{aligned} \tag{12.19}$$

$$\underline{I}_{(0)\mathrm{Q}} = \underline{I} = \frac{cU_{\mathrm{n}} / \sqrt{3}}{2 \cdot \dfrac{\left(\underline{Z}_{(1)\mathrm{Q}} + \underline{Z}_{(1)\mathrm{TK}}\right) \cdot \underline{Z}_{(1)\mathrm{M}}}{\underline{Z}_{(1)\mathrm{Q}} + \underline{Z}_{(1)\mathrm{TK}} + \underline{Z}_{(1)\mathrm{M}}} + \underline{Z}_{(1)\mathrm{TK}}} \tag{12.20}$$

$$\underline{I}_{(1)\mathrm{M}} = \underline{I}_{(2)\mathrm{M}} = \frac{\left(\underline{Z}_{(1)\mathrm{Qt}} + \underline{Z}_{(1)\mathrm{TK}}\right) \cdot cU_{\mathrm{n}} / \sqrt{3}}{2 \cdot \left(\underline{Z}_{(1)\mathrm{Qt}} + \underline{Z}_{(1)\mathrm{TK}}\right) \cdot \underline{Z}_{(1)\mathrm{M}} + \underline{Z}_{(1)\mathrm{TK}} \cdot \left(\underline{Z}_{(1)\mathrm{Qt}} + \underline{Z}_{(1)\mathrm{TK}} + \underline{Z}_{(1)\mathrm{M}}\right)} \tag{12.21}$$

$$\underline{I}_{(0)\mathrm{M}} = 0 \tag{12.22}$$

Unter Berücksichtigung der Gl. (9.76) für die Rücktransformation können die Ströme im Originalbereich (R, S, T) ermittelt werden, Gl. 12.23–12.25.

$$\underline{I}_{\mathrm{R}} = \underline{I}_{(0)} + \underline{I}_{(1)} + \underline{I}_{(2)} = \underline{I}_{(0)} + 2 \cdot \underline{I}_{(1)} \tag{12.23}$$

$$\underline{I}_{\mathrm{S}} = \underline{I}_{(0)} + \underline{\mathrm{a}}^2 \cdot \underline{I}_{(1)} + \underline{\mathrm{a}} \cdot \underline{I}_{(2)} = \underline{I}_{(0)} - \underline{I}_{(1)} \tag{12.24}$$

$$\underline{I}_{\mathrm{T}} = \underline{I}_{(0)} + \underline{\mathrm{a}} \cdot \underline{I}_{(1)} + \underline{\mathrm{a}}^2 \cdot \underline{I}_{(2)} = \underline{I}_{(0)} - \underline{I}_{(1)} \tag{12.25}$$

Der Kurzschlussstrombeitrag in den einzelnen Phasen der Einspeisung bestimmt sich zu:

$$\underline{I}_{\mathrm{RQ}} = \underline{I}_{(0)\mathrm{Q}} + 2 \cdot \underline{I}_{(1)\mathrm{Q}} = \frac{\left(\underline{Z}_{(1)\mathrm{Q}} + \underline{Z}_{(1)\mathrm{TK}} + 3 \cdot \underline{Z}_{(1)\mathrm{M}}\right) \cdot cU_{\mathrm{n}} / \sqrt{3}}{2 \cdot \left(\underline{Z}_{(1)\mathrm{Q}} + \underline{Z}_{(1)\mathrm{TK}}\right) \cdot \underline{Z}_{(1)\mathrm{M}} + \underline{Z}_{(1)\mathrm{TK}} \cdot \left(\underline{Z}_{(1)\mathrm{Q}} + \underline{Z}_{(1)\mathrm{TK}} + \underline{Z}_{(1)\mathrm{M}}\right)} \tag{12.26}$$

$$\begin{aligned} \underline{I}_{\mathrm{SQ}} &= \underline{I}_{(0)\mathrm{Q}} - \underline{I}_{(1)\mathrm{Q}} = \underline{I}_{\mathrm{TQ}} \\ &= \frac{\left(\underline{Z}_{(1)\mathrm{Q}} + \underline{Z}_{(1)\mathrm{TK}}\right) \cdot cU_{\mathrm{n}} / \sqrt{3}}{2 \cdot \left(\underline{Z}_{(1)\mathrm{Q}} + \underline{Z}_{(1)\mathrm{TK}}\right) \cdot \underline{Z}_{(1)\mathrm{M}} + \underline{Z}_{(1)\mathrm{TK}} \cdot \left(\underline{Z}_{(1)\mathrm{Q}} + \underline{Z}_{(1)\mathrm{TK}} + \underline{Z}_{(1)\mathrm{M}}\right)} \end{aligned} \tag{12.27}$$

Der Motorbeitrag in den einzelnen Phasen kann entsprechend abgeleitet werden, mit $\underline{I}_{(0)} = 0$.

$$\underline{I}_{\text{RM}} = 2 \cdot \underline{I}_{(1)\text{M}} = \frac{2 \cdot \left(\underline{Z}_{(1)\text{Q}} + \underline{Z}_{(1)\text{TK}}\right) \cdot cU_{\text{n}} / \sqrt{3}}{2 \cdot \left(\underline{Z}_{(1)\text{Q}} + \underline{Z}_{(1)\text{TK}}\right) \cdot \underline{Z}_{(1)\text{M}} + \underline{Z}_{(1)\text{TK}} \cdot \left(\underline{Z}_{(1)\text{Q}} + \underline{Z}_{(1)\text{TK}} + \underline{Z}_{(1)\text{M}}\right)} \tag{12.28}$$

$$\begin{aligned} \underline{I}_{\text{SM}} &= \underline{I}_{\text{TM}} = -\underline{I}_{(1)\text{M}} \\ &= \frac{-\left(\underline{Z}_{(1)\text{Q}} + \underline{Z}_{(1)\text{TK}}\right) \cdot cU_{\text{n}} / \sqrt{3}}{2 \cdot \left(\underline{Z}_{(1)\text{Q}} + \underline{Z}_{(1)\text{TK}}\right) \cdot \underline{Z}_{(1)\text{M}} + \underline{Z}_{(1)\text{TK}} \cdot \left(\underline{Z}_{(1)\text{Q}} + \underline{Z}_{(1)\text{TK}} + \underline{Z}_{(1)\text{M}}\right)} \end{aligned} \tag{12.29}$$

Aus den oben ermittelten Teilkurzschlussströmen können anschließend die Fehlerströme bestimmt werden.

$$\begin{aligned} \underline{I}''_{\text{k1R}} &= \underline{I}_{\text{RQ}} + \underline{I}_{\text{RM}} \\ &= \frac{3 \cdot \left(\underline{Z}_{(1)\text{Q}} + \underline{Z}_{(1)\text{TK}} + \underline{Z}_{(1)\text{M}}\right) \cdot cU_{\text{n}} / \sqrt{3}}{2 \cdot \left(\underline{Z}_{(1)\text{Q}} + \underline{Z}_{(1)\text{TK}}\right) \cdot \underline{Z}_{(1)\text{M}} + \underline{Z}_{(1)\text{TK}} \cdot \left(\underline{Z}_{(1)\text{Q}} + \underline{Z}_{(1)\text{TK}} + \underline{Z}_{(1)\text{M}}\right)} \end{aligned} \tag{12.30}$$

$$\underline{I}''_{\text{k1S}} = \underline{I}''_{\text{k1T}} = \underline{I}_{\text{SQ}} + \underline{I}_{\text{SM}} = 0 \tag{12.31}$$

Die in den Gl. (12.26 bis 12.31) angegebenen Ströme lassen sich im Originalnetz entsprechend Abb. 12.6 darstellen.

Der einpolige Kurzschlussstrom kann auch direkt mit Hilfe der Gl. (12.32) bestimmt werden.

$$\underline{I}''_{\text{k1}} = \frac{c \cdot \sqrt{3} \cdot U_{\text{n}}}{2 \cdot \underline{Z}_{(1)} + \underline{Z}_{(0)}} \tag{12.32}$$

Mit den Impedanzen der Komponenten nach Abb. 12.5.

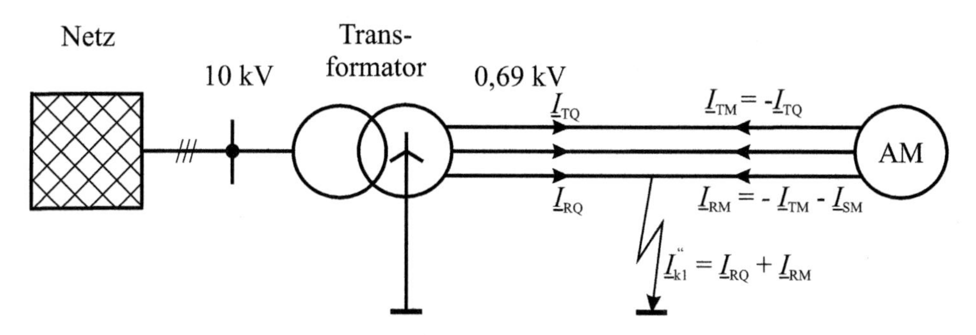

Abb. 12.6 Darstellung der Ströme bei einem einpoligen Fehler, entsprechend Abb. 12.3

$$\underline{Z}_{(1)} = \frac{\left(\underline{Z}_{(1)\mathrm{Q}} + \underline{Z}_{(1)\mathrm{TK}}\right) \cdot \underline{Z}_{(1)\mathrm{M}}}{\underline{Z}_{(1)\mathrm{Q}} + \underline{Z}_{(1)\mathrm{TK}} + \underline{Z}_{(1)\mathrm{M}}} \tag{12.33}$$

$$\underline{Z}_{(0)} = \underline{Z}_{(1)\mathrm{TK}} \tag{12.34}$$

Nach Einsetzen der Impedanzen ergibt sich das gleiche Ergebnis wie in Gl. (12.30) dargestellt. Unter Berücksichtigung der Impedanzen können die Ströme bei einem einpoligen Fehler entsprechend der Tab. 12.1 angegeben werden.

Das Beispiel zeigt, dass der Beitrag der Motorengruppe auch bei einem einpoligen Fehler nicht zu vernachlässigen ist, obwohl die Sternpunkte der Motorengruppe selbst nicht geerdet sind. Unter diesen Voraussetzungen ist der Leiterstrom in der fehlerbehafteten Phase, bezogen auf den dreipoligen Kurzschlussstrom:

$$I''_{\mathrm{k1M}} / I''_{\mathrm{k3M}} = I_{\mathrm{RM}} / I''_{\mathrm{k3M}} = \frac{4{,}32 \text{ kA}}{6{,}59 \text{ kA}} = 0{,}656$$

Darüber hinaus führen auch die nicht fehlerbehafteten Leiter einen Kurzschlussstrom.

Wird im Gegensatz hierzu die Impedanz des einspeisenden Netzes mit null angenommen, dann kann das maximale Verhältnis des einpoligen Kurzschlussstroms zum dreipoligen nach Gl. (12.35) bestimmt werden.

$$\begin{aligned} I''_{\mathrm{k1M}} / I''_{\mathrm{k3M}} &= \frac{2 \cdot \underline{Z}_{(1)\mathrm{TK}} \cdot cU_{\mathrm{n}} / \sqrt{3}}{2 \cdot \underline{Z}_{(1)\mathrm{TK}} \cdot \underline{Z}_{(1)\mathrm{M}} + \underline{Z}_{(1)\mathrm{TK}} \cdot \left(\underline{Z}_{(1)\mathrm{TK}} + \underline{Z}_{(1)\mathrm{M}}\right)} \cdot \frac{\underline{Z}_{(1)\mathrm{M}}}{cU_{\mathrm{n}} / \sqrt{3}} \\ &= \frac{2 \cdot \underline{Z}_{(1)\mathrm{M}}}{3 \cdot \underline{Z}_{(1)\mathrm{M}} + \underline{Z}_{(1)\mathrm{TK}}} = \frac{2}{3 + \underline{Z}_{(1)\mathrm{TK}} / \underline{Z}_{(1)\mathrm{M}}} \end{aligned} \tag{12.35}$$

Der maximale einpolige Kurzschlussstrom eines Motors kann unter diesen Voraussetzungen maximal 66,7 % des dreipoligen werden, wenn ein Klemmenkurzschluss angenommen wird.

Tab. 12.1 Anfangs-Kurzschlusswechselstrom in kA bei einem einpoligen Fehler nach Abb. 12.6

Leiter	Einspeisung	Motor	Fehlerstelle
R	27,41	4,32	31,60[1)]
S	2,16	2,16	-
T	2,16	2,16	-

1): Berechnung nach Gl. (12.31)

12.5 Fazit

Asynchronmotoren liefern einen Beitrag zum Kurzschlussstrom, wobei die Höhe von der Art des Kurzschlusses abhängig ist. Während bei einem dreipoligen Kurzschluss die fehlende Klemmenspannung zu einem Abklingvorgang führt, so dass sich der Kurzschlussstrombeitrag vermindert, ist bei unsymmetrischen Fehlern der Kurzschlussstrombeitrag in Abhängigkeit von der Zeit konstant.

Motoren liefern auch einen Beitrag zum einpoligen Kurzschlussstrom, obwohl der Sternpunkt von Motoren in der Regel nicht geerdet ist. Dieses gilt jedoch nur für den Fall, dass ein Sternpunkt des einspeisenden Netzes geerdet ist.

Literatur

1. DIN EN 60909-0 (VDE 0102):2002–07 (2002) Kurzschlussströme in Drehstromnetzen – Teil 0: Berechnung der Ströme. VDE, Berlin
2. DIN EN 60909-0 (VDE 0102):2016–12 (2016) Kurzschlussströme in Drehstromnetzen – Teil 0: Berechnung der Ströme. VDE, Berlin
3. Ott G, Webs A (1971) Beitrag von Hochspannungs-Asynchronmotoren zum Kurzschlußstrom bei dreipoligem Kurzschluß. ETZ-Report 6. VDE, Berlin
4. Webs A (1972) Einfluss von Asynchronmotoren auf die Kurzschlussstromstärken in Drehstromanlagen. VDE-Fachberichte 27, Berlin, S 86–92

Kurzschlussstromberechnung mit Umrichteranlagen

13

Aufgrund des zunehmenden Einsatzes von regenerativen Energien ist es notwendig, die elektrische Energie über größere Entfernungen zu transportieren, sodass verstärkt HGÜ-Übertragungen eingesetzt werden als Folge der geringen Übertragungsverluste. Darüber hinaus werden vielfach Umrichter bei der Erzeugung von elektrischer Energie aus regenerativen Energiequellen verwendet (PV-Einspeisungen, Offshore Windparks). Hierbei können im Prinzip zwei verschiedene Technologien unterschieden werden:

- IGBT-Technologie, Vollumrichter (VSC Voltage Source Converter),
- Thyristortechnologie (LCC Line Commutated Converter).

Im Folgenden wird gezeigt, wie in diesen Fällen die Berechnung eines Kurzschlussstroms an der Fehlerstelle entsprechend der VDE-Bestimmung 0102 [3] erfolgt. Zusätzlich wird auf die vom FNN herausgegebene Anwendungsregeln VDE-AR-N 4120 [7] und VDE-AR-N4131 [8] eingegangen. Im Prinzip werden auch Umrichter in der Antriebstechnik eingesetzt (Abschn. 4.6.3), die jedoch nicht Bestandteil der Darstellung in diesem Abschnitt sind.

13.1 Netzkonfiguration

Die Nachbildung von Umrichtern bei der Kurzschlussstromberechnung geht von folgenden Netzkonfigurationen aus:

- Verbindung von zwei Drehstromnetzen nach Abb. 13.1a. Bei der LCC-Technologie sind zusätzlich Drehstromfilter auf der Hochspannungsseite für die Blindstrom- und Oberschwingungskompensation zu installieren, die in Abb. 13.1a nicht dargestellt sind.

G. Balzer, *Kurzschlussströme in Drehstromnetzen*,
https://doi.org/10.1007/978-3-658-28331-5_13

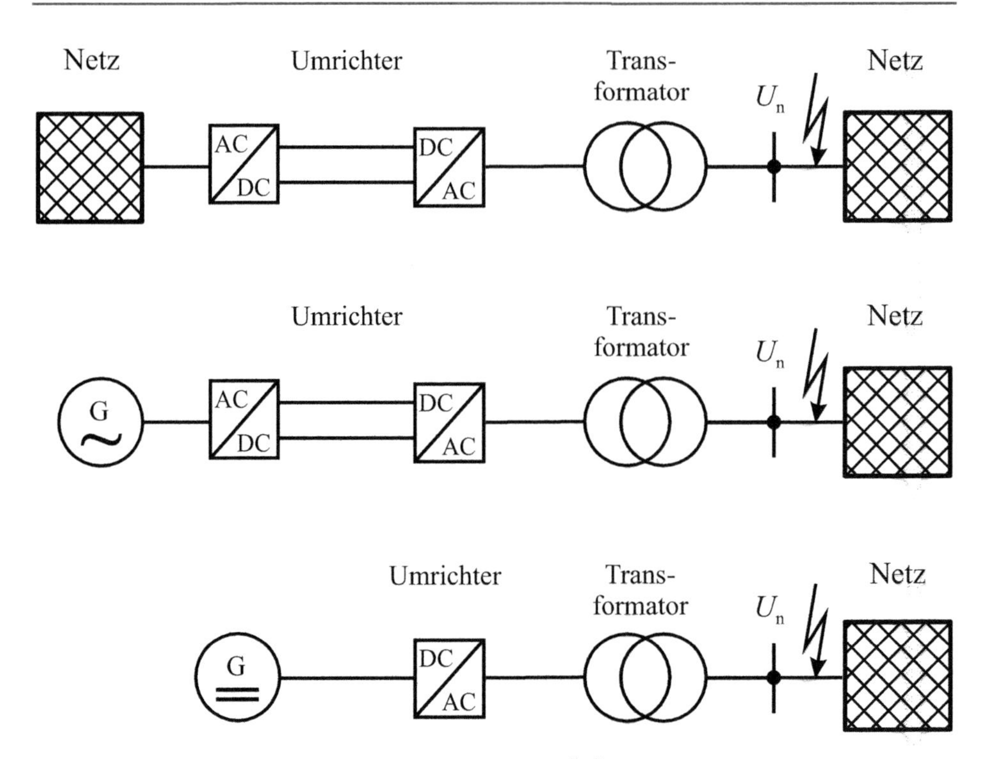

Abb. 13.1 Netzschaltung einer Umrichteranlage. **a** HGÜ-Übertragung. **b** Windpark mit Vollumrichter. **c** PV-Anlage mit Vollumrichter

- Anbindung eines Offshore-Windparks als Seekabelverbindung, Abb. 13.1b.
- Anschluss einer PV-Anlage an das Drehstromnetz, Abb. 13.1c.

Der Umrichter besteht nach Abb. 13.1 aus der Umrichtereinheit und dem dazugehörigen Transformator. Vergleichbar zu Synchronmaschinen sind auch bei der Einspeisung von Umrichtern in das Drehstromnetz folgende Ströme zu berechnen:

- Anfangs-Kurzschlusswechselstrom,
- Stoßkurzschlussstrom,
- Ausschaltwechselstrom,
- Dauerkurzschlussstrom und
- thermisch gleichwertiger Kurzschlussstrom.

13.2 VSC-Technologie (Vollumrichter)

In den folgenden Abschnitten werden allgemein die Gleichungen für den drei-, zwei- und einpoligen Kurzschluss abgeleitet und zuerst die Gleichungen nach der VDE-Bestimmung 0102 [3] für die unterschiedlichen charakteristischen Stromgrößen aufgeführt. Im Allgemeinen liefern Anlagen in VSC-Technologie einen Beitrag zum Kurzschlussstrom während der gesamten Kurzschlussdauer [4]. Zusätzlich werden Beispiele für den dreipoligen Kurzschluss berechnet.

13.2.1 Gleichungen zur Berechnung des dreipoligen Kurzschlussstroms nach VDE 0102: 2016 [3]

Nach der VDE-Bestimmung 0102 [3] erfolgt die Kurzschlussstromberechnung seit 2016 auch unter Berücksichtigung von Vollumrichtern, wie sie z. B. beim Anschluss von Wind- und PV-Anlagen eingesetzt werden. Während bei der Berücksichtigung von Netzen, Generatoren und Motoren die Nachbildung mit Hilfe einer Spannungsquelle erfolgt, stellt ein Vollumrichter eine Stromquelle dar, die u. U. spannungsgesteuert einen (induktiven) Strom im Fehlerfall einspeist.

Der dreipolige Kurzschlussstrom an einem beliebigen Netzknoten bestimmt sich nach Gl. (13.1), indem der gesamte Kurzschlussstrom aus zwei Anteilen besteht, nämlich dem Beitrag, bestehend aus Netzeinspeisungen, Synchrongeneratoren und Motoren, und dem Beitrag, hervorgerufen durch Einspeisung von Vollumrichteranlagen. Bei der Berechnung wird zur Vereinfachung ausschließlich mit Beträgen gerechnet (die Indizierung ist gegenüber der Darstellung in der VDE-Bestimmung leicht modifiziert).

$$I_{\mathrm{k}}'' = \frac{1}{Z_{ii}} \frac{c \cdot U_{\mathrm{n}}}{\sqrt{3}} + \frac{1}{Z_{ii}} \sum_{j=1}^{n} Z_{ij} \cdot I_{\mathrm{PF}j} = I_{\mathrm{kPFO}}'' + I_{\mathrm{kPF}}'' \tag{13.1}$$

Mit

$I_{\mathrm{PF}j}$ Effektivwert der Stromquelle (Vollumrichteranlage, Mitsystem) bei einem dreipoligen Kurzschluss auf der Hochspannungsseite des Blocktransformators. Dieser Wert wird vom Hersteller angegeben.

Z_{ii}, Z_{ij} sind die Absolutwerte der Knoten-Impedanzmatrix im Mitsystem, wobei i der Kurzschlussknoten ist und j die Knoten sind, an denen Einspeisungen mit Vollumrichtern angeschlossen sind.

I_{kPFO}'' ist der maximale Anfangs-Kurzschlusswechselstrom ohne den Einfluss der Vollumrichter

I_{kPF}'' ist die Summe der Ströme zum Anfangs-Kurzschlusswechselstrom der Vollumrichter

Nach der neuen VDE-Bestimmung [3] wird eine Einspeisung mit Vollumrichtern wie folgt nachgebildet:

- Einspeisungen mit einem Vollumrichter (Wind, Photovoltaik) sind im Mitsystem durch eine Stromquelle nachzubilden. Die Stromquelle hängt vom Kurzschlussfehler ab und die Höhe der Stromeinspeisung wird vom Hersteller zur Verfügung gestellt. Die Querimpedanz der Stromquelle $\underline{Z}_{\mathrm{PF}}$ wird als unendlich angenommen.

- Bei einem unsymmetrischen Kurzschluss hängt die Querimpedanz im Gegensystem $\underline{Z}_{(2)\mathrm{PF}}$ vom Typ und der Regelstrategie ab. Werte für die Querimpedanz werden vom Hersteller angegeben.
- Die Impedanz im Nullsystem $\underline{Z}_{(0)\mathrm{PF}}$ ist unendlich.
- Einspeisungen mit Vollumrichtern können vernachlässigt werden, wenn ihr Beitrag zum Kurzschlussstrom nicht höher ist als 5 % des Anfangs-Kurzschlusswechselstroms ohne diese Einspeisungen.

Der Strom I''_{kPFO} entspricht dem Ergebnis des ersten Arbeitsschritts $I''_{\mathrm{kI}i}$, Gl. 13.12, während I''_{kPF} das Ergebnis des zweiten Arbeitsschritts $I''_{\mathrm{kII}i}$, Gl. 13.17, darstellt, Abschn. 13.2.2. Nach Gl. (13.1) wird nicht mit den komplexen Größen gerechnet, sondern ausschließlich mit Beträgen. Aus diesem Grunde wird das Ergebnis auf der sicheren Seite liegen. Nach Gl. (13.1) wird stets der gesamte Strom $I_{\mathrm{PF}j}$ des Vollumrichters an den Klemmen eingespeist, unabhängig von der Spannungsdifferenz vor und während des Kurzschlusses. Es wird also angenommen, dass die Blindstromeinspeisung während des Kurzschlusses einen konstanten Wert hat, unabhängig vom Fehlerort.

Der Stoßkurzschlussstrom wird jeweils aus den beiden Anteilen (ohne und mit Vollumrichter) ermittelt und zum resultierenden Fehlerstrom überlagert. Der Stoßkurzschlussstrom des Vollumrichters berechnet sich für eine Einspeisung nach Gl. (13.2) zu:

$$i_{\mathrm{p}} = \sqrt{2} \cdot I''_{\mathrm{kPF}} \tag{13.2}$$

Mit

I''_{kPF} Kurzschlussbeitrag eines Vollumrichters auf der Oberspannungsseite eines Transformators, dieser Wert wird vom Hersteller angegeben, Gl. (13.2).

In einem Strahlennetz ergibt sich der resultierende Stoßkurzschlussstrom aus der Addition der Teilströme (Netz und Umrichteranlage). Wird im Gegensatz zu Gl. (13.2) ein vermaschtes Netz angenommen, so ergibt sich für den resultierenden Stoßkurzschlussstrom an einem beliebigen Netzknoten nach Gl. (13.3):

$$i_{\mathrm{p}} = \kappa \cdot \sqrt{2} \cdot I''_{\mathrm{kPFO}} + \sqrt{2} \cdot I''_{\mathrm{kPF}} \tag{13.3}$$

Mit

I''_{kPFO} ist der dreipolige Anfangs-Kurzschlusswechselstrom an der Fehlerstelle ohne Beitrag der Vollumrichter nach Gl. (13.1).

I''_{kPF} ist der Beitrag der Voll-Umrichter zum dreipoligen Kurzschlussstrom an der Fehlerstelle, Gl. (13.1).

Bei der Berechnung des Stoßkurzschussstroms nach Gl. (13.3) wird bei der Ermittlung des Anteils ohne Umrichter die Gleichstromverlagerung berücksichtigt (κ-Faktor), jedoch nicht bei der Ermittlung des Beitrags der Umrichter. Dieses bedeutet, dass eine Gleichstromverlagerung des Umrichterbeitrags nicht berücksichtigt wird. Das Beispiel nach

Abschn. 13.2.5.3 zeigt die Simulation eines transienten Kurzschlussstromverlaufs bei einem Netzkurzschluss im 380-kV-Netz einer Hochspannungs-Gleichstrom-Übertragung (HGÜ) in IGBT-Technologie. Hierbei wird ein dreipoliger Kurzschluss am Ende einer kurzen Freileitung angenommen, der im Spannungsnulldurchgang der Phase R eingeleitet wird. Eine Verlagerung des Umrichterbeitrags ist nicht erkennbar, Abb. 13.14b, sodass die Annahme nach Gl. (13.3) gerechtfertigt ist.

Der Ausschaltwechselstrom eines Vollumrichters orientiert sich an der Größe des Dauerkurzschlussstroms, da der Strom aufgrund der Regelung auf einen konstanten Wert gehalten wird. Der dreipolige Ausschaltwechselstrom I_b ist somit gleich dem Dauerkurzschlussstrom I_{kPF}, der vom Hersteller angegeben wird, sodass allgemein gilt:

$$I_b = I_{kPF} \tag{13.4}$$

Da nach Gl. (13.4) der Ausschaltwechselstrom gleich dem Dauerkurzschlussstrom ist und nach Gl. (13.1) nicht zwingend gleich dem Anfangs-Kurzschlusswechselstrom, sollte unter diesen Voraussetzungen eine Korrektur nach Gl. (5.59), angewendet werden, wenn der Ausschaltwechselstrom in vermaschten Netzen ermittelt wird. Dieses hängt vom Zusammenhang zwischen $I''_{kPF} \approx I_{kPF}$ ab, sodass aus diesem Stromverhältnis ein fiktiver Wert für den Faktor μ zu bestimmen ist. Falls diese beiden Ströme identisch sind, kann auf eine Korrektur verzichtet werden, da dieser Beitrag bereits im Anfangs-Kurzschlusswechselstrom enthalten.

Bei unsymmetrischen Kurzschlüssen gelten die folgenden Voraussetzungen für die Ausschaltwechsel- (I_b) und Dauerkurzschlussströme (I_k, max/min):

$$I_{b2} = I''_{k2} \qquad I_{k2} = I''_{k2} \tag{13.5}$$

$$I_{b2E} = I''_{k2E} \qquad I_{k2E} = I''_{k2E} \tag{13.6}$$

$$I_{b1} = I''_{k1} \qquad I_{k1} = I''_{k1} \tag{13.7}$$

13.2.2 Berechnung des dreipoligen Anfangs-Kurzschlusswechselstroms

Die grundsätzliche Vorgehensweise bei der Kurzschlussstromberechnung, wenn Vollumrichtern zu berücksichtigen sind, wird anhand des dreipoligen Kurzschlusses in einem 110-kV-Beispielnetz gezeigt, welches neben einer Netzeinspeisung auch über drei Einspeisungen von Vollumrichtern verfügt.

13.2.2.1 Vorgehensweise

Als Beispiel wird die Netzschaltung nach Abb. 13.2 verwendet [1]. Insgesamt sind drei Windparkanlagen an einem 110-kV-Netz angeschlossen, welches aus einem überlagerten Netz versorgt wird. Der Kurzschluss befindet sich an der Sammelschiene 2, sodass ein Umrichter (U2) direkt und die beiden übrigen (U3, U4) über eine Impedanz auf die Fehler-

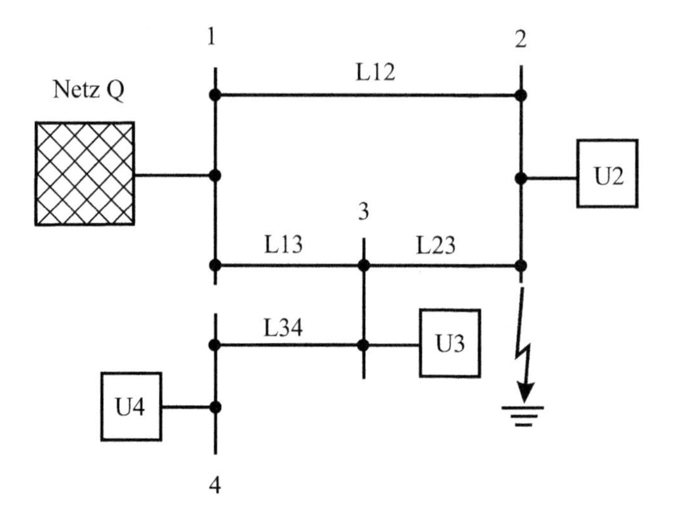

Abb. 13.2 Netzschaltung zur Bestimmung des dreipoligen Kurzschlussstroms in einem 110-kV-Netz

stelle einspeisen. Bei der Nachbildung wird vorausgesetzt, dass der Vollumrichter und der dazugehörige Blocktransformator eine Einheit darstellen. Sämtliche Angaben beziehen sich stets auf die Oberspannungsseite des Transformators. Diese Einheit (Vollumrichter und Transformator) wird als eine Vollumrichteranlage bezeichnet.

Bei der Darstellung nach Abb. 13.2 wird von einem Freileitungsnetz ausgegangen. Für die Berechnung werden die folgenden Betriebsmitteldaten angenommen:

- *Netz:*

Anfangs-Kurzschlusswechselstrom:	$\underline{I}_{\mathrm{k}}'' = 20\,\mathrm{kA}$	
R/*X*-Verhältnis:	$R/X = 0{,}1$	

- *Freileitungen:*

Impedanz:	$\underline{Z}_{\mathrm{L}}' = (0{,}120 + \mathrm{j}0{,}393)\,\Omega/\mathrm{km}$	
Längen:	$\ell_{12} = 100\ \mathrm{km}$	$\ell_{13} = 50\ \mathrm{km}$
	$\ell_{23} = 50\ \mathrm{km}$	$\ell_{34} = 25\ \mathrm{km}$

- *Vollumrichteranlagen (Windpark):*

Bemessungsspannung:	$U_{\mathrm{rU}} = 110\,\mathrm{kV}$	
Bemessungsleistung:	$P_{\mathrm{U2}} = 100\ \mathrm{MW}$	$P_{\mathrm{U3}} = 50\,\mathrm{MW} = P_{\mathrm{U4}}$
Einspeisung im Kurzschlussfall:	$I_{\mathrm{kU}} = k_{\mathrm{U}} \cdot I_{\mathrm{rU}}$	$k_{\mathrm{U}} = 1{,}0$

Bei den Vollumrichtern wird angenommen, dass die Einspeisung der Umrichter im Kurzschlussfall dem Bemessungsstrom entspricht. Hierbei handelt es sich um einen induktiven Strom, wie dieses nach Abschn. 13.4 zur Spannungsstützung während des Kurzschlusses gefordert wird.

Die Einspeisung des Netzes nach Abb. 13.2 wird als eine Spannungsquelle angenommen, während die Vollumrichteranlagen jeweils eine konstante Stromquelle repräsentieren. Aus diesem Grund werden für eine Berechnung der Kurzschlussströme insgesamt drei Arbeitsschritte verwendet, nämlich:

- Berechnung des Kurzschlussstroms an der Fehlerstelle (Sammelschiene 2), hervorgerufen durch die Netzeinspeisung und ohne Beitrag der Vollumrichter, Fehlerstrom $\underline{I}''_{\mathrm{kI}i}$ (Index: I).
- Berechnung des Kurzschlussstroms an der Fehlerstelle (Sammelschiene 2), hervorgerufen durch die Einspeisung der Vollumrichteranlagen und ohne Beitrag des Netzes, Fehlerstrom $\underline{I}''_{\mathrm{kII}i}$ (Index: II). Hierbei wird ausschließlich ein induktiver Strom angenommen. Die Phasenlage der Umrichterströme richtet sich nach der Ersatzspannungsquelle an der Fehlerstelle, die in der reellen Achse liegt und sie ist somit unabhängig von der Phasenlage der Klemmenspannung vor Fehlereintritt.
- Die beiden Fehlerströme werden anschließend überlagert, um den gesamten Kurzschlussstrom $\underline{I}''_{\mathrm{k}i}$ zu ermitteln.

Die Ersatzschaltung im Mitsystem für den dreipoligen Kurzschluss zeigt Abb. 13.3, hierbei sind sowohl die Stromquellen der Vollumrichter als auch die Ersatzspannungsquelle an der Fehlerstelle F2 eingetragen.

Vereinfachend kann Abb. 13.3 umgewandelt werden, indem die Impedanzen und Stromquellen zusammengefasst werden (Abb. 13.4).

13.2.2.2 Arbeitsschritt 1: Ersatzspannungsquelle an der Fehlerstelle

Im ersten Arbeitsschritt werden die Stromquellen nicht berücksichtigt, sodass sie nach Abb. 13.5 eine Unterbrechung darstellen, an der eine Spannung gegen Erde aufgrund der Netzeinspeisung entsteht. Durch diesen Arbeitsschritt wird ausschließlich der Kurzschlussstrombeitrag bestimmt, der sich aufgrund der Spannungsquelle (Netz) ergibt.

Grundsätzlich wird zur Berechnung die Admittanzmatrix $\underline{\mathbf{Y}}_{\mathrm{N}}$ des Netzes aufgestellt, um anschließend mit Hilfe der Impedanzmatrix $\underline{\mathbf{Z}}_{\mathrm{N}}$ und der Spannungsverteilung $\underline{\mathbf{U}}_i$ die Ströme an den Netzknoten $\underline{\mathbf{I}}_i$ zu bestimmen, so dass allgemein gilt:

$$\underline{\mathbf{I}}_i = \underline{\mathbf{Y}}_{\mathrm{N}} \cdot \underline{\mathbf{U}}_i \qquad \underline{\mathbf{U}}_i = \underline{\mathbf{Z}}_{\mathrm{N}} \cdot \underline{\mathbf{I}}_i \tag{13.8}$$

Für die Admittanz- bez. Impedanzmatrix eines Netzes gilt allgemein:

$$\underline{\mathbf{Y}}_{\mathrm{N}} = \begin{pmatrix} \underline{Y}_{11} & \cdots & \underline{Y}_{1i} & \cdots & \underline{Y}_{1\mathrm{m}} \\ \vdots & \ddots & \vdots & \ddots & \vdots \\ \underline{Y}_{i1} & \cdots & \underline{Y}_{ii} & \cdots & \underline{Y}_{i\mathrm{m}} \\ \vdots & \ddots & \vdots & \ddots & \vdots \\ \underline{Y}_{\mathrm{m}1} & \cdots & \underline{Y}_{\mathrm{m}i} & \ddots & \underline{Y}_{\mathrm{mm}} \end{pmatrix} \qquad \underline{\mathbf{Z}}_{\mathrm{N}} = \begin{pmatrix} \underline{Z}_{11} & \cdots & \underline{Z}_{1i} & \cdots & \underline{Z}_{1\mathrm{m}} \\ \vdots & \ddots & \vdots & \ddots & \vdots \\ \underline{Z}_{i1} & \cdots & \underline{Z}_{ii} & \cdots & \underline{Z}_{i\mathrm{m}} \\ \vdots & \ddots & \vdots & \ddots & \vdots \\ \underline{Z}_{\mathrm{m}1} & \cdots & \underline{Z}_{\mathrm{m}i} & \ddots & \underline{Z}_{\mathrm{mm}} \end{pmatrix} \tag{13.9}$$

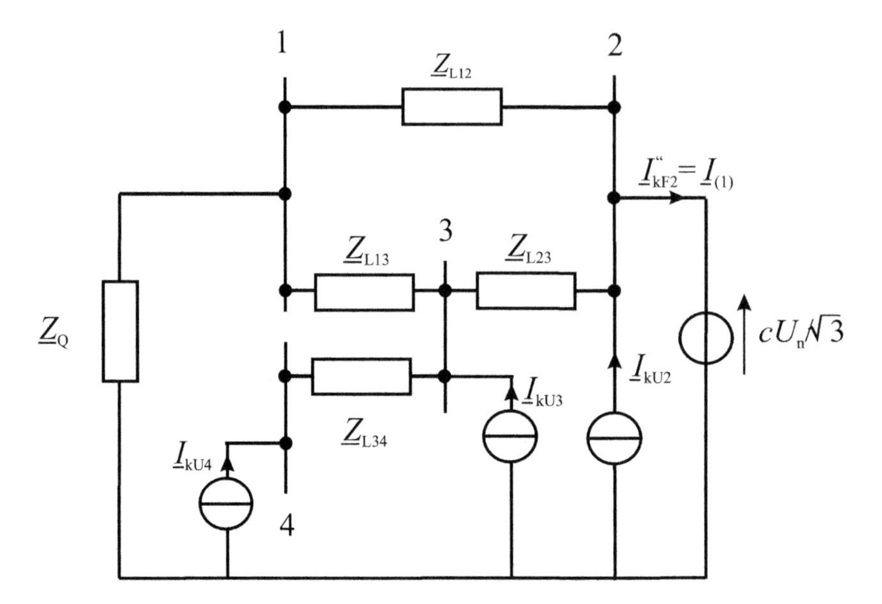

Abb. 13.3 Ersatzschaltbild im Mitsystem für den dreipoligen Kurzschluss an der Fehlerstelle F2 nach Abb. 13.2 (Ersatzspannungsquelle an der Fehlerstelle, Stromquelle)

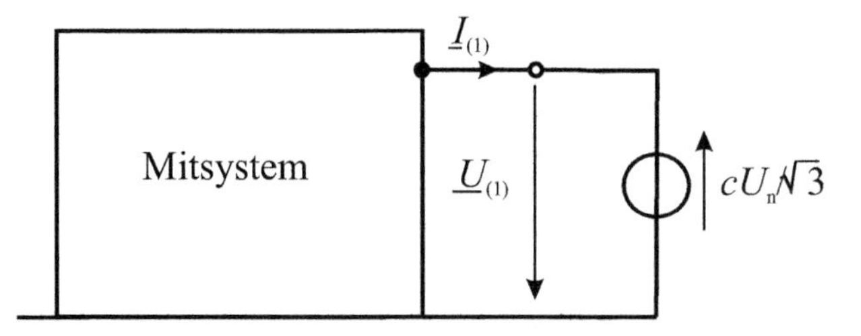

Abb. 13.4 Vereinfachtes Ersatzschaltbild des Mitsystem

Für die Berechnung des Kurzschlussstroms mit Hilfe des Verfahrens der Ersatzspannungsquelle an der Fehlerstelle F (Sammelschiene 2) gilt Abb. 13.6, mit der Spannung nach Gl. (13.10) als einzige Spannung im Netz.

$$\underline{U}_i = c \cdot U_\mathrm{n} / \sqrt{3} \tag{13.10}$$

Mit Hilfe der Impedanzmatrix ist es möglich, den Kurzschlussstrom an der Fehlerstelle zu berechnen. Hierbei wird die Ersatzspannung am Knoten i nach Gl. (13.10) eingesetzt,

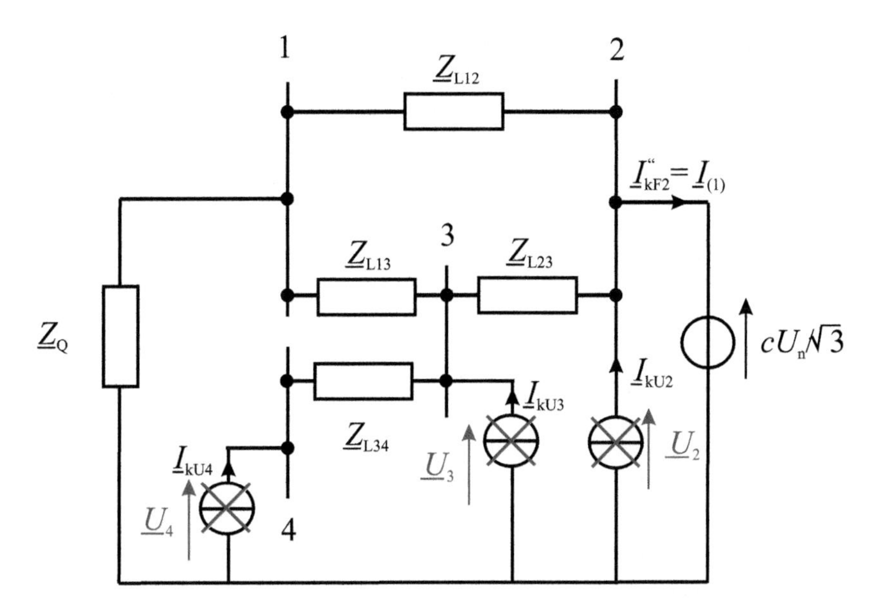

Abb. 13.5 Ersatzschaltung zur Bestimmung des Netzbeitrags zum Kurzschlussstrom (Mitsystem)

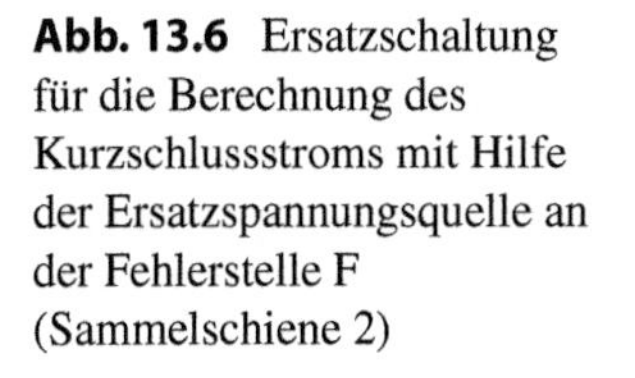
Abb. 13.6 Ersatzschaltung für die Berechnung des Kurzschlussstroms mit Hilfe der Ersatzspannungsquelle an der Fehlerstelle F (Sammelschiene 2)

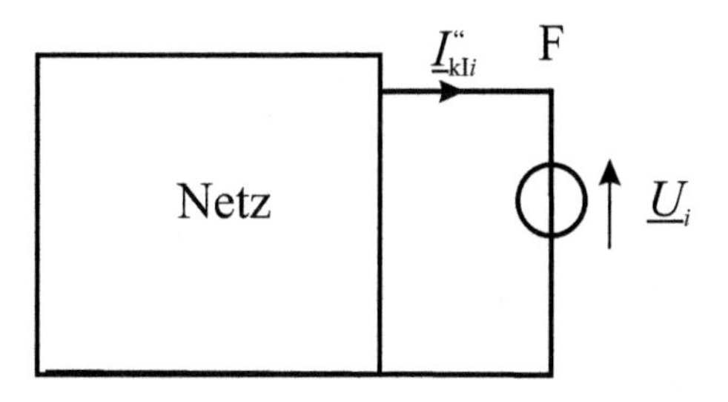

während alle Knotenströme den Wert $\underline{I}_i = 0$ haben, bis auf den Fehlerstrom $\underline{I}''_{kIi}$. Es gilt dann allgemein:

$$\begin{pmatrix} \underline{U}_1 \\ \vdots \\ \underline{U}_i \\ \vdots \\ \underline{U}_m \end{pmatrix} = \begin{pmatrix} \underline{Z}_{11} & \cdots & \underline{Z}_{1i} & \cdots & \underline{Z}_{1m} \\ \vdots & \ddots & \vdots & \ddots & \vdots \\ \underline{Z}_{i1} & \cdots & \underline{Z}_{ii} & \cdots & \underline{Z}_{im} \\ \vdots & \ddots & \vdots & \ddots & \vdots \\ \underline{Z}_{m1} & \cdots & \underline{Z}_{mi} & \ddots & \underline{Z}_{mm} \end{pmatrix} \cdot \begin{pmatrix} 0 \\ \vdots \\ \underline{I}''_{kIi} \\ \vdots \\ 0 \end{pmatrix} \tag{13.11}$$

Aus Gl. (13.11) ergibt sich der Kurzschlussstrom $\underline{I}''_{kIi}$ ohne den Einfluss der Vollumrichteranlagen zu:

$$c \cdot U_n / \sqrt{3} = \underline{Z}_{ii} \cdot \underline{I}''_{kIi} \qquad \underline{I}''_{kIi} = \frac{c \cdot U_n / \sqrt{3}}{\underline{Z}_{ii}} \tag{13.12}$$

Anschließend können sämtliche Knotenspannungen gegen Bezugserde (siehe Bemerkung nach Abschnitt 3.6.6) aus dem Gleichungssystem (13.11) abgeleitet werden, so dass z. B. für die Spannung $\underline{U}_1$ am Netzknoten 1 bei einem Kurzschluss am Knoten i gilt:

$$\underline{U}_1 = \underline{Z}_{1i} \cdot \underline{I}_{kIi}^{"} = \frac{\underline{Z}_{1i}}{\underline{Z}_{ii}} \cdot c \cdot U_n / \sqrt{3} = \Delta \underline{U}_1 \tag{13.13}$$

Hierbei ist zu beachten, dass die Spannung nach Gl. (13.13) sich als Folge des geänderten Spannungsprofils ergibt, bedingt durch die Ersatzspannungsquelle an der Fehlerstelle. Die Spannung nach Gl. (13.13) entspricht auch der Spannungsänderung, die durch den Kurzschluss als Folge der Ersatzspannungsquelle hervorgerufen wird. Die tatsächliche Spannung $\underline{U}_{1r}$ am Knoten 1 ergibt sich zu:

$$\underline{U}_{1r} = c \cdot U_n / \sqrt{3} - \frac{\underline{Z}_{1i}}{\underline{Z}_{ii}} \cdot c \cdot U_n / \sqrt{3} = c \cdot U_n / \sqrt{3} \cdot \left(1 - \frac{\underline{Z}_{1i}}{\underline{Z}_{ii}} \right) \tag{13.14}$$

Diese Spannung ist dann zu verwenden, wenn, wie später gezeigt, der Strombeitrag der Vollumrichter abhängig von der Spannungsabsenkung am Anschlusspunkt ist (Abschn. 13.4).

13.2.2.3 Arbeitsschritt 2: Konstante Stromquelle

Die Nachbildung der Vollumrichteranlagen erfolgt im Mitsystem durch eine Stromquelle mit dem Innenwiderstand $\underline{Z}_{Ui} \rightarrow \infty$, so dass die Ersatzschaltung nach Abb. 13.7 erfolgt.

In ähnlicher Weise, entsprechend dem Verfahren der Ersatzspannungsquelle an der Kurzschlussstelle, Gleichung (13.11), wird die Stromverteilung ausschließlich durch den Einfluss der Vollumrichteranlagen berechnet, so dass das Gleichungssystem (13.15) gilt. An der Fehlerstelle ist die Spannung $\underline{U}_{Ui}$ kurzgeschlossen, während die übrigen Spannungen sich aus den Strombedingungen ermitteln. Die Einspeisungen der Vollumrichter werden durch einen Stromvektor auf der rechten Seite dargestellt.

$$\begin{pmatrix} \underline{U}_{U1} \\ \vdots \\ 0 \\ \vdots \\ \underline{U}_{Um} \end{pmatrix} = \begin{pmatrix} \underline{Z}_{11} & \cdots & \underline{Z}_{1i} & \cdots & \underline{Z}_{1m} \\ \vdots & \ddots & \vdots & \ddots & \vdots \\ \underline{Z}_{i1} & \cdots & \underline{Z}_{ii} & \cdots & \underline{Z}_{im} \\ \vdots & \ddots & \vdots & \ddots & \vdots \\ \underline{Z}_{m1} & \cdots & \underline{Z}_{mi} & \ddots & \underline{Z}_{mm} \end{pmatrix} \cdot \left[\begin{pmatrix} 0 \\ \vdots \\ \underline{I}_{kIIi}^{"} \\ \vdots \\ 0 \end{pmatrix} - \begin{pmatrix} \underline{I}_{kU1} \\ \vdots \\ \underline{I}_{kUi} \\ \vdots \\ \underline{I}_{kUm} \end{pmatrix} \right] \tag{13.15}$$

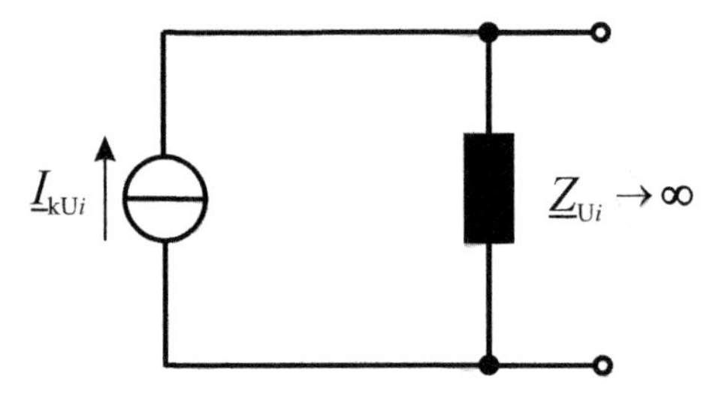

Abb. 13.7 Nachbildung der Vollumrichteranlage als Stromquelle (Mitsystem)

Hieraus ergibt sich für den Kurzschlussstrombeitrag $\underline{I}''_{\mathrm{kII}i}$ an der Fehlerstelle i als Folge der Einspeisungen der Vollumrichter indem die i-te Zeile ausmultipliziert wird:

$$0 = \underline{Z}_{ii} \cdot \underline{I}''_{\mathrm{kII}i} - \left(\underline{Z}_{i1} \cdot \underline{I}_{\mathrm{kU1}} + \cdots + \underline{Z}_{i\mathrm{m}} \cdot \underline{I}_{\mathrm{kUm}}\right) = \underline{Z}_{ii} \cdot \underline{I}''_{\mathrm{kII}i} - \sum_{j}^{\mathrm{m}} \underline{Z}_{ij} \cdot \underline{I}_{\mathrm{kU}j} \tag{13.16}$$

Durch Umformen folgt:

$$\underline{I}''_{\mathrm{kII}i} = \frac{1}{\underline{Z}_{ii}} \cdot \sum_{j}^{\mathrm{m}} \underline{Z}_{ij} \cdot \underline{I}_{\mathrm{kU}j} \tag{13.17}$$

Der Strom $\underline{I}''_{\mathrm{kII}i}$ stellt den Kurzschlussstrombeitrag an der Fehlerstelle dar, der von allen Einspeisungen der verschiedenen Umrichter hervorgerufen wird, unter Berücksichtigung der Netzimpedanz. Falls im theoretischen Fall keine Netzimpedanz vorhanden ist, entspricht der Kurzschlussstrombeitrag der Summe aller Einspeisungen der Umrichter im Netz.

13.2.2.4 Arbeitsschritt 3: Überlagerung

Die beiden Stromanteile nach den Gl. (13.12) und (13.17) sind zu addieren, um den Gesamtstrom an der Fehlerstelle zu berechnen, so dass gilt.

$$\underline{I}''_{\mathrm{k}i} = \underline{I}''_{\mathrm{kI}i} + \underline{I}''_{\mathrm{kII}i} = \frac{c \cdot U_{\mathrm{n}} / \sqrt{3}}{\underline{Z}_{ii}} + \frac{1}{\underline{Z}_{ii}} \cdot \sum_{j}^{\mathrm{m}} \underline{Z}_{ij} \cdot \underline{I}_{\mathrm{kU}j} \tag{13.18}$$

Die Werte $\underline{Z}_{ii}$ und $\underline{Z}_{ij}$ ergeben sich aus der Impedanzmatrix nach Gl. (13.9), wobei der Index i (in diesem Beispiel 2) den Kurzschlussort darstellt und j die Knoten repräsentiert, an denen Vollumrichteranlagen angeschlossen sind (in diesem Beispiel 2, 3 und 4, nach Abb. 13.2).

13.2.2.5 Arbeitsschritt 4: Berechnung der Spannungsverteilung

Ausgehend von den Kurzschlussströmen nach Gl. (13.18) kann die Spannungsverteilung an den Netzknoten bestimmt werden. Hierbei wird das Gleichungssystem (13.15) angewendet, indem der gesamte Kurzschlussstrom $\underline{I}''_{\mathrm{k}i}$ nach Abschn. 13.2.2.4 bestimmt wird, Gl. (13.19). Mit $\underline{U}_i$ der Ersatzspannungsquelle an der Fehlerstelle nach Gl. (13.10). Auch in diesem Fall stellen die Spannungen in Wirklichkeit die Spannungsänderung aufgrund des Kurzschlusses dar. Die realen Spannungen $\underline{U}_{i\mathrm{r}}$ an den Netzknoten werden nach Gl. (13.14) ermittelt.

$$\begin{pmatrix} \underline{U}_1 \\ \vdots \\ \underline{U}_i \\ \vdots \\ \underline{U}_m \end{pmatrix} = \begin{pmatrix} \underline{Z}_{11} & \cdots & \underline{Z}_{1i} & \cdots & \underline{Z}_{1m} \\ \vdots & \ddots & \vdots & \ddots & \vdots \\ \underline{Z}_{i1} & \cdots & \underline{Z}_{ii} & \cdots & \underline{Z}_{im} \\ \vdots & \ddots & \vdots & \ddots & \vdots \\ \underline{Z}_{m1} & \cdots & \underline{Z}_{mi} & \ddots & \underline{Z}_{mm} \end{pmatrix} \cdot \left[\begin{pmatrix} 0 \\ \vdots \\ \underline{I}''_{ki} \\ \vdots \\ 0 \end{pmatrix} - \begin{pmatrix} \underline{I}_{kU1} \\ \vdots \\ \underline{I}_{kUi} \\ \vdots \\ \underline{I}_{kUm} \end{pmatrix} \right] \tag{13.19}$$

13.2.3 Ableitung des Kurzschlussstroms bei einem zweipoligen Fehler

Für die Ableitung des Kurzschlussstroms an der Fehlerstelle bei einem zweipoligen Kurzschluss müssen die Ersatzschaltungen im Mit- und Gegensystem verwendet werden. Während das Mitsystem in Abb. 13.5 dargestellt ist, zeigt Abb. 13.8 das entsprechende Gegensystem. Dieses System zeichnet sich durch zwei wesentliche Unterschiede zum Mitsystem aus, in Bezug auf die zu berücksichtigenden Vollumrichter:

- Die Stromquellen wirken ausschließlich im Mitsystem.
- Die Gegenimpedanz der Vollumrichter hat einen definierten Wert, der vom Hersteller anzugeben ist und von der Regelstrategie abhängt.

Die Gegenimpedanzen der Vollumrichter sind mit $\underline{Z}_{(2)Ui}$ gekennzeichnet, während die Impedanzen der Freileitungen und des Netzes gleich den Mitimpedanzen sind. Dieses bedeutet, dass bei der Berechnung des zweipoligen Kurzschlussstroms eine wiederholte Berechnung der Impedanzmatrix für das Gegensystem erforderlich ist.

Entsprechend der Darstellung nach Abb. 13.4 kann ein vereinfachtes Ersatzschaltbild des Gegensystems angegeben werden, Abb. 13.9.

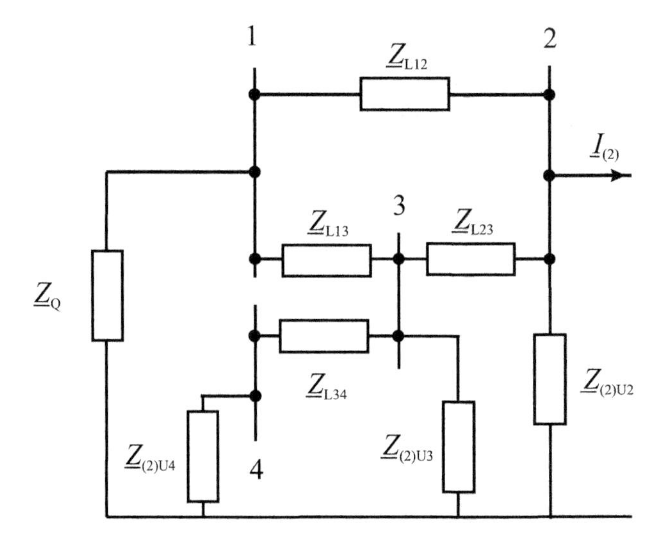

Abb. 13.8 Ersatzschaltbild des Gegensystems des Beispiels nach Abb. 13.2

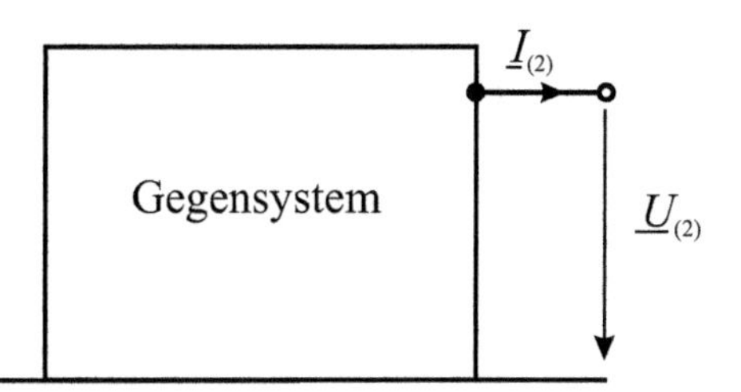

Abb. 13.9 Vereinfachtes Ersatzschaltbild des Gegensystems

Unter Berücksichtigung der Fehlerbedingungen für den zweipoligen Kurzschlussstrom ohne Erdberührung können mit Hilfe der symmetrischen Komponenten die folgenden Bedingungen für den Fehlerknoten i angegeben werden:

$$\begin{aligned} \underline{I}_{(1)i} &= -\underline{I}_{(2)i} \\ \underline{U}_{(1)i} &= \underline{U}_{(2)i} - c \cdot U_{\mathrm{n}} / \sqrt{3} \end{aligned} \tag{13.20}$$

Bei der Ableitung der Fehlerbedingungen wird berücksichtigt, dass aufgrund der Methode der Ersatzspannungsquelle an der Fehlerstelle sich diese Spannungsquelle nicht im Mitsystem befindet. Es ergibt sich dann die Ersatzschaltung für den zweipoligen Fehler nach Abb. 13.10.

Der Strom im Mitsystem bestimmt sich nach Gl. (13.18), indem die Spannung $c \cdot U_{\mathrm{n}} / \sqrt{3}$ durch die Spannung an den Klemmen des Mitsystems $\underline{U}_{(1)i}$ ersetzt wird (Abb. 13.4). Da der Einfluss der Vollumrichter (Stromeinspeisung) sich ausschließlich im Mitsystem auswirkt, erfolgt die Berücksichtigung dieser Strombeiträge nur in Gl. (13.21). Bei Aufstellung der Gleichung werden die Spannungs- und Stromzählpfeile nach Abb. (13.10) berücksichtigt $\left(c \cdot U_{\mathrm{n}} / \sqrt{3} = -U_{(1)i}\right)$.

$$\underline{I}_{(1)i} = \frac{-\underline{U}_{(1)i}}{\underline{Z}_{(1)ii}} + \frac{1}{\underline{Z}_{(1)ii}} \cdot \sum_{j}^{\mathrm{m}} \underline{Z}_{(1)ij} \cdot \underline{I}_{(1)\mathrm{U}j} \tag{13.21}$$

$$\underline{I}_{(2)i} = -\frac{\underline{U}_{(2)i}}{\underline{Z}_{(2)ii}} \tag{13.22}$$

Unter Berücksichtigung der Komponentenspannungen nach Gl. (13.20) folgt daraus:

$$\underline{I}_{(1)i} = -\frac{U_{(2)i} - c \cdot U_{\mathrm{n}} / \sqrt{3}}{\underline{Z}_{(1)ii}} + \frac{1}{\underline{Z}_{(1)ii}} \cdot \sum_{j}^{\mathrm{m}} \underline{Z}_{(1)ij} \cdot \underline{I}_{(1)\mathrm{U}j} \tag{13.23}$$

Nach Einsetzen der Gl. (13.22) und (13.20) ergibt sich:

$$\underline{I}_{(1)i} = \frac{\underline{Z}_{(2)ii}}{\underline{Z}_{(1)ii}} \cdot \underline{I}_{(2)i} + \frac{c \cdot U_{\mathrm{n}} / \sqrt{3}}{\underline{Z}_{(1)ii}} + \frac{1}{\underline{Z}_{(1)ii}} \cdot \sum_{j}^{\mathrm{m}} \underline{Z}_{(1)ij} \cdot \underline{I}_{(1)\mathrm{U}j} \tag{13.24}$$

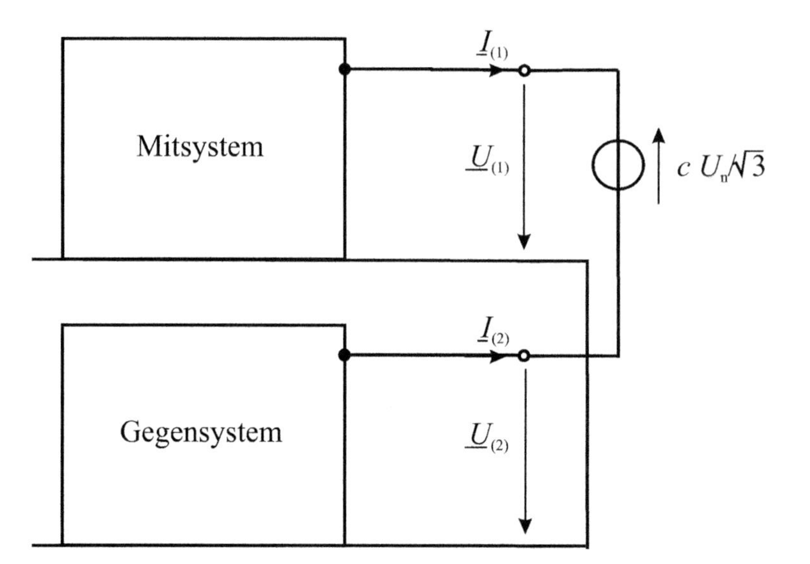

Abb. 13.10 Ersatzschaltung der symmetrischen Komponenten bei einem zweipoligen Fehler; Berechnungsmethode: Ersatzspannungsquelle an der Fehlerstelle

$$\underline{I}_{(1)i} = \frac{1}{\underline{Z}_{(1)ii} + \underline{Z}_{(2)ii}} \cdot \left(c \cdot U_{\mathrm{n}} / \sqrt{3} + \sum_{j}^{\mathrm{m}} \underline{Z}_{(1)ij} \cdot \underline{I}_{(1)\mathrm{U}j} \right) = -\underline{I}_{(2)i} \tag{13.25}$$

Mit Hilfe der Transformationsmatrix kann der Anfangs-Kurzschlusswechselstrom im Originalsystem bestimmt werden ($\underline{I}_{(0)i} = 0$).

$$\begin{pmatrix} \underline{I}''_{\mathrm{R}i} \\ \underline{I}''_{\mathrm{S}i} \\ \underline{I}''_{\mathrm{T}i} \end{pmatrix} = \begin{pmatrix} 1 & 1 & 1 \\ 1 & \underline{a}^2 & \underline{a} \\ 1 & \underline{a} & \underline{a}^2 \end{pmatrix} \cdot \begin{pmatrix} \underline{I}_{(0)i} \\ \underline{I}_{(1)i} \\ \underline{I}_{(2)i} \end{pmatrix} \tag{13.26}$$

$$\underline{I}''_{\mathrm{R}i} = 0 \qquad \underline{I}''_{\mathrm{S}i} = -\underline{I}''_{\mathrm{T}i} = -\mathrm{j}\sqrt{3} \cdot \underline{I}_{(1)i} \tag{13.27}$$

Somit ergibt sich für den zweipoligen Anfangs-Kurzschlusswechselstrom (ohne Erdberührung) in komplexen Größen:

$$\underline{I}''_{\mathrm{k}2i} = \underline{I}''_{\mathrm{T}i} = \frac{\mathrm{j}\sqrt{3}}{\underline{Z}_{(1)ii} + \underline{Z}_{(2)ii}} \cdot \left(c \cdot U_{\mathrm{n}} / \sqrt{3} + \sum_{j}^{\mathrm{m}} \underline{Z}_{(1)ij} \cdot \underline{I}_{(1)\mathrm{U}j} \right) \tag{13.28}$$

Da in der Regel die Kurzschlussimpedanz $\underline{Z}_{(1)ij} \approx \mathrm{j}X_{(1)ij}$ und die Ströme der Vollumrichter ebenfalls induktiv $\underline{I}_{(1)\mathrm{U}j} = -\mathrm{j}I_{(1)\mathrm{U}j}$ sind, haben die beiden Teile der Klammer das gleiche Vorzeichen.

13.2.4 Ableitung des Kurzschlussstroms bei einem einpoligen Fehler

Analog zum zweipoligen Kurzschluss kann auch der Beitrag bei einem einpoligen Kurzschluss bestimmt werden, indem die Komponentenersatzschaltung nach Abb. 13.11 angewendet wird. Die Nachbildung des einpoligen Fehlers ergibt die Reihenschaltung der Komponentensysteme.

In Ergänzung zu den Gl. (13.21) und (13.22) bestimmt sich der Nullstrom $\underline{I}_{(0)i}$ zu:

$$\underline{I}_{(0)i} = -\frac{\underline{U}_{(0)i}}{\underline{Z}_{(0)ii}} \tag{13.29}$$

Somit ergibt sich für den Komponentenstrom $\underline{I}_{(1)i}$ nach Gl. (13.30):

$$\underline{I}_{(1)i} = \frac{\underline{U}_{(2)i} + \underline{U}_{(0)i} + c \cdot U_{\mathrm{n}} / \sqrt{3}}{\underline{Z}_{(1)ii}} + \frac{1}{\underline{Z}_{(1)ii}} \cdot \sum_{j}^{\mathrm{m}} \underline{Z}_{(1)ij} \cdot \underline{I}_{(1)\mathrm{U}j} \tag{13.30}$$

Unter Berücksichtigung der Gl. (13.22) und (13.29) können die Komponentenspannungen durch die Ströme ersetzt werden, so dass mit Hilfe der Strombedingungen der einpolige Kurzschlussstrom im Originalsystem bestimmt werden kann.

$$\underline{I}_{(1)i} = -\frac{\underline{Z}_{(2)ii} + \underline{Z}_{(0)ii}}{\underline{Z}_{(1)ii}} \cdot \underline{I}_{(1)i} + \frac{c \cdot U_{\mathrm{n}} / \sqrt{3}}{\underline{Z}_{(1)ii}} + \frac{1}{\underline{Z}_{(1)ii}} \cdot \sum_{j}^{\mathrm{m}} \underline{Z}_{(1)ij} \cdot \underline{I}_{(1)\mathrm{U}j} \tag{13.31}$$

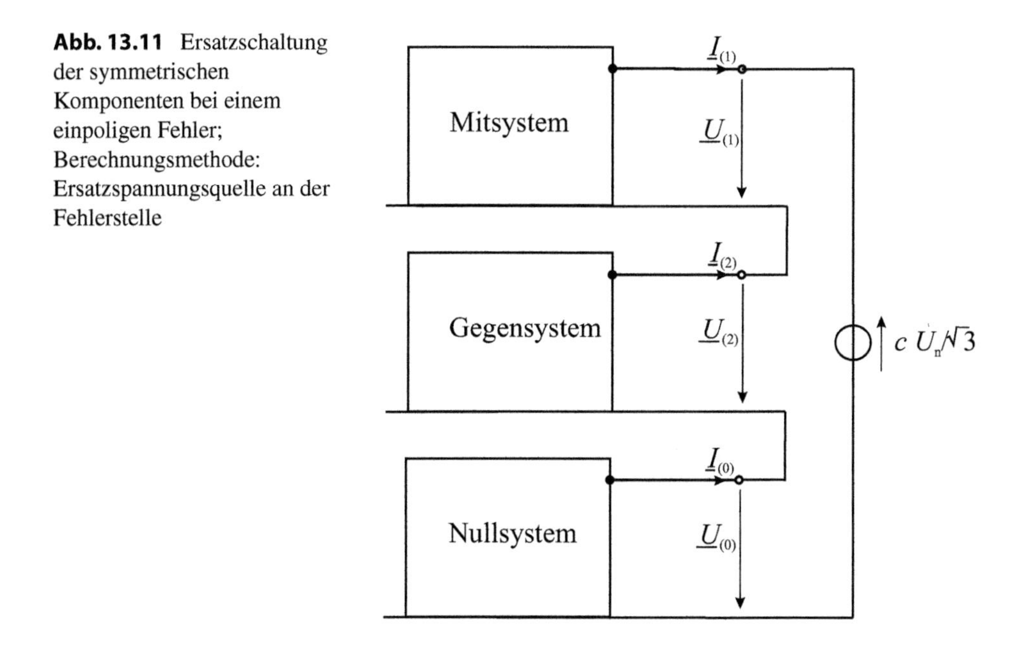

Abb. 13.11 Ersatzschaltung der symmetrischen Komponenten bei einem einpoligen Fehler; Berechnungsmethode: Ersatzspannungsquelle an der Fehlerstelle

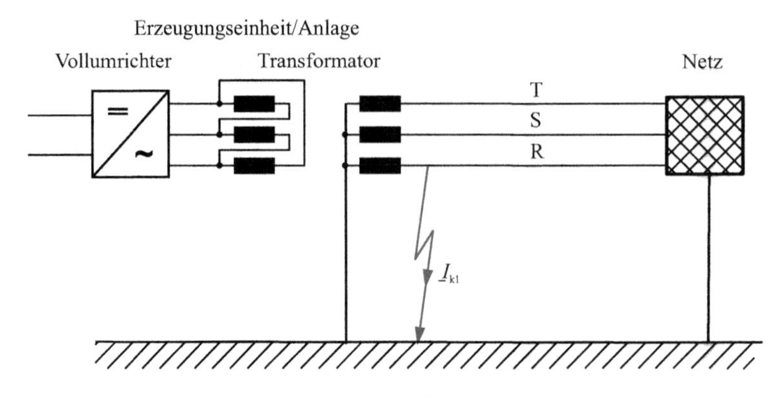

Abb. 13.12 Ersatzschaltung bei einem einpoligen Kurzschluss

$$\underline{I}''_{k1i} = 3 \cdot \underline{I}_{(1)i} = \frac{3}{\underline{Z}_{(1)ii} + \underline{Z}_{(2)ii} + \underline{Z}_{(0)ii}} \cdot \left(c \cdot U_n / \sqrt{3} + \sum_j^m \underline{Z}_{(1)ij} \cdot \underline{I}_{(1)Uj} \right) \tag{13.32}$$

Nach den Vorgaben der VDE-Bestimmung 2016 [3] ist das Nullsystem der Vollumrichteranlage $\underline{Z}_{(0)PF}$ mit unendlich einzusetzen. Diese Formulierung bezieht sich jedoch ausschließlich auf die Umrichtereinheit, da angenommen wird, dass der dazugehörige Transformator nicht auf beiden Seiten (Netz- und Umrichterseite) geerdet ist. Nach Abb. 13.12 hängt der Netzbeitrag der Anlage zum Kurzschlussstrom von der Sternpunktbehandlung des Transformators auf der OS-Seite ab.

Die Dreieckwicklung des Transformators nach Abb. 13.12 stellt im Nullsystem einen Kurzschluss dar, bei einem einpoligen Kurzschluss auf der Oberspannungsseite, so dass die Nullimpedanz des Transformators parallel zur Netznullimpedanz ist.

13.2.5 Beispiel

Im Folgenden werden für das Beispiel nach Abschn. 13.2.1 der Anfangs-Kurzschlusswechselstrom und der Stoßkurzschlussstrom ermittelt, jeweils für den dreipoligen Kurzschluss. Hierbei wird zwischen zwei verschiedenen Verfahren unterschieden. Zuerst erfolgt Stromeinspeisung der Umrichter unabhängig von der Spannungsänderung an den Klemmen während des Kurzschlusses., Abschn. 13.2.5.1. Im zweiten Fall wird die Einspeisung in Abhängigkeit des Fehlerorts korrigiert, Abschn. 13.2.5.2.

13.2.5.1 Anfangs-Kurzschlusswechselstrom ohne Korrektur der Vollumrichter

In diesem Abschnitt wird davon ausgegangen, dass die angeschlossenen Vollumrichter einen induktiven Strombeitrag während der Kurzschlussdauer liefern, der unabhängig von der Spannungsabsenkung an den Klemmen der Umrichtereinheit ist. Somit entspricht der Kurzschlussstrombeitrag dem maximal geforderten Strom unabhängig vom Kurzschlussort. Diese Vorgehensweise entspricht der Darstellung nach der VDE-Bestimmung 2016 [3].

Ausgehend von den Impedanzen der Betriebsmittel werden die entsprechenden Matrizen aufgestellt, um den Anfangs-Kurzschlusswechselstrom nach den Gl. 13.18 bzw. 13.1 zu bestimmen. Es ergeben sich die folgenden Impedanzen bzw. Admittanzen, entsprechend den Angaben nach Abschn. 13.2.2.1:

- *Netz:*

$$Z_Q = \frac{c \cdot U_{nQ}}{\sqrt{3} \cdot I_k''} = \frac{1{,}1 \cdot 110}{\sqrt{3} \cdot 20}\,\Omega = 3{,}4930\,\Omega \qquad \underline{Z}_Q = (0{,}3476 + \mathrm{j}3{,}4756)\,\Omega$$

$$\underline{Y}_Q = (0{,}02849 - \mathrm{j}0{,}28487) \cdot 1/\Omega$$

- *Freileitungen:*

$$\underline{Z}_{L12} = (12{,}000 + \mathrm{j}39{,}300)\,\Omega \qquad \underline{Y}_{L12} = (0{,}00711 - \mathrm{j}0{,}02328) \cdot 1/\Omega$$

$$\underline{Z}_{L13} = (6{,}000 + \mathrm{j}19{,}650)\,\Omega = \underline{Z}_{L12}/2 \qquad \underline{Y}_{L13} = (0{,}01421 - \mathrm{j}0{,}04655) \cdot 1/\Omega = 2 \cdot \underline{Y}_{L12}$$

$$\underline{Z}_{L23} = (6{,}000 + \mathrm{j}19{,}650)\,\Omega = \underline{Z}_{L12}/2 \qquad \underline{Y}_{L23} = (0{,}01421 - \mathrm{j}0{,}04655) \cdot 1/\Omega = 2 \cdot \underline{Y}_{L12}$$

$$\underline{Z}_{L34} = (3{,}000 + \mathrm{j}9{,}825)\,\Omega = \underline{Z}_{L12}/4 \qquad \underline{Y}_{L34} = (0{,}02843 - \mathrm{j}0{,}09310) \cdot 1/\Omega = 4 \cdot \underline{Y}_{L12}$$

- *Vollumrichteranlagen (Windparks):*

$$I_{rU2} = \frac{P_{U2}}{\sqrt{3} \cdot U_n} = \frac{100}{\sqrt{3} \cdot 110}\,\mathrm{kA} = 0{,}5249\,\mathrm{kA} \qquad I_{rU3} = 0{,}2624\,\mathrm{kA} = I_{rU4}$$

Da der eingespeiste Strom der Vollumrichteranlagen als induktiv angenommen wird, ergeben sich die jeweiligen Ströme unter Berücksichtigung eines Strombeitrags im Kurzschlussfall von $I_{kU} = 1{,}0 \cdot I_{rU}$ zu:

$$\underline{I}_{kU2} = -\mathrm{j}0{,}5249\,\mathrm{kA} \quad \underline{I}_{kU3} = -\mathrm{j}0{,}2625\,\mathrm{kA} = \underline{I}_{kU4}$$

Für das Beispiel nach Abb. 13.2 kann allgemein die Admittanzmatrix nach Gl. (13.9) aufgestellt werden.

$$\underline{\mathbf{Y}}_N = \begin{pmatrix} \underline{Y}_Q + \underline{Y}_{L12} + \underline{Y}_{L13} & -\underline{Y}_{L12} & -\underline{Y}_{L13} & 0 \\ -\underline{Y}_{L12} & \underline{Y}_{L12} + \underline{Y}_{L23} & -\underline{Y}_{L23} & 0 \\ -\underline{Y}_{L13} & -\underline{Y}_{L23} & \underline{Y}_{L13} + \underline{Y}_{L23} + \underline{Y}_{L34} & -\underline{Y}_{L34} \\ 0 & 0 & -\underline{Y}_{L34} & \underline{Y}_{L34} \end{pmatrix} \tag{13.33}$$

Unter Berücksichtigung der Betriebsmitteldaten folgt daraus:

$$\underline{\mathbf{Y}}_N = \begin{pmatrix} 0{,}04981 - \mathrm{j}0{,}35470 & -0{,}00711 + \mathrm{j}0{,}02328 & -0{,}01421 + \mathrm{j}0{,}04655 & 0 \\ -0{,}00711 + \mathrm{j}0{,}02328 & 0{,}02132 - \mathrm{j}0{,}06983 & -0{,}01421 + \mathrm{j}0{,}04655 & 0 \\ -0{,}01421 + \mathrm{j}0{,}04655 & -0{,}01421 + \mathrm{j}0{,}04655 & 0{,}05685 - \mathrm{j}0{,}18620 & -0{,}02843 + \mathrm{j}0{,}09310 \\ 0 & 0 & -0{,}02843 + \mathrm{j}0{,}09310 & 0{,}02843 - \mathrm{j}0{,}09310 \end{pmatrix}$$

Die Invertierung der Admittanzmatrix liefert die Impedanzmatrix zur Berechnung der Kurzschlussströme.

$$\underline{\mathbf{Z}}_{\mathrm{N}} = \begin{pmatrix} 0,3476 + \mathrm{j}3,4756 & 0,3476 + \mathrm{j}3.4756 & 0,3476 + \mathrm{j}3,4756 & 0,3476 + \mathrm{j}3,4756 \\ 0,3476 + \mathrm{j}3,4756 & 6,3469 + \mathrm{j}23,1238 & 3,3473 + \mathrm{j}13,2997 & 3,3473 + \mathrm{j}13,2997 \\ 0,3476 + \mathrm{j}3,4756 & 3,3473 + \mathrm{j}13,2997 & 4,8468 + \mathrm{j}18,2132 & 4,8468 + \mathrm{j}18,2132 \\ 0,3476 + \mathrm{j}3,4756 & 3,3473 + \mathrm{j}13,2997 & 4,8468 + \mathrm{j}18,2132 & 7,8471 + \mathrm{j}28,0381 \end{pmatrix}$$

Die Berechnung des Beispiels erfolgt zuerst mit komplexen Größen entsprechend Gl. (13.18), im Gegensatz zur VDE-Bestimmung 2016 [1]. Die Impedanzen bestimmen sich aus den entsprechenden Zeilen und Spalten der oben angegebenen Impedanzmatrix $\underline{\mathbf{Z}}_{\mathrm{N}}$. Für den gesamten Kurzschlussstrom an der Fehlerstelle F2 (i = 2, Sammelschiene 2) ergibt sich für dieses Beispiel:

$$\underline{I}''_{\mathrm{kF2}} = \frac{c \cdot U_{\mathrm{n}} / \sqrt{3}}{\underline{Z}_{22}} + \frac{1}{\underline{Z}_{22}} \cdot \left[\underline{Z}_{21} \cdot \underline{I}_{\mathrm{kU1}} + \underline{Z}_{22} \cdot \underline{I}_{\mathrm{kU2}} + \underline{Z}_{23} \cdot \underline{I}_{\mathrm{kU3}} + \underline{Z}_{24} \cdot \underline{I}_{\mathrm{kU4}} \right] \quad (13.34)$$

Da an der Sammelschiene (1) kein Vollumrichter einspeist ($\underline{I}_{\mathrm{kU1}} = 0$) und an der fehlerbehafteten Sammelschiene (2) der Strombeitrag direkt wirksam ist, folgt für den Kurzschlussstrom vereinfachend:

$$\underline{I}''_{\mathrm{kF2}} = \frac{c \cdot U_{\mathrm{n}} / \sqrt{3}}{\underline{Z}_{22}} + \frac{1}{\underline{Z}_{22}} \cdot \left[\underline{Z}_{23} \cdot \underline{I}_{\mathrm{kU3}} + \underline{Z}_{24} \cdot \underline{I}_{\mathrm{kU4}} \right] + \underline{I}_{\mathrm{kU2}} \quad (13.35)$$

Nach Einsetzen der Zahlenwerte folgt aus Gl. (13.35) mit $\underline{Z}_{23} = \underline{Z}_{24}$ und $\underline{I}_{\mathrm{kU3}} = \underline{I}_{\mathrm{kU4}}$:

$$\underline{I}''_{\mathrm{kF2}} = \frac{1{,}1 \cdot 110 / \sqrt{3}}{6{,}3469 + \mathrm{j}23{,}1238}\,\mathrm{kA} - \mathrm{j}\frac{3{,}3473 + \mathrm{j}13{,}2997}{6{,}3469 + \mathrm{j}23{,}1238} \cdot 2 \cdot 0{,}2625\,\mathrm{kA} - \mathrm{j}0{,}5249\,\mathrm{kA}$$

$$\underline{I}''_{\mathrm{kF2}} = (0{,}7711 - \mathrm{j}2{,}8094)\,\mathrm{kA} + (0{,}0064 - \mathrm{j}0{,}8250)\,\mathrm{kA} = 0{,}7775 - \mathrm{j}3{,}6345\,\mathrm{kA}$$

Der erste Anteil bezieht sich auf den Beitrag, der durch die Netzeinspeisung hervorgerufen wird $\left(I''_{\mathrm{kIF2}} = 2{,}9133\,\mathrm{kA}\right)$, während der zweite ausschließlich durch die Einspeisung der Vollumrichter erfolgt $\left(I''_{\mathrm{kIIF2}} = 0{,}8250\,\mathrm{kA}\right)$. Für den Betrag des gesamten Kurzschlussstroms gilt:

$$I''_{\mathrm{kF2}} = 3{,}7166\,\mathrm{kA}$$

Wird entsprechend Gl. (13.1) ausschließlich mit Beträgen gerechnet, so ergibt sich:

$$I''_{\mathrm{kF2}} = \frac{1{,}1 \cdot 110 / \sqrt{3}}{23{,}9790}\,\mathrm{kA} + \frac{13{,}7144}{23{,}9790} \cdot 0{,}5249\,\mathrm{kA} + 0{,}5249\,\mathrm{kA} =$$

$$2{,}9134\,\mathrm{kA} + 0{,}8251\,\mathrm{kA} = 3{,}7385\,\mathrm{kA}$$

Die Berechnung mit Beträgen liefert in diesem Fall ein Ergebnis, welches um 0,59 % größer ist als der Wert mit komplexen Größen.

Die Spannungsverteilung an den Netzknoten unter Berücksichtigung der Netzeinspeisung und der Vollumrichter kann mit Hilfe des Gleichungssystems (13.19) bestimmt werden.

$$\begin{pmatrix} \underline{U}_1 \\ \underline{U}_2 \\ \underline{U}_3 \\ \underline{U}_4 \end{pmatrix} = \begin{pmatrix} \underline{Z}_{11} & \underline{Z}_{12} & \underline{Z}_{13} & \underline{Z}_{14} \\ \underline{Z}_{21} & \underline{Z}_{22} & \underline{Z}_{23} & \underline{Z}_{24} \\ \underline{Z}_{31} & \underline{Z}_{32} & \underline{Z}_{33} & \underline{Z}_{34} \\ \underline{Z}_{41} & \underline{Z}_{42} & \underline{Z}_{43} & \underline{Z}_{44} \end{pmatrix} \cdot \left[\begin{pmatrix} 0 \\ \underline{I}''_{\mathrm{kF2}} \\ 0 \\ 0 \end{pmatrix} - \begin{pmatrix} 0 \\ \underline{I}_{\mathrm{kU2}} \\ \underline{I}_{\mathrm{kU3}} \\ \underline{I}_{\mathrm{kU4}} \end{pmatrix} \right] \quad (13.36)$$

Für die einzelnen Knotenspannungen ergibt sich dann:

$$\begin{aligned} \underline{U}_1 &= \underline{Z}_{12} \cdot \underline{I}''_{\mathrm{kF2}} - \left(\underline{Z}_{12} \cdot \underline{I}_{\mathrm{kU2}} + \underline{Z}_{13} \cdot \underline{I}_{\mathrm{kU3}} + \underline{Z}_{14} \cdot \underline{I}_{\mathrm{kU4}} \right) \\ \underline{U}_2 &= \underline{Z}_{22} \cdot \underline{I}''_{\mathrm{kF2}} - \left(\underline{Z}_{22} \cdot \underline{I}_{\mathrm{kU2}} + \underline{Z}_{23} \cdot \underline{I}_{\mathrm{kU3}} + \underline{Z}_{24} \cdot \underline{I}_{\mathrm{kU4}} \right) \\ \underline{U}_3 &= \underline{Z}_{32} \cdot \underline{I}''_{\mathrm{kF2}} - \left(\underline{Z}_{32} \cdot \underline{I}_{\mathrm{kU2}} + \underline{Z}_{33} \cdot \underline{I}_{\mathrm{kU3}} + \underline{Z}_{34} \cdot \underline{I}_{\mathrm{kU4}} \right) \\ \underline{U}_4 &= \underline{Z}_{42} \cdot \underline{I}''_{\mathrm{kF2}} - \left(\underline{Z}_{42} \cdot \underline{I}_{\mathrm{kU2}} + \underline{Z}_{43} \cdot \underline{I}_{\mathrm{kU3}} + \underline{Z}_{44} \cdot \underline{I}_{\mathrm{kU4}} \right) \end{aligned} \quad (13.37)$$

Unter Berücksichtigung der Werte der Impedanzmatrix und der Strombeziehungen ergibt sich vereinfachend:

$$\underline{Z}_{12} = \underline{Z}_{13} = \underline{Z}_{14} \qquad \underline{Z}_{23} = \underline{Z}_{24} = \underline{Z}_{32} = \underline{Z}_{42} \quad (13.38)$$

$$\underline{Z}_{33} = \underline{Z}_{34} = \underline{Z}_{43} \qquad \underline{I}_{\mathrm{kU3}} = \underline{I}_{\mathrm{kU4}} \quad (13.39)$$

Mit

$$\underline{I}''_{\mathrm{kF2}} = \frac{c \cdot U_{\mathrm{n}} / \sqrt{3}}{\underline{Z}_{22}} + 2 \cdot \frac{\underline{Z}_{23}}{\underline{Z}_{22}} \cdot \underline{I}_{\mathrm{kU3}} + \underline{I}_{\mathrm{kU2}} \quad (13.40)$$

nach Gl. (13.19) folgt daraus:

$$\begin{aligned} \underline{U}_1 &= \frac{\underline{Z}_{12}}{\underline{Z}_{22}} \cdot \left[c \cdot U_{\mathrm{n}} / \sqrt{3} + 2 \cdot \left(\underline{Z}_{23} - \underline{Z}_{22} \right) \cdot \underline{I}_{\mathrm{kU3}} \right] \\ \underline{U}_2 &= c \cdot U_{\mathrm{n}} / \sqrt{3} \\ \underline{U}_3 &= \frac{\underline{Z}_{23}}{\underline{Z}_{22}} \cdot \left[c \cdot U_{\mathrm{n}} / \sqrt{3} + 2 \cdot \left(\underline{Z}_{23} - \frac{\underline{Z}_{22} \cdot \underline{Z}_{33}}{\underline{Z}_{23}} \right) \cdot \underline{I}_{\mathrm{kU3}} \right] \\ \underline{U}_4 &= \frac{\underline{Z}_{23}}{\underline{Z}_{22}} \cdot \left[c \cdot U_{\mathrm{n}} / \sqrt{3} + \left(2 \cdot \underline{Z}_{23} - \frac{\underline{Z}_{22} \cdot \left(\underline{Z}_{33} + \underline{Z}_{44} \right)}{\underline{Z}_{23}} \right) \cdot \underline{I}_{\mathrm{kU3}} \right] \end{aligned} \quad (13.41)$$

Unter Berücksichtigung der Werte der Impedanzmatrix kann die reale Spannungsverteilung $U_{i\mathrm{r}}$ nach Gl. (13.14) berechnet werden, wenn die Vollumrichter einspeisen:

$$U_{1\mathrm{r}} = 0{,}8679 \cdot c \cdot U_{\mathrm{n}} / \sqrt{3} \qquad U_{2\mathrm{r}} = 0{,}0$$

$$U_{3\mathrm{r}} = 0{,}5088 \cdot c \cdot U_{\mathrm{n}} / \sqrt{3} \qquad U_{4\mathrm{r}} = 0{,}5465 \cdot c \cdot U_{\mathrm{n}} / \sqrt{3}$$

Falls die Vollumrichter nicht berücksichtigt werden ($I_{kUi} = 0$), ergeben sich für die Knotenspannungen die folgenden Beziehungen, wenn in Gl. (13.41) jeweils der Betrag der Vollumrichter zu null gesetzt wird:

$$\underline{U}_1 = \frac{\underline{Z}_{12}}{\underline{Z}_{22}} \cdot c \cdot U_n / \sqrt{3} \qquad \underline{U}_2 = c \cdot U_n / \sqrt{3}$$

$$\underline{U}_3 = \frac{\underline{Z}_{23}}{\underline{Z}_{22}} \cdot c \cdot U_n / \sqrt{3} \qquad \underline{U}_4 = \frac{\underline{Z}_{23}}{\underline{Z}_{22}} \cdot c \cdot U_n / \sqrt{3}$$

Nach Einsetzen der Werte ergibt sich unter diesen Bedingungen für die Knotenspannungen U_{ir} während der Kurzschlussdauer:

$$\underline{U}_{1r} = 0{,}8567 \cdot c \cdot U_n / \sqrt{3} \qquad U_{2r} = 0{,}0$$

$$\underline{U}_{3r} = \underline{U}_{4r} = 0{,}4284 \cdot c \cdot U_n / \sqrt{3}$$

Durch die induktive Einspeisung der Vollumrichter während der Kurzschlussphase werden die Knotenspannungen angehoben, dieses trifft natürlich nicht für den Kurzschlussort zu.

13.2.5.2 Anfangs-Kurzschlusswechselstrom mit Korrektur der Vollumrichtereinspeisung

Im Gegensatz zur Darstellung nach Abschn. 13.2.5.1 ist in diesem Fall der Kurzschlussstrombeitrag der Vollumrichter eine Folge der Spannungsabsenkung während des Kurzschlusses, so dass grundsätzlich zwischen einem generatornahen und generatorfernen Kurzschluss bezogen auf die Vollumrichter gesprochen werden kann. Der maximale Strombeitrag soll gleich dem Bemessungsstrom der Vollumrichter sein, $I_{kU} = 1{,}0 \cdot I_{rU}$.

Nach Abschn. 13.4 kann der Einspeisestrom eines Vollumrichters während des Kurzschlusses von der Spannungsabsenkung abhängen, wie in Abb. 13.24 dargestellt, so dass die Einspeisung variabel erfolgt. Wird ein Verstärkungsfaktor $k = 2$ angenommen, so folgt für die Einspeisung Δi_{kU} in Abhängigkeit der Spannungsveränderung Δu nach Gl. (13.42):

$$\frac{I_{kU}}{I_{rU}} = \Delta i_{kU} = k \cdot \Delta u = 2 \cdot \left| \frac{U_k - U_{ref}}{U_n / \sqrt{3}} \right| \tag{13.42}$$

Mit

I_{kU} Kurzschlussbeitrag des Vollumrichters,
I_{rU} Bemessungsstrom,
Δi_{kU} bezogene Stromeinspeisung,
Δu bezogene Spannungsveränderung,
U_k Spannung am Transformator auf der Oberspannungsseite während des Kurzschlusses (Leiter – Erde),
U_{ref} Referenzspannung am Transformator (OS-Seite) vor Kurzschlusseintritt $\left(= U_n / \sqrt{3}\right)$,
U_n Netznennspannung.

Unter Berücksichtigung der oben angegebenen Spannungen nach Abschn. 13.2.5.1 während der Kurzschlusszeit (ohne Beitrag der Umrichter), lassen sich die Kurzschlussstrombeiträge der Umrichter in einem ersten Schritt bestimmen, wenn ein Verstärkungsfaktor $k = 2$ vorausgesetzt wird, Tab. 13.1. Zusätzlich ist in der Tabelle der Strombeitrag der Vollumrichter als Folge der Spannungsabsenkungen aufgeführt.

Aufgrund der Netzstruktur (Abb. 13.5) haben die beiden Netzknoten 3 und 4 die gleiche Spannungsabsenkung, wenn ausschließlich das Verfahren der Ersatzspannungsquelle an der Fehlerstelle angewendet wird (ohne Beitrag der Vollumrichter).

Bei einem Verstärkungsfaktor von $k = 2$ ergibt sich nach Gl. (13.42) eine relative Stromeinspeisung von $\Delta i_{\mathrm{kU}} = 2{,}0$ (Knoten 2) bzw. $\Delta i_{\mathrm{kU}} = 1{,}14$ (Knoten 3, 4). Da beide den vorgegebenen Wert von $\Delta i_{\mathrm{kU}} = 1{,}0$ überschreiten, bleibt die Einspeisung der Stromrichter auf diesen Wert ($I_{\mathrm{kU}} = 1{,}0 \cdot I_{\mathrm{rU}}$) begrenzt. Nach der Definition entsprechend Abb. 13.24 handelt es sich bei diesem Fehlerort um einen generatornahen Kurzschluss bezogen auf den Einsatz der Vollumrichter, wenn der 1. Iterationsschritt als Basis genommen wird. Die Konsequenz ist, dass der Kurzschlussstrom an der Fehlerstelle 2 gleich $I''_{\mathrm{kF2}} = 3{,}72\,\mathrm{kA}$ ist, welches der Kurzschlussstromberechnung nach Abschn. 13.2.5.1 entspricht.

Wird in einem zweiten Iterationsschritt die Spannung an den Klemmen der Umrichtereinheiten aufgrund der induktiven Einspeisung der Vollumrichter nach Tab. 13.1 neu berechnet, so ergeben sich die geänderten Werte nach Tab. 13.2.

Als Folge einer geringeren Einspeisung der Umrichter, ergibt sich eine neue Spannungsverteilung im Netz bzw. ein geänderter Kurzschlussstrom an der Fehlerstelle, entsprechend Gl. (13.35), so dass folgt:

$$\underline{I}''_{\mathrm{kF2}} = \frac{c \cdot U_{\mathrm{n}} / \sqrt{3}}{\underline{Z}_{22}} + \frac{\underline{Z}_{23}}{\underline{Z}_{22}} \cdot \left[\underline{I}_{\mathrm{kU3}} + \underline{I}_{\mathrm{kU4}} \right] + \underline{I}_{\mathrm{kU2}} \tag{13.43}$$

Tab. 13.1 Daten zur Bestimmung des Kurzschlussstrombeitrags der Vollumrichter in Abhängigkeit des Anschlusspunktes (Beispiel, Abb. 13.2), 1. Iteration: ohne Vollumrichter

Knoten	U_{k}/kV	$\lvert\Delta u\rvert$	I_{rU}/kA	I_{kU}
2	0,000	1,000	0,5249	0,5249
3	27,207	0,572	0,2624	0,2624
4	27,207	0,572	0,2624	0,2624

U_{k}: Spannung während des Kurzschlusses
$\lvert\Delta u\rvert$: bezogene Spannungsänderung während des Kurzschlusses
I_{rU}: Bemessungsstrom des Vollumrichters in kA
I_{kU}: einspeisender Strom des Vollumrichters in kA während des Kurzschlusses

Tab. 13.2 Daten zur Bestimmung des Kurzschlussstrombeitrags der Vollumrichter in Abhängigkeit des Anschlusspunktes (Beispiel, Abb. 13.2), 2. Iteration mit Vollumrichter

Knoten	U_{k}/kV	$\lvert\Delta u\rvert$	I_{rU}/kA	I_{kU}
2	0,00	1,00	0,5249	0,5249
3	32,313	0,491	0,2624	0,2577
4	34,707	0,454	0,2624	0,2383

Legende siehe Tab. 13.1

$$\underline{I}''_{\mathrm{kF2}} = \frac{1{,}1 \cdot 110/\sqrt{3}}{6{,}3469 + \mathrm{j}23{,}1238}\,\mathrm{kA} - \mathrm{j}\frac{3{,}3473 + \mathrm{j}13{,}2997}{6{,}3469 + \mathrm{j}23{,}1238} \cdot 0{,}4934\,\mathrm{kA} - \mathrm{j}0{,}5249\,\mathrm{kA}$$

$$\underline{I}''_{\mathrm{kF2}} = (0{,}7711 - \mathrm{j}2{,}8094)\,\mathrm{kA} + (0{,}0060 - \mathrm{j}0{,}8070)\,\mathrm{kA} = 0{,}7771 - \mathrm{j}3{,}6164\,\mathrm{kA}$$

Hieraus ergibt sich der neue Kurzschlussstrom an der Fehlerstelle 2 nach Korrektur zu $I''_{\mathrm{kF2}} = 3{,}6990\,\mathrm{kA}$, welches eine Verringerung um 0,47 % gegenüber dem ursprünglichen Wert von $I''_{\mathrm{kF2}} = 3{,}7166\,\mathrm{kA}$ darstellt. Als Folge der geringeren Spannungsabsenkung Δu nach Tab. 13.2 stellt der Fehlerort für die Umrichter an den Netzknoten 3 und 4 jetzt einen generatorfernen Fehler dar, entsprechend der Definition nach Abb. 13.24.

13.2.5.3 Stoßkurzschlussstrom

Zur Berechnung des Stoßkurzschlussstroms mit einer Einspeisung aus einer Hochspannungsgleichstromübertragung (HGÜ) wird zuerst der Anfangs-Kurzschlusswechselstrom bestimmt [1]. Die Berechnungen werden mit transienten Stromverläufen verglichen.

Nach Abb. 13.13 wird ein dreipoliger Kurzschluss aus dem angeschlossenen 380-kV-Netz und einer HGÜ-Anlage eingespeist. Die gemeinsame Freileitung hat eine Länge von ℓ = 1 km, so dass der Kurzschluss nahezu als Klemmenkurzschluss bezogen auf die HGÜ-Anlage angesehen werden kann.

Für die Nachbildung werden die folgenden Angaben verwendet:

1. Netz:

$U_{\mathrm{n}} = 380\,\mathrm{kV}$ $R/X = 0{,}1$ $I''_{\mathrm{k}} = 20\,\mathrm{kA}$

$Z_{\mathrm{Q}} = 12{,}0666\,\Omega$ $\underline{Z}_{\mathrm{Q}} = 1{,}2007\,\Omega + \mathrm{j}12{,}0067\,\Omega$

2. HGÜ-Transformator:

$t_{\mathrm{rT}} = 380\,\mathrm{kV}/370\,\mathrm{kV}$ $u_{\mathrm{kr}} = 15\,\%$ $S_{\mathrm{rT}} = 1000\,\mathrm{MVA}$

$\underline{I}_{\mathrm{rT}} = -\mathrm{j}1{,}519\,\mathrm{kA}$

3. Stromrichter:

$U_{\mathrm{DC}} = \pm\,320\,\mathrm{kV}$ $S_{\mathrm{rS}} = 1000\,\mathrm{MVA}$ $Q_{\mathrm{max}} = 1000\,\mathrm{Mvar}$

4. Freileitung:

$\underline{Z}_{\mathrm{L}} = 0{,}030\,\Omega + \mathrm{j}0{,}251\,\Omega$

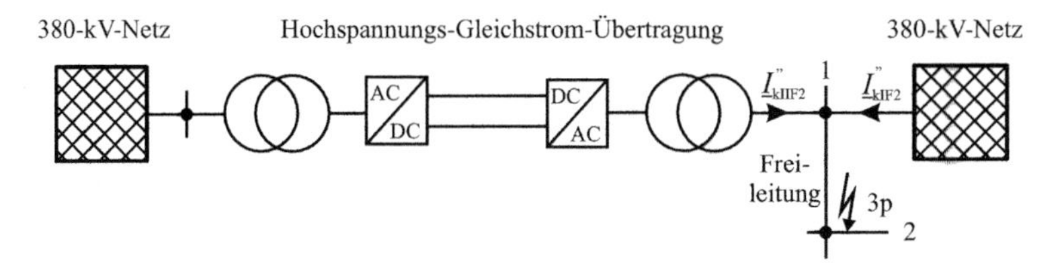

Abb. 13.13 Ersatzschaltung zur Bestimmung des Beitrags einer Hochspannungs-Gleichstrom-Übertragung (HGÜ) zum Kurzschlussstrom

Mit den angegebenen Daten kann die folgende Admittanzmatrix bzw. Impedanzmatrix abgeleitet werden:

$$\underline{\mathbf{Y}}_{\mathrm{N}} = \begin{pmatrix} \underline{Y}_{\mathrm{Q}} + \underline{Y}_{\mathrm{L}} & -\underline{Y}_{\mathrm{L}} \\ -\underline{Y}_{\mathrm{L}} & \underline{Y}_{\mathrm{L}} \end{pmatrix} \qquad \underline{\mathbf{Z}}_{\mathrm{N}} = \begin{pmatrix} \underline{Z}_{\mathrm{Q}} & \underline{Z}_{\mathrm{Q}} \\ \underline{Z}_{\mathrm{Q}} & \underline{Z}_{\mathrm{Q}} + \underline{Z}_{\mathrm{L}} \end{pmatrix} \tag{13.44}$$

Hierbei repräsentiert der Knoten 2 den Fehlerknoten, während Knoten 1 den Anschlusspunkt der HGÜ-Einspeisung und die Netzeinspeisung darstellt. Unter Berücksichtigung von Gl. (13.18) ergibt sich für den Kurzschlussstrom $\underline{I}''_{\mathrm{kF2}}$ an der Fehlerstelle 2:

$$\underline{I}''_{\mathrm{kF2}} = \underline{I}''_{\mathrm{kIF2}} + \underline{I}''_{\mathrm{kIIF2}} = \frac{c \cdot U_{\mathrm{n}} / \sqrt{3}}{\underline{Z}_{\mathrm{Q}} + \underline{Z}_{\mathrm{L}}} + \frac{\underline{Z}_{\mathrm{Q}}}{\underline{Z}_{\mathrm{Q}} + \underline{Z}_{\mathrm{L}}} \cdot \underline{I}_{\mathrm{rT}} \tag{13.45}$$

Mit

$\underline{I}''_{\mathrm{kIF2}}$ Kurzschlussstrombeitrag des Netzes
$\underline{I}''_{\mathrm{kIIF2}}$ Kurzschlussstrombeitrag der HGÜ-Anlage

Bei der Nachbildung wird angenommen, dass der Kurzschlussstrombeitrag der HGÜ-Anlage gleich dem Bemessungsstrom des Transformators entspricht (induktiv). Unter Berücksichtigung der Betriebsmitteldaten und Gl. (13.45) ergeben sich die folgenden Ströme während des Kurzschlusses:

$$\underline{I}''_{\mathrm{kF2}} = \underline{I}''_{\mathrm{kIF2}} + \underline{I}''_{\mathrm{kIIF2}} = (1{,}9570 - \mathrm{j}19{,}4917)\,\mathrm{kA} + (0{,}0006 - \mathrm{j}1{,}4878)\,\mathrm{kA}$$
$$= 1{,}9560 - \mathrm{j}20{,}9796\,\mathrm{kA}$$

$$I''_{\mathrm{kF2}} = 21{,}0707\,\mathrm{kA}$$

Für die einzelnen Beiträge der Ströme gilt:

$I''_{\mathrm{kIF2}} = 19{,}5897\,\mathrm{kA}$ Netzanteil

$I''_{\mathrm{kIIF2}} = 1{,}4878\,\mathrm{kA}$ HGÜ-Anteil

Aufgrund der kurzen Freileitung entspricht der HGÜ-Anteil nicht genau dem Bemessungsstrom des Transformators, da die Netzimpedanz parallel zur Freileitungsimpedanz ist. Für den Stoßkurzschlussstrom gilt nach Gl. (13.3)

$$i_{\mathrm{p}} = \kappa \cdot \sqrt{2} \cdot I''_{\mathrm{kIF2}} + \sqrt{2} \cdot I''_{\mathrm{kIIF2}} \tag{13.46}$$

Aus dem *R*/*X*-Verhältnis kann für den Stoßkurzschlussstrom ein Wert $\kappa = 1{,}7451$ ermittelt werden, so dass sich ergibt:

$$i_{\mathrm{p}} = 1{,}7451 \cdot \sqrt{2} \cdot 19{,}5897\,\mathrm{kA} + \sqrt{2} \cdot 1{,}4878\,\mathrm{kA} =$$
$$48{,}3470\,\mathrm{kA} + 2{,}1041\,\mathrm{kA} = 50{,}4511\,\mathrm{kA}$$

Bezogen auf den Gesamtstrom von $i_{\mathrm{p}} = 50{,}4511$ kA macht der Anteil der HGÜ einen Beitrag von 4,17 % aus. Abb. 13.14 zeigt den Stromverlauf $i_{\mathrm{kIF2}}(t)$ im Leiter R für den

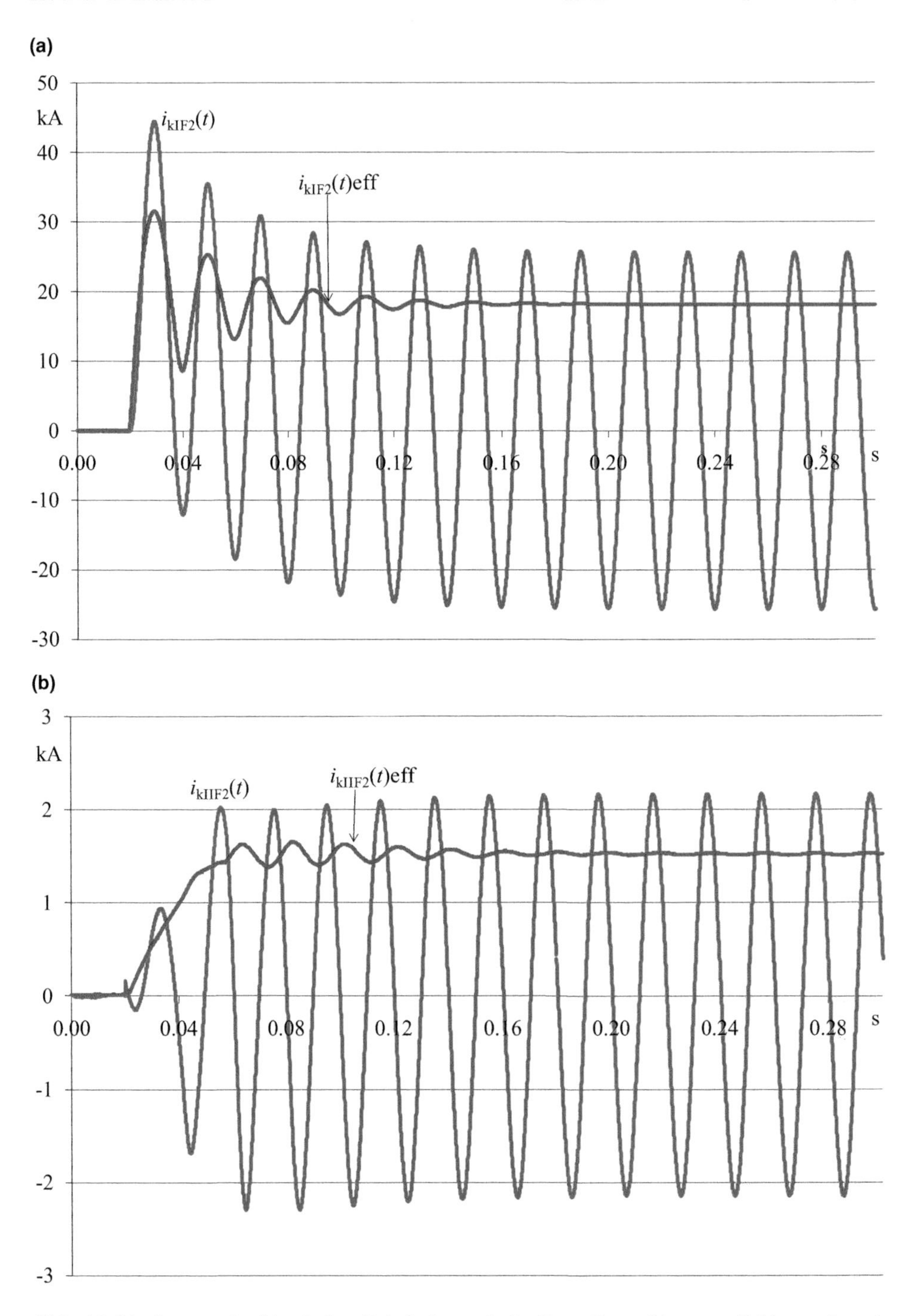

Abb. 13.14 Stromverlauf im Leiter R bei einem dreipoligen Kurzschluss am Fehlerort 2 nach Abb. 13.13 [1]. **a** Netzanteil (I). **b** HGÜ-Anteil (II)

Netz- (Abb. 13.14a) und HGÜ-Anteil $i_{\mathrm{kIIF2}}(t)$ (Abb. 13.14b). Aufgrund des aufklingenden Stromverlaufs nach Abb. 13.14b wird dieser Anteil auf der sicheren Seite liegen. Zusätzlich ist der Effektivwert eingetragen, der aus den drei Phasenspannungen berechnet wird. Der Kurzschluss wird jeweils im Spannungsnulldurchgang der Phase R eingeleitet, da dieses zur maximalen Gleichstromverlagerung und damit zum größten Stoßkurzschlussstrom in dieser Phase führt.

Nach Kurzschlussbeginn wird der Strombeitrag der HGÜ-Anlage so geregelt, dass der Bemessungsstrom als induktiver Strom eingespeist wird. Hierbei erreicht der Strom nach ca. zwei Perioden seinen stationären Wert. Der Kurzschlussstrombeitrag der HGÜ-Anlage ist unabhängig vom Kurzschlusseintritt (Spannungsnulldurchgang, -maximum).

Abb. 13.15 zeigt die Überlagerung der Stromverläufe jeweils in der Phase R. Dieser induktive Strom der HGÜ-Anlage überlagert sich an der Fehlerstelle dem Netzanteil, der aufgrund des R/X-Verhältnisses überwiegend induktiv ist und somit eine Gleichstromverlagerung zeigt.

Aus den Abb. 13.14 und 13.15 können die folgenden Ergebnisse gewonnen werden:

- Der Kurzschlussstrom $i_{\mathrm{kF2}}(t)$ an der Fehlerstelle F2 wird überwiegend durch den Netzanteil geprägt, welches sich aus dem Verhältnis der Ströme ergibt $I''_{\mathrm{kIF2}} / I_{\mathrm{rT}}$, Abb. 13.15.

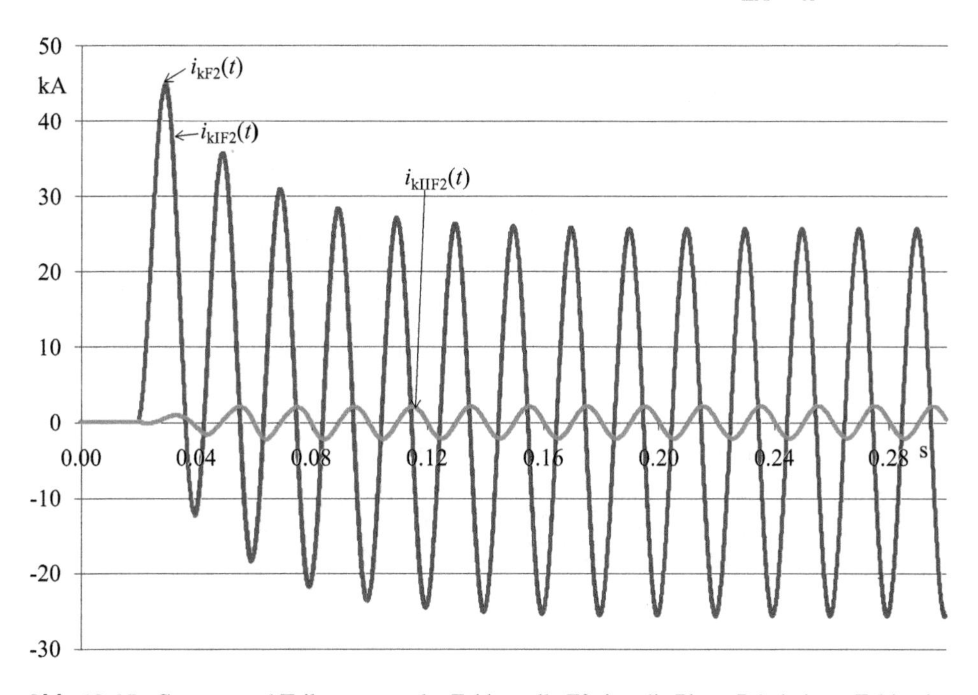

Abb. 13.15 Gesamt- und Teilströme an der Fehlerstelle F2, jeweils Phase R bei einem Fehlereintritt im Spannungsnulldurchgang [1]
$i_{\mathrm{kIF2}}(t)$: Netzanteil
$i_{\mathrm{kIIF2}}(t)$: HGÜ-(Umrichter)-Anteil
$i_{\mathrm{kF2}}(t)$: Gesamtstrom

- Der Anteil des Umrichters (HGÜ) besitzt kein Gleichstromglied, so dass die Gl. 13.14a und 13.14b gerechtfertigt sind, Abb. 13.14b.
- Der Maximalwert des Fehlerstroms wird nur von i_{pI} = 44,574 kA auf i_p = 45,129 kA erhöht, welches einer Erhöhung um 1,25 % entspricht.

Der abweichende Wert des Netzkurzschlusses ergibt sich daraus, dass bei der Berechnung mit Hilfe der Ersatzspannungsquelle an der Fehlerstelle eine Spannung von $c \cdot U_n / \sqrt{3}$ wirksam ist, gegenüber der Spannung von U_I = 385 kV.

13.3 LCC-Technologie

LCC (Line Cummutated Converter) Umrichter sind mit Thyristoren statt IGBT (VSC) ausgestattet und können somit keinen kontrollierten Beitrag zum Kurzschlussstrom leisten gegenüber der VSC-Technologie. Aus diesem Grunde ist das Verhalten unterschiedlich bei einem Netzkurzschluss. Der Kurzschlussstrombeitrag ist demnach von folgenden Parametern abhängig [9]:

- Betriebsweise (Gleich-oder Wechselstrom),
- Lastfluss vor Kurzschlusseintritt,
- Kommutierungsverhalten der Thyristoren,
- Art und Ausdehnung des Gleichstromnetzes.

Im Gegensatz zu den Vollumrichteranlagen (VSC) benötigen die LCC-Anwendungen zusätzliche Filter auf der Drehstromseite zur Kompensation der Blindleistung und der Aufnahme der harmonischen Ströme. Abb. 13.16 zeigt das entsprechende Ersatzschaltbild.

Durch den Einsatz der Filter auf der Drehstromseite besteht der Kurzschlussstrom der gesamten HGÜ-Einheit aus zwei Komponenten, wie dieses in Abb. 13.17 gezeigt ist. Der Kurzschlusseintritt des dreipoligen Fehlers wird im Spannungsnulldurchgang der Leiter T

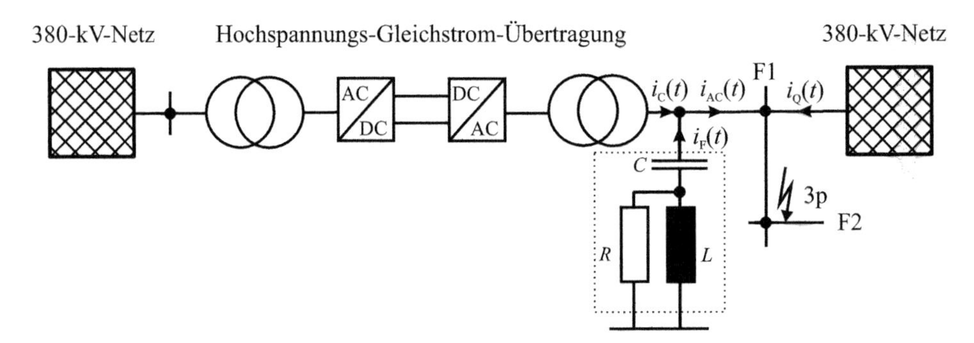

Abb. 13.16 Ersatzschaltung einer HGÜ-Verbindung in LCC-Technologie (die Filter der Gegenstation sind nicht eingetragen)

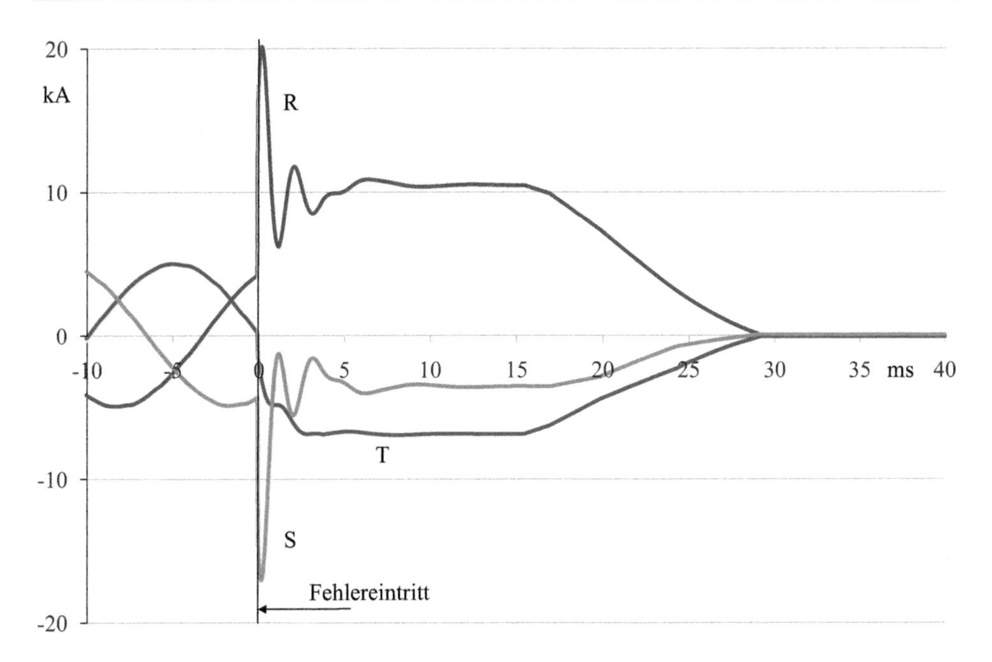

Abb. 13.17 Stromverlauf $i_{AC}(t)$ bei einem dreipoligen Fehler (ohne Netzanteil) [2]

eingeleitet. In dem nachfolgenden Beispiel werden die folgenden Daten der HGÜ-Anlage und des 380-kV-Netzes verwendet:

- Konfiguration: Bipolar,
- Gleichspannung: $U_{DC} = \pm\ 600$ kV,
- Bemessungsleistung: $P_{rDC} = 2500$ MW,
- Transformator: $S_{rT} = 590$ MVA,
- Kurzschlussimpedanz: $u_{kr} = 18$ %,
- Nullimpedanz (Transformator): $Z_{0T}/Z_{1T} = 1$
- Blindleistung (Filter): $Q_{AC} = 600$ Mvar,
- Nennspannung (Netz): $U_n = 380$ kV,
- KS-Strom: $I_k'' = 50\,\text{kA}$,
- R/X-Verhältnis: $R/X = 0{,}1$,
- Nullimpedanz (Netz): $Z_0/Z_1 = 1$.

Wie Abb. 13.17 zeigt, besteht der Strombeitrag $i_{AC}(t)$ erstens aus dem Beitrag des Konverters $i_C(t)$, Abb. 13.18a, und zweitens aus dem Entladestrom des Filters $i_F(t)$, Abb. 13.18b. Hierbei hängt die Größe des Entladestroms von der Höhe der Spannung im Drehstromkreis zum Fehlereintritt ab. Der Maximalwert tritt bereits nach $t_{pC} = 0{,}2$ ms auf und ist nach 10 ms abgeklungen. Im Gegensatz hierzu liefert der Konverterstrom einen Beitrag bis ca. 30 ms. Dieses bedeutet, dass der Entlade- und der Konverterstrom keinen Beitrag zum Ausschaltwechselstrom und zum Dauerkurzschlussstrom leisten. Aufgrund des Kurvenverlaufs liefert somit der Konverterstrom einen Beitrag zum Stoßkurzschlussstrom im Drehstromnetz, jedoch nicht der Entladestrom. Dieses auch aus dem Grund, dass der Stoßkurzschlussstrom im Spannungsnulldurchgang einer Phase eingeleitet wird, während der maximale Scheitelwert des Entladestroms im Spannungsmaximum entsteht.

Die Amplituden der einzelnen Ströme vor ($t < 0$ ms) und während ($t \geq 0$ ms) des Kurzschlusses sind in der Tab. 13.3 aufgetragen.

Nach Abb. 13.18a können drei verschiedene Bereiche während des Kurzschlussstrombeitrags unterschieden werden, nämlich:

- Bereich I: Entladung der Gleichstromseite (Kapazität), wobei in diesem Bereich der Entladestrom dem DC-Ladestrom überlagert ist; in diesem Zeitbereich ist die HGÜ-Steuerung nicht aktiv,
- Bereich II: Konstanter Kurzschlussstrombeitrag auf der Drehstromseite, als Folge von Kommutierungsfehlern auf der Gleichstromseite,
- Bereich III: Die Gleichstromseite (Kapazität) ist entladen, Eingriff der HGÜ-Steuerung.

Der Entladestrom der Gleichstromseite, der zu einem Beitrag auf der Drehstromseite führt, kann anhand des Ersatzschaltbildes Abb. 13.19 abgleitet werden. In diesem Fall sind drei Thyristoren aktiv, nämlich die Thyristoren 1, 2 und 3.

Zur Berechnung des Entladestroms kann Abb. 13.19 in eine vereinfachte Ersatzschaltung überführt werden, Abb. 13.20.

Ausgehend von der Ersatzschaltung Abb. 13.20 kann der Entladestrom der Kapazität (Freileitung, Kabel) auf der Gleichstromseite ermittelt werden. Für den Strom $i_C(t)$ gilt:

$$i_C(t) = \frac{U_{DC}}{\omega \cdot L} \cdot e^{-\delta \cdot t} \cdot \sin(\omega \cdot t) \tag{13.47}$$

$$\delta = \frac{3 \cdot R_{AC}/2 + 2 \cdot R_{DC}}{2 \cdot (3 \cdot L_{AC}/2 + 2 \cdot L_{DC})} \qquad \omega = \sqrt{\omega_0^2 - \delta^2} \tag{13.48}$$

$$\omega_0^2 - \delta^2 > 0 \qquad \omega_0^2 = \frac{2}{(3 \cdot L_{AC}/2 + 2 \cdot L_{DC}) \cdot C_{DC}} \tag{13.49}$$

Tab. 13.3 Scheitelwerte der einzelnen Ströme in p.u.; Spannungsnulldurchgang des Leiters T bei Kurzschlusseintritt; 1,0 p.u.= 4,94 kA (nach Abb. 13.17)

Leiter	i_{Cmax}/p.u.	i_{Fmax}/p.u.	i_{ACmax}/p.u.
$t < 0$			
R, S, T	1,18	0,79	1,00
$t \geq 0$			
R	2,12	2,77	4,07
S	0,72	2,96	3,45
T	1,39	0,44	1,41

i_C: Konverterstrom
i_F: Filterstrom
i_{AC}: Gesamtstrom

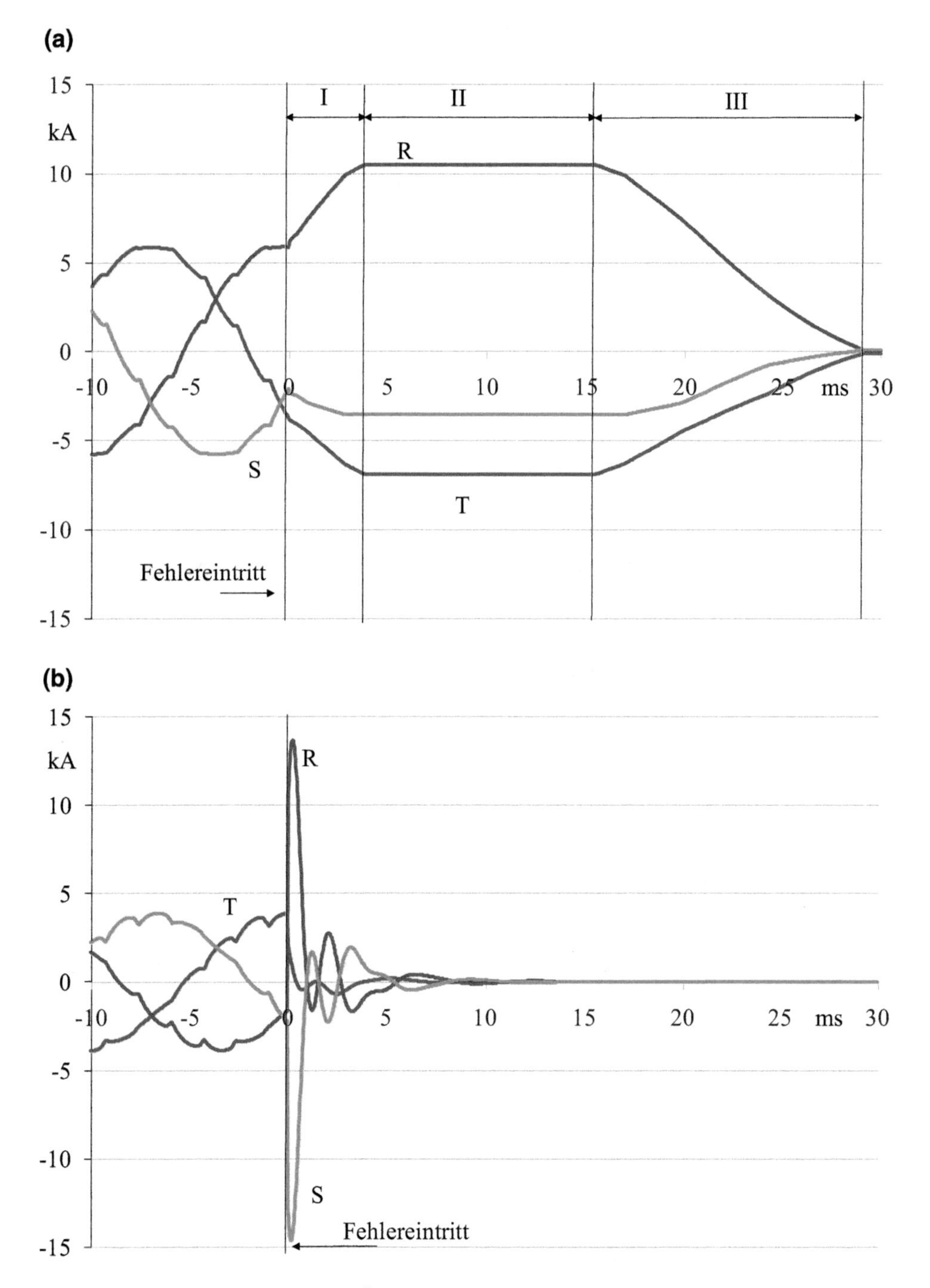

Abb. 13.18 Strombeitrag einer HGÜ-Anlage in LCC-Technologie bei einem dreipoligen Kurzschluss [2]. **a** Beitrag des Konverters $i_C(t)$. **b** Strom des Filters $i_F(t)$

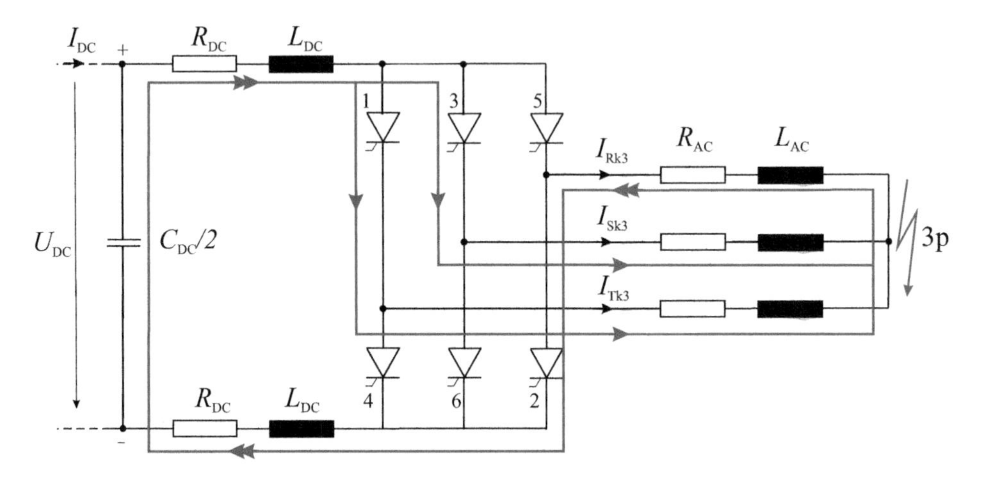

Abb. 13.19 Ersatzschaltbild zur Berechnung des Kurzschlussstrombeitrags auf der Drehstromseite

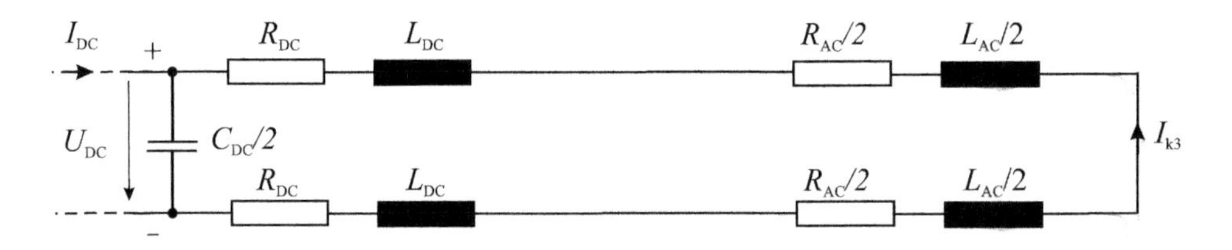

Abb. 13.20 Vereinfachte Ersatzschaltung

Mit

U_{DC} Gleichspannung,
R_{AC}, L_{AC} Impedanz der Wechselstromseite,
R_{DC}, L_{DC} Impedanz der Gleichstromseite.

Der gesamte Beitrag zum dreipoligen Kurzschlussstrom auf der Drehstromseite ergibt sich aus der Überlagerung des Entladestroms, Gl. (13.47), mit dem Laststrom I_{DC} vor Kurzschlusseintritt unter Berücksichtigung des Übersetzungsverhältnisses des Transformators bei einer Zwölf-Puls-Brückenschaltung [5].

$$i_{AC}(t) = 2 \cdot t_T \cdot \left(1 + \frac{2}{\sqrt{3}}\right) \cdot \left[I_{DC} + i_C(t)\right] \tag{13.50}$$

Mit

t_T Übersetzungsverhältnis des Transformators

Abb. 13.21 zeigt die Überlagerung des Kurzschlussstrombeitrags nach Gl. (13.50) mit der Simulation nach Abb. 13.18a. Zur Bestimmung des maximalen Kurzschlussstrombeitrags einer LCC-Station ist es ausreichend, den Strom zum Zeitpunkt des Übergangs von Bereich I nach II zu bestimmen, da anschließend der Stromwert konstant bleibt.

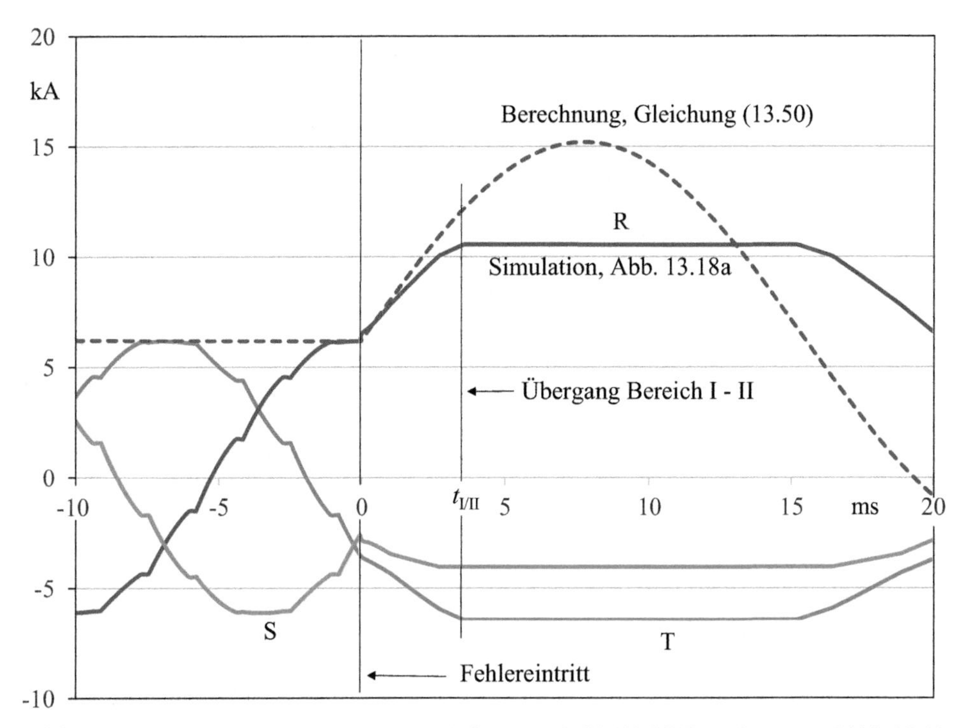

Abb. 13.21 Vergleich des Kurzschlussstrombeitrags nach Gl. (13.50) Berechnung, und Abb. 13.18a (Simulation) [2]

Der Vergleich nach Abb. 13.21 zeigt, dass die Abschätzung des maximalen Kurzschlussstroms des Konverters nach Gl. (13.50) zum Zeitpunkt $t = t_{I/II} = 3{,}33$ ms zu einem Ergebnis führt, welches auf der sicheren Seite liegt. In diesem Fall ergibt sich ein Wert von $\Delta i_{Cmax} = 1{,}43$ kA, welches einer Abweichung von 13,7 % entspricht. Die Abweichung resultiert zum Teil aus der Annahme der Anzahl der leitenden Thyristoren und der Vereinfachung beim Vorgang des Kommutierungsprozesses. Bezogen auf den stationären Strom vor Kurzschlusseintritt ergibt sich ein Kurzschlussstrom durch den LCC-Konverter von:

$$i_{pCR} = 1{,}71 \cdot \sqrt{2} \cdot I_r = 10{,}53\,\text{kA} \qquad \text{Leiter R}$$

$$i_{pCT} = 1{,}05 \cdot \sqrt{2} \cdot I_r = 6{,}47\,\text{kA} \qquad \text{Leiter T}$$

Dieses bedeutet, dass der größte Beitrag zum Kurzschlussstrom in dem Leiter auftritt (Leiter R), der für die Berechnung des Stoßkurzschlussstroms in einem Drehstromnetz nicht betrachtet wird, da der maximale Stoßkurzschlussstrom des 380-kV-Netzes in diesem Beispiel während des Spannungsnulldurchgang des Leiters T entsteht (Kurzschlusseintritt). Wird ein gleiches Hochspannungsnetz $U_n = 380$ kV wie in Abschn. 13.2.5.3 angenommen, so ist der oben angegebene Beitrag der HGÜ-Anlage auf den Netzanteil von $i_{pQ} = 48{,}35$ kA zu beziehen.

In [6] sind für ein Netzbeispiel nach Abb. 13.16 verschiedene Simulationen dargestellt, in Abhängigkeit der Fehlerart im Drehstromnetz, der Belastung und der Leitungsart im Gleichstromnetz (Kabel/Freileitung). Die Ergebnisse sind in Tab. 13.4 aufgeführt. Hierbei sind nicht nur Klemmenkurzschlüsse betrachtet (Fehlerort F1, Abb. 13.10), sondern die Länge der gemeinsamen Freileitung ist verändert (Fehlerstelle F2 mit 50 km und 100 km).

Nach Tab. 13.4 führt der Beitrag zum Kurzschlussstrom bei einer Leistung von P_{DC} = 2,5 GW zu einem geringeren Beitrag gegenüber einer Belastung von P_{DC} = 1,1 GW. Dieses liegt darin begründet, dass bei einer größeren Leistung die Spannung auf der Gleichstromseite bei diesen Simulationen sich vermindert, welches sich besonders bei einem Kabel-Gleichstromnetz auswirkt. Wird im Gegensatz hierzu die Spannung auf der Gleichstromseite unabhängig von der Belastung konstant gehalten, führt dieses zu einem höheren Kurzschlussstrombeitrag auf der Drehstromseite.

Nach [6] lassen sich die folgenden grundsätzlichen Bemerkungen aus der Tab. 13.4 ableiten, bezogen auf den dreipoligen Kurzschluss, wenn ausschließlich ein Kurzschluss an der Fehlerstelle 1 betrachtet wird:

- Zweipoliger Kurzschluss (2p): Der zweipolige Kurzschluss ist größer als beim dreipoligen Fehler und resultiert aufgrund unterschiedlicher Kommutierungsfehler, da der Spannungszusammenbruch nur in zwei Phasen stattfindet. Es erfolgt ein Beitrag ausschließlich zum Stoßkurzschlussstrom, da der Vorgang nach ca. 35 ms abgeklungen ist.
- Zweipoliger Kurzschluss mit Erdberührung (2pE): Im Gegensatz zu den drei- und zweipoligen Kurzschlüssen liefert der Umrichter einen Beitrag zum Ausschaltwechselstrom und zum Dauerkurzschlussstrom, da ein konstanter Nullstrom aufgrund der Transformatorsternpunktbehandlung eingespeist wird (Erdung des Transformatorsternpunktes des Umrichter-Transformators). Wenn der Nullstrombeitrag abgezogen wird, entspricht der Stromverlauf des zweipoligen Kurzschlusses mit Erdberührung dem Verlauf ohne Erdberührung.

Tab. 13.4 Maximaler Stoßkurzschlussstrom, $i_{pC}(t)$, einer HGÜ-Anlage bei einem Fehler auf der Drehstromseite in Abhängigkeit des Fehlerorts (Abb. 13.16) in p.u. (1 p.u. = 5,37 kA, Scheitelwert, I_{rAC} bei 2500 MW und 380 kV)

Fehler	Kabel				Freileitung			
	1,1 GW	2,5 GW	2,5 GW	2,5 GW	1,1 GW	2,5 GW	2,5 GW	2,5 GW
	F1	F1	F2	F2	F1	F1	F2	F2
			50 km	100 km			50 km	100 km
3k	3,0	2,8	0,6	0,3	1,2	1,5	0,4	0,2
2k	5,3	4,5	0,5	0,1	2,2	2,1	0,2	0,1
2kE	5,8	5,3	1,0	0,5	3,1	3,1	0,7	0,2
1k	6,9	6,1	0,9	0,3	4,5	4,3	0,5	0,3

3k: dreipoliger Kurzschluss; 2k: zweipoliger Kurzschluss
2kE: zweipoliger Kurzschluss mit Erdberührung; 1k: einpoliger Kurzschluss

- Einpoliger Kurzschluss (1p): Der maximale Kurzschlussstrom tritt in diesem Fall in dem fehlerbehafteten Leiter (R) auf, im Gegensatz zu den übrigen Kurzschlussarten. Auch in diesem Fall entsteht aufgrund der Sternpunktbehandlung des Transformators ein stationärer Kurzschlussstrom. Da bei einem einpoligen Fehler der Spannungszusammenbruch nur in einem Leiter stattfindet, treten die Kommutierungsfehler und damit der Kurzschluss im Gleichstromnetz später auf, so dass die Entladung der Gleichstromseite länger und ausgeprägter stattfindet.

Abb. 13.22 zeigt den Stromverlauf bei einem einpoligen Kurzschluss an der Fehlerstelle F1 nach Abb. 13.16 und zwar den Beitrag des Umrichters $i_C(t)$ und des Netzes $i_Q(t)$. Nach dem Abklingen des Entladevorgangs des Gleichstromnetzes weist der Umrichter-Kurzschlussstrom einen stationären Nullstrom in allen Phasen auf, der eine Folge der Sternpunktbehandlung der Umrichter-Transformatoren ist, Abb. 13.22a. Im Gegensatz hierzu ist in Abb. 13.22b der Stromverlauf des Netzes dargestellt. Nach der Einleitung des Kurzschlusses im Spannungsnulldurchgang der Phase R liefert der Leiter R den verlagerten Kurzschlussstrom, während die übrigen Leiter zuerst den Entladestrom des Umrichters führen. Nach dem Abklingvorgang ($t > 40$ ms) übernehmen die nicht vom fehlerbetroffenen Leiter nicht nur den Nullstrom des Transformators, sondern auch noch den Ladestrom der Drehstromfilter (Abb. 13.16). Es ergeben sich die folgenden Stoßkurzschlussströme:

- $i_{pC} = 31{,}65$ kA, $t_p = 16{,}80$ ms (Beitrag der Umrichteranlage),
- $i_{pAC} = 111{,}59$ kA, $t_p = 9{,}45$ ms (Beitrag des Hochspannungsnetzes),
- $i_{pF1} = 134{,}81$ kA, $t_p = 9{,}75$ ms (Stoßkurzschlussstrom an der Fehlerstelle F1, nicht in der Abb. 13.22 enthalten).

In diesem Fall beträgt der Beitrag der Umrichteranlage zum gesamten Stoßkurzschlussstrom an der Fehlerstelle F1 ca. 23,5 %, so dass dieser Anteil bei der Auslegung der Anlagen zu berücksichtigen ist.

Der Kurzschlussstromverlauf kann anhand der Komponentenersatzschaltung nach Abb. 13.23 erklärt werden, nachdem der Entladevorgang beendet ist. Da als Folge der Sternpunktbehandlung der Umrichter-Transformatoren die Nullsysteme entkoppelt sind, wirkt ausschließlich die Nullimpedanz des Transformators parallele zur Nullimpedanz des Netzes. Zusätzlich sind in dieser Abbildung die Drehstromfilter berücksichtigt, die jedoch in der anschließenden allgemeinen Berechnung zur Vereinfachung nicht betrachtet werden.

Für die stationären Kurzschlussströme gelten die folgenden Komponentenströme, wenn $\underline{Z}_{(2)Q} = \underline{Z}_{(1)Q}$ vorausgesetzt wird:

Netzbeitrag

$$\underline{I}_{(1)Q} = \underline{I}_{(2)Q} = \underline{I} \quad \underline{I}_{(0)Q} = \frac{\underline{Z}_{(0)T}}{\underline{Z}_{(0)T} + \underline{Z}_{(0)Q}} \cdot \underline{I} \tag{13.51}$$

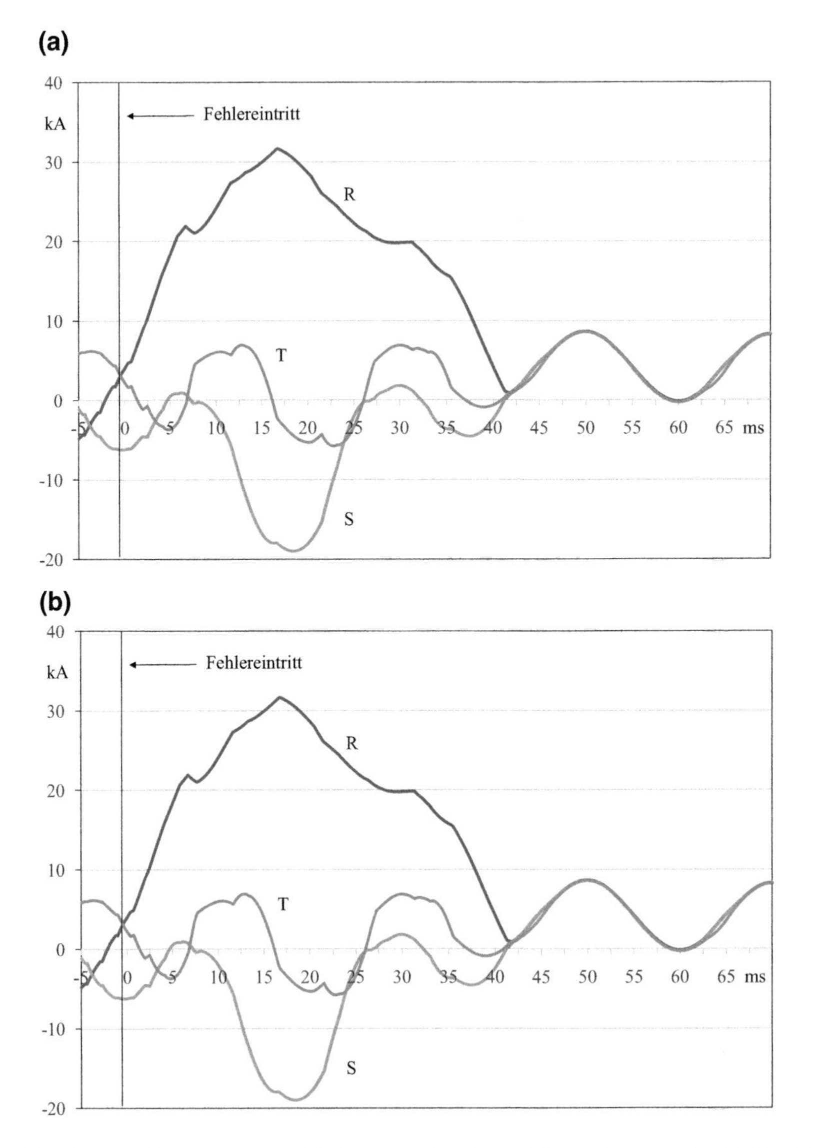

Abb. 13.22 Kurzschlussstromverlauf bei einem einpoligen Kurzschluss an der Fehlerstelle F1 nach Abb. 13.16. **a** $i_{\mathrm{C}}(t)$ Beitrag des Umrichters inkl. Transformator. **b** $i_{\mathrm{Q}}(t)$ Beitrag des Netzes

Umrichterbeitrag

$$\underline{I}_{(1)\mathrm{C}} = \underline{I}_{(2)\mathrm{C}} = 0 \quad \underline{I}_{(0)\mathrm{C}} = \frac{\underline{Z}_{(0)\mathrm{Q}}}{\underline{Z}_{(0)\mathrm{T}} + \underline{Z}_{(0)\mathrm{Q}}} \cdot \underline{I} \tag{13.52}$$

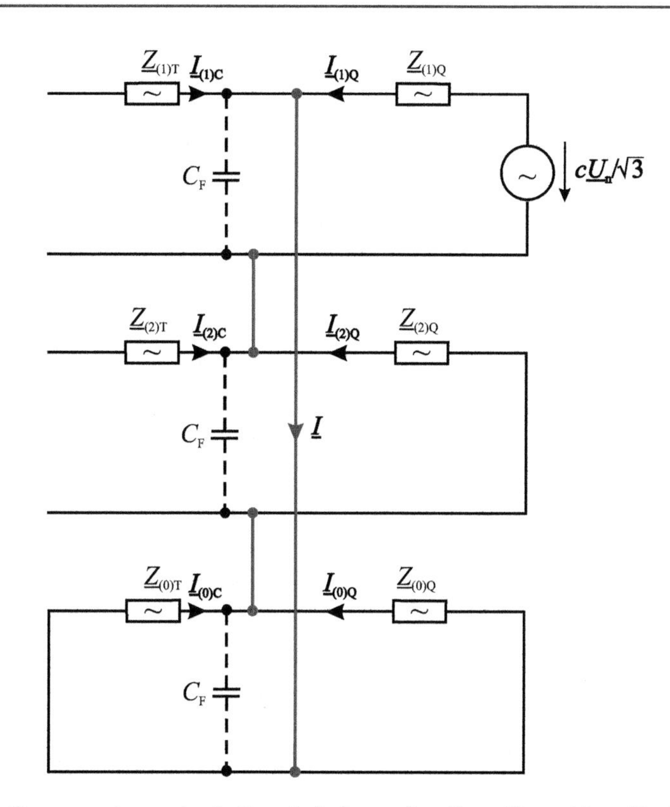

Abb. 13.23 Komponentenersatzschaltung bei einem einpoligen Kurzschluss für den stationären Kurzschlussstromverlauf

Komponentenstrom I

$$\underline{I} = \frac{c \cdot U_{\text{n}} / \sqrt{3}}{2 \cdot \underline{Z}_{(1)\text{Q}} + \dfrac{\underline{Z}_{(0)\text{Q}} \cdot \underline{Z}_{(0)\text{T}}}{\underline{Z}_{(0)\text{Q}} + \underline{Z}_{(0)\text{T}}}} \tag{13.53}$$

Nach Gl. (9.24) können jeweils die Leiterströme im Originalsystem bestimmt werden, so dass das Gleichungssystem (13.54) angewendet wird.

$$\begin{pmatrix} \underline{I}_{\text{R}} \\ \underline{I}_{\text{S}} \\ \underline{I}_{\text{T}} \end{pmatrix} = \begin{pmatrix} 1 & 1 & 1 \\ 1 & \underline{\text{a}}^2 & \underline{\text{a}} \\ 1 & \underline{\text{a}} & \underline{\text{a}}^2 \end{pmatrix} \cdot \begin{pmatrix} \underline{I}_0 \\ \underline{I}_1 \\ \underline{I}_2 \end{pmatrix} \tag{13.54}$$

Netzbeitrag

$$\underline{I}_{RQ} = \left(2 + \frac{\underline{Z}_{(0)T}}{\underline{Z}_{(0)Q} + \underline{Z}_{(0)T}}\right) \cdot \underline{I} = \frac{\left(2 \cdot \frac{\underline{Z}_{(0)Q}}{\underline{Z}_{(0)T}} + 3\right) \cdot c \cdot U_n / \sqrt{3}}{2 \cdot \underline{Z}_{(1)Q} \cdot \left(\frac{\underline{Z}_{(0)Q}}{\underline{Z}_{(0)T}} + 1\right) + \underline{Z}_{(0)Q}} \tag{13.55}$$

$$\underline{I}_{SQ} = \underline{I}_{TQ} = \left(\frac{\underline{Z}_{(0)T}}{\underline{Z}_{(0)Q} + \underline{Z}_{(0)T}} - 1\right) \cdot \underline{I} = \frac{-\underline{Z}_{(0)Q} \cdot c \cdot U_n / \sqrt{3}}{2 \cdot \underline{Z}_{(1)Q} \cdot \left(\underline{Z}_{(0)Q} + \underline{Z}_{(0)T}\right) + \underline{Z}_{(0)Q} \cdot \underline{Z}_{(0)T}} \tag{13.56}$$

Umrichterbeitrag

$$\underline{I}_{RC} = \underline{I}_{SC} = \underline{I}_{TC} = \frac{\underline{Z}_{(0)Q}}{\underline{Z}_{(0)T} + \underline{Z}_{(0)Q}} \cdot \underline{I} = \frac{\underline{Z}_{(0)Q} \cdot c \cdot U_n / \sqrt{3}}{2 \cdot \underline{Z}_{(1)Q} \cdot \left(\underline{Z}_{(0)T} + \underline{Z}_{(0)Q}\right) + \underline{Z}_{(0)Q} \cdot \underline{Z}_{(0)T}} \tag{13.57}$$

Kurzschlussstrom an der Fehlerstelle

$$\underline{I}_k'' = 3 \cdot \underline{I} = \frac{\sqrt{3} \cdot c \cdot U_n}{2 \cdot \underline{Z}_{(1)Q} + \frac{\underline{Z}_{(0)Q} \cdot \underline{Z}_{(0)T}}{\underline{Z}_{(0)Q} + \underline{Z}_{(0)T}}} \tag{13.58}$$

Nach Gl. (13.57) fließt in allen Leitern des Umrichter-Transformators ein gleichgerichteter Nullstrom, der in allen Phasen erkennbar ist, so dass der Umrichter selbst zu diesem Zeitpunkt ein offenes Ende darstellt. Bei einem Wert der Transformatornullimpedanz von $\underline{Z}_{(0)T} \to \infty$, dieses bedeutet, der Transformatorsternpunkt ist isoliert, verschwinden diese Ströme, welches auch auf die Stromverteilung in den Leitern S und T des Netzes zutrifft. Grundsätzlich entspricht der Netzstrom der Leiter S und T dem Strombeitrag des Umrichter-Transformators, Gl. (13.56), wenn die Drehstromfilter unberücksichtigt bleiben.

Werden die Betriebsmitteldaten für das Netz und der Umrichtertransformatoren (zwei Transformatoren parallel, die auf der Oberspannungsseite geerdet sind) verwendet, bei Vernachlässigung der Resistanzen, so können vereinfachend die Beträge benutzt werden. Darüber hinaus werden der Spannungsfaktor c und die Transformatorkorrekturen nicht berücksichtigt, da dieses den Randbedingungen der Simulation entspricht. Es ergeben sich die folgenden Werte:

$$Z_{(1)Q} = Z_{(0)Q} = 4{,}388\,\Omega \quad Z_{(1)T} = Z_{(0)T} = 22{,}027\,\Omega$$

Nach den Gl. (13.55) bis (13.57) bestimmen sich die Leiterströme des Netzes bzw. der Umrichtertransformatoren zu:

$$I_{\mathrm{RQ}} = \frac{\left(2 \cdot \frac{Z_{(0)\mathrm{Q}}}{Z_{(0)\mathrm{T}}} + 3\right) \cdot U_{\mathrm{n}} / \sqrt{3}}{2 \cdot Z_{(1)\mathrm{Q}} \cdot \left(\frac{Z_{(0)\mathrm{Q}}}{Z_{(0)\mathrm{T}}} + 1\right) + Z_{(0)\mathrm{Q}}} = \frac{U_{\mathrm{n}} / \sqrt{3}}{Z_{(1)\mathrm{Q}}} = \frac{380\,\mathrm{kV} / \sqrt{3}}{4{,}388\,\Omega} = 50{,}0\,\mathrm{kA}$$

$$I_{\mathrm{SQ}} = I_{\mathrm{TQ}} = I_{\mathrm{RC}} = I_{\mathrm{SC}} = I_{\mathrm{TC}} = \frac{Z_{(0)\mathrm{Q}} \cdot U_{\mathrm{n}} / \sqrt{3}}{2 \cdot Z_{(1)\mathrm{Q}} \cdot \left(Z_{(0)\mathrm{Q}} + Z_{(0)\mathrm{T}}\right) + Z_{(0)\mathrm{Q}} \cdot Z_{(0)\mathrm{T}}}$$

$$= \frac{U_{\mathrm{n}} / \sqrt{3}}{2 \cdot Z_{(1)\mathrm{Q}} + 3 \cdot Z_{(1)\mathrm{T}}} = \frac{380\,\mathrm{kV} / \sqrt{3}}{74{,}86\,\Omega} = 2{,}93\,\mathrm{kA}$$

Für den Kurzschlusswechselstrom an der Fehlerstelle nach der Entladung des Gleichstromnetzes ($t > 40$ ms) ergibt sich nach Gl. (13.58):

$$I_{\mathrm{k}}'' = \frac{\sqrt{3} \cdot U_{\mathrm{n}}}{2 \cdot \underline{Z}_{(1)\mathrm{Q}} + \frac{\underline{Z}_{(0)\mathrm{Q}} \cdot \underline{Z}_{(0)\mathrm{T}}}{\underline{Z}_{(0)\mathrm{Q}} + \underline{Z}_{(0)\mathrm{T}}}} = \frac{\sqrt{3} \cdot U_{\mathrm{n}}}{\underline{Z}_{(1)\mathrm{Q}} \cdot \left(2 + \frac{\underline{Z}_{(1)\mathrm{T}}}{\underline{Z}_{(1)\mathrm{Q}} + \underline{Z}_{(1)\mathrm{T}}}\right)}$$

$$= \frac{\sqrt{3} \cdot U_{\mathrm{n}}\,\mathrm{kA}}{12{,}435\,\Omega} = 52{,}93\,\mathrm{kA}$$

Der Kurzschlussstrom an der Fehlerstelle besteht somit aus dem Netzanteil (50 kA) und dem Nullstrom der Umrichtertransformatoren. Die Ergebnisse der Simulationen können wie folgt zusammengefasst werden:

- Die LCC-Anlage liefert nur einen Beitrag zum Kurzschlussstrom auf der Drehstromseite, wenn sich der Umrichter im Wechselrichterbetrieb befindet.
- Bei einem symmetrischen oder unsymmetrischen Fehler mit Erdberührung (bzw. bei einem Transformator mit isoliertem Sternpunkt auf der Oberspannungsseite) liefert der Umrichter nur einen Beitrag zum Stoßkurzschlussstrom.
- Der Beitrag zum Stoßkurzschlussstrom resultiert aus der Entladung der Gleichstromseite und ist beeinflusst vom Zeitpunkt der Kommutierungsfehler.
- Der größte Kurzschlussstrombeitrag erfolgt in diesem Fall bei einem einpoligen Fehler.
- Bei unsymmetrischen Fehlern mit Erdberührung und geerdetem Transformatorsternpunkt wirkt die Nullimpedanz des Umrichtertransformators, die parallel zur Netzimpedanz ist. Hierdurch fließt ein stationärer Nullstrom, der vom Netz gespeist wird.

13.4 Netzanschlussregeln

Nach [8] müssen HGÜ-Systeme in der Lage sein, die Netzspannung dynamisch zu stabilisieren, so dass auch bei einem Kurzschluss im Netz ein Beitrag in Form eines induktiven Stroms zu erbringen ist. Maßgebend für den Strombeitrag ist hierbei die relative Spannungsänderung $\Delta u_{1,2}$ im Mit- und Gegensystem nach Gl. (13.59):

$$\Delta u_{(1,2)} = \frac{\Delta U_{(1,2)}}{U_{(1,2)\text{ref}}} = \frac{U_{(1,2)\text{ref}} - U_{(1,2)}}{U_{(1,2)\text{ref}}} \tag{13.59}$$

Mit

$U_{(1,2)}$ absolute Spannung im Mit- und Gegensystem
$U_{(1,2)\text{ref}}$ Referenzspannung im Mit- und Gegensystem

Die Referenzspannung im Mitsystem ist hierbei die Spannung vor Kurzschlusseintritt, während im Gegensystem dieser Wert null ist, da von einem symmetrischen Betrieb ausgegangen wird.

Bei einer konstanten zusätzlichen Blindstromeinspeisung $\Delta I_{\text{B}1,2}$ ist die Einspeisung proportional zur relativen Spannungsänderung nach Gl. (13.60), so dass gilt:

$$\Delta i_{\text{kU}} = k_{\text{i}} \cdot \Delta u \tag{13.60}$$

Mit

Δi_{kU} relative, zusätzliche Blindstromeinspeisung ($= \Delta I_{\text{kU}1,2}/I_{\text{r}}$),
I_{r} Bemessungsstrom des HGÜ-Konverters,
k_{i} Verstärkungsfaktor für das Mit- und Gegensystem ($k_{\text{i}} = 2$ bis 6),
Δu relative Spannungsabsenkung nach Gl. (13.59).

Der maximale Blindstrom $I_{\text{kU}1,2}$ ist hierbei festzulegen und sollte mindestens dem Bemessungsstrom I_{r} entsprechen. Da bei der Kurzschlussstromberechnung mit Hilfe der Ersatzspannungsquelle an der Fehlerstelle ein Lastfluss vor Kurzschlusseintritt nicht berücksichtigt wird, entspricht in diesem Fall die zusätzliche Blindstromeinspeisung ΔI_{rU} der tatsächlichen Einspeisung I_{kU}. Abb. 13.24 zeigt beispielhaft die Blindstromeinspeisung in Abhängigkeit von der Spannungsänderung für das Mit- und Gegensystem. Anhand der Darstellung kann zwischen einem generatornahen und -fernen Kurzschluss unterschieden werden. Bei einer geringen Spannungsänderung ($\Delta u < \Delta u_{\text{k}}$), welches einem generatorfernen Kurzschluss entspricht, wird nicht der maximale Blindstrom (i_{kUmax}) eingespeist, sondern ein reduzierter nach Gl. (13.60).

Grundsätzlich kann bei diesem Verfahren die Blindstromeinspeisung konstant sein, auf der Basis der Spannungsabweichung nach Gl. (13.59), so dass eine Veränderung während der Kurzschlussdauer nicht stattfindet. Im Gegensatz hierzu ist es möglich, dass der einspeisende Blindstrom als Folge der hieraus resultierenden Spannungsänderung an den Klemmen des Umrichtertransformators angepasst wird. In jedem Fall darf eine zusätzliche induktive Einspeisung nicht zu einer Verletzung des zulässigen Spannungsbands führen.

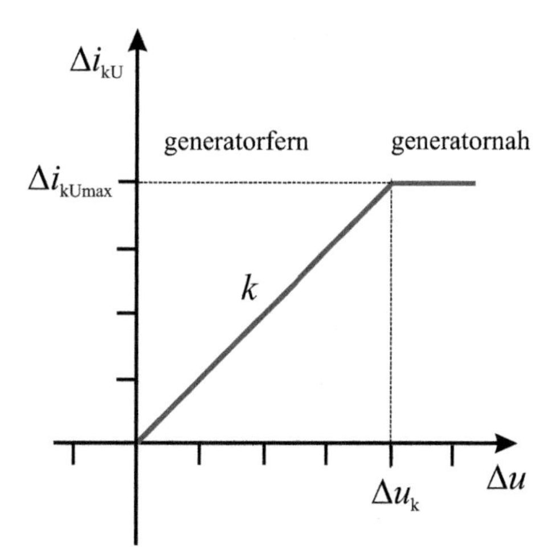

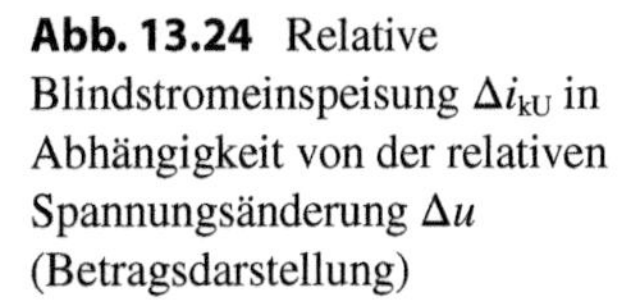
Abb. 13.24 Relative Blindstromeinspeisung Δi_{kU} in Abhängigkeit von der relativen Spannungsänderung Δu (Betragsdarstellung)

Nach der Anwendungsregel [7] kann eine Umrichteranlage im Mit- und Gegensystem durch eine Quellen-Innenreaktanz nachgebildet werden. Hiermit wird die Forderung abgedeckt, dass eine Blindstromeinspeisung proportional zur Spannungsänderung an den Klemmen sein soll. Bei dem Nullsystem wird davon ausgegangen, dass sich das Nullsystem auf der Umrichterseite nicht ausbildet, aufgrund der Sternpunktbehandlung des Transformators. Abb. 13.25 zeigt die entsprechenden Ersatzschaltbilder (Stromquellen) im Mit- und Gegensystem nach [7], hierbei werden die Bezeichnungen der Größen nach Abschn. 13.2.2 übernommen. In [7] sind die Ströme mit entgegengesetzten Vorzeichen gegenüber der Darstellung nach Abb. 13.25 eingetragen ($\underline{I}_{(1)kUmax} = -i_{Q10} = -\mathrm{j}k$ und $\underline{I}_{(1)kU} = -i_1$).

Nach [7] kann statt der Stromquelle nach Abb. 13.25 auch eine äquivalente Spannungsquelle für die Kurzschlussstromberechnung verwendet werden. In diesem Fall werden als bezogene Größen die folgenden Werte genommen:

- Spannungsquelle: $u_0 = \mathrm{j}k$
- Innenwiderstand: $\underline{Z}_i = +\mathrm{j}\ 1/k$

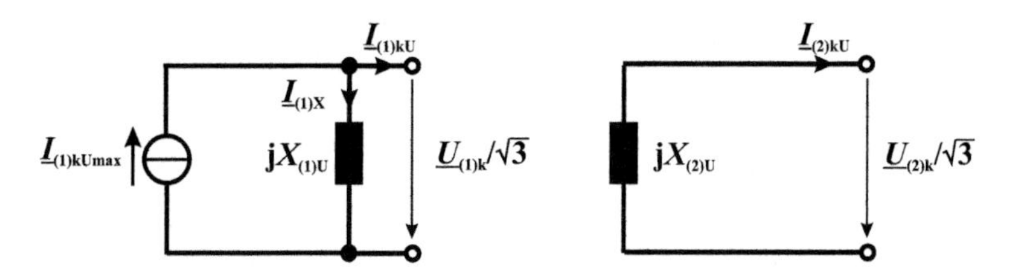

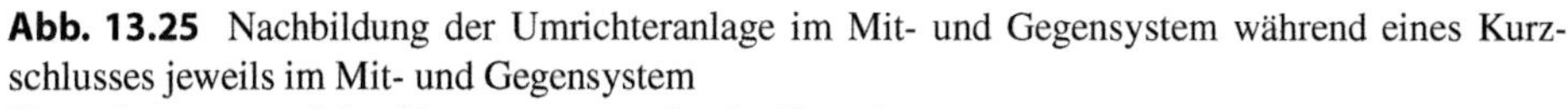
Abb. 13.25 Nachbildung der Umrichteranlage im Mit- und Gegensystem während eines Kurzschlusses jeweils im Mit- und Gegensystem
$\underline{U}_{(1,2)k}$ Spannung auf der Oberspannungsseite des Transformators
$\underline{I}_{(1,2)kU}$ Einspeisung der Umrichteranlage
$\underline{I}_{(1)kUmax}$ Quellenstrom im Mitsystem
$X_{(1,2)U}$ Reaktanz der Umrichteranlage

Für die Innenreaktanz der Stromquelle nach der Abb. 13.24 ergibt sich in bezogenen bzw. realen Größen [2]:

$$x_{\mathrm{U}} = \frac{\Delta u}{i_{\mathrm{kU}}} = \frac{\Delta u}{k \cdot \Delta u} = \frac{1}{k} \qquad X_{\mathrm{U}} = \frac{1}{k} \cdot \frac{U_{\mathrm{r}} / \sqrt{3}}{I_{\mathrm{r}}} \tag{13.61}$$

Mit

U_{r} Bemessungsspannung der Umrichteranlage (verkettet)

Die Strom der Quelle $\underline{I}_{(1)\mathrm{kUmax}}$ bestimmt sich nach Gl. (13.62).

$$\underline{I}_{(1)\mathrm{kUmax}} = \underline{I}_{\mathrm{x}} + \underline{I}_{(1)\mathrm{kU}} \tag{13.62}$$

Unter Berücksichtigung der Reaktanz X und der Beziehung nach Gl. (13.60) folgt, wenn $U_{\mathrm{ref}} = U_{\mathrm{r}}$ gesetzt wird:

$$I_{(1)\mathrm{kU}} = k \cdot I_{\mathrm{r}} \cdot \Delta u_{(1)} = k \cdot I_{\mathrm{r}} \cdot \frac{U_{\mathrm{r}} - U_{(1)}}{U_{\mathrm{r}}} \tag{13.63}$$

$$\begin{aligned} I_{(1)\mathrm{kUmax}} &= \frac{U_{(1)} / \sqrt{3}}{X_{(1)\mathrm{U}}} + k \cdot I_{\mathrm{r}} \cdot \left(1 - \frac{U_{(1)}}{U_{\mathrm{r}}}\right) \\ &= k \cdot I_{\mathrm{r}} \cdot \frac{U_{(1)} / \sqrt{3}}{U_{\mathrm{r}} / \sqrt{3}} + k \cdot I_{\mathrm{r}} \cdot \left(1 - \frac{U_{(1)}}{U_{\mathrm{r}}}\right) = k \cdot I_{\mathrm{r}} \end{aligned} \tag{13.64}$$

Nach Gl. (13.64) bedeutet es z. B., dass bei einer zulässigen Stromeinspeisung von I_{r} während des Kurzschlusses der doppelte Wert des Bemessungsstroms erreicht wird, wenn der Faktor $k = 2$ angesetzt wird. Die Konsequenz ist, dass bei generatornahen Kurzschlüssen nach Abb. 13.24 eine Korrektur der Stromeinspeisung vorgenommen werden muss.

Im Folgenden wird an einem Beispiel (Abb. 13.26) gezeigt wie unter diesen Bedingungen die Berechnung des dreipoligen Kurzschlussstroms erfolgen kann und mit der Vorgehensweise nach Abschn. 13.2.2.1 verglichen. Die Kurzschlussströme werden mit der tatsächlichen Spannungsverteilung bestimmt und nicht mit dem Verfahren der Ersatzspannungsquelle an der Fehlerstelle, da in letzten Fall die Querreaktanz der Stromquelle nicht berücksichtigt werden darf.

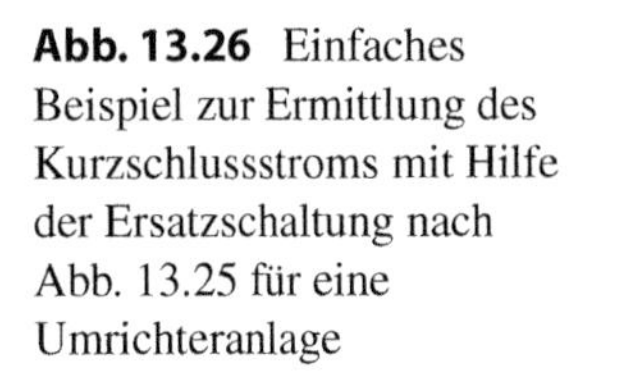

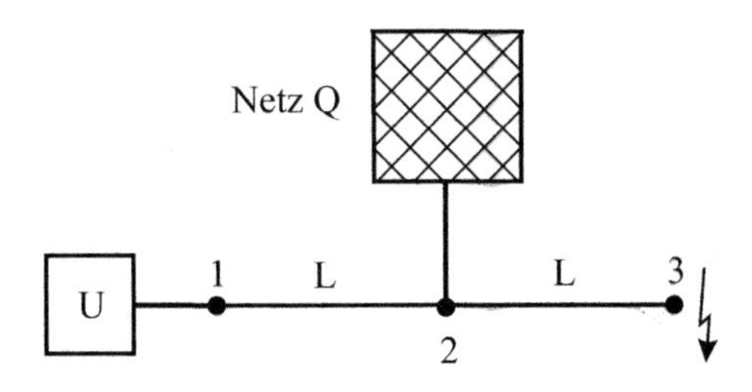

Abb. 13.26 Einfaches Beispiel zur Ermittlung des Kurzschlussstroms mit Hilfe der Ersatzschaltung nach Abb. 13.25 für eine Umrichteranlage

Für die Berechnung des Kurzschlussstroms an den Netzknoten 1, 2 und 3 werden die folgenden Werte angenommen, bei einem Faktor $k = 2$ nach Abb. 13.24.

1. Netz:		
Netznennspannung:	$U_n = 110\,\text{kV}$	
Anfangs-Kurzschlusswechselstrom:	$I_k'' = 20\,\text{kA}$	
R/*X*-Verhältnis:	$R/X = 0,1$	
2. Freileitungen L:		
Impedanz:	$\underline{Z}_L' = (0{,}120 + \text{j}0{,}393)\,\Omega/\text{km}$	
Längen:	$\ell = 50\,\text{km}$	
3. Vollumrichteranlagen:		
Bemessungsspannung:	$U_{rU} = 110\,\text{kV}$	
Bemessungsleistung:	$P_U = 50\,\text{MW}$	
Max. Einspeisung im Kurzschlussfall:	$I_{kU} = k_U \cdot I_{rU}$	$k_U = 1,0$
Max. Quellenstrom Kurzschlussfall:	$I_{(1)kUmax} = k \cdot I_{rU}$	$k = 2$

Aus diesen Angaben können die Größen für die Ersatzschaltung nach Abb. 13.27 bestimmt werden. Hierbei stellt der Wert I_{kU} den maximalen Kurzschlussstrom dar, den der Umrichter während der Kurzschlussdauer in das Netz einspeisen soll.

$\underline{Z}_Q = (0{,}3476 + \text{j}3{,}476)\,\Omega$ $\quad\quad$ $\underline{Z}_L = (6{,}000 + \text{j}19{,}6500)\,\Omega$

$I_{rU} = 0{,}2624\,\text{kA}$ $\quad$ $I_{(1)kUmax} = -\text{j}0{,}5248\,\text{kA}$ $\quad$ $\underline{Z}_U = \text{j}X_U;\ X_U = 121{,}00\,\Omega$

Die Berechnung der Kurzschlussströme erfolgt in zwei Arbeitsschritten:

- Einfluss der Spannungsquellen (Netz)
- Einfluss der Stromquellen (Umrichter).

Bei der nachfolgenden Kurzschlussstromberechnung wird die tatsächliche Spannungsverteilung berücksichtigt und nicht das Verfahren der Ersatzspannungsquelle an der Fehlerstelle, da sonst die Queradmittanz $\underline{Z}_U$ nicht berücksichtigt werden darf. Anschließend werden die Ströme überlagert. Zur Bestimmung der Teilkurzschlussströme wird Abb. 13.28 verwendet.

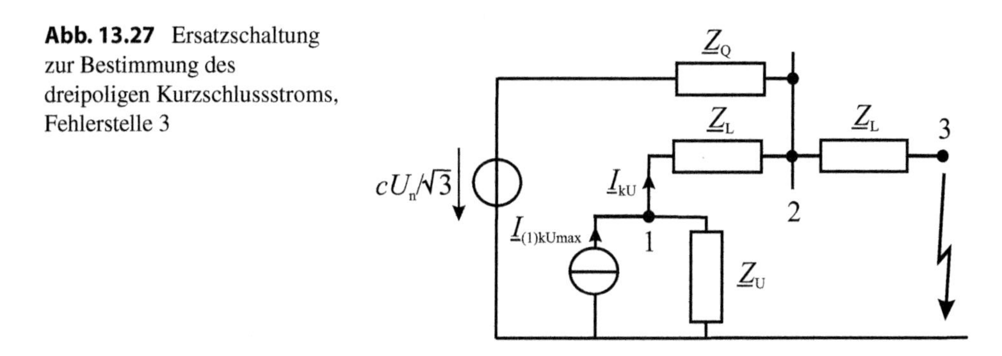

Abb. 13.27 Ersatzschaltung zur Bestimmung des dreipoligen Kurzschlussstroms, Fehlerstelle 3

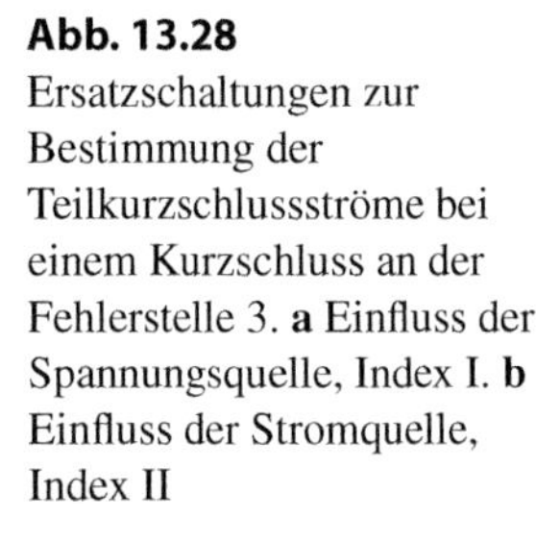

Abb. 13.28 Ersatzschaltungen zur Bestimmung der Teilkurzschlussströme bei einem Kurzschluss an der Fehlerstelle 3. **a** Einfluss der Spannungsquelle, Index I. **b** Einfluss der Stromquelle, Index II

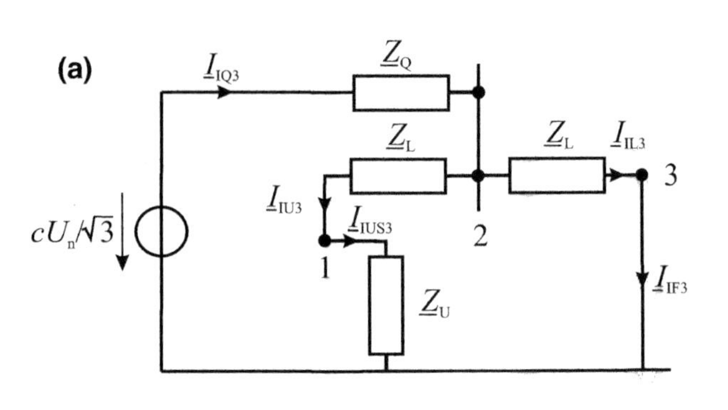

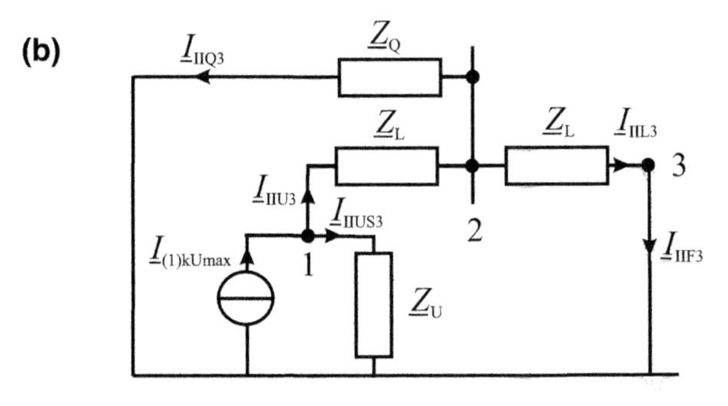

Einfluss der Spannungsquelle (Stromquelle ist unendlich)
Zur Bestimmung der Stromverteilung wird Abb. 13.28a verwendet.

- Fehlerstelle 3:

$$\underline{Z}_{IQ3} = \underline{Z}_Q + \frac{\underline{Z}_L \cdot (\underline{Z}_L + \underline{Z}_U)}{2 \cdot \underline{Z}_L + \underline{Z}_U} \qquad \underline{I}_{IQ3} = \frac{1{,}1 \cdot U_n / \sqrt{3}}{\underline{Z}_{IQ3}}$$

$$\underline{I}_{IU3} = \frac{\underline{Z}_L}{2 \cdot \underline{Z}_L + \underline{Z}_U} \cdot \underline{I}_{IQ3} = \underline{I}_{IUS3} \qquad \underline{I}_{IL3} = \frac{\underline{Z}_L + \underline{Z}_U}{2 \cdot \underline{Z}_L + \underline{Z}_U} \cdot \underline{I}_{IQ3} = \underline{I}_{IF3}$$

- Fehlerstelle 2:

$$\underline{Z}_{IQ2} = \underline{Z}_Q \qquad \underline{I}_{IQ2} = \frac{1{,}1 \cdot U_n / \sqrt{3}}{\underline{Z}_{IQ2}} = \underline{I}_{IF2}$$

$$\underline{I}_{IU2} = \underline{I}_{IUS2} = \underline{I}_{IL2} = 0$$

- Fehlerstelle 1:

$$\underline{Z}_{IQ1} = \underline{Z}_Q + \underline{Z}_L \qquad \underline{I}_{IQ1} = \frac{1{,}1 \cdot U_n / \sqrt{3}}{\underline{Z}_{IQ1}}$$

$$\underline{I}_{IU1} = \underline{I}_{IQ1} = \underline{I}_{IF1} \qquad \underline{I}_{IUS1} = \underline{I}_{IL1} = 0$$

Einfluss der Stromquelle (Spannungsquelle ist kurzgeschlossen)

- Fehlerstelle 3:

$$\underline{I}_{\mathrm{IIUS3}} = \frac{\underline{Z}_{\mathrm{L}} + \dfrac{\underline{Z}_{\mathrm{L}} \cdot \underline{Z}_{\mathrm{Q}}}{\underline{Z}_{\mathrm{L}} + \underline{Z}_{\mathrm{Q}}}}{\underline{Z}_{\mathrm{U}} + \underline{Z}_{\mathrm{L}} + \dfrac{\underline{Z}_{\mathrm{L}} \cdot \underline{Z}_{\mathrm{Q}}}{\underline{Z}_{\mathrm{L}} + \underline{Z}_{\mathrm{Q}}}} \cdot \underline{I}_{(1)\mathrm{kUmax}} \qquad \underline{I}_{\mathrm{IIU3}} = \frac{\underline{Z}_{\mathrm{U}}}{\underline{Z}_{\mathrm{U}} + \underline{Z}_{\mathrm{L}} + \dfrac{\underline{Z}_{\mathrm{L}} \cdot \underline{Z}_{\mathrm{Q}}}{\underline{Z}_{\mathrm{L}} + \underline{Z}_{\mathrm{Q}}}} \cdot \underline{I}_{(1)\mathrm{kUmax}}$$

$$\underline{I}_{\mathrm{IIL3}} = \frac{\underline{Z}_{\mathrm{Q}}}{\underline{Z}_{\mathrm{L}} + \underline{Z}_{\mathrm{Q}}} \cdot \underline{I}_{\mathrm{IIU3}} = \underline{I}_{\mathrm{IIF3}} \qquad \underline{I}_{\mathrm{IIQ3}} = \frac{\underline{Z}_{\mathrm{L}}}{\underline{Z}_{\mathrm{L}} + \underline{Z}_{\mathrm{Q}}} \cdot \underline{I}_{\mathrm{IIU3}}$$

- Fehlerstelle 2:

$$\underline{I}_{\mathrm{IIUS2}} = \frac{\underline{Z}_{\mathrm{L}}}{\underline{Z}_{\mathrm{U}} + \underline{Z}_{\mathrm{L}}} \cdot \underline{I}_{(1)\mathrm{kUmax}} \qquad \underline{I}_{\mathrm{IIU2}} = \frac{\underline{Z}_{\mathrm{U}}}{\underline{Z}_{\mathrm{U}} + \underline{Z}_{\mathrm{L}}} \cdot \underline{I}_{(1)\mathrm{kUmax}} = \underline{I}_{\mathrm{IIF2}}$$

$$\underline{I}_{\mathrm{IIL2}} = \underline{I}_{\mathrm{IIQ2}} = 0$$

- Fehlerstelle 1:

$$\underline{I}_{\mathrm{IIF1}} = \underline{I}_{(1)\mathrm{kUmax}} \qquad \underline{I}_{\mathrm{IIU1}} = \underline{I}_{\mathrm{IIQ1}} = \underline{I}_{\mathrm{IIL1}} = 0$$

Überlagerung der Teilkurzschlussströme

- Fehlerstelle 3:

$$\underline{I}_{\mathrm{Q3}} = \underline{I}_{\mathrm{IQ3}} - \underline{I}_{\mathrm{IIQ3}} \qquad \underline{I}_{\mathrm{L3}} = \underline{I}_{\mathrm{IL3}} + \underline{I}_{\mathrm{IIL3}} = \underline{I}_{\mathrm{F3}}$$

$$\underline{I}_{\mathrm{U3}} = \underline{I}_{\mathrm{IU3}} - \underline{I}_{\mathrm{IIU3}} \qquad \underline{I}_{\mathrm{US3}} = \underline{I}_{\mathrm{IUS3}} + \underline{I}_{\mathrm{IIUS3}}$$

- Fehlerstelle 2:

$$\underline{I}_{\mathrm{Q2}} = \underline{I}_{\mathrm{IQ2}} \qquad \underline{I}_{\mathrm{L2}} = 0 \qquad \underline{I}_{\mathrm{U2}} = -\underline{I}_{\mathrm{IIU2}}$$

$$\underline{I}_{\mathrm{US2}} = \underline{I}_{\mathrm{IIUS2}} \qquad \underline{I}_{\mathrm{F2}} = \underline{I}_{\mathrm{IQ2}} + \underline{I}_{\mathrm{IIU2}}$$

- Fehlerstelle 1:

$$\underline{I}_{\mathrm{Q1}} = \underline{I}_{\mathrm{IQ1}} \qquad \underline{I}_{\mathrm{L1}} = \underline{I}_{\mathrm{IL1}} \qquad \underline{I}_{\mathrm{U1}} = \underline{I}_{\mathrm{IU1}}$$

$$\underline{I}_{\mathrm{US1}} = 0 \qquad \underline{I}_{\mathrm{F1}} = \underline{I}_{\mathrm{IL1}} + \underline{I}_{(1)\mathrm{kUmax}}$$

Ergebnisse

In den Tab. 13.5a, 13.5b, 13.5c sind die Ergebnisse der Berechnungen der Teilkurzschlussströme für die unterschiedlichen Fehlerorte aufgeführt. Hierbei wird die Zählpfeilrichtung nach Abb. 13.28a als positiv angenommen. Da nach der Voraussetzung der Umrichter im Fehlerfall ausschließlich den Bemessungsstrom einspeisen soll ($\underline{I}_{\mathrm{rU}}$ = -j0,2624 kA), wird dieser Wert bei allen Fehlerorten überschritten (kursive Zahlen in den Tabellen 13.5), so dass das Ersatzschaltbild nach Abb. 13.25 zu höheren Einspeisungen als zulässig führt und somit die Berechnung korrigiert werden muss.

Tab. 13.5a Teilkurzschlussströme in kA bei einem Fehler an der Stelle 3 nach Abb. 13.27

Strom	Spannungsquelle	Stromquelle	Summe
$\underline{I}_{Q}$	0,767 – j3,166	0,006 – j0,379	0,761 – j2,787
$\underline{I}_{U}$	0,007 – j0,417	*0,019 – j0,442*	–0,012 + j0,025
$\underline{I}_{US}$	0,007 – j0,417	–0,019 – j0,083	–0,012 – j0,500
$\underline{I}_{L}$	0,760 – j2,749	0,013 – j0,063	0,773 – j2,812
$\underline{I}_{F}$	0,760 – j2,749	0,013 – j0,063	0,773 – j2,812

Tab. 13.5b Teilkurzschlussströme in kA bei einem Fehler an der Stelle 2 nach Abb. 13.27

Strom	Spannungsquelle	Stromquelle	Summe
$\underline{I}_{Q}$	1,990 – j19,899	0,000 + j0,000	1,990 – j19,899
$\underline{I}_{U}$	0,000 + j0,000	*0,019 – j0,451*	–0,019 + j0,451
$\underline{I}_{US}$	0,000 + j0,000	–0,019 – j0,074	–0,019 – j0,074
$\underline{I}_{L}$	0,000 + j0,000	0,000 + j0,000	0,000 + j0,000
$\underline{I}_{F}$	1,990 – j19,899	0,019 – j0,451	2,009 – j20,350

Tab. 13.5c Teilkurzschlussströme in kA bei einem Fehler an der Stelle 1 nach Abb. 13.27

Strom	Spannungsquelle	Stromquelle	Summe
$\underline{I}_{Q}$	0,771 – j2,809	0,000 + j0,000	0,771 – j2,809
$\underline{I}_{U}$	0,771 – j2,809	0,000 + j0,000	0,771 – j2,809
$\underline{I}_{US}$	0,000 + j0,000	0,000 + j0,000	0,000 + j0,000
$\underline{I}_{L}$	0,000 + j0,000	0,000 + j0,000	0,000 + j0,000
$\underline{I}_{F}$	0,771 – j2,809	*0,000 – j0,525*	0,771 – j3,334

Wird im Gegensatz zur obigen Darstellung die Kurzschlussstromberechnung entsprechend Abschn. 13.2.2 durchgeführt, wie sie in der VDE-Bestimmung [3] dargestellt ist, so vereinfachen sich die Ersatzschaltungen entsprechend Abb. 13.29, indem die Impedanz $\underline{Z}_{U}$ der Stromquelle als unendlich angenommen wird.

Unter Berücksichtigung der Impedanzen bestimmen sich die Teilkurzschlussströme für die unterschiedlichen Fehlerorte nach den Tab. 13.6a, 13.6b, 13.6c. Zusätzlich werden die Kurzschlussspannungen ohne den Einfluss des Vollumrichters an den Anschlussklemmen bestimmt.

Es ergibt sich eine Spannung während des Kurzschlusses von $U_{rU3} = 10{,}199$ kV am Anschlusspunkt des Vollumrichters, dieses entspricht einer Spannungsveränderung bezogen auf den ungestörten Betriebszustand von $\Delta u = 0{,}856$ p. u. (Tabelle 13.6a).

Bei einer Spannung während des Kurzschlusses von $U_{rU3} = 0{,}000$ kV am Anschlusspunkt des Vollumrichters, dieses entspricht einer Spannungsveränderung bezogen auf den ungestörten Betriebszustand von $\Delta u = 1{,}000$ p. u. (Tabelle 13.6b).

Es ergeben sich die gleichen Spannungsverhältnisse (Tabelle 13.6c) entsprechend Tab. 13.6b.

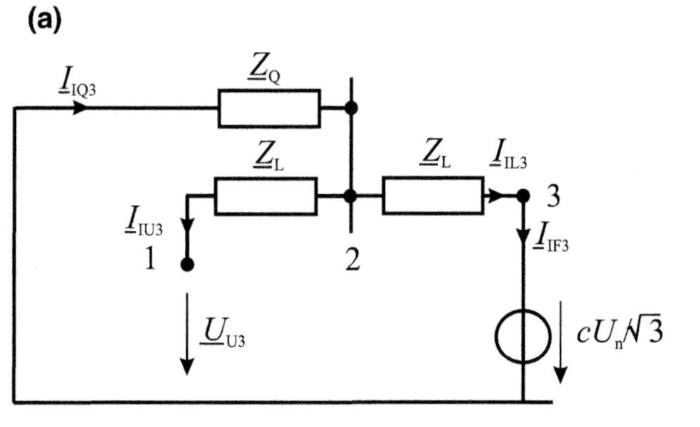

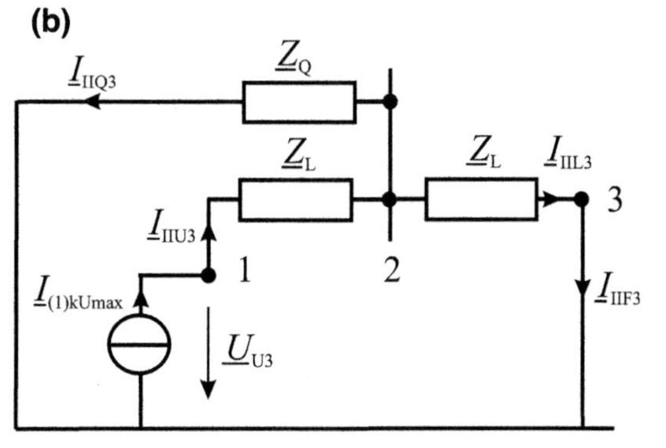

Abb. 13.29 Ersatzschaltungen zur Bestimmung der Teilkurzschlussströme nach VDE [3] bei einem Kurzschluss an der Fehlerstelle 3. **a** Einfluss der Spannungsquelle, Index I. **b** Einfluss der Stromquelle, Index II

Tab. 13.6a Teilkurzschlussströme in kA bei einem Fehler an der Stelle 3 nach Abb. 13.29

Strom	Spannungsquelle	Stromquelle	Summe
$\underline{I}_Q$	0,771 – j2,809	–0,006 – j0,224	0,777 – j2,585
$\underline{I}_U$	0,000 + j0,000	0,000 – j0,262	0,000 + j0,262
$\underline{I}_L$	0,771 – j2,809	0,006 – j0,038	0,777 – j2,847
$\underline{I}_F$	0,771 – j2,809	0,006 – j0,038	0,777 – j2,847

Tab. 13.6b Teilkurzschlussströme in kA bei einem Fehler an der Stelle 2 nach Abb. 13.29

Strom	Spannungsquelle	Stromquelle	Summe
$\underline{I}_Q$	1,990 – j19,899	0,000 + j0,000	1,990 – j19,899
$\underline{I}_U$	0,000 + j0,000	0,000 – j0,262	0,000 + j0,262
$\underline{I}_L$	0,000 + j0,000	0,000 + j0,000	0,000 + j0,000
$\underline{I}_F$	1,990 – j19,899	0,000 – j0,262	1,990 – j20,161

Wird Abb. 13.24 zur Beurteilung der Einspeisung des Vollumrichters herangezogen, so handelt es sich bei allen Kurzschlussorten um einen generatornahen Kurzschluss, da die relative Spannungsabsenkung zwischen $0{,}5 \leq \Delta u \leq 1{,}0$ liegt. Eine Korrektur der Spannung nach Abschn. 13.2.5.2 wird nicht zu einer höheren Kurzschlussstromeinspeisung des Umrichters führen.

Tab. 13.6c Teilkurzschlussströme in kA bei einem Fehler an der Stelle 1 nach Abb. 13.29

Strom	Spannungsquelle	Stromquelle	Summe
$\underline{I}_Q$	0,771 – j2,809	0,000 + j0,000	1,990 – j19,899
$\underline{I}_U$	0,771 – j2,809	0,000 + j0,000	0,771 – j2,809
$\underline{I}_L$	0,000 + j0,000	0,000 + j0,000	0,000 + j0,000
$\underline{I}_F$	0,771 – j2,809	0,000 – j0,262	0,771 – j3,071

Bewertung
Es zeigt sich, dass die Anwendung der Ersatzschaltung nach Abb. 13.25 bei diesem Beispiel keinen wesentlichen Vorteil hat gegenüber der Nachbildung als einfache Stromquelle nach der VDE-Bestimmung [3]. Durch eine Integration nach Abschn. 13.2.5.2 kann die Abhängigkeit des Kurzschlussstrombeitrags von der Spannungsabsenkung an den Klemmen der Umrichteranlage berücksichtigt werden.

13.5 Fazit

Umrichteranlagen können in Abhängigkeit ihrer Technologie einen Beitrag zum Kurzschlussstrom im Drehstromnetz liefern. Während es sich bei LCC-Anlagen mit Thyristortechnologie um einen Entladevorgang der Gleichstromseite und der Drehstromfilter handelt, hängt der Kurzschlussstrombeitrag bei VSC-Anlagen mit IGBT-Technologie von der Regelstrategie und den Anforderungen des Netzbetreibers während des Kurzschlusses ab.

Während die VDE-Bestimmung [3] Angaben über die Nachbildung als Stromquelle macht, wenn VSC-Anlagen betrachtet werden, ist dieses bei LCC-Anlagen nicht einfach möglich, sondern es hängt in diesen Fällen von verschiedenen Randbedingungen (Gleichstromkreis, Fehlerort, Fehlerart usw.) ab, so dass im Einzelfall besondere Überlegungen angestellt werden müssen.

Literatur

1. Balzer G (2016) Short-circuit calculation with fullsize converters according to IEC 60909. In: 21st conference of the electric power supply industry (CEPSI) 23.–27. October 2016. Bangkok, Thailand
2. Balzer G, Saciak A, Wasserrab A, Hanson J (2018) Short-circuit calculation in AC networks in case of HVDC stations with line-commutated converters (LCC). In: 20th European conference on power electronics and applications (EPE'18 ECCE EUROPE), Sept. 17.–21. 2018. Riga, Latvia, rep. 0261
3. DIN EN 60909-0 (VDE 0102): 12-2016 (2016) Kurzschlussströme in Drehstromnetzen – Teil 0: Berechnung der Ströme. VDE, Berlin
4. Jiang-Häfner Y, Hyttinen M, Pääjärvi B (2002) On the short circuit current contribution of HVDC light. IEEE/PES Trans Distrib Conf Exhib 3:1926–1932

5. Mohan N, Undeland T, Robbins W (2003) Power electronics – converters, applications and design, 3. Aufl. Wiley, Hoboken
6. Saciak A, Balzer G, Wasserrab A (2018) Short-circuit current contribution in AC networks in case of HVDC stations with line-commutated converters. In: CEPSI 2018. Kuala Lumpur, Malaysia, Sept., C1
7. VDE-AR-N 4120:2018-11 (2018) Technische Regeln für den Anschluss von Kundenanlagen an das Hochspannungsnetz und deren Betrieb (TAR Hochspannung). VDE, Berlin
8. VDE-AR-N 4131:2019-3 (2019) Technische Regeln für den Anschluss von HGÜ-Systemen und über HGÜ-Systeme angeschlossene Erzeugungsanlagen (TAR HGÜ). VDE, Berlin
9. Wassserrab A, Balzer G, Müller H, Krontiris T (2017) Short-circuit calculation in AC networks in case of HVDC stations. In: CIGRE Winnipeg colloquium, SC A3, B4 & D1, Sept. 30–Oct. 6, rep. A3-034

Einfluss von Kondensatoren bzw. kapazitiven Kompensationseinheiten 14

Bei einem Kurzschluss in der Nähe eines Kondensators wird ein Entladestrom fließen, der in Abhängigkeit der Spannung zum Zeitpunkt des Kurzschlusseintritts unterschiedlich groß ist. Daher führt dieser Vorgang grundsätzlich zu einer Vergrößerung des Kurzschlussstroms. Dieses Kapitel entspricht weitestgehend der Darstellung in [1] mit einigen Ergänzungen über die Reduktion des Entladestroms von Kondensatoren.

14.1 Einleitung

Aufgrund der Übertragung elektrischer Energie über große Entfernungen, was z. B. eine Folge der vermehrten Windeinspeisung im Norden Deutschlands und der Abschaltung von Kernkraftwerken im Süden ist, treten u. U. Spannungsprobleme auf, so dass zusätzlich technische Maßnahmen zur Spannungshaltung erforderlich sind. Werden Freileitungen oberhalb ihrer natürlichen Leistung betrieben, so ist es grundsätzlich sinnvoll, Kompensationsanlagen einzusetzen und dieses können entweder Reihen- oder Parallelkondensatoren sein. Da Kondensatoren einen Energiespeicher darstellen, ist bei einem Kurzschluss in der Nähe einer derartigen Anlage mit einem Beitrag zum Kurzschlussstrom zu rechnen. Im Folgenden wird der Beitrag von Parallelkondensatoren ermittelt und in das Verhältnis zum betriebsfrequenten Kurzschlussstrom bezogen, wobei ausschließlich der dreipolige Kurzschlussstrom betrachtet wird, da dieser zur höchsten Beanspruchung führt [1, 2].

Neben der Verwendung von Kompensationsanlagen zur Bereitstellung von kapazitiver Blindleistung, werden gleichzeitig diese Anlagen als Filter zur Reduktion von Oberschwingungen eingesetzt, wie dieses beispielhaft bei HGÜ-Anlagen in Thyristortechnology (LCC) der Fall ist.

G. Balzer, *Kurzschlussströme in Drehstromnetzen*,
https://doi.org/10.1007/978-3-658-28331-5_14

14.2 Kurzschlussstromberechnung nach VDE 0102

Die Berechnung des Kurzschlussstroms nach der geltenden Vorschrift VDE 0102 „Kurzschlussströme in Drehstromnetzen, Teil 0: Berechnung der Ströme, Juli 2016“ [3] erfolgt auf der Basis der Ersatzspannungsquelle an der Fehlerstelle. In der Norm lautet es im Abschnitt Anwendungsbereich: „Dies schließt jedoch nicht die Anwendung spezieller Berechnungsverfahren, z. B. des Überlagerungsverfahrens aus, die besonderen Gegebenheiten angepasst sind, wenn sie mindestens die gleiche Genauigkeit aufweisen“. Darüber hinaus heißt es im dortigen Abschn. 6.12 der VDE-Vorschrift „Kondensatoren und nichtrotierende Lasten“: Unabhängig vom Zeitpunkt des Kurzschlusseintritts darf der Entladestrom der Querkondensatoren für die Berechnung des Stoßkurzschlussstroms vernachlässigt werden. Darüber hinaus lautet es in Bezug auf Kondensatoren von Hochspannungs-Gleichstrom-Übertragungen, dass in diesen Fällen besondere Überlegungen bei der Berechnung des Kurzschlussstroms notwendig sind.

Bei der Formulierung des oben angegebenen Satzes hatte die IEC-Kommission TC73, MT1 („Short-Circuit Calculation“) in erster Linie Anlagen in Mittelspannungsnetzen zur Kompensation induktiver Lasten (Motoren) betrachtet. Als Folge des vermehrten Einsatzes auch in Höchstspannungsnetzen (U_n = 380 kV) und großen Bemessungsleistungen, stellt sich die Frage, ob diese Aussage auch in Zukunft noch ihre Gültigkeit hat.

Zusätzlich ist es wesentlich, dass bei der Anwendung des Verfahrens der Ersatzspannungsquelle an der Fehlerstelle Queradmittanzen nicht berücksichtigt werden dürfen, dieses hätte somit zur Folge, dass dieses praktische Verfahren zur Berechnung der Kurzschlussströme nicht mehr verwendet werden darf, sondern stets zum Überlagerungsverfahren übergegangen werden müsste.

14.3 Auslegung einer Querkompensation (Beispiel)

Die Kompensationsanlage zur Bereitstellung kapazitiver Blindleistung nach Abb. 14.1 wird auch als „Mechanical Switched Capacitor with Damping Network“ (MSCDN) bezeichnet und z. B. in Deutschland im 380-kV-Netz zur Spannungsstützung installiert. In Ergänzung zur kapazitiven Blindleistungsbereitstellung können aufgrund der Filtereigenschaften der Anlage auch zusätzlich Oberschwingungen reduziert werden. Beispielhaft werden die folgenden Werte einer Anlage für die weitere Betrachtung verwendet:

- Hauptkondensator C_1 = 5,51 μF
- Hilfskondensator C_2 = 44,08 μF
- Drosselspule L = 230,05 mH
- Dämpfungswiderstand R = 1000 Ω

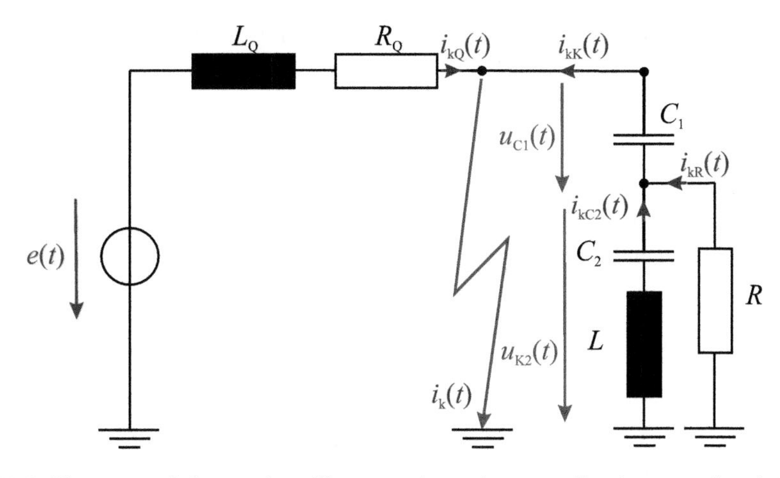

Abb. 14.1 Netzersatzschaltung einer Kompensationsanlage zur Bestimmung des dreipoligen Kurzschlussstroms an der Fehlerstelle F

Die oben aufgeführten elektrischen Angaben entsprechen den Werten einer Anlage mit einer Bemessungsleistung von S_{rK} = 250 Mvar und einer Bemessungsspannung von U_{rK} = 380 kV, unter diesen Voraussetzungen beträgt der Bemessungsstrom I_{rK} = 379,8 A. Die Werte der einzelnen Komponenten ermitteln sich aus den folgenden Randbedingungen:

- Die Hauptkapazität C_1 bestimmt sich aus der Bemessungsleistung und der stationären Spannungsanhebung als Folge der Zuschaltung der Kompensationsanlage, Gl. (14.1) und (14.2).
- Der Hilfskondensator C_2 und die Drosselspule L sind auf die Betriebsfrequenz abgestimmt, damit während des Betriebs der Dämpfungswiderstand R stromlos ist und somit keine Verluste während des symmetrischen Betriebs entstehen, Gl. (14.3).
- Die Reihenkondensatoren (C_1 + C_2) und die Spule L sind als Filtereinheit in diesem Beispiel auf die 3. Harmonische abgestimmt, Gl. (14.3).

Als zusätzlich Bedingung gilt, dass durch die Einschaltung der Kompensationsanlage nur eine stationäre Spannungsänderung von z. B. Δu = 2 % zugelassen wird. Hieraus kann die maximale Leistung in Abhängigkeit des Anfangs-Kurzschlusswechselstroms I_k'' und der Netznennspannung U_n nach Gl. (14.1)

$$S_{rK} = \Delta u \cdot \sqrt{3} \cdot U_n \cdot I_k'' \tag{14.1}$$

ermittelt werden. Unter Berücksichtigung einer Bemessungsleistung von S_{rK} = 250 MVA und eines Verhältnisses R_Q/X_Q = 0,1 bestimmt sich die Netzreaktanz bei der vorgegebenen Bemessungsleistung zu: X_Q = 12,64 Ω (L_Q = 40,25 mH), welches einem Anfangs-Kurzschlussschlusswechselstrom von $I_k'' = 19\,\text{kA}$ entspricht. Mit diesen Angaben werden im Folgenden die Beiträge der Kompensation zum dreipoligen Kurzschlussstrom berechnet. Mit Hilfe von Gl. (14.2) kann die Hauptkapazität C_1 bestimmt werden.

$$S_{\mathrm{rK}} = \frac{U_{\mathrm{r}}^2}{X_{\mathrm{C1}}} \qquad C_1 = \frac{S_{\mathrm{rK}}}{\omega \cdot U_{\mathrm{rK}}^2} = \frac{\Delta u \cdot \sqrt{3} \cdot U_{\mathrm{n}} \cdot I_{\mathrm{k}}''}{\omega \cdot U_{\mathrm{rK}}^2} \tag{14.2}$$

Die übrigen Komponenten C_2 und L der Kompensation bestimmen sich entsprechend der oben angegebenen Randbedingungen zu:

$$C_2 = \left[\left(\frac{\omega_0}{\omega}\right)^2 - 1\right] \cdot C_1 \qquad L = \frac{1}{\omega^2 \cdot C_2} \tag{14.3}$$

Mit

ω Kreisfrequenz bezogen auf die Betriebsfrequenz f
ω_0 Kreisfrequenz bezogen auf die Resonanzfrequenz f_0 des Filters

Mit Hilfe der Gl. (14.2) und (14.3) lassen sich unter Berücksichtigung der Netzvorgaben (Spannungsänderung, Anfangs-Kurzschlusswechselstrom) die angegebenen Kompensationselemente bestimmen.

14.4 Einfluss auf den dreipoligen Kurzschlussstrom

Grundsätzlich wirkt eine kapazitive Kompensation in zweifacher Hinsicht auf den Kurzschlussstrom, da zum einen die Betriebsbedingungen (Spannungen) und die Kurzschlussimpedanz verändert werden und zum anderen selbst als eine aktive Spannungsquelle zum Kurzschlussstrom einen Beitrag liefert. Diese beiden Einflüsse werden in den folgenden Abschnitten getrennt betrachtet.

14.4.1 Veränderung der betriebsfrequenten Kurzschlussbedingungen

Der maximale, dreipolige Kurzschlussstrom I_{k}'' kann allgemein nach Gl. (14.4) ermittelt werden, unter Berücksichtigung des Spannungsfaktors c nach [3]:

$$I_{\mathrm{k}}'' = \frac{c \cdot U_{\mathrm{n}} / \sqrt{3}}{\underline{Z}_{\mathrm{k}}} \tag{14.4}$$

Mit

c Spannungsfaktor mit $c = 1{,}1$ für den maximalen Kurzschlussstrom
U_{n} Netznennspannung
$\underline{Z}_{\mathrm{k}}$ Kurzschlussimpedanz

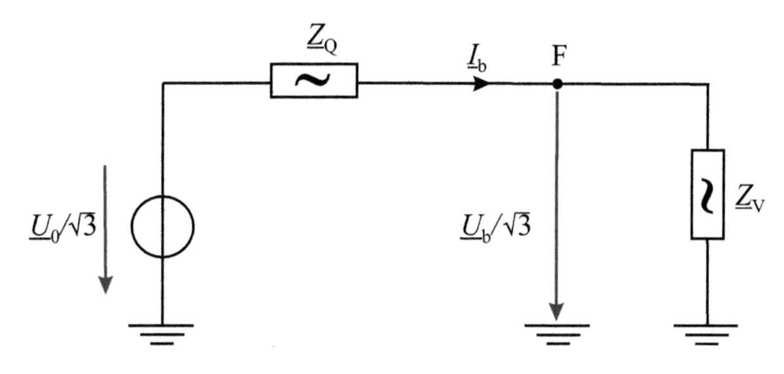

Abb. 14.2 Spannungsfaktor c als Funktion der Belastung und Freileitungslänge

Durch den Einsatz einer Querkapazität kann grundsätzlich die Spannung bzw. der Spannungsfaktor c oder die Kurzschlussimpedanz beeinflusst werden. Die Betriebsspannung U_b vor Kurzschlusseintritt an der Fehlerstelle F ist im Allgemeinen von der Belastung im Netz ($\underline{Z}_V$) abhängig, so dass unter der Bedingung, diese Betriebsspannung konstant zu halten, der erforderliche Spannungsfaktor c als Funktion der Belastung und der Netzimpedanz $\underline{Z}_Q$ nach Abb. 14.2 bestimmt werden kann.

Für den Faktor c_1 (ohne Querkapazität) gilt nach Gl. (14.5), wenn die Betriebsspannung $\underline{U}_b$ an der späteren Fehlerstelle F konstant gehalten werden soll, bei einer reellen, treibenden Spannung U_0:

$$\frac{\underline{U}_b}{\sqrt{3}} = \frac{\underline{Z}_V}{\underline{Z}_V + \underline{Z}_Q} \cdot \frac{\underline{U}_0}{\sqrt{3}} \tag{14.5}$$

Nach Gl. (14.5) wird die Betriebsspannung U_b bezogen auf die treibende Spannung U_0 stets kleiner, wenn eine induktive Belastung $\underline{Z}_V$ angenommen wird. Damit dieser Spannungsfall bei der Kurzschlussstromberechnung kompensiert werden kann, er gibt sich der Spannungsfaktor c_1 aus dem Kehrwert des Verhältnisses der Impedanzen von Gl. (14.5) zu

$$c_1 = \left| 1 + \frac{\underline{Z}_Q}{\underline{Z}_V} \right| \tag{14.6}$$

Da eine induktive Belastung in der Praxis häufig der Fall ist, wird nach [3] auch allgemein ein Wert von $c = 1{,}1$ für Hochspannungsnetze eingesetzt. Unter Berücksichtigung der Impedanz einer Querkapazität ($\underline{Z}_C$), die parallel zur Belastung installiert ist, folgt für den Spannungsfaktor c_2, ausgehend von Gl. (14.6):

$$c_2 = \left| 1 + \frac{\underline{Z}_Q \cdot (\underline{Z}_V + \underline{Z}_C)}{\underline{Z}_V \cdot \underline{Z}_C} \right| \tag{14.7}$$

Im Folgenden wird der Bereich der Spannungsfaktoren c_1 und c_2 anhand eines Beispiels gezeigt, in Abhängigkeit des Netzkurzschlussstroms, der Belastung und der Kompensation.

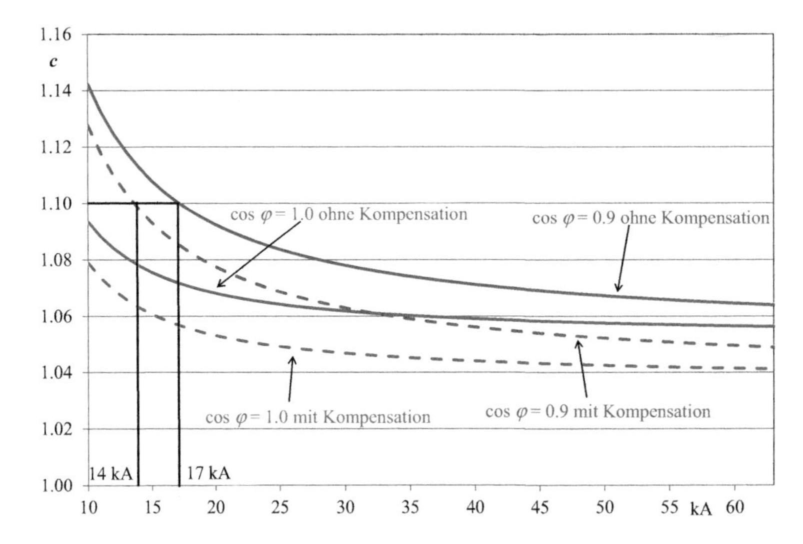

Abb. 14.3 Einfluss der Kompensation auf den Spannungsfaktor c als Funktion der Belastung und Freileitungslänge. _______ ohne Kompensation. -------- mit Kompensation

Die Netzimpedanz bei einer Netznennspannung von U_n = 380 kV ermittelt sich aus dem dreipoligen Kurzschlussstrom I_k'' und einem Verhältnis R/X = 0,1. Die Kapazität der Kompensation bestimmt sich nach Gl. (14.1) aus der zulässigen Spannungsänderung z. B. Δu = 2,0 % nach der Zuschaltung des Kompensators. Die Ergebnisse sind in Abb. 14.3 für unterschiedliche Leistungsfaktoren der Belastung aufgetragen. Die Betriebsspannung an der Stelle F nach Abb. 14.2 wird mit U_b = 400 kV angenommen.

Es zeigt sich, dass der erforderliche Spannungsfaktor nach Gl. (14.7) mit c_2 = 1,1 nur für Kurzschlussströme $\underline{I}_k'' \geq 17\,\text{kA}$ zulässig ist, bei einer übertragenen Leistung von S_V = 2000 MVA, einem Leistungsfaktor von cosφ = 0,9 und einer Betriebsspannung von U_b = 400 kV, wenn keine kapazitive Kompensation angenommen wird. Bei kleineren Werten des Netzkurzschlussstroms ist grundsätzlich ein größerer Wert für c notwendig oder der Einsatz eines Kondensators verändert den Lastfluss in der Weise, dass der induktive Strom teilweise kompensiert wird. Bei einer kapazitiven Kompensation vermindert sich der Kurzschlussstrom auf $\underline{I}_k'' \geq 14\,\text{kA}$ ohne dass der Spannungsfaktor c_1 = 1,1 überschritten wird. Bei der Übertragung reiner Wirkleistung treten unter diesen Voraussetzungen Spannungsfaktoren c auf, die stets unter einem Wert von 1,1 bleiben.

Wird im Gegensatz hierzu eine Betriebsspannung von U_b = 410 kV vorausgesetzt, so sind nur Kurzschlussströme von $\underline{I}_k'' \geq 36{,}5\,\text{kA}$ zulässig, um den Spannungsfaktor c = 1,1 einzuhalten (cosφ = 0,9; ohne Kompensation).

Durch den Einsatz einer Querkompensation wird stets der Spannungsfaktor c reduziert, so dass die Ergebnisse der Kurzschlussstromberechnung nach Gl. (14.4) mit einem Faktor von c = 1,1 mehr auf der sicheren Seite liegen werden als dieses ohne Kompensation der Fall ist. Bei Netzbelastungen von S_V > 2000 MVA und Werten von Δu > 2,0 % ist der Unterschied noch ausgeprägter.

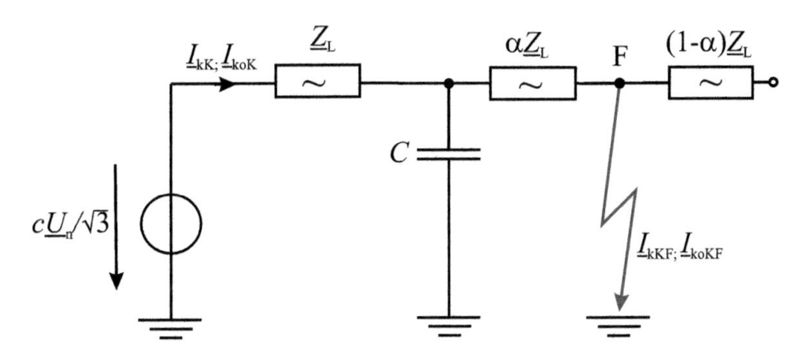

Abb. 14.4 Einfluss der Kompensation auf die Kurzschlussimpedanz $\underline{Z}_k$, Fehlerstelle F
Index: kK Kurzschluss mit Kompensation
Index: koK Kurzschluss ohne Kompensation

Die resultierende Kurzschlussimpedanz $\underline{Z}_{kK}$ unter Berücksichtigung einer Kompensation ergibt sich nach Gl. (14.8), ausgehend von Abb. 14.4. In diesem Fall wandert der Kurzschlussort von der Spannungsquelle zum Freileitungsende $\underline{Z}_L$, dieses bedeutet: $\alpha = 0 \rightarrow 1$. Zur Vereinfachung wird die Resistanz vernachlässigt.

$$\underline{Z}_{kK} = \underline{Z}_L + \frac{\alpha \cdot \underline{Z}_L \cdot \underline{Z}_C}{\alpha \cdot \underline{Z}_L + \underline{Z}_C} \approx jX_L + j\frac{\alpha \cdot X_L \cdot X_C}{X_C - \alpha \cdot X_L} = jX_L \cdot \left[1 + \frac{\alpha \cdot X_C}{X_C - \alpha \cdot X_L}\right] \qquad (14.8)$$

Mit

$$\underline{Z}_L \approx j\omega L = jX_L \qquad \underline{Z}_C \approx \frac{1}{j\omega C} = -jX_C \qquad (14.9)$$

Wird die Kurzschlussimpedanz nach Gl. (14.8) auf die Impedanz ohne Kompensation $\underline{Z}_{koK}$ bezogen, so ergibt sich nach Gl. (14.10):

$$\frac{\underline{Z}_{kK}}{\underline{Z}_{koK}} \approx \frac{jX_L \cdot \left[1 + \frac{\alpha \cdot X_C}{X_C - \alpha \cdot X_L}\right]}{jX_L \cdot [1+\alpha]} = \frac{1 + \frac{\alpha \cdot X_C}{X_C - \alpha \cdot X_L}}{1+\alpha} \geq 1 \qquad (14.10)$$

Nach Gl. (14.10) ist ersichtlich, dass bei einem Fehler nach dem Einsatzort des Kondensators sich die Kurzschlussimpedanz vergrößert, welches nach Gl. (14.4) zu einer Verminderung des Kurzschlussstroms $\underline{I}_{kK}$ nach Abb. 14.4 führt und somit die Berechnung des Kurzschlussstroms auf der sicheren Seite liegt, wenn der maximale Wert betrachtet wird. Mit $\underline{I}_{kK}$ wird hierbei der Kurzschlussstrombeitrag der einspeisenden Spannungsquelle bezeichnet. Dieses gilt nur für den Fall, dass die Kurzschlussstromberechnung z. B. mit Hilfe des Überlagerungsverfahrens berechnet wird. Erfolgt im Gegensatz hierzu die Berechnung nach dem Verfahren der Ersatzspannungsquelle an der Fehlerstelle, so hat der Kondensator keinen Einfluss auf die Höhe des Kurzschlussstroms, da in diesem Fall Querimpedanzen nicht berücksichtigt werden dürfen.

Wird im Gegensatz hierzu der Kurzschlussstrom $\underline{I}_{\mathrm{kKF}}$ an der Fehlerstelle unter Berücksichtigung der Kompensation berechnet, so ergibt sich der Gesamtstrom $\underline{I}_{\mathrm{kK}}$ mit Hilfe der Impedanz nach Gl. (14.8) zu:

$$\underline{I}_{\mathrm{kK}} = \frac{1{,}1 \cdot U_{\mathrm{n}} / \sqrt{3}}{\mathrm{j}X_{\mathrm{L}} \cdot \left[1 + \frac{\alpha \cdot X_{\mathrm{C}}}{X_{\mathrm{C}} - \alpha \cdot X_{\mathrm{L}}}\right]} \tag{14.11}$$

Für den Strom $\underline{I}_{\mathrm{kKF}}$ an der Fehlerstelle (mit Kompensation) folgt daraus:

$$\begin{aligned} \underline{I}_{\mathrm{kKF}} &= \frac{-X_{\mathrm{C}}}{\alpha \cdot X_{\mathrm{L}} - X_{\mathrm{C}}} \cdot \frac{1{,}1 \cdot U_{\mathrm{n}} / \sqrt{3}}{\mathrm{j}X_{\mathrm{L}} \cdot \left[1 + \frac{\alpha \cdot X_{\mathrm{C}}}{X_{\mathrm{C}} - \alpha \cdot X_{\mathrm{L}}}\right]} \\ &= \frac{1{,}1 \cdot U_{\mathrm{n}} / \sqrt{3}}{\mathrm{j}X_{\mathrm{L}} \cdot \left[(1+\alpha) - \alpha \cdot X_{\mathrm{L}} / X_{\mathrm{C}}\right]} \end{aligned} \tag{14.12}$$

Der Kurzschlussstrom I_{koKF} an der Fehlerstelle F ohne Kompensation ermittelt sich nach Gl. (14.13), so dass sich das Stromverhältnis bestimmen lässt, um den Einfluss der Kompensation zu bewerten.

$$\underline{I}_{\mathrm{koKF}} = \frac{1{,}1 \cdot U_{\mathrm{n}} / \sqrt{3}}{\mathrm{j}X_{\mathrm{L}} \cdot (1+\alpha)} \tag{14.13}$$

$$\frac{\underline{I}_{\mathrm{kKF}}}{\underline{I}_{\mathrm{koKF}}} = \frac{1}{1 - \frac{\alpha}{1+\alpha} \cdot \frac{X_{\mathrm{L}}}{X_{\mathrm{C}}}} \geq 1 \tag{14.14}$$

Dieses bedeutet, dass durch den Einsatz einer kapazitiven Kompensation der Strom I_{kKF} an der Fehlerstelle stets größer ist als ohne Kompensation (I_{koKF}). Werden entsprechend Abb. 14.4 die folgenden Werte angenommen:

$\mathrm{j}X_{\mathrm{L}} = \mathrm{j}25{,}1\ \Omega$ (380-kV-Freileitung, 100 km, Reaktanz nach Tab. 4.2)
$-\mathrm{j}X_{\mathrm{C}} = -\mathrm{j}577{,}69\ \Omega$ (Hauptkondensator C_1 nach Abschn. 14.3),

so berechnet sich die größte Abweichung bei einem Kurzschluss am Leitungsende ($\alpha = 1$) zu 2,2 %; das heißt, der tatsächliche Kurzschlussstrom wird in diesem Beispiel um 2,2 % zu klein ermittelt, wenn der Kondensator zur Kompensation nicht berücksichtigt wird.

14.4.2 Kurzschlussstrombeitrag einer Kompensation bei einem Netzfehler (Beispiel)

Während im Abschn. 14.4.1 der Einfluss einer kapazitiven Kompensation auf den betriebsfrequenten Kurzschlussstrom betrachtet wird, erfolgt in diesem Abschnitt die Abschätzung des Entladestroms eines Kondensators bei einem Klemmenkurzschluss. Hierbei wird vorausgesetzt, dass in unmittelbarer Nähe der Kompensation ein dreipoliger Kurzschluss stattfindet. Die Berechnungen beziehen sich sowohl auf den Gesamtstrom als auch auf den Kurzschlussstrombeitrag der Kompensation und den Netzbeitrag. Die Daten der Anlage entsprechen den Werten nach Abschn. 14.3.

Abb. 14.5 zeigt die Spannungs- und Stromverläufe bei einem Fehlereintritt nach t = 2,5 ms im Maximum der Betriebsspannung (U_b = 408,8 kV) an den Klemmen der Kompensationseinrichtung. Die Netzimpedanz wird entsprechend Abschn. 14.3 mit L_Q = 40,25 mH

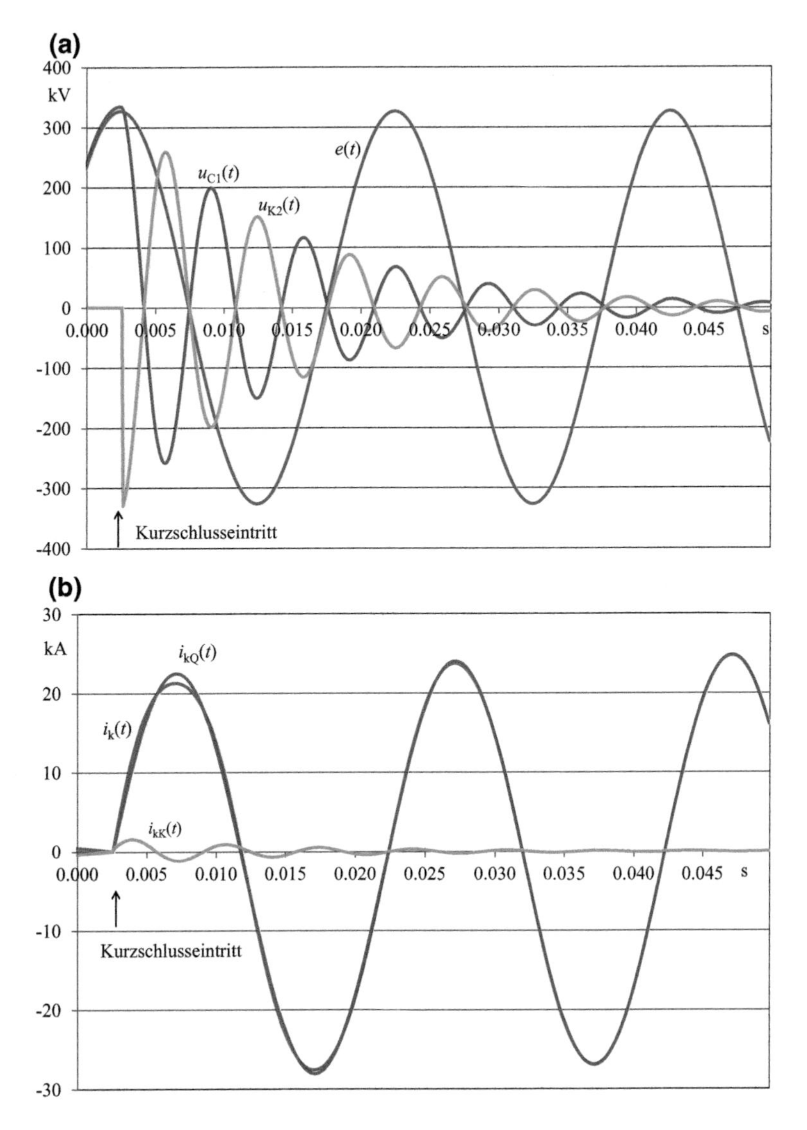

Abb. 14.5 Spannungen (**a**) und Ströme (**b**) bei einem dreipoligen Klemmenkurzschluss, Kurzschlusseintritt im Spannungsmaximum, Fehlereintritt nach t = 2,5 ms (Bezeichnungen nach Abb. 14.1) [1]

und R_Q = 1,264 Ω eingesetzt. Die Spannungen $u_{C1}(t)$ und $u_{K2}(t)$ nach Abb. 14.1 klingen nach Kurzschlusseintritt mit der Eigenfrequenz der Kompensation (f_0 = 150 Hz) ab. Aufgrund der Auslegung der Kompensationsanlage hat die Spannung $u_{K2}(t)$ vor Fehlereintritt den Wert null, da der Reihenschwingkreis auf die Betriebsfrequenz abgestimmt ist.

Eine Auswertung der ersten Maxima der Stromverläufe $i_k(t)$ und $i_{kQ}(t)$ ergibt die folgenden Anfangs-Kurzschlusswechselströme (die Ermittlung des Netzkurzschlussstroms wird aus den minimalen und maximalen Halbwellen bestimmt):

- Gesamtkurzschlussstrom: $I''_k = 17{,}3\,\text{kA}$
- Netzkurzschlussstrom: $I''_{kQ} = 18{,}1\,\text{kA}$

Der Gesamtkurzschlussstrom wird aufgrund des Beitrags der Kompensationseinheit als Folge der 150-Hz-Komponente im Scheitelwert reduziert. Die Teilströme innerhalb der Kompensationsanlage zeigt Abb. 14.6. Der gesamte Kurzschlussstrombeitrag entspricht in erster Linie dem Teilstrom der Kapazität C_2.

Mit Hilfe des Kurzschlussstromverlaufs $i_{kK}(t)$ kann die Zeitkonstante des Entladevorgangs mit T = 12,3 ms bestimmt werden und der abklingende Kurzschlussstrombeitrag bestimmt sich dann zu Gl. (14.15):

$$i_{kK}(t) = \hat{i}_{kK} \cdot e^{-t/T} \cdot \sin(\omega_0 \cdot t) \tag{14.15}$$

Unter Berücksichtigung des ersten Spitzenwertes ergibt sich der Anfangs-Kurzschlusswechselstrom zu $I''_{kK} = 1{,}25\,\text{kA}$, so dass dieser Beitrag wesentlich geringer ist als der gesamte Kurzschlussstrom an der Fehlerstelle mit $I''_k = 17{,}3\,\text{kA}$. Da der maximale

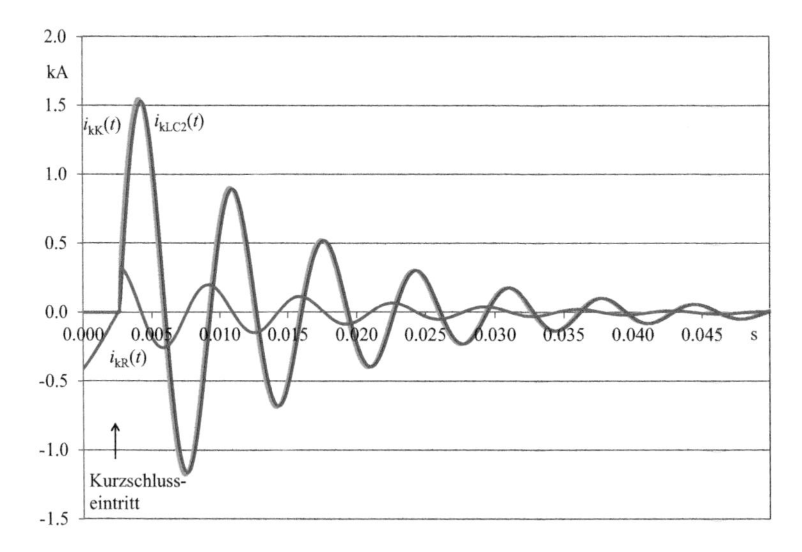

Abb. 14.6 Teilkurzschlussströme der Kompensationseinheit bei einem dreipoligen Klemmenkurzschluss (Bezeichnungen nach Abb. 14.1) [1]

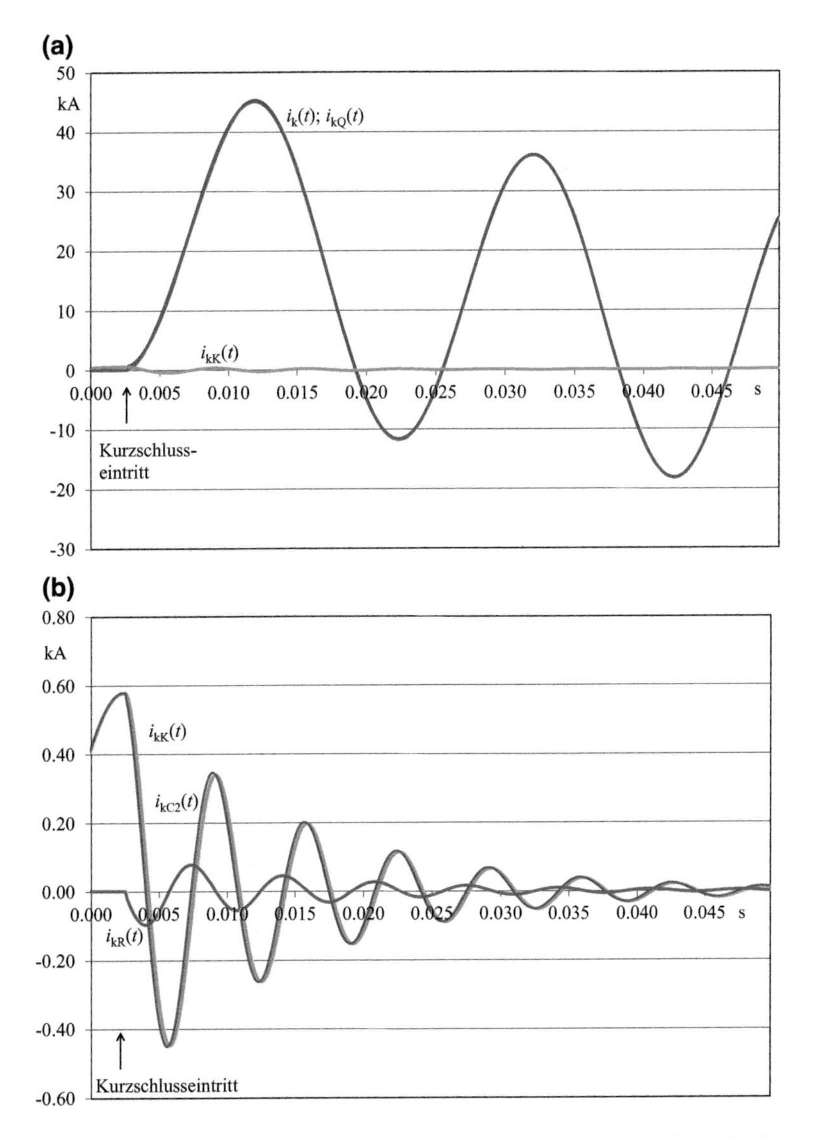

Abb. 14.7 Ströme bei einem dreipoligen Klemmenkurzschluss, Kurzschlusseintritt im Spannungsnulldurchgang; Summenstrom (**a**) und Teilströme der Kompensationsanlage (**b**), Fehlereintritt nach $t = 2{,}5$ ms (Bezeichnungen nach Abb. 14.1) [1]

betriebsfrequente Stoßkurzschlussstrom dann auftritt, wenn der Fehler im Spannungsnulldurchgang eingeleitet wird, zeigen die Abb. 14.7a, b die Stromverläufe unter dieser Randbedingung.

In diesem Fall ergibt der Teilkurzschlussstrom der Kompensationsanlage einen Anfangs-Kurzschlusswechselstrom von $I''_{kK} = 0{,}41\,\text{kA}$ und einen Stoßkurzschlussstrom von $i_{pK} = 0{,}45$ kA, bei einem Gesamt-Stoßkurzschlussstrom von $i_p = 45{,}3$ kA.

Grundsätzlich sind bei der Dimensionierung von Betriebsmitteln und Anlagen unterschiedliche Ströme zu beachten (Stoßkurzschlussstrom, Ausschaltwechselstrom, Dauer- und thermisch gleichwertiger Kurzschlussstrom). Aufgrund der geringen Zeitkonstante des Kurzschlussstrombeitrags einer Kompensationseinheit ist jedoch nur der Stoßkurzschlussstrom von Interesse. Aus diesem Grunde zeigt Tab. 14.1 die Auswertung für die betrachtete Netzanordnung bei verschiedenen Spannungsbedingungen vor Kurzschlusseintritt.

Es zeigt sich, dass der maximale Stoßkurzschlussstrom in diesem Beispiel ausschließlich durch den Netzbeitrag geprägt wird, während der Beitrag der Kompensationsanlage vernachlässigt werden kann (< 3.5 %). Darüber hinaus treten die Maximalwerte zu unterschiedlichen Zeiten t_{max} auf, so dass keine Überlagerung erfolgt, zusätzlich sind die Spannungsbedingungen bei einem Kurzschlusseintritt unterschiedlich (Maximum, Nulldurchgang).

14.4.3 Abschätzung des Beitrags einer Kompensation

Im Folgenden wird ermittelt, welcher Kurzschlussstrombeitrag im Allgemeinen als Funktion des Netzkurzschlussstroms zu erwarten ist, ohne eine Berechnung der transienten Vorgänge vorzunehmen. Für die Berechnung des Entladestroms bei einem dreipoligen Kurzschluss kann zur Vereinfachung die Kompensationsanlage bei der Resonanzfrequenz als ein Reihenschwingkreis, bestehend aus den resultierenden *RLC*-Elementen nachgebildet werden. Der Strom $i_{kK}(t)$ bestimmt sich, wenn der Kurzschlusseintritt im Spannungsnulldurchgang stattfindet, zu:

$$i_{kK}(t) = \frac{\hat{E}}{\omega_1 \cdot L_{ers}} \cdot e^{-\delta \cdot t} \cdot \sin(\omega_1 \cdot t) = \frac{\hat{E}}{\sqrt{\frac{L_{ers}}{C_1} - \left(\frac{R_{ers}}{2}\right)^2}} \cdot e^{-t/T} \cdot \sin(\omega_1 \cdot t) \quad (14.16)$$

Tab. 14.1 Stoßkurzschlussstrom unter Berücksichtigung einer Kompensationseinheit, Beispiel nach Abb. 14.1, jeweils das erste Strommaximum nach Kurzschlusseintritt

Spannung	Strom	i_p/kA	t_{max}/ms
Maximum	gesamt	21,25	4,6
	Netz	22,42	4,7
	Kompensation	1,55	1,5
Nulldurchgang	gesamt	45,29	9,5
	Netz	45,04	9,4
	Kompensation	0,45	3,3

Mit:

$$2 \cdot \delta = \frac{R_{ers}}{L_{ers}} = \frac{2}{T}$$
$$\omega_{01}^2 = \frac{1}{C_1 \cdot L_{ers}} \tag{14.17}$$
$$\omega_{01}^2 - \delta^2 = \omega_1^2$$

Die allgemeinen Größen R_{ers}, L_{ers} und C_1 zur Bestimmung des Kurzschlussstroms sind durch Umwandlung der Ersatzschaltung der Kompensationseinheit nach Abb. 14.8 bei der Resonanzfrequenz ω_0 zu ermitteln.

Für den Teil der Abb. 14.8, der rot gekennzeichnet ist, gilt die Bedingung:

$$R_{ers} + \mathrm{j}\omega_0 L_{ers} \stackrel{!}{=} \frac{R \cdot \left[\mathrm{j}\omega_0 L - \mathrm{j}\frac{1}{\omega_0 C_2} \right]}{R + \mathrm{j}\left(\omega_0 L - \frac{1}{\omega_0 C_2} \right)} =$$
$$\mathrm{j}\frac{R \cdot \left(\omega_0 L - \frac{1}{\omega_0 C_2} \right) \cdot \left[R - \mathrm{j}\left(\omega_0 L - \frac{1}{\omega_0 C_2} \right) \right]}{R^2 + \left(\omega_0 L - \frac{1}{\omega_0 C_2} \right)^2} \tag{14.18}$$

Die Ersatzresistanz R_{ers} und Ersatzreaktanz L_{ers} bestimmen sich nach den Gl. (14.19) und (14.20).

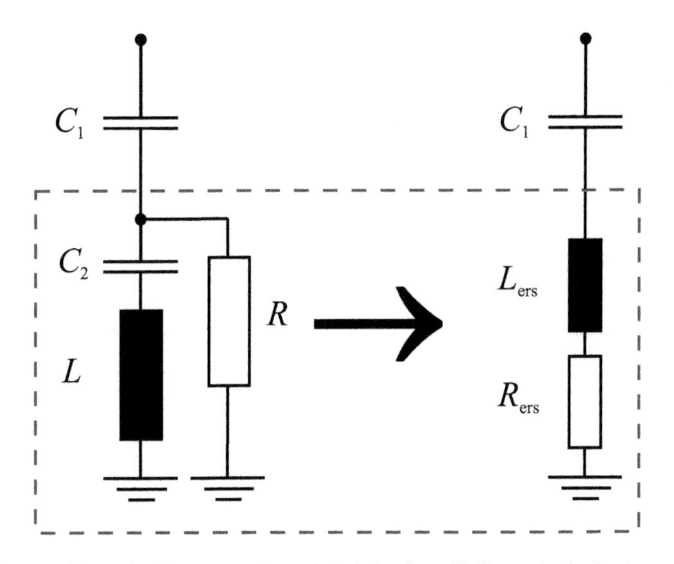

Abb. 14.8 Umwandlung der Kompensationseinheit in einen Reihenschwingkreis

$$R_{\text{ers}} = \frac{R \cdot \left(\omega_0 L - \frac{1}{\omega_0 C_2}\right)^2}{R^2 + \left(\omega_0 L - \frac{1}{\omega_0 C_2}\right)^2} = \frac{R \cdot (\omega_0 L)^2 \cdot \left[1 - \left(\frac{\omega}{\omega_0}\right)^2\right]^2}{R^2 + (\omega_0 L)^2 \cdot \left[1 - \left(\frac{\omega}{\omega_0}\right)^2\right]^2} \tag{14.19}$$

$$\omega_0 \cdot L_{\text{ers}} = \frac{R^2 \cdot \left(\omega_0 L - \frac{1}{\omega_0 C_2}\right)}{R^2 + \left(\omega_0 L - \frac{1}{\omega_0 C_2}\right)^2} = \frac{R^2 \cdot (\omega_0 L) \cdot \left[1 - \left(\frac{\omega}{\omega_0}\right)\right]}{R^2 + (\omega_0 L)^2 \cdot \left[1 - \left(\frac{\omega}{\omega_0}\right)^2\right]^2} \tag{14.20}$$

Mit der Betriebsfrequenz ω gilt nach Abschn. 14.3:

$$\omega = \frac{1}{L \cdot C_2} \tag{14.21}$$

Unter Berücksichtigung der Werte für eine Kompensationseinheit nach Abschn. 14.3 bestimmen sich die nachfolgenden Ersatzwerte nach den Gl. (14.19) und (14.20), mit einer Resonanzfrequenz von $\omega_0 = 2\pi \cdot 150$ 1/s:

$L_{\text{ers}} = 197{,}2$ mH $\qquad R_{\text{ers}} = 35{,}81\ \Omega$

Werden in Gl. (14.16) die Werte der Ersatzschaltung C_1, L_{ers} und R_{ers} eingesetzt, so ergibt sich mit $L_{\text{ers}}/C_1 >> (R_{\text{ers}}/2)^2$ bzw. $\delta = 0$:

$$i_{\text{kK}}(t) \approx \frac{E}{\sqrt{L_{\text{ers}} / C_1}} \cdot \text{e}^{\,t/T} \cdot \sin(\omega_1 \cdot t) \tag{14.22}$$

Für die Berechnung des Stoßkurzschlussstroms wird der Zeitpunkt des Spitzenwerts aus der Ableitung der Gl. (14.22) ermittelt:

$$0 \overset{!}{=} \frac{\text{d}i_{\text{kK}}}{\text{d}t} = -\frac{1}{T} \cdot \text{e}^{-t_{\max}/T} \cdot \sin(\omega_1 \cdot t_{\max}) + \omega_1 \cdot \text{e}^{-t_{\max}/T} \cdot \sin(\omega_1 \cdot t_{\max}) \tag{14.23}$$

$$\tan(\omega_1 \cdot t_{\max}) = T \cdot \omega_1 \qquad \omega_1 \cdot t_{\max} = \arctan(T \cdot \omega_1) \tag{14.24}$$

Für die Kreisfrequenz ω_1 und die Zeitkonstante T ergeben sich vereinfachend nach Gl. (14.17):

$$\omega_1^2 \approx \frac{1}{C_1 \cdot L_{\text{ers}}} = \frac{10^6}{0{,}1972 \cdot 5{,}51} \cdot \frac{1}{\text{s}^2} \qquad \omega_1 \approx 959{,}42 \cdot 1/\text{s}$$

$$T = \frac{2 \cdot L_{\text{ers}}}{R_{\text{ers}}} = \frac{2 \cdot 0{,}1972}{35{,}81} \cdot \text{s} = 11{,}01\text{ms}$$

Der Zeitpunkt des Stoßkurzschlussstroms ermittelt sich somit zu:

$$t_{\max} = \frac{\arctan(T \cdot \omega_1)}{\omega_1} = \frac{\arctan(0{,}001101 \cdot 959{,}42)}{959{,}42} \cdot \mathrm{s} = 1{,}5389\,\mathrm{ms}$$

Hieraus lassen sich die charakteristischen Werte zur Ermittlung des Kurzschlussbeitrags bestimmen unter der Voraussetzung, dass für die Spannung nach Gl. (14.22) $E = 1{,}1 \cdot 380\,\mathrm{kV}/\sqrt{3}$ gilt:

$$i_{\mathrm{kK}}(t) = \frac{\sqrt{2} \cdot E}{\omega_1 \cdot L_{\mathrm{ers}}} \cdot \mathrm{e}^{\,t/T} \cdot \sin(\omega_1 \cdot t) = \frac{1{,}1 \cdot \sqrt{2} \cdot 380\,\mathrm{kA}}{\sqrt{3} \cdot 0{,}1972 \cdot 959{,}42} \cdot \mathrm{e}^{\,t/0{,}01101} \cdot \sin\left(\frac{959{,}42}{\mathrm{s}} \cdot t\right)$$

$$I''_{\mathrm{kK}} = \frac{1{,}1 \cdot 380\,\mathrm{kA}}{\sqrt{3} \cdot 0{,}1972 \cdot 959{,}42} = 1{,}276\,\mathrm{kA}$$

$$i_{\mathrm{p}} = \sqrt{2} \cdot 1{,}276 \cdot \mathrm{e}^{-1{,}5389/11{,}01} \cdot \sin(0{,}95942 \cdot 1{,}5389) = 1{,}562\,\mathrm{kA}$$

Während das Ergebnis des Anfangs-Kurzschlusswechselstroms nach Gl. (14.22) nur eine Abweichung von < 3,5 % zeigt, ist der Unterschied bei der Ermittlung des Stoßkurzschlussstroms noch geringer (< 1 %). Zusätzlich ist die Spannung vor Kurzschlusseintritt nach Abb. 14.5 um ca. 2,2 % kleiner als die Abschätzung nach Gl. (14.22).

Nach Gl. (14.1) wird die kapazitive Blindleistung und damit der Hauptkondensator C_1 aus der Spannungsanhebung Δu am Anschlusspunkt bestimmt. Unter der Annahme, dass die Güte G des Parallelstromkreises nach Abb. 14.8 stets den Wert $G = 0{,}2$ bei Resonanzfrequenz hat, kann der Strombeitrag einer Kompensation bei einem dreipoligen Klemmenkurzschluss in Abhängigkeit des Netzkurzschlussstroms und der Abstimmung auf die Oberschwingung $n = \omega_0/\omega_{50}$ bestimmt werden, die Ergebnisse sind in Tab. 14.2 aufgeführt. Hierbei bestimmt sich die Güte des Reihenschwingkreises nach Gl. (14.25), so dass sich hieraus der Widerstand R_{ers} bestimmen lässt.

$$G = \frac{1}{R_{\mathrm{ers}}} \cdot \sqrt{\frac{L_{\mathrm{ers}}}{C_1}} \tag{14.25}$$

Der Anfangs-Kurzschlusswechselstroms des Netzes beträgt in diesem Vergleich $I''_{\mathrm{k}} = 19\,\mathrm{kA}$ bei einem Stoßkurzschlussstrom $i_{\mathrm{p}} = 46{,}915$ kA ($R/X = 0{,}1$).

Es zeigt sich, dass grundsätzlich der Beitrag der Kompensation mit größerer Ordnung n der Oberschwingung und der Spannungsanhebung Δu zunimmt. Es zeigt sich jedoch, dass der Beitrag zum Stoßkurzschlussstrom maximal 14 % werden kann. Zusätzlich ist zu beachten, dass die Ströme (Netz, Kompensation) nicht addiert werden dürfen, da die Spannungsbedingungen bei einem Kurzschlusseintritt unterschiedlich sind.

Tab. 14.2 Einfluss einer Kompensation bei einem dreipoligen Klemmenkurzschluss in Abhängigkeit der Spannungsveränderung Δu und der Ordnungszahl n des Oberschwingungsfilters

Größe	I''_{kK} / I''_{kQ}	i_{pK}/i_{pQ}
$n = 3$		
$\Delta u = 0{,}025$	0,084	0,041
$\Delta u = 0{,}050$	0,168	0,083
$n = 5$		
$\Delta u = 0{,}025$	0,140	0,069
$\Delta u = 0{,}050$	0,281	0,138

I''_{kK} Anfangs-Kurzschlusswechselstrom, Beitrag der Kompensationsanlage
I''_{kQ} Anfangs-Kurzschlusswechselstrom, Netzbeitrag
i_{pK} Stoßkurzschlussstrom, Beitrag der Kompensationsanlage
i_{pK} Stoßkurzschlussstrom, Netzbeitrag
n Ordnungszahl der Oberschwingung
Δu Spannungsanhebung

14.5 Bewertung des Beitrags einer Kompensation

Für eine Bewertung des Einflusses einer kapazitiven Kompensationsanlage bei einem dreipoligen Klemmenkurzschluss gelten somit die folgenden Aussagen:

- Die Kompensationsanlage liefert nur einen Beitrag zum Anfangs-Kurzschlusswechselstrom und zum Stoßkurzschlussstrom.
- Der maximale Stoßkurzschlussstrom wird im Spannungsmaximum eingeleitet (die Kompensation ist maximal aufgeladen), während nach [3] die Berechnung den Kurzschlusseintritt im Spannungsnulldurchgang voraussetzt, so dass die Beträge nicht addiert werden dürfen.
- Aufgrund der Auslegung der Kompensationsanlage zusätzlich als Oberschwingungsfilter, treten die Maximalwerte nicht zur gleichen Zeit auf.
- Nach Tab. 14.2 sind die Kurzschlussströme der Kompensation wesentlich geringer als der Netzbeitrag, so dass der Stoßkurzschlussstrom nicht wesentlich durch eine Kompensationsanlage vergrößert wird, unter der Voraussetzung der Spannungsanhebung Δu.

14.6 Beitrag eines Kondensators

Nach Tab. 14.2 bestimmt sich der Beitrag einer Kompensation, die zusätzlich als Oberschwingungsfilter ausgelegt ist, aus der Ordnungszahl der Harmonischen. Falls ein Kondensator nicht als Filter ausgelegt ist, hängt somit der Beitrag zum Anfangs-Kurzschlusswechselstrom bzw. zum Stoßkurzschlussstrom von der Induktivität der Zuleitung bzw. einer Ersatzinduktivität zur Reduktion des Strombeitrags ab. Im Folgenden wird diese Induktivität L ermittelt, damit der Kurzschlussstrom über den Leistungsschalter S nach Abb. 14.9 den zulässigen Strom I''_{kmax} bzw. i_{pmax} nicht überschreitet.

Nach Gl. (14.16) gilt für den Strombeitrag des Kondensators, wenn die Resistanz vernachlässigt wird:

$$i_{\text{kK}}(t) \approx \frac{\hat{E}}{\sqrt{L/C}} \cdot \sin(\omega_1 \cdot t) = \frac{1{,}1 \cdot \sqrt{2} \cdot U_{\text{n}} / \sqrt{3}}{\sqrt{L/C}} \cdot \sin(\omega_1 \cdot t) \tag{14.26}$$

Ein Vergleich des Stromverlaufs mit dem zulässigen Anfangs-Kurzschlusswechselstrom der Geräte, liefert die notwendige Induktivität zur Reduktion des Strombeitrags:

$$I''_{\text{kmax}} = \frac{1{,}1 \cdot U_{\text{n}} / \sqrt{3}}{\sqrt{L/C}} \qquad L = \left[\frac{1{,}1 \cdot U_{\text{n}} / \sqrt{3}}{I''_{\text{kmax}}} \right]^2 \cdot C \tag{14.27}$$

Falls der Stoßkurzschlussstrom betrachtet wird, ergibt sich entsprechend:

$$L = \left[\frac{1{,}1 \cdot \sqrt{2} \cdot U_{\text{n}} / \sqrt{3}}{I''_{\text{kmax}}} \right]^2 \cdot C \tag{14.28}$$

Für die Eigenfrequenz ω_1 des Entladevorgangs folgt daraus.

$$\omega_1 = \frac{I''_{\text{kmax}}}{1{,}1 \cdot U_{\text{n}} / \sqrt{3}} \cdot \frac{1}{C} \tag{14.29}$$

Mit

I''_{kmax}	zulässiger Anfangs-Kurzschlusswechselstrom der Betriebsmittel
C	Kapazität des Kondensators
U_{n}	Nennspannung des Netzes

Unter Berücksichtigung eines maximalen Anfangs-Kurzschlusswechselstroms von $I''_{\text{kmax}} = 40\,\text{kA}$ und einer Kapazität von C = 5,51 µF, entsprechend der Dimensionierung nach Abschn. 14.3, bestimmt sich die notwendige Induktivität zu:

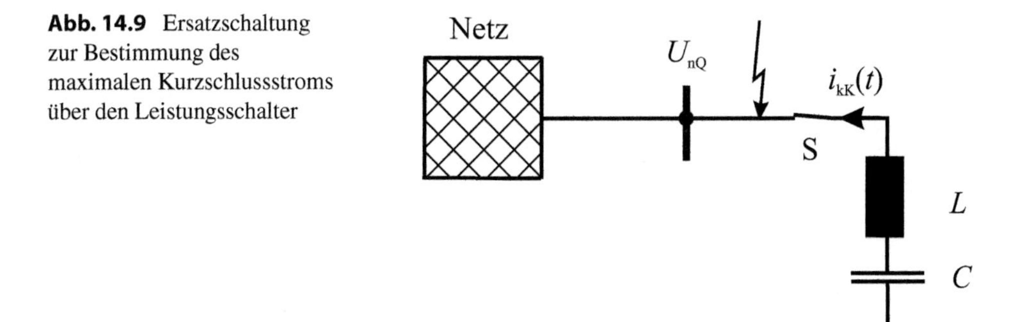

Abb. 14.9 Ersatzschaltung zur Bestimmung des maximalen Kurzschlussstroms über den Leistungsschalter

$$L = \left[\frac{1{,}1 \cdot 380 / \sqrt{3}}{40} \cdot \Omega\right]^2 \cdot 5{,}51 \mu F = 0{,}2\text{mH}$$

Diese Induktivität ist mindestens in Reihe zur Kapazität nach Abb. 14.9 zu installieren, um den zulässigen Stoßkurzschlussstrom, z. B. des Leistungsschalters, nicht zu überschreiten. Mit der Frequenz ω_1 bzw. f_1:

$$\omega_1 = \frac{40}{1.1 \cdot 380 / \sqrt{3}} \cdot \frac{10^6}{5{,}51} \cdot \frac{1}{\text{s}} = 30{,}081 \cdot 10^3 \cdot \frac{1}{\text{s}} \qquad f_1 = 4{,}788\,\text{kHz}$$

Als Folge der höheren Frequenz wird die stets vorhandene Resistanz zu einem schnellen Abklingen des Kurzschlussstroms führen. Auch in diesem Fall tritt der maximale Strombeitrag nur bei einem Kurzschluss im Spannungsmaximum auf, so dass eine Überlagerung mit dem Netzanteil nicht sinnvoll ist.

14.7 Fazit

Nach VDE 0102 [3] ist eine Berücksichtigung von Quer-Kondensatoren bei der Kurzschlussstromberechnung nicht notwendig. Grundsätzlich liefern Kondensatoren einen Beitrag zum Anfangs-Kurzschlusswechselstrom und zum Stoßkurzschlussstrom. Aufgrund der unterschiedlichen Randbedingungen (Spannungsmaximum, Spannungsnulldurchgang) und der Auslegungskriterien (maximale Spannungserhöhung bei der Zuschaltung) ist jedoch eine Berücksichtigung nicht notwendig.

Bei einem Einsatz von großen Kondensatoren in Netzen mit einem großen Kurzschlussstrom oder bei der Parallelschaltung von mehreren Kondensatoren kann es notwendig sein, Induktivitäten in Reihe zur Kapazität zu installieren, damit der Stoßkurzschlussstrom der Betriebsmittel nicht überschritten wird.

Literatur

1. Balzer G (2013) Einfluss von Kondensatoren auf den dreipoligen Kurzschlussstrom. ew Jg 112(9):48–53
2. Balzer G, Petranovic R (2014) Impact of H.V. capacitors for reactive power compensation in transmission systems on the short-circuit current. In: 20th conference of the electric power supply industry (CEPSI), 2014 October 26.–30. Jeju, Südkorea, rep. D1
3. DIN EN 60909-0 (VDE 0102):12-2016 (2016) Kurzschlussströme in Drehstromnetzen Teil 0: Berechnung der Ströme. VDE, Berlin

Berechnung mit parallelen Transformatoren 15

Bei parallelen Transformatoren kann es unter Berücksichtigung von unterschiedlichen Übersetzungsverhältnissen in Abhängigkeit des Berechnungsverfahrens zu verschiedenen Ergebnissen kommen. Die Gründe hierfür werden im Folgenden dargestellt und gezeigt, wie dieses für die Kurzschlussstromberechnung nach VDE 0102 zu berücksichtigen ist. Teile dieses Kapitels sind in [1, 2] veröffentlicht worden.

15.1 Einleitung

Die Kurzschlussstromberechnung in elektrischen Netzen erfolgt im Allgemeinen mit Hilfe der VDE-Vorschrift 60909-0 [3], die als Berechnungsmethode das Verfahren der Ersatzspannungsquelle an der Fehlerstelle anwendet. Diese Methode hat den wesentlichen Vorteil, dass nur eine Spannungsquelle auch bei einem ausgedehnten Netz mit vielen Einspeisungen berücksichtigt wird und eine Vorbelastung vor Eintritt des Kurzschlusses nicht betrachtet werden muss. Hierbei wird die Belastung des Netzes durch die Anwendung eines Spannungsfaktors c und gegebenenfalls durch eine Impedanzkorrektur nachgebildet. Bei der Parallelschaltung von Transformatoren mit ungleichem Übersetzungsverhältnis kann es unter Berücksichtigung des verwendeten Transformatorersatzschaltbildes zu einem Fehler bei der Kurzschlussstromberechnung kommen, so dass ein Strom im Kurzschlussfall berechnet wird, obwohl keine Einspeisung durch ein aktives Netz erfolgt.

In den folgenden Abschnitten werden die unterschiedlichen Möglichkeiten bei der Berücksichtigung von parallelen Transformatoren mit ungleichem Übersetzungsverhältnis bei der Kurzschlussstromberechnung gezeigt, wenn das Verfahren der Ersatzspannungsquelle an der Fehlerstelle verwendet wird.

G. Balzer, *Kurzschlussströme in Drehstromnetzen*,
https://doi.org/10.1007/978-3-658-28331-5_15

15.2 Transformatorersatzschaltbild

In der Kurzschlussstromberechnung wird der Transformator mit Hilfe der Kurzschlussimpedanz (Längsimpedanz) und des Übersetzungsverhältnisses nachgebildet. Die Leerlaufverluste und die Hauptreaktanz bleiben unberücksichtigt (Abschn. 4.8).

15.2.1 Allgemeines Ersatzschaltbild

Für die Berechnung der Kurzschlussströme gilt die Ersatzschaltung nach Abb. 15.1, so dass ausschließlich die Kurzschlussimpedanz $\underline{Z}_\mathrm{T}$ und das Übersetzungsverhältnis t betrachtet werden. Der Vorteil in der Anwendung dieses Ersatzschaltbildes liegt darin, dass jeweils mit den tatsächlichen Spannungen und Strömen gerechnet werden kann und die Umrechnung von Impedanzen auf die jeweilige Spannungsebene entfällt.

Grundsätzlich kann das Übersetzungsverhältnis des Transformators komplex sein, jedoch wird im Folgenden ausschließlich ein reales Verhältnis angenommen.

Das Ersatzschaltbild nach Abb. 15.1 lässt sich durch zwei Kettenmatrizen darstellen: Ein Längszweig mit der Impedanz $\underline{Z}_\mathrm{T}$ und ein Querzweig mit dem Übersetzungsverhältnis t, so dass sich die einzelnen Matrizen ergeben zu:

$$\begin{pmatrix} \underline{U}_1 \\ \underline{I}_1 \end{pmatrix} = \begin{pmatrix} 1 & \underline{Z}_\mathrm{T} \\ 0 & 1 \end{pmatrix} \cdot \begin{pmatrix} \underline{U}_2' \\ \underline{I}_2' \end{pmatrix}$$
$$\begin{pmatrix} \underline{U}_2' \\ \underline{I}_2' \end{pmatrix} = \begin{pmatrix} t & 0 \\ 0 & 1/t \end{pmatrix} \cdot \begin{pmatrix} \underline{U}_2 \\ \underline{I}_2 \end{pmatrix} \tag{15.1}$$

Durch Multiplikation der Matrizen ergibt sich die Kettenmatrix (Gl. 15.2) und die entsprechende Admittanzmatrix (Gl. 15.3), hierbei ist die Transformatorimpedanz $\underline{Z}_\mathrm{T}$ auf die Oberspannungsseite bezogen.

$$\begin{pmatrix} \underline{U}_1 \\ \underline{I}_1 \end{pmatrix} = \begin{pmatrix} t & \underline{Z}_\mathrm{T}/t \\ 0 & 1/t \end{pmatrix} \cdot \begin{pmatrix} \underline{U}_2 \\ \underline{I}_2 \end{pmatrix} \tag{15.2}$$

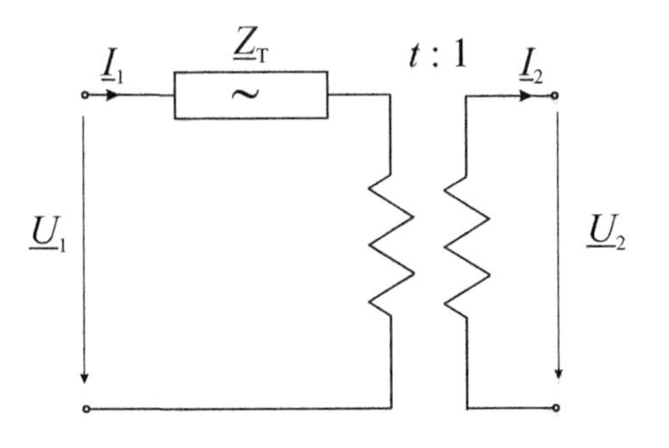

Abb. 15.1 Allgemeines Ersatzschaltbild eines Transformators

$$\begin{pmatrix} \underline{I}_1 \\ \underline{I}_2 \end{pmatrix} = \begin{pmatrix} \underline{Y}_\mathrm{T} & -t \cdot \underline{Y}_\mathrm{T} \\ t \cdot \underline{Y}_\mathrm{T} & -t^2 \cdot \underline{Y}_\mathrm{T} \end{pmatrix} \cdot \begin{pmatrix} \underline{U}_1 \\ \underline{U}_2 \end{pmatrix} \tag{15.3}$$

Ausgehend von der Kettenmatrix kann eine äquivalente π-Ersatzschaltung abgeleitet werden (Abb. 15.2) mit den Elementen:

$$\underline{Z}_1 = \frac{\underline{Z}_\mathrm{T}}{t} \qquad \underline{Z}_2 = \frac{\underline{Z}_\mathrm{T}}{1-t}$$
$$\underline{Z}_3 = \frac{\underline{Z}_\mathrm{T}}{t^2 - t} \tag{15.4}$$

Im Gegensatz zum Ersatzschaltbild nach Abb. 15.2 wird nach [3] der Transformator ausschließlich durch die Kurzschlussimpedanz berücksichtigt und mit Hilfe des Übersetzungsverhältnisses auf die betrachtete Spannungsebene umgerechnet.

Werden zwei Transformatoren mit unterschiedlichen Übersetzungsverhältnissen t_1 und t_2 parallel angenommen, so bestimmt sich die Admittanzmatrix für die beiden Transformatoren nach Gl. 15.5.

$$\begin{pmatrix} \underline{I}_1 \\ \underline{I}_2 \end{pmatrix} = \begin{pmatrix} \underline{Y}_\mathrm{T1} + \underline{Y}_\mathrm{T2} & -\left(t_1 \cdot \underline{Y}_\mathrm{T1} + t_2 \cdot \underline{Y}_\mathrm{T2}\right) \\ t_1 \cdot \underline{Y}_\mathrm{T1} + t_2 \cdot \underline{Y}_\mathrm{T2} & -\left(t_1^2 \cdot \underline{Y}_\mathrm{T1} + t_2^2 \cdot \underline{Y}_\mathrm{T2}\right) \end{pmatrix} \cdot \begin{pmatrix} \underline{U}_1 \\ \underline{U}_2 \end{pmatrix} \tag{15.5}$$

Aus der Admittanzmatrix nach Gl. (15.5) kann eine äquivalente Kettenmatrix **A** nach Gl. (15.6) gebildet werden.

$$\begin{pmatrix} \underline{U}_1 \\ \underline{I}_1 \end{pmatrix} = \begin{pmatrix} \underline{A}_{11} & \underline{A}_{12} \\ \underline{A}_{21} & \underline{A}_{22} \end{pmatrix} \cdot \begin{pmatrix} \underline{U}_2 \\ \underline{I}_2 \end{pmatrix} = \begin{pmatrix} -\dfrac{\underline{Y}_{22}}{\underline{Y}_{21}} & \dfrac{1}{\underline{Y}_{21}} \\ \underline{Y}_{12} - \dfrac{\underline{Y}_{11} \cdot \underline{Y}_{22}}{\underline{Y}_{21}} & \dfrac{\underline{Y}_{11}}{\underline{Y}_{21}} \end{pmatrix} \cdot \begin{pmatrix} \underline{U}_2 \\ \underline{I}_2 \end{pmatrix} \tag{15.6}$$

Die Elemente $\underline{A}_{ij}$ der Kettenmatrix können durch die Elemente der Admittanzmatrix, Gl. (15.5), ausgedrückt werden.

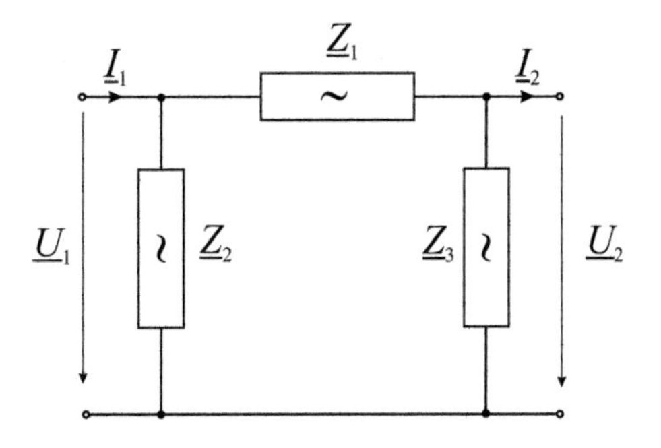

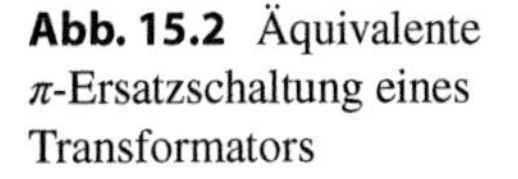
Abb. 15.2 Äquivalente π-Ersatzschaltung eines Transformators

$$\underline{A}_{11} = \frac{\underline{Y}_{T1} \cdot t_1^2 + \underline{Y}_{T2} \cdot t_2^2}{\underline{Y}_{T1} \cdot t_1 + \underline{Y}_{T2} \cdot t_2} \qquad \underline{A}_{12} = \frac{1}{\underline{Y}_{T1} \cdot t_1 + \underline{Y}_{T2} \cdot t_2} \tag{15.7}$$

$$\underline{A}_{21} = -\left(\underline{Y}_{T1} \cdot t_1 + \underline{Y}_{T2} \cdot t_2\right) + \frac{\left(\underline{Y}_{T1} + \underline{Y}_{T2}\right) \cdot \left(\underline{Y}_{T1} \cdot t_1^2 + \underline{Y}_{T2} \cdot t_2^2\right)}{\underline{Y}_{T1} \cdot t_1 + \underline{Y}_{T2} \cdot t_2} \tag{15.8}$$

$$\underline{A}_{22} = \frac{\underline{Y}_{T1} + \underline{Y}_{T2}}{\underline{Y}_{T1} \cdot t_1 + \underline{Y}_{T2} \cdot t_2} \tag{15.9}$$

Wenn die Admittanzen $\underline{Y}_T = \underline{Y}_{T1} = \underline{Y}_{T2}$ identisch sind, ergibt sich vereinfachend aus Gl. (15.5).

$$\begin{pmatrix} \underline{I}_1 \\ \underline{I}_2 \end{pmatrix} = \begin{pmatrix} 2 \cdot \underline{Y}_T & -2 \cdot \underline{Y}_T \cdot \frac{t_1 + t_2}{2} \\ 2 \cdot \underline{Y}_T \cdot \frac{t_1 + t_2}{2} & -2 \cdot \underline{Y}_T \cdot \frac{t_1^2 + t_2^2}{2} \end{pmatrix} \cdot \begin{pmatrix} \underline{U}_1 \\ \underline{U}_2 \end{pmatrix} \tag{15.10}$$

Ein Vergleich der Matrizen (15.3) und (15.10) ergibt zwei verschiedene Annäherungen in Bezug auf ein resultierendes Übersetzungsverhältnis, nämlich:

$$t_{\text{res1}} = \frac{t_1 + t_2}{2} \qquad \text{aus den Elementen } A_{12} \text{ bzw. } A_{21} \tag{15.11}$$

$$t_{\text{res2}} = \sqrt{\frac{t_1^2 + t_2^2}{2}} \qquad \text{aus dem Element } A_{22} \tag{15.12}$$

Die Abweichungen zwischen den beiden Übersetzungsverhältnissen sind gering (bei einem Unterschied Δt von 25 % ergibt sich eine Differenz von 0,61 %), so dass die Werte für t_{res1}und t_{res2} als gleichwertig angesehen werden können.

Bei unterschiedlichen Transformatoren sind sämtliche Impedanzen $\underline{Z}_1$, $\underline{Z}_2$ und $\underline{Z}_3$ parallel geschaltet (Abb. 15.2), so dass sich die Elemente der π-Ersatzschaltung nach Gl. (15.13) berechnen lassen.

$$\begin{aligned} \underline{Z}_1 &= \frac{\underline{Z}_{T1} \cdot \underline{Z}_{T2}}{\underline{Z}_{T1} \cdot t_2 + \underline{Z}_{T2} \cdot t_1} \\ \underline{Z}_2 &= \frac{\underline{Z}_{T1} \cdot \underline{Z}_{T2}}{\underline{Z}_{T1} \cdot \left(1 - t_2\right) + \underline{Z}_{T2} \cdot \left(1 - t_1\right)} \\ \underline{Z}_3 &= \frac{\underline{Z}_{T1} \cdot \underline{Z}_{T2}}{\underline{Z}_{T1} \cdot \left(t_2^2 - t_2\right) + \underline{Z}_{T2} \cdot \left(t_1^2 - t_1\right)} \end{aligned} \tag{15.13}$$

15.2.2 Eingangsimpedanz

In Abschn. 15.3 wird das Beispiel eines dreipoligen Kurzschlusses, dass die Einspeisung ausschließlich von der Unterspannungsseite des Transformators erfolgt (Sekundärseite, Abb. 15.4), während der Kurzschluss sich auf der Oberspannungsseite befindet. Unter Berücksichtigung der beiden Berechnungsverfahren (Ersatzspannungsquelle an der Fehlerstelle und tatsächliche Spannungsverteilung) können unterschiedliche Eingangsimpedanzen bestimmt werden, wobei zusätzlich der Kurzschlussstrombeitrag als Folge der Netzeinspeisung auf der Sekundärseite variiert werden kann. Die Bestimmung der verschiedenen Eingangsimpedanzen ist in Abb. 15.3 dargestellt, die Nachbildung der Transformatoren erfolgt grundsätzlich anhand des π-Ersatzschaltbilds gemäß Abb. 15.2.

- Variante 1: Ersatzspannungsquelle an der Fehlerstelle
- Spannungsquelle $\underline{U}_1$ auf der Primärseite (Seite 1), Sekundärseite ist entweder kurzgeschlossen ($\underline{Z}_S = 0$, großer Kurzschlussstrombeitrag auf der Sekundärseite, Variante 1a) oder offen ($\underline{Z}_S \rightarrow \infty$, kleiner Kurzschlussstrombeitrag auf der Sekundärseite, Variante 1b), Abb. 15.3a.
- Variante 2: Tatsächliche Spannungsverteilung
- Spannungsquelle $\underline{U}_2$ auf der Sekundärseite, Primärseite ist kurzgeschlossen, dieses entspricht den tatsächlichen Randbedingungen bei diesem Fehlerfall, Abb. 15.3b.

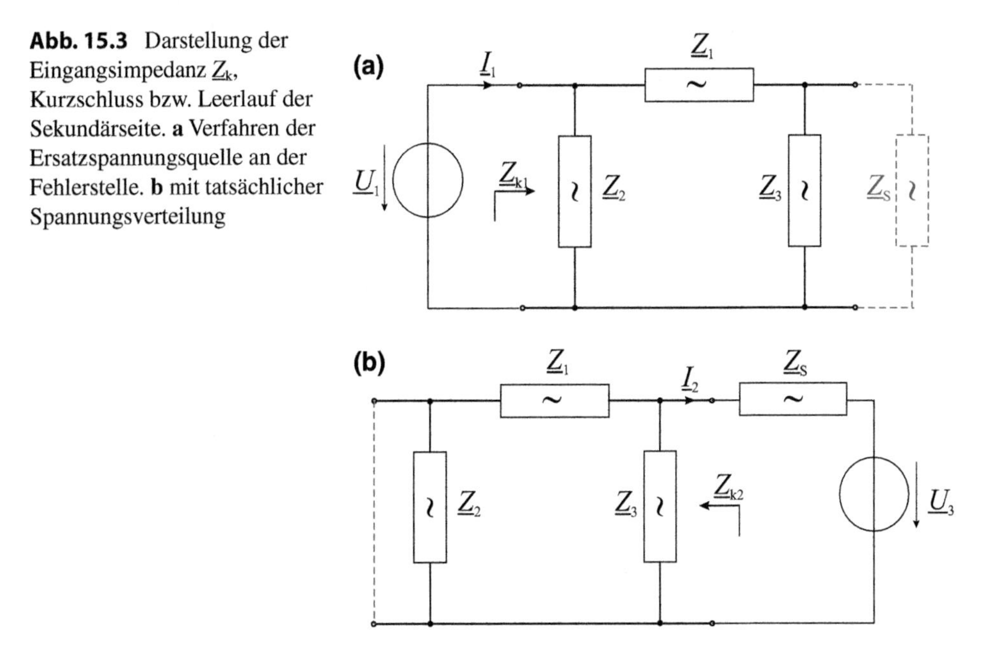

Abb. 15.3 Darstellung der Eingangsimpedanz $\underline{Z}_k$, Kurzschluss bzw. Leerlauf der Sekundärseite. **a** Verfahren der Ersatzspannungsquelle an der Fehlerstelle. **b** mit tatsächlicher Spannungsverteilung

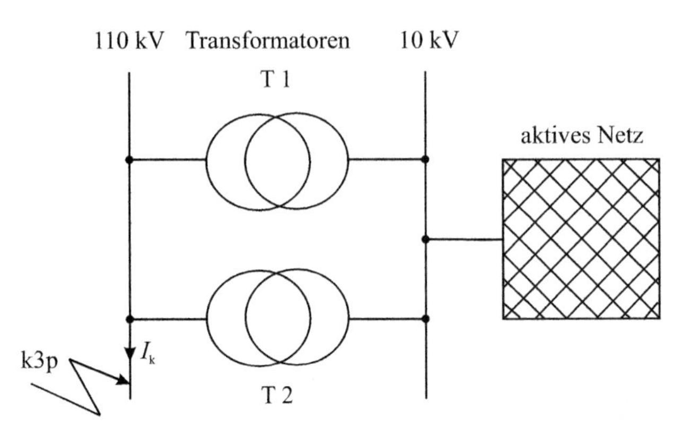

Abb. 15.4 Netzschaltung zur Bestimmung des dreipoligen Kurzschlussstrombeitrags im 110-kV-Netz

Mit Hilfe der jeweiligen Eingangsimpedanz kann anschließend unter Berücksichtigung der treibenden Spannung der Kurzschlussstrom ermittelt werden. Bei der Bestimmung der Eingangsimpedanz sind verschiedene Bedingungen möglich, die im Folgenden behandelt werden. Die Transformatorimpedanz $\underline{Z}_T$ entspricht der Längsimpedanz nach Abb. 15.1 und ist auf die Oberspannungsseite bezogen.

- Variante 1a: Impedanz $\underline{Z}_k$, gesehen von Seite 1, wenn die Impedanz $\underline{Z}_S$ auf Seite 2 null ist. Die Eingangsimpedanz $\underline{Z}_k$ ergibt sich nach Gl. (15.14). Dieses entspricht dem Netzbeispiel, dass das aktive Netz auf der Unterspannungsseite einen unendlichen Kurzschlussstrom einspeist (die Impedanz des Netzes des einspeisenden Netzes ist null).

$$\underline{Z}_{k1} = \frac{\underline{Z}_1 \cdot \underline{Z}_2}{\underline{Z}_1 + \underline{Z}_2} \tag{15.14}$$

  – Die Impedanz der Transformtoren und das Übersetzungsverhältnis sind identisch. Unter diesen Bedingungen ergeben sich die einzelnen Impedanzen zu:

$$\underline{Z}_1 = \frac{\underline{Z}_T / 2}{t} \qquad \underline{Z}_2 = \frac{\underline{Z}_T / 2}{1-t} \tag{15.15}$$

Daraus folgt:

$$\underline{Z}_{k1} = \frac{\dfrac{\underline{Z}_T / 2}{1-t} \cdot \dfrac{\underline{Z}_T / 2}{t}}{\dfrac{\underline{Z}_T / 2}{1-t} + \dfrac{\underline{Z}_T / 2}{t}} = \frac{\underline{Z}_T}{2} \cdot \frac{1}{1-t+t} = \underline{Z}_T / 2 \tag{15.16}$$

In diesem Fall ist die resultierende Eingangsimpedanz $\underline{Z}_{k1}$ gleich der Parallelschaltung der Kurzschlussimpedanzen $\underline{Z}_T$ der Transformatoren.

– Die Impedanzen der Transformtoren sind unterschiedlich, bei gleichem Übersetzungsverhältnis. Unter diesen Bedingungen ergeben sich die einzelnen Impedanzen zu:

$$\begin{aligned} \underline{Z}_1 &= \frac{\underline{Z}_{T1} \cdot \underline{Z}_{T2}}{t \cdot \left(\underline{Z}_{T1} + \underline{Z}_{T2}\right)} \\ \underline{Z}_2 &= \frac{\underline{Z}_{T1} \cdot \underline{Z}_{T2}}{(1-t) \cdot \left(\underline{Z}_{T1} + \underline{Z}_{T2}\right)} \end{aligned} \tag{15.17}$$

$$\underline{Z}_{k1} = \frac{\underline{Z}_{T1} \cdot \underline{Z}_{T2}}{\underline{Z}_{T1} + \underline{Z}_{T2}} \cdot \frac{\frac{1}{(1-t) \cdot t}}{\frac{1}{(1-t)} + \frac{1}{t}} = \frac{\underline{Z}_T}{2} \cdot \frac{\underline{Z}_{T1} \cdot \underline{Z}_{T2}}{\underline{Z}_{T1} + \underline{Z}_{T2}} \cdot \frac{1}{1-t+t} = \frac{\underline{Z}_{T1} \cdot \underline{Z}_{T2}}{\underline{Z}_{T1} + \underline{Z}_{T2}} \tag{15.18}$$

In diesem Fall ist die resultierende Eingangsimpedanz $\underline{Z}_{k1}$ gleich der Parallelschaltung der Kurzschlussimpedanzen $\underline{Z}_T$ der Transformatoren.

– Die Impedanzen der Transformatoren sind gleich, bei unterschiedlichen Übersetzungsverhältnissen. Unter diesen Bedingungen ergeben sich die einzelnen Impedanzen zu:

$$\underline{Z}_1 = \frac{\underline{Z}_T}{t_1 + t_2} \qquad \underline{Z}_2 = \frac{\underline{Z}_T}{(1-t_1) + (1-t_2)} \tag{15.19}$$

$$\begin{aligned} \underline{Z}_{k1} &= \underline{Z}_T \cdot \frac{\frac{1}{(1-t_1)+(1-t_2)} \cdot \frac{1}{t_1+t_2}}{\frac{1}{(1-t_1)+(1-t_2)} + \frac{1}{t_1+t_2}} = \\ &\frac{1}{(1-t_1)+(1-t_2)+t_1+t_2} = \frac{\underline{Z}_T}{2} \end{aligned} \tag{15.20}$$

In diesem Fall ist die resultierende Eingangsimpedanz $\underline{Z}_{k1}$ gleich der Parallelschaltung der Kurzschlussimpedanzen $\underline{Z}_T$ der Transformatoren.

- Variante 1b: Impedanz $\underline{Z}_{k1}$, gesehen von der Seite 1, wenn die Impedanz $\underline{Z}_S$ auf der Seite 2 unendlich ist ($\underline{I}_2 = 0$). Die Impedanz $\underline{Z}_{k1}$ ergibt sich nach Gl. (15.21). Dieses entspricht dem Netzbeispiel, dass an der Unterspannungsseite kein aktives Netz angeschlossen ist.

$$\underline{Z}_{k1} = \frac{\left(\underline{Z}_1 + \underline{Z}_3\right) \cdot \underline{Z}_2}{\underline{Z}_1 + \underline{Z}_2 + \underline{Z}_3} \tag{15.21}$$

– Die Impedanz der Transformtoren und das Übersetzungsverhältnis sind identisch. Unter diesen Bedingungen ergeben sich die einzelnen Impedanzen zu:

$$\underline{Z}_1 = \frac{\underline{Z}_T/2}{t} \qquad \underline{Z}_2 = \frac{\underline{Z}_T/2}{1-t} \qquad \underline{Z}_3 = \frac{\underline{Z}_T/2}{t^2-t} \tag{15.22}$$

Daraus folgt:

$$\underline{Z}_1 + \underline{Z}_3 = \frac{\underline{Z}_T/2}{t-1} \qquad \rightarrow \underline{Z}_1 + \underline{Z}_2 + \underline{Z}_3 = 0 \tag{15.23}$$

In diesem Fall ist der Eingangsimpedanz $\underline{Z}_{k1} = \infty$ und damit der Kurzschlussstrom $\underline{I}_k = 0$.

– Die Impedanzen der Transformtoren sind unterschiedlich, bei gleichem Übersetzungsverhältnis. Unter diesen Bedingungen ergeben sich die einzelnen Impedanzen zu:

$$\begin{aligned}
\underline{Z}_1 &= \frac{\underline{Z}_{T1} \cdot \underline{Z}_{T2}}{t \cdot (\underline{Z}_{T1} + \underline{Z}_{T2})} \\
\underline{Z}_2 &= \frac{\underline{Z}_{T1} \cdot \underline{Z}_{T2}}{(1-t) \cdot (\underline{Z}_{T1} + \underline{Z}_{T2})} \\
\underline{Z}_3 &= \frac{\underline{Z}_{T1} \cdot \underline{Z}_{T2}}{(t^2-t) \cdot (\underline{Z}_{T1} + \underline{Z}_{T2})}
\end{aligned} \tag{15.24}$$

$$\underline{Z}_1 + \underline{Z}_3 = \frac{\underline{Z}_{T1} \cdot \underline{Z}_{T2}}{\underline{Z}_{T1} + \underline{Z}_{T2}} \cdot \frac{1}{t-1} \tag{15.25}$$

$$\rightarrow \underline{Z}_1 + \underline{Z}_2 + \underline{Z}_3 = 0 \tag{15.26}$$

In diesem Fall ist der Eingangsimpedanz $\underline{Z}_{k1} = \infty$ und damit der Kurzschlussstrom $\underline{I}_k = 0$.

– Die Impedanzen der Transformatoren sind gleich, bei unterschiedlichen Übersetzungsverhältnissen. Unter diesen Bedingungen ergeben sich die einzelnen Impedanzen zu:

$$\begin{aligned}
\underline{Z}_1 &= \frac{\underline{Z}_T}{t_1 + t_2} \\
\underline{Z}_2 &= \frac{\underline{Z}_T}{(1-t_1) + (1-t_2)} \\
\underline{Z}_3 &= \frac{\underline{Z}_T}{(t_1^2 - t_1) + (t_2^2 - t_2)}
\end{aligned} \tag{15.27}$$

$$\underline{Z}_1 + \underline{Z}_3 = \underline{Z}_T \cdot \frac{t_1^2 + t_2^2}{(t_1 + t_2) \cdot [t_2 \cdot (t_2 - 1) + t_1 \cdot (t_1 - 1)]} \tag{15.28}$$

$$\underline{Z}_1 + \underline{Z}_2 + \underline{Z}_3 =$$

$$\underline{Z}_T \cdot \frac{(t_1 - t_2)^2}{(t_1 + t_2) \cdot [t_2 \cdot (t_2 - 1) + t_1 \cdot (t_1 - 1)] \cdot [(1 - t_1) + (1 - t_2)]} \tag{15.29}$$

$$\underline{Z}_{k1} = \underline{Z}_T \cdot \frac{t_1^2 + t_2^2}{(t_1 - t_2)^2} = \frac{\underline{Z}_T}{2} \cdot \frac{2 \cdot (t_1^2 + t_2^2)}{(t_1 - t_2)^2} \tag{15.30}$$

In diesem Fall hat die Eingangsimpedanz $\underline{Z}_{k1}$ einen endlichen Wert, so dass der Strom $\underline{I}_k$ auch einen endlichen Wert hat.

- Variante 2: Impedanz $\underline{Z}_{k2}$, gesehen von Seite 2, wenn auf der Oberspannungsseite ein Kurzschluss besteht. Für die Kurzschlussimpedanz ergibt sich:

$$\underline{Z}_{k2} = \frac{\underline{Z}_1 \cdot \underline{Z}_3}{\underline{Z}_1 + \underline{Z}_3} \tag{15.31}$$

– Die Impedanz der Transformtoren und das Übersetzungsverhältnis sind identisch. Unter diesen Bedingungen ergeben sich die einzelnen Impedanzen zu:

$$\underline{Z}_1 = \frac{\underline{Z}_T / 2}{t} \qquad \underline{Z}_3 = \frac{\underline{Z}_T / 2}{t^2 - t} \tag{15.32}$$

Daraus folgt:

$$\underline{Z}_{k2} = \frac{\frac{\underline{Z}_T / 2}{t} \cdot \frac{\underline{Z}_T / 2}{t^2 - t}}{\frac{\underline{Z}_T / 2}{t} + \frac{\underline{Z}_T / 2}{t^2 - t}} = \frac{\underline{Z}_T}{2} \cdot \frac{1}{t^2} \tag{15.33}$$

In diesem Fall ergibt sich die Kurzschlussimpedanz $\underline{Z}_{k2}$ aus dem halben Wert der Transformatorimpedanz und dem Quadrat des gleichen Übersetzungsverhältnisses.

– Die Impedanzen der Transformtoren sind unterschiedlich, bei gleichem Übersetzungsverhältnis. Unter diesen Bedingungen ergeben sich die einzelnen Impedanzen zu:

$$\underline{Z}_1 = \frac{\underline{Z}_{T1} \cdot \underline{Z}_{T2}}{t \cdot (\underline{Z}_{T1} + \underline{Z}_{T2})} \qquad \underline{Z}_3 = \frac{\underline{Z}_{T1} \cdot \underline{Z}_{T2}}{(t^2 - t) \cdot (\underline{Z}_{T1} + \underline{Z}_{T2})} \tag{15.34}$$

$$\underline{Z}_{k2} = \frac{\frac{\underline{Z}_{T1} \cdot \underline{Z}_{T2}}{t \cdot (\underline{Z}_{T1} + \underline{Z}_{T2})} \cdot \frac{\underline{Z}_{T1} \cdot \underline{Z}_{T2}}{(t^2 - t) \cdot (\underline{Z}_{T1} + \underline{Z}_{T2})}}{\frac{\underline{Z}_{T1} \cdot \underline{Z}_{T2}}{t \cdot (\underline{Z}_{T1} + \underline{Z}_{T2})} + \frac{\underline{Z}_{T1} \cdot \underline{Z}_{T2}}{(t^2 - t) \cdot (\underline{Z}_{T1} + \underline{Z}_{T2})}} = \frac{\underline{Z}_{T1} \cdot \underline{Z}_{T2}}{\underline{Z}_{T1} + \underline{Z}_{T2}} \cdot \frac{1}{t^2} \tag{15.35}$$

Auch in diesem Fall bestimmt sich die Kurzschlussimpedanz $\underline{Z}_{k2}$ aus der Parallelschaltung der einzelnen Transformatorimpedanzen und dem Quadrat des gleichen Übersetzungsverhältnisses.

– Die Impedanzen der Transformatoren sind gleich, bei unterschiedlichen Übersetzungsverhältnissen. Unter diesen Bedingungen ergeben sich die einzelnen Impedanzen zu:

$$\underline{Z}_1 = \frac{\underline{Z}_T}{t_1 + t_2} \qquad \underline{Z}_3 = \frac{\underline{Z}_T}{\left(t_1^2 - t_1\right) + \left(t_2^2 - t_2\right)} \tag{15.36}$$

$$\underline{Z}_{k2} = \frac{\dfrac{\underline{Z}_T}{t_1 + t_2} \cdot \dfrac{\underline{Z}_T}{\left(t_1^2 - t_1\right) + \left(t_2^2 - t_2\right)}}{\dfrac{\underline{Z}_T}{t_1 + t_2} + \dfrac{\underline{Z}_T}{\left(t_1^2 - t_1\right) + \left(t_2^2 - t_2\right)}} = \frac{\underline{Z}_T}{2} \cdot \frac{1}{\left(t_1^2 + t_2^2\right)/2} \tag{15.37}$$

In Abhängigkeit der unterschiedlichen Nachbildungen lassen sich die verschiedenen Ergebnisse wie folgt zusammenfassen:

- Variante 1a: Bei kurzgeschlossener Sekundärseite (unendliche Kurzschlussstromeinspeisung) hängt die resultierende Eingangsimpedanz von der Parallelschaltung der Transformatorimpedanzen ab, unabhängig von den Übersetzungsverhältnissen.
- Variante 1b: Wenn der Kurzschlussstrombeitrag auf der Sekundärseite null ist, bei identischen Übersetzungsverhältnissen, ist die Eingangsimpedanz unendlich. Bei unterschiedlichen Übersetzungsverhältnissen ergibt sich eine endliche Eingangsimpedanz.
- Variante 2: In diesem Fall ergibt sich jeweils eine Eingangsimpedanz, die von den Transformatorimpedanzen und den Übersetzungsverhältnissen abhängig ist.

Es zeigt sich, dass bei der Variante 1b das Ergebnis von den Übersetzungsverhältnissen abhängig ist, so dass sich dieses bei der Kurzschlussstromberechnung nach Abschn. 15.3 auswirken wird. Die Ergebnisse sind in der Tab. 15.1 für die beschriebenen Varianten zusammengestellt, bei gleichen Längsimpedanzen der Transformatoren $\underline{Z}_T = \underline{Z}_{T1} = \underline{Z}_{T2}$.

Tab. 15.1 Eingangsimpedanzen der Anordnung nach Abb. 15.3

Variante	$t_1 \neq t_2$	$t = t_1 = t_2$
1a	$\underline{Z}_{k1} = \dfrac{\underline{Z}_T}{2}$	$\underline{Z}_{k1} = \dfrac{\underline{Z}_T}{2}$
1b	$\underline{Z}_{k1} = \dfrac{2 \cdot \left(t_1^2 + t_2^2\right)}{\left(t_1 - t_2\right)^2} \cdot \dfrac{\underline{Z}_T}{2}$	$\underline{Z}_{k1} \to \infty$
2	$\underline{Z}_{k2} = \dfrac{2}{\left(t_1^2 + t_2^2\right)} \cdot \dfrac{\underline{Z}_T}{2}$	$\underline{Z}_{k2} = \dfrac{1}{t^2} \cdot \dfrac{\underline{Z}_T}{2}$

15.3 Bestimmung des dreipoligen Kurzschlussstroms

Der Einfluss der Transformatorübersetzung wird zur Vereinfachung anhand des dreipoligen Kurzschlusses dargestellt, da in diesen Fällen ausschließlich das Mitsystem wirkt.

15.3.1 Netzschaltung und Berechnungsverfahren

Da die verwendeten Rechenprogramme in der Regel die Transformatorersatzschaltung nach Abb. 15.2 verwenden (π-Ersatzschaltbild), stellt sich grundsätzlich die Frage, ob die Berücksichtigung der Queradmittanzen nicht im Widerspruch zur Forderung steht, dass Queradmittanzen bei der Anwendung des Verfahrens der Ersatzspannungsquelle an der Fehlerstelle nicht berücksichtigt werden dürfen.

Beispielhaft wird der Kurzschlussstrombeitrag einer unterlagerten Spannungsebene (aktives Netz, d. h., mit einer eigenen Kraftwerkseinspeisung), z. B. 10 kV, auf die überlagerte Spannungsebene (110 kV) nach Abb. 15.4 bestimmt, hierbei sind zwei Transformatoren mit unterschiedlichen Übersetzungsverhältnissen parallel geschaltet und die Kurzschlussstromberechnung wird zum Vergleich mit Hilfe verschiedener Verfahren durchgeführt. Dieses Beispiel ist dann möglich, wenn der Kurzschlussstrombeitrag einer unterlagerten Spannungsebene auf die überlagerte untersucht werden soll. Hierbei werden die Netzimpedanz $\underline{Z}_{Q}$ auf 10 kV und die Transformatorimpedanzen $\underline{Z}_{T1} = \underline{Z}_{T2}$ auf 110 kV bezogen. Zum Vergleich der Berechnungsmöglichkeiten werden insgesamt vier verschiedene Verfahren (A–D) untersucht.

- Verfahren A: Berechnung nach VDE 0102 [3], indem der arithmetische Mittelwert der Übersetzungsverhältnisse der Transformatoren eingesetzt wird, Anwendung des Verfahrens der Ersatzspannungsquelle an der Fehlerstelle und der Transformatornachbildung mit dem π-Ersatzschaltbild.
- Verfahren B: Nachbildung der Transformatoren ausschließlich mit den Längsimpedanzen und der tatsächlichen Spannungsverteilung (10-kV-Netz).
- Verfahren C: Nachbildung der Transformatoren mit den äquivalenten π-Ersatzschaltbildern und der tatsächlichen Spannungsverteilung (10-kV-Netz).
- Verfahren D: Nachbildung der Transformatoren mit den äquivalenten π-Ersatzschaltbildern und der Berücksichtigung der Ersatzspannungsquelle an der Fehlerstelle (110-kV-Netz).

Aus der Netzschaltung nach Abb. 15.4 kann eine allgemeine Ersatzschaltung zur Berechnung des Kurzschlussstroms abgeleitet werden, in Abhängigkeit der unterschiedlichen Einspeisungen entsprechend den verschiedenen Berechnungsverfahren.

Die Spannungen $\underline{U}_{1\mathrm{A,D}}$ bzw. $\underline{U}_{3\mathrm{B,C}}$ nach Abb. 15.5 werden entsprechend den Verfahren (A–D) eingesetzt, und die jeweils entgegengesetzte Spannung ist in diesen Fällen kurzgeschlossen. Die Impedanzen werden entsprechend der Spannungsebene umgerechnet.

Unter Berücksichtigung der Kettenmatrix, Gl. (15.6), kann für die Ersatzschaltung nach Abb. 15.5 eine gesamte Kettenmatrix abgeleitet werden, in der die Werte der Oberspannungsseite (1) mit den Größen der Netzeinspeisung (3) verknüpft sind.

$$\begin{pmatrix}\underline{U}_1\\ \underline{I}_1\end{pmatrix}=\begin{pmatrix}\underline{A}_{11} & \underline{A}_{12}\\ \underline{A}_{21} & \underline{A}_{22}\end{pmatrix}\cdot\begin{pmatrix}\underline{U}_3\\ \underline{I}_3\end{pmatrix}=\begin{pmatrix}-\dfrac{\underline{Y}_{22}}{\underline{Y}_{21}} & \dfrac{1}{\underline{Y}_{21}}\\ \underline{Y}_{12}-\dfrac{\underline{Y}_{11}\cdot\underline{Y}_{22}}{\underline{Y}_{21}} & \dfrac{\underline{Y}_{11}}{\underline{Y}_{21}}\end{pmatrix}\cdot\begin{pmatrix}1 & \underline{Z}_{\mathrm{Q}}\\ 0 & 1\end{pmatrix}\cdot\begin{pmatrix}\underline{U}_3\\ \underline{I}_3\end{pmatrix}$$
$$\begin{pmatrix}\underline{U}_1\\ \underline{I}_1\end{pmatrix}=\begin{pmatrix}-\dfrac{\underline{Y}_{22}}{\underline{Y}_{21}} & -\dfrac{\underline{Y}_{22}\cdot\underline{Z}_{\mathrm{Q}}}{\underline{Y}_{21}}+\dfrac{1}{\underline{Y}_{21}}\\ \underline{Y}_{12}-\dfrac{\underline{Y}_{11}\cdot\underline{Y}_{22}}{\underline{Y}_{21}} & \left(\underline{Y}_{12}-\dfrac{\underline{Y}_{11}\cdot\underline{Y}_{22}}{\underline{Y}_{21}}\right)\cdot\underline{Z}_{\mathrm{Q}}+\dfrac{\underline{Y}_{11}}{\underline{Y}_{21}}\end{pmatrix}\cdot\begin{pmatrix}\underline{U}_3\\ \underline{I}_3\end{pmatrix} \quad (15.38)$$

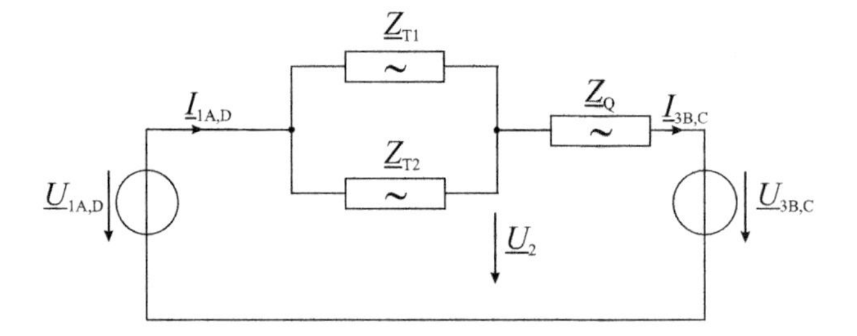

Abb. 15.5 Ersatzschaltung zur Bestimmung des Kurzschlussstroms (Abb. 15.4)
$\underline{Z}_{\mathrm{T1}}$, $\underline{Z}_{\mathrm{T2}}$ Impedanz der Transformatoren T1 und T2 (bezogen auf 110 kV)
$\underline{Z}_{\mathrm{Q}}$ Impedanz des 10-kV-Netzes (bezogen auf 10 kV)
$\underline{U}_{1,3}$ treibende Spannung in Abhängigkeit der Berechnungsverfahren A-D
$\underline{U}_2$ Spannung an den Transformatorklemmen
$\underline{I}_{1,3}$ Kurzschlussströme in Abhängigkeit der Berechnungsverfahren A-D

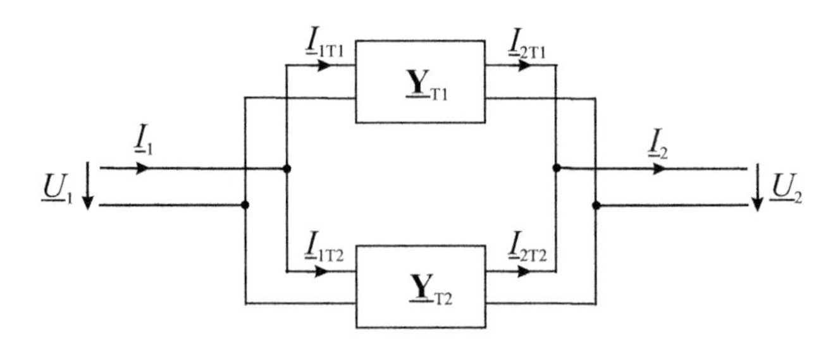

Abb. 15.6 Bestimmung der Stromaufteilung bei den Transformatoren

In Abhängigkeit des Berechnungsverfahrens (A–D) sind die verschiedenen Größen nach Gl. (15.5) in die Matrix (15.38) einzusetzen. Ebenso die treibenden Spannungen, so dass dann der Kurzschlussstrom an der Fehlerstelle bestimmt werden kann.

Mit Hilfe der $\underline{\mathbf{Y}}$-Matrizen der beiden parallelen Transformatoren kann die Stromaufteilung nach Abb. 15.6 bestimmt werden, wenn der Gesamtstrom $\underline{I}_1$ auf der Oberspannungsseite bekannt ist.

Für die $\underline{\mathbf{Y}}$-Matrizen der beiden Transformatoren gilt das Gleichungssystem (15.39).

$$\begin{pmatrix} \underline{I}_{1\mathrm{T}1} \\ \underline{I}_{2\mathrm{T}1} \end{pmatrix} = \begin{pmatrix} \underline{Y}_{\mathrm{T}1} & -t_1 \cdot \underline{Y}_{\mathrm{T}1} \\ t_1 \cdot \underline{Y}_{\mathrm{T}1} & -t_1^2 \cdot \underline{Y}_{\mathrm{T}1} \end{pmatrix} \cdot \begin{pmatrix} \underline{U}_{1\mathrm{T}1} \\ \underline{U}_{2\mathrm{T}1} \end{pmatrix}$$
$$\begin{pmatrix} \underline{I}_{1\mathrm{T}2} \\ \underline{I}_{2\mathrm{T}2} \end{pmatrix} = \begin{pmatrix} \underline{Y}_{\mathrm{T}2} & -t_2 \cdot \underline{Y}_{\mathrm{T}2} \\ t_2 \cdot \underline{Y}_{\mathrm{T}2} & -t_2^2 \cdot \underline{Y}_{\mathrm{T}2} \end{pmatrix} \cdot \begin{pmatrix} \underline{U}_{1\mathrm{T}2} \\ \underline{U}_{2\mathrm{T}2} \end{pmatrix} \tag{15.39}$$

Da aufgrund der Parallelschaltung die jeweiligen Spannungen ($\underline{U}_1$, $\underline{U}_2$) identisch sind, kann für die erste Zeile vereinfachend geschrieben werden:

$$\begin{aligned} \underline{I}_{1\mathrm{T}1} &= \underline{Y}_{\mathrm{T}1} \cdot \underline{U}_1 - t_1 \cdot \underline{Y}_{\mathrm{T}1} \cdot \underline{U}_2 \\ \underline{I}_{1\mathrm{T}2} &= \underline{Y}_{\mathrm{T}2} \cdot \underline{U}_1 - t_2 \cdot \underline{Y}_{\mathrm{T}2} \cdot \underline{U}_2 \end{aligned} \tag{15.40}$$

Zusätzlich gilt die Stromsumme:

$$\underline{I}_1 = \underline{I}_{1\mathrm{T}1} + \underline{I}_{1\mathrm{T}2} \tag{15.41}$$

Grundsätzlich kann zwischen den beiden Fällen, Ersatzspannungsquelle an der Fehlerstelle und der tatsächlichen Spannungsverteilung, unterschieden werden. Hieraus lassen sich die entsprechenden Spannungsbedingungen zur Lösung des Gleichungssystems (15.40) ableiten.

Aus den Gl. (15.40) kann die unbekannte Spannung $\underline{U}_2$ eliminiert werden, wenn die weitere Ableitung für das Verfahren der Ersatzspannungsquelle an der Fehlerstelle angenommen wird. Es ergibt sich dann:

$$\underline{I}_{1\mathrm{T}2} = \underline{Y}_{\mathrm{T}2} \cdot \left(\frac{t_1 - t_2}{t_1} \right) \cdot \underline{U}_1 + \frac{t_2}{t_1} \cdot \frac{\underline{Y}_{\mathrm{T}2}}{\underline{Y}_{\mathrm{T}1}} \cdot \underline{I}_{1\mathrm{T}1} \tag{15.42}$$

Unter Berücksichtigung der Strombedingung nach Gl. (15.41) folgt für den Teilstrom $\underline{I}_{1\mathrm{T}2}$:

$$\underline{I}_{1\mathrm{T}2} = \frac{t_1 \cdot \underline{Y}_{\mathrm{T}1}}{t_1 \cdot \underline{Y}_{\mathrm{T}1} + t_2 \cdot \underline{Y}_{\mathrm{T}2}} \cdot \left\{ \underline{Y}_{\mathrm{T}2} \cdot \left(\frac{t_1 - t_2}{t_1} \right) \cdot \underline{U}_1 + \frac{t_2}{t_1} \cdot \frac{\underline{Y}_{\mathrm{T}2}}{\underline{Y}_{\mathrm{T}1}} \cdot \underline{I}_1 \right\} \tag{15.43}$$

$$\underline{I}_{1\mathrm{T}2} = \frac{(t_1 - t_2) \cdot \underline{Y}_{\mathrm{T}1} \cdot \underline{Y}_{\mathrm{T}2}}{t_1 \cdot \underline{Y}_{\mathrm{T}1} + t_2 \cdot \underline{Y}_{\mathrm{T}2}} \cdot \underline{U}_1 + \frac{t_2 \cdot \underline{Y}_{\mathrm{T}2}}{t_1 \cdot \underline{Y}_{\mathrm{T}1} + t_2 \cdot \underline{Y}_{\mathrm{T}2}} \cdot \underline{I}_1 \tag{15.44}$$

Der Teilstrom $\underline{I}_{1\mathrm{T1}}$ kann anschließend mit Hilfe der Gl. (15.41) bestimmt werden. Da zur Vereinfachung angenommen wird, dass die Impedanzen der Transformatoren, bezogen auf die Oberspannungsseite, identisch sind, kann Gl. (15.44) vereinfacht werden.

$$\begin{aligned}\underline{I}_{1\mathrm{T1}} &= \frac{1}{t_1+t_2}\cdot\left[t_1\cdot\underline{I}_1-\left(t_1-t_2\right)\cdot\underline{Y}_\mathrm{T}\cdot\underline{U}_1\right]\\ \underline{I}_{1\mathrm{T2}} &= \frac{1}{t_1+t_2}\cdot\left[t_2\cdot\underline{I}_1+\left(t_1-t_2\right)\cdot\underline{Y}_\mathrm{T}\cdot\underline{U}_1\right]\end{aligned} \tag{15.45}$$

In Gl. (15.45) stellt die Größe $\underline{I}_1$ den Kurzschlussstrom an der Fehlerstelle dar, während $\underline{U}_1$ die Ersatzspannungsquelle ist, so dass anschließend die einzelnen Teilströme bestimmt werden können.

Die Indexierung der elektrischen Größen (U und I) richtet sich in den folgenden Abschnitten nach der Darstellung in Abb. 15.5. Der Strom $-I_1$ ist hierbei der Anfangs-Kurzschlusswechselstrom an der Fehlerstelle I_k''.

15.3.2 Verfahren A

Nach [3] darf bei parallelen Transformatoren mit dem arithmetischen Mittel der beiden unterschiedlichen Übersetzungsverhältnissen t_resA gerechnet werden. Dieses entspricht dem Wert t_res1 nach Gl. (15.11). Die Berechnung erfolgt mit Hilfe des Verfahrens der Ersatzspannungsquelle an der Fehlerstelle und den Transformatorimpedanzen $\underline{Z}_\mathrm{T}$. Die aktive Spannung des unterlagerten Netzes ist kurzgeschlossen. Unter Berücksichtigung der Randbedingungen ergibt sich aus Gl. (15.38) das Gleichungssystem (15.46):

$$\begin{pmatrix}\underline{U}_1\\ \underline{I}_1\end{pmatrix}=\begin{pmatrix}\underline{A}_{11} & \underline{A}_{12}\\ \underline{A}_{21} & \underline{A}_{22}\end{pmatrix}\cdot\begin{pmatrix}0\\ \underline{I}_3\end{pmatrix} \tag{15.46}$$

Mit

$\underline{U}_1$ Ersatzspannungsquelle an der Fehlerstelle $\left(=-c\cdot U_\mathrm{n1}/\sqrt{3}\right)$
c Spannungsfaktor $c = 1{,}1$
$\underline{I}_1$ Kurzschlussstrom an der Fehlerstelle $\left(=-I_\mathrm{k}''\right)$
$\underline{I}_3$ Kurzschlussstrom des einspeisenden Netzes (Unterspannungsseite)

Hieraus ergibt sich:

$$\underline{U}_1=\underline{A}_{12}\cdot\underline{I}_3 \qquad \underline{I}_1=\underline{A}_{22}\cdot\underline{I}_3 \tag{15.47}$$

$$\underline{I}_1=\frac{\underline{A}_{22}}{\underline{A}_{12}}\cdot U_1 \tag{15.48}$$

Unter Berücksichtigung von Gl. (15.38) folgt somit für den Kurzschlussstrom:

$$
\begin{aligned}
\underline{I}_1 &= \frac{\left(\underline{Y}_{12} - \dfrac{\underline{Y}_{11} \cdot \underline{Y}_{22}}{\underline{Y}_{21}}\right) \cdot \underline{Z}_\mathrm{Q} + \dfrac{\underline{Y}_{11}}{\underline{Y}_{21}}}{-\dfrac{\underline{Y}_{22} \cdot \underline{Z}_\mathrm{Q}}{\underline{Y}_{21}} - + \dfrac{1}{\underline{Y}_{21}}} \cdot \underline{U}_1 \\
&= \frac{\left(\underline{Y}_{12} \cdot \underline{Y}_{21} - \underline{Y}_{11} \cdot \underline{Y}_{22}\right) \cdot \underline{Z}_\mathrm{Q} + \underline{Y}_{11}}{-\underline{Y}_{22} \cdot \underline{Z}_\mathrm{Q} + 1} \cdot \underline{U}_1
\end{aligned}
\tag{15.49}
$$

Mit den Beziehungen nach Gl. (15.5) ergibt sich, wenn die Transformatorimpedanzen und die Übersetzungsverhältnisse identisch sind:

$$
\begin{aligned}
\underline{Y}_{11} &= 2 \cdot \underline{Y}_\mathrm{T} & \underline{Y}_{12} &= -2 \cdot t_\mathrm{res1} \cdot \underline{Y}_\mathrm{T} \\
\underline{Y}_{21} &= 2 \cdot t_\mathrm{res1} \cdot \underline{Y}_\mathrm{T} & \underline{Y}_{21} &= -2 \cdot t_\mathrm{res1}^2 \cdot \underline{Y}_\mathrm{T}
\end{aligned}
\tag{15.50}
$$

$$
\underline{I}_1 = \frac{\underline{U}_1}{\underline{Z}_\mathrm{Q} \cdot t_\mathrm{res1}^2 + Z_\mathrm{T} / 2}
\tag{15.51}
$$

Der Kurzschlussstrom nach Gl. (15.51) berechnet sich aus der Parallelschaltung der Transformatoren und der Netzimpedanz, die mit dem Quadrat des Übersetzungsverhältnisses auf die Spannung der Seite 1 umgerechnet wird, so dass gilt:

$$
\begin{aligned}
\underline{I}_1 &= \frac{\underline{U}_1}{\dfrac{\underline{Z}_\mathrm{T}}{2} + \underline{Z}_\mathrm{Q} \cdot \left(\dfrac{t_1 + t_2}{2}\right)^2} \\
\underline{I}_\mathrm{k}'' &= \frac{c \cdot U_\mathrm{n1} / \sqrt{3}}{\dfrac{\underline{Z}_\mathrm{T}}{2} + \underline{Z}_\mathrm{Q} \cdot \left(\dfrac{t_1 + t_2}{2}\right)^2}
\end{aligned}
\tag{15.52}
$$

Für die beiden Grenzfälle der Netzimpedanz ergeben sich die folgenden Kurzschlussstromwerte:

- **$\underline{Z}_\mathrm{Q} = 0$:** Der Kurzschlussstrom bestimmt sich ausschließlich aus der halben Transformatorimpedanz. Die Teilkurzschlussströme auf der Oberspannungsseite entsprechen jeweils dem halben Gesamtstrom.
- **$\underline{Z}_\mathrm{Q} \rightarrow \infty$:** Der Kurzschlussstrom ist null, d. h., der Kurzschlussstrombeitrag aus dem unterlagerten Netz ist auch null.

Bei gleichem Übersetzungsverhältnis der Transformatoren ergibt sich der Strom jeweils aus der Parallelschaltung der Transformatoren und der Reihenschaltung der Netzimpedanz, die mit dem Quadrat des Übersetzungsverhältnisses auf die Oberspannungsseite umgerechnet wird. Werden bei der Berechnung ausschließlich die Längsimpedanzen der Transformatoren berücksichtigt, und nicht das π-Ersatzschaltbild, so ergeben sich die gleichen Ergebnisse, wie Gl. (15.52) zeigt.

15.3.3 Verfahren B

In diesem Fall erfolgt die Kurzschlussstromberechnung nach Abb. 15.7, indem die tatsächlichen Spannungsverhältnisse angenommen werden, d. h., die treibende Spannung ist im 10-kV-Netz angesetzt. Die Transformatoren werden ausschließlich durch ihre Längsimpedanzen berücksichtigt.

Die Transformatorimpedanzen werden jeweils mit dem Quadrat der Übersetzungsverhältnisse auf die Unterspannungsseite (10 kV) umgerechnet und parallel geschaltet, Gl. (15.53)

$$\underline{Z}_{T1} = \frac{\underline{Z}_T}{t_1^2} \qquad \underline{Z}_{T2} = \frac{\underline{Z}_T}{t_2^2} \tag{15.53}$$

Somit ergibt sich der Kurzschlussstrom, bezogen auf die Unterspannungsseite zu:

$$\underline{I}_3 = \frac{-\underline{U}_3}{\underline{Z}_Q + \frac{\underline{Z}_T}{2} \cdot \frac{2}{t_1^2 + t_2^2}} \tag{15.54}$$

Die Teilkurzschlussströme auf der Unter- bzw. Oberspannungsseite bestimmen sich aus den Impedanzverhältnissen $\underline{Z}_T / t_1^2$ und $\underline{Z}_T / t_2^2$ der Transformatoren. Der Gesamtstrom an der Fehlerstelle ergibt sich aus der Addition der Teilströme, unter Berücksichtigung der Übersetzungsverhältnisse:

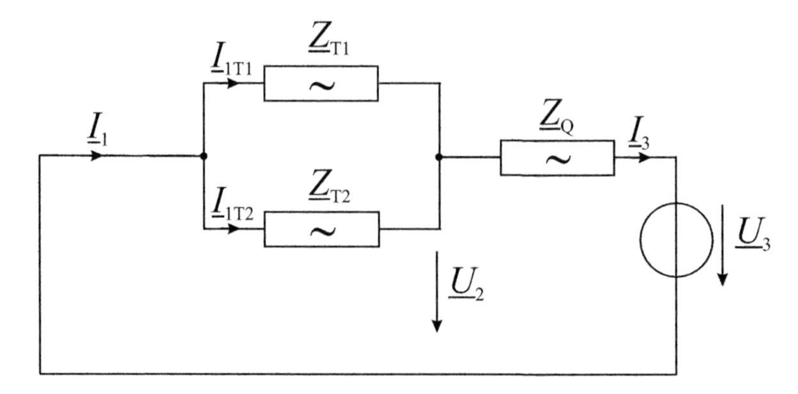

Abb. 15.7 Berechnung mit Hilfe der tatsächlichen Spannungsverteilung (10-kVNetz)

$$\underline{I}_1 = \underline{I}_{1\text{T}1} + \underline{I}_{1\text{T}2} = -\frac{t_1 + t_2}{2} \cdot \frac{\underline{U}_3}{\dfrac{\underline{Z}_\text{T}}{2} + \underline{Z}_\text{Q} \cdot \dfrac{t_1^2 + t_2^2}{2}}$$

$$\underline{I}_\text{k}^{"} = \frac{t_1 + t_2}{2} \cdot \frac{c \cdot U_{\text{n}3} / \sqrt{3}}{\dfrac{\underline{Z}_\text{T}}{2} + \underline{Z}_\text{Q} \cdot \dfrac{t_1^2 + t_2^2}{2}} \tag{15.55}$$

Nach Gl. (15.55) wird die Spannung mit dem arithmetischen Mittel $t_{\text{res}1}$ nach Gl. (15.11) der Übersetzungsverhältnisse t_{resA} ermittelt, während die Umrechnung der Netzimpedanz mit $t_{\text{res}2}$, Gl. (15.12) erfolgt.

Auch in diesem Fall führen die beiden Grenzfälle zu ähnlichen Ergebnissen, wie das Verfahren A:

- $\underline{Z}_\text{Q} = 0$**:** Der Kurzschlussstrom bestimmt sich ausschließlich aus der halben Transformatorimpedanz, unter Berücksichtigung des arithmetischen Mittelwertes der Übersetzungsverhältnisse.
- $\underline{Z}_\text{Q} \to \infty$**:** Der Kurzschlussstrom ist null, d. h., der Kurzschlussstrombeitrag aus dem unterlagerten Netz ist auch null.

15.3.4 Verfahren C

Im Gegensatz zum Verfahren B werden die Transformatoren durch die Ersatzschaltung entsprechend Abb. 15.2 (äquivalente π-Ersatzschaltung) nachgebildet. Die Berechnung des Kurzschlussstroms erfolgt somit mit Hilfe der Gl. (15.38), indem die Spannung $\underline{U}_1$ kurzgeschlossen ist und der Strom $\underline{I}_1$ entspricht dem Kurzschlussstrom an der Fehlerstelle. Somit folgt daraus:

$$\begin{pmatrix} 0 \\ \underline{I}_1 \end{pmatrix} = \begin{pmatrix} \underline{A}_{11} & \underline{A}_{12} \\ \underline{A}_{21} & \underline{A}_{22} \end{pmatrix} \cdot \begin{pmatrix} \underline{U}_3 \\ \underline{I}_3 \end{pmatrix} \tag{15.56}$$

Mit

$\underline{U}_3$ Spannung des einspeisenden Netzes $\left(= c \cdot U_{\text{n}3} / \sqrt{3}\right)$
c Spannungsfaktor $c = 1{,}1$
$\underline{I}_1$ Kurzschlussstrom an der Fehlerstelle $\left(= -\underline{I}_\text{k}^{"}\right)$
$\underline{I}_3$ Kurzschlussstrom des einspeisenden Netzes

Für den Kurzschlussstrom an der Fehlerstelle ergibt sich durch Auflösung des Gleichungssystems (15.54):

$$\begin{aligned} 0 &= \underline{A}_{11} \cdot \underline{U}_3 + \underline{A}_{12} \cdot \underline{I}_3 \\ \underline{I}_1 &= \underline{A}_{21} \cdot \underline{U}_3 + \underline{A}_{22} \cdot \underline{I}_3 \end{aligned} \tag{15.57}$$

$$\underline{I}_1 = -\underline{U}_3 \cdot \left(\underline{A}_{21} - \underline{A}_{22} \cdot \frac{\underline{A}_{11}}{\underline{A}_{12}} \right) \tag{15.58}$$

Die Elemente der Kettenmatrix ermitteln sich aus den Gl. (15.38) und (15.10), so dass sich ergibt:

$$\begin{aligned}
\underline{A}_{11} &= \frac{t_1^2 + t_2^2}{t_1 + t_2} \\
\underline{A}_{12} &= \frac{1}{t_1 + t_2} \cdot \left[\left(t_1^2 + t_2^2 \right) \cdot \underline{Z}_{\mathrm{Q}} + \frac{1}{\underline{Y}_{\mathrm{T}}} \right] \\
\underline{A}_{21} &= \underline{Y}_{\mathrm{T}} \cdot \frac{\left(t_1 - t_2 \right)^2}{t_1 + t_2} \\
\underline{A}_{22} &= \frac{1}{t_1 + t_2} \cdot \left[\left(t_1 - t_2 \right)^2 \cdot \underline{Z}_{\mathrm{Q}} + \frac{1}{\underline{Y}_{\mathrm{T}}} \right]
\end{aligned} \tag{15.59}$$

Nach Einsetzen in Gl. (15.58) folgt daraus:

$$\begin{aligned}
\underline{I}_3 &= -\underline{U}_3 \cdot \frac{\underline{Y}_{\mathrm{T}}}{t_1 + t_2} \left\{ \left(t_1 - t_2 \right)^2 - \frac{\left[\underline{Y}_{\mathrm{T}} \cdot \underline{Z}_{\mathrm{Q}} \cdot \left(t_1 - t_2 \right)^2 + 2 \right] \cdot \left(t_1^2 + t_2^2 \right)}{\left(t_1^2 + t_2^2 \right) \cdot \underline{Y}_{\mathrm{T}} \cdot \underline{Z}_{\mathrm{Q}} + 1} \right\} \\
&= -\underline{U}_3 \cdot \frac{\underline{Y}_{\mathrm{T}}}{t_1 + t_2} \left\{ \left(t_1 - t_2 \right)^2 - \frac{\left[\underline{Y}_{\mathrm{T}} \cdot \underline{Z}_{\mathrm{Q}} \cdot \left(t_1 - t_2 \right)^2 + 2 \right] \cdot \left(t_1^2 + t_2^2 \right)}{\left(t_1^2 + t_2^2 \right) \cdot \underline{Y}_{\mathrm{T}} \cdot \underline{Z}_{\mathrm{Q}} + 1} \right\}
\end{aligned} \tag{15.60}$$

Nach Umformung kann der dreipolige Kurzschlussstrom nach Gl. (15.61) abgeleitet werden.

$$\begin{aligned}
\underline{I}_1 &= \frac{t_1 + t_2}{2} \cdot \frac{-\underline{U}_3}{\frac{\underline{Z}_{\mathrm{T}}}{2} + \underline{Z}_{\mathrm{Q}} \cdot \frac{t_1^2 + t_2^2}{2}} \\
\underline{I}_{\mathrm{k}}'' &= \frac{t_1 + t_2}{2} \cdot \frac{c \cdot U_{\mathrm{n3}} / \sqrt{3}}{\frac{\underline{Z}_{\mathrm{T}}}{2} + \underline{Z}_{\mathrm{Q}} \cdot \frac{t_1^2 + t_2^2}{2}}
\end{aligned} \tag{15.61}$$

Nach Gl. (15.61) wird die Spannung mit dem arithmetischen Mittelwert, Gl. (15.11) transformiert, während die Umrechnung der Netzimpedanz mit den quadratischen Werten nach Gl. (15.12) erfolgt. Das Ergebnis entspricht somit dem Resultat nach Verfahren B, Gl. (15.55), so dass diese beiden Verfahren gleichwertig sind. Die Teilkurzschlussströme der Transformatoren T1 und T2 auf der Oberspannungsseite können aus den Gl. (15.45) bestimmt werden.

$$\underline{I}_{1\text{T}1} = \frac{c \cdot t_1 \cdot U_{\text{n}2} / \sqrt{3}}{\underline{Z}_\text{T} + 2 \cdot \underline{Z}_\text{Q} \cdot \frac{t_1^2 + t_2^2}{2}}$$
$$I_{1\text{T}2} = \frac{c \cdot t_2 \cdot U_{\text{n}2} / \sqrt{3}}{\underline{Z}_\text{T} + 2 \cdot \underline{Z}_\text{Q} \cdot \frac{t_1^2 + t_2^2}{2}} \tag{15.62}$$

Auch in diesem Fall führen die beiden Grenzfälle zu gleichen Ergebnissen, wie das Verfahren B:

- **$\underline{Z}_\text{Q} = 0$:** Der Kurzschlussstrom bestimmt sich ausschließlich aus der halben Transformatorimpedanz, unter Berücksichtigung des arithmetischen Mittelwertes der Übersetzungsverhältnisse.
- **$\underline{Z}_\text{Q} \to \infty$:** Der Kurzschlussstrom ist null, d. h., der Kurzschlussstrombeitrag aus dem unterlagerten Netz ist auch null.

15.3.5 Verfahren D

Im Gegensatz zum Verfahren A, erfolgt die Berechnung mit Hilfe des äquivalenten π-Ersatzschaltbilds des Transformators. Zur Berechnung des Kurzschlussstroms gelten die identischen Gl. (15.46) bis (15.49). Unter Berücksichtigung der unterschiedlichen Übersetzungsverhältnisse ergeben sich die folgenden Werte der Admittanzmatrix nach Gl. (15.5):

$$\underline{Y}_{11} = 2 \cdot \underline{Y}_\text{T} \qquad \underline{Y}_{12} = -2 \cdot \underline{Y}_\text{T} \cdot \frac{t_1 + t_2}{2}$$
$$\underline{Y}_{21} = 2 \cdot \underline{Y}_\text{T} \cdot \frac{t_1 + t_2}{2} \qquad \underline{Y}_{21} = -2 \cdot \underline{Y}_\text{T} \cdot \frac{t_1^2 + t_2^2}{2} \tag{15.63}$$

Die Werte nach Gl. (15.63) werden in Gl. (15.64) zur Berechnung des Kurzschlussstroms eingesetzt.

$$\underline{I}_1 = \frac{\left(\underline{Y}_{12} \cdot \underline{Y}_{21} - \underline{Y}_{11} \cdot \underline{Y}_{22}\right) \cdot \underline{Z}_\text{Q} + \underline{Y}_{11}}{-\underline{Y}_{22} \cdot \underline{Z}_\text{Q} + 1} \cdot \underline{U}_1 \tag{15.64}$$

Es ergibt sich dann für den Kurzschlussstrom an der Fehlerstelle mit $\underline{I}_\text{k}'' = -\underline{I}_1$ und $\underline{U}_1 = -c \cdot U_{\text{n}1} / \sqrt{3}$:

$$\underline{I}_1 = \frac{\frac{(t_1 - t_2)^2}{2} \cdot \frac{\underline{Z}_\text{Q}}{\underline{Z}_\text{T}} + 1}{\frac{\underline{Z}_\text{T}}{2} + \frac{t_1^2 + t_2^2}{2} \cdot \underline{Z}_\text{Q} +} \cdot U_1$$
$$\underline{I}_\text{k}'' = \frac{\frac{(t_1 - t_2)^2}{2} \cdot \frac{\underline{Z}_\text{Q}}{\underline{Z}_\text{T}} + 1}{\frac{\underline{Z}_\text{T}}{2} + \frac{t_1^2 + t_2^2}{2} \cdot \underline{Z}_\text{Q} +} \cdot c \cdot U_{\text{n}1} / \sqrt{3} \tag{15.65}$$

Im Folgenden werden die beiden Grenzfälle für die Netzimpedanz auf der Unterspannungsseite betrachtet.

- $\underline{Z}_Q = 0$: Der Kurzschlussstrom an der Fehlerstelle bestimmt sich ausschließlich aus der halben Transformatorimpedanz, Gl. (15.66).

$$\underline{I}_k'' = \frac{c \cdot U_{n1} / \sqrt{3}}{\underline{Z}_T / 2} \tag{15.66}$$

- $\underline{Z}_Q \rightarrow \infty$: Der Kurzschlussstrom hat einen endlichen Wert, Gl. (15.67).

$$I_k'' = \frac{c \cdot U_{n1} / \sqrt{3}}{\underline{Z}_T} \cdot \frac{(t_2 - t_1)^2}{t_1^2 + t_2^2} \tag{15.67}$$

Mit den Teilkurzschlussströmen auf der Oberspannungsseite nach Gl. (15.45):

$$\begin{aligned} \underline{I}_{1T1} &= \frac{c \cdot U_{n1} / \sqrt{3}}{\underline{Z}_T} \cdot t_2 \cdot \frac{t_2 - t_1}{t_1^2 + t_2^2} \\ \underline{I}_{1T2} &= -\frac{c \cdot U_{n1} / \sqrt{3}}{\underline{Z}_T} \cdot t_1 \cdot \frac{t_2 - t_1}{t_1^2 + t_2^2} \end{aligned} \tag{15.68}$$

Dieses entspricht nicht dem Ergebnis der anderen Verfahren, da in diesem Fall kein aktives Netz auf der Unterspannungsseite angeschlossen ist und trotzdem ein Kurzschlussstrom auf der Oberspannungsseite fließt. Bei gleichem Übersetzungsverhältnis der parallelen Transformatoren wird dieser Kurzschlussstrom zu null.

15.3.6 Zusammenfassung

Grundsätzlich ist der korrekte Kurzschlussstrom mit Hilfe des Überlagerungsverfahrens zu berechnen, in dem die Belastung eines Netzes vor dem Kurzschlusseintritt berücksichtigt wird. Ebenso kann auch der Kurzschlussstrom mit der tatsächlichen Spannungsverteilung bestimmt werden, welches durch die Verfahren B und C repräsentiert wird, so dass diese Berechnungsmethoden den „korrekten" Wert darstellen. Die Nachbildung der Transformatoren (ausschließlich Längsimpedanz bzw. π-Ersatzschaltbild) ist hierbei nicht von Einfluss.

Die allgemeinen Ergebnisse der verschiedenen Verfahren A–D sind in der Tab. 15.2 in Abhängigkeit der Netzimpedanz $\underline{Z}_Q$ auf der Unterspannungsseite zusammengefasst, bei gleicher Transformatorimpedanz $\underline{Z}_T$, bezogen auf die Oberspannungsseite.

Bei einem unendlichen Kurzschlussstrom auf der Unterspannungsseite ($\underline{Z}_Q = 0\ \Omega$) sind die Ergebnisse der unterschiedlichen Verfahren identisch, wenn die Spannung der Unterspannungsseite $U_{n2} / \sqrt{3}$ mit dem arithmetischen Mittelwert der Übersetzungsverhältnisse auf die Oberspannungsseite umgerechnet wird. Im Gegensatz hierzu führt bei einer

Tab. 15.2 Kurzschlussstrom an der Fehlerstelle (Oberspannung) in Abhängigkeit der Netzimpedanz $\underline{Z}_Q$

Verfahren	$\underline{Z}_Q = 0\,\Omega$	$\underline{Z}_Q \to \infty$
A	$\underline{I}_k'' = \dfrac{c \cdot U_{n1} / \sqrt{3}}{\underline{Z}_T / 2}$	0
B	$\underline{I}_k'' = \dfrac{t_1 + t_2}{2} \cdot \dfrac{c \cdot U_{n2} / \sqrt{3}}{\underline{Z}_T / 2}$	0
C	$\underline{I}_k'' = \dfrac{t_1 + t_2}{2} \cdot \dfrac{c \cdot U_{n2} / \sqrt{3}}{\underline{Z}_T / 2}$	0
D	$\underline{I}_k'' = \dfrac{c \cdot U_{n1} / \sqrt{3}}{\underline{Z}_T / 2}$	$\underline{I}_k'' = \dfrac{c \cdot U_{n1} / \sqrt{3}}{\underline{Z}_T} \cdot \dfrac{(t_2 - t_1)^2}{t_1^2 + t_2^2}$

Netzimpedanz ($\underline{Z}_Q \to \infty$) die Berechnung nach Verfahren D zu einem Kurzschlussstrom auf der Oberspannungsseite, obwohl es sich in diesem Fall um kein aktives, unterlagertes Netz handelt und somit kein Kurzschlussstrombeitrag möglich ist. Es zeigt sich, dass dieser Kurzschlussstrombeitrag vom Unterschied der Übersetzungsverhältnisse abhängig ist.

Die Konsequenz aus den Angaben in Tab. 15.2 ist, dass bei der Anwendung des Verfahrens mit der Ersatzspannungsquelle an der Fehlerstelle und der π-Ersatzschaltung der Transformatoren stets von einem gleichen Übersetzungsverhältnis der parallelen Transformatoren auszugehen ist.

In Tab. 15.3 sind die allgemeinen Gleichungen zur Berechnung des Kurzschlussstroms auf der Oberspannungsseite in Abhängigkeit der Übersetzungsverhältnisse und der Bedingung $t_1 = t_2$ aufgeführt, bei gleicher Transformatorimpedanz $\underline{Z}_T$, bezogen auf die Oberspannungsseite.

Tab. 15.3 zeigt, dass bei gleichem Übersetzungsverhältnis der Transformatoren die berechneten Kurzschlussströme unabhängig vom Berechnungsverfahren sind, unter Berücksichtigung der verschiedenen Spannungen. Bei ungleichem Übersetzungsverhältnis weichen die Verfahren A und D (Ersatzspannungsquelle an der Fehlerstelle) ab, wobei die Abweichung nach A aufgrund der Darstellung nach den Gl. (15.11) und (15.12) vernachlässigbar sind. Dieses bedeutet, dass bei der Anwendung der Ersatzspannungsquelle an der Fehlerstelle stets mit dem arithmetischen Mittelwert zu rechnen ist.

15.4 Beispiele

Zwei Beispiele aus dem Verteilungs- und Übertragungsnetz zeigen die unterschiedlichen Ergebnisse, in Abhängigkeit des angewendeten Verfahrens zur Berechnung des Kurzschlussstroms.

Tab. 15.3 Allgemeine Gleichungen zur Berechnung des Kurzschlussstroms in Abhängigkeit der Übersetzungsverhältnisse

Verfahren	$t_1 \neq t_2$	$t = t_1 = t_2$
A	$\underline{I}_k'' = \dfrac{c \cdot U_{n1} / \sqrt{3}}{\dfrac{\underline{Z}_T}{2} + \underline{Z}_Q \cdot \left(\dfrac{t_1 + t_2}{2}\right)^2}$	$\underline{I}_k'' = \dfrac{c \cdot U_{n1} / \sqrt{3}}{\underline{Z}_T / 2 + \underline{Z}_Q \cdot t^2}$
B	$\underline{I}_k'' = \dfrac{t_1 + t_2}{2} \cdot \dfrac{c \cdot U_{n2} / \sqrt{3}}{\dfrac{\underline{Z}_T}{2} + \underline{Z}_Q \cdot \dfrac{t_1^2 + t_2^2}{2}}$	$\underline{I}_k'' = t \cdot \dfrac{c \cdot U_{n2} / \sqrt{3}}{\underline{Z}_T / 2 + \underline{Z}_Q \cdot t^2}$
C	$\underline{I}_k'' = \dfrac{t_1 + t_2}{2} \cdot \dfrac{c \cdot U_{n2} / \sqrt{3}}{\dfrac{\underline{Z}_T}{2} + \underline{Z}_Q \cdot \dfrac{t_1^2 + t_2^2}{2}}$	$\underline{I}_k'' = t \cdot \dfrac{c \cdot U_{n2} / \sqrt{3}}{\underline{Z}_T / 2 + \underline{Z}_Q \cdot t^2}$
D	$\underline{I}_k'' = \dfrac{\dfrac{(t_1 - t_2)^2}{2} \cdot \dfrac{\underline{Z}_Q}{\underline{Z}_T} + 1}{\dfrac{\underline{Z}_T}{2} + \underline{Z}_Q \cdot \dfrac{t_1^2 + t_2^2}{2} +} \cdot c \cdot U_{n1} / \sqrt{3}$	$\underline{I}_k'' = \dfrac{c \cdot U_{n1} / \sqrt{3}}{\underline{Z}_T / 2 + \underline{Z}_Q \cdot t^2}$

15.4.1 Verteilungsnetz

Im Folgenden werden anhand eines Beispiels die Ergebnisse der Berechnung nach dem Verfahren D (Ersatzspannungsquelle an der Fehlerstelle und π-Ersatzschaltung der Transformatoren) bei Parallelschaltung von zwei Transformatoren bewertet. Der Kurzschlussstrombeitrag der Unterspannungsseite ist null, dieses bedeutet, es befindet sich keine zusätzliche Einspeisung in diese Spannungsebene; die folgenden Transformatordaten werden angenommen:

$U_{rT1} = 110$ kV/10 kV; $U_{rT2} = 110$ kV/12 kV; $u_{Xr} = 10$ %; $S_{rT1} = 100$ MVA

Unter Berücksichtigung der Gl. (15.67, 15.68) ergeben sich die folgenden Kurzschlussströme:

Kurzschlussstrom: $I_k'' = 95\,\text{A}$

Teilströme: $I_{kT1}'' = -473\,\text{A}$ $\quad I_{kT2}'' = 568\,\text{A}$

Abb. 15.8 verdeutlicht, dass Teilkurzschlussströme in den Transformatorzweigen berechnet werden, die unter den gegebenen Netzbedingungen nicht fließen können, da es auf der unterlagerten Spannungsebene keine Einspeisung gibt. Abb. 15.9 zeigt, dass die Ursache in einer zusätzlichen Spannungsquelle als Folge des unterschiedlichen Übersetzungs-

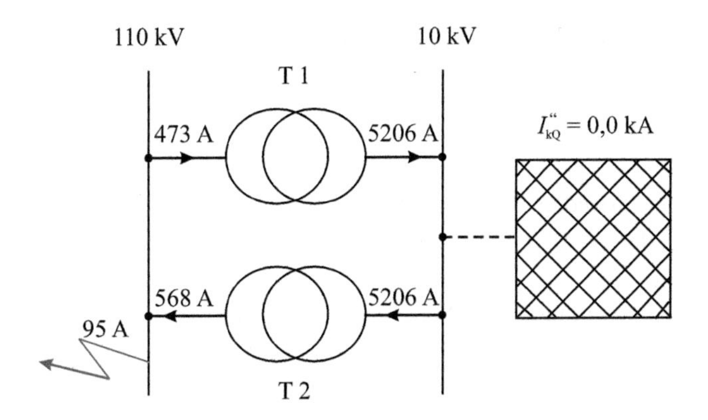

Abb. 15.8 Kurzschlussstromberechnung mit Hilfe der Ersatzspannungsquelle an der Fehlerstelle bei Transformatoren mit unterschiedlichen Übersetzungsverhältnissen

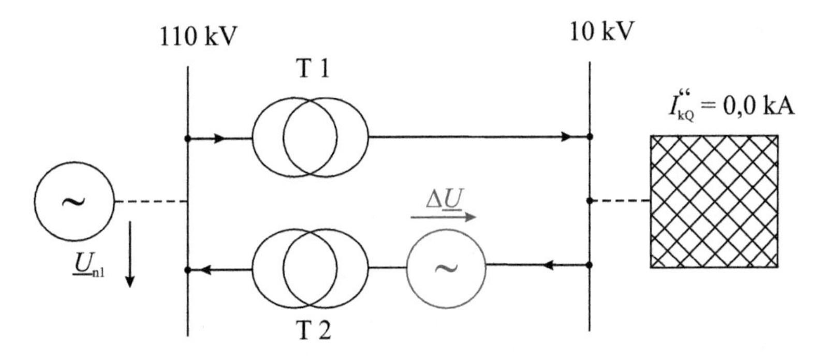

Abb. 15.9 Einfluss der unterschiedlichen Übersetzungsverhältnisse

verhältnisses ist, die einen Kreisstrom hervorruft. Dieser Kreisstrom ist ein Betriebsstrom, der aufgrund der fehlenden Überlagerung der Ströme vor Kurzschlusseintritt bei dem Verfahren der Ersatzspannungsquelle an der Fehlerstelle nicht berücksichtigt wird. In diesen Fällen wirken sich die Queradmittanzen bei der Transformatornachbildung in der Form aus, so dass das Ergebnis verfälscht wird.

Wird stattdessen der arithmetische Mittelwert der beiden Übersetzungsverhältnisse genommen, so ergibt sich nach Gl. (15.53), Verfahren A, mit $\underline{Z}_Q \to \infty$ ein Kurzschlussstrom von $I''_k = 0\,\text{A}$.

15.4.2 Übertragungsnetz

Mit Hilfe eines Netzberechnungsprogramms werden die Kurzschlussströme auf der 380-kV-Spannungsebene nach Abb. 15.10 berechnet, mit den Transformatoren, die ein unterschiedliches Übersetzungsverhältnis aufweisen:

$U_{\text{rT1}} = 400\ \text{kV}/220\ \text{kV}$; $U_{\text{rT2}} = 400\ \text{kV}/240\ \text{kV}$; $u_{\text{kr}} = 14\ \%$;
$u_{\text{Rr}} = 0.15\ \%$; $S_{\text{rT}} = 400\ \text{MVA}$

$I_{\text{k}}^{''} = 10\,\text{kA}\ (380\ \text{kV})$ $I_{\text{k}}^{''} = 2\,\text{kA}\ (220\ \text{kV})$

Es werden die folgenden unterschiedlichen Berechnungsverfahren angewendet, wobei die Nachbildung der Transformatoren stets mit dem π-Ersatzschaltbild erfolgt:

- Abb. 15.10a: Berechnung nach Verfahren D, Abschn. 15.3.5 (unterschiedliche Übersetzungsverhältnisse, Ersatzspannungsquelle an der Fehlerstelle),
- Abb. 15.10b: Berechnung nach Verfahren A, Abschn. 15.3.2 (arithmetischer Mittelwert der Übersetzungsverhältnisse, Ersatzspannungsquelle an der Fehlerstelle),
- Abb. 15.10c: Berechnung nach Verfahren C, Abschn. 15.3.4 (mit unterschiedlichen Übersetzungsverhältnissen, tatsächliche Spannungen). Bei diesem Berechnungsverfahren wird somit das Überlagerungsverfahren eingesetzt, wobei kein Lastfluss vor Kurzschlusseintritt angenommen wird.

Aufgrund des Fehlerorts sind die beiden Netze entkoppelt (380 kV und 220 kV) und die Kurzschlussstrombeiträge sind somit unabhängig voneinander. Der Summenkurzschlussstrom liegt bei allen Verfahren bei ca. 11,0 kA und unterscheidet sich nur minimal voneinander, welches an der starken Einspeisung aus dem 380-kV-Netz liegt. Die Teilkurzschlussströme der Transformatoren weichen im Falle mit unkorrigierten Übersetzungsverhältnissen (Abb. 15.10a) bis maximal 41.1 % ab, wenn das Ergebnis der Berechnung mit tatsächlichen Spannungen (Abb. 15.10c) als Referenz angenommen wird. Die Abweichung mit dem arithmetischen Mittelwert der Übersetzungsverhältnisse (Abb. 15.10b) ergibt eine maximale Abweichung von 7.6 %. Die Abweichungen werden größer, wenn die Einspeisung aus dem unterlagerten 220-kV-Netz geringer wird.

15.5 Fazit

Bei parallelen Transformatoren mit unterschiedlichen Übersetzungsverhältnissen führt die Berechnung des Kurzschlussstroms mit Hilfe des Verfahrens der Ersatzspannungsquelle an der Fehlerstelle zu erheblichen Abweichungen, im Vergleich zur Berechnung mit den tatsächlichen Spannungen bzw. dem Überlagerungsverfahren. Diese Abweichungen treten nicht auf, wenn die Übersetzungsverhältnisse identisch sind. Um trotzdem das bewährte Verfahren der Ersatzspannungsquelle an der Fehlerstelle anzuwenden, ist es notwendig, den arithmetischen Mittelwert der Übersetzungsverhältnisse bei parallelen Transformatorennach [3] anzuwenden.

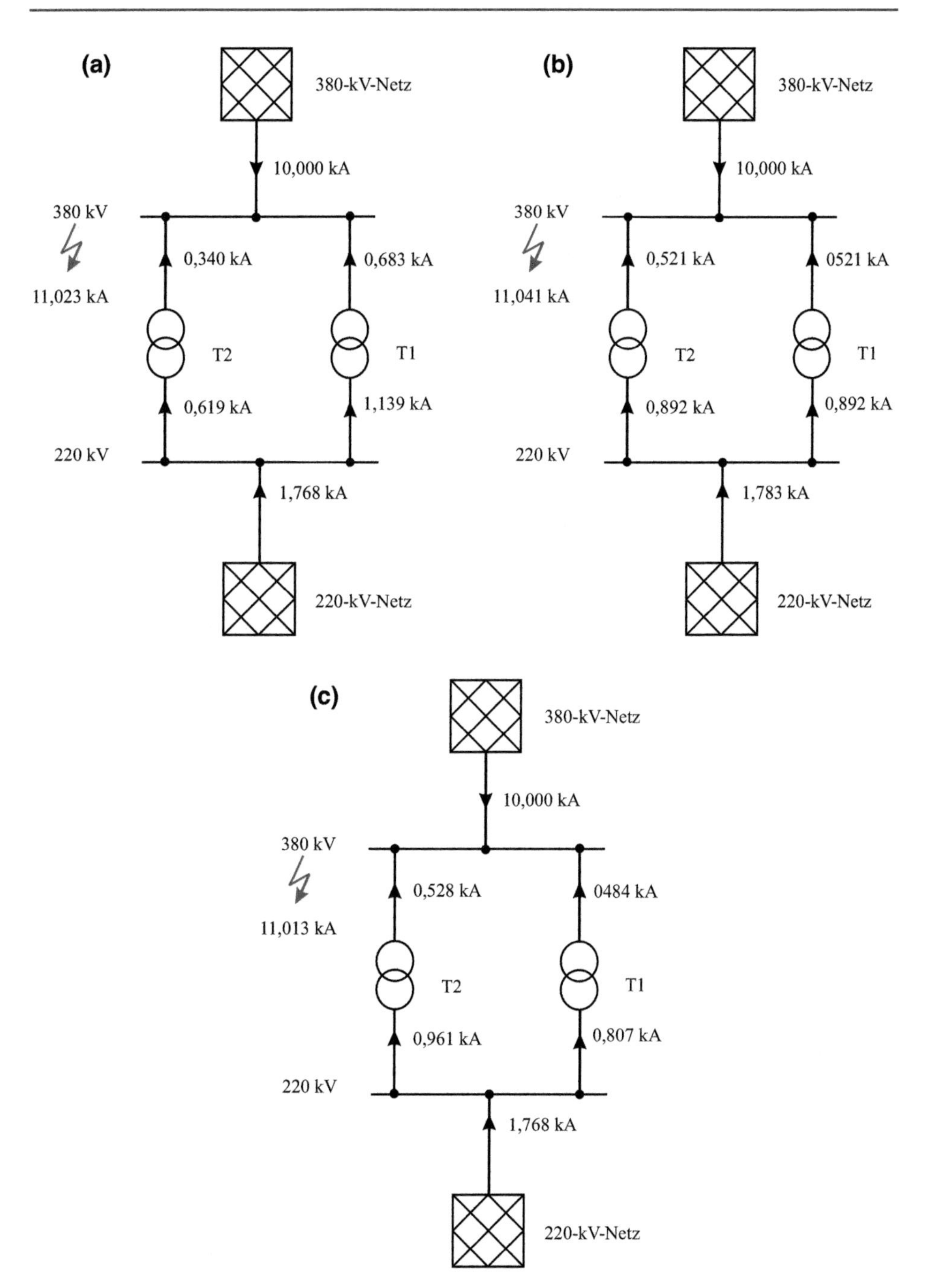

Abb. 15.10 Beispiel für die Berechnung des dreipoligen Kurzschlussstroms. **a** Verfahren D, Ersatzspannungsquelle, unterschiedliches Übersetzungsverhältnis. **b** Ersatzspannungsquelle, gleiches Übersetzungsverhältnis. **c** Verteilte Spannungen, unterschiedliches Übersetzungsverhältnis

Literatur

1. Balzer G (2016) Short-circuit calculation with fullsize converters according to IEC 60909. In: 21st conference of electric power supply industry, CEPSI 2016, Bangkok, Thailand, October 2016, B1
2. Balzer G, Wasserrab A, Busarello L (2015) Nachbildung paralleler Transformatoren. Z Energiewirtsch (EW) 10:64–68
3. DIN EN 60909-0 (VDE0102):2002-07 (2002) Kurzschlussströme in Drehstromnetzen. Teil 0: Berechnung der Ströme. VDE Verlag GmbH, Berlin

Spannungsübertritt zwischen Drehstromsystemen

16

Bei Freileitungen mit verschiedenen Spannungsebenen auf einem Mast, z. B. 380 kV und 110 kV, können sich die Phasenseile des 380-kV- und des 110-kV-Systems unter extremen Randbedingungen auf Überschlagsdistanz nähern. Diese Vorgänge stellen für die angeschlossenen Betriebsmittel und besonders für die installierten Überspannungsableiter im unterlagerten Netz mit der geringeren Spannungsebene eine erhöhte Beanspruchung dar, in Abhängigkeit von der Wirksamkeit der Sternpunkterdung (Erdfehlerfaktor) [1]. In diesen Fällen werden die Betriebsmittel des unterlagerten Netzes kurzfristig der Betriebsspannung des überlagerten Netzes ausgesetzt. Grundsätzlich ist ein Überschlag möglich, wenn Isolatoren und Leiterseile defekt sind, Leiterseile gegeneinander schwingen oder aber durch Fremdeinwirkung (Flugobjekte) in Kontakt kommen.

Im Folgenden wird die stationäre und transiente Spannungsverteilung und der Kurzschlussstrom im unterlagerten Netz ermittelt, wenn die Leiter der beiden Drehstromsysteme galvanisch Kontakt haben. Ergänzende Informationen sind in [2] dargestellt.

16.1 Berechnung der stationären Spannungs- und Stromverteilung

Abb. 16.1 zeigt die Ersatzschaltung für die weitere Untersuchung, indem es zu einem Spannungsübertritt der Phasen R der beiden Systeme 380 kV und 110 kV kommt. Hierbei wird vorausgesetzt, dass das 380-kV-Netz stets direkt geerdet ist, während das unterlagerte 110-kV-Netz über eine Impedanz $\underline{Z}_E$, z. B. mit einer Erdschlusslöschspule, oder niederohmig mit Erde verbunden ist.

Berühren sich zwei Leiter nach Abb. 16.1, so können die beiden Systeme durch eine äquivalente Komponentenersatzschaltung im Mit-, Gegen- und Nullsystem dargestellt werden. Hierbei wird davon ausgegangen, dass die inneren Spannungen der beiden Netze

G. Balzer, *Kurzschlussströme in Drehstromnetzen*,
https://doi.org/10.1007/978-3-658-28331-5_16

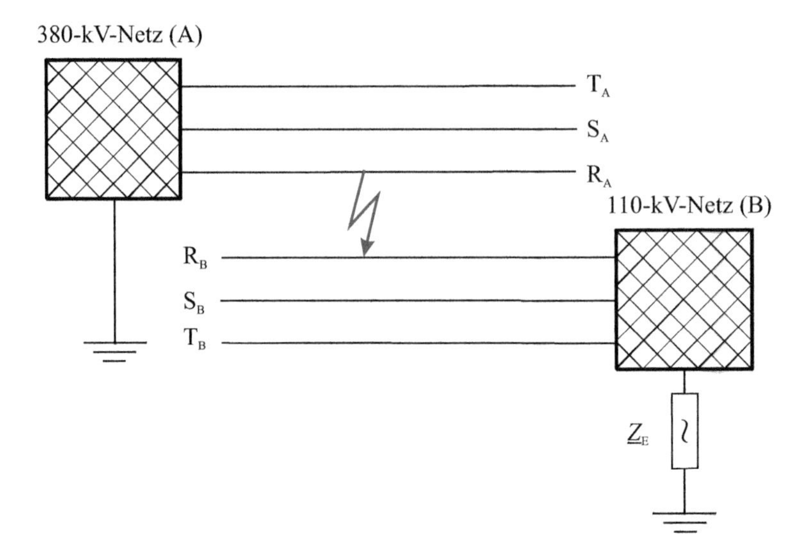

Abb. 16.1 Ersatzschaltung zur Bestimmung der stationären Spannungsverteilung in Abhängigkeit von der Sternpunktimpedanz $\underline{Z}_E$ des unterlagerten Netzes

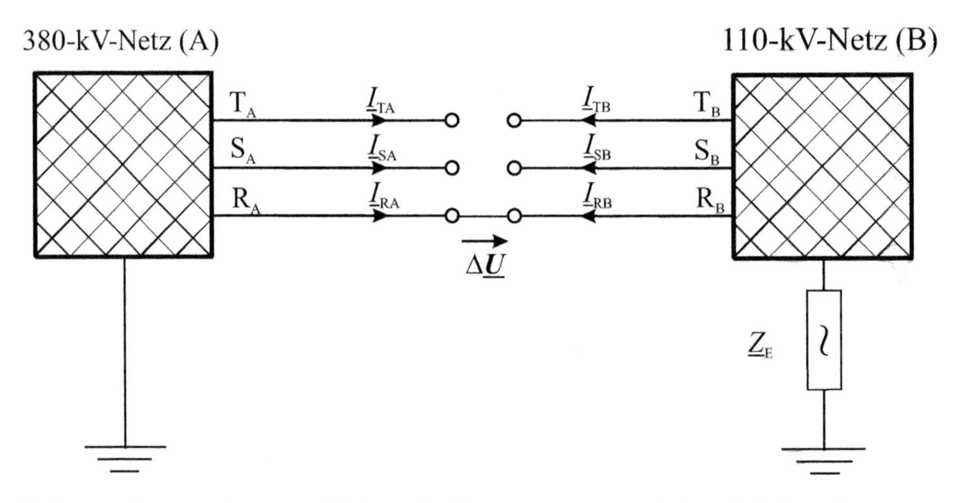

Abb. 16.2 Ersatzschaltung zur Ableitung der Komponentenersatzschaltung bei einem Spannungsübertritt in einem Leiter

sich nicht gegenseitig beeinflussen, welches besonders für ein 380-kV-Netz mit einem großen dreipoligen Kurzschlussstrom und einem 110-kV-Netz mit einem Erdfehlerfaktor von $c_E > 1{,}4$ zutrifft. Dieses bedeutet, dass die unterlagerte Spannungsebene nicht unmittelbar aus dem überlagerten Netz versorgt wird.

Die Nachbildung des Fehlers nach Abb. 16.1 entspricht einer zweipoligen Leitungsunterbrechung, so dass sich hieraus eine äquivalente Komponentenersatzschaltung im Mit-, Gegen- und Nullsystem ableiten lässt, hierbei wird von der Netzschaltung nach Abb. 16.2 ausgegangen.

Für die Ableitung der Fehlerbedingungen gelten die folgenden Gleichungen:

$$\underline{I}_{SA} = \underline{I}_{SB} = 0 \qquad \underline{I}_{TA} = \underline{I}_{TB} = 0 \tag{16.1}$$

$$\Delta\underline{U}_{R} = \underline{U}_{RA} - \underline{U}_{RB} = 0 \tag{16.2}$$

Aus den Fehlerbedingungen im Originalsystem lassen sich die Fehlerbedingungen (Strom/Spannung) im Komponentensystem ableiten.

$$\begin{pmatrix} \Delta\underline{U}_{(0)} \\ \Delta\underline{U}_{(1)} \\ \Delta\underline{U}_{(2)} \end{pmatrix} = \frac{1}{3} \cdot \begin{pmatrix} 1 & 1 & 1 \\ 1 & \underline{a} & \underline{a}^2 \\ 1 & \underline{a}^2 & \underline{a} \end{pmatrix} \cdot \begin{pmatrix} 0 \\ \Delta\underline{U}_{S} \\ \Delta\underline{U}_{T} \end{pmatrix} \tag{16.3}$$

Aus der Addition der Zeilen ergibt sich für die Differenzspannung:

$$\Delta\underline{U}_{(0)} = 0 \tag{16.4}$$

Für die Ströme der einzelnen Systeme folgt:

$$\begin{pmatrix} \underline{I}_{(0)A} \\ \underline{I}_{(1)A} \\ \underline{I}_{(2)A} \end{pmatrix} = \frac{1}{3} \cdot \begin{pmatrix} 1 & 1 & 1 \\ 1 & \underline{a} & \underline{a}^2 \\ 1 & \underline{a}^2 & \underline{a} \end{pmatrix} \cdot \begin{pmatrix} \underline{I}_{RA} \\ 0 \\ 0 \end{pmatrix} \tag{16.5}$$

$$\begin{pmatrix} \underline{I}_{(0)B} \\ \underline{I}_{(1)B} \\ \underline{I}_{(2)B} \end{pmatrix} = \frac{1}{3} \cdot \begin{pmatrix} 1 & 1 & 1 \\ 1 & \underline{a} & \underline{a}^2 \\ 1 & \underline{a}^2 & \underline{a} \end{pmatrix} \cdot \begin{pmatrix} \underline{I}_{RB} \\ 0 \\ 0 \end{pmatrix} \tag{16.6}$$

$$\begin{aligned} \underline{I}_{(1)A} &= \underline{I}_{(2)A} = \underline{I}_{(0)A} = \underline{I}_{RA} / 3 = \underline{I} \\ \underline{I}_{(1)B} &= \underline{I}_{(2)B} = \underline{I}_{(0)B} = \underline{I}_{RB} / 3 = -\underline{I} \end{aligned} \tag{16.7}$$

Aus Gl. (16.7) folgt, dass sämtliche Komponentenströme gleich sind, so dass sich als Ersatzschaltbild die Reihenschaltung der einzelnen Systeme ergibt, entsprechend Abb. 16.3.

Zur Vereinfachung der Berechnung der Strom- und Spannungsverteilung werden die folgenden Impedanzen zusammengefasst:

$$\underline{Z}_{(1)} = \underline{Z}_{(1)A} + \underline{Z}_{(1)B} = \underline{Z}_{(2)} \qquad \underline{Z}_{(0)} = \underline{Z}_{(0)A} + \underline{Z}_{(0)B} \tag{16.8}$$

Die Komponentenströme bestimmen sich zu:

$$\underline{I} = \underline{I}_{(1)A} = \underline{I}_{(2)A} = \underline{I}_{(0)A} = -\underline{I}_{(1)B} = -\underline{I}_{(2)B} = -\underline{I}_{(0)B} = \frac{\underline{E}}{2 \cdot \underline{Z}_{(1)} + \underline{Z}_{(0)}} \tag{16.9}$$

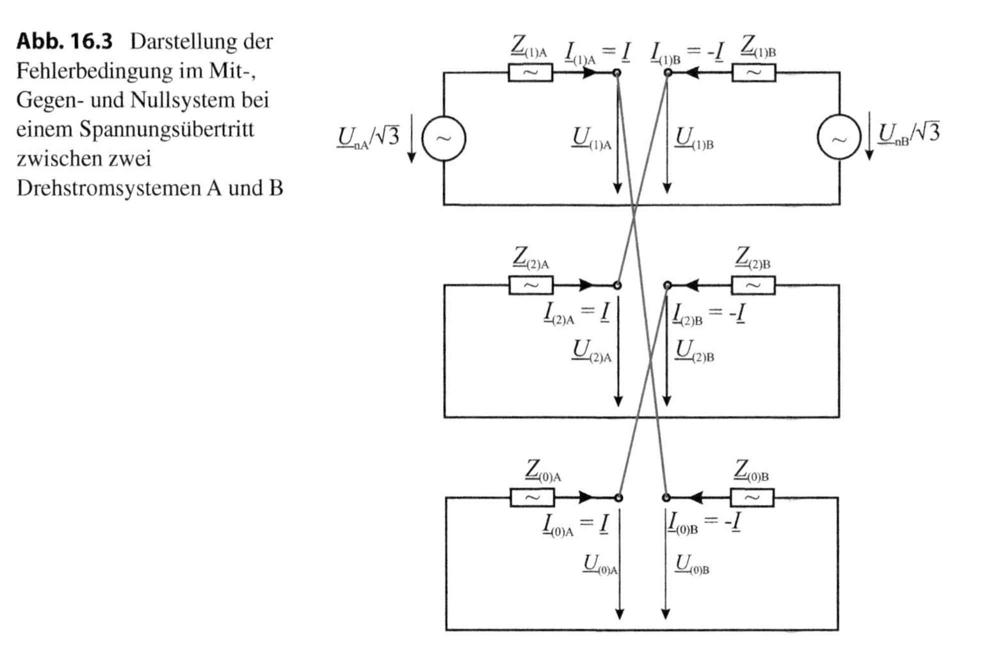

Abb. 16.3 Darstellung der Fehlerbedingung im Mit-, Gegen- und Nullsystem bei einem Spannungsübertritt zwischen zwei Drehstromsystemen A und B

Für die Spannungen in den symmetrischen Komponenten an der Stelle B gilt unter Berücksichtigung der treibenden Spannung $\underline{E}$:

$$\underline{E} = \left(\underline{U}_{nA} - \underline{U}_{nB}\right) / \sqrt{3} \tag{16.10}$$

$$\underline{U}_{(2)B} = \frac{\underline{Z}_{(1)B}}{2 \cdot \underline{Z}_{(1)} + \underline{Z}_{(0)}} \cdot \underline{E} \tag{16.11a}$$

$$\underline{U}_{(1)B} = \frac{\underline{Z}_{(1)B}}{2 \cdot \underline{Z}_{(1)} + \underline{Z}_{(0)}} \cdot \underline{E} + \underline{U}_{nB} / \sqrt{3} \tag{16.11b}$$

$$\underline{U}_{(0)B} = \frac{\underline{Z}_{(0)B}}{2 \cdot \underline{Z}_{(1)} + \underline{Z}_{(0)}} \cdot \underline{E} \tag{16.12}$$

Unter diesen Voraussetzungen kann der Komponentenstrom I nach Gl. (16.13) bzw. Gl. (16.9) ermittelt werden, wenn zur Vereinfachung ausschließlich Reaktanzen betrachtet werden und die Reaktanzen im Mit- und Gegensystem gleich groß sind, welches bei passiven Elementen stets zutrifft. Zusätzlich wird der Spannungsfaktor $c_{max} = 1{,}1$ für die Berechnung des größten Kurzschlussstroms verwendet.

$$\underline{I} = -\mathrm{j}\frac{1{,}1 \cdot \left(\underline{U}_{nA} - \underline{U}_{nB}\right) / \sqrt{3}}{2 \cdot \left(X_{(1)A} + X_{(1)B}\right) + X_{(0)A} + X_{(0)B}} \tag{16.13}$$

mit

U_{n} Spannungen der beiden Netze A (380 kV) und B (110 kV); (verkettet)

$X_{(1)}$, $X_{(0)}$ Reaktanzen im Mit- und Nullsystem der beiden Netze

Bei einem Höchstspannungsnetz kann im Allgemeinen angenommen werden, dass dieses Netz direkt geerdet ist, so dass von einem Reaktanzverhältnis von

$$X_{(0)\mathrm{A}} = 3 \cdot X_{(1)\mathrm{A}} \qquad (16.14)$$

für das überlagerte Netz ausgegangen werden kann. Im Gegensatz hierzu sind bei einem 110-kV-Netz verschiedene Sternpunktbehandlungen möglich, so dass in Abhängigkeit des Erdfehlerfaktors c_{E} für das Verhältnis $X_{(1)\mathrm{B}}/X_{(0)\mathrm{B}}$ gilt:

$$\frac{X_{(1)\mathrm{B}}}{X_{(0)\mathrm{B}}} = \frac{1}{2} \cdot \left[\frac{3}{\sqrt{4 \cdot c_{\mathrm{E}}^2 - 3}} - 1 \right] \qquad (16.15)$$

Der Erdfehlerfaktor c_{E} nach Gl. (16.15) gibt das Verhältnis der Spannung des nicht vom Fehler betroffenen Leiters während des Kurzschlusses bezogen auf die Spannung vor dem Kurzschluss an. Nach den Gl. (9.85) bzw. (9.86) können die Spannungen $\underline{U}_{\mathrm{S}}$ und $\underline{U}_{\mathrm{T}}$ während eines einpoligen Kurzschlusses bestimmt werden, wenn ausschließlich Reaktanzen betrachtet werden.

$$\begin{aligned} \underline{U}_{\mathrm{SB}} &= \left[\underline{a}^2 + \frac{X_{(1)\mathrm{B}} - X_{(0)\mathrm{B}}}{2 \cdot X_{(1)\mathrm{B}} + X_{(0)\mathrm{B}}} \right] \cdot \underline{E}_{(1)} \\ \underline{U}_{\mathrm{TB}} &= \left[\underline{a} + \frac{X_{(1)\mathrm{B}} - X_{(0)\mathrm{B}}}{2 \cdot X_{(1)\mathrm{B}} + X_{(0)\mathrm{B}}} \right] \cdot \underline{E}_{(1)} \end{aligned} \qquad (16.16)$$

Wenn die Resistanzen vernachlässigt werden, sind die beiden Spannungen identisch, so dass aus der Gl. (16.17) die Beziehung entsprechend Gl. (16.15) abgeleitet werden kann.

$$\frac{\underline{U}_{\mathrm{SB}}}{\underline{E}_{(1)}} = c_{\mathrm{E}} = \left| -\frac{1}{2} - \mathrm{j}\frac{1}{2} \cdot \sqrt{3} + \frac{\dfrac{X_{(1)\mathrm{B}}}{X_{(0)\mathrm{B}}} - 1}{2 \cdot \dfrac{X_{(1)\mathrm{B}}}{X_{(0)\mathrm{B}}} + 1} \right| \qquad (16.17)$$

Der Erdfehlerfaktor kann verschiedene charakteristische Werte annehmen, wodurch sich die folgenden Konsequenzen für das Verhältnis $X_{(1)\mathrm{A}}/X_{(0)\mathrm{A}}$ ergeben:

- $c_{\mathrm{E}} = 1$: Der einpolige Kurzschlussstrom ist identisch dem dreipoligen mit $X_{(1)\mathrm{A}}/= X_{(0)\mathrm{A}}$, das Netz ist in diesem Fall niederohmig geerdet.
- $c_{\mathrm{E}} = \sqrt{3}$: Es handelt sich um ein Netz, dessen Sternpunkte isoliert sind bzw. das Netz wird kompensiert betrieben. Es fließt ausschließlich ein Erdschlussstrom.

Die Mitimpedanzen der beiden Systeme können aus den dreipoligen Anfangs-Kurzschlusswechselströmen $\underline{I}''_{k3A}$, $\underline{I}''_{k3B}$ mit Hilfe der Gl. (16.18) bestimmt werden, in Abhängigkeit der Netznennspannungen U_n.

$$\underline{I}''_{k3A} = -j\frac{1{,}1 \cdot \underline{U}_{nA} / \sqrt{3}}{X_{(1)A}} \qquad \underline{I}''_{k3B} = -j\frac{1{,}1 \cdot \underline{U}_{nB} / \sqrt{3}}{X_{(1)B}} \tag{16.18}$$

Nach Gl. (9.80) bestimmt sich der Fehlerstrom $\underline{I}_F$ aus dem dreifachen Wert des Komponentenstroms $\underline{I}$, so dass gilt, unter Berücksichtigung von Gl. (16.14):

$$\underline{I}_F = -j\frac{1{,}1 \cdot \sqrt{3} \cdot (\underline{U}_{nA} - \underline{U}_{nB})}{2 \cdot (X_{(1)A} + X_{(1)B}) + X_{(0)A} + X_{(0)B}} = -j\frac{1{,}1 \cdot \sqrt{3} \cdot (\underline{U}_{nA} - \underline{U}_{nB})}{5 \cdot X_{(1)A} + 2 \cdot X_{(1)B} + X_{(0)B}} \tag{16.19}$$

Der Fehlerstrom $\underline{I}_F$ kann auf die dreipoligen Kurzschlussströme der beiden Netze A und B bezogen werden, es ergeben sich dann die relativen Fehlerströme $\underline{i}_F$ bzw. i_F.

$$\frac{\underline{I}_F}{\underline{I}''_{k3A}} = i_{FA} = \frac{3 \cdot \left(1 - \dfrac{\underline{U}_{nB}}{\underline{U}_{nA}}\right)}{5 + \dfrac{X_{(1)B}}{X_{(1)A}} \cdot \left(2 + \dfrac{X_{(0)B}}{X_{(1)B}}\right)} = \frac{3 \cdot \left(1 - \dfrac{\underline{U}_{nB}}{\underline{U}_{nA}}\right)}{5 + \dfrac{I''_{k3A}}{I''_{k3B}} \cdot \dfrac{U_{nB}}{U_{nA}} \cdot \left(2 + \dfrac{X_{(0)B}}{X_{(1)B}}\right)} \tag{16.20}$$

$$\frac{\underline{I}_F}{\underline{I}''_{k3B}} = i_{FB} = \frac{3 \cdot \left(\dfrac{\underline{U}_{nA}}{\underline{U}_{nB}} - 1\right)}{5 \cdot \dfrac{X_{(1)A}}{X_{(1)B}} + 2 + \dfrac{X_{(0)B}}{X_{(1)B}}} = \frac{3 \cdot \left(\dfrac{\underline{U}_{nA}}{\underline{U}_{nB}} - 1\right)}{5 \cdot \dfrac{I''_{k3B}}{I''_{k3A}} \cdot \dfrac{U_{nA}}{U_{nB}} + 2 + \dfrac{X_{(0)B}}{X_{(1)B}}} \tag{16.21}$$

Für das Reaktanzverhältnis $X_{(0)B}/X_{(1)B}$ des unterlagerten 110-kV-Netzes wird Gl. (16.15) in Abhängigkeit des Erdfehlerfaktors verwendet.

Da die Betriebsmittel des unterlagerten Netzes der Spannung des überlagerten Netzes ausgesetzt sind, werden im Folgenden ausgehend von den Komponentenspannungen $\underline{U}_{(1)B}$, $\underline{U}_{(2)B}$ und $\underline{U}_{(0)B}$ die Originalspannungen $\underline{U}_{RB}$, $\underline{U}_{SB}$ und $\underline{U}_{TB}$ bestimmt. Nach den Gl. (9.24) und (9.42) folgt:

$$\begin{aligned} \underline{U}_{RB} &= \underline{U}_{(0)B} + \underline{U}_{(1)B} + \underline{U}_{(2)B} \\ &= \frac{2 \cdot X_{(1)B} + X_{(0)B}}{2 \cdot X_{(1)} + X_{(0)}} \cdot (\underline{U}_{nA} - \underline{U}_{nB}) / \sqrt{3} + \underline{U}_{nB} / \sqrt{3} \end{aligned} \tag{16.22}$$

$$\begin{aligned} \underline{U}_{SB} &= \underline{U}_{(0)} + \underline{a}^2 \cdot \underline{U}_{(1)} + \underline{a} \cdot \underline{U}_{(2)} \\ &= \frac{X_{(0)B} - X_{(1)B}}{2 \cdot X_{(1)} + X_{(0)}} \cdot (\underline{U}_{nA} - \underline{U}_{nB}) / \sqrt{3} + \underline{a}^2 \cdot \underline{U}_{nB} / \sqrt{3} \end{aligned} \tag{16.23}$$

$$\begin{aligned}\underline{U}_{\mathrm{TB}} &= \underline{U}_{(0)} + \underline{a}\cdot\underline{U}_{(1)} + \underline{a}^2\cdot\underline{U}_{(2)} \\ &= \frac{X_{(0)\mathrm{B}} - X_{(1)\mathrm{B}}}{2\cdot X_{(1)} + X_{(0)}}\cdot\left(\underline{U}_{\mathrm{nA}} - \underline{U}_{\mathrm{nB}}\right)/\sqrt{3} + \underline{a}\cdot\underline{U}_{\mathrm{nB}}/\sqrt{3}\end{aligned} \tag{16.24}$$

Aus Gl. (16.20) und (16.21) geht hervor, dass der Fehlerstrom und damit auch die Spannungen von der Phasenlage der Netzspannungen der beiden Systeme abhängig sind. Aus diesem Grunde wird bei der Berechnung die Phasenlage der fehlerbehafteten Leiter berücksichtigt, indem die folgenden Winkel verwendet werden:

- Winkel $\varphi = 0°$: die beiden Systeme sind phasengleich
- Winkel $\varphi = 180°$: die beiden Systeme sind in Phasenopposition.

Darüber hinaus wird als zusätzlicher Parameter das Verhältnis $\underline{i}_{\mathrm{k}}$ der dreipoligen Kurzschlussströme ohne Spannungsübertritt benutzt. Da in diesem Beispiel nur Reaktanzen berücksichtigt werden, gilt vereinfachend:

$$\underline{i}_{\mathrm{k}} = \frac{\underline{I}''_{\mathrm{k3B}}}{\underline{I}''_{\mathrm{k3A}}} = i_{\mathrm{k}} \tag{16.25}$$

Die Spannungen des unterlagerten Netzes werden im Fehlerfall für die folgenden Parameter bestimmt:

- Kurzschlussverhältnis: $0{,}25 \leq i_{\mathrm{k}} \leq 1$
- Erdfehlerfaktor: $0{,}9 \leq c_{\mathrm{E}} \leq 1{,}725$

Auch für den Erdfehlerfaktor werden ausschließlich reale Werte angenommen, da keine Resistanzen in die Berechnung eingehen. Für die Spannungsoperatoren gilt:

$$\underline{a} = -\frac{1}{2} + \mathrm{j}\frac{\sqrt{3}}{2} \qquad \underline{a}^2 = -\frac{1}{2} - j\frac{\sqrt{3}}{2} \tag{16.26}$$

Abb. 16.4 zeigt den Fehlerstrom, der zwischen den beiden Systemen fließt in Abhängigkeit der Systemspannung. Dargestellt ist hierbei der bezogene Fehlerstrom $i_{\mathrm{FB}} = I_{\mathrm{FB}} / I''_{\mathrm{k3B}}$, als Funktion des Erdfehlerfaktors c_{E} des unterlagerten Netzes B.

Bei gleicher Phasenlage der Spannungen beider Systeme kann der Fehlerstrom maximal dem dreipoligen Kurzschlussstrom des unterlagerten Netzes werden, wenn der Erdfehlerfaktor einen Wert von $c_{\mathrm{E}} \approx 1{,}0$ hat, unter der Voraussetzung, dass die dreipoligen Kurzschlussströme der beiden Systeme identisch sind, $i_{\mathrm{k}} = 1$. Bei einer entgegengesetzten Phasenlage der beiden Spannungssysteme kann der Fehlerstrom größer als der dreipolige Kurzschlussstrom des unterlagerten Netzes werden.

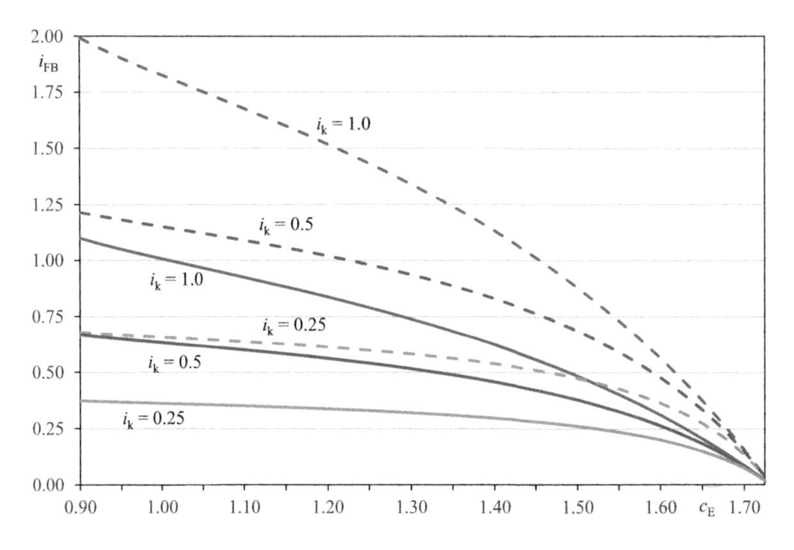

Abb. 16.4 Bezogener Fehlerstrom i_{FB} im unterlagerten Netz in Abhängigkeit vom Erdfehlerfaktor c_E und dem Kurzschlussstromverhältnis i_k
durchgezogene Linie: gleiche Phasenlage der Systeme
unterbrochene Linie: entgegengesetzte Phasenlage der Systeme

Wenn der Erdfehlerfaktor $c_E \approx 1{,}7$ erreicht, wird das unterlagerte Netz entweder isoliert oder kompensiert betrieben, so dass der Fehlerstrom aufgrund der Nullimpedanz $X_{(0)B} \to \infty$ den Wert null hat bzw. dem Erdschlussstrom entspricht.

Die Berechnung der Spannungen Leiter – Erde des unterlagerten Spannungsebene $\underline{U}_{RA}$, $\underline{U}_{SA}$ und $\underline{U}_{TA}$ und die Spannung Sternpunkt – Erde $\underline{U}_{(0)A}$ erfolgt mit Hilfe der Gl. (16.12) und (16.22) bis (16.24). Hierbei werden die Spannungen auf die Nennspannung des Netzes B bezogen und zusätzlich werden die Beziehungen nach (16.14) und (16.18) verwendet.

$$|\underline{u}_{RB}| = \left|\frac{\underline{U}_{RB}}{\underline{U}_{nB}/\sqrt{3}}\right| = \left|\frac{2+\dfrac{X_{(0)B}}{X_{(1)B}}}{5\cdot\dfrac{I''_{k3B}}{I''_{k3A}}\cdot\dfrac{U_{nA}}{U_{nB}}+2+\dfrac{X_{(0)B}}{X_{(1)B}}}\cdot\left(\frac{\underline{U}_{nA}}{\underline{U}_{nB}}-1\right)+1\right| \tag{16.27}$$

$$|\underline{u}_{SB}| = \left|\frac{\underline{U}_{SB}}{\underline{U}_{nB}/\sqrt{3}}\right| = \left|\frac{\dfrac{X_{(0)B}}{X_{(1)B}}-1}{5\cdot\dfrac{I''_{k3B}}{I''_{k3A}}\cdot\dfrac{U_{nA}}{U_{nB}}+2+\dfrac{X_{(0)B}}{X_{(1)B}}}\cdot\left(\frac{\underline{U}_{nA}}{\underline{U}_{nB}}-1\right)+\underline{a}^2\right| \tag{16.28}$$

$$\left|\underline{u}_{\mathrm{TB}}\right| = \left|\frac{\underline{U}_{\mathrm{TB}}}{\underline{U}_{\mathrm{nB}}/\sqrt{3}}\right| = \left|\frac{\frac{X_{(0)\mathrm{B}}}{X_{(1)\mathrm{B}}} - 1}{5 \cdot \frac{I''_{\mathrm{k3B}}}{I''_{\mathrm{k3A}}} \cdot \frac{U_{\mathrm{nA}}}{U_{\mathrm{nB}}} + 2 + \frac{X_{(0)\mathrm{B}}}{X_{(1)\mathrm{B}}}} \cdot \left(\frac{\underline{U}_{\mathrm{nA}}}{\underline{U}_{\mathrm{nB}}} - 1\right) + \underline{a}\right| \tag{16.29}$$

$$\left|\underline{u}_{(0)\mathrm{B}}\right| = \left|\frac{\underline{U}_{(0)\mathrm{B}}}{\underline{U}_{\mathrm{nB}}/\sqrt{3}}\right| = \left|\frac{\frac{X_{(0)\mathrm{B}}}{X_{(1)\mathrm{B}}}}{5 \cdot \frac{I''_{\mathrm{k3B}}}{I''_{\mathrm{k3A}}} \cdot \frac{U_{\mathrm{nA}}}{U_{\mathrm{nB}}} + 2 + \frac{X_{(0)\mathrm{B}}}{X_{(1)\mathrm{B}}}} \cdot \left(\frac{\underline{U}_{\mathrm{nA}}}{\underline{U}_{\mathrm{nB}}} - 1\right)\right| \tag{16.30}$$

Die Abb. 16.5 zeigt die Spannungsverhältnisse im unterlagerten Netz B in Abhängigkeit des Erdfehlerfaktors c_{E} und des Kurzschlussstromverhältnisses i_{k} der beiden Netze und die Phasenspannungen (Leiter-Erde) des unterlagerten Netzes (Netz B), jeweils bezogen auf die unbeeinflusste Netzspannung, als Funktion des Erdfehlerfaktors c_{E}. Der fehlerbehaftete Leiter nimmt bei gleicher Phasenlage der Netzspannungen ($\varphi = 0°$) dann die höchste Spannung an, wenn der Erdfehlerfaktor den Wert $c \approx 1{,}7$ hat, dieses bedeutet, die Sternpunkte des unterlagerten Netzes sind entweder isoliert oder mit einer Kompensationsspule (Petersenspule) beschaltet, so dass das Netz kompensiert betrieben wird. Im Gegensatz trifft dieses bei entgegengesetzter Phasenlage bei $\varphi = 180°$ für die nicht fehlerbehafteten Phasen S bzw. T zu. Als zusätzlicher Parameter ist in den Abbildungen die Größe i_{k} nach Gl. (16.25) aufgeführt. Zusätzlich zeigt Abb. 16.6 die Sternpunktspannung $u_{0\mathrm{B}}$ (bezogen auf die Leiter-Erde Spannung).

Bei einem Spannungsübertritt nehmen die Phasenspannungen teilweise höhere Spannungen als die Netzspannung an, hierbei steigt die Spannungsanhebung bei einem hohen Erdfehlerfaktor. Bei einem hohen Wert der Nullimpedanz im unterlagerten Netz ($c_{\mathrm{E}} = \sqrt{3}$, kompensierte bzw. isolierte Sternpunktbehandlung), nehmen die Leiter – Erde Spannungen mindestens den Spannungswert des überlagerten Netzes an.

Die unterschiedlichen Spannungen können anhand der Abb. 16.7 für ein isoliertes bzw. kompensiertes, unterlagertes Netz dargestellt werden. Es zeigt sich, dass bei einer Phasenopposition der fehlerbehafteten Spannungen (Abb. 16.7b) stets die fehlerfreien Leiter – Erde Spannungen ($\underline{U}_{\mathrm{SB}}$; $\underline{U}_{\mathrm{TB}}$) den größten Wert annehmen und gleich groß sind [3]. Dieses trifft auch für die Sternpunktspannung des unterlagerten Netzes zu. Mit Hilfe der Abb. 16.7a, b lassen sich die Spannungswerte der Tab. 16.1 bei einem Erdfehlerfaktor von $c_{\mathrm{E}} = \sqrt{3}$ erklären.

In Abhängigkeit des Stromverhältnisses i_{k} kann der Fehlerstrom den Wert des dreipoligen Kurzschlussstroms annehmen. Für diskrete Erdfehlerfaktoren sind die Strom- und Spannungswerte in der Tab. 16.1 aufgeführt, hierbei wird zwischen den folgenden Werten unterschieden:

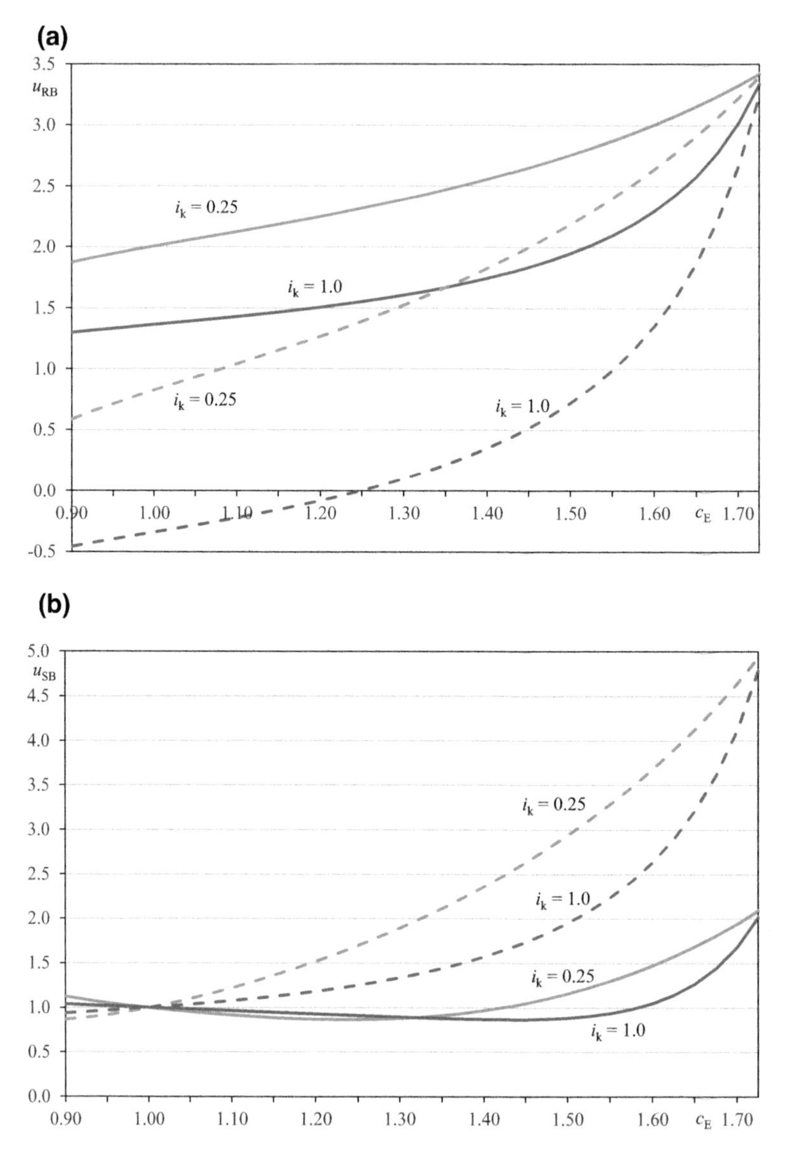

Abb. 16.5 Spannungsverhältnisse im unterlagerten Netz B (Leiter-Erde) in Abhängigkeit vom Erdfehlerfaktor c_E und dem Kurzschlussstromverhältnis i_k. **a** fehlerbehafteter Leiter. **b** fehlerfreier Leiter
durchgezogene Linie: gleiche Phasenlage der Systeme
unterbrochene Linie: entgegengesetzte Phasenlage der Systeme

- $c_E = 1$: Der dreipolige ist gleich dem einpoligen Kurzschlussstrom,
- $c_E = 1{,}4$: typischer Wert der niederohmigen Sternpunktbehandlung,
- $c_E = \sqrt{3}$: kompensierte bzw. isolierte Sternpunktbehandlung.

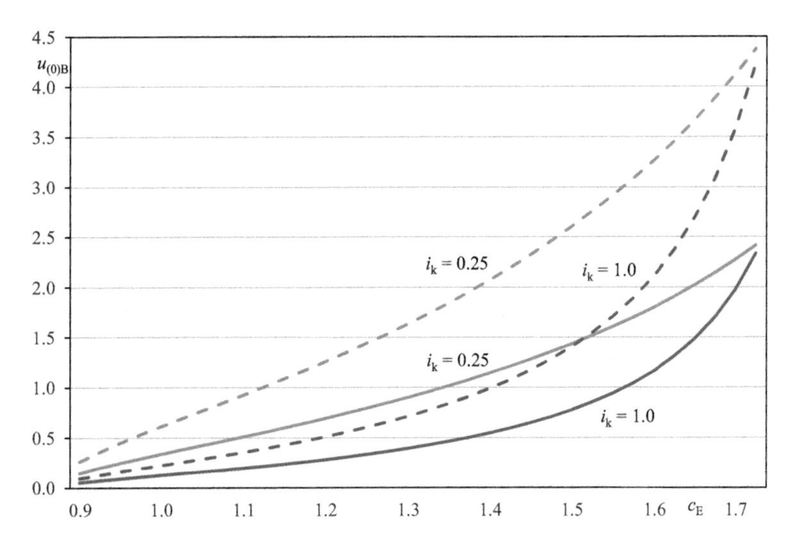

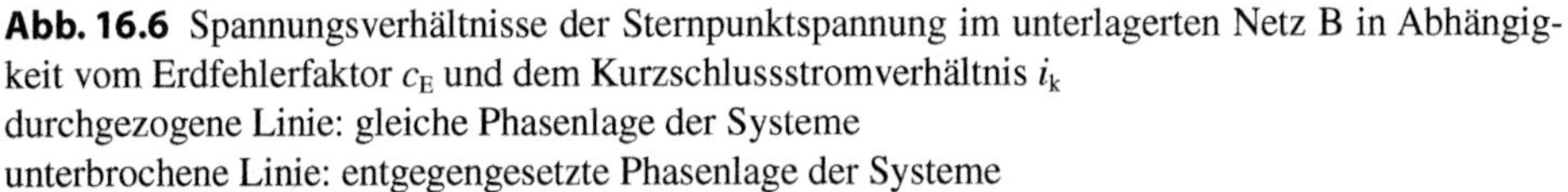

Abb. 16.6 Spannungsverhältnisse der Sternpunktspannung im unterlagerten Netz B in Abhängigkeit vom Erdfehlerfaktor c_E und dem Kurzschlussstromverhältnis i_k
durchgezogene Linie: gleiche Phasenlage der Systeme
unterbrochene Linie: entgegengesetzte Phasenlage der Systeme

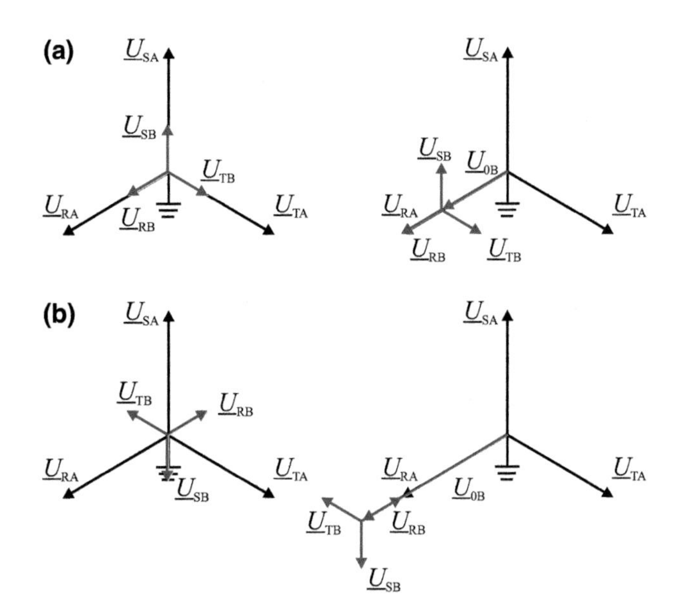

Abb. 16.7 Schaltbild zur Darstellung der Verlagerungsspannung bei einem Spannungsübertritt; ungestörter Betrieb (links); gestörter Betrieb (rechts). **a**: Spannungswinkel $\varphi = 0°$. **b**: Spannungswinkel $\varphi = 180°$

Tab. 16.1 Bezogene Leiter – Erde Spannungen und Sternpunktspannungen (Bezugswerte 1 p.u. = $U_{nB}/\sqrt{3}$) und bezogene Kurzschlussströme i_{FB}

c_E	i_k	φ	u_{RB}/p.u.	u_{SB}/p.u.	$u_{(0)A}$/p.u.	i_{FB}
1,0	0,25	0°	2,01	1,00	0,34	1,01
1,0	0,25	180°	0,83	1,00	0,61	1,83
1,0	1,0	0°	1,36	1,00	0,12	0,36
1,0	1,0	180°	0,34	1,00	0,22	0,66
1,4	0,25	0°	2,56	0,97	1,14	0,62
1,4	0,25	180°	1,83	2,36	2,07	1,13
1,4	1,0	0°	1,74	0,87	0,54	0,30
1,4	1,0	180°	0,35	1,57	0,99	0,54
$\sqrt{3}$	1)	0°	3,46	2,14	2,45	0,00
$\sqrt{3}$	1)	180°	3,46	5,03	4,45	0,00

c_E Erdfehlerfaktor,
φ Spannungswinkel zwischen $\underline{U}_{RA}$ und $\underline{U}_{RB}$,
i_{FB} bezogener Fehlerstrom, Abb. 16.4,
i_k Verhältnis der Kurzschlussströme, Gl. (16.25),
1) unabhängig vom Kurzschlussstromverhältnis i_k

In Netzen mit isoliert oder kompensiert betriebenen Transformatorsternpunkten fließt ausschließlich ein kapazitiver Strom, der jedoch in der Berechnung nach Gl. (16.21) nicht berücksichtigt wird.

16.2 Digitale Simulation

Im Folgenden wird das transiente Spannungs- und Stromverhalten bei einem Spannungsübertritt berechnet. Bei der Darstellung wird entsprechend der Abb. 16.1 das unterlagerte 110-kV-Netz aus einem zweiten 380-kV-Netz durch einen Transformator eingespeist (Abb. 16.8). Bei den Berechnungen wird ein kompensiertes 110-kV-Netz nachgebildet, und da nach Tab. 16.1 die auftretenden, stationären Spannungen die Netznennspannungen des unterlagerten Netzes überschreiten, werden die transienten Spannungen wesentlich höher sein, so dass bei der digitalen Simulation zusätzliche Überspannungsableiter im Transformatorsternpunkt (MP) und insgesamt 5 × 3 Phasenableiter (A1 bis A5) an der 110-kV-Freileitung in jeweils gleichen Abschnitten berücksichtigt werden, wobei der Ableitersatz A1 sich unmittelbar innerhalb der Schaltanlage befindet.

In einem ersten Rechenschritt werden die unbeeinflussten Größen nach einem Spannungsübertritt ermittelt, während in einem zweiten Schritt der Einfluss der eingesetzten Überspannungsableiter auf das Spannungsverhalten im unterlagerten Netz betrachtet wird. Bei dieser Nachbildung werden die folgenden Daten der Betriebsmittel verwendet:

- Kurzschlussstrom der 380-kV-Netze: $I_k'' = 60\text{kA}$
  - Impedanzverhältnisse: $R_{(1)}/X_{(1)} = 0{,}1$; $R_{(0)}/R_{(1)} = 4$; $X_{(0)}/X_{(1)} = 3$

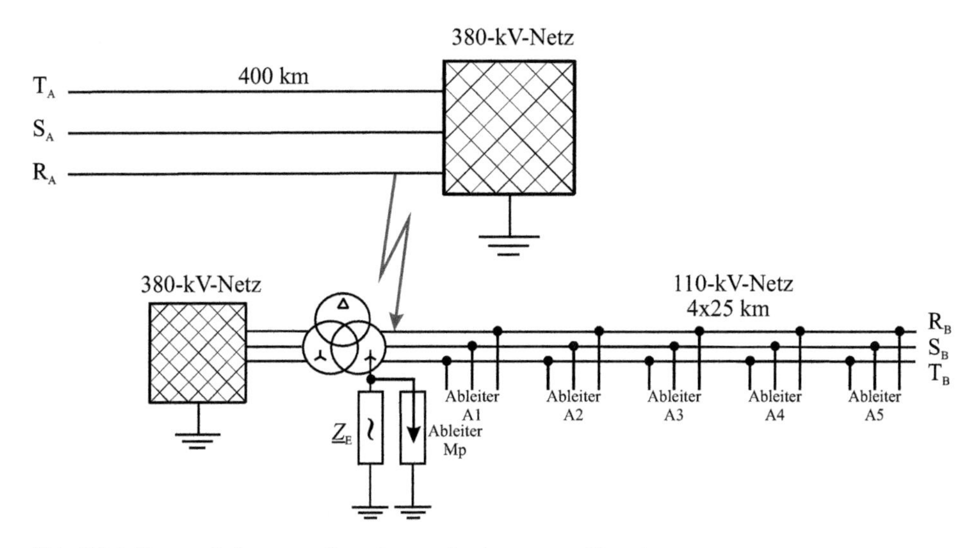

Abb. 16.8 Ersatzschaltung zur Berechnung des Spannungsübertritts

- Transformator:
  - Bemessungsspannungen: 420 kV/120 kV/30 kV
  - Kurzschlussspannungen: u_{k12} = 21 %; u_{k23} = 5,7 %; u_{k31} = 10 %
  - Leistung: S_{rT12} = 300 MVA; S_{rT23} = 100 MVA; S_{rT13} = 100 MVA
  - Schaltgruppe: Ydy0 (6)
- Sternpunktimpedanz (110 kV): X_D = 2210,5 Ω; $R_D = 0{,}03 \cdot X_D$

Die Kennwerte der Freileitungen sind in der Tab. 16.2 aufgeführt. Aufgrund der Angaben ergibt sich ein Anfangs-Kurzschlusswechselstrom von $I_k^{''} = 9{,}36\text{kA}$ an den 110-kV-Klemmen des Transformators bei einem dreipoligen Fehler.

Der Spannungsübertritt erfolgt direkt nach der 380-kV-Netzeinspeisung zur Unterspannungsseite des Dreiwicklungstransformators, Abb. 16.8. Die beiden 380-kV-Netze sind nicht galvanisch verbunden, so dass dieses auch für das 110-kV-Netz gilt.

Zur Vereinfachung wird die Impedanz $\underline{Z}_E$ so abgestimmt, dass die Leitungskapazität des 110-kV-Netzes kompensiert wird. In diesem Fall wird ein Erdfehlerfaktor von $c_E = \sqrt{3}$ eingehalten. Für den Fall, dass keine Überspannungsableiter vorhanden sind, ergeben sich die folgenden Spannungen nach Tab. 16.3 für den stationären Fall nach dem Abklingen aller Ausgleichsvorgänge, in Abhängigkeit des Spannungswinkels φ.

Aufgrund des Übersetzungsverhältnis des Transformators stellt sich im ungestörten Fall an den Klemmen des Transformators eine Spannung von U_B = 120,6 kV (verkettet) (U = 98,48 kV, Scheitelwert) ein, so dass sich bei einem Spannungsübertritt die folgenden maximalen Überspannungswerte (stationär) ergeben:

- k_{uRB2} = 3,54 p.u.; Phase R und Spannungswinkel $\varphi = 0°$
- k_{uTB2} = 5,14 p.u.; Phase T und Spannungswinkel $\varphi = 180°$
- $k_{u(0)B}$ = 4,50 p.u.; Sternpunktspannung.

Tab. 16.2 Werte der verwendeten 380/110-kV-Freileitungen

Größe	Dimension	U_n/kV	
		380	110
$R_1^{'}$	Ω/km	0,03	0,12
$R_0^{'}$	Ω/km	0,24	0,34
$L_1^{'}$	mH/km	0,80	1,25
$L_0^{'}$	mH/km	4,46	5,16
$C_1^{'}$	nF/km	13,8	9,5
$C_0^{'}$	nF/km	6,9	4,8
Länge	km	400	100

$R_{(1)}$, $R_{(0)}$ Resistanz im Mit- und Nullsystem
$L_{(1)}$, $L_{(0)}$ Induktivität im Mit- und Nullsystem
$C_{(1)}$, $C_{(0)}$ Kapazität im Mit- und Nullsystem

Tab. 16.3 Maximale Spannungsverteilung in der 110-kV-Ebene bei einem Spannungsübertritt (Scheitelwerte in kV) in Abhängigkeit des Spannungswinkels φ

Spannung	stationär		transient	
	$\varphi = 0°$	$\varphi = 180°$	$\varphi = 0°$	$\varphi = 180°$
U_{RB1}/kV	345,6	345,5	402,3	448,2
U_{SB1}/kV	215,5	500,5	387,4	745,9
U_{TB1}/kV	215,3	500,6	337,3	803,1
U_{RB2}/kV	349,1	350,4	609,5	832,8
U_{SB2}/kV	218,3	506,1	594,5	1083,5
U_{TB2}/kV	217,9	506,4	516,9	1161,1
$U_{(0)B}$/kV	246,8	443,6	369,4	663,8

Index 1 am Anfang der 110-kV-Leitung (Überschlagstelle)
Index 2 am Ende der 110-kV-Leitung
U_{RB}, U_{SB}, U_{TB} maximale Phasenspannungen, 110-kV-Leitung
$U_{(0)B}$ maximale Transformator-Sternpunktspannung

Die maximalen Phasenspannungen ergeben sich jeweils am Ende der Freileitung nach Abb. 16.8. Abb. 16.9 zeigt den Verlauf der Spannungen und der Ströme bei einem Spannungswinkel von $\varphi = 0°$.

Die Spannungen der 110-kV-Ebene zeichnen sich zusätzlich durch einen höherfrequenten Verlauf aus, der sich aus den Kapazitäten und Induktivitäten des Stromkreises ergibt (Freileitung). Darüber hinaus werden die Spannungen durch das 380-kV-Netz angehoben, welches sich besonders am Ende der 110-kV-Freileitung auswirkt. Die maximalen Amplituden des Fehlerstroms beträgt $I_{Fmax} = 818{,}7$ A und des Nullstroms betragen $I_{(0)max} = 111{,}7$ A, bei stationären Werten, nachdem alle transienten Vorgänge abgeklungen sind, von $I_F = 111{,}6$ A und $I_{(0)} = 3{,}7$ A.

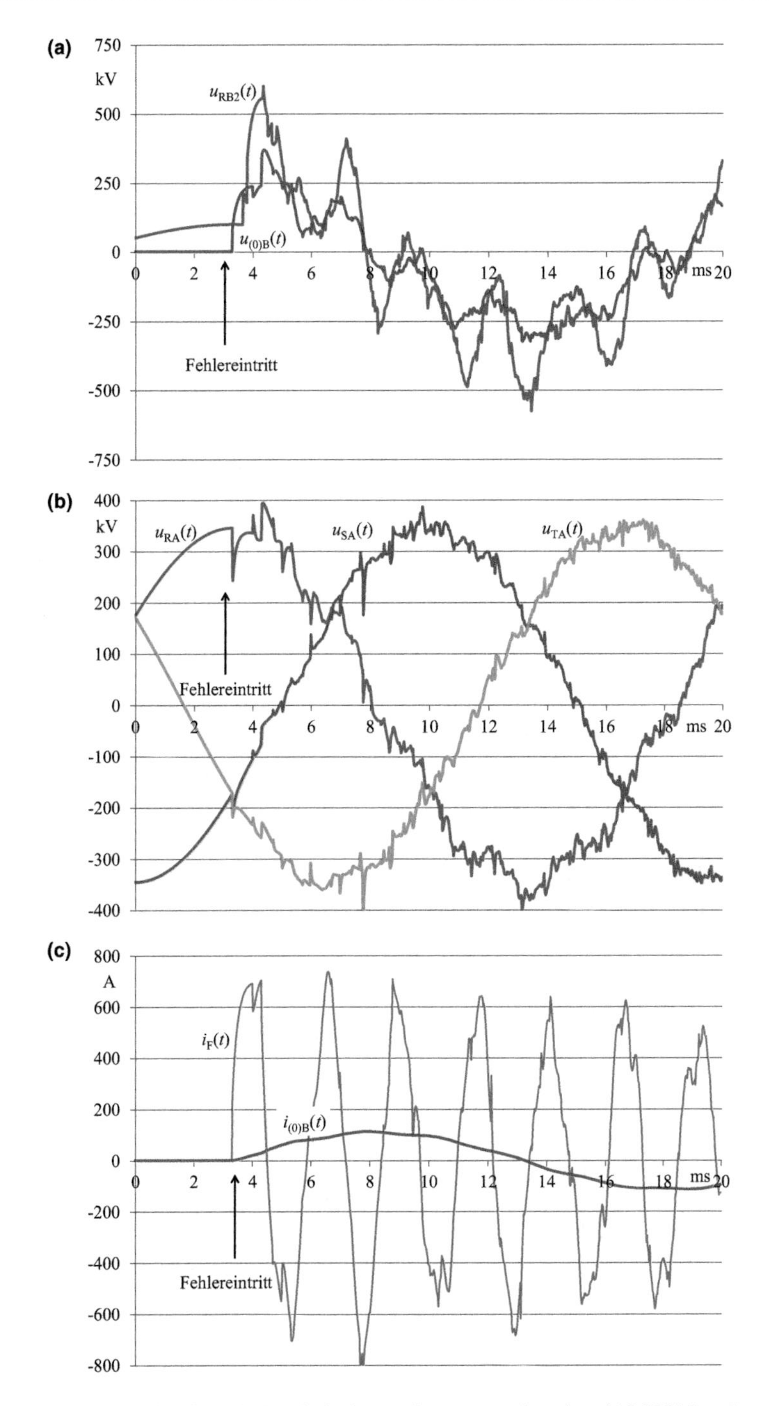

Abb. 16.9 Ergebnisse der Simulation bei einem Spannungsübertritt, 110-kV-Netz kompensiert, Spannungswinkel $\varphi = 0°$. **a** Spannungen $u_{RB2}(t)$ (fehlerbehafteter Leiter) und $u_{(0)}(t)$ (110-kV-Ebene). **b** Spannungen der 380-kV-Ebene am Fehlerort. **c** Ströme $i_F(t)$ (Fehlerstrom) und $i_{(0)}(t)$ (Nullstrom, 110-kV-Ebene)

Die Maximalwerte für den transienten Vorgang sind ebenfalls in der Tab. 16.3 aufgeführt, und es ergeben sich die folgenden, auf den Scheitelwert der Betriebsspannung (U = 98,48 kV, Scheitelwert), bezogenen Werte:

- $k_{uRB2} = 6{,}19$ p.u.; Phase R und Spannungswinkel $\varphi = 0°$
- $k_{uTB2} = 11{,}79$ p.u.; Phase T und Spannungswinkel $\varphi = 180°$
- $k_{u(0)B} = 6{,}74$ p.u.; Sternpunktspannung.

Für die Fehlerströme (Scheitelwert) ergeben sich die folgenden Werte bei einem Spannungswinkel von $\varphi = 180°$:

- Fehlerstrom: $I_F = 200{,}6$ A (stationär); $I_F = 1555{,}7$ A (transient)
- Nullstrom: $I_{(0)} = 6{,}7$ A (stationär); $I_{(0)} = 206{,}6$ A (transient).

Die Spannungen in der unterlagerten 110-kV-Ebene erreichen nach einem Spannungsübertritt somit Werte, die eine Überbeanspruchung der angeschlossenen Betriebsmittel zur Folge haben werden. Aus diesem Grunde ist es notwendig, den Einfluss der angeschlossenen Überspannungsableiter auf die Spannungen zu untersuchen. Für die nachfolgende Simulation werden Überspannungsableiter mit einer dauernd zulässigen Betriebsspannung von $U_c = 72$ kV (Sternpunkt-Erde) und $U_c = 123$ kV (Leiter-Erde) eingesetzt [2].

Die maximalen Spannungen sind in der Tab. 16.4 unter Berücksichtigung der Überspannnungsableiter entsprechend Abb. 16.8 aufgetragen. Zusätzlich zeigt Abb. 16.10 die Spannungsverläufe im 110-kV-Netz für einen Spannungswinkel von $\varphi = 0°$.

Durch den Einsatz der Überspannungsableiter werden die transienten Spannungen am Ende der 110-kV-Freileitung z. B. von $U_{TB2} = 1161{,}1$ kV auf $U_{TB2} = 304{,}1$ kV reduziert. Wohingegen sich die Spannung Sternpunkt-Erde von $U_{(0)} = 663{,}8$ kV auf $U_{(0)} = 310{,}5$ kV vermindert. Aufgrund des Spannungsübertritts wird die 110-kV-Ebene einer höheren stationären Spannung ausgesetzt, so dass die eingesetzten Überspannungsableiter als Folge des beschränkten Energieaufnahmevermögens überlastet werden und sich somit ein Kurzschluss ausbildet [2].

Tab. 16.4 Maximale Spannungsverteilung U_{max} (Scheitelwerte) in der 110-kV-Ebene bei einem Spannungsübertritt (in kV) unter Berücksichtigung von Überspannungsableitern

Größe	$\varphi = 0°$	$\varphi = 180°$
U_{RB1}/kV	314,1	294,0
U_{SB1}/kV	262,6	325,0
U_{TB1}/kV	229,6	347,6
U_{RB2}/kV	294,2	290,9
U_{SB2}/kV	281,7	290,8
U_{TB2}/kV	273,8	304,1
$U_{(0)}$/kV	232,8	310,5

Index 1 am Anfang der 110-kV-Leitung (Überschlagstelle)
Index 2 am Ende der 110-kV-Leitung
U_{RB}, U_{SB}, U_{TB} maximale Phasenspannungen, 110-kV-Leitung
$U_{(0)B}$ maximale Transformator-Sternpunktspannung

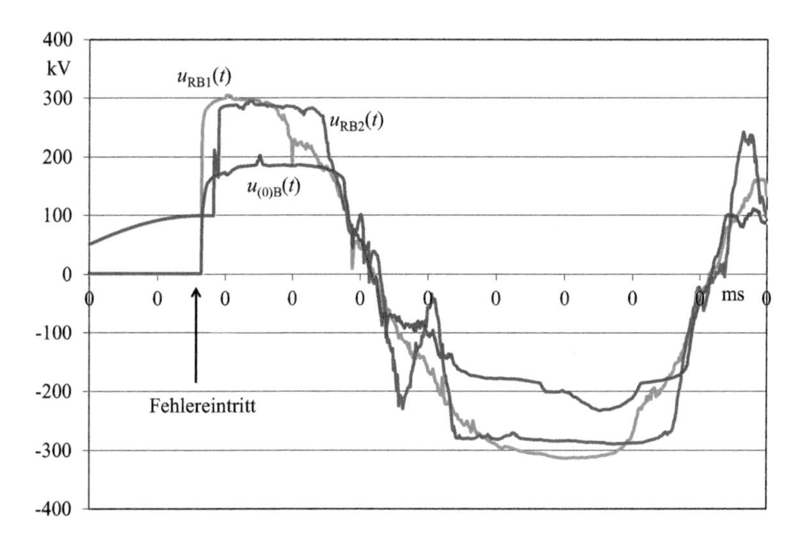

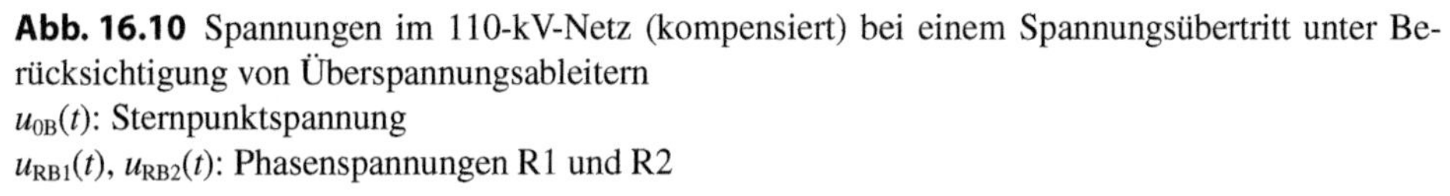

Abb. 16.10 Spannungen im 110-kV-Netz (kompensiert) bei einem Spannungsübertritt unter Berücksichtigung von Überspannungsableitern
$u_{0B}(t)$: Sternpunktspannung
$u_{RB1}(t)$, $u_{RB2}(t)$: Phasenspannungen R1 und R2

Wird im Gegensatz zur Darstellung der transienten Spannungs- und Stromverläufe nach Abb. 16.9 die Impedanz $\underline{Z}_E = 0\ \Omega$ gesetzt (Abb. 16.8), so ist das unterlagerte 110-kV-Netz niederohmig geerdet und es zeigen sich die Spannung $u_{RB2}(t)$ und die Ströme $i_F(t)$ bzw. $i_{(0)B}(t)$ nach Abb. 16.11. In diesem Fall ergeben sich die folgenden maximalen Werte (transient/stationär) bei einem Spannungswinkel von $\varphi = 0°$:

- Spannung $U_{RB2} = 458{,}90$ kV bzw. 240,14 kV,
- Fehlerstrom $I_F = 16{,}75$ kA bzw. 15,81 kA.

Der Fehlerstrom I_F liegt mit 15,81 kA oberhalb des dreipoligen Kurzschlussstroms von $I_k'' = 9{,}36\text{kA}$ des unterlagerten 110-kV-Netzes, so dass der Netzschutz diesen Strom erfassen und abschalten sollte.

16.3 Fazit

Grundsätzlich ist es möglich, dass bei verschiedenen Drehstromsystemen auf einem Freileitungsmast es zu einem galvanischen Kontakt zwischen diesen Systemen kommen kann, z. B. durch einen Seilbruch. In diesem Fall wird das Potenzial der unteren Spannungsebene auf das Potenzial der höheren Spannungsebene angehoben. Hierbei hängt der Fehlerstrom von der Sternpunktbehandlung des unterlagerten Netzes ab, wenn vorausgesetzt wird, dass das überlagerte Netz niederohmig geerdet ist.

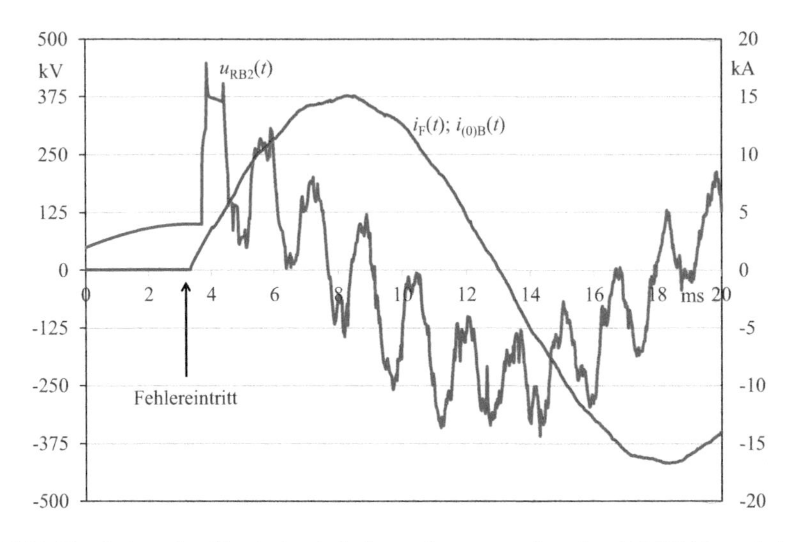

Abb. 16.11 Ergebnisse der Simulation bei einem Spannungsübertritt, 110-kV-Netz niederohmig geerdet, Spannungswinkel $\varphi = 0°$
$u_{RB2}(t)$: Spannung am Ende der 110-kV-Freileitung
$i_F(t)$: Fehlerstrom
$i_{(0)}(t)$: Nullstrom der 110-kV-Ebene, Sternpunkt-Erde-Strom nach Abb. 16.8

Bei einer isolierten bzw. kompensierten Sternpunktbehandlung des unterlagerten Netzes kommt es zu hohen Spannungen bei einem kleinen Fehlerstrom, z. B. < 1 kA. Im Gegensatz hierzu sind bei einer niederohmigen Sternpunktbehandlung des Netzes die Spannungen geringer bei einem höheren Fehlerstrom, z. B. > 10 kA.

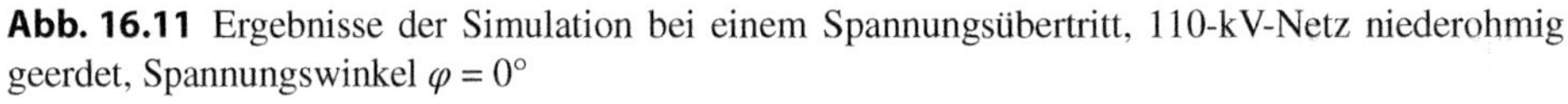

Literatur

1. Balzer G (1989) Verhalten von Metalloxid-Ableitern bei einem Spannungsübertritt zwischen zwei Drehstromsystemen. Elektrizitätswirtschaft 88(7):407–413
2. Balzer G, Neumann C (2016) Schalt-und Ausgleichsvorgänge in elektrischen Netzen. Springer, Berlin/Heidelberg
3. Balzer G, Solbach H B (1990) Behavior of metal-oxide surge arrester during flashover between two three phase systems with different nominal system voltages. In: Cigre Session 1990, August 26–September 1, Paris, S 33–207

Stichwortverzeichnis

G. Balzer, *Kurzschlussströme in Drehstromnetzen*,
https://doi.org/10.1007/978-3-658-28331-5